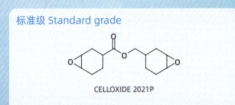
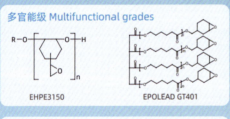
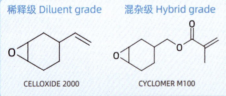
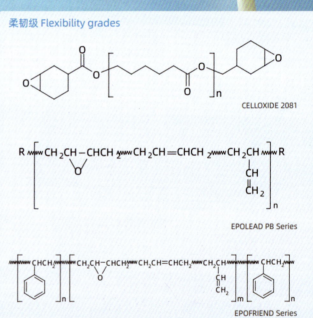

TANYUN
天元航材

天元航材是一家以先进新材料为主要产品的科研生产型企业，前身为成立于 1971 年的营口市石油化工研究所，由全民所有制事业单位转制而来。公司专注于以固体推进剂原材料、液体橡胶系列、氮化硼系列为主的先进新材料的研发、生产和销售，拥有杭州技术研究院、营口中试基地、营口和宜昌生产工厂及武汉应用测评中心，实现从小试、中试到工业化生产的全流程科技成果转化能力。

公司是国家级专精特新小巨人企业，承担国家级、省部级和地市级科研项目，获得中国技术市场金桥奖、省级科学技术研究成果奖等奖项。多年来，公司紧密结合客户需求，密切关注行业内技术发展新趋势，坚持自主创新，通过持续的技术研发和创新，不断推动核心产品的迭代更新和新产品开发，积极布局实现百亿产值目标，力争成为客户信赖和社会尊重的世界一流先进新材料企业。

型号：
HTPB-4200
HTPB-4200D
HTPB-3700
HTPB-3300
HTPB-3000
HTPB-2500
HTPB-2000
HTPB-1500

端羟基聚丁二烯液体橡胶
室温流动性好，
具有耐水解、耐酸碱、耐磨、耐低温
和优异电绝缘性，
固化物力学性能优异

型号：
HTBN-05
HTBN-10
HTBN-15
HTBN-20

端羟基丁腈液体橡胶
良好的耐油性、粘接性、
耐老化性和耐低温性能，
可作为橡胶反应型增塑剂

型号：
CTBN-20
CTBN-25

端羧基丁腈液体橡胶
具有耐油和耐高温性能，
可促进与极性界面的粘接，
改善与热固性结构树脂的
共混、抗油和抗龟裂

型号：
TY-EPBN2540

CTBN改性环氧预聚物（TY-EPBN2540）
环氧树脂体系增韧，
提高抗冲击强度、粘着力、抗剥离、抗剪切、
耐低温、耐水性及抗龟裂性能

型号：
ITPB-3725
ITPB-3756

端异氰酸酯基聚丁二烯液体橡胶
具有耐酸碱、耐磨蚀、抗低温
和优异的电绝缘性，
固化物具有高柔韧性，
表面光洁且质地均匀致密

型号：
H-BN-A
H-BN-A1
H-BN-B
H-BN-C
H-BN-D
H-BN-E
H-BN-E1
H-BN-F
H-BN-G

氮化硼 -H 型
高导热性、高绝缘性、良好的润滑性
和耐化学腐蚀性，
中子吸附能力强、化学稳定性好，
高熔点、高硬度、耐高温、易于机械加工

对苯醌二肟
在胶料中容易分散化，硫化快、
硫化胶拉伸强度高

对二亚硝基苯
交联能力强、固化速度快、
可大幅提升体系强度、增强性能显著。
产品添加量低、化学稳定性好

天元航材（营口）科技股份有限公司

辽宁营口生产园区：中国（辽宁）自由贸易试验区营口片区新湖大街 75 号
湖北宜昌生产园区：湖北远安航天动力材料产业园（原航天 066 江北厂）
电话：177-2243-1616
网址：www.ty1971.cn

天元航材公众号　天元航材官网

ZDXC

浙江正大新材料科技股份有限公司
Zhejiang Zhengda New Material Technology Co., Ltd.

公司简介

　　浙江正大新材料科技股份有限公司是主要从事电子、电工、复合材料、高档有机颜料中间体等精细专用化学品研发、生产、经营的国家高新技术企业。公司创立于 1979 年，位于南湖区大桥镇明新路 228 号，主营产品有：电子元器件封装、电工绝缘浇注、风电叶片等复合材料专用关键基础材料－环氧酸酐固化剂系列（甲基四氢苯酐、甲基六氢苯酐）。公司于 2023 年 7 月通过国家第五批专精特新"小巨人"企业认定。注重技术创新，公司建立了浙江正大新材料科技省级高新技术研发中心、浙江正大电子电工与复合新材料省级企业研究院和省级博士后工作站。先后获评了国家高新技术企业、浙江省专精特新中小企业、浙江省科技型中小企业等荣誉。

　　正大以智能化、绿色化、本质安全、节能减碳、清洁生产为目标，持续改进和优化工艺设备，提升生产装置技术水平，形成核心关键技术和自主知识产权，为用户提供优良产品和服务。

地址：浙江省嘉兴市南湖区大桥镇明新路 228 号

电话：0573-82203456　　0573-82201032

网址：http://zaexsed.zhenda.webshow01.wigordigital.com/

惠柏新材

惠柏新材新材料科技（上海）股份有限公司于2010年12月15日，在上海市嘉定区江桥镇博园路558号成立，注册资本9226.67万元。公司于2023年10月31日在深交所创业板上市，股票简称：惠柏新材，股票代码：301555。

公司立足于特种配方改性环氧树脂系列产品的研发、生产和销售，重点发展环保型绿色能源新材料，致力于发展新能源等领域内的复合新材料产品。公司主要产品包括风电叶片用环氧树脂、新型复合材料用环氧树脂、电子电气绝缘封装用环氧树脂等多个应用系列产品。

上海研发总部

珠海工厂

产品应用图

雷达罩

能源车电池包

碳纤引擎盖

汽车板簧

碳纤维氢气瓶

碳纤维头盔

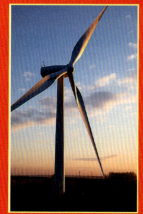

风电系列环氧树脂

预浸丝

无人机

自成立以来，公司通过密切追踪国内外相关技术及应用动态，不断研发新增改性环氧树脂配方种类以满足市场需求。目前，公司主要围绕风电叶片市场、电子电气绝缘封装市场、交通运输轻量化市场、体育休闲器材市场及新型显示屏市场等多个市场集中深入发掘下游客户应用需求，为客户提供差异化、定制化、精细化的产品综合解决方案。

经过多年积累与发展，公司凭借技术配方积累深厚、产品线丰富和人才专业度高等优势，在特种配方改性环氧树脂行业具有一定品牌知名度。公司通过自主研发、自主创新逐渐掌握了多项核心技术及产品配方并拥有26项发明专利，60项实用新型专利。公司曾获得上海市科技小巨人企业、上海市专精特新中小企业、高新技术企业等证书，并被认定为上海市市级企业技术中心，公司主要产品取得了DNV·GL认证、UL认证、SGS认证等多项认证证书。

公司依法存续、合法经营，积极履行社会责任，包括但不限于参与社区建设、进行助学捐赠、教育捐赠、环保捐赠等公益活动。

地址：上海市嘉定区江桥镇博园路558号第2幢 电话：18221181042　　股票代码：301555

珠海宏昌电子材料有限公司

珠海宏昌电子材料有限公司为宏昌电子材料股份有限公司（603002）子公司，成立于2008年9月，是专注于电子级环氧树脂的研发、生产和销售的高新技术企业。公司已成为宏昌电子材料股份有限公司的环氧树脂生产基地，年产能15.5万吨，预计二、三期建成后年产能达37.5万吨，为国内使用电子级环氧树脂的终端用户提供优质稳定的产品和全面的技术服务。公司在环氧树脂领域已形成了丰富稳定的产品矩阵，具备完备的产品生产系统，产品品质达国际领先水平，可替代进口环氧树脂，填补中国在高端电子级环氧树脂的空白。公司已通过了质量、环境和职业健康管理等体系认证，2022年被认定为广东省专精特新中小企业，公司目前拥有已授权国内外发明专利多项，技术能力处于国内领先水平。

通讯地址：珠海市金湾区高栏港经济区石化七路　联系电话：0756-7212000

"十四五"国家重点出版物
出版规划项目

合成树脂及应用丛书

环氧树脂及其应用

第 **2** 版

陈平 等编著

化学工业出版社

·北京·

内容简介

本书在系统介绍环氧树脂、固化剂、促进剂的合成制造和基本性能，环氧树脂用辅料及其改性，环氧树脂的结构分析与表征，环氧树脂的固化反应，环氧树脂的加工流变学等基本理论的基础上，对其在胶黏剂、浇注料、涂料、复合材料、泡沫塑料和电子封装材料等方面的应用也进行了较全面的论述。

本书内容丰富，既有理论深度，又有较强的实用性，可供从事环氧树脂科研、生产和应用领域的工程技术人员参考和阅读。

图书在版编目（CIP）数据

环氧树脂及其应用 / 陈平等编著. -- 2版. -- 北京 : 化学工业出版社，2024. 5.
（合成树脂及应用丛书）
ISBN 978-7-122-45111-8

Ⅰ. ①环… Ⅱ. ①陈… Ⅲ. ①环氧树脂 Ⅳ. ①TQ323. 5

中国国家版本馆 CIP 数据核字（2024）第 041516 号

责任编辑：赵卫娟　仇志刚　　文字编辑：范伟鑫　王云霞
责任校对：宋　玮　　装帧设计：王晓宇

出版发行：化学工业出版社
（北京市东城区青年湖南街 13 号　邮政编码 100011）
印　　装：中煤（北京）印务有限公司
787mm×1092mm　1/16　印张 26　字数 611 千字
2025 年 6 月北京第 2 版第 1 次印刷

购书咨询：010-64518888　　售后服务：010-64518899
网　　址：http://www. cip. com. cn
凡购买本书，如有缺损质量问题，本社销售中心负责调换。

定　　价：158. 00 元

环氧树脂是一类具有良好粘接、耐腐蚀、电气绝缘、高强度等性能的热固性高分子材料。已被广泛地应用于多种金属与非金属的粘接、耐腐蚀涂料、电气绝缘材料、复合材料等。它在电子、电气、机械制造、化工、航空航天、船舶运输及其他许多工业领域中起到重要的作用，已成为各工业领域不可缺少的基础材料。

2011年11月由陈平、王德中、刘胜平三位教授撰写的《环氧树脂及其应用》一书作为"合成树脂及应用丛书"中的一个分册，由化学工业出版社出版发行。自出版以来，受到了行业读者的广泛好评，重印多次，总发行量超过一万册。笔者在这里对广大读者的厚爱表示真诚的感谢。

近年来，我国在合成树脂的科研、生产与应用方面都取得了长足的进展。为了满足广大科技工作者的需求，化学工业出版社启动了"合成树脂及应用丛书"的再版工作。本着与时俱进的精神，《环氧树脂及其应用》（第2版）在保留了第1版已有内容的基础上，对有关内容，特别是近十多年关于环氧树脂的最新研究成果及其在工业领域中的应用作了较为详尽的补充与论述。全书仍然分为上、下两篇：上篇是环氧树脂基础，包括环氧树脂发展简史，环氧树脂、固化剂、促进剂的合成与制造，环氧树脂的基本性能、表征分析，环氧树脂的固化反应，环氧树脂用辅助材料及改性，环氧树脂固化物的转变与松弛，环氧树脂的加工流变学；下篇是环氧树脂应用，包括环氧树脂在胶黏剂、浇注料、电子与LED封装材料、涂料、复合材料等方面的应用，同时增加了环氧树脂的研究及应用发展。除满足环氧树脂研究与应用的广大科研人员需求以外，还能满足环氧树脂及其辅助材料与设备制造商、销售人员的需求。

全书由陈平教授统稿。第1～7章由陈平教授主笔，第8章由刘胜平教授主笔，第9～12章由王德中教授主笔，第13和14章由陈平教授主笔，第15章由王忠刚教授主笔，第16章由贾彩霞博士和熊需海教授主笔，王忠刚教授、熊需海教授和贾彩霞博士对第3～5章和第9章的相关章节进行了补充扩展。

相信本书的出版发行对我国从事高分子材料研究的科技工作者将有所裨益。限于作者水平，书中不足之处在所难免，欢迎广大读者批评指正。

陈平

2023 年 12 月于大连桃峪园

目录

上篇　环氧树脂基础

下篇　环氧树脂应用

环氧树脂基础

RESIN

第1章
绪 论

　　环氧树脂是一种环氧低聚物，与固化剂反应时便可形成三维网状的热固性树脂。环氧树脂通常是在液体状态下使用的，经常温或加热固化，形成最终的产品。作为一种液态体系的环氧树脂，具有在固化反应过程中收缩率小，其固化物的粘接性、耐热性、耐化学药品性、力学性能以及电气性能优良等特点，是热固性树脂中应用量较大的一个品种。缺点是耐候性和韧性差（除部分特殊品种外），但可以通过对环氧低聚物和固化剂的选择，或采用合适的改性方法，在一定程度上加以克服和改进。

1.1　环氧树脂的发展简史

　　在 19 世纪末和 20 世纪初的两个重大发现，揭开了环氧树脂合成发明的序幕。1891 年德国化学家 Lindmann 采用对苯二酚与环氧氯丙烷反应，得到了树脂状的产物；1909 年俄国化学家 Prileschajew 发现，采用过氧化苯甲酰可使烯烃氧化生成环氧化合物。时至今日，这两个反应依然是环氧树脂的主要合成路线，但在当时它的使用价值没有被揭示。

　　环氧树脂的真正研究是从 20 世纪 30 年代开始的。1934 年德国的 Schlack 首先用胺类化合物使含有大于一个环氧基的化合物聚合，制得高分子量聚合物，并由 I. G. 染料公司作为德国的专利发表，但因第二次世界大战而未能在美国取得专利权。随后，瑞士的 Pierre Castan 和美国的 S. O. Greelee 所发表的多项专利都揭示了双酚 A 和环氧氯丙烷经缩聚反应能制得液体环氧树脂，用有机多元胺和二元酸均可使其固化，并且具有优良的粘接性。

　　这些研究成果促使美国 De Voe-Raynolds 公司在 1947 年进行了第一次具有工业生产价值的环氧树脂制造，并且指出：在一些特殊领域，它是一种性能优于酚醛和聚酯的新型树脂。不久，瑞士的 Ciba 公司、美国的 Shell 以及 Dow Chemical 公司都开始了环氧树脂的工业化生产及应用开发工作。当时，环氧树脂在金属材料的粘接和防腐涂料等方面的应用已有了突破，于是环氧树脂作为一个行业蓬勃地发展起来了。

　　环氧树脂的大规模生产和应用是从 1948 年以后相继开始的。1955 年，四种基本环氧树脂在美国获得了生产许可证。Dow Chemical 公司建立了环氧树脂生产线。由于它具有一系列优良的性能，所以在工业上发展很快，不仅产量迅速增加，而且新品种不断涌现。

　　1956 年美国联碳公司成功开发脂环族环氧树脂，1959 年 Dow Chemical 公司成功开发热塑性酚醛型环氧树脂；1960 年前后，还相继出现了卤代环氧树脂和聚烯烃环氧树脂，之后又相继出现了多官能酚缩水甘油醚环氧树脂以及其他许多新型结构的环氧树脂，如含五元环的海因环氧树脂、酚酞环氧树脂和含有聚芳杂环结构的环氧树脂。

　　我国环氧树脂研究工作开始于 1956 年，在沈阳和上海两地首先获得成功。1958 年上海开始工业化生产，其后不仅产量迅速增加，而且新品种不断涌现。到 20 世纪 70 年代末，我国已形成了合成单体、树脂、固化剂等较完善的科学研究、生产销售与开发应用的工业体系。特别是改革开放以后，由于环氧树脂具有一系列优异的粘接、耐腐蚀、电气绝缘、高强度等性能，它已被广泛应用于多种金属与非金属的粘接、耐腐蚀涂料、电气绝缘材料、复合材料等。它在电子、电气、机械制造、化工防腐、航空航天、船舶运输及其他许多工业领域中起到越来越重要的作用，已成为各工业领域中不可缺少的基础材料。

　　目前环氧树脂正朝着"高纯化、精细化、专用化、系列化、配套化、功能化"六个方向发展，以此来满足各个行业对环氧树脂提出的不同的性能需求。

1.2　环氧树脂的定义

　　由两个碳原子与一个氧原子形成的环称为环氧环或环氧基，含这种三元环的化合物统称为环氧化合物。最简单的环氧化合物是环氧乙烷。

　　环氧乙烷通过离子型聚合可得到热塑性的聚环氧乙烷，这种树脂被称为环氧树脂。

　　环氧树脂是分子中含有两个或两个以上环氧基，并在适当的固化剂存在下能形成三维交联网状结构的化合物的总称。液态的环氧树脂属低聚物范围，为区别于固化后的环氧树脂，有时也把它称为环氧低聚物。

1.3　环氧树脂的分类

　　环氧树脂的种类很多，且在不断地发展，因此，明确地进行分类是困难的。按化学结构分类在类推固化树脂的化学及力学性能研究等方面是便利的。

1.3.1　按化学结构分类

　　环氧树脂按化学结构可大致分为以下几类。

　　（1）缩水甘油醚类　其中的双酚 A 缩水甘油醚树脂，是应用最广泛的环氧树脂，其化学结构式为：

$$CH_2-CH-CH_2-\left[O-\bigcirc-\underset{CH_3}{\overset{CH_3}{C}}-\bigcirc-O-CH_2-\underset{OH}{CH}-CH_2\right]_n O-\bigcirc-\underset{CH_3}{\overset{CH_3}{C}}-\bigcirc-OCH_2-CH-CH_2$$

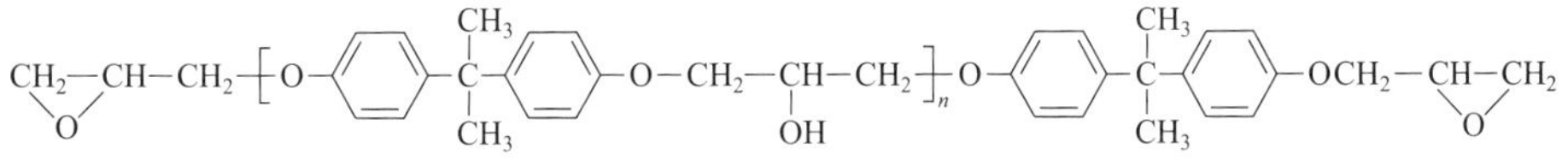

　　双酚 F 型环氧树脂，其化学结构式为：

$$CH_2-CH-CH_2-\left[O-\bigcirc-CH_2-\bigcirc-O-CH_2-\underset{OH}{CH}-CH_2\right]_n O-\bigcirc-CH_2-\bigcirc-OCH_2-CH-CH_2$$

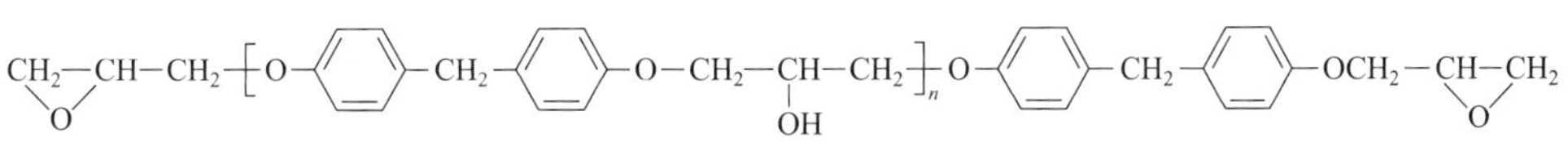

双酚 S 型环氧树脂，其化学结构式为：

$$CH_2-CH-CH_2 \left[O-\phi-SO_2-\phi-O-CH_2-CH-CH_2 \right]_n O-\phi-SO_2-\phi-OCH_2-CH-CH_2$$

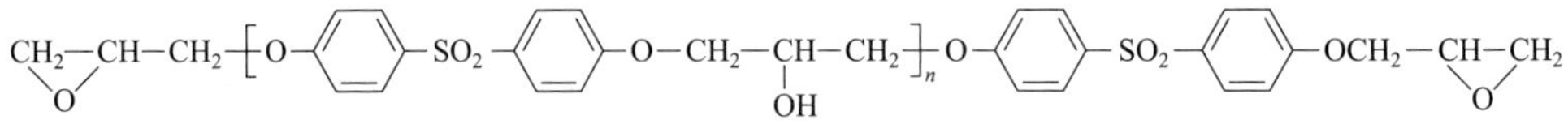

氢化双酚 A 型环氧树脂，其化学结构式为：

$$CH_2-CH-CH_2 \left[O-\bigcirc-C(CH_3)_2-\bigcirc-O-CH_2-CH-CH_2 \right]_n O-\bigcirc-C(CH_3)_2-\bigcirc-OCH_2-CH-CH_2$$

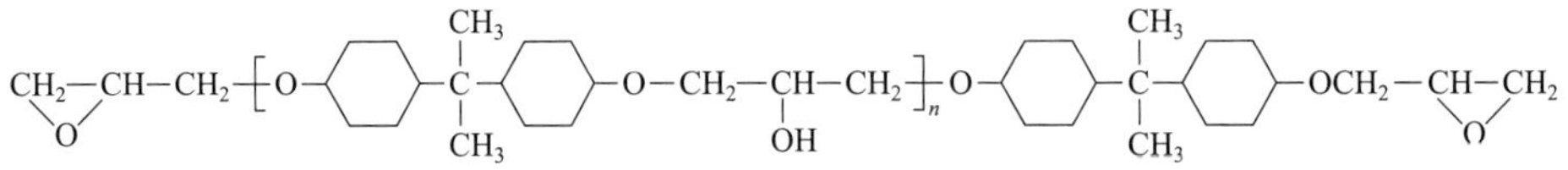

酚醛型环氧树脂，其化学结构式为：

$$\left[CH_2 \right]_n CH_2$$

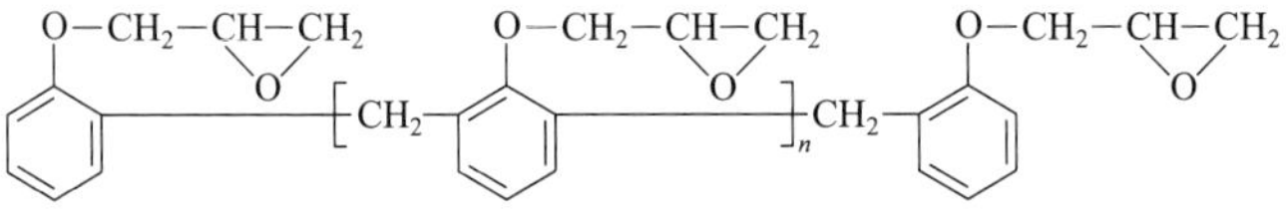

脂肪族缩水甘油醚树脂，其化学结构式为：

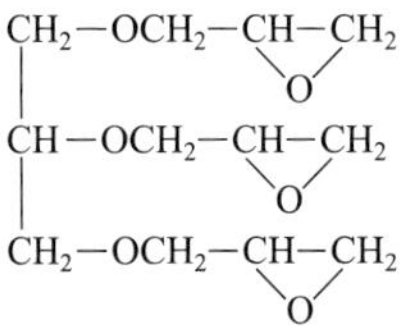

$$CH_2-OCH_2-CH-CH_2$$
$$CH-OCH_2-CH-CH_2$$
$$CH_2-OCH_2-CH-CH_2$$

溴代双酚 A 环氧树脂，其化学结构式为：

$$CH_2-CH-CH_2 \left[O-\phi-C(CH_3)_2-\phi-O-CH_2-CH-CH_2 \right]_n O-\phi-C(CH_3)_2-\phi-OCH_2-CH-CH_2$$

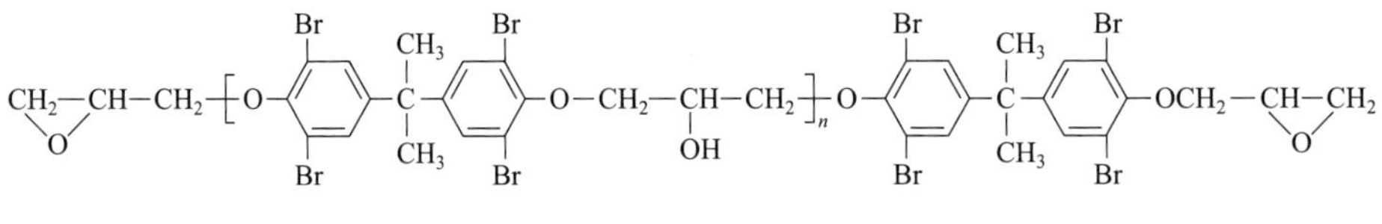

（2）缩水甘油酯类　邻苯二甲酸二缩水甘油酯等，其化学结构式为：

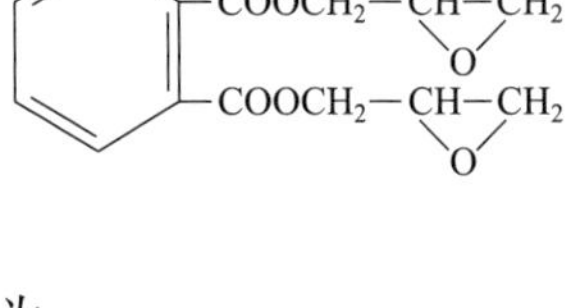

$$\bigcirc \begin{matrix} COOCH_2-CH-CH_2 \\ COOCH_2-CH-CH_2 \end{matrix}$$

（3）缩水甘油胺类　其通式为：

$$RR'NCH_2-CH-CH_2$$

其中，四缩水甘油基二氨基二苯基甲烷结构式为：

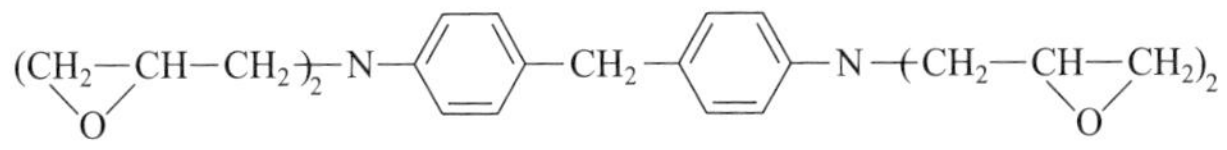

（4）脂环族环氧树脂　其化学结构式为：

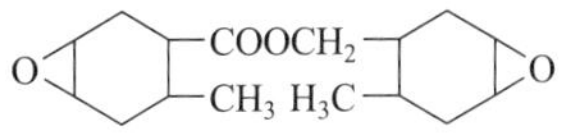

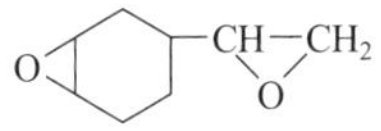

（5）环氧化烯烃类　其化学结构式为：

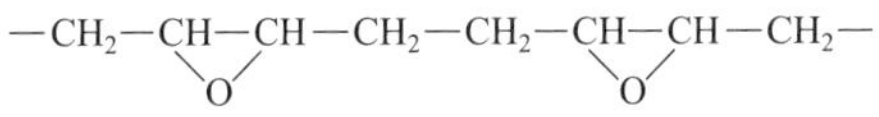

（6）新型环氧树脂
海因环氧树脂，其化学结构式为：

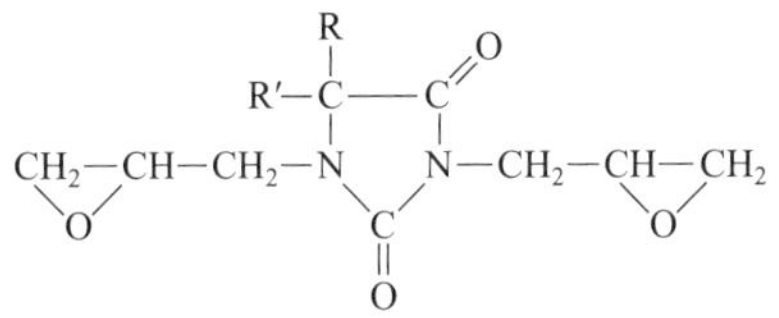

酰亚胺环氧树脂，其化学结构式为：

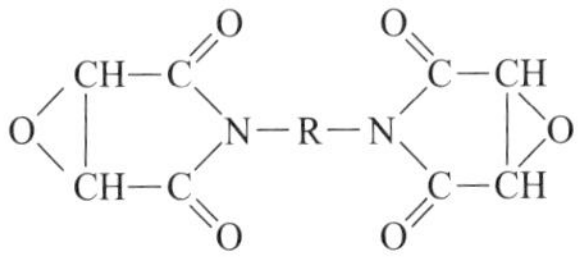

1.3.2　按状态分类

在实际使用上，按室温条件下所呈现的状态来分类是很重要的。这样环氧树脂可分为液态环氧树脂和固态环氧树脂。属于液态环氧树脂的仅仅是一小部分低分子量树脂，如通用型双酚 A 缩水甘油醚树脂，平均聚合度（n）为 0.7 以下，在室温下呈现为黏稠的液体，作为无溶剂成膜材料使用的就是此类环氧树脂。固态环氧树脂通常以薄片状来使用。此处所说的固态环氧树脂不是 B 阶段树脂（环氧树脂局部交联处于半固化形态，在加热条件下，又能恢复到液体形态），这类树脂常作为粉末涂料的黏料和固态成型材料使用。

1.3.3　按制造方法分类

① 由环氧氯丙烷与相应的醇、酚、酸缩合而成，如 1.3.1 中所述的前三类属于此类。

② 由过氧酸（通常用过氧乙酸）与烯类化合物的双键加成而得到，如 1.3.1 中所述的脂环族环氧树脂和环氧化烯烃类树脂。

1.4 环氧树脂的产量与应用

据不完全统计，2023 年，全球环氧树脂总产能约为 658.1 万吨/年，产量约为 396.6 万吨；中国环氧树脂总产能约 355.5 万吨/年，同比增长 9.9%，产量约为 226.3 万吨，同比增长 8.8%。环氧树脂性能优异，主要应用领域为涂料、电子电工、复合材料和胶黏剂，2023 年环氧树脂在这些领域的应用占比分别为 41.7%、29.7%、19.1% 和 9.5%。

环氧树脂具有优异的粘接、防腐蚀、成型性和热稳定性等，在机械、热、电气和耐化学药品方面的性能非常优越。它可用于涂料、胶黏剂和成型材料，并在电气、电子、光学机械、工程技术、土木建筑及文体用品制造等领域得到了广泛的应用，其主要应用形式列于表 1-1 中。

从表 1-1 可见，环氧树脂的应用领域十分广泛，以直接或间接使用的形式几乎遍及所有工业领域。

表 1-1 环氧树脂的各种用途

应用形式	应用领域	使用内容
涂料	汽车	车身底漆；部件涂装
	容器	食品罐内外涂装；圆桶罐内衬里
	工厂设备	车间防腐涂装；钢管内外防腐涂装；贮罐内涂装
	土木建筑	桥梁防腐涂装；铁架涂装；铁筋防腐涂装；水泥贮水槽内衬；地基衬涂
	船舶	货仓内涂装；海上容器；钢铁部位防腐涂装
	其他	家用电器涂装；钢制家具涂装；电线被覆瓷漆涂装
胶黏剂	飞机	机体粘接；蜂窝夹层板（制造前翼、后翼、机身及门）的芯材与面板粘接；喷气机燃料罐的纤维增强塑料（FRP）板的粘接；直升机的螺旋桨裂纹修补
	汽车	FRP 车身/金属框架；密封橡胶填充物；车身密封橡胶条；车灯；塑料部件（汽化器浮标、槽阀、浮标盖等）的粘接组装
	光学机械	粘接取景器（棱镜/五金类）；反射镜或光框组装；多层滤色镜的组装；金属部件组装
	电子、电气	印刷电路基板、绝缘体片、扬声器等的固定；电视安全玻璃的固定；传递模塑部分、铁芯线圈的粘接；高压开关或避雷器部件
	铁道车辆	夹层板制造；不能熔接的金属间粘接；玻璃的固定；金属内衬装饰板/增强材料粘接；钢壁/铝壁粘接；金属备件/车体（船体）粘接
	土木建筑	护岸护堤等的水泥块固定；新旧水泥粘接；道路边石、混凝土管、隧道内照明设备、计时器、插入物等粘接；瓷砖粘接；玻璃粘接

应用形式	应用领域	使用内容
胶黏剂	体育用品	球拍；网球手柄；钓竿；竹刀
成型材料	电器	电子设备元件封装；配电盘；跨接插座；切换接电盘；接线柱；水冷轴衬；变压器汇流排的绝缘包封；绝缘子；绝缘管；切换器；开闭器
	工具	钣金成型工具；塑料成型工具；铸造用工具；模型原型及其辅助工具

第2章
环氧树脂的合成与制造

双酚 A 缩水甘油醚环氧树脂（简称双酚 A 型环氧树脂）是由双酚 A 和环氧氯丙烷反应而制得的，因为这种树脂的原材料来源方便、成本低，所以在环氧树脂中它的应用最广，产量最大，约占环氧树脂总产量的 85% 以上。本书中所介绍的环氧树脂如不加具体说明就是指这种类型的环氧树脂。

2.1 双酚 A 型环氧树脂的合成与制造

2.1.1 双酚 A 型环氧树脂的合成反应

双酚 A 型环氧树脂是由双酚 A（BPA）与环氧氯丙烷（ECH）在氢氧化钠催化下制得的。由 Pierre Castan（皮尔·克斯坦）取得专利权的基本方法是：在 NaOH 溶液存在下 1mol 双酚 A 和 2mol 环氧氯丙烷于 65℃ 进行反应。反应得到的不是简单的双酚 A 二缩水甘油醚（DGEBA），而是一种约在 75℃ 软化的固体树脂，可能是环氧丙基聚醚的复杂混合物。其总的反应式如下：

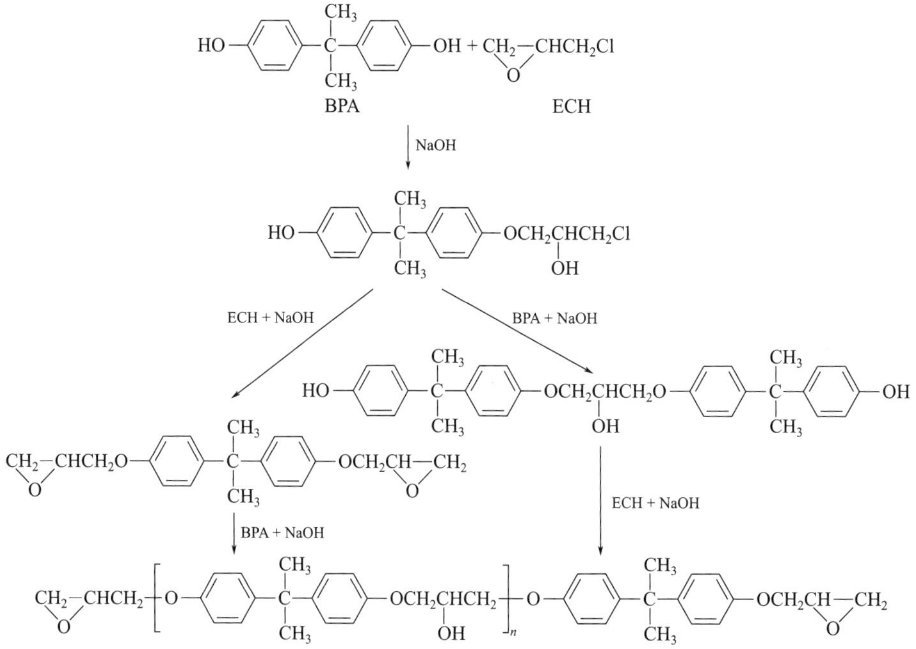

一般认为双酚 A 和环氧氯丙烷之间的反应是按两步进行的。

（1）开环反应　在碱催化下，双酚 A 的羟基与环氧氯丙烷的环氧基反应，生成端基为氯化羟丙基的二氯代醚。

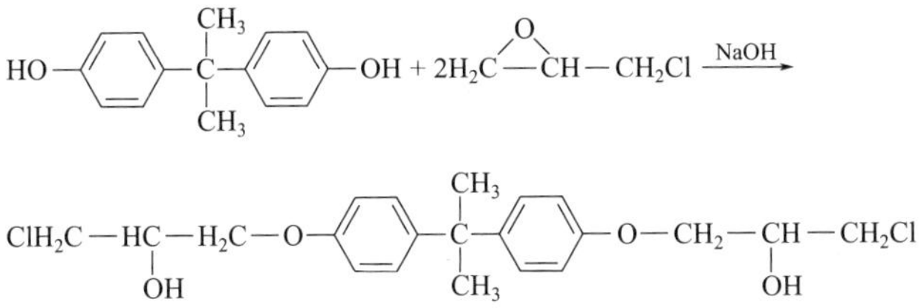

$$HO-\!\!\!\bigcirc\!\!\!-C(CH_3)_2-\!\!\!\bigcirc\!\!\!-OH + 2H_2C\overset{O}{-}CH-CH_2Cl \xrightarrow{NaOH}$$

$$ClH_2C-CH(OH)-H_2C-O-\!\!\!\bigcirc\!\!\!-C(CH_3)_2-\!\!\!\bigcirc\!\!\!-O-CH_2-CH(OH)-CH_2Cl$$

（2）闭环反应　氯化羟丙基与 NaOH 反应，脱 HCl 再形成环氧丙基，得到双酚 A 二环氧丙基醚。

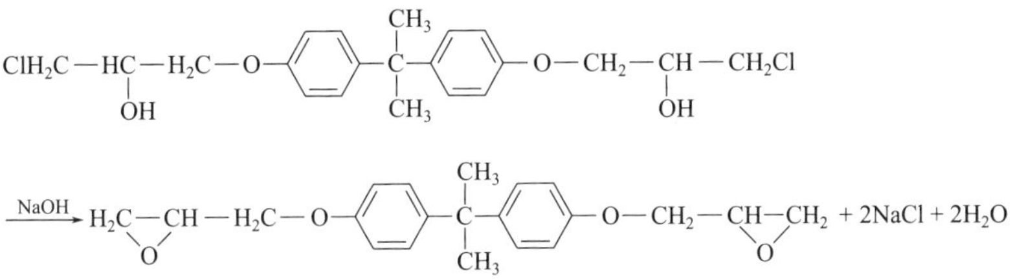

$$ClH_2C-CH(OH)-H_2C-O-\!\!\!\bigcirc\!\!\!-C(CH_3)_2-\!\!\!\bigcirc\!\!\!-O-CH_2-CH(OH)-CH_2Cl$$

$$\xrightarrow{NaOH} H_2C\overset{O}{-}CH-H_2C-O-\!\!\!\bigcirc\!\!\!-C(CH_3)_2-\!\!\!\bigcirc\!\!\!-O-CH_2-CH\overset{O}{-}CH_2 + 2NaCl + 2H_2O$$

新生成的环氧丙基进一步与双酚 A 的羟基反应生成端羟基化合物，端羟基化合物与环氧氯丙烷反应生成端氯化羟丙基化合物，生成的氯化羟丙基与 NaOH 反应，脱 HCl 再生成环氧丙基。实际上，反应是在过量很多的环氧氯丙烷存在下进行的，这样连续不断地进行开环-闭环反应，最终即可得到两端基为环氧丙基的双酚 A 型环氧树脂。环氧氯丙烷与双酚 A 的配比根据对环氧树脂分子量大小的需要而确定，环氧树脂的特性随环氧氯丙烷与双酚 A 的摩尔比的变化见表 2-1。氢氧化钠起双重作用：第一作为环氧氯丙烷与双酚 A 反应的催化剂；第二使反应产物脱去氯化氢而闭环。催化剂也可用季铵盐（如氯化苄基三甲基铵），溶剂用苯、甲苯、二甲苯。

表 2-1　环氧树脂的特性

环氧氯丙烷与 $\frac{1}{2}$ 双酚 A 的摩尔比	软化点/℃	环氧当量/(g/mol)
2.6	27	249
2.15	43	345
1.57	77	516
1.4	84	582
1.33	90	730
1.25	100	862
1.2	112	1180

在双酚 A 型环氧树脂的合成过程中，除了上述的主要反应外，还存在着一些副反应，如环氧基的水解反应、酚羟基与环氧基的反常加成反应等。若能严格控制合适的反应条件（如投料配比、NaOH 用量及投料方式、反应温度、加料顺序、含水量等），即可将副反应控制到最低限度。

2.1.2　双酚 A 型环氧树脂的合成方法

双酚 A 型环氧树脂的合成工艺流程如图 2-1 所示。

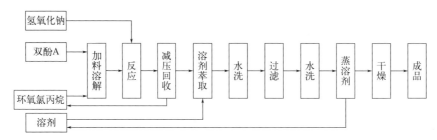

图 2-1 双酚 A 型环氧树脂的合成工艺流程

以上为一步法制造环氧树脂，常用于低、中分子量环氧树脂的合成；高分子量环氧树脂可用一步法合成，也可用两步法合成，即低分子量树脂继续与双酚 A 反应。一般认为，低分子量环氧树脂的数均分子量在 400 以下，显然其主要成分是二环氧甘油醚（分子量 340）；高分子量环氧树脂分子量在 1400 以上；两者之间为中分子量环氧树脂。

① 液态双酚 A 型环氧树脂的合成方法归纳起来大致有两种：一步法和两步法。一步法又可分为一次加碱法和两次加碱法；两步法又可分为间歇法和连续法。

一步法工艺是双酚 A 和环氧氯丙烷在 NaOH 作用下进行缩聚，即开环和闭环反应在同一反应条件下进行。目前国内产量最大的 E-44 环氧树脂就是采用一步法工艺合成的。

两步法工艺是双酚 A 和环氧氯丙烷在催化剂（如季铵盐）作用下，第一步通过加成反应生成二酚基丙烷氯醇醚中间体，第二步在 NaOH 存在下进行闭环反应，生成环氧树脂。两步法的优点是：反应时间短；操作稳定，温度波动小，易于控制；加碱时间短，可避免环氧氯丙烷大量水解；产品质量好而且稳定，产率高。国产 E-51、E-54 环氧树脂就是采用两步法工艺合成的。

② 固态双酚 A 型环氧树脂的合成方法大体上也可分为两种：一步法和两步法。一步法又可分为水洗法、溶剂萃取法和溶剂法。两步法又可分为本体聚合法和催化聚合法。

一步法（国外称 Taffy 法）工艺是将双酚 A 与环氧氯丙烷在 NaOH 作用下进行缩聚反应，用于制造中等分子量的固态环氧树脂。国内生产的 E-20、E-14、E-12 等环氧树脂基本上均采用此法。其中水洗法是先将双酚 A 溶于 10%（质量分数）的 NaOH 水溶液中，在一定温度下一次性迅速将环氧氯丙烷加入已溶解好双酚 A 的 NaOH 水溶液中使之反应，控温；反应完毕后静置，除去上层碱水后用沸水洗涤十几次，除去树脂中的残碱及副产物盐类，然后脱水得到成品。溶剂萃取法与水洗法基本相同，只是在后处理工序中除去上层碱水后，加入有机溶剂萃取树脂，能明显改善洗涤效果（洗 3~4 次即可），然后再经水洗、过滤、脱溶剂即得到成品。此法产品杂质少，树脂透明度好，国内生产厂多采用此方法。溶剂法是先将双酚 A、环氧氯丙烷和有机溶剂投入反应釜中搅拌、加热溶解，然后在 50~75℃下滴加 NaOH 水溶液，使其反应（也可先加入催化剂进行开环醚化，然后再加入 NaOH 溶液进行脱 HCl 闭环反应），到达反应终点后再加入大量有机溶剂进行萃取，再经水洗、过滤、脱溶剂即得成品。此法反应温度易控制，成品树脂透明度好，杂质少，收率高，关键是溶剂的选择。

两步法工艺是将低分子量液态 E 型环氧树脂和双酚 A 加热溶解后，在高温或催化剂作用下进行加成反应，不断扩链，最后形成高分子量的固态环氧树脂，如 E-10、E-06、E-03 等都采用此方法合成。两步法工艺国内有两种方法。其中本体聚合法是将液态双酚

A 型环氧树脂和双酚 A 在反应釜中先加热溶解，再在 200℃高温下反应 2h 即可得到产品。此法是在高温下进行反应，所以副反应多，生成物中有支链结构，不仅环氧值偏低，而且溶解性很差，甚至反应中会凝固。催化聚合法是将液态双酚 A 型环氧树脂和双酚 A 在反应釜中加热至 80～120℃使其溶解，然后加入催化剂使之发生反应，让其放热自然升温，放热完毕冷至 150～170℃反应 1.5h，经过滤即得成品。

一步法合成时，反应是在水中呈乳状液进行的，在制备高分子量树脂时，后处理较困难。制得的树脂分子量分布较宽，有机氯含量高，不易得到环氧值高、软化点也高的产品，来适应粉末涂料的要求。而两步法合成时，反应呈均相进行，链增长反应较平稳，因而制得的树脂分子量分布较窄，有机氯含量较低，环氧值和软化点可通过配比和反应温度来控制和调节，具有工艺简单、操作方便、设备少、工时短、无"三废"、一次反应即可、产品质量易控制和调节等优点，因此日益受到重视。

酚醛型环氧树脂的合成与双酚 A 环氧树脂相似。国内外生产的双酚 A 型环氧树脂与酚醛环氧树脂的技术指标分别见表 2-2～表 2-5。

表 2-2　双酚 A 型环氧树脂

统一型号	习惯型号	外观	色泽号	黏度 /(mPa·s)	软化点 /℃	环氧值 /(mol /100g)	有机氯 /(mol /100g)	无机氯 /(mol /100g)	挥发物/%
E-54	616	淡黄至黄色透明黏稠液体	2	6500 (25℃)	—	0.52～0.56	0.02	0.001	1
E-51	618		2	2500 (40℃)	—	0.48～0.54	0.02	0.001	1
E-44	6101	淡黄至棕黄色透明黏稠液体	6	—	12～20	0.41～0.47	0.02	0.001	1
E-42	634		8	—	21～27	0.38～0.45	0.02	0.001	1
E-35	637	淡黄至棕黄色透明固体	8	—	28～40	0.26～0.40	0.02	0.001	1
E-31	638		8	—	40～45	0.23～0.38	0.02	0.001	1
E-20	601		8	—	64～76	0.18～0.22	0.02	0.001	1
E-14	603		8	—	76～85	0.10～0.18	0.02	0.001	1
E-12	604		8	—	85～95	0.09～0.14	0.02	0.001	1
E-10	605		8	—	95～105	0.08～0.12	0.02	0.001	1
E-06	607		8	—	110～135	0.04～0.07	—	—	—

表 2-3　Giba-Gelgy 公司的双酚 A 型环氧树脂

型号	环氧当量/(g/mol)	黏度（25℃)/(mPa·s)	软化点/℃
6004	185	5000～6000	—
6005	182～189	7000～10000	—
6010	185～196	12000～16000	—
6020	196～208	16000～20000	—

续表

型号	环氧当量/(g/mol)	黏度（25℃）/(mPa·s)	软化点/℃
6030	196～222	25000～32000	—
6040	233～278	—	20～28
6060	385～500	—	60～75
6071	425～550	—	65～75
6075	565～770	—	85～95
6084	825～1025	—	95～105
6097	2000～2500	—	125～135
6099	2500～4000	—	145～155
7065	455～500	—	68～78
7071	450～530	—	67～75
7072	550～700	—	75～85
7097	1650～2000	—	113～123
7098	1650～2000	—	—

表 2-4　Shell 公司的双酚 A 型环氧树脂（EPON 商标）

型号	环氧当量/(g/mol)	黏度（25℃）/(mPa·s)	软化点/℃
826	180～188	6500～9500	—
828	185～192	10000～16000	—
830	190～210	15000～22500	—
834	230～280	—	35～40
836	290～335	—	40～45
840	330～380	—	55～68
1001	450～550	—	65～75
1002	600～700	—	75～85
1004	875～1025	—	95～105
1007	2000～2500	—	125～135
1009	2500～4000	—	145～155
1010	4000～6000	—	155～165

表 2-5　酚醛环氧树脂

种类	型号	外观	软化点/℃	环氧值/(mol/100g)	有机氯/(mol/100g)	无机氯/(mol/100g)	挥发物(110℃，3h)/%
苯酚甲醛环氧树脂	F-44	棕色透明高黏度液体	10	0.40	0.05	0.005	≤2 或≤1
	F-51		28	0.50	0.02	0.005	≤2 或≤1
	F-48	棕色透明固体	70	0.44	0.08	0.005	≤2 或≤1

种类	型号	外观	软化点/℃	环氧值/ (mol/100g)	有机氯/ (mol/100g)	无机氯/ (mol/100g)	挥发物 (110℃，3h)/%
甲酚 甲醛环 氧树脂	F_J-47	黄至琥珀 色高黏度液 体	35	0.45~0.50	0.02	0.005	≤2
	F_J-43	黄色琥珀 色透明固体	65~75	0.40~0.45	0.02	0.005	≤2

2.2　脂环族环氧树脂的生成反应与合成方法

脂环族环氧树脂的合成分为两个阶段：首先合成脂环族烯烃，然后再进行脂环族烯烃的环氧化。

合成脂环族烯烃常采用双烯烃加成反应。双烯烃类化合物通常采用丁二烯，双烯醛类化合物用丁烯醛、丙烯醛等。

一般采用过氧乙酸作为氧化剂使脂环族烯烃的双键环氧化：

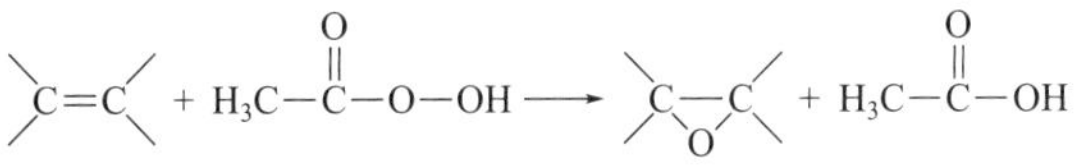

重要的脂环族环氧树脂合成路线如下。

（1）由丁二烯合成

①

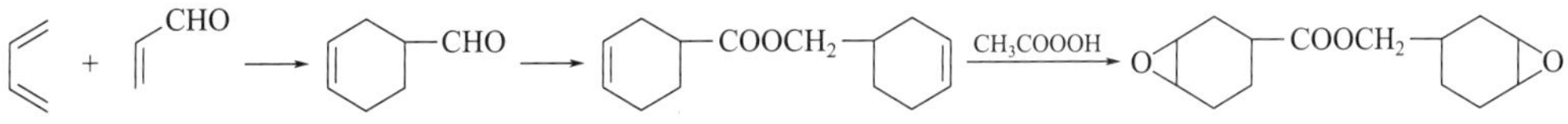

②

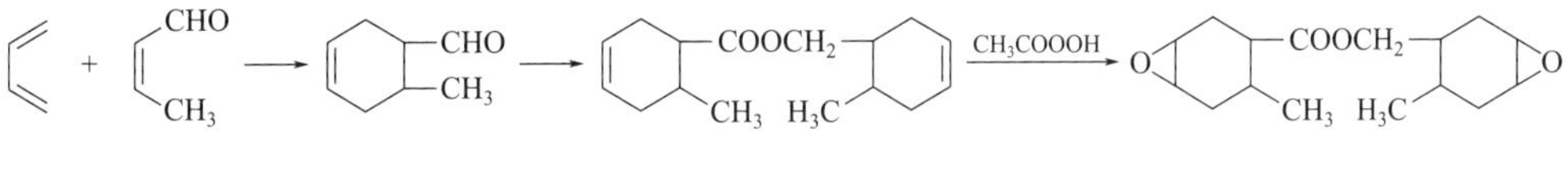

③

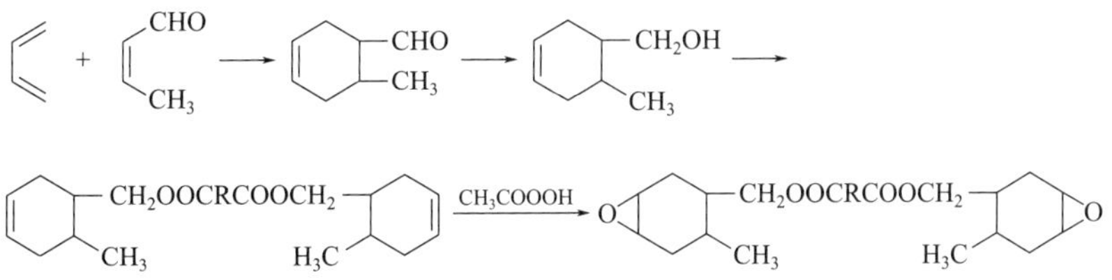

④

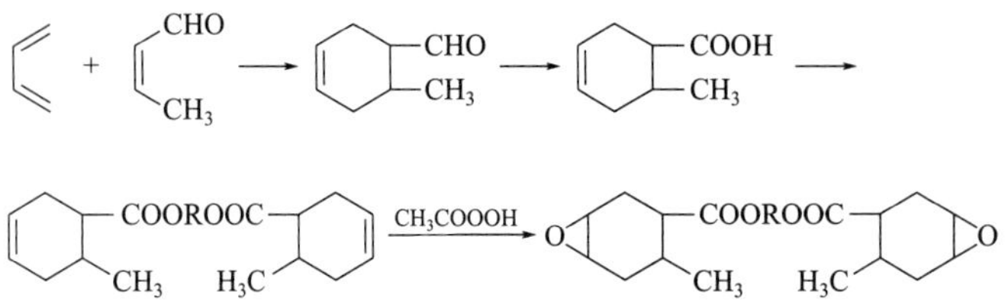

⑤

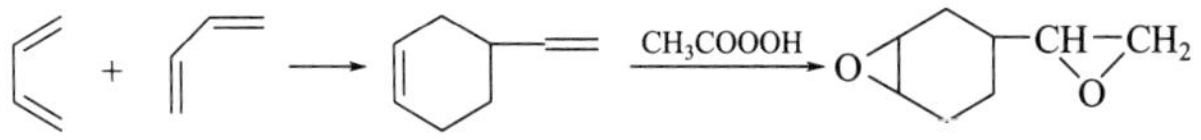

（2）由异戊二烯合成

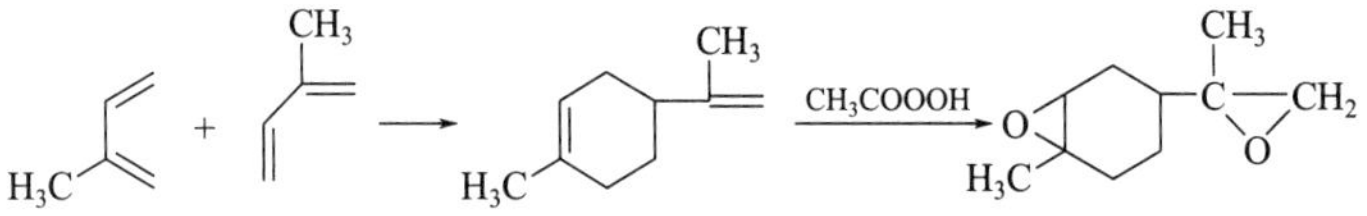

（3）由环戊二烯合成

①

②

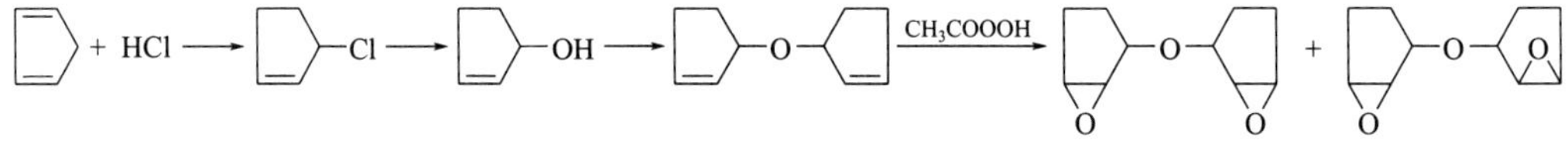

美国联碳公司（UCC）生产的脂环族环氧树脂见表2-6。

表 2-6　UCC 的脂环族环氧树脂（商标 BAKELITE）

名称	型号	化学结构式	环氧当量/(g/mol)	黏度（25℃）/(mPa·s)	软化点/℃
双（2,3-环氧基环戊基)醚	ERR-0300	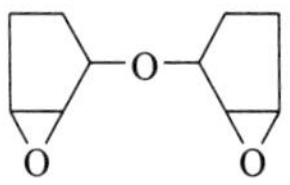	90～95	—	60
	ERLA-0400	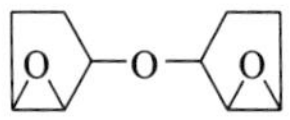	90～95	30～50	—
3,4-环氧基-6-甲基环己基甲酸-3′,4′-环氧基-6′-甲基环己基甲酯	ERL-4201	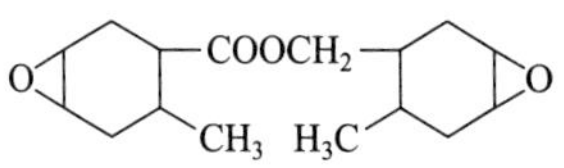	145～156	1600～2000	—

续表

名称	型号	化学结构式	环氧当量/(g/mol)	黏度(25℃)/(mPa·s)	软化点/℃
乙烯基环己烯二环氧化物	ERL-4206	结构式	70~74	<15	—
3,4-环氧基环己基甲酸-3′,4′-环氧基环己基甲酯	ERL-4221	结构式	131~143	350~450	—
1-甲基-4-异丙烯基环己烯二环氧化物	ERL-4269	结构式	85	8	—
己二酸二(3,4-环氧基-6-甲基环己基甲酯)	ERL-4289	结构式	205~216	500~1000	—
双环戊二烯二环氧化物	EP-207	结构式	82	—	184

第3章
环氧树脂的基本性能与表征分析

环氧树脂需要加入胺类或酸酐类等固化剂才能固化，其固化物的性能优异，因此环氧树脂可以用于涂料、胶黏剂、模压及成型材料等方面。然而固化剂的添加量将直接影响固化物的性能，所以最佳的配合量是环氧树脂使用上的一个重要问题。固化剂的添加量主要是由环氧树脂的环氧当量、羟基值等决定的。因此要想制得性能优异的固化物，需要正确分析它们的含量。

此外，环氧树脂的黏度、软化点、分子量及分子量分布等也将直接影响其工艺操作性和固化物的性能，所以本章介绍环氧树脂的基本性能及其环氧当量、羟基值、氯含量、黏度、软化点等的分析表征方法。

3.1 环氧树脂的基本性能

3.1.1 双酚 A 型环氧树脂

双酚 A 型环氧树脂是由双酚 A（BPA）与环氧氯丙烷（ECH）反应制得的，其中分子量最低的是双酚 A 二缩水甘油醚（DGEBA，$n=0$）。目前实际使用的环氧树脂中 85% 以上属于双酚 A 型环氧树脂。

这种缩水甘油醚型的环氧树脂通常具有六个特性参数：①树脂黏度（液态树脂）；②环氧当量；③羟基值；④平均分子量和分子量分布；⑤熔点（固态树脂）；⑥固化树脂的热变形温度。

双酚 A 型环氧树脂组成中各单元的机能：两末端的环氧基赋予反应活性；双酚 A 骨架提供强韧性和耐热性；亚甲基链赋予柔软性；醚键赋予耐化学药品性；羟基赋予反应性和粘接性。固化环氧树脂固化物的特性除了取决于上述六个基本特性参数外，还取决于固化剂的化学结构和种类。

环氧树脂固化物的诸性能因固化反应过程中进一步形成交联而提高。即使环氧树脂和固化剂体系完全相同，若采用的固化条件不同，那么交联密度也会不同，所得固化物的性能也不相同。双酚 A 型环氧树脂有很多分子量不同的品级，这些品级根据其性能而有各自的用途。液态双酚 A 型环氧树脂主要用在涂料、土木、建筑、胶黏剂、纤维增强塑料（FRP）和电气绝缘等领域的浇注、浸渍方面。固态树脂主要用于涂料和电气领域。

3.1.2 双酚 F 型环氧树脂

双酚 F 型环氧树脂由双酚 F 与 ECH 反应制得，其中分子量最低的是双酚 F 二缩水甘油醚（DGEBF）。双酚 F 型环氧树脂的化学结构与双酚 A 型环氧树脂十分相似，但其特点是黏度非常低。DGEBA 的黏度约为 13Pa・s，而 DGEBF 的黏度仅为 3Pa・s。DGEBA 在冬季常常因发生结晶而导致操作故障，但是采用 DGEBF 则不会有这样的麻烦。DGEBF 的固化反应活性几乎可以与 DGEBA 相媲美，固化物的性能除热变形温度（HDT）稍低之外，其他都略高于 DGEBA。DGEBF 的优异性能，使其用在自然条件下的土木和建筑方面的用量，有快速增加的倾向。

3.1.3　双酚 S 型环氧树脂

双酚 S 型环氧树脂是由双酚 S 与 ECH 反应制得的，其中分子量最低的是双酚 S 二缩水甘油醚（DGEBS）。双酚 S 型环氧树脂的化学结构与双酚 A 型环氧树脂也十分相似，黏度比同分子量的双酚 A 型环氧树脂略高一些。它的最大特点是比双酚 A 型环氧树脂固化物具有更高的热变形温度和更好的耐热性能。

3.1.4　氢化双酚 A 型环氧树脂

氢化双酚 A 型环氧树脂是由双酚 A 加氢得到的六氢双酚 A 与 ECH 反应制得的。其特点是树脂黏度非常低，与双酚 F 型环氧树脂相当，但凝胶时间长，需要比双酚 A 型环氧树脂凝胶时间长两倍多的时间才能凝胶。氢化双酚 A 型环氧树脂固化物的最大特点是耐候性好。

3.1.5　线型酚醛环氧树脂

具有实用价值的线型多官能团酚醛环氧树脂现在有苯酚线型酚醛环氧树脂（EPN）和邻甲酚线型酚醛环氧树脂（ECN）。它们的化学结构如图 3-1 所示。EPN 通常采用平均聚合度为 3～5 的线型酚醛树脂，ECN 采用的平均聚合度稍高一些，在 3～7 之间。EPN 和 ECN 多用于对熔融流动性要求很高的领域，因此影响熔融黏度的分子量和分子量分布显得非常重要。在线型酚醛环氧树脂中，分子量和分子量分布是由原料线型酚醛树脂决定的，所以对线型酚醛环氧树脂的分子量和分子量分布的控制有必要追溯到原料的制造环节。

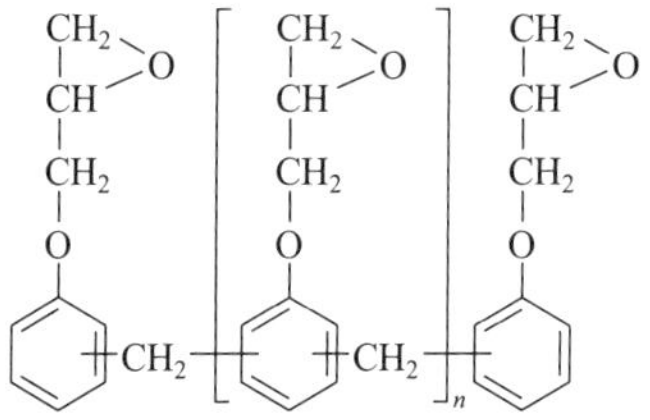

(a) EPN 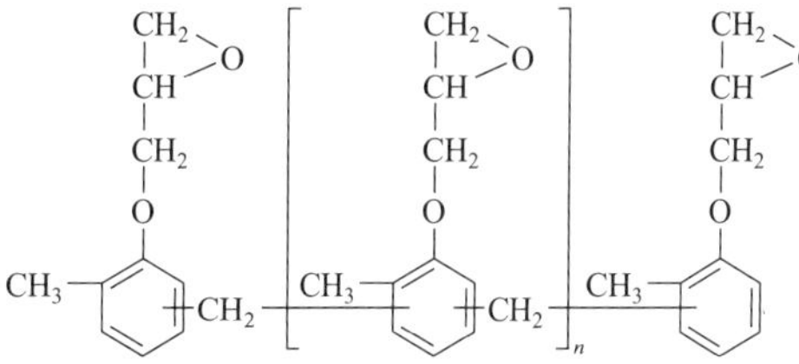　　　　　　　　　　　　　　(b) ECN

图 3-1　苯酚线型酚醛环氧树脂（EPN）和邻甲酚线型酚醛环氧树脂（ECN）的化学结构

EPN 的 $n=1～3$ 时，在室温下为半固态或固态。$n=0$ 时的 EPN 相当于双酚 F 型环氧树脂，因此 EPN 中环氧基的反应活性也颇似双酚 F 型环氧树脂中的环氧基。EPN 单独与双酚 A 型环氧树脂共混，可用于要求耐热性的印刷电路配线板并可用作电气绝缘材料、胶黏剂及耐腐蚀涂料的黏料等。

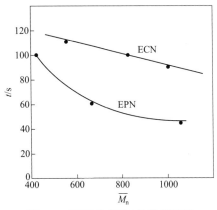

图 3-2　ECN 和 EPN 的凝胶时间
与数均分子量间的关系

ECN 和 EPN 的凝胶时间与数均分子量（$\overline{M}_n$）的关系如图 3-2 所示，ECN 中酚的邻位以甲基取代，故空间位阻效应使其环氧基的反应活性比 EPN 低，然而聚合度却比 EPN 树脂的高。因此，ECN 比 EPN 的软化点高，固化物的性能更优越。利用这一特性，ECN 可作为集成电路和各种电子电路、电子元器件的封装材料以保护它们免受外界环境的侵蚀，这类用途的需求量极大。

分子量大小也给这类树脂固化物的性能带来很大的影响。图 3-3 示出了 ECN 和 EPN 的数均分子量（$\overline{M}_n$）与其固化物的玻璃化转变温度（T_g）之间的关系。从图 3-3 可见，EPN 的 $\overline{M}_n$ 从 400 增加

到 1000 时，T_g 上升约 80℃。在低分子量时 EPN 固化物的 T_g 高一些，而在高分子量时 ECN 固化物的 T_g 略高一些。把 ECN 固化物的弯曲强度作为代表性能对软化点作图（图 3-4），很明显，弯曲强度随软化点（分子量）的提高而下降。这种树脂固化物的力学性能随分子量增加而下降。

所以，虽然 ECN 固化物的 T_g 值随分子量的增大而提高，但在实际使用中仍需适当折中考虑。

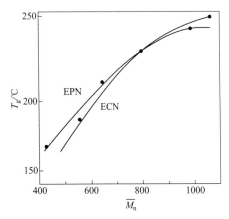

图 3-3　EPN 和 ECN 固化物的 T_g 与
树脂数均分子量（$\overline{M}_n$）的关系

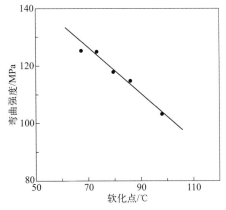

图 3-4　ECN 固化物的弯曲强度与
软化点的关系

3.1.6　多官能基缩水甘油醚树脂

与双官能基缩水甘油醚树脂相比，多官能基缩水甘油醚树脂的种类要少得多。具有实用性的有四（缩水甘油醚基苯基）乙烷（tetra-GEPE）和三（缩水甘油醚基苯基）甲烷（tri-GEPM），如图 3-5 所示。

多官能基缩水甘油醚树脂主要与通用型双酚 A 型环氧树脂混合使用或单独使用，作为 ACM 基体材料并用于印刷电路板、封装材料和粉末涂料等，固化物热变形温度在 200℃以上。

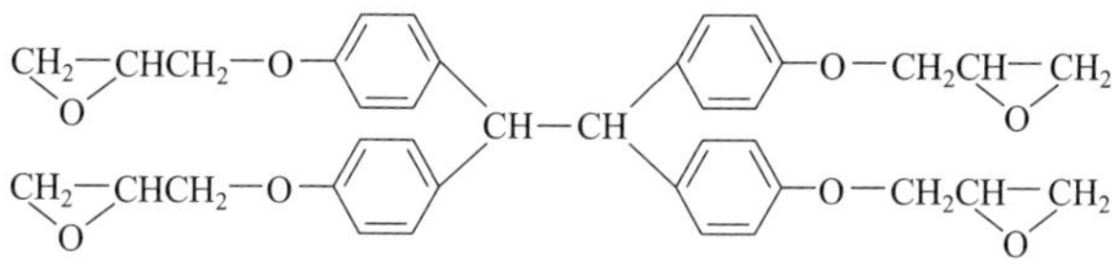

(a) 四(缩水甘油醚基苯基)乙烷
(tetra-GEPE)

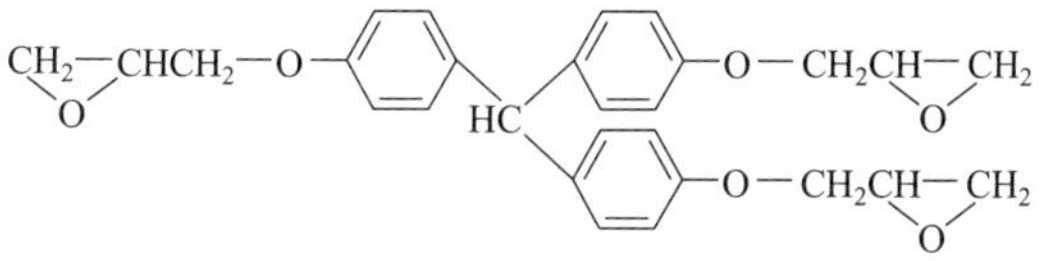

(b) 三(缩水甘油醚基苯基)甲烷
(tri-GEPM)

图 3-5　代表性的多官能基缩水甘油醚树脂

3.1.7　多官能基缩水甘油胺树脂

多官能基缩水甘油胺树脂在多官能度环氧树脂中占绝大部分,代表性的树脂结构如图 3-6 所示。由于多官能基缩水甘油胺树脂优越的粘接性和耐热性(比多官能基缩水甘油醚树脂固化物的热变形温度高 20~40℃),其用于碳纤维增强复合材料有很大用途,特别是四缩水甘油基二氨基二苯基甲烷/二氨基二苯砜(tetra-GDDM/DDS)体系被指定用于波音航空公司飞机的二次结构材料。

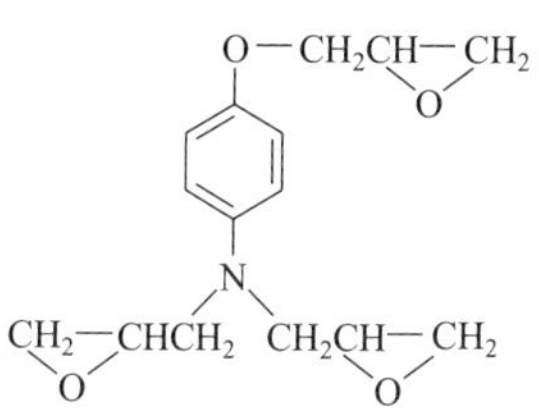

(a) 三缩水甘油基-p-氨基苯酚
(tri-GPAP)

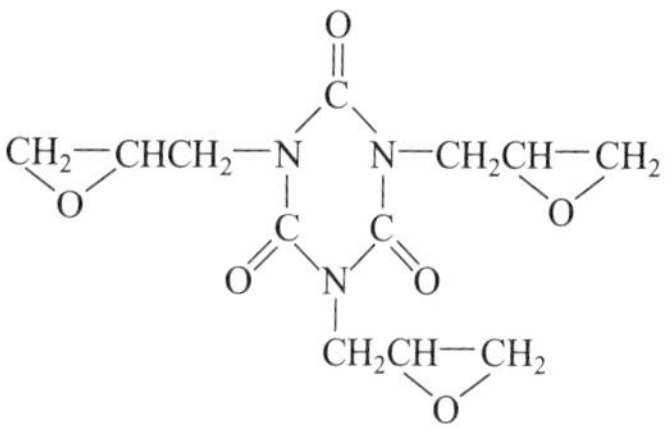

(b) 三缩水甘油基三聚异氰酸酯
(tri-GIC)

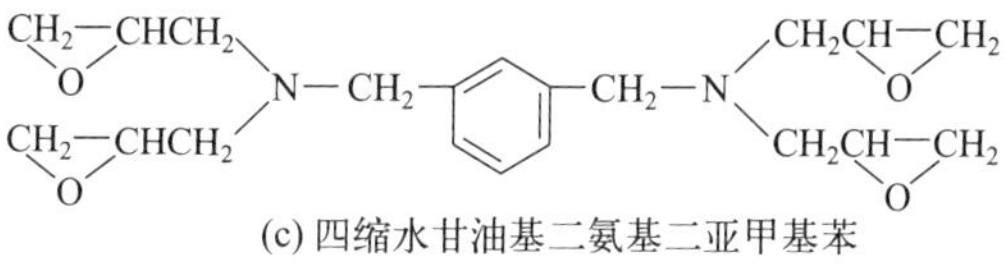

(c) 四缩水甘油基二氨基二亚甲基苯
(tetra-GXDA)

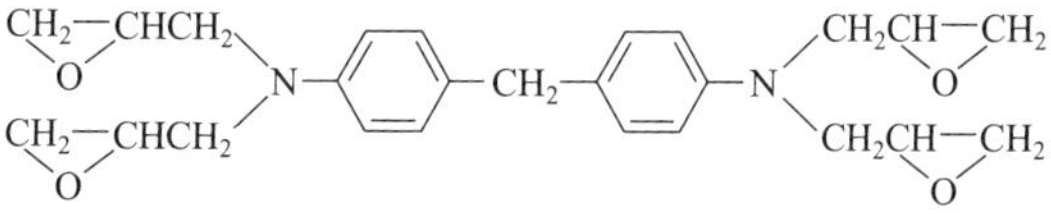

(d) 四缩水甘油基二氨基二苯基甲烷
(tetra-GDDM)

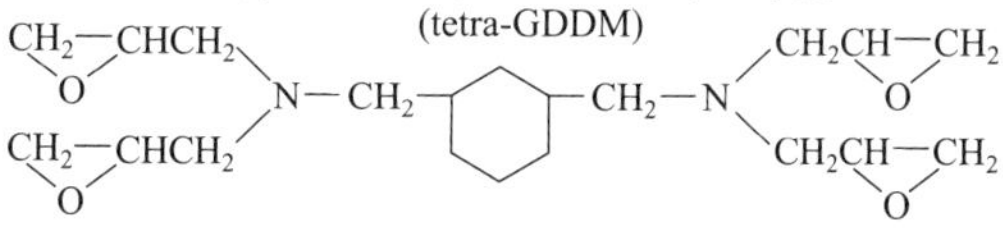

(e) 四缩水甘油基-1,3-双氨基甲基环己烷
(tetra-GBAMCH)

图 3-6　代表性的多官能基缩水甘油胺树脂

多官能基缩水甘油胺树脂中具有特别优异性能的树脂是 tri-GIC，这种树脂的透明性好，而且不易褪色，另外与双酚 A 型环氧树脂和其他树脂的相容性也十分优良。利用这种性质，把它与具有羧基的聚酯配合，可作为耐候性和耐腐蚀性优越的粉末涂料。

3.1.8 具有特殊机能的卤化环氧树脂

由于含有卤素，环氧树脂原来的机能发生了很大的变化。从树脂的机能方面来讲，具有实用价值的是溴化环氧树脂和氟化环氧树脂。溴化环氧树脂热变形温度提高，并具有阻燃性；氟化环氧树脂具有非常低的折射率和表面张力。

（1）溴化环氧树脂 溴化环氧树脂重要的品种有溴化酚醛型环氧树脂和溴化双酚 A 型环氧树脂。溴化双酚 A 型环氧树脂有以四溴双酚 A（TBBA）为原料、溴含量为 48%～50% 的高溴化环氧树脂（HBR），以及由 TBBA 与 BPA 共聚制得的、溴含量为 20%～25% 的低溴化环氧树脂（LBR）。它们的化学结构如图 3-7 所示。

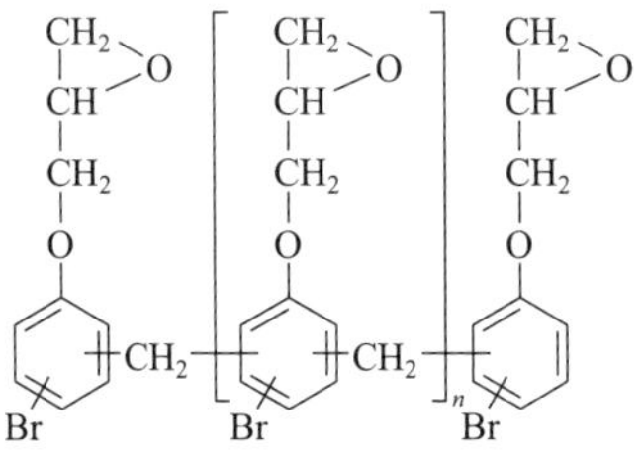

(a) 溴化酚醛型环氧树脂

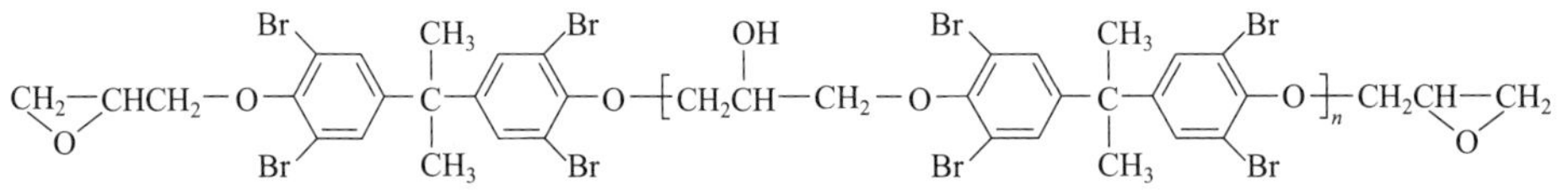

(b) HBR

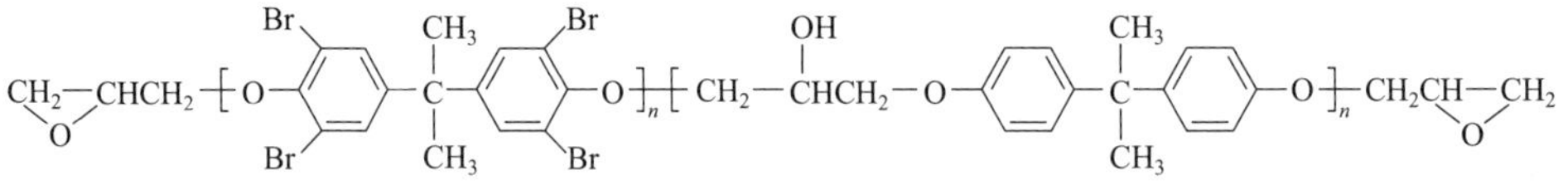

(c) LBR

图 3-7 代表性的溴化环氧树脂的化学结构

在环氧树脂的应用中，对阻燃性要求高的情况很多（特别是电气领域）。阻燃化的方法有混合非反应型阻燃剂［SbO_3、$Al(OH)_3$ 等］的方法，以及与反应型阻燃剂共聚使环氧树脂阻燃化的方法。单纯的共混往往在成型后发生起霜现象，影响其介电性能，故多采取后一种方法。溴化环氧树脂既可作为反应型阻燃剂，也可作为阻燃型环氧树脂使用。

溴化环氧树脂的用途视溴含量多少而异。HBR 直接用于印刷电路板或用于成型环氧树脂的反应型阻燃剂。LBR 主要用于 FR-4 型印刷电路板。此外，溴化的 EPN 与 HBR 一样，都可作为封装材料用环氧树脂的反应型阻燃剂。

（2）氟化环氧树脂 氟化环氧树脂的特点是具有低的折射率、表面张力和摩擦系数，它们的物理性能一般随氟含量增加而下降。

几种代表性的氟化环氧树脂的化学结构如图 3-8 所示。已知有较多品种的氟化环氧树脂，但全部都价格昂贵，故还不能用于一般用途。其中对照研究的是双酚基六氟丙烷二缩水甘油醚（DGEBHFA），其特点是低表面张力，对被粘物浸润性好，故可获得较高的粘接强度。其与双酚 A 型环氧树脂的互容性好，可用于改性双酚 A 型环氧树脂，此外还具有优越的耐湿性。

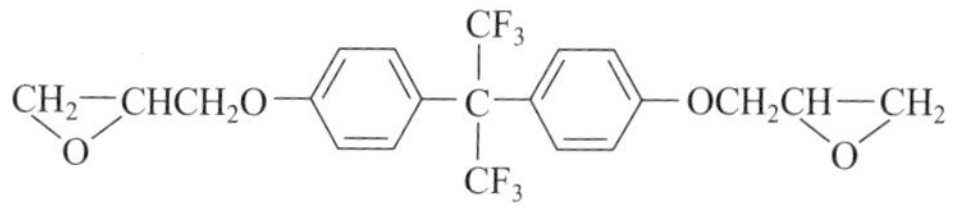

(a) 双酚基六氟丙烷二缩水甘油醚

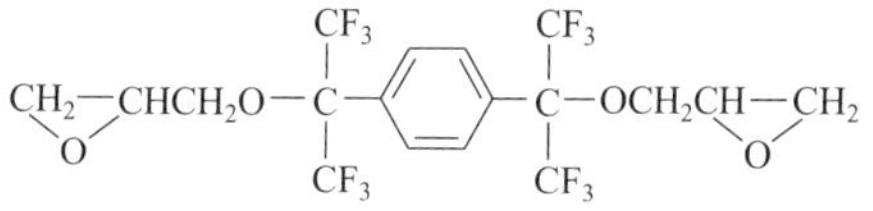

(b) 1,4-双[1-(2,3-环氧丙氧)-1-三氟甲基-2,2,2-三氟乙基]苯

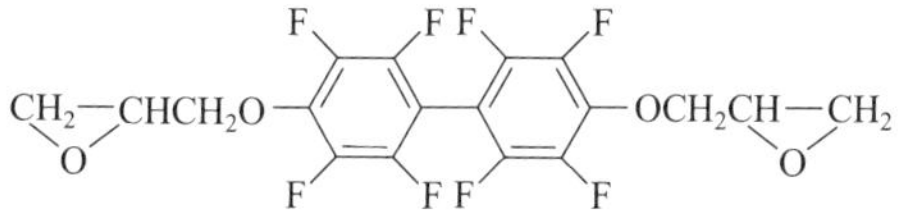

(c) 4,4'-双(2,3-环氧丙氧)八氟联苯

图 3-8　几种有代表性的氟化环氧树脂的化学结构

它的另一特点是折射率低（1.53）。它同折射率高的双酚 A 型环氧树脂（1.57）的共混物既可调整折射率，同时又是浸润性好的胶黏剂，可作为光纤用胶黏剂。

3.1.9　脂环族环氧树脂合成及结构性能

脂环族环氧树脂是指含有两个或两个以上环氧基团且环氧基团直接连在脂环上，固化后可形成三维交联网络的一类热固性高分子材料。脂环族环氧树脂首次合成于 1950 年，20 世纪 60 年代早期开始用作室外抗紫外辐射的绝缘材料。与缩水甘油醚型环氧树脂不同，脂环族环氧树脂是由不饱和脂环族化合物经过有机过氧酸的环氧化而得到的，因而游离氯或金属离子的含量很低。而且脂环族环氧树脂具有确定的分子量和分子结构，合成方法多样，具有很强的结构可设计性和"剪裁性"，易于根据实际需要来改变其化学结构，从而实现对树脂物理性能的调节。脂环族环氧树脂物理性能的突出特点是固化前室温下一般为液态而且黏度较低，往往可以不用溶剂稀释便可直接用于涂料和电子封装料等施工操作，便于进行灌封、浇注或真空注入等工艺操作。脂环的刚性结构和固化后产物的高交联密度使其对不同基板具有良好的黏结强度、高的热变形温度、优异的耐化学性能、优良的力学和电学性能。脂环族环氧树脂通常不含有芳环等强紫外发色基团，当暴露于高压电弧下时分解产生二氧化碳、一氧化碳、水等小分子挥发物，不会生成游离碳而形成导电通路，使其具有优良的耐高压漏电性能。优异的综合性能使脂环族环氧树脂近年来在超大规模集成电路封装、印制电路板制造、特种光固化涂料、真空压力浸渍技术用大容量和耐高温电机绝缘材料等领域得到应用。

目前工业化的脂环族环氧树脂大多为二官能团环氧化合物，环氧官能团在五元环、六元环或螺环结构上，由酯键或醚键连接而成，其合成一般有两个步骤：首先合成二元环烯烃化合物中间体，然后二元环烯烃化合物中间体在有机过氧酸作用下，将双键氧化为环氧基团。以 3,4-环氧基环己烷甲酸 3′,4′-环氧基环己烷甲酯（商品名 ERL-4221）为例，它从工业上易得的原料丁二烯和丙烯醛出发，经 Diels-Alder 反应得到 3-环己烯甲醛，然后在烷基铝催化下由 Tishchenko 反应制得脂环族双烯化合物 3-环己烯甲酸 3′-环己烯甲酯，再经环氧化制得。此外，采用脂环烯烃醇化物与二卤代脂肪烃经醚化和环氧化反应也得到了一系列醚键连接的二元脂环族环氧化合物。

为增加环氧树脂的韧性并克服酯基耐水解稳定性差的缺点，Crivello 等采用硅氢加成和环氧化反应制备了中间带有硅氧烷链段的双官能团脂环族环氧树脂（图 3-9）。随后他们将 3-环己烯-1-甲醇与不同二溴烷基化合物反应，再经过环氧化制备了系列烷基链长度不同（$n = 2 \sim 10$）的脂环族环氧树脂（图 3-10）。这些脂环族环氧树脂的脂环通过醚键或硅氧烷连接，避免了酯键水解对金属界面腐蚀的问题。但是，柔性链段的引入在改善固化产物韧性的同时也不可避免导致玻璃化转变温度的降低。

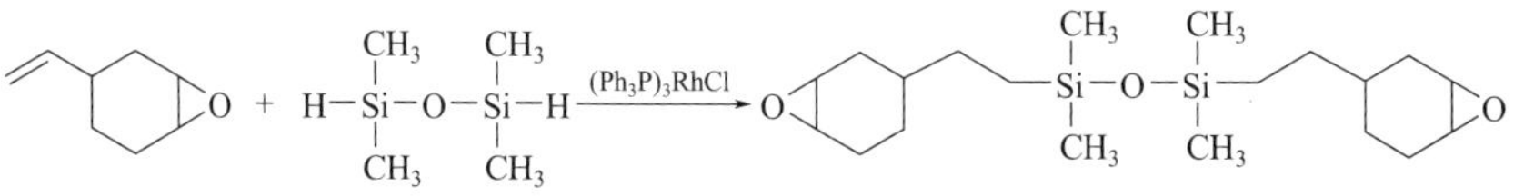

图 3-9 含硅氧烷链段脂环族环氧树脂的合成路线

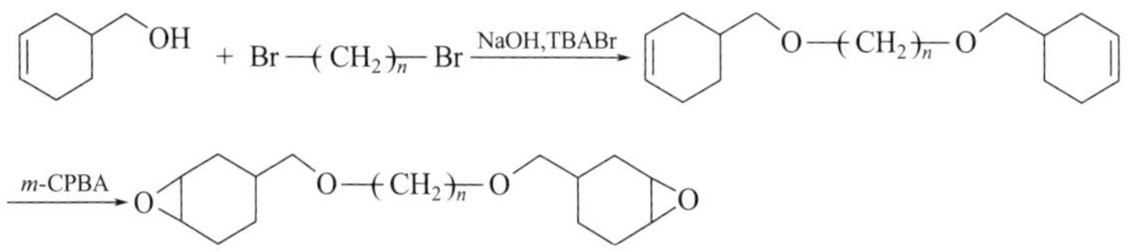

图 3-10 含烷基醚链段脂环族环氧树脂的合成路线
TBABr—四丁基溴化铵；m-CPBA—间氯过氧苯甲酸

Tao 等合成了同时含有硅氧烷和酰亚胺链段的双官能团脂环族环氧树脂（BISE）（图 3-11）。与 ERL-4221 相比，酰亚胺基团的存在使 BISE 与酸酐固化的反应活性有所降低。采用甲基六氢苯酐固化后产物的 5% 热失重温度超过 345℃，弯曲强度和拉伸强度分别为 63～82 MPa 和 31～33 MPa，相对介电常数和介电损耗因子分别为 3.2～3.3 和（2.4～4.8）$\times 10^{-3}$，玻璃化转变温度为 122℃ 左右。

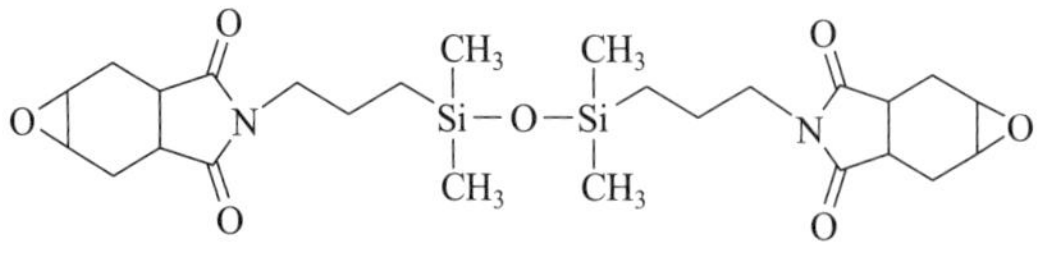

图 3-11 含硅氧烷和酰亚胺链段的脂环族环氧树脂

Zhang 等以双环戊二烯为主要原料制备了三官能团脂环族环氧树脂（图 3-12），采用甲基六氢苯酐固化后产物的玻璃化转变温度为 221.8℃，最大降解速率的温度为 370℃。

王忠刚等由 3-溴代环己烯通过 Wurtz 偶联反应、环己烯醇脱水成醚反应，或将 3-溴代环己烯分别与 3-环己烯-1-甲醇和乙二醇通过 Williamson 醚化反应，得到了四种不同结构的二环烯烃化合物。它们经过环氧化反应得到四种液体脂环族环氧树脂，即（3,4-环氧

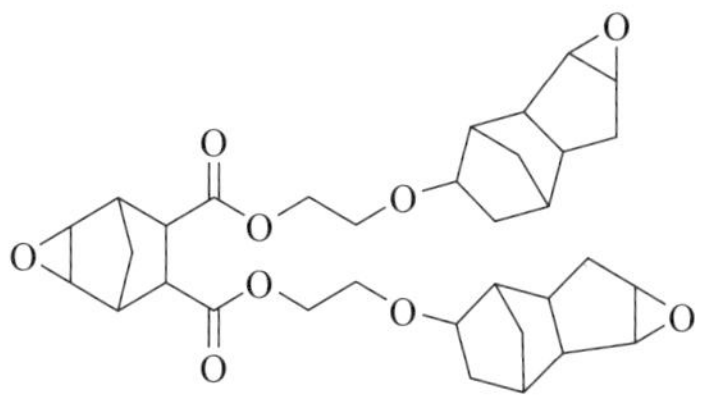

图 3-12　以双环戊二烯为主要原料制备的三官能团脂环族环氧树脂

环己氧基)甲基(2′,3′-环氧环己基)醚（EPO-Ⅰ）、双(2,3-环氧环己烷)（EPO-Ⅱ）、1,2-双(2,3-环氧环己氧基)乙烷（EPO-Ⅲ）和双(2,3-环氧环己基)醚（EPO-Ⅳ）（图 3-13）。四种环氧树脂在固化前均为低黏度液体，25℃时的黏度最低只有 52mPa·s。以甲基六氢苯酐为固化剂、1,3,5-三乙基六氢三嗪为固化促进剂进行热固化，固化产物的玻璃化转变温度为 150~180℃、热膨胀系数为（60~76）×10^{-6}℃$^{-1}$、储能模量为 2.1~3.0GPa，总体性能好于含酯键的国外同类产品 ERL-4221。

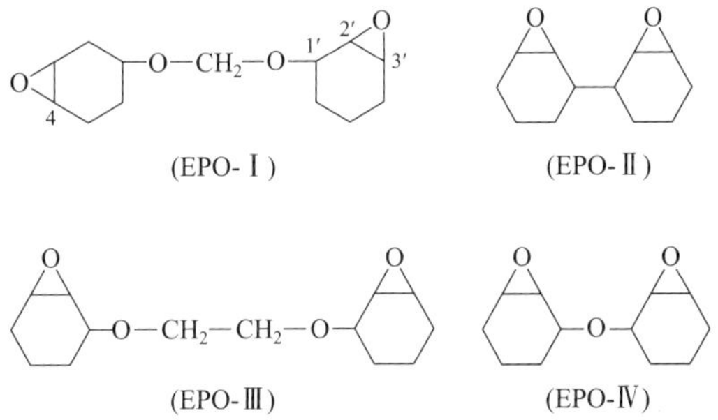

图 3-13　系列双官能团脂环族环氧树脂

随后，王忠刚等采用 3-溴代环己烯与 3-环己烯-1,1-二甲醇经醚化反应，再经环氧化反应制备了三环氧官能团的液体脂环族环氧树脂 1,1-双(2,3-环氧环己氧甲基)-3,4-环氧环己烷（EPO-Ⅴ）（图 3-14）。采用与 ERL-4221 完全相同的酸酐固化剂、固化促进剂和固化条件进行固化，测试结果表明，用酸酐类固化剂（HMPA）固化三官能团 EPO-Ⅴ 后的交联聚合物交联密度（2.08×10^{-3}mol/cm^3）和玻璃化转变温度（198℃）均远高于双官能团 ERL-4221（1.56×10^{-3}mol/cm^3 和 164℃）。

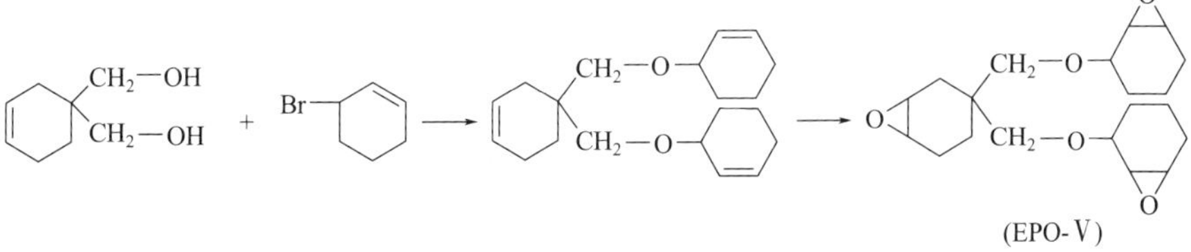

(EPO-Ⅴ)

图 3-14　三官能团脂环族环氧树脂的合成路线

为满足微电子封装对低黏度和高耐热性脂环族环氧树脂的需求，科研人员深入研究脂环族环氧树脂化学与网络交联结构变化对聚合物物理性能的影响。王忠刚等以苯基甲基二氯硅烷、甲基三氯硅烷、二甲基二氯硅烷、二苯基二氯硅烷、苯基三氯硅烷和四氯化硅为主要原料，分别与 3-环己烯-1-甲醇反应，再经环氧化反应，成功合成了环氧官能度在 2~

4 之间，系列可调的含硅脂环族环氧树脂（图 3-15）。化合物结构通过 FTIR、^{1}H NMR、^{29}Si NMR 和 HRMS 等方法进行了确认。结果表明，除四官能团 EPO-XI 以外，其他五种含硅环氧树脂室温下均为无色透明的液体，室温下黏度范围在 210～1900mPa·s 之间。EPO-XI 室温下为固体，但 45℃ 即可熔为液体。如表 3-1 数据所示，随着环氧官能度的提高，固化产物交联密度由 0.45×10^{-3} mol/cm^3 提高到 9.23×10^{-3} mol/cm^3，玻璃化转变温度由 133℃ 提高到 237℃，而热膨胀系数从 64×10^{-6}℃$^{-1}$ 降低到 48×10^{-6}℃$^{-1}$。

表 3-1　系列含硅脂环族环氧树脂酸酐固化产物的物理性能

试样	官能度	$T_{\text{g-DMA}}$ /℃	储能模量/GPa		交联密度/ （×10^{-3} mol/cm^3）	热膨胀系数（CTE）/ （×10^{-6}℃$^{-1}$）
			玻璃态	橡胶态		
EPO-VI	2	133	3.76	0.0046	0.45	64
EPO-VII	2	157	2.36	0.0099	0.82	61
EPO-VIII	2	165	2.26	0.017	1.43	53
EPO-IX	3	203	2.67	0.059	4.49	50
EPO-X	3	228	2.29	0.056	4.08	61
EPO-XI	4	237	2.59	0.129	9.23	48

注：DMA—动态热机械分析仪。

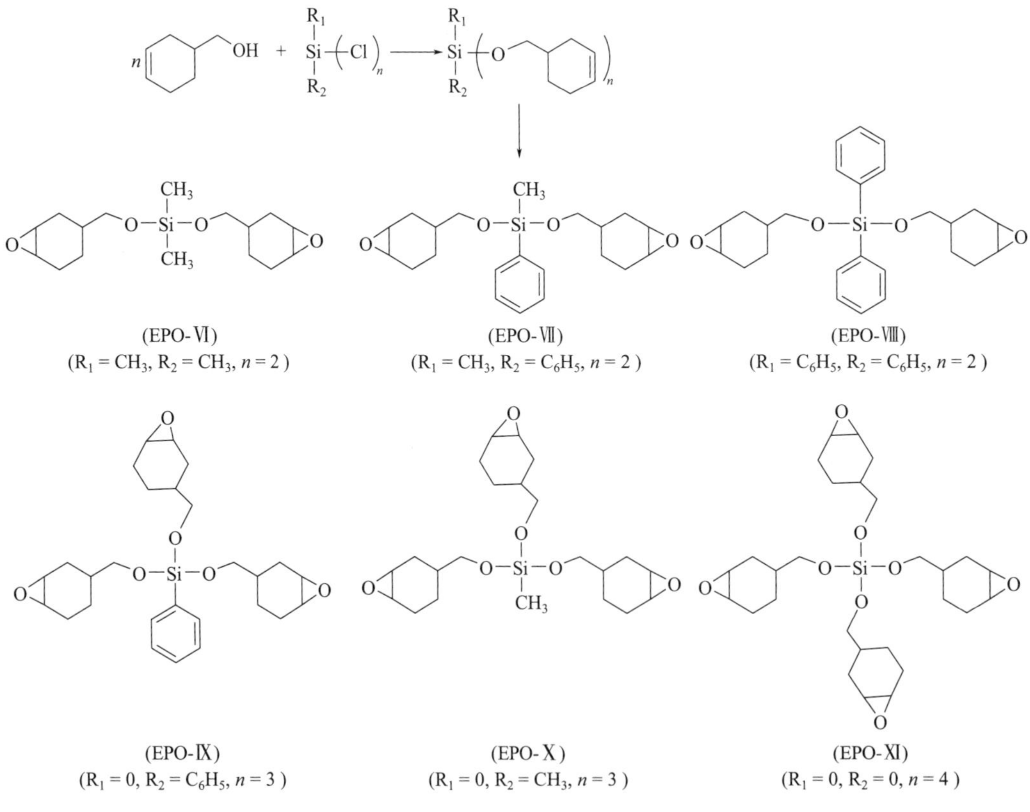

图 3-15　系列含硅脂环族环氧树脂的合成路线

3.1.10　生物基环氧树脂

传统环氧树脂的来源主要是化石原料，作为不可再生资源，其资源储量极其有限。此外，化石原料从开采到最终应用需要经过一系列的加工过程，不仅污染大，而且能耗高。

生物基环氧树脂主要以淀粉、葡萄糖、木质纤维素、植物油等农业或林业产品为起始原料，这不仅减少了化石能源的消耗，缓解了资源矛盾，还降低了传统化学品在生产制备过程中产生的能耗以及对自然环境的污染。因此，开发以可再生资源为基础的生物基环氧树脂在具有广阔应用前景的同时，对社会的可持续发展也具有重要意义。

鞣质是一类天然多元酚类化合物，根据结构和化学性质的不同主要分为可水解鞣质、缩合鞣质及复合鞣质，其中，可水解鞣质和缩合鞣质可用于环氧树脂的合成。鞣质的衍生物种类繁多，具有代表性的有没食子酸和儿茶素。由于这两种化合物的分子结构（图 3-16）中含有酚羟基或羧基，它们可与环氧氯丙烷反应制备环氧树脂，亦可与不饱和卤代烃发生反应，再经环氧化反应得到环氧树脂。最近，Aouf 等采用烯丙基溴和没食子酸为原料，经过烯丙基化和环氧化两步反应合成了含有三、四官能团的环氧树脂混合物（图 3-17），同双酚 A 型环氧树脂相比，其固化物具有较高的交联密度、玻璃化转变温度和残碳率。Aouf 等还报道了采用儿茶素与环氧氯丙烷反应合成的环氧树脂（图 3-18）。当与双酚 A 型环氧树脂共聚时，虽然固化物的储能模量略有损失，但其溶胀率较低，说明儿茶素型环氧树脂的加入提高了共聚物网络的交联程度。另外，热失重分析表明该环氧树脂共聚物具有较好的热稳定性。

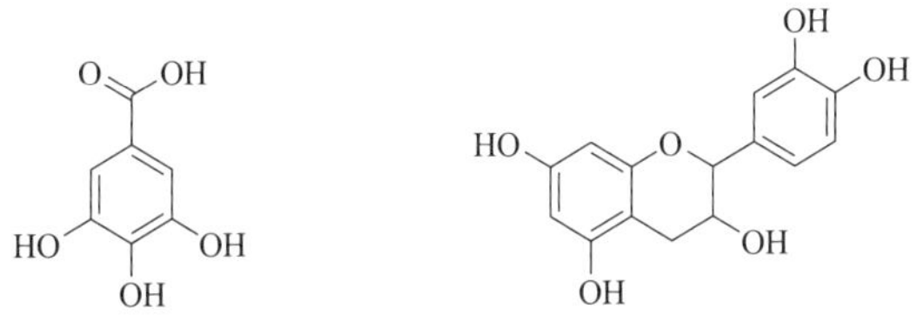

(a) 没食子酸　　　(b) 儿茶素

图 3-16　没食子酸和儿茶素的化学结构

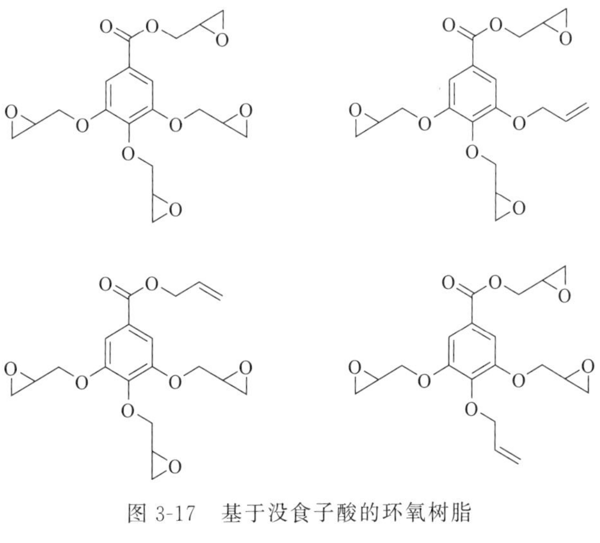

图 3-17　基于没食子酸的环氧树脂

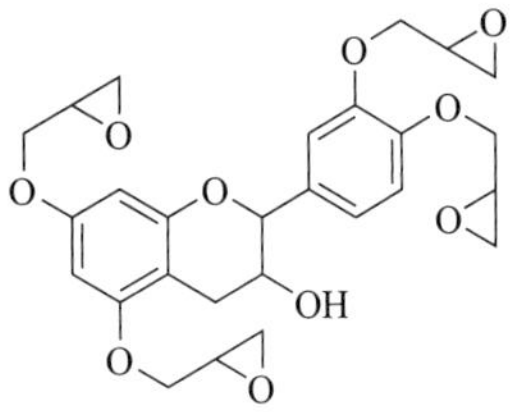

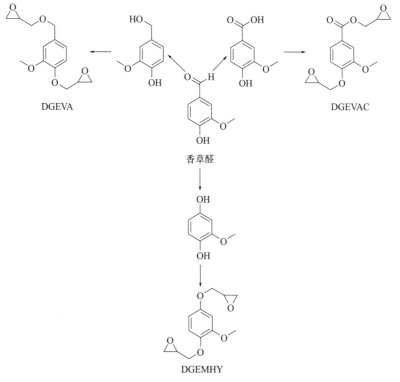

图 3-18　基于儿茶素的环氧树脂

腰果酚源自腰果壳油，是含有 0～3 个不饱和度的长碳烃基的天然酚类化合物。腰果酚中同时含有芳香及脂肪结构，这样的结构兼具了耐高温性和柔韧性。不仅如此，由于结构中含有酚羟基和不饱和双键，腰果酚常用于合成环氧树脂。Unnikrishnan 等利用腰果酚的酚羟基和环氧氯丙烷的反应合成了一种单官能团环氧化合物。研究表明，同双酚 A 型环氧树脂相比，含有 20%（摩尔分数）该单官能团的环氧化合物与双酚 A 型环氧树脂的共聚物，其拉伸、冲击及压缩强度均有所降低，但其断裂伸长率可以得到大幅提高（能量吸收无显著降低）。

木质素是一种含芳香基的天然可再生高分子聚合物，与纤维素和半纤维素共同构成了植物的骨架，在自然界中的蕴藏量仅次于纤维素。木质素的组成及化学结构较复杂，分子结构中含有芳香基、甲氧基、醇羟基、酚羟基、羰基及羧基等许多重要的活性基团，这也决定了其能够发生多种化学反应。赵斌元等采用苯酚-硫酸法对木质素磺酸钙进行酚化改性，以提高酚羟基含量，但由于酚化程度不同及存在副反应，产生了两种酚化木质素磺酸盐，一种可溶于水，另一种不溶于水。后者在氢氧化钠溶液催化作用下与环氧氯丙烷发生反应，合成了固液两种状态的木质素基环氧树脂。

木质素在碱性介质中经过硝基苯、氧、金属氧化物或有机过氧化物等氧化后可以得到香草醛。Fache 等以香草醛及其衍生物香草酸和香草醇为原料，合成了一系列缩水甘油醚型环氧树脂（图 3-19）。研究表明，芳环的引入赋予了此类环氧树脂与双酚 A 型环氧树脂相似的性能，其中，采用胺类固化剂固化后的香草酸基环氧树脂的玻璃化转变温度最高，可达到 152℃。

图 3-19　基于香草醛的环氧树脂

　　蔗糖是自然界中分布最广的二糖，以其为原料制备的聚合物在食品、化工、生物和医药等领域得到了广泛应用，这其中也包括环氧树脂。Sachinvala 等报道了以混合物形式存在的两种蔗糖基环氧单体。在环氧化过程中，改变反应体系中的过氧酸浓度可以控制每个蔗糖分子所含环氧基团的平均数目。这类蔗糖基环氧树脂单体固化后的起始分解温度高达 320℃。

　　异山梨醇是山梨醇的二次脱水产物，亦可通过葡萄糖催化加氢和淀粉糖化直接加氢等方法制备，同时，它也是合成生物基环氧树脂的原料之一。Feng 等设计合成了异山梨醇基和双异山梨醇基缩水甘油醚型环氧树脂（图 3-20）。双异山梨醇基缩水甘油醚型环氧树脂同脂肪胺 Jeffarmine T403 固化后，其冲击强度比商品化双酚 A 型环氧树脂 EPON 826 高 40%，后者的拉伸强度是前者的 96%。但是由于异山梨醇环氧树脂和 Jeffarmine T403 的强亲水性，二者固化后的交联网络吸湿率较高，导致双异山梨醇基缩水甘油醚型环氧树脂固化物的玻璃化转变温度仅为 48℃，远低于 EPON 826 环氧树脂固化物。

　　呋喃衍生物具有独特的五元芳杂环结构，是糖类的脱水产物。2-呋喃甲醛和 5-羟甲基呋喃甲醛是两种十分重要的呋喃衍生物，分别来源于戊糖和己糖，再经过氧化或还原过程可以得到 2-呋喃甲酸、2-呋喃甲醇、2,5-呋喃二甲酸和 2,5-呋喃二甲醇。Cho 等报道了分别以 2,5-呋喃二甲醇和 2-呋喃甲酸为原料合成的两种呋喃基双官能团环氧树脂——FdE（一种单呋喃基双官能团环氧树脂）和 bFdE（一种双呋喃基双官能团环氧树脂）（图 3-21）。拉伸-剪切强度测试表明，光固化后，FdE 固化物的剪切强度（4.7MPa）高于苯基缩水甘油醚固化物（2.6MPa）。然而，该课题组对于呋喃基环氧树脂的玻璃化转变温度、拉伸模量等基本性能并没有作深入研究。Hu 等采用胺类固化剂固化了呋喃基双官能团环氧树脂 BOF（即 Cho 等报道的 FdE）和苯基双官能团环氧树脂 BOB（图 3-21）。由于五元呋喃环旋转受阻，加上呋喃环上的氧原子同环氧基团开环后生成的羟基之间的氢键作用，使 BOF 固化物的玻璃化转变温度和储能模量均高于 BOB 固化物。但是这两种环氧树脂的芳环和环氧基团之间都有一个亚甲基，这导致其固化物的玻璃化转变温度要远低于不含有该亚甲基的双酚 A 型环氧树脂固化物。

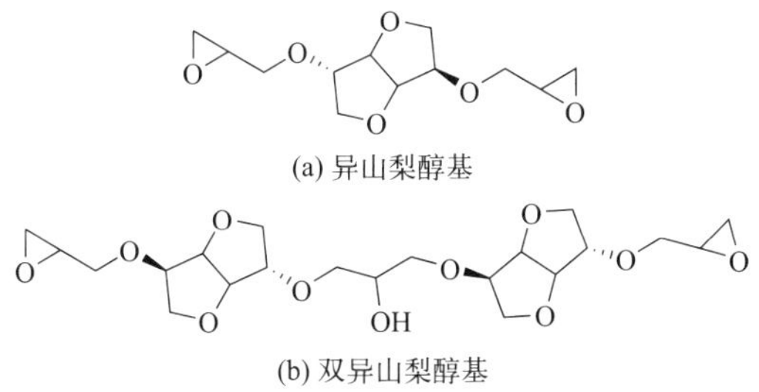

图 3-20　基于异山梨醇的环氧树脂

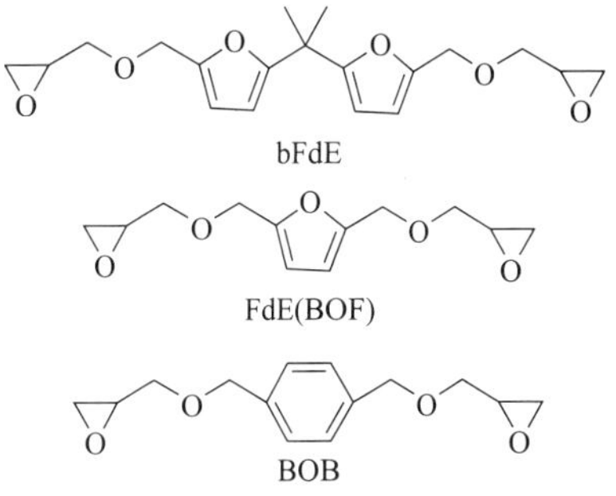

图 3-21　基于呋喃基和苯基的环氧树脂

　　植物油脂主要是三酰甘油酯的混合物，其分子结构中的双键与过氧酸发生环氧化反应，生成植物油基环氧树脂，即环氧植物油。环氧植物油的原料主要来自大豆、棕榈、蓖麻等植物产生的油脂，多种环氧植物油已在众多工业领域中得到了广泛的应用。大豆油中含有油酸（23%）、亚麻酸（54%）和亚油酸（8%）等三种不饱和脂肪酸，其烃链上分别有一个、两个和三个双键。Liu 等利用在液态 CO_2 媒介中三氟化硼引发的环氧大豆油的开环聚合，制备了高度交联的聚合物 RPESO。研究表明，聚合反应温度、引发剂浓度、单体浓度等反应条件的不同，可导致 RPESO 聚合物的玻璃化转变温度在 $-11.9℃$ 至 $-24.1℃$ 之间变化。另外，该聚合物在 200℃ 下能够保持热稳定，起始分解温度高于 340℃。由于结构的特殊性，经天然植物油的环氧化过程制备的环氧植物油（如环氧大豆油和环氧亚麻籽油），容易发生阳离子开环聚合反应，但与亲核试剂反应缓慢。Earls 等报道了几种容易受亲核试剂进攻的端基为环氧基团的三酰甘油酯，它们能同 4,4'-二氨基二苯甲烷（DDM）或邻苯二甲酸酐（PA）发生固化反应，生成交联聚合物。这几种三酰甘油酯虽然不是通过天然植物油直接制备的，却也来源于可再生资源。例如，蓖麻油的衍生物十一烯酸经过如图 3-22 所示的合成路线，可以得到含有三个环氧端基的三酰甘油酯。与双酚A 型环氧树脂相比，采用 DDM 交联的三酰甘油酯的模量较低，但其对钢、铝制品具有很强的黏结力。随着三酰甘油酯中脂肪碳链长度的缩短和环氧当量的减小，聚合物的交联密度相应地增加，玻璃化转变温度从 48℃ 上升至 133℃，弯曲模量及弯曲强度均得到提高，脂肪链长度最短的聚合物的弯曲模量及弯曲强度甚至高于双酚 A 型环氧树脂的 DDM 固化物。三酰甘油酯的 PA 聚合物的性能规律与 DDM 聚合物一致，但其玻璃化转变温度、弯曲模量和弯曲强度均远低于双酚 A 型环氧树脂的 PA 固化物。

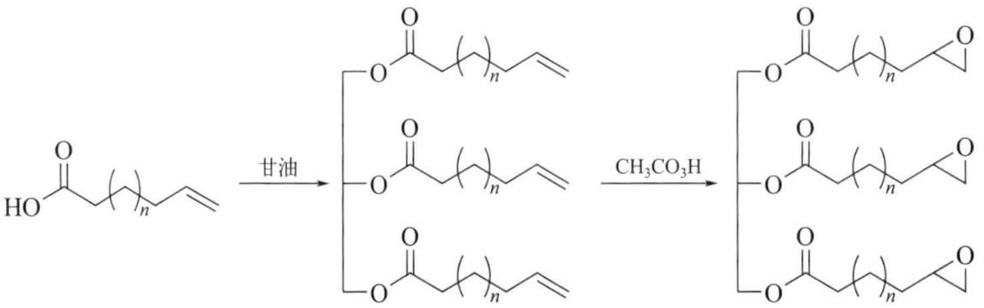

图 3-22　三酰甘油酯的制备

柠檬烯是广泛存在于天然植物中的单环单萜烯，存在于 300 种以上的植物精油中，例如，柠檬、柚子、橙子中柠檬烯的含量可高达 80%～95%，而在玫瑰草中，其含量仅为 1%。Xu 等以柠檬烯和萘酚为原料合成了含有萘基的脂环族环氧树脂。研究表明，同双酚A 型环氧树脂相比，该环氧树脂固化后具有较高的玻璃化转变温度、较低的热膨胀系数、较优异的热稳定性、较好的防潮性及介电性能。

松香是一种可再生的天然树脂，其主要成分是含有氢化菲结构的枞酸型树脂酸和海松酸型树脂酸。由于分子结构中含有双键和羧基两种活性基团，树脂酸可以在过氧酸的作用下被氧化成含有脂环的环氧树脂，也可以同环氧氯丙烷发生反应生成缩水甘油酯类环氧树脂。Mantzaridis 等设计合成了两种以树脂酸低聚物为原料的环氧树脂：一种是可作为双酚 A 型环氧树脂胺类固化体系添加剂的固态环氧树脂 PGrE，另一种是可单独同胺类固化剂固化的液态环氧树脂 PGrGE（如图 3-23 所示）。研究表明，在采用胺类固化剂固化的双酚 A 型环氧树脂体系中，当 PGrE 的添加量为零时，该环氧树脂固化物的玻璃化转变温度可以达到 140℃；当 PGrE 的添加量达到最大值，即总质量的 60% 时，该环氧树脂固化物的玻璃化转变温度降低至 114℃。同样地，随着 PGrE 含量的增加，相应的环氧树脂固化物的储能模量也有所降低。另一方面，PGrGE 环氧树脂固化物的玻璃化转变温度可达到 93℃，储能模量可达到 1.2 GPa。

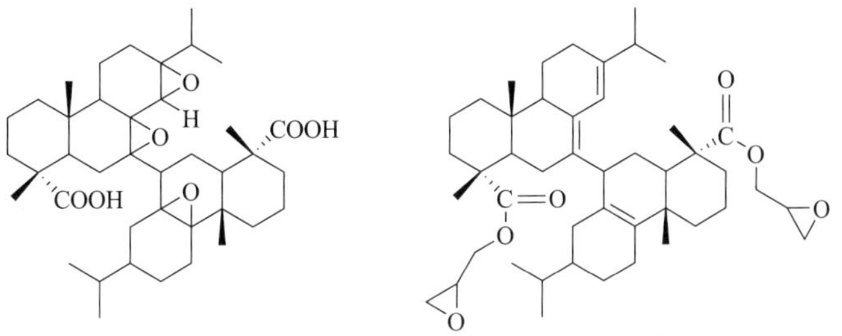

(a) PGrE (b) PGrGE

图 3-23　基于树脂酸的环氧树脂

3.1.11　可控降解环氧树脂

传统的环氧树脂固化后会形成高度交联的三维网络结构，这种致密的交联网络所具有的不溶不融特性，赋予了环氧树脂优异的热稳定性、力学性能及耐化学药品性能，使其广泛应用于电子封装、复合材料、涂料及胶黏剂等领域。然而，这种不溶不融的特性也给采用环氧树脂粘接的产品的修理、替换和回收等操作处理带来了很大困难。以环氧树脂在微电子封装领域的应用为例，目前该领域中倒装芯片（flip chip）和多芯片组件（MCM）等封装技术发展迅速，制造更小更轻更薄的电子产品已成发展趋势，集成电路的特征尺寸越来越小，封装密度和引脚数也越来越高。经环氧树脂封装后的芯片很难拆除，一块芯片的损坏乃至一个引脚的连接缺陷都会造成整个电路板的报废，并产生大量的电子废弃物，不但增加了生产成本，浪费了宝贵资源，还带来了环境危害及潜在的环境风险。相似的情况还有碳纤维增强复合材料中碳纤维的回收再利用。碳纤维增强复合材料应用范围很广，小到体育用品、健身器材，大到汽车、造船、航空航天等行业。环氧树脂因其耐久性常用作碳纤维增强复合材料的基体树脂，但是它也阻碍了碳纤维的回收再利用。如果能在特定条件下破坏环氧树脂的交联网络，使其降解成小分子化合物，那么无论是电子产品中损坏芯片的替换或完好芯片的回收，还是复合材料中碳纤维等昂贵增强材料的循环利用均可以实现。

为了获得可降解的环氧树脂热固性材料，一个行之有效的方法是通过分子设计向环氧树脂的三维交联网络中引入化学不稳定或热不稳定的基团，使基团中的弱键在特定条件下发生断裂，从而实现材料分子水平的可控降解。可降解型环氧树脂主要包括热降解型环氧树脂和化学降解型环氧树脂。

3.1.11.1　热降解型环氧树脂

热降解型环氧树脂需要满足的性能要求包括以下几点：

① 室温下呈现液态以便于封装操作；

② 固化过程中保持稳定；

③ 为保证电子产品的正常使用，在低于 200℃时，固化产物应具有良好的热稳定性；

④ 由于局部加热可能对其他无需降解处理的原件造成破坏，热降解型环氧树脂固化产物需要在 200～300℃之间具有很快的降解速度，同时，降解后产生的残留物要极易去除。

3.1.11.1.1　叔酯/叔醚型热降解环氧树脂

Yang 等设计并合成了一系列含仲（烷基）酯及叔（烷基）酯基团的双官能团脂环族环氧树脂（图 3-24）。研究表明，含伯酯和仲酯基团的环氧树脂固化物起始分解温度分别为 340℃和 320℃左右，而含叔酯基团的环氧树脂固化物的起始分解温度则降至 220℃左右，这是因为相比于仲酯和伯（烷基）酯，叔酯中的 C—O 键键能更低，能在较低温度下断裂，同时，断裂后生成的羧酸会催化加速附近其他酯键的分解，进而导致整个交联网络的降解。此外，若环氧基团上连有甲基，经酸酐固化后，会在交联点处原位产生新的叔酯基团。因此，本身含有叔酯基团且环氧基团上连有甲基的环氧树脂，同酸酐固化后具有更宽的热失重温度范围，而含有的甲基越多，其热降解速度也越快。

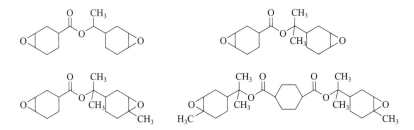

图 3-24　含仲酯及叔酯基团的双官能团脂环族环氧树脂

Ramis 等利用内酯同双酚 A 二缩水甘油醚的阳离子共聚合反应，合成了一系列含有仲酯及叔酯基团的环氧树脂共聚物。研究表明，由于向环氧树脂交联网络中引入了热不稳定的仲酯及叔酯基团，环氧树脂共聚物的起始分解温度明显低于双酚 A 型环氧树脂固化物，并随着酯基的增加而降低。此外，内酯与环氧基团反应生成的中间体螺环原酸酯在聚合反应过程中还可有效降低固化物的收缩率。

王忠刚等报道了分别含伯（烷基）醚、仲（烷基）醚、叔（烷基）醚结构的系列脂环族环氧树脂（图 3-25）。环氧固化物的热失重测试结果如下。样品Ⅲe、Ⅵe 和 ERL-4221 的起始分解温度较高，在 304～321℃之间；失重 10% 的温度范围为 315～340℃；失重 50% 的温度范围为 375～380℃；失重 80% 的温度范围为 401～429℃；温度达到 600℃时的残余物小于 5%。而样品Ⅶe 和Ⅷe 的起始分解温度低得多，在 222～239℃之间；失重 10% 的温度范围为 247～262℃；失重 50% 的温度范围为 333～360℃；失重 80% 的温度范围为 359～390℃；温度达到 600℃时的残余物小于 1%。这五个样品具有不同的起始分解温度，是由它们各自的分子结构中具有不同的键强度所导致的。

在Ⅶe 和Ⅷe 中分别含有一个仲碳醚键和一个叔碳醚键，它们的键强度和键的分解活化能低，起始分解温度出现在 220℃左右；而在Ⅲe、Ⅵe 和 ERL-4221 分子中，只有一个伯碳醚键或伯碳酯键，它们的键强度和键的分解活化能高，所以它们的起始分解温度大于 300℃，比含有仲碳醚键或叔碳醚键的环氧化合物Ⅶe 和Ⅷe 的起始分解温度高 80℃左右。

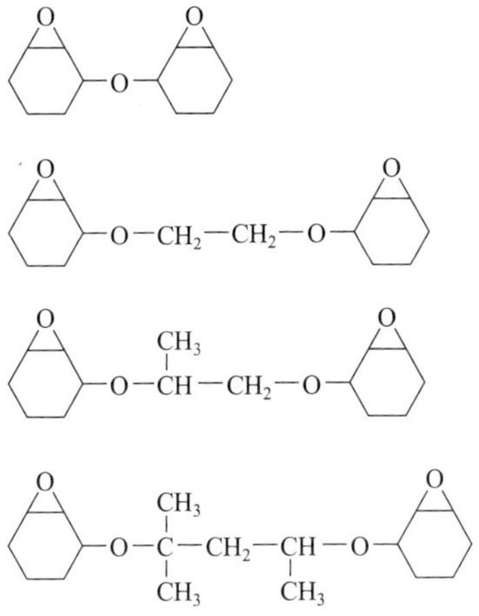

图 3-25　含仲醚及叔醚基团的脂环族环氧树脂

3.1.11.1.2　磷酸酯型热降解环氧树脂

王忠刚等报道了两种含有磷酸酯基团的分别为二、三官能团的脂环族环氧树脂 Epoxide-P1 和 Epoxide-P2，其合成路线如图 3-26 所示，主要包括两步反应，首先是烯烃化合物的合成，然后是烯烃化合物的环氧化反应。这两种含磷环氧化合物在室温下为液态，用旋转黏度计测得 Epoxide-P1 及 Epoxide-P2 在 25℃ 下的黏度值分别为 990mPa·s 和 2110mPa·s。这两种环氧单体室温下的黏度均高于 ERL-4221 的黏度（409mPa·s），这主要是由于它们较高的分子量以及分子极性。然而，这两种环氧单体的黏度随着温度的升高显著下降，当温度由 25℃ 升高到 35℃ 时，Epoxide-P2 的黏度由 2110mPa·s 迅速下降到约 600mPa·s，当加热到 85℃ 的时候，其黏度下降为 30mPa·s，已经接近 ERL-4221 在这一温度下的黏度值（图 3-27）。Epoxide-P1 的黏度也表现出类似的温度触变性。这两种含磷环氧单体黏度所表现出的这种温度触变性对于其在电子封装方面的应用是有利的，因为高温下的低黏度利于封装操作的进行，而降至室温后的高黏度利于封装形状的保持。

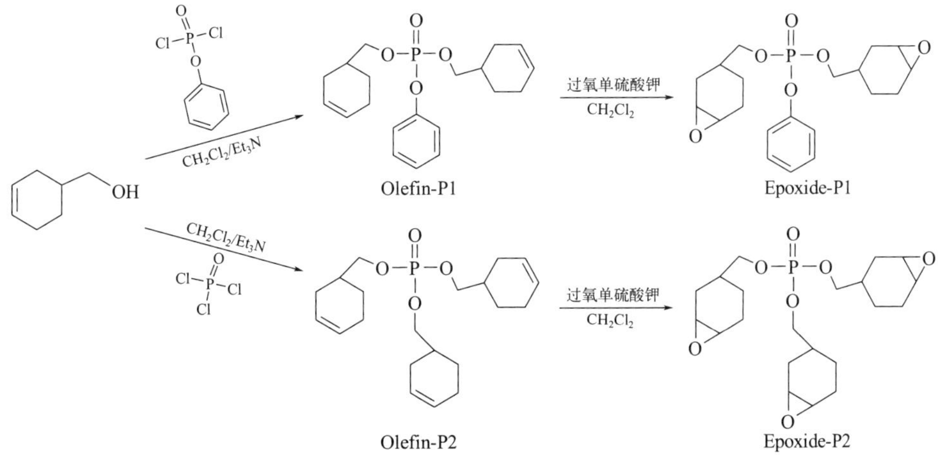

图 3-26　磷酸酯型脂环族环氧化合物的合成路线

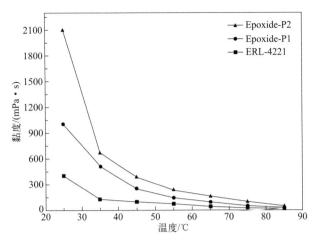

图 3-27 Epoxide-P1、Epoxide-P2 和 ERL-4221 的黏度-温度变化曲线

图 3-28 所示为 Epoxide-P1、Epoxide-P2 及商品化环氧树脂 ERL-4221 的动态力学曲线。Epoxide-P2 是三官能度环氧化合物，固化后具有最高的交联密度，因此 T_g 也最高，其值高达 227℃。作为热固性材料，环氧树脂仍然具有黏弹性，其力学性能受温度的影响。可以发现 Epoxide-P1 和 Epoxide-P2 固化后的玻璃态储能模量（约 2.5 GPa）略微大于 ERL-4221 的储能模量（2.3 GPa），表明这两种环氧树脂具有较好的力学强度。根据经典聚合物黏弹理论，环氧固化物的交联密度（ρ）可以通过式（3-1）计算。

$$\rho = \frac{G'}{3RT} \qquad (3\text{-}1)$$

式中，G' 为 $T_{g\text{-DMA}} + 30℃$ 下的储能模量；R 为摩尔气体常数；T 为 $T_{g\text{-DMA}} + 30℃$ 的热力学温度。由此计算出三官能度的 Epoxide-P2 环氧固化物的交联密度要比二官能度的 Epoxide-P1 和 ERL-4221 固化后的交联密度值分别高出 294％和 65％。

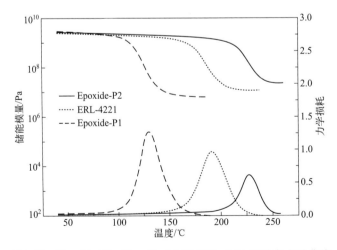

图 3-28 Epoxide-P1、Epoxide-P2 和 ERL-4221 的动态力学曲线

图 3-29 为以上三种环氧树脂固化物分别在氮气、空气气氛下的 TGA 及 DTG（由 TGA 微分获得）曲线。由图可见，相比于 ERL-4221，两种含磷的环氧树脂固化物在较

低的温度下就开始发生热降解并且降解速率非常快。在氮气气氛下 Epoxide-P1、Epoxide-P2 及 ERL-4221 固化物的初始降解温度分别为 222℃、257℃ 和 316℃，最快降解速率温度分别为 259℃、279℃ 和 368℃。除了最终残碳率稍微有区别之外，几种环氧树脂固化物在空气气氛中的降解行为和在氮气气氛中类似，这表明有氧气氛对这几种环氧树脂的热降解行为影响不大。两种含磷环氧树脂在 800℃ 条件下的残碳率在 8%～12%，而 ERL-4221 固化物在 800℃ 的残碳率几乎为 0，这是由于有机磷组分在聚合物发生热降解时可以起到促进成碳的作用。

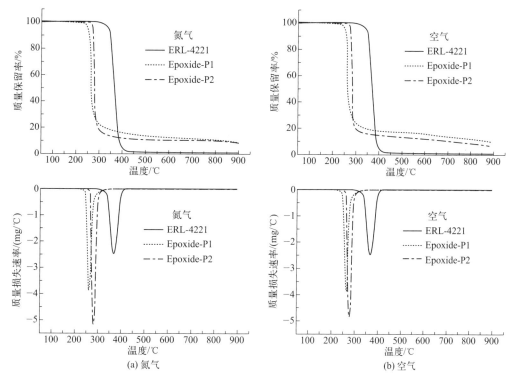

图 3-29   三种环氧树脂固化物的 TGA 和 DTG 曲线

Epoxide-P1 和 Epoxide-P2 固化物在 230℃ 以下是稳定的，这保证了两种环氧树脂可以充分抵御集成电路板加工和电子器件工作温度带来的热冲击。而另一方面，从两种含磷环氧树脂热降解曲线的形状可以发现，当它们被加热到降解温度后，会在很小的温度区间内迅速地热降解。为了进一步考察这两种环氧树脂的热降解速率，对它们进行了 260℃ 下的等温 TGA 测试（图 3-30）。可以看到 Epoxide-P1 和 Epoxide-P2 固化物分别只需要 3min 和 8min 便可失重约 70%。

为了研究含磷环氧树脂的降解机理，选取 Epoxide-P2 固化物为代表对其热降解残余组分及挥发组分进行了红外测试表征。将 Epoxide-P2 固化物分别在 260℃、320℃ 以及 360℃ 下进行等温降解，不同时间和降解温度下残余物的红外谱图如图 3-31 所示。对比谱图中的 (a)、(b) 和 (c)，可以发现该环氧树脂在 260℃ 下加热 2min 后，其红外谱图在 2100～3200cm^{-1} 范围内出现较宽吸收，而且吸收随着逐渐加热到 10min 后变得更加强烈，在 1648cm^{-1} 处也出现了这种类似的变化。这些吸收峰是有机磷酸中的 O—H 和

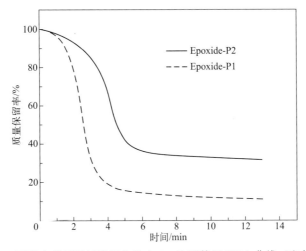

图 3-30 两种含磷环氧树脂固化物在 260℃下等温 TGA 曲线（空气气氛）

O ═P 的特征吸收峰，磷酸的产生说明了磷酸酯结构中 P—O—C 键的断裂。当降解温度进一步提高，生成的有机磷酸会自聚生成多聚磷酸，这一点可以从谱图中 900～1100cm^{-1} 以及 1250～1300cm^{-1} 处出现的 P—O—P—O 特征吸收得到证实。之前 Epoxide-P2 固化物的等温 TGA 测试结果表明，当环氧树脂在 260℃加热 10min 其质量损失超过了60%，此时随着环氧交联网络的降解，来自 MeHHPA 和 Epoxide-P2 的脂肪组分很大部分都已经作为碎片挥发了，这一点可以从谱图（a）～（c）中显著减弱的 2933cm^{-1}、2856cm^{-1}、1458cm^{-1}（CH 及 CH$_2$）以及 1734cm^{-1}（COO）等吸收峰得到证实。当温度为 320℃和 360℃时［谱图（d）和（e）］，含磷组分的特征峰，如 P ═O、P—O—P—O 依然存在且很强，而 C—H（2933cm^{-1} 和 3854cm^{-1}）和 COO 结构（1734cm^{-1}）进一步减少，说明此时降解残余物以富磷组分为主。

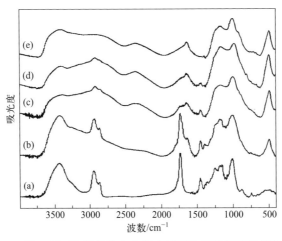

图 3-31 Epoxide-P2 固化物在空气中不同阶段降解产物红外谱图
(a) 260℃，0min；(b) 260℃，2min；(c) 260℃，10min；(d) 320℃，20min；(e) 360℃，20min

另外，对 Epoxide-P2 固化物在 260℃下降解挥发组分冷凝液进行了红外测试，如图3-32 所示。在 2min 时收集的挥发组分的红外谱图中，可以在 2933cm^{-1} 和 2856cm^{-1} 处发现 C—H 的特征吸收，在 1704cm^{-1} 和 2665cm^{-1} 处发现羧酸的特征吸收以及在

1734cm^{-1} 处发现酯键的特征吸收。随着降解时间延长到 10min，1734cm^{-1} 处酯键的吸收消失了，取而代之的是在 1857cm^{-1} 和 1773cm^{-1} 处产生的酸酐的特征吸收峰。以上挥发组分红外光谱信息表明，在降解的最初阶段由于磷酯及少量碳酯的降解，挥发组分可能主要由脂环羧酸和脂环酯构成。当降解时间延长后，在产生的酸的催化下，酯结构大部分发生了降解，产生大量羧酸并在高温下脱水产生酸酐，因此在谱图（b）中可以发现强烈的酸酐特征吸收峰。

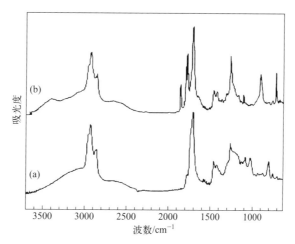

图 3-32　Epoxide-P2 固化物 260℃下降解挥发组分冷凝液的红外谱图
（a）2min 时冷凝组分；（b）10min 时冷凝组分

通过 TGA、红外光谱以及分子优化计算，含磷环氧树脂的热降解行为可按如下机理进行解释：当加热到降解温度时，较弱的磷酸酯结构发生热解产生强的磷酸组分，磷酸组分可以进一步催化加速周围碳酸酯及磷酸酯的热降解，破坏了环氧交联网络。因此，磷酸酯结构在环氧交联网络中的均匀分布以及降解产生的磷酸组分对进一步降解的原位催化作用，是两种含磷环氧树脂固化物表现出较低的降解温度和极快的降解速率的根本原因。此外，Epoxide-P1 固化物相比 Epoxide-P2 固化物具有较低的起始降解温度和较快的降解速率。这主要有两方面原因，首先，磷酸酯降解会产生磷酸组分，磷酸会催化加速周围磷酸酯、碳酸酯的进一步热降解。而磷酸的扩散能力与环氧树脂交联网络中分子链段运动能力相关，Epoxide-P1 固化物具有较低的交联密度和玻璃化转变温度，其分子链段运动能力相比交联程度较高的 Epoxide-P2 固化物更强，因此热解产生的磷酸扩散较快，表现出较低的起始降解温度。其次，Epoxide-P1 固化物的含磷量为 4.6%，高于 Epoxide-P2 固化物的 3.7%，较高的含磷量意味着含有较多弱的磷酸酯结构，这是 Epoxide-P1 固化物具有较低起始降解温度的另一原因。

3.1.11.1.3　亚磷酸酯型热降解环氧树脂

为了进一步降低环氧树脂的热降解温度，在磷酸酯型环氧树脂基础上，王忠刚等人设计合成了亚磷酸酯型三官能团脂环族环氧树脂（图 3-33）。将所制备产物 Epo-phosphite 和具有相同环氧基团的磷酸酯型环氧树脂 Epo-phosphate-2 按相同配方进行固化，研究了磷酸酯和亚磷酸酯型环氧树脂结构与热分解性能的关系。

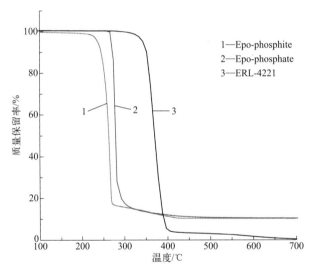

图 3-33 亚磷酸酯型脂环族环氧树脂的合成路线

由图 3-34 可见，亚磷酸酯基环氧树脂固化物比磷酸酯基环氧树脂固化物表现出更低的降解温度。通过引入亚磷酸酯基团，环氧树脂固化物的降解温度呈现明显降低的趋势。虽然两种含磷环氧树脂的磷含量仅相差 0.1%，但其降解温度差异可达 20℃，使得 Epo-phosphite 的降解温度更加接近可修复降解类材料最为理想的降解温度 220℃。与 Epo-phosphate 类似，Epo-phosphite 固化物在 220℃ 以下保持稳定，而当温度升至 240℃ 左右时表现出迅速的降解失重，证明其具有优异的温度敏感性。

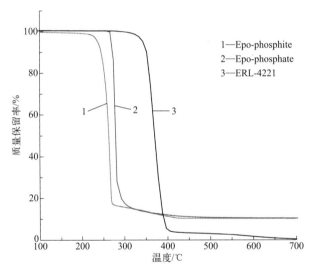

图 3-34 三种环氧树脂固化物的 TGA 曲线

为了进一步比较 Epo-phosphite 与 Epo-phosphate 两种含磷环氧树脂的热降解性及对温度的敏感程度，将两种固化物在 240℃、1h 条件下，进行等温 TGA 测试，结果见图 3-35。可以看出，Epo-phosphite 固化物基本能在 10min 内快速地完成降解过程，而 Epo-phosphate 在相同条件下降解速度则相对缓慢，耗费约 40min 才降解完全，由此证明 Epo-phosphite 优异的降解性能和对温度良好的敏感性，比 Epo-phosphate 更适宜用作热可控降解的可修复类封装材料。

3.1.11.1.4 亚硫酸酯型热降解环氧树脂

王忠刚等合成了含亚硫酸酯基团的脂环族环氧树脂 Epoxide-S，合成路线如图 3-36 所示。其在室温下呈液态，有利于倒装芯片（FC-PBGA）和多芯片组件（MCM）等高密度电子封装技术的底部填充封装。其 TGA 曲线（图 3-37）显示了 Epoxide-S 固化物热降解

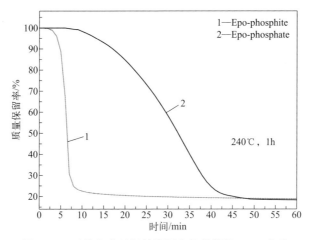

图 3-35 两种含磷环氧树脂固化物的等温 TGA 曲线

的两个阶段。第一阶段的最快降解发生在 240℃，第二阶段的最快降解发生在 375℃。当 Epoxide-S 固化物在 185℃ 下降解 1min 时，其红外谱图在 1196cm^{-1}、929cm^{-1} 和 729cm^{-1} 处分别对应的 S=O 双键伸缩振动吸收峰、S—O—C 键的对称和不对称伸缩振动吸收峰强度均有所下降（图 3-38），说明环氧树脂交联网络中较弱的亚硫酸酯基团开始降解。当降解温度升至 240℃，亚硫酸酯基团的特征吸收峰几乎完全消失。当 Epoxide-S 固化物在 390℃ 下降解 1min 时，2933cm^{-1} 和 1458cm^{-1} 处归属于 C—H 键的吸收峰强度显著下降，表明环氧树脂中脂环部分开始降解，而继续降解 10min 后，脂环部分降解趋势愈发明显，与图 3-37 的 TGA 曲线呈现结果相吻合。

图 3-36 含亚硫酸酯基团的脂环族环氧树脂的合成路线

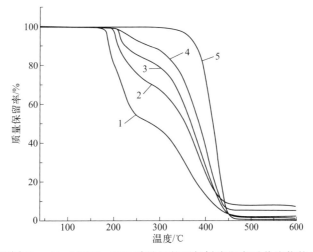

图 3-37 不同 Epoxide-S／ERL-4221 质量比的环氧树脂阳离子共聚物的 TGA 谱图

1—100：0；2—75：25；3—50：50；4—25：75；5—0：100

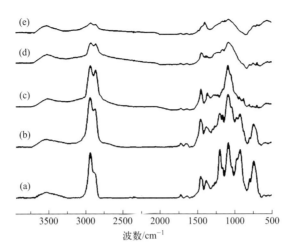

图 3-38　Epoxid-S 固化物不同阶段降解产物的红外谱图

(a) 185℃，0min；(b) 185℃，1min；(c) 240℃，1min；(d) 390℃，1min；(e) 390℃，10min

　　Epoxide-S 固化物的起始降解温度为 185℃，而商品化 ERL-4221 固化物的起始降解温度为 323℃，将两种环氧树脂共混，由图 3-37 可见，Epoxide-S 含量（质量分数）分别为 0、25%、50%、75% 和 100% 时的阳离子共聚物热失重曲线。随着 ERL-4221 含量的增加，阳离子共聚物的起始分解温度从 185℃ 升至 202℃ 和 234℃。因此，通过简单改变亚硫酸酯型环氧树脂单体在共聚反应体系中的比例，可以达到在较宽温度范围内调节共聚物热降解温度的目的。

3.1.11.2　化学可控降解型环氧树脂

3.1.11.2.1　二硫键型化学降解环氧树脂

　　Tesoro 等采用含二硫键的芳香胺类固化剂固化环氧树脂。如图 3-39 所示，环氧树脂固化物中的二硫键，在含有稀盐酸的二甘醇二甲醚中，可被三苯基膦或三丁基膦还原成硫醇，这个过程破坏了环氧树脂的交联网络，并生成可溶性产物。由于二硫键的生成和断裂

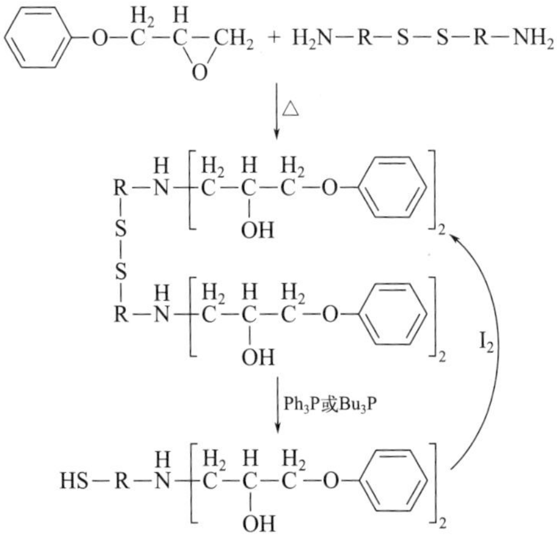

图 3-39　含二硫键的环氧树脂固化物的还原及再氧化过程

具有可逆性，该可溶性产物在含有 10％碘（以质量分数计）的二甘醇二甲醚中发生氧化反应，硫醇重新被氧化成二硫键。

Takahashi 等报道了含二硫键的缩水甘油醚型环氧树脂（BGPDS）（图 3-40）。其经胺类固化剂固化后产物的拉伸强度与传统环氧树脂的拉伸强度相当。在含有 1,8-二氮杂双环 [5.4.0]十一碳-7-烯（DBU）和二苯二硫醚（DPDS）的二噁烷中回流几十分钟后，可完全降解成可溶性组分。

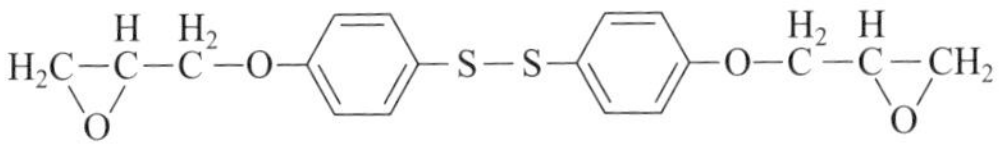

BGPDS

图 3-40　含二硫键的缩水甘油醚型环氧树脂

3.1.11.2.2　缩醛型化学降解环氧树脂

Buchwalter 等设计并合成了一系列含有缩醛基团的双官能团脂环族环氧树脂（图 3-41）。这些环氧树脂在同酸酐的固化反应过程中不会发生其他副反应。由于缩醛基团在酸性条件下会水解生成醛，故该环氧树脂固化物在碱性条件下稳定，在含酸的水/有机溶剂的混合溶液中会水解生成小分子化合物。当混合溶液中的有机溶剂为醇时，固化物不仅发生水解，还会同醇发生醚交换反应，这两个过程都会使固化物的交联网络发生降解。由于醚交换反应在醇中比在水中更容易进行，因此固化物在酸性的醇溶液中降解速率更快。

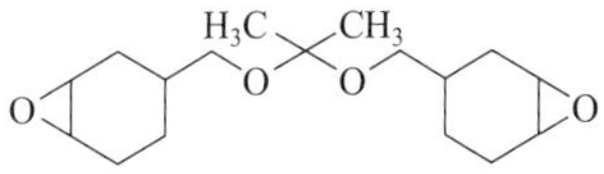

缩酮环氧

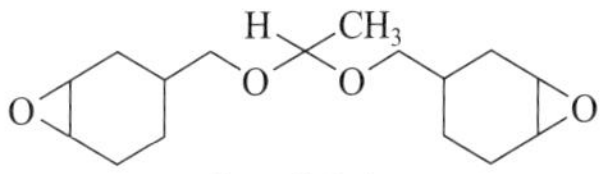

缩乙醛环氧

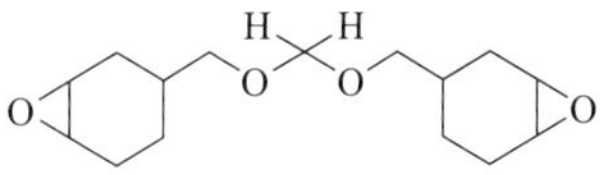

缩甲醛环氧

图 3-41　含缩醛基团的脂环族环氧树脂

Hashimoto 等利用双酚 A（BPA）、甲酚甲醛热塑性树脂（CF）和两种含环氧基团的乙烯基醚（VBGE 和 CHDMVG）合成了四种含有缩醛基团的缩水甘油醚型环氧树脂（图 3-42），并采用其中两种（BPA-CHDMVG 和 CF-CHDMVG）制备了碳纤维增强塑料薄片。室温下，在含盐酸的水/四氢呋喃溶液中，薄片中的环氧树脂固化物发生降解，并与碳纤维分离，生成的产物经后处理得到反应原料 BPA 和 CF；而回收的碳纤维经四氢呋喃（THF）清洗并干燥后，其表面状态没有遭到破坏，拉伸强度也几乎没有变化。

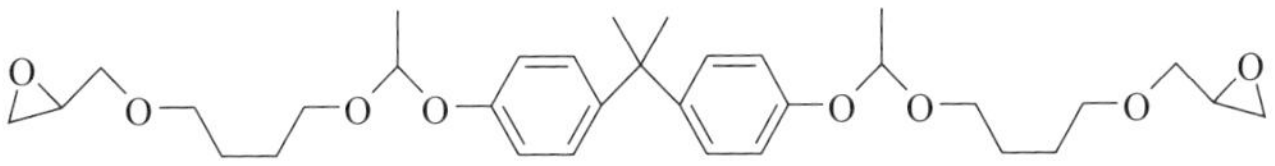

BPA-VBGE

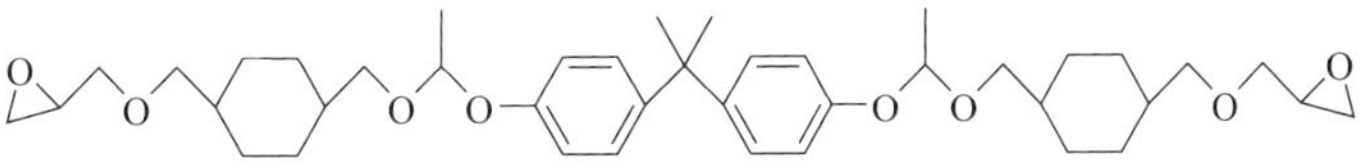

BPA-CHDMVG

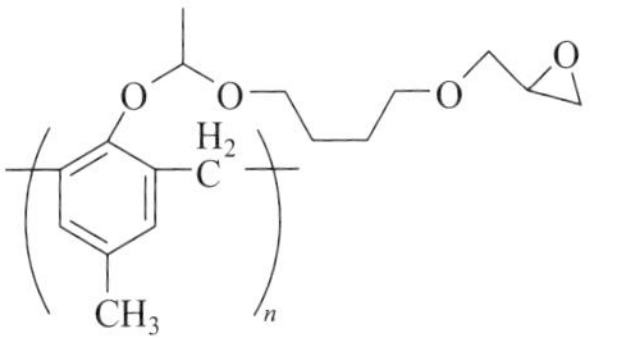

CF-VBGE

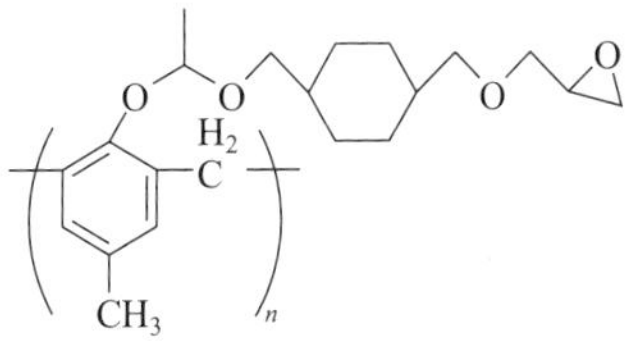

CF-CHDMVG

图 3-42　含缩醛基团的缩水甘油醚型环氧树脂

王忠刚等基于糠醛和商品化不饱和脂环族醇合成了一种含缩醛键的脂环族环氧树脂（图 3-43）。将其和 ERL-4221 分别与酸酐固化后，固化物交联密度高出 ERL-4221 固化物 42%，剪切强度高出 ERL-4221 固化物 43%。

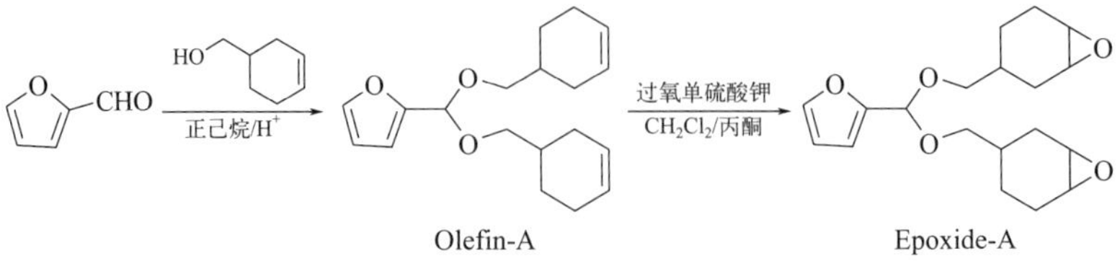

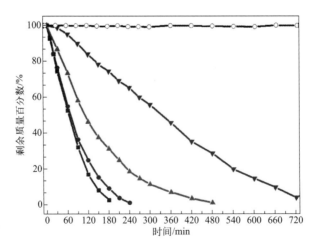

图 3-43　含缩醛基团的脂环族环氧树脂的合成路线

为了研究 Epoxide-A 酸酐固化物的酸降解行为，选取了四种酸性溶液进行酸降解实验。这四种酸性溶液按照酸性递减的顺序排列，分别是甲磺酸（MSA）浓度为 0.5mol/L 的 THF/水混合溶液、对甲苯磺酸（p-TSA）浓度为 0.5mol/L 的 THF/水混合溶液、草酸（OXA）浓度为 2.0mol/L 的 THF/水混合溶液和乙酸（ACA）浓度为 2.0mol/L 的 THF/水混合溶液，其中，THF 与水的体积比为 4∶1。在回流温度下，将 Epoxide-A 酸酐固化物分别置于四种酸性溶液中，记录不同降解时间下的固化物剩余质量（以质量分数计）曲线（图 3-44）。作为对比，商品化环氧树脂 ERL-4221 酸酐固化物在甲磺酸浓度为 0.5mol/L 的 THF/水混合溶液中进行同样的酸降解实验，相关化学品结构式如表 3-2 所示。由图 3-44 可见，Epoxide-A 酸酐固化物在甲磺酸和对甲苯磺酸溶液中显示了相当快的降解速度。其中，在甲磺酸溶液中降解 60min 和 120min 后，其质量损失分别达到 48% 和 83%，并在 180min 后完全降解。从图中还可以获得一个信息，即 Epoxide-A 酸酐固化物的降解速度主要受溶液酸性的影响。例如，在酸性最小的乙酸溶液中，固化物的降解速度最慢。即便如此，在经过 720min 的降解后，乙酸溶液中的固化物几乎完全消失。

图 3-44　不同降解时间下环氧树脂酸酐固化物的剩余质量

○ERL-4221/0.5mol/L MSA 溶液；■Epoxide-A/0.5mol/L MSA 溶液；●Epoxide-A/0.5mol/L p-TSA 溶液；

▲Epoxide-A/2.0mol/L OXA 溶液；▼Epoxide-A/2.0mol/L ACA 溶液

表 3-2 相关化学品结构式

药品名称	化学结构
ERL-4221	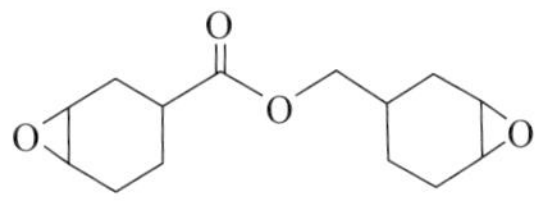
4-甲基六氢苯酐	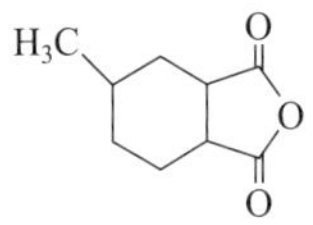
2-乙基-4-甲基咪唑	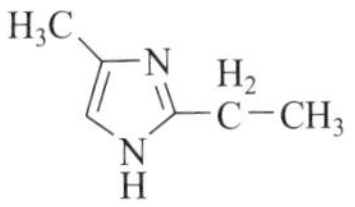
亚磷酸酯基环氧树脂（Epo-phosphite）	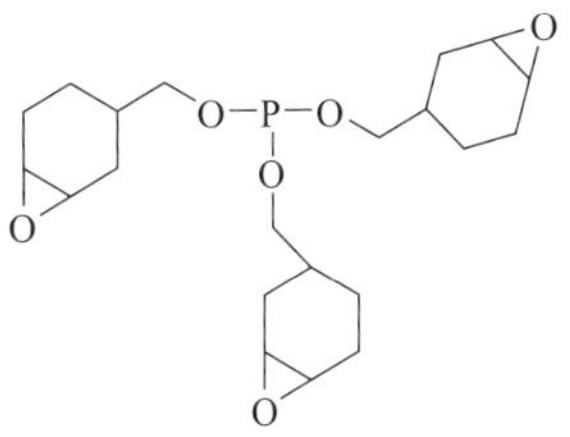
磷酸酯基环氧树脂（Epo-phosphate）	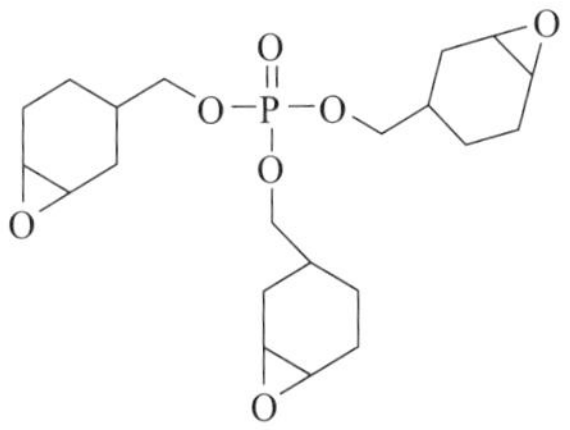

即使在酸性最强的甲磺酸溶液中回流 720min，ERL-4221 酸酐固化物也没有发生降解，这说明 ERL-4221 中的酯键在这四种酸性条件下是稳定的。对比两种环氧树脂酸酐固化物的酸降解行为，可以推测出交联网络中存在的大量酸不稳定的缩醛基团导致了 Epoxide-A 酸酐固化物的酸降解。

为了证明以上推论，对 Epoxide-A 酸酐固化物在甲磺酸浓度为 0.5mol/L 的 THF/水混合溶液中回流 90min 后的酸降解产物进行了红外光谱表征，并与其降解之前作了对比（图 3-45）。从图 3-45 中可以看到，虽然在酸降解之后，缩醛基团的吸收带与其他 C—O 基团部分重叠，但其中的 C—O—C—O—C 键在 1086cm^{-1}、1045cm^{-1} 和 1006cm^{-1} 处的特征吸收峰强度明显降低。

此外，利用气相色谱-质谱（GC-MS）进一步研究了 Epoxide-A 酸酐固化物在甲磺酸溶液中完全降解后得到的产物（图 3-46）。由图可见，气相色谱中的一系列谱峰可归属于交联网络的降解碎片，而流出时间为 4.5min 的组分经质谱分析得到其分子离子峰的质荷比为 96，这个数值与合成 Epoxide-A 的原料——糠醛的分子量相吻合，证明了缩醛基团在酸性条件下分解生成了醛。红外光谱和气相色谱-质谱分析结果均表明 Epoxide-A 中缩醛基团的酸降解是导致环氧树脂交联网络分解的原因。

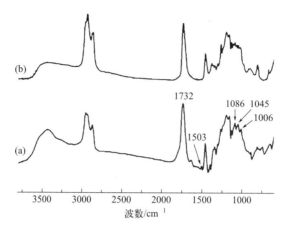

图 3-45 Epoxide-A 酸酐固化物在降解前（a）和在 0.5mol/L MSA 溶液中
回流 90min（b）的红外光谱

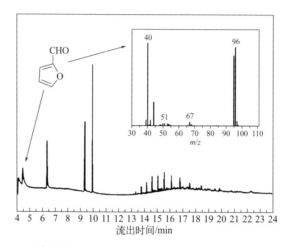

图 3-46 MSA 溶液中 Epoxide-A 酸酐固化物酸解产物的气相色谱-质谱图

3.2 环氧当量与环氧值

环氧当量：含有 1mol 环氧基的环氧树脂的质量（g），以 EEW 表示，单位为 g/mol。

环氧值：100g 环氧树脂中环氧基的物质的量，单位为 mol/100g。

两者之间的关系为：

$$EEW = \frac{100}{环氧值}$$

环氧当量的测定方法大概分为化学分析法与仪器分析法，下面介绍其中具有代表性的方法。

3.2.1 化学分析法

用化学法分析环氧基的定量方法有很多研究报道，但有的试剂含有妨碍定量的官能团，在不同溶剂中的溶解度也不同，因此属于无普遍性的方法。一般最常用的方法是在适当的溶剂中，使用过量的盐酸与环氧基作用，定量生成氯醇，将过量的盐酸用碱滴定法定量，氯离子用硝酸银溶液进行电位滴定。常用的溶剂有丙酮、吡啶等。

有时不用盐酸，而用氢溴酸、过氯酸与溴化季铵盐等为卤化剂，进行直接滴定。

此外，也有以盐酸滴定环氧基与亚硫酸钠反应生成氢氧化钠的方法，以乙酸滴定环氧基与硫代硫酸钠反应生成氢氧化钠的方法，以过碘酸将环氧基变为缩水甘油醇而滴定过量的过碘酸的方法等，但是其适用范围有限，不常使用。

下面介绍几种主要的方法。

（1）盐酸-丙酮法

① 试剂

a. 0.2mol/L 盐酸-丙酮溶液：浓盐酸 1.6mL 与精制的丙酮 100mL 混合配制。

b. 0.1mol/L 氢氧化钠甲醇溶液。

c. 0.1mol/L 氢氧化钠标准溶液。

d. 甲酚红指示剂：0.1g 甲酚红钠盐溶于 100mL 50％乙醇配制而成。

e. 中性乙醇：将甲酚红指示剂 1mL 加入 100mL 乙醇中，用 0.1mol/L 的氢氧化钠甲醇溶液中和而成。

② 滴定方法　精确称取 2～4mg 的环氧树脂试样，装入 250mL 密闭烧瓶中，用吸量管加 0.2mol/L 的盐酸-丙酮溶液 25mL，充分摇匀，使试样完全溶解，在室温下放置 15min 后，加入中性乙醇 25mL，然后用 0.1mol/L 氢氧化钠标准溶液滴定过量的盐酸。甲酚红指示剂在乙醇-丙酮溶液中，从粉红色先变成黄色，接着逐渐变为紫色，即为滴定终点。同样方法做一次空白试验。

③ 计算

$$EEW = \frac{1000m}{f(B-S)}$$

式中　m——环氧树脂试样的质量，g；

　　　B——空白试验所需 0.1mol/L 氢氧化钠标准溶液的体积，mL；

　　　S——试样滴定所需 0.1mol/L 氢氧化钠标准溶液的体积，mL；

　　　f——氢氧化钠标准溶液的浓度，mol/L。

（2）溴化季铵盐直接滴定法　称取 0.5～1.0g 环氧树脂试样，溶于 10mL 氯仿（或丙酮、苯、氯化苯等）溶剂中，再加入 10mL 四乙基溴化铵试剂及 4 滴 0.1％的结晶紫指示剂，用 0.1mol/L 高氯酸-冰醋酸标准溶液滴定至绿色为终点。环氧当量按下式计算：

$$EEW = \frac{1000m}{NS}$$

式中　m——环氧树脂试样的质量，g；

　　　N——高氯酸-冰醋酸标准溶液的浓度，mol/L；

　　　S——滴定所消耗的高氯酸-冰醋酸标准溶液的体积，mL。

3.2.2 光谱分析法

红外光谱、拉曼光谱或核磁共振光谱等是很普及的分析方法，可用于环氧树脂的定性分析或环氧基的定量分析。光谱分析比化学分析容易操作，但是需要用标准试样做比对。

红外光谱吸收法：首先用一系列已知环氧当量的环氧树脂的红外光谱做出 A910/A1610（其中 910cm^{-1} 是环氧基的吸收峰，1610cm^{-1} 是苯环的吸收峰）基线，然后做出 A910/A1610 与环氧当量关系标准曲线。这样在测定某一环氧树脂试样的环氧当量时，只需知道该环氧树脂 A910/A1610 的比值，即可确定环氧当量。

3.3 羟值与羟基当量

羟值：100g 环氧树脂中所含的羟基的物质的量，单位为 mol/100g。

羟基当量：含有 1mol 羟基的环氧树脂的质量（g），单位为 g/mol。

两者之间的关系为：

$$羟基当量＝\frac{100}{羟值}$$

在所有的化学分析方法中，羟值的测定都是以待测物和酸酐进行反应作为基础的，以被消耗的酸酐量测定羟值（羟基含量）。但对于环氧树脂而言，由于环氧基的存在对上述反应有干扰，使羟基的测定变成一个复杂的问题。一般的乙酰化方法不适用于测定环氧树脂中的羟基含量。目前采用的测定方法有两种：一是直接测定环氧树脂中的羟基含量；二是打开环氧基形成羟基，并进一步测定羟基含量的总和。

第一种方法曾由 Stenmark 等人根据氢化铝锂能和含活泼氢的基团进行快速、定量反应的原理，用于直接测定环氧树脂中的羟基，排除了环氧基的干扰，是一种比较可靠的方法。但该方法操作复杂，条件要求苛刻，需要特制的仪器，试剂需要特殊处理，一般的环氧树脂生产厂家和应用厂家不便采用此法。后来，由 Norton 等人对上述方法进行了改进，用一个特制的反应器，附于气相色谱仪上，把所产生的活泼氢通过载气引入色谱检测器内进行定量测定。这种方法的特点是快速、准确，然而需要气相色谱仪等专用设备，所以也不宜采用。Bring 等采用硬脂酰氯在氯仿中酰化的测定方法，在这个反应中，环氧树脂中环氧基不起干扰作用，但此法需要自制试剂，操作复杂，原料来源困难，所以也不便使用。

第二种方法是 Bring 等人在吡啶-乙酸酐乙酰化的基础上，分别给其加上了吡啶高氯酸盐、吡啶氯化物、乙酸钠等不同的催化剂，使环氧基开环形成羟基，最后测定总的羟基含量。但是这种方法不易掌握，且操作复杂，很难得到令人满意的结果。有人在此基础上做了进一步改进，改进后的方法操作简便、测定结果准确，是测定环氧树脂中羟基含量的一种行之有效的方法。具体内容如下。

（1）基本原理 以乙酸酐、吡啶和浓硫酸混合后的乙酰化试剂与环氧树脂进行反应，形成羟基，然后测定总的羟基含量，再减去两倍的环氧值，即可测得环氧树脂中的羟基含量即羟值。

（2）仪器　恒温水槽，250mL 精密磨口塞碘瓶，50mL 碱式滴定管，1mL 和 5mL 移液管，100mL 具有磨口塞的三角烧瓶。

（3）试剂与溶液的配制　吡啶（分析纯），乙酸酐（分析纯），浓硫酸（分析纯，相对密度 1.84），甲醇（分析纯），氢氧化钾（分析纯）。

① 乙酰化试剂的配制。于具有磨口塞的 100mL 三角烧瓶中，先后用移液管加入 4.5mL 乙酸酐和 1mL 浓硫酸，摇匀。此时溶液立即放热，冷却至室温，加入 33mL 吡啶后溶液放出浓白烟并放热，立即塞紧瓶塞并摇匀。放置 20～30min 后才能使用，配好的溶液均匀、无色透明。

② 0.3mol/L 氢氧化钾-甲醇溶液的配制。称取 20.5g 氢氧化钾，溶于 50mL 煮沸的蒸馏水中，待冷却后加入 1000mL 容量瓶内，用甲醇稀释至刻度。用苯二甲酸氢钾进行标定。

③ 0.1％酚酞指示剂的配制。0.1g 酚酞溶于 100mL 60％～90％的乙醇中，即得。

（4）操作步骤　首先称取 0.1～0.3g 环氧树脂（精确到 0.1mg），置于 250mL 碘瓶内，用移液管加入 5mL 乙酰化试剂，然后用吡啶把塞子润湿，塞紧瓶口，密封。待样品溶解后，放置于 72℃±2℃ 的水槽中加热 1.5h，瓶口要保持用 3～5mL 吡啶封住，反应完全后，放置 5～10min，使其自然冷却（若在自来水下直接冷却，应将瓶塞松一松，以免瓶内形成部分真空，使开塞困难）。然后用装有 50mL 蒸馏水的滴定管把瓶塞、瓶口、瓶壁淋洗干净。放置 40min，使多余的乙酸水解完全。接着用 0.3mol/L 氢氧化钾-甲醇溶液滴定。以 0.1％酚酞乙醇溶液为指示剂，滴定至淡粉色。用同样的方法做空白试验。环氧树脂中的羟值（mol/100g）可按下式计算：

$$羟值 = \frac{(A-B)N}{10m} - 2E$$

式中　A——滴定空白样品所消耗氢氧化钾-甲醇溶液的体积，mL；

　　　B——滴定样品所消耗氢氧化钾-甲醇溶液的体积，mL；

　　　N——氢氧化钾-甲醇溶液的浓度，mol/L；

　　　m——环氧树脂样品的质量，g；

　　　E——环氧树脂样品的环氧值，mol/100g。

3.4　氯含量

氯在环氧树脂中有多种结构并以下列形式存在。

$$总氯\begin{cases} 无机氯（Cl^-） \\ 有机氯\begin{cases} 活性氯 \\ 非活性氯 \end{cases} \end{cases}$$

环氧树脂中氯含量的测定方法有以下三种。

3.4.1　氧弹法

在纯氧中使环氧树脂完全燃烧生成二氧化碳、一氧化碳、水、氯化氢等小分子，用水吸收氯离子，然后再用 $AgNO_3$ 溶液进行电位滴定以确定氯的总含量。

3.4.2 古罗蒂法

将强氧化剂作用于环氧树脂从而使环氧树脂分子上的有机结合氯氧化成游离氯，然后再还原成氯化氢，溶于水中以后接着用 $AgNO_3$ 试剂进行电位滴定以测定出环氧树脂中的总氯含量。

3.4.3 水解萃取法

环氧树脂分子中的非活性氯原子反应活性虽然较差，但在强碱作用下也能发生取代反应和消除反应而使氯离去，然后再用 $AgNO_3$ 溶液进行电位滴定以测定出环氧树脂中的总氯含量。

由于"水解萃取法"所需仪器和化学药品来源方便、价格便宜，而且操作简便，数据重复性好，为此这里仅介绍这种方法的操作过程。

（1）仪器与试剂

① 仪器：5～10mL 微量滴定管；银电极，硫酸汞电极；电磁搅拌装置，电加热套；回流冷凝器；50mL 圆口烧瓶；数字万用表。

② 化学试剂：丙酮（化学纯），氢氧化钾（化学纯），乙二醇（化学纯），冰醋酸（化学纯），二噁烷（化学纯），硝酸铜（分析纯）。

（2）测定步骤　在分析天平上准确称取环氧树脂 0.4～0.6g（精确到 0.1mg），盛于 50mL 圆底烧瓶中，用 25mL 乙二醇/二噁烷混合溶剂（2:3）溶解环氧树脂样品后再加入 0.85g/mL 的浓氢氧化钾水溶液 25mL，将烧瓶置于电加热套中加热，回流 2h，冷却后用 10mL 冰醋酸及少量蒸馏水冲洗冷凝管，取下烧瓶后再加入冰醋酸使溶液总体积为 50mL，摇均匀后分 2～3 次转入 100mL 烧杯中，按一般方法进行电位滴定（电极为银电极和硫酸汞电极），标准溶液为用 85% 乙酸配制的 0.004mol/L 的硝酸银溶液。用同样方法做一个空白试验。

环氧树脂中的总氯含量可按下式计算：

$$X = \frac{35.45 \times 10^{-3} \times (V_2 - V_1)N}{m} \times 100\%$$

式中　X——总氯含量，%；

　　　V_2——滴定环氧树脂样品用硝酸银溶液的总体积，mL；

　　　V_1——滴定空白样品用硝酸银溶液的总体积，mL；

　　　N——硝酸银溶液的浓度，mol/L；

　　　m——环氧树脂样品的质量，g。

3.5 双键的定量

用过乙酸等将不饱和烯烃环氧化制备环氧树脂时，有时体系含有双键，有时双键要参与环氧树脂的固化反应，因此有必要对某些环氧树脂中的双键含量进行分析和测定。但由于此类环氧树脂使用量和应用范围非常有限，因此本书不对环氧树脂中双键含量的测定方法进行详细叙述。

3.6　黏度

环氧树脂的黏度是环氧树脂实际使用中的重要指标之一。例如，环氧树脂作为浇注和灌封材料来使用时，不同温度下的环氧树脂黏度不同，并且影响使用期限，因此环氧树脂黏度的测定是十分必要的。通常用杯式黏度计、旋转黏度计、毛细管黏度计和落球式黏度计测定。

3.6.1　杯式黏度计

在一定温度下，将试样装满杯式黏度计（ISO 2431），记录其从漏嘴开始流出到液流中断时所需要的时间，以"s"为单位。

3.6.2　旋转黏度计

旋转黏度计又称为转筒黏度计，对它的研究有半个多世纪的历史，由于其使用简便，测量迅速而又准确，所以目前应用广泛，深受欢迎。旋转黏度计由内筒和外筒组成，在两圆筒之间注入被测的液体，如果已知圆筒常数，则在一定外力矩下测定其旋转速度，或者在一定旋转速率下测外力矩，都可以求得该液体的黏度（参见 ISO 2555）。实际上与此黏度计相类似的转子黏度计还有很多，这些黏度计的历史有长有短，黏度测量范围不一，有的还是特殊工业的专用仪器，所以在使用时要特别注意。表 3-3 给出了几种这类黏度计的特征。

表 3-3　几种常用旋转黏度计的特征

旋转黏度计名称（品牌）	转速 /(r/min)	可测黏度 /(Pa·s)	剪切速率 /s^{-1}	温度控制
回转黏度计	0.03～486	$10^{-3}\sim10^{7}$	$10^{-2}\sim10^{4}$	佳
A 型黏度计	0.08～250 无级变速	$10^{-1}\sim10^{5}$	0.4～10^{2}	佳 （−30～70℃）
曼丽尔黏度计	0～600 无级变速	$10^{-1}\sim10^{3}$	0～10^{5}	极佳
B 型黏度计	0.3～100	$10^{-2}\sim10^{5}$	$10^{-3}\sim10^{6}$	无
S 型黏度计	0～600 无级变速	$10^{-1}\sim10^{3}$	由转子 和杯子决定	尚可
中央黏度计	0～600 无级变速	$10^{-2}\sim10^{2}$	$10^{-2}\sim10^{2}$	差
精密化学黏度计	5～200	1～10^{3}	$10^{-2}\sim10^{6}$	佳

3.6.3　毛细管黏度计

毛细管黏度计是黏度计中应用最广的一种。用毛细管测量液体黏度的原理就是使液体在力的作用下通过毛细管，从而测出液体的体积流动速率，并根据所采用的压力和毛细管直径计算出被测液体的黏度。

毛细管黏度计有三种主要型式：圆筒活塞型、玻璃毛细管型和孔型。可根据所测液体黏度的大小来选择使用哪一种毛细管黏度计。

3.6.4　落球式黏度计

落球式黏度计是利用一个光滑而又坚硬的玻璃球或耐腐合金钢球，测定其降落规定的液体长度所需要的时间，由此可测出液体的黏度。

常用的黏度计各具特点。旋转黏度计的测量是在液体状态下进行的，测量结果可直接从仪器中读出，重复性较高。另外一个主要特点是可以随时间的延长连续测定试样的剪切应力和剪切速率的变化，这对于有些性质随时间的变化而变化的液体来说，是非常重要的。

毛细管黏度计和落球式黏度计都需要借助于其他黏度计精密测定的已知黏度的液体，通过相对黏度的测定求出仪器常数，从而得到被测液体的黏度。

3.7　软化点

固态环氧树脂的软化点通常用 Durran 水银法和环球法测定。一般认为固态环氧树脂软化点随其分子量的增加而增加。下面分别介绍这两种测定固态环氧树脂软化点的方法。

3.7.1　Durran 水银法

在内径为 15.0mm±0.1mm、长为 150mm 的 Pyrex 试管中，首先装入粉碎成 10～20 目的固体环氧树脂试样 3.00g±0.01g，然后将试管浸入比试样熔点高约 10℃ 的油浴中，均匀熔融。温度计下部的球约一半插入已熔融的环氧树脂中，固定后，使油浴温度降到比试样熔点低约 30℃ 的温度。试样凝固后，在试样上部装入水银 50.0g±0.1g，再进行油浴加热使插入试样中的温度计的温度每分钟上升 2℃，水银下降到温度计处的温度，即为环氧树脂的软化点。

3.7.2　环球法

用环球法测定固态环氧树脂的软化点时采用校准的软化点测定器。首先将搅拌熔融后的环氧树脂注入已预热好的软化点测定器的黄铜环中，将黄铜环平放在平滑的金属板上，待试样凝固后，用刮刀将表面刮平，再将环水平地放在软化点测定器的环架孔上，并套上铜环定位器把整个环架放在盛有水（测定软化点低于 80℃ 的环氧树脂）或甘油（测定软化点高于 80℃ 的环氧树脂）的烧杯内，保持恒温 15min。水温保持在 25.0℃±0.5℃，甘油温度保持在 32℃±1℃。将钢球放入烧杯中保持恒温，然后调节水面或甘油面，使液面达到连接杆的深度标记，将温度计由上层板中心孔垂直插入，使水银球与铜环下平面齐。将钢球放在环氧树脂试样上，立即加热，升温速率为 5℃/min。环氧树脂试样受热软化下坠至与底板相接触时（两者距离约 25.4mm）的温度为环氧树脂的软化点。取平行测定的两个结果的算术平均值作为测定结果。平行测定的两个结果间的差值不得大于下列规定：软化点低于 80℃，允许差值 0.5℃；软化点等于或高于 80℃，允许差值 1.0℃。

3.8　分子量及分子量分布

环氧树脂是多分子量的低聚物，它的性质不仅取决于平均分子量，同时也取决于分子量分布。即使平均分子量相同的环氧树脂，如果分子量分布不同，那么环氧树脂的黏度、软化点等也不同，进而造成固化产物某些性能的不同。因此测定环氧树脂的分子量和分子量分布是十分必要的，这对于控制和改进环氧树脂制品的性能极为重要。

测定合成聚合物的分子量要比低分子物质困难得多，这不仅是因为其分子量比低分子物质大几个数量级，而且还因为其分子量存在多分散性。对这种多分散性的描述，最为直观的方法是利用某种形式的分子量分布函数或分布曲线。多数情况还是直接测定其平均分子量。然而，平均分子量又有各种不同的统计方法，因而具有各种不同的数值。

3.8.1　平均分子量的定义

假定在某一高分子试样中含有若干种分子量不相等的分子，该试样的总质量为 m，总物质的量为 n，种类数用 i 表示，第 i 种分子的分子量为 M_i，物质的量为 n_i，质量为 m_i，物质的量分数（摩尔分数）为 N_i，质量分数为 W_i，则这些量之间存在如下关系：

$$\sum_i n_i = n \qquad \sum_i m_i = m$$

$$\frac{n_i}{n} = N_i \qquad \frac{m_i}{m} = W_i$$

$$\sum_i N_i = 1 \qquad \sum_i W_i = 1$$

$$m_i = n_i M_i$$

则数均分子量定义为：

$$\overline{M}_n = \frac{m}{n} = \frac{\sum\limits_i n_i M_i}{\sum\limits_i n_i} = \sum_i N_i M_i$$

重均分子量定义为：

$$\overline{M}_w = \frac{\sum\limits_i n_i M_i^2}{\sum\limits_i n_i M_i} = \frac{\sum\limits_i m_i M_i}{\sum\limits_i m_i} = \sum_i W_i M_i$$

如果定义 $Z_i = m_i M_i$，则 Z 均分子量定义为：

$$\overline{M}_Z = \frac{\sum\limits_i Z_i M_i}{\sum\limits_i Z_i} = \frac{\sum\limits_i m_i M_i^2}{\sum\limits_i m_i M_i} = \frac{\sum\limits_i n_i M_i^3}{\sum\limits_i n_i M_i^2}$$

用稀溶液黏度法测得的平均分子量为黏均分子量，定义为：

$$\overline{M}_\eta = \left(\sum_i w_i M_i^\alpha \right)^{\frac{1}{\alpha}}$$

这里的 α 是指 Mark-Houwink 方程式 $[\eta]=KM^\alpha$ 中的指数。

对于分子量均一的试样，$\overline{M}_Z=\overline{M}_w=\overline{M}_\eta=\overline{M}_n$。

对于分子量不均一的试样，则 $\overline{M}_Z>\overline{M}_w>\overline{M}_\eta>\overline{M}_n$。这时我们定义一个多分散系数 d：

$$d = \frac{\overline{M}_w}{\overline{M}_n}$$

多分散系数 d 是一个常用的表征分子量分布的参数。分子量分布愈宽，d 值愈大，对于单分散试样，$d=1$。

3.8.2　分子量和分子量分布的测定方法

测定分子量的方法很多，包括端基分析、沸点升高和冰点降低、膜渗透压和光散射等方法，由于测定方法的不同，分子量的含义也不同，因而具有各种不同的数值。凝胶色谱法是一种测定聚合物分子量的方法。这种方法的特点是快速、简便，并可同时得到分子量的各种统计平均值，测定分子量的范围不限。但它不是测定分子量的绝对方法，而是一种相对方法。这种方法的另一个特点是可以同时得到分子量分布的数据。此外，高效液相色谱法和薄层色谱法，也是测定环氧树脂分子量和分子量分布特别有效的手段。

第 4 章
环氧树脂的固化反应、固化剂和促进剂

双酚 A 型环氧树脂本身很稳定，即使加热到 200℃性能也不变，但它的反应活性却很高，能在酸或碱等固化剂作用下固化。有的固化过程在很低温度（－5℃）或常温下就可初步完成；有的固化反应却只能在高温下进行。固化过程中往往伴随有放热现象，放热反过来又促进固化的进行。由于固化过程不放出小分子化合物，所以环氧树脂避免了某些缩聚型高分子树脂在热固化过程中所产生的气泡和收缩缺陷，因而可以不必加压固化，固化产物的性能在很大程度上取决于固化剂和促进剂的种类。由于将固化剂和促进剂分子引入环氧树脂中，使交联网络间的分子量、形态和交联密度都发生改变，从而使环氧固化物的力学性能、热稳定性和化学稳定性等都发生了显著变化。因此讨论固化剂和促进剂的特性是很有必要的。

4.1 环氧基的反应性

未固化的环氧树脂是黏性液体或脆性固体，没有什么使用价值，只有与固化剂进行固化生成三维交联网络结构才能实现最终用途。环氧树脂虽然有许多种类，但是固化剂的种类远远超过环氧树脂的种类。由于环氧树脂对固化剂的依赖性很强，所以根据用途来选择固化剂是十分必要的。环氧树脂与固化剂反应，除了脂肪胺和部分脂环族胺类固化剂可以在常温下固化外，其他大部分脂环族胺和芳香胺类以及全部的酸酐类固化剂都需要在较高的温度下经过较长的时间才能发生固化反应。为了降低固化温度，使用促进剂也是必要的。适用于胺类或酸酐类固化环氧树脂的促进剂可分为亲核型、亲电型和金属羧酸（或乙酰丙酮）盐三类。环氧树脂的固化反应主要是通过环氧基的开环反应完成的。因此，首先需要对环氧基的结构和它的反应性有所了解。

4.1.1 环氧基的电子云分布及反应活性

环氧树脂的特征在于有反应活性很高的环氧基，这是由三元环的变形能力非常强和电荷的极化决定的。将化学结构近似于乙烯氧化物（环氧乙烷）的电荷分布与同样是三元环化合物的环丙烷对比，如图 4-1 所示，环丙烷电子分布均一，而环氧乙烷电荷明显偏向氧原子，这种电荷的偏移使环氧乙烷的反应活性增加。若亲电试剂靠近时就首先攻击氧原子，亲核试剂靠近则攻击碳原子，并迅速发生反应。

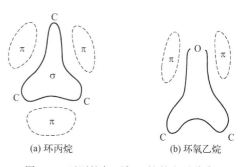

(a) 环丙烷　　　　　(b) 环氧乙烷

图 4-1　环丙烷与环氧乙烷的电子分布

末端环氧基化合物（如环氧丙烷）与脂环族环氧化合物（如氧化环己烯）在立体结构上存在着明显的差异，如图4-2所示，这种差异对它们的反应活性影响极大。末端环氧基化合物，如环氧丙烷，其环氧基周围阻碍较少，易使环氧基中的碳原子接受胺或酚盐等亲核试剂从背面（与氧原子相反的方向）的进攻，发生S_N2反应，C_β—O键断裂（图4-3），生成正常加成产物。而脂环族环氧化合物，如氧化环己烯，其1、2、3、6-位碳原子处于同一平面，而4、5-位碳原子分别处于该平面的两侧，这使得其环氧基（氧原子与1、2-位碳原子成环）中的碳原子受到较大的立体阻碍，难以接受亲核试剂从背面的进攻，反应活性大大降低。

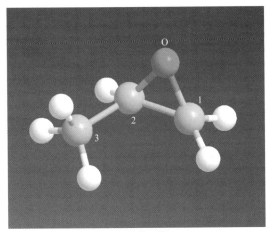

(a) 环氧丙烷　　　　　　　　　　　(b) 氧化环己烯

图4-2　环氧丙烷和氧化环己烯的结构

图4-3　环氧基开环示意图
X—亲电试剂；Y—亲核试剂

质子和路易斯酸之类的亲电子试剂攻击氧原子进行加成反应。在这种情况下，生成的碳阳离子越稳定，则越容易发生C_α—O键断裂，异常加成物的生成比例就有增加的倾向。尽管脂环族环氧化合物的立体结构会对环氧基中碳原子接受亲核试剂进攻产生很大的立体阻碍，但不会阻碍氧原子接受亲电试剂进攻。脂环族环氧化合物的环氧基相对于末端环氧会显示出更高的亲电反应活性。

4.1.2　异质末端及其影响

迄今为止，所谈及的环氧树脂都是以环氧基为其末端基的，但是作为讨论对象的缩水甘油型环氧树脂，由于异常加成反应或闭环不完全（虽然是少数），仍可形成如图4-4所示的异质末端基。

图4-4（a）～图4-4（c）中的有机氯：图4-4（a）为正常加成的环氧氯丙烷（ECH）因脱氯化氢不完全而形成的物质，加水分解就可以比较简单地脱去氯化氢，故称为可水解氯（Hy-Cl）；图4-4（b）和图4-4（c）为ECH异常加成而形成的有机氯，称为结合氯，水解产生Cl^-的倾向比可水解氯小得多。由于微量的Cl^-可能使环氧树脂质量变差，因此控制总氯含量（可水解氯和结合氯之和）是很重要的。图4-4（d）末端结构是在回收再

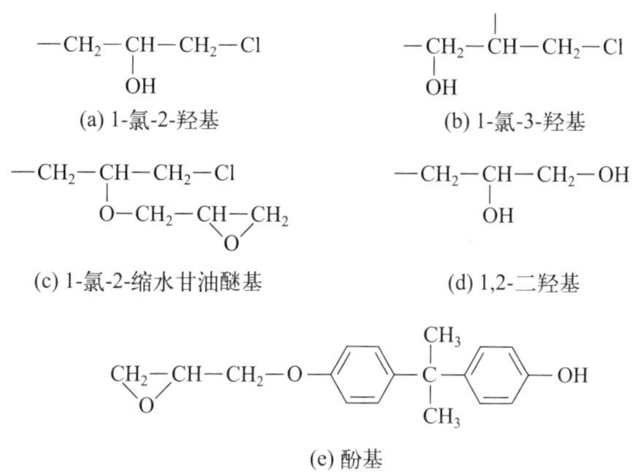

$$—CH_2—CH—CH_2—Cl$$
$$\quad\quad\ \ |$$
$$\quad\quad\ \ OH$$

(a) 1-氯-2-羟基

$$—CH_2—CH—CH_2—Cl$$
$$\quad\quad\ \ |$$
$$\quad\quad\ \ OH$$

(b) 1-氯-3-羟基

$$—CH_2—CH—CH_2—Cl$$
$$\quad\quad\ \ |$$
$$\quad\quad\ \ O—CH_2—CH—CH_2$$

(c) 1-氯-2-缩水甘油醚基

$$—CH_2—CH—CH_2—OH$$
$$\quad\quad\ \ |$$
$$\quad\quad\ \ OH$$

(d) 1,2-二羟基

$$CH_2—CH—CH_2—O—\!\!\!\bigcirc\!\!\!—C—\!\!\!\bigcirc\!\!\!—OH$$

(e) 酚基

图 4-4　缩水甘油型环氧树脂末端形成的各种异构体

用的 ECH 中混入缩水甘油进而发生反应形成的，习惯上称为 α-乙二醇端基。图 4-4（e）末端结构是 ECH 未加成而残留下来的酚结构。这些异质末端基不仅影响环氧树脂自身的性状和固化反应性，同时也影响环氧树脂固化物的性能，特别是电性能，故不可忽视。异质末端基的结构不同，产生的影响也不同，但是它们共同的影响是使环氧树脂的环氧当量增加，从而造成固化树脂交联密度的降低。一般来说，环氧当量小的环氧树脂异质末端基的影响效果小，但是随着环氧树脂环氧当量的增加，其影响效果不能忽视。

由于末端有机氯产生的 Cl^- 具有腐蚀性，所以其用于微细铝配线和其他金属导线等领域就成了问题。有机氯并不只有这种负效应，其有防止液态环氧树脂结晶以及使环氧树脂凝胶时间缩短的作用，即促进固化反应的正效应。

在双酚 A 型环氧树脂中，通常含有 35mmol/kg 左右的 α-乙二醇结构，有正效应和负效应。就正效应而言，在胺类或酸酐类固化剂的固化反应中起促进作用，而负效应是使环氧树脂固化物的耐水性降低。

就环氧树脂中的酚基末端来说，通常浓度非常低，故其影响可以忽略不计。

4.2　与活泼氢化物的反应

活泼氢化物作为亲电试剂进攻环氧基的氧原子，生成 $\overset{|}{O}H$，此反应非常迅速，在此离子的作用下引起亲核试剂的攻击。活泼氢化物对环氧化合物的反应活性顺序如下：

$$羧酸 > 酚 > 醇$$

非对称环氧化合物与活泼氢化物（HX）的反应式如下：

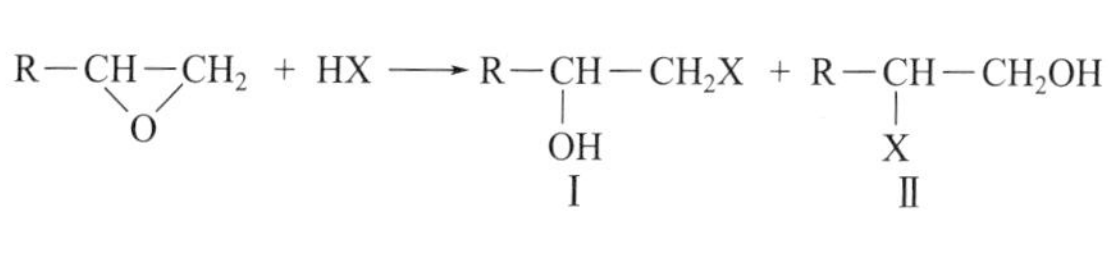

$$R—CH—CH_2 + HX \longrightarrow R—CH—CH_2X + R—CH—CH_2OH$$
$$\quad\ \backslash\!O\!/ \quad\quad\quad\quad\quad\quad |OH \quad\quad\quad\quad |X$$
$$\quad\quad\quad\quad\quad\quad\quad\quad\quad\quad\quad I \quad\quad\quad\quad\quad\quad II$$

生成物Ⅰ与Ⅱ之比因非对称环氧化合物、攻击试剂的构造、酸性和盐性反应而异。生成物Ⅰ是 C_β—O 键断裂的正常加成物，而生成物Ⅱ是 C_α—O 键断裂的异常加成物。两种生成物的比例取决于参与反应的物质种类以及反应环境（酸碱度、催化剂等）：如与盐类物质反应，生成物大都为正常加成物；在酸性状态下易生成异常加成物。

在酸性条件下，H^+ 会与环氧基的氧原子结合，生成氧鎓离子。

$$R{-}CH{-}CH_2 \ + \ H^+ \longrightarrow R{-}CH{-}CH_2$$

此氧鎓离子为平面构型，当亲核试剂攻击此平面时，不受 R 基的定向位阻效应的影响，所以生成一定量的异常加成物。

4.2.1　与醇类的反应

醇类化合物作为亲电试剂与环氧基反应，因醇类化合物酸性极弱，即亲电性不强，所以在无催化剂存在、反应温度低于 200℃ 时，醇类化合物的羟基与环氧基之间通常是不反应的。要使其反应，温度必须在 200℃ 以上，其反应式为：

$$ROH \ + \ CH_2{-}CH{\sim} \longrightarrow RO{-}CH_2{-}CH{\sim} \ + \ HO{-}CH_2{-}CH{\sim}$$

继续反应直到形成高度交联的聚醚结构：

$$RO{-}CH_2{-}CH{\sim} \ + \ CH_2{-}CH{-}{\sim} \longrightarrow RO{-}CH_2{-}CH{-}{\sim}$$

醇类与环氧化合物的反应活性顺序为：伯醇＞仲醇＞叔醇。

分子链中含有羟基的高分子量环氧树脂在温度为 200℃ 以上时，不加固化剂也能凝胶或固化。

在碱性催化剂作用下，上述反应在 100℃ 左右就可以进行。如在有机碱——叔胺的存在下，醇类与环氧化合物可进行如下反应，直至生成三维交联网络结构的聚合物。

$$R_3N \ + \ CH_2{-}CH{-}{\sim} \longrightarrow R_3N^+{-}CH_2{-}CH{-}{\sim}$$

$$R_3N^+{-}CH_2{-}CH{-}{\sim} \ + \ R'OH \longrightarrow R_3N^+{-}CH_2{-}CH{-}{\sim} \ + \ R'O^-$$

$$R'O^- \ + \ CH_2{-}CH{-}{\sim} \longrightarrow R'O^-{-}CH_2{-}CH{-}{\sim}$$

$$R'O^-{-}CH_2{-}CH{-}{\sim} \ + \ CH_2{-}CH{-}{\sim} \longrightarrow R'O^-{-}CH_2{-}CH{-}{\sim}$$

$$CH_2{-}CH{-}{\sim} \longrightarrow \cdots$$

　　由上述反应可见，叔胺首先进攻环氧基，打开环氧环，生成羟氧负离子，在此基础上与醇类化合物作用，通过负电荷的转移使醇类化合物变为羟氧负离子（R′O⁻），然后再与环氧基反应，这种反应可以较快地继续进行下去。反应速率与醇类化合物的量有关，随醇类化合物的增加而加快。然而，虽然反应速率与醇量有关，但所加入的醇并不全部参加反应。这说明了反应主要是环氧化合物本身的阴离子聚合反应。

　　还应注意，并不是所有的叔胺都是有效的催化剂，因为有的叔胺表现出强烈的空间位阻效应，此外与氮原子上的电子云密度也有密切关系。

　　关于在碱催化剂作用下醇类化合物与环氧化合物的反应，除了上述离子型反应机理外，也有人提出中间复合物机理，即由催化剂、醇和环氧化合物各出一个分子形成中间复合物。还有人认为在 100～140℃时按离子型机理反应，而在 70～100℃时则按中间复合物机理反应。

4.2.2　与酚类的反应

　　酚与环氧基的反应与醇类相似，但因酚的酸性比醇的酸性强，故酚与环氧基的反应速率较快。

　　无催化剂时，酚与环氧化合物在 100℃时未发现有反应发生，在近 200℃时才开始反应。反应分两步，即酚羟基与环氧化合物的反应，以及酚羟基打开环氧环后形成的羟基进一步与环氧化合物反应。

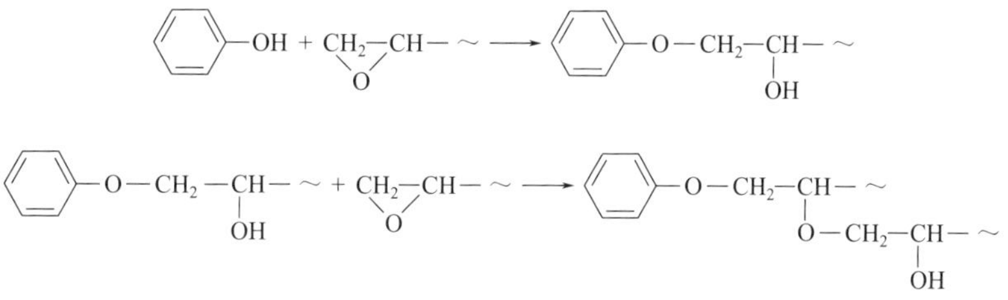

　　上述反应中环氧化合物的消耗速率比酚快，其中环氧化合物与苯酚的反应约占 60%，而环氧化合物与羟基的反应约占 40%。因为在反应开始时没有羟基基团，只有在苯酚与环氧化合物反应时才有羟基出现，故可以认为，苯酚的存在催化了羟基与环氧基的反应。

　　但是在碱性催化剂的作用下，在 100℃时则几乎是按苯酚与环氧化合物的反应进行的，实际上排除了羟基与环氧化合物的反应。其反应一般认为是按离子型反应机理进行的：

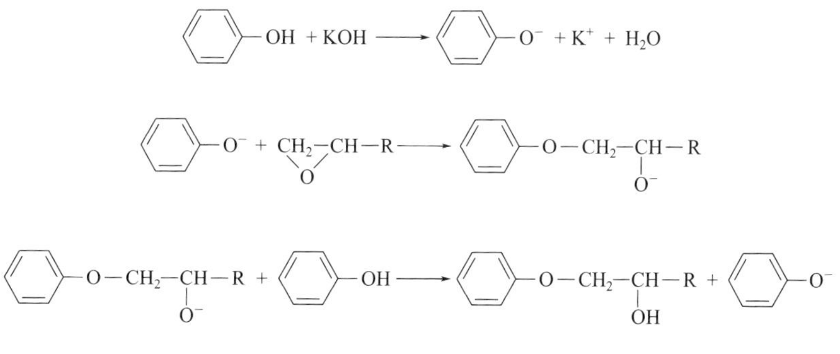

应当指出的是，在碱性催化剂的作用下酚与环氧化合物反应时，与醇类的情况不同：醇与环氧化合物反应后所剩余的醇可以回收，而酚则基本上与环氧化合物的环氧基以等物质的量配比参加了反应。

4.2.3　与羧酸类的反应

羧酸类化合物与环氧化合物的反应如下：

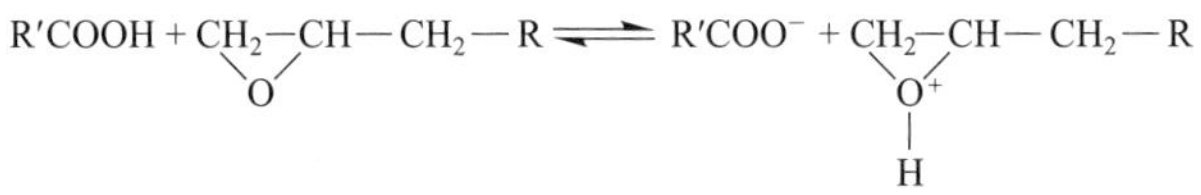

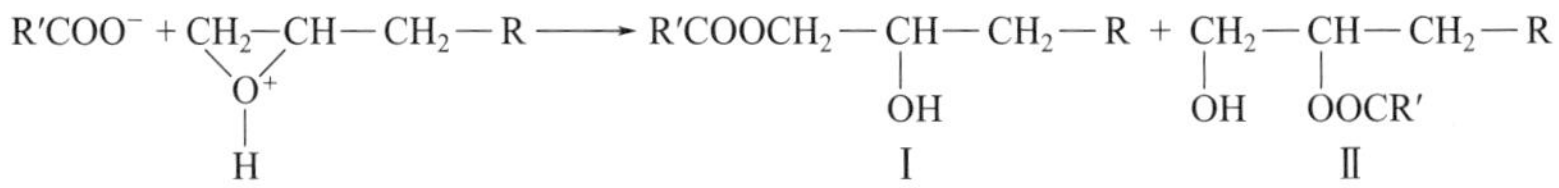

$$R'COOH + CH_2{-}CH{-}CH_2{-}R \;\rightleftharpoons\; R'COO^- + CH_2{-}CH{-}CH_2{-}R$$

$$R'COO^- + CH_2{-}CH{-}CH_2{-}R \longrightarrow R'COOCH_2{-}CH{-}CH_2{-}R + CH_2{-}CH{-}CH_2{-}R$$

在用碱性催化剂的情况下，羧酸类化合物与环氧化合物的反应表现出高度的选择性，而且可以在较低的温度下（100～130℃）反应。首先是碱很快与羧酸反应形成羧酸根负离子，在此基础上再与环氧基反应。

$$\sim{-}C({=}O){-}OH + B(\text{碱}) \longrightarrow \sim{-}C({=}O){-}O^- + HB$$

$$\sim{-}C({=}O){-}O^- + CH_2{-}CH{-}\sim \longrightarrow \sim{-}C({=}O){-}O{-}CH_2{-}CH{-}\sim$$

因为烃氧负离子的碱性较羧酸根负离子的碱性强，所以又发生如下反应：

$$\sim{-}C({=}O){-}O{-}CH_2{-}CH{-}\sim + \sim{-}C({=}O){-}OH \longrightarrow \sim{-}C({=}O){-}O{-}CH_2{-}CH{-}\sim + \sim{-}C({=}O){-}O^-$$

因此在碱性催化剂的作用下，开始只是羧基对环氧基开环的酯化反应；当有过量的环氧基存在时，则只有羧酸类化合物全都反应掉之后，碱性催化才能对羟基与环氧基的醚化反应起催化作用，而且使反应更快地进行。

应当指出，在碱性催化剂作用下，醇、酚和羧酸类化合物与苯基缩水甘油醚反应活性高低的顺序为醇＞酚＞羧酸，这和它们的阴离子的碱性强弱顺序是一致的。这说明在碱性催化剂存在的情况下，反应的选择性是很强的。有机碱的催化作用更强，且表现出同样的选择性。

4.2.4　与硫醇的反应

硫化氢易与环氧化合物反应，其反应为：

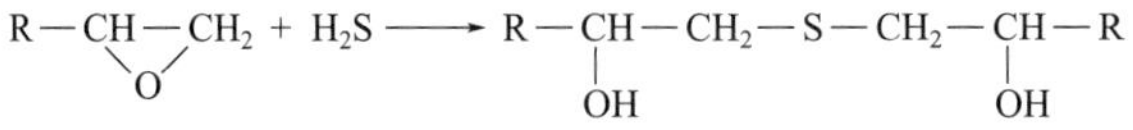

$$R{-}CH{-}CH_2 + H_2S \longrightarrow R{-}CH{-}CH_2{-}S{-}CH_2{-}CH{-}R$$

但是一般液体硫醇的反应活性较低，为此需加入适量的催化剂。最近研究发现，若用适当催化剂，环氧化合物与硫醇的反应比环氧化合物与胺的固化反应更迅速，而且可以在低温下反应。若添加叔胺、吡啶等催化剂，会加速环氧化合物与硫醇的反应，在室温下可固化而不发热。其中叔胺类催化剂的碱性和空间位阻对其固化反应速率影响较大。

此反应机理与醇和酸的反应机理相同，都要经过形成中间复合物的过程。

$$R_3N + HSR' \longrightarrow [R_3N \cdots HSR']$$

$$[R_3N \cdots HSR'] + R''CH\!\!-\!\!CH_2 \longrightarrow \left[\begin{array}{c} R'S \cdots CH_2\!\!-\!\!CHR'' \\ \diagdown\ \ \ O \\ H \\ NR_3 \end{array} \right] \longrightarrow R'SCH_2CHR'' + NR_3$$

4.2.5　与酰胺、脲类的反应

酰胺（$RCONH_2$）与环氧化合物的反应活性低。乙酰胺或苯甲酰胺与环氧化合物的开环加成反应，在 KOH、NaOH 或苯二甲酸钠等强碱性催化剂存在下，约需 150℃的高温才能发生。一般在叔胺类有机碱性催化剂作用下，聚酰胺中的伯胺和仲胺与环氧化合物发生固化反应。

对环氧化合物与磺酸酰胺的反应也有较多的研究报道，其反应机理与羧酸相同。

一般认为脲类 $R'NHCONR''R'''$ 与环氧化合物在高温下发生如下反应，形成固化物。

$$RCH\!\!-\!\!CH_2 + R'NHCONR''R''' \longrightarrow \left[\begin{array}{c} CH_2\!\!-\!\!CH\!\!-\!\!O^- \\ R'N^+H\ \ \ \ R \\ CONR''R''' \end{array} \right]$$

$$\left[\begin{array}{c} CH_2\!\!-\!\!CH\!\!-\!\!O^- \\ R'N^+H\ \ \ \ R \\ CONR''R''' \end{array} \right] \nearrow \begin{array}{c} \begin{array}{c} CH_2\!\!-\!\!CH\!\!-\!\!OH \\ R'N\ \ \ \ R \\ CONR''R''' \end{array} \longrightarrow \begin{array}{c} CH_2 \\ R'N\ \ \ \ CHR + R''R'''NH \\ C\!\!-\!\!O \\ O \end{array} \\ I \\ \searrow \begin{array}{c} CH_2\!\!-\!\!CH\!\!-\!\!R \\ R'N^+H\ \ O \\ C \\ O^-\ \ NR''R''' \end{array} \longrightarrow R'NHCH_2CHOCONR''R''' \\ R \\ III \end{array}$$

4.2.6　与脲酯和异氰酸酯的反应

脲酯与环氧化合物的反应经由羟基乙基脲烷，生成噁唑烷酮。

$$R\!\!-\!\!NHC\!\!-\!\!OR'' + CH_2\!\!-\!\!CH\!\!-\!\!R' \longrightarrow \left[\begin{array}{c} CH_2\!\!-\!\!CH\!\!-\!\!R' \\ R\!\!-\!\!N\ \ \ \ \ OH \\ C\!\!-\!\!OR'' \\ O \\ I \end{array} \right] \longrightarrow \begin{array}{c} CH_2 \\ R\!\!-\!\!N\ \ \ \ CH\!\!-\!\!R' + R''OH \\ C\!\!-\!\!O \\ O \\ II \end{array}$$

上述反应如不用催化剂，在室温到 200℃的温度范围内不会发生，在高温下只有环氧化合物的单独聚合。只有在叔胺或季铵盐的存在下，脲酯才可以与环氧化合物发生以上反应。

在高温下离解脲酯时，生成异氰酸盐和醇。有叔胺存在时，异氰酸盐与环氧化合物不生成噁唑烷酮。但是用季铵盐或卤化钾之类的卤化物，在加压下反应时，可以制得噁唑烷酮，其反应机理如下：

$$R{-}CH{-}CH_2 + X^- \longrightarrow R{-}CH{-}CH_2O^-$$
$$\underset{\displaystyle O}{} \qquad\qquad\qquad \underset{\displaystyle X}{}$$

4.3 固化剂概况

固化剂的种类繁多，内容甚为繁杂，即使逐一加以介绍也难以说清楚。因此首先对固化剂的概况作一般性的叙述，然后再逐一对各种固化剂进行讨论。

4.3.1 固化剂的种类

图 4-5 给出了整个固化剂体系的一般分类。一般来说，固化剂可以单独使用，也可以改性或以共熔混合物状态来使用。图 4-5 主要给出了单一的固化剂，关于改性固化剂和共熔混合固化剂将在以后各节中再作逐一介绍。

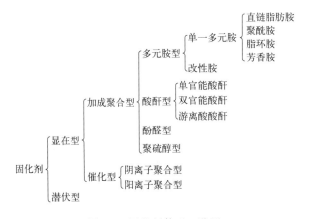

图 4-5 固化剂体系一览图

如图 4-5 所示，固化剂主要分为显在型和潜伏型。显在型固化剂即为普通的固化剂。而潜伏型固化剂，则是与环氧树脂以配合的形式在一定温度（25℃）下长期贮存稳定，一旦暴露于热、光、湿气中则容易发生固化反应。这类固化剂基本上是用物理和化学方法封闭其固化剂活性的。

显在型固化剂（以下称为固化剂）分为加成聚合型和催化型。加成聚合即打开环氧树脂中的环氧环进行加成聚合反应。凡是具有两个或两个以上活泼氢的化合物皆可作固化剂，所以其种类很多。对于这种加成聚合反应，固化剂本身参与三维网络结构构建，如其用量不足，则固化产物中还存在着未反应的环氧基团。因此，这类固化剂需要有一个合适的配合量。催化型固化剂则以阳离子或阴离子形式使环氧基开环进行加成聚合，而本身不参与三维网络结构构建，因此不存在反应的合适量，增加其用量使固化反应速率加快，不利于固化产物性能的稳定。潜伏型固化剂具有加成聚合型催化剂的特性，但它具有加成聚合型催化剂所不具有的潜伏特性和使用方便性。

加成聚合型固化剂有多元胺、酸酐、多元酚、聚硫醇等。最重要的是多元胺和酸酐。多元胺占全部固化剂的 71%，酸酐占全部固化剂的 23%。酸酐多以原本的状态使用，多元胺从应用角度看多为改性后使用。另外，由于特殊用途的要求，也使用多异氰酸酯和氨基树脂等作为环氧树脂的固化剂。

4.3.2　固化剂的固化温度和耐热性

各种固化剂的固化温度和耐热性有很大差异。一般固化温度高的固化剂可以得到耐热性优良的环氧树脂固化物。使用加成聚合型固化剂后，环氧树脂固化物的耐热性按下列顺序提高：脂肪族多元胺＜脂环族多元胺＜芳香族多元胺≈酚醛树脂＜酸酐。

催化加成聚合型固化剂的耐热性大体处于芳香族多元胺的水平。阴离子聚合型固化剂（叔胺和咪唑类化合物）、阳离子聚合型固化剂（BF_3 络合物）的耐热性基本上无大的不同，尽管与双酚 A 型环氧树脂的反应机理不同，但最后都形成醚键结合的三维网络结构。

因为固化反应是一种化学反应，所以固化温度提高，反应速率加快，凝胶时间缩短。凝胶时间的对数随加热温度的上升，大体呈直线下降。但是值得注意的是，固化温度过高，由于整个固化体系受热不均匀，常常造成环氧树脂固化物交联密度分布不均匀，从而使环氧树脂固化物的性能下降。因此存在固化温度的上限，必须选择对固化速率和环氧树脂固化物性能都有利的温度作为合适的固化温度。按固化温度区分，固化剂可分为四种：①在室温下能固化的低温固化剂；②在室温至 50℃固化的室温固化剂；③50～100℃固化的中温固化剂；④100℃以上固化的高温固化剂。低温固化剂很少，仅有多元异氰酸酯和聚硫醇两种。室温固化剂的种类很多，如脂肪族多元胺、部分脂环族多元胺、低分子量聚酰胺以及改性的芳香胺等。中温固化剂有部分脂环族多元胺、叔胺、咪唑类以及三氟化硼络合物等。高温固化剂有芳香胺、酸酐、甲阶酚醛树脂、氨基树脂、双氰胺以及酰肼等。

对于高温固化体系来说，固化过程分为两个阶段，最初用较低的温度固化，在达到凝胶状态或比凝胶状态稍高的状态（称为预固化）时，用高温加热进行后固化。

4.3.3　固化剂的特性

如上所述，固化剂的种类不同，固化温度也不同，因此环氧树脂固化物的耐热性会产生很大差别。以典型的多元胺类固化剂为例，尽管官能基团相同，但由于化学结构不同，固化剂的性状和环氧树脂固化物的性能均不同。

多元胺类固化剂的性状及多元胺固化双酚 A 型环氧树脂的物性，按顺序排列如下。

多元胺类固化剂的性状：

［色　相］（优）脂环族→脂肪族→聚酰胺→芳香胺（劣）

［黏　度］（低）脂环族→脂肪族→芳香族→聚酰胺（高）

［适用期］（长）芳香族→聚酰胺→脂环族→脂肪族（短）

［固化性］（快）脂肪族→脂环族→聚酰胺→芳香族（慢）

［刺激性］（强）脂肪族→芳香族→脂环族→聚酰胺（弱）

多元胺固化双酚 A 型环氧树脂的物性：

［光　泽］（优）芳香族→脂环族→聚酰胺→脂肪族（劣）

［柔软性］（软）聚酰胺→脂肪族→脂环族→芳香族（刚）

［粘接性］（优）聚酰胺→脂环族→脂肪族→芳香族（良）

［耐酸性］（优）芳香族→脂环族→脂肪族→聚酰胺（劣）

［耐水性］（优）聚酰胺→脂肪族→脂环族→芳香族（良）

4.3.4　各种用途不同的固化剂

不同种类的固化剂有不同的用途，如图 4-6 所示。一般固化剂按用途可分为常温固化和加热固化两大类。如前所述，环氧树脂高温固化时其固化物的性能优良。但是在土木、建筑中使用的涂料和胶黏剂等常常需要在室温条件下进行固化，所以大都使用脂肪族胺、脂环族胺以及低分子量聚酰胺等。尤其是在冬季使用涂料和胶黏剂，不得不与多异氰酸酯并用或使用有恶臭味的聚硫醇。

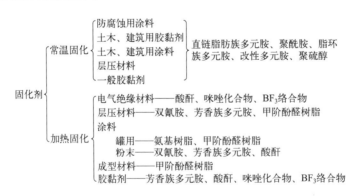

图 4-6　各种固化剂的用途

至于中温和高温固化剂，则应以被着体的耐热性及环氧树脂固化物的耐热性、它们之间的粘接性和耐化学药品性等为基准来选择使用。选择的重点为多元胺和酸酐。脂肪族多元胺固化物由于具有 —C—N— 键，其粘接性、耐碱性及耐水性均优良。芳香族多元胺在耐化学药品性方面优良。

4.4　胺类固化剂

4.4.1　多元胺类固化剂

多元胺类固化剂种类众多，如图 4-7 所示。

多元胺分为单一多元胺，混合多元胺、改性多元胺、共熔混合多元胺四种。这里特别值得指出的是改性多元胺。改性多元胺是在不损害多元胺本身性能的前提下，为了使用方便和改善环氧树脂固化物的性能，而对多元胺进行改性得到的改性物。根据改性方法不同可分为环氧化合物加成多元胺、迈克尔加成多元胺、曼尼希加成多元胺、硫脲加成多元胺和酮类封闭多元胺（即酮亚胺）。多元胺类固化剂除了单独使用或者改性外，还可以混合使用。与未混合时相比，多元胺混合物的熔点降低，使之易与环氧树脂互溶，从而方便使用。

```
                                    ┌─ 脂肪族多元胺
                                    ├─ 聚酰胺多元胺
                   单一多元胺 ──────┼─ 脂环族多元胺
                                    ├─ 芳香族多元胺
                                    └─ 其他
                   混合多元胺
多元胺系列 ──────                   ┌─ 环氧化合物加成多元胺
                                    ├─ 迈克尔加成多元胺
                   改性多元胺 ──────┼─ 曼尼希加成多元胺
                                    ├─ 硫脲加成多元胺
                                    └─ 酮类封闭多元胺
                   共熔混合多元胺
```

图 4-7　多元胺类固化剂的分类

（1）多元胺类固化剂的固化反应　伯胺与环氧树脂反应，首先是伯胺的活泼氢与环氧基反应，生成仲胺，再进一步与环氧基反应生成叔胺，最后形成交联网络结构：

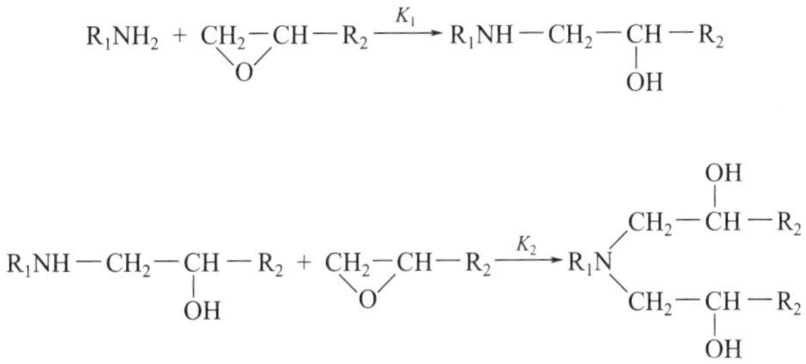

$$R_1NH_2 + CH_2\!-\!CH\!-\!R_2 \xrightarrow{K_1} R_1NH\!-\!CH_2\!-\!CH\!-\!R_2$$

$$R_1NH\!-\!CH_2\!-\!CH\!-\!R_2 + CH_2\!-\!CH\!-\!R_2 \xrightarrow{K_2} R_1N\begin{array}{c} CH_2\!-\!CH\!-\!R_2 \\ CH_2\!-\!CH\!-\!R_2 \end{array}$$

反应中生成的叔胺具有催化机能，但因其本身的空间位阻效应，其催化机能一般是难以发挥的。

反应进行的程度因固化剂化学结构与碱性的不同而有相当大的区别。如对脂肪族胺，$K_1/K_2 \approx 2$。此时，在与伯胺反应优先的情况下，链增长反应和基于仲胺的交联反应平行地进行。但是，对于芳香胺，K_1/K_2 可高达 $7 \sim 12$。基于伯胺的链增长反应占绝对的优势，因此就决定了环氧树脂与脂肪族胺反应过程中 B 阶段（半固化的凝胶态）时间短，而与芳香胺反应却有较长的 B 阶段。路易斯酸对此类反应能起促进作用，促进作用的大小取决于路易斯酸的 pK_a 值。

（2）单一多元胺的种类和特性　表 4-1 列出了有代表性的多元胺类固化剂的化学结构与性质。表 4-2 为多元胺类固化剂的固化条件及其与环氧树脂的固化物的性能和用途。

表 4-1　多元胺类固化剂的性质

类别	名称	英文缩写	化学结构	室温状态	黏度/(Pa·s)	熔点/℃
脂肪族胺	二亚乙基三胺	DETA	$H_2N-CH_2-CH_2-\underset{\underset{H}{\|}}{N}-CH_2-CH_2-NH_2$	液态	0.005	
	三亚乙基四胺	TETA	$H_2N-CH_2-CH_2-\underset{\underset{H}{\|}}{N}-CH_2$ $H_2N-CH_2-CH_2-\underset{\overset{\|}{H}}{N}-CH_2$	液态	0.019	
	四亚乙基五胺	TEPA	$H_2N-CH_2-CH_2\!\!-\!\!(NHCH_2-CH_2)_3\!\!-\!\!NH_2$	液态	0.001	
	二乙氨基丙胺	DEPA	$\begin{array}{l}H_3C-H_2C\\ \qquad\qquad\ \ N-CH_2-CH_2-CH_2-NH_2\\ H_3C-H_2C\end{array}$	液态		
聚酰胺					基于胺值不同,可由半固态至液态:半固态(胺值 90mg KOH/g),液态(1.0～2.5Pa·s,胺值 600mg KOH/g)	
脂环族胺	蓋烷二胺	MDA	$H_2N-\underset{\underset{CH_3}{\|}}{\overset{\overset{CH_3}{\|}}{C}}-CH\underset{CH_2-CH_2}{\overset{CH_2-CH_2}{<}}\underset{NH_2}{\overset{CH_3}{C<}}$	液态	0.019	
	异佛尔酮二胺	IPDA	$\begin{array}{c}CH_3\\ H_3C\!-\!\!\diamondsuit\!\!-NH_2\\ CH_3\\ CH_2-NH_2\end{array}$	液态	0.018	
	N-氨乙基哌嗪	N-AEP	$H_2N\!-\!(CH_2)_2\!-\!N\underset{CH_2-CH_2}{\overset{CH_2-CH_2}{<}}NH$	液态		
	3,9-双(3-氨丙基)-2,4,8,10-四氧杂螺[5.5]十一烷加成物	ATU 加成物		液态	因加成物种类而异	
	双(4-氨基-3-甲基环己基)甲烷	DMDC	$\begin{array}{c}H_2N\!-\!\!\diamondsuit\!\!-CH_2-\!\!\diamondsuit\!\!-NH_2\\ \ \ \ H_3C\qquad\qquad CH_3\end{array}$	液态		
	双(4-氨基环己基)甲烷	DDCM	$NH_2\!-\!\!\diamondsuit\!\!-CH_2-\!\!\diamondsuit\!\!-NH_2$	固体	0.06	40

类别	名称	英文缩写	化学结构	室温状态	黏度/(Pa·s)	熔点/℃
芳香胺	间苯二甲胺	m-XDA	 CH_2-NH_2 CH_2-NH_2 （异构体混合物）	结晶体 液体	—	
	4,4'-二氨基二苯甲烷	DDM	$H_2N-\bigcirc-CH_2-\bigcirc-NH_2$	固体		89
	4,4'-二氨基二苯砜	DDS	$H_2N-\bigcirc-\overset{O}{\underset{O}{S}}-\bigcirc-NH_2$	固体		175
	间苯二胺	m-PDA	NH_2 NH_2	固体		62
其他	双氰胺	DICY	$H_2N-C-NH-C\equiv N$ 　　　$\underset{NH}{\|}$	固体		207～210
	己二酸二酰肼	AADH	$H_2NHN-CO-(CH_2)_4-CO-NHNH_2$	固体		180

表 4-2　DGEBA 与多元胺固化剂的固化条件及其与双酚 A 型环氧树脂的固化物性能、用途

类别	英文缩写	胺当量/(g/mol)	适用期	标准固化条件
脂肪族胺	DETA	20.6	20min	常温×4d, 100℃×30min
	TETA	24.4	20～30min	常温×4d, 100℃×30min
	TEPA	27.1	20～40min	常温×7d, 100℃×30min
	DEPA	65	1～4h	60℃×4h, 115℃×1h
聚酰胺		90～600	0.5～4h 因胺值不同 而不同	常温×7d, 60℃×2h
脂环族胺	MDA	42.5	6h	80℃×2h, 130℃×30min
	IPDA	41	1h	80℃×4h, 150℃×1h
	N-AEP	43	20～30min	常温×3d, 200℃×30min
	ATU 加成物	45～133	1～2h	常温×7d, 60℃×2h
	DMDC	60	3h	80℃×2h, 150℃×2h
	DDCM	53		60℃×3h, 150℃×2h
芳香胺	m-XDA	34.1	20min	常温×7d, 60℃×1h
	DDM	49.6	8h	80℃×2h, 150℃×4h
	m-PDA	34	6h	80℃×2h, 150℃×4h
	DDS	62.1	约 1 年	110℃×2h, 200℃×4h
其他	DICY AADH	20.9	6～12 月	160℃×1h 或 180℃×20min

续表

类别	英文缩写	热变形温度(HDT)/℃	特点		用途			
			优点	缺点	粘接	层压	浇注	涂料
脂肪族胺	DETA	90～125	低黏度、室温快速固化、各种力学性能均衡	适用期短、白化现象、毒性（分子量愈小毒性愈大）	○	○	○	○
	TETA				○	○	○	○
	TEPA				○	○	○	○
	DEPA	85	室温固化、适用期长、低温性能及电性能良好	耐热性低、耐化学药品性差、毒性	○	○	○	×
聚酰胺		55～113	配比范围宽、力学性能均衡，粘接性、耐水性优良	耐热性低、耐化学药品性差	○	×	×	○
脂环族胺	MDA	148～158	低黏度、耐热性及耐稳定性良好	因吸收 CO_2 出泡	○	○	○	×
	IPDA		与 MDA 相同	与 MDA 相同，在室温下只固化至 B 阶段	×	○	○	×
	N-AEP	110～120	与 DATA、TETA 相同，冲击性较好	与 DATA、TETA 相同	×	○	○	×
	ATU加成物	55～81	适用期长、快速固化、配比宽、挠性及粘接性较好、透明无色固化物	耐热性低	○	×	○	○
	DMDC	155～160	耐热性、高温力学性能、高温电性能等较好		×	○	○	○
	DDCM	150			×	○	○	○

注：○适用；×不适用。

① 直链脂肪族多元胺　直链脂肪族多元胺的最大缺点是对皮肤有较强的刺激性。但随着分子量的增大，蒸气压逐渐降低而毒性变小。这类固化剂在常温下可固化，与其相适应的添加剂量为理论量或接近理论量。如含有叔胺结构时，其用量要减少。活泼氢的量愈少，适用期愈短，放热量则愈大。为了加快固化速率或在室温以下使之固化，则必须添加促进剂，例如酚类、DMP-30 等，均有一定效果。

伯胺的活泼氢与空气中的二氧化碳反应生成碳酰胺。此时，在常温下与环氧基的反应受阻，加热分解则可使反应继续进行。同时加入促进剂可起到阻止碳酰胺形成的作用。

一般用直链脂肪族胺固化的环氧树脂产物具有韧性好、粘接性优良的特点，而且对强碱和若干种无机胺有优良的耐腐蚀性，但耐溶剂性不一定能满足要求。

② 聚酰胺　这里所说的聚酰胺是一种改性的多元胺，常常由亚油酸二聚体和脂肪族多元胺反应制得。如与乙二胺或二亚乙基三胺反应生成的是一种琥珀色黏稠状树脂。

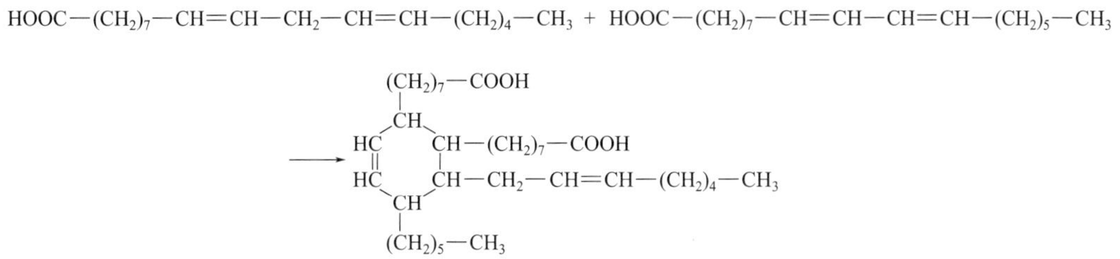

$$HOOC-(CH_2)_7-CH=CH-CH_2-CH=CH-(CH_2)_4-CH_3 \ + \ HOOC-(CH_2)_7-CH=CH-CH=CH-(CH_2)_5-CH_3$$

亚油酸二聚体

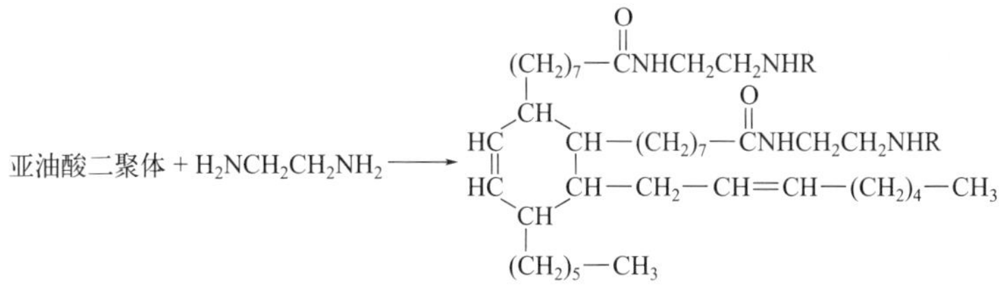

亚油酸二聚体 + H₂NCH₂CH₂NH₂ ⟶

低分子量聚酰胺

　　式中，R 是氢原子或亚油酸二聚体。这种低分子量聚酰胺的分子量通常在 500～9000 之间，其性质差别很大。这主要取决于：a. 多元胺的性质；b. 胺与亚油酸二聚体的比例；c. 第三种改性成分的量。在多元胺过量状态下，随胺与亚油酸二聚体的摩尔比的下降，分子量增加，胺值降低。为了改善环氧树脂的相容性和光泽，往往需要加入第三组分。

　　聚酰胺最大的特点是添加量的允许范围比较宽，以双酚 A 型环氧树脂为例，聚酰胺用量范围（以质量份计）在 60～150 份，固化物的力学性能比较均衡，耐热冲击性优良，对各种材料具有优良的粘接性。固化物的性能也因聚酰胺的胺值和加入量而有所不同，如胺值增加，则固化物的热变形温度（HDT）也增加。聚酰胺的加入量增加，则固化物的可挠性和冲击强度提高，而 HDT 则降低。聚酰胺虽然是常温固化剂，但如果固化温度提高，因固化物的交联密度增加，其性能也随着提高。

　　聚酰胺与脂肪族多元胺比较，耐水性优良，但耐热性和耐溶剂性较差。

　　③ 芳香族多元胺　芳香族多元胺指酰氨基直接与芳香环相连接的胺类固化剂，与脂肪族多元胺相比有如下特点：a. 碱性弱；b. 反应受芳香环空间位阻影响；c. 固化过程中形成 B 阶段（半固态凝胶状态）的时间长，因此必须加热才能进一步固化。另外，芳香族多元胺在 B 阶段形成具有熔融性的硬而脆的固体，因此反应速率大幅度下降。这个特点特别适用于干式层压制品、成型材料以及粉末涂料。芳香族多元胺为固体，与环氧树脂混合时往往需要加热，因此适用期短。为了克服这个缺点，常常做成熔融-过冷物、共熔混合物、改性物或芳胺溶液等来使用。最佳使用量为化学理论量或稍过量，可加入少量促进剂（酚类、叔胺等均可）。

　　芳香族多元胺环氧树脂体系的固化物比脂肪族胺体系的固化物在耐热性、耐化学药品性方面优良。与以后章节中介绍的酸酐体系的固化物相比，在耐化学药品性（特别是耐碱性）方面更优良，只是耐热性稍差一些。

　　④ 脂环族多元胺　脂环族多元胺由于氨基的结合形式和反应活性不同，所以与环氧树脂所生成的固化物的性能差别很大。从性能上来看不是属于脂肪族多元胺，就是属于芳

香族多元胺。若属于直链脂肪族多元胺，则氨基通过甲基连在脂环上（如 MDI、IPDA、ATU 加成物）；若属于芳香族多元胺，由氨基直接连在脂环上，即为芳香族多元胺加氢结构的多元胺（如 C-260 及 HM 等）。但有趣的是在化学结构上属于芳香胺的 m-XDA，却在反应活性上像脂肪族胺，而固化物的性能像芳香胺的固化物。

⑤ 杂环胺　代表性的是具有海因结构的二元胺类固化剂，结构式如下：

$$H_2NCH_2CH_2CH_2-N \begin{matrix} O \\ \| \\ C \end{matrix} N-CH_2CH_2CH_2NH_2$$

式中，R_1、R_2＝CH_3；R_1、R_2＝C_2H_5；R_1、R_2＝异丙基等。含海因结构的二元胺类固化剂有许多品种。当 R_1、R_2 为甲基时，称为 1,3-二(γ-氨基丙基)-5,5-二甲基海因。该固化剂是由 1,3-二（β-氰乙基)-5,5-二甲基海因固化加氢制得。它外观为油状的液体。室温下，黏度 1.24Pa·s，氨基含量为 7.91mol/kg。该固化剂固化环氧树脂所得固化物的性能见表 4-3。

⑥ 其他胺类

a. 双氰胺。双氰胺（DICY）的固化机理十分复杂，除了四个活泼氢参加反应以外，氰基（—CN）在高温下还可以与羟基或环氧基发生反应，并具有催化型固化剂的作用。因此，虽然化学理论用量约为 11 份，但实际上用量为 4～8 份。其环氧树脂固化物的性能与双氰胺固化剂添加量有较大关系。

表 4-3　海因二胺/环氧树脂固化物（40℃下混合均匀；固化 24h）的性能

项目	指标
双酚 A 型环氧树脂(环氧值 0.525)/g	100
1,3-二(γ-氨基丙基)-5,5-二甲基海因/g	32
弯曲强度/MPa	123
挠度/mm	>17.5
冲击强度/(kJ/m²)	>18.5
马丁耐热温度/℃	61
吸水性(20℃,4d)/%	0.28

双氰胺作为环氧树脂固化剂时的固化反应温度较高，为了降低其固化反应温度，常常加入叔胺、咪唑、脲及其衍生物、硫脲及其衍生物等促进剂。加入这些促进剂后，有的贮存适用期受到较大影响（贮存时间大大缩短），而有的贮存适用期与双氰胺/环氧树脂体系一样长。

作者曾对双氰胺/环氧树脂体系的固化反应和固化物结构，以及其在叔胺催化剂作用下的固化温度和组成，叔胺/双氰胺/环氧树脂体系的固化反应机理等都进行过深入研究。研究结果表明：在双氰胺/环氧树脂体系中，固化反应主要在温度高于 160℃ 以上时发生，双氰胺上的活泼氢与环氧基发生开环加成反应，形成 N-烃基氰基脲。在此过程中双氰胺有部分离解生成三聚氰胺，离解反应与固化反应同步进行。其中高分子量的环氧树脂对三聚氰胺的溶解度较大，因而固化物无沉淀物出现，而低分子量的环氧树脂对三聚氰胺的溶解度较小，固化物底部出现白色沉淀物。在高分子量环氧树脂/双氰胺固化的 DSC 曲线上仅有一个转变吸收峰，而在低分子量环氧树脂/双氰胺固化的 DSC 曲线上则有三个转变峰，作者认为第二个转变是由未完全溶解的三聚氰胺发生进一步离解生成的氰基胺引起的。环氧树脂分子量增加，一方面使环氧树脂/双氰胺固化体系中反应热增加；另一方面体系中羟基含量增加，从而使固化物中刚性的酰胺键结构也随之增加。

在叔胺/双氰胺/环氧树脂体系中，与其他叔胺类促进剂促进的胺固化环氧树脂体系一样，它也存在双氰胺上的氨基与环氧基的取代加成反应和在叔胺催化作用下环氧基的醚化反应。温度较低（<140℃）时，只能在伯氨基上进行单取代加成反应，而且反应速率较慢；温度较高（>140℃）时，双氰胺不仅在其仲氨基上进行双取代加成反应，而且它的氰基也可以与羟基或环氧基（与其他胺类体系不同）发生如下反应：

$$R_2—OH + R_1—C\equiv N \longrightarrow R_2—O—\underset{\underset{NH}{\|}}{C}—R_1$$

$$R_2—O—\underset{\overset{NH}{\|}}{C}—R_1 \longrightarrow R_1—\underset{\overset{O}{\|}}{C}—NH—R_2$$

$$R_3—CH—CH_2 + H_2N—\underset{\underset{NH_2}{|}}{C}—N—C\equiv N \longrightarrow NH_2—C\equiv N + \cdots$$

b. 己二酸二酰肼（AADH）　AADH 在常温下与环氧树脂贮存稳定，只有在加热后，才缓慢溶解发生固化反应，也可以加入叔胺、咪唑等促进剂加快其固化反应。

c. 氨基-亚胺化合物　结构如下：

$$R_1CON—\underset{\underset{CH_3}{|}}{N}—CH_2—\underset{\underset{OH}{|}}{CH}—R_2$$

它在室温下与环氧树脂贮存稳定，加热时分解为叔胺和异氰酸酯，起固化作用。根据原料来源的不同可制得固体和液体产品。它本身可单独作固化剂，也可以作为双氰胺/环氧树脂体系和酸酐/环氧树脂体系的促进剂来使用。

d. 酮亚胺化合物　酮亚胺化合物是由脂肪族多元胺（如 DETA 和 TETA）和酮类（如甲基乙基酮等）合成的，而且酮亚胺中残存的多元胺必须用单环氧化合物封闭，其反应式如下：

$$H_2N\!-\!\!\left[CH_2\right]_{\!n}\!\!-\!NH\!-\!\!\left[CH_2\right]_{\!m}\!\!-\!NH_2 + 2R_1\!-\!\overset{\overset{O}{\|}}{C}\!-\!R_2 \longrightarrow$$

$$R_1R_2C\!=\!N\!-\!\!\left[CH_2\right]_{\!n}\!\!-\!NH\!-\!\!\left[CH_2\right]_{\!m}\!\!-\!N\!=\!CR_1R_2 + 2H_2O$$

$$\Big\downarrow\ \langle\!\rangle\!-\!O\!-\!CH_2\!-\!CH\!-\!CH_2$$

$$R_1R_2C\!=\!N\!-\!\!\left[CH_2\right]_{\!n}\!\!-\!\underset{\underset{CH_2-CH-CH_2-O-\langle\!\rangle}{\overset{|}{\ }}}{N}\!-\!\!\left[CH_2\right]_{\!m}\!\!-\!N\!=\!CR_1R_2$$

含有酮亚胺的环氧树脂（如涂成薄膜，吸收空气中的水分），按上述反应式逆向反应，再生成多元胺，此时在室温下即可固化，而且固化速率不太快，适用期不像其他潜伏型固化剂那样长，充其量只有 8h 左右。加入水或叔胺作为促进剂，则可加快固化速率。固化物的性能与多元胺环氧树脂固化物的性能基本相同。

（3）改性多元胺　由于单独使用多元胺存在对人的皮肤和黏膜有刺激性、与环氧树脂配比要求严格和多元胺的强碱性易与空气中的 CO_2 生成盐等弊病，所以经常使用改性多元胺。下面介绍几种重要的改性多元胺。

① 环氧化合物加成多元胺　将过量的多元胺与单环氧化合物或双环氧化合物反应而得到改性多元胺，生成物通常为胺的加成物：

$$RNH_2 + CH_2\!-\!CH\!-\!R' \longrightarrow RNHCII_2\!-\!CH\!-\!R'$$

因加成物分子量增大，沸点和黏度增高，对人的皮肤和黏膜的刺激性随之大幅度减小。同时由于加成反应生成羟基，提高了固化反应活性。有代表性的是 DETA 与苯基缩水甘油醚或与低分子量的双酚 A 型环氧树脂的加成物。

② 迈克尔加成多元胺　胺的活泼氢与 α,β-不饱和链能迅速发生加成反应，称为迈克尔（Michael）加成反应。这个反应是在氨基上进行加成，因此改善了改性多元胺的刺激性和对环氧树脂的相容性。特别是丙烯腈的加成反应称为氰乙基化，在延缓反应活性和改善相容性方面是非常有效的。

$$RNH_2 + H_2C\!=\!CH\!-\!C\!\equiv\!N \longrightarrow RNHCH_2\!-\!CH_2CN$$

③ 曼尼希加成多元胺　曼尼希（Mannich）反应为多元胺、甲醛以及苯酚的缩合反应。其产物可大幅度改善环氧树脂的固化特性，降低固化温度。这种改性固化剂的性质，根据胺和酚的种类以及它们的配比不同而不同。

$$RNH_2 + HCHO + \text{（苯酚）} \longrightarrow RNHCH_2\text{（苯酚）} + H_2O$$

④ 硫脲加成多元胺　硫脲加成的多元胺化合物使环氧树脂的低温固化特性得到改善，可用于环氧树脂的冬季野外施工。

⑤ 酮类封闭多元胺　酮类封闭的多元胺即酮亚胺，是一种潜伏型固化剂。从改性角度来说，酮亚胺是由氨基和羰基反应生成的。

$$RNH_2 + R'\!-\!\overset{\overset{O}{\|}}{C}\!-\!R'' \longrightarrow R\!-\!N\!=\!C\overset{R'}{\underset{R''}{\big\langle}} + H_2O$$

此类化合物遇水即分解再次生成胺。当将此类化合物混合于环氧树脂中涂于被涂物上形成薄膜时，该膜吸收空气中的水分使酮亚胺生成多元胺，从而使薄膜迅速固化。如果涂膜太厚，则反应不易进行，此时体系中加入适量的水是非常必要的。

（4）共熔混合多元胺　芳香族多元胺（如间苯二胺、4,4'-二氨基二苯甲烷、4,4'-二氨基二苯砜）与环氧树脂混合时难以形成均一体系，因此要进行加热才能使芳香族多元胺均匀地分散于环氧树脂中，但是加热会使实际使用期变短。为了解决这一问题，人们常采用共熔混合的办法，这样可以使单一芳香胺的熔点降低，甚至当两种熔点都较高的芳香胺共熔混合后可以变成液体。最普通的方法是用 $60\% \sim 75\%$ 的间苯二胺（m-PDA）和 $40\% \sim 25\%$ 的 4,4′-二氨基二苯甲烷（DDM）混合而得到共熔混合物。

4.4.2 叔胺类固化剂

叔胺类固化剂属于碱性化合物，是阴离子型的催化型固化剂，表 4-4 列出了具有代表性的叔胺类固化剂。它与环氧树脂的固化反应机理如下。

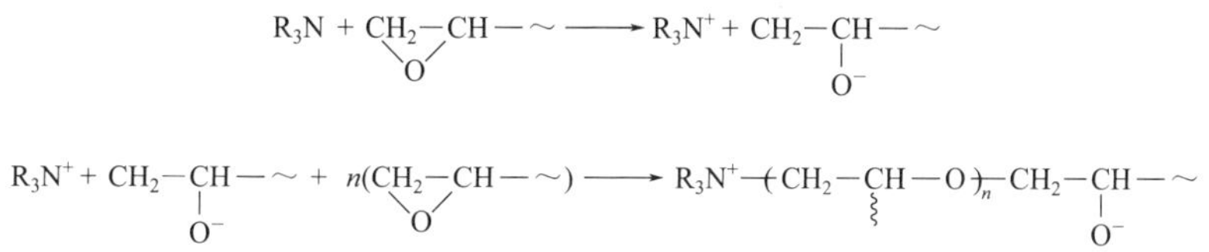

$$R_3N + CH_2\!-\!CH\!-\!\sim \longrightarrow R_3N^+ + CH_2\!-\!CH\!-\!\sim$$

$$R_3N^+ + CH_2\!-\!CH\!-\!\sim + n(CH_2\!-\!CH\!-\!\sim) \longrightarrow R_3N^+\!\!-\!\!(CH_2\!-\!CH\!-\!O)_n\!CH_2\!-\!CH\!-\!\sim$$

表 4-4 具有代表性的叔胺类固化剂

类别	名称	英文缩写	化学结构
脂肪族胺	直链二胺	—	$(CH_3)_2N(CH_2)_nN(CH_3)_2$
	直链叔胺	—	$(CH_3)_2N(CH_2)_mCH_3$
	四甲基胍	TMG	$\begin{array}{c}NH\\ \|\| \\ (CH_3)_2NCN(CH_3)_2\end{array}$
	三烷基单胺	—	$N[(CH_2)_nCH_3]_3$
	三乙醇胺	TEA	$N(CH_2CH_2OH)_3$
脂环族胺	哌啶	Pip	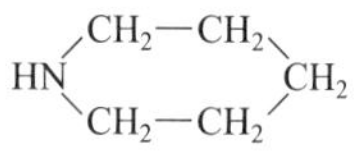
	N,N'-二甲基哌嗪	—	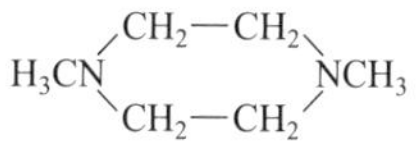
	三亚乙基二胺	—	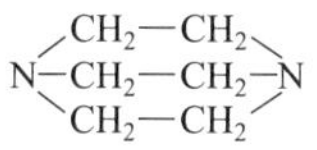
杂环胺	吡啶	Py	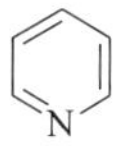
	甲基哌啶	MePip	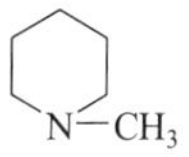
	1,8-二氮杂双环[5.4.0]十一碳-7-烯	DBU	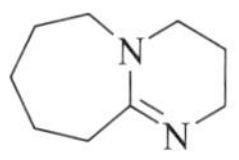

续表

类别	名称	英文缩写	化学结构
芳香胺	苄基二甲胺	BDMA	CH₂N(CH₃)₂（苯环结构）
	2-(二甲氨基甲基)苯酚	DMP-10	OH, CH₂N(CH₃)₂（苯环结构）
	2,4,6-三(二甲氨基甲基)苯酚	DMP-30	(CH₃)₂NCH₂, OH, CH₂N(CH₃)₂, CH₂N(CH₃)₂（苯环结构）
	DMP-30 的三(2-乙基己酸)盐	DMP-30·HA	CH₂CH₃, 3CH₃CH₂CH₂CH₂CHCOOH, [(CH₃)₂NCH₂, OH, CH₂N(CH₃)₂, CH₂N(CH₃)₂]（苯环结构）

叔胺类固化剂具有固化剂用量、固化速率和固化物性能变化较大，固化时放热较大的缺点，因此不适用于大型浇注，也不应单独使用。

表 4-4 给出的叔胺类固化剂是属于阴离子聚合催化型的叔胺化合物。用叔胺类化合物作为固化剂固化的双酚 A 型环氧树脂固化物的热变形温度（HDT）如图 4-8 所示。显然不同叔胺类固化剂在不同温度下进行固化，其固化物的 HDT 亦不同，可见固化温度的影

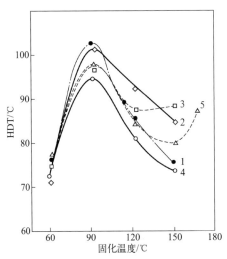

图 4-8　固化温度对固化物 HDT 的影响

[固化剂添加量：5%（摩尔分数），固化时间 30h]

1—N,N-二甲基正己胺；2—N,N-二甲基环己基胺；3—N,N-二甲氨基甲基甲酚；
4—N,N-二甲基苄胺；5—N,N-二甲氨基甲基苯酚

响是很显著的。即使同一种固化剂在不同温度下固化,其固化物的 HDT 也相差较大。固化温度 90℃时,所有叔胺类固化环氧树脂的 HDT 值最大。如果固化温度超过这一温度,HDT 反而下降。叔胺类固化剂固化环氧树脂的固化物,其 HDT 与咪唑类化合物或三氟化硼络合物固化环氧树脂固化物的 HDT 相比是非常低的。这可能是叔胺的分解使链增长受阻之故。

图 4-9 表明,DGEBA 树脂固化物的 HDT 随着固化剂添加量的增加而先增加,当固化剂添加量超过某一极限值时反而下降,在实际使用这类固化剂时应引起注意。

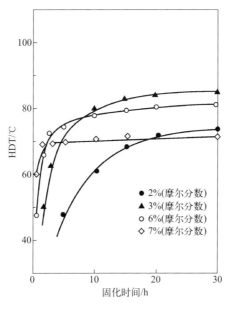

图 4-9　DGEBA 树脂固化物的 HDT 与 BDMA 添加量
和固化时间的关系 (120℃下固化)

4.4.3　叔胺盐类固化剂

由于叔胺类固化剂单独使用时,凝胶速率快,适用期比较短,当用于浇注与灌封时操作不方便。如果将其制成盐类,可将其适用期延长,并能降低固化反应放热。比较常用的叔胺盐类固化剂有 2,4,6-三(二甲氨基甲基)苯酚的三(2-乙基己酸)盐、2,4,6-三(二甲氨基甲基)苯酚的三油酸盐。其中 2,4,6-三(二甲氨基甲基)苯酚的三(2-乙基己酸)盐是淡褐色的黏稠透明液体,沸点约 200℃,密度 0.98g/cm³,黏度 0.5~0.75Pa·s(25℃),其贮存适用期约是同类叔胺的 8 倍;2,4,6-三(二甲氨基甲基)苯酚的三油酸盐是深琥珀色的黏稠透明液体,沸点约 125℃,密度 0.98g/cm³,黏度 0.28~0.30Pa·s(25℃)。

4.4.4　咪唑类固化剂

咪唑类化合物可在较低温度下固化环氧树脂,固化物耐热性优良,且具有优异的力学性能。咪唑类化合物种类繁多,代表性品种见表 4-5。

表 4-5　有代表性的咪唑化合物的结构与特性

名称	简称	化学结构	熔点/℃	沸点/℃	外观	凝胶时间①/h	适用期②
2-甲基咪唑	2MZ	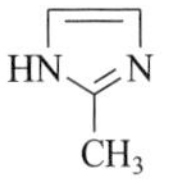 HN—N, CH₃	137~145	177~178 (5.3kPa)	淡黄色粉末	0.28 (0.81)	3.5h
2-乙基-4-甲基咪唑	2E4MZ	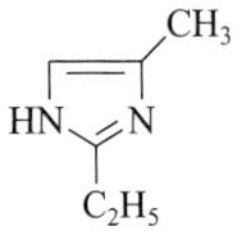 HN—N, CH₃, C₂H₅	—	160~166 (2.7kPa)	浅黄色液体或固体	0.70 (1.92)	9h
2-十一烷基咪唑	C₁₁Z	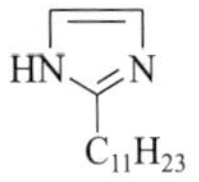 HN—N, C₁₁H₂₃	70~74	217 (0.8kPa)	白色粉末	1.66 (4.41)	5d
2-十七烷基咪唑	C₁₇Z	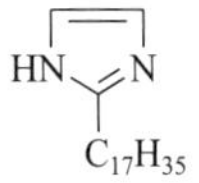 HN—N, C₁₇H₃₅	86~91	233~236 (0.4kPa)	白色粉末	2.97 (4.28)	40d
2-苯基咪唑	2PZ	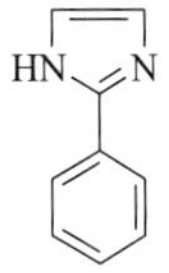 HN—N, C₆H₅	137~147	197~200 (0.9kPa)	淡桃色或白色粉末	1.27 (1.55)	—
1-苯甲基-2-甲基咪唑	1B2MZ	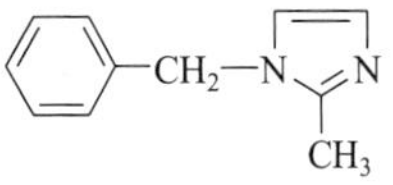 C₆H₅CH₂—N—N, CH₃	—	118~120 (2.7kPa)	淡黄色液体	1.16 (4.39)	10h
1-氰乙基-2-甲基咪唑	2MZ-CN	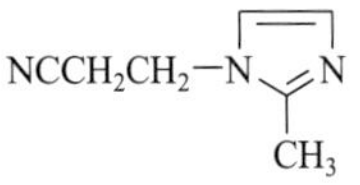 NCCH₂CH₂—N—N, CH₃	53~56	分解	白色粉末	1.08 (1.46)	—
1-氰乙基-2-乙基-4-甲基咪唑	2E4MZ-CN	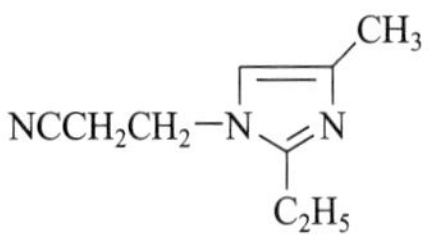 NCCH₂CH₂—N—N, CH₃, C₂H₅	—	分解	淡黄色液体	2.02 (6.38)	6d
1-氰乙基-2-十一烷基咪唑	C₁₁Z-CN	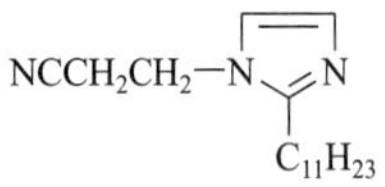 NCCH₂CH₂—N—N, C₁₁H₂₃	45~50	分解	白色粉末	5.52 (8.19)	—
1-氰乙基-2-十一烷基偏苯三酸咪唑盐	C₁₁Z-CNS	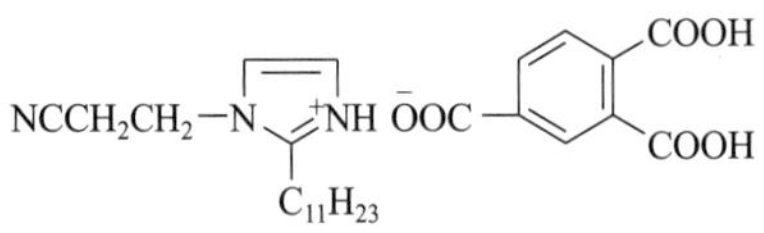 NCCH₂CH₂—N⁺—NH⁻OOC(苯环COOH,COOH), C₁₁H₂₃	180~182	分解	白色粉末	8.64 (—)	11d
1-氰乙基-2-苯基偏苯三酸咪唑盐	2PZ-CNS	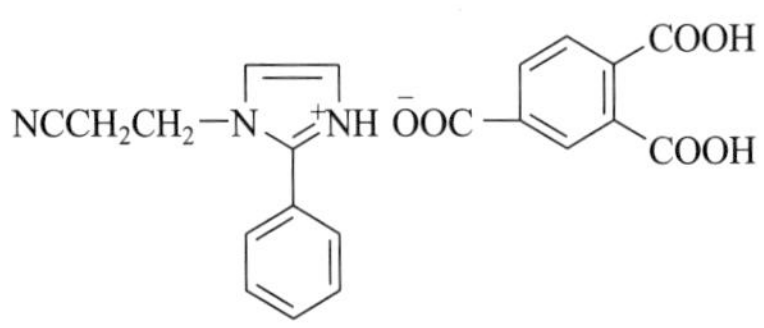 NCCH₂CH₂—N⁺—NH⁻OOC(苯环COOH,COOH), C₆H₅	180~182	分解	白色粉末	4.45 (6.34)	—

名称	简称	化学结构	熔点/ ℃	沸点/ ℃	外观	凝胶时间[①]/h	适用期[②]
4,6-二氨基-2-[(2-乙基咪唑-1-基)乙基]均三嗪	2EZ-AZINE	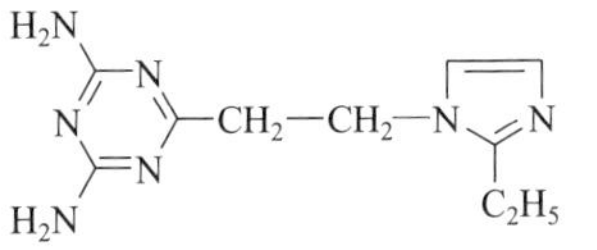	247~251	分解	白色粉末	1.66 (2.08)	48d
4,6-二氨基-2-[(2-乙基-4-甲基咪唑-1-基)乙基]均三嗪	2E4MZ-AZINE	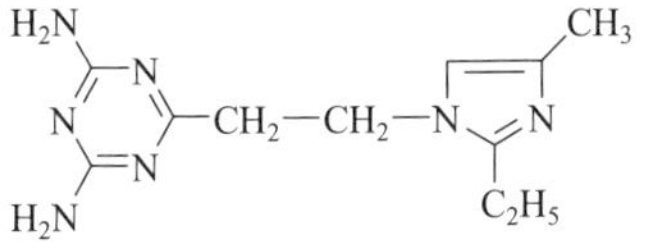	215~225	分解	白色粉末	2.03 (—)	18d
4,6-二氨基-2-[(2-十一烷基咪唑-1-基)乙基]均三嗪	C₁₁Z-AZINE	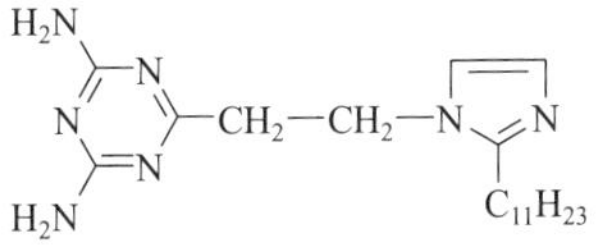	184~188	分解	白色粉末	2.49 (—)	13d
1-十二烷基-2-甲基-3-苯甲基咪唑氯盐	SFZ	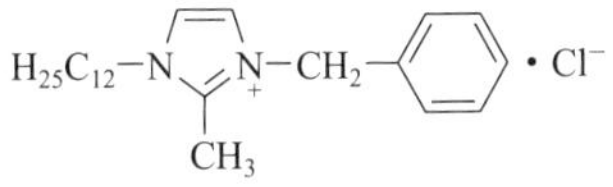	56~66	—	黄褐色石蜡状固体	330 (—)	180d以上
2-甲基-1,3-二苯甲基咪唑氯盐	FFZ	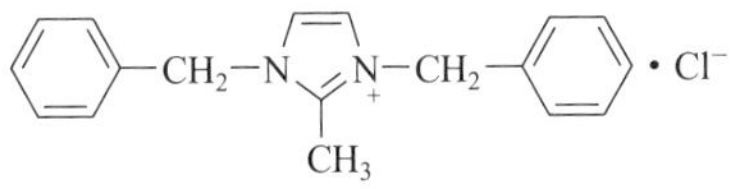	208~215	—	白色粉末	(—)	180d以上

① 为 DGEBA（EPON828）加 5 份咪唑化合物在 150℃的凝胶时间，括号内为采用四溴双酚 A 环氧树脂以同样方法测定的数据。

② 为 DGEBA（EPON828）加 5 份咪唑化合物置于 25℃下其黏度增长两倍的时间。

　　咪唑是具有两个氮原子的五元环，一个氮原子构成仲胺，一个氮原子构成叔胺。所以咪唑类固化剂既有叔胺的催化作用，又有仲胺的作用。关于咪唑固化双酚 A 二缩水甘油醚环氧树脂的固化反应机理，这里将以 2-乙基-4-甲基咪唑为例进行讨论。

　　（1）咪唑固化双酚 A 二缩水甘油醚环氧树脂的固化反应机理　　2-乙基-4-甲基咪唑（以下简称 EMI-2,4）与 DGEBA 摩尔比为 0.5 和 0.25 时的等速升温 DSC 固化曲线如图 4-10 所示。两种摩尔配比下固化反应均出现两个放热峰，说明咪唑固化环氧树脂是分阶段进行的。Farkas 等人以苯基缩水甘油醚和咪唑为固化模型化合物，利用 IR、NMR 等分析手段研究后提出咪唑与环氧树脂的固化反应机理为：

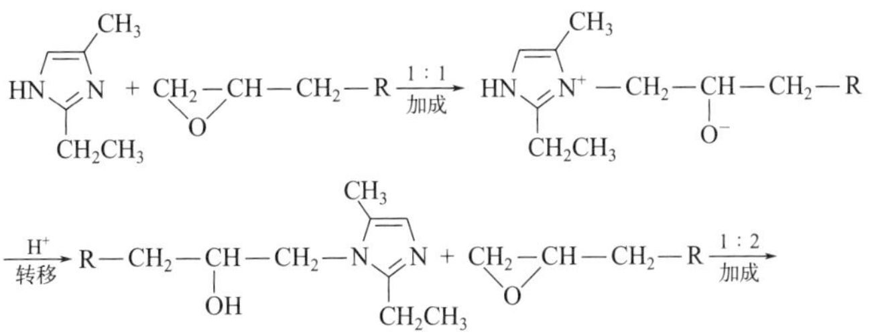

$$R-CH_2-\underset{OH}{CH}-CH_2-N\underset{CH_2CH_3}{\overset{H_3C}{\diagup}}N^+-CH_2-\underset{O^-}{CH}-CH_2-R + CH_2-\underset{O}{CH}-CH_2-R$$

$$\longrightarrow R-CH_2-\underset{OH}{CH}-CH_2-N\underset{CH_2CH_3}{\overset{H_3C}{\diagup}}N^+-CH_2CHCH_2-R \underset{O^-}{O-CH_2-CH-CH_2-R} \quad + \quad CH_2-\underset{O}{CH}-CH_2R \xrightarrow{聚合} 聚合物$$

　　从以上反应中可见，反应是分两阶段进行的，但是 Farkas 等人未指明这两个阶段的反应是共同进行的，还是分别进行的。从图 4-10 的 DSC 固化曲线 a 可见，其两个放热峰的峰值与峰位相差较小，从其固化反应过程可以认为，这两个放热峰分别是与 1∶1 和 1∶2 加成反应速率略有差别相关。根据 Domellan 公式，对此反应体系分别进行了 1.25℃/min、2.5℃/min、5℃/min 和 10℃/min 等速升温 DSC 扫描，以此求得两个阶段的表现反应活化能分别为 62.5kJ/mol 和 63.6kJ/mol。从图 4-10 中曲线 b 可见，两个放热峰的峰位和峰值相差较大，且从固化反应过程分析可以认为，此两个放热峰分别为环氧基与咪唑中 N 原子的加成反应和加成反应形成的烷氧负离子与环氧基之间的催化聚合反应所贡献，而这两个阶段的反应活化能分别为 65.1kJ/mol 和 69.4kJ/mol。

　　为了得到更多的证据，对 EMI-2,4 与 DGEBA 摩尔比为 0.5 和 0.25 的体系又分别做了等温 DSC 固化和 FTIR 吸收光谱分析，分别如图 4-11 和图 4-12 所示。

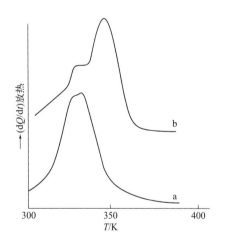

图 4-10　EMI-2,4 固化 DGEBA 的
DSC 谱图（升温速率 $\phi = 5℃/min$）
a—EMI-2,4∶DGEBA=0.5；
b—EMI-2,4∶DGEBA=0.25

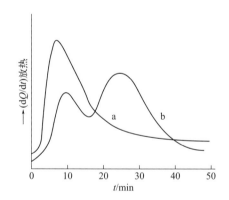

图 4-11　EMI-2,4 固化 DGEBA 的
DSC 等温固化曲线（350K）
a—EMI-2,4∶DGEBA=0.5；
b—EMI-2,4∶DGEBA=0.25

　　从图 4-11 可见，曲线 a 呈现单一的放热峰，而曲线 b 除在曲线 a 放热峰附近产生一个放热峰以外，在其后又产生了第二个放热峰。由此可以认为在 a 体系中由于加成反应的活化能相近，在此温度下的敏感性下降，所以产生单一的放热峰。根据 Arrhenius 关系式：

$$\ln t_{gel}=\frac{E_a}{RT}+C$$

式中　E_a——表观反应活化能；

　　　R——摩尔气体常数；

　　　T——热力学温度；

　　t_{gel}——凝胶时间；

　　　C——常数。

以 $\ln t_{gel}$ 对 $1/T$ 作图得到一条直线，以此求得等温固化的表观反应活化能为 43.5kJ/mol。对于 b 体系，DSC 固化曲线上出现了两个放热峰，由于第一个放热峰的峰位与 a 体系相同，由此可以断定此放热峰仍然是咪唑中 N 原子与环氧基进行加成反应的放热峰，随后 15min 出现的第二个放热峰是加成反应形成的烷氧负离子引发环氧基的催化聚合反应峰。根据同样的方法，求得 b 体系两个放热峰的等温固化表观反应活化能分别为 50.7kJ/mol 和 63.5kJ/mol。

图 4-12 中，吸光度的高低可以直接反映基团浓度的大小。对于 a 固化体系，环氧基最初下降的速率较快，在大约 30min 时迅速下降，最后环氧基的浓度大约是反应前的 15%；对于 b 固化体系，环氧基在最初 20min 下降缓慢，然后开始迅速下降，在反应 40min 后趋于平衡。最后反应的环氧基浓度是反应前的 80%。而氨基的浓度对于这两个体系都迅速下降，仅 20min 左右就接近于零。值得指出的是，在反应 40min 左右时，b 固化体系 T_g 大约为 60℃，而 a 固化体系 T_g 值仅接近于室温。

比较 FTIR 和 DSC 的实验结果，在最初固化反应中氨基的浓度未发生变化，在固化反应过程中，环氧基与 N 原子发生反应。在 a 固化体系中，加成物的形成是主要的反应，并且消耗掉几乎全部的环氧基。然而，对于 b 固化体系，仅有一半的环氧基与 EMI-2,4 中的 N 原子反应形成加成物，并且剩余的环氧基能够发生反应形成由烷氧负离子引发的聚醚交联聚合物。DSC 谱图中，b 固化体系中的第二个放热峰就是这个聚醚交联反应所贡献的。这个反应机理可以通过 EMI-2,4/DGEBA 的摩尔比从 0.5 减少到 0.25 时，其固化物的 T_g 值增加而得到证明。正如图 4-12 中显示的那样，大约 20min 后氨基的浓度几乎接近于零，这个时间与图 4-12 中 b 固化体系在第二个峰开始时的时间相近。这说明只有在咪唑中 N 原子与环氧基的加成反应完成以后，聚醚反应才能进行，这一点在 b 固化体系产生第二个放热峰（DSC 谱图）时，FTIR 光谱中才逐渐产生醚键（1100～1140cm^{-1}）吸收谱带，且随着固化时间的延长迅速增加和环氧基浓度开始迅速下降得到证明。

（2）咪唑固化混合环氧树脂体系的固化反应特征和固化反应活性　图 4-13 所示为 EMI-2,4 固化不同 DGEBA/TDE-85 摩尔比体系的等速升温 DSC 固化曲线。从图 4-13 可见，随着 DGEBA/TDE-85 摩尔比的逐渐减少，其第一个固化放热峰和第二个固化放热峰的峰值温度都逐渐向高温方向移动。这说明随着 DGEBA/TDE-85 摩尔比的逐渐减少，其第一个放热峰值逐渐由缩水甘油醚型环氧基与 EMI-2,4 中 N 原子的加成反应，过渡为缩水甘油酯型环氧基与咪唑中 N 原子的加成反应和由此加成反应形成的烷氧负离子引发的聚醚反应，第二个放热峰逐步由缩水甘油醚型环氧基的催化聚醚反应向 TDE-85 中的脂环族环氧基的加成反应和催化聚醚反应过渡。并且发现在 DGEBA/TDE-85 摩尔比大于 1

时，其第一个放热峰和第二个放热峰的峰位基本上与 EMI-2,4 单独固化 DGEBA 时相同，说明缩水甘油醚环氧基对 TDE-85 中的脂环族环氧基的反应具有明显的促进作用，当摩尔比等于或小于 1 时，其第一个放热峰的峰位与 EMI-2,4 单独固化 DGEBA 时相近，第二个放热峰向更高的温区移动，说明此时缩水甘油醚型环氧基对 TDE-85 中的脂环族环氧基不具有促进作用。

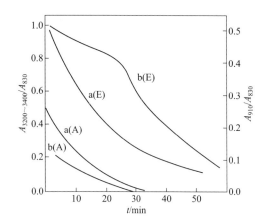

图 4-12 EMI-2,4 固化 DGEBA 的
FTIR 吸收光谱（350K）
a—EMI-2,4：DGEBA=0.5；
b—EMI-2,4：DGEBA=0.25；
（A）—氨基；（E）—环氧基

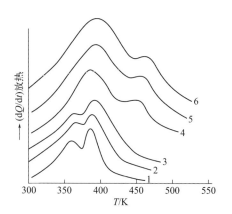

图 4-13 EMI-2,4 固化不同 DGEBA/
TDE-85 摩尔比体系的等速升温 DSC 固化曲线
（升温速率 $\phi = 5℃/min$）
1—0.1/1：0；2—0.1/0.8：0.2；
3—0.1/0.66：0.33；4—0.1/0.5：0.5；
5—0.1/0.33：0.66；6—0.1/0：1

对 EMI-2,4/DGEBA：TDE-85＝0.1/1：0、0.1/0.5：0.5 和 0.1/0：1 三个体系的两个放热反应的表观反应活化能进行了计算，其值分别为 $E_{a_1} = 69.2kJ/mol$，$E_{a_2} = 71.4kJ/mol$；$E_{a_1} = 70.4kJ/mol$，$E_{a_2} = 98.7kJ/mol$；$E_{a_1} = 73.2kJ/mol$，$E_{a_2} = 107.8kJ/mol$。由这些结果可知，其缩水甘油酯型环氧基与缩水甘油醚型环氧基反应活性相当，而远远地大于脂环族环氧基的固化反应活性。由图 4-13 还可见，缩水甘油醚型环氧基对脂环族环氧基的固化反应具有促进作用，其促进效果在摩尔比大于 1 以后明显，且随着摩尔比的增加而逐渐加强。

4.4.5 硼胺络合物类固化剂

三氟化硼（BF₃）在少量含羟基物质（又称助催化剂）存在下能够使环氧树脂固化。BF₃ 是一种路易斯酸，它是环氧树脂的阳离子聚合型催化剂。除了 BF₃ 以外，还有 PF₅、AsF₅、AlCl₃、SnCl 等。真正能够提供使用价值的只有可溶于环氧树脂中的三氟化硼，然而三氟化硼活性很高，与缩水甘油醚型环氧树脂混合后，在室温下很快就固化，并大量放热，因此单独使用适用期过短。此外，三氟化硼在空气中易潮解，还有刺激和腐蚀作用，故三氟化硼本身不适宜作为环氧树脂的固化剂。通常是将三氟化硼与路易斯碱（胺类）形成络合物，降低反应活性后再进行使用。这种络合物即使与环氧树脂混合后，在室温下也是稳定的。而在高温下，络合物自动分解，很快固化环氧树脂，因此这是一类潜伏催化型固化剂。其中具有代表性的是三氟化硼-乙胺，还有三氟化硼-正丁胺、三氟化硼-苄胺、三氟化硼-二甲基苯胺等。其催化聚合机理如下：

$$BF_3 \cdot RNH_2 + CH_2\!-\!CH\!-\!\sim \longrightarrow [BF_3 \cdot RNH]^- \cdot \overset{\displaystyle\sim}{C}H\!-\!CH_2^+ + CH_2\!-\!CH\!-\!\sim \longrightarrow [BF_3 \cdot RNH]^- \cdot \overset{\displaystyle\sim}{C}H\!-\!CH_2\!-\!CH_2\!-\!CH\!-\!\sim$$

　　硼胺络合物的反应活性由于路易斯碱的种类不同而有很大区别。这主要取决于胺的碱性大小。对于碱性（pK_a）低的苯胺、BF_3-单乙胺络合物，反应起始温度低，对于 pK_a 值高的 BF_3-哌啶或 BF_3-三乙胺络合物，则反应起始温度高，见表 4-6。

表 4-6　硼胺络合物的熔点和峰值温度

硼胺络合物	熔点/℃	DTA 曲线的峰值温度/℃
BF_3-正己胺	83	(103) 161
BF_3-单乙胺	90	(105) 166
BF_3-苯胺	110	(91) 146
BF_3-二乙胺	140	162
BF_3-哌啶	48	(114,160) 262
BF_3-三乙胺	99，101（0.67kPa）	285
苄胺	161	70

4.4.6　氨基硼酸酯类固化剂

　　氨基硼酸酯类固化剂是国内研究者于 20 世纪 70 年代研制成功的。其特点是挥发性小、沸点高、刺激性小、黏度低、易与环氧树脂混容、操作方便；与环氧树脂的络合物保持 4～6 个月其黏度变化不大，贮存期长，固化物性能好。但由于它容易吸潮水解，所以使用时要注意干燥密封保存。其用量为 5～14 份，常用于环氧树脂无溶剂漆、浸渍漆和复合材料的胶黏剂等方面。几种常用的氨基硼酸酯类固化剂的性质见表 4-7。

表 4-7　几种氨基硼酸酯类固化剂的性质

型号	化学结构式	分子量	外观	沸点/℃	黏度(20℃)/(mPa·s)
901		187	无色透明液体		2～3
595		173	无色透明液体	240～250	3～6
594		201	橙红色黏稠液体	＞250	30～50s[①]

① 涂-4 黏度计法。

目前对氨基硼酸酯类固化剂与环氧树脂的固化反应机理尚无统一的认识，有人认为它与三氟化硼-胺络合物固化环氧树脂的反应机理相似，即按照阳离子催化聚合反应机理进行固化反应，而有些人则认为氨基硼酸酯受热分解产生叔胺，然后由叔胺固化环氧树脂进行反应，即按阴离子催化聚合机理进行反应。作者用 DSC 和 IR 对氨基硼酸酯与两种环氧树脂的固化反应机理进行了研究。图 4-14 所示为三种配方的氨基硼酸酯/环氧树脂体系等速升温的 DSC 固化曲线，图中 E-54 为双酚 A 型环氧树脂，环氧值为 0.53mol/100g；W-95 为二(2,3-环氧环戊基)醚，环氧值为 1.00mol/100g；594 为 2-(二甲氨基乙氧基)-1,3-二噁-2-硼杂环辛烷。

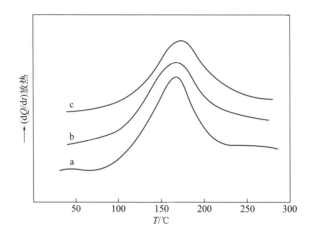

图 4-14　氨基硼酸酯/环氧树脂体系的等速升温 DSC 曲线（升温速率＝5℃/min）
a—E-54：594＝1：0.1；b—E-54：W-95：594＝0.5：0.5：0.1；c—W-95：594＝1：0.1

图 4-14 中三种固化体系在 130～240℃之间均存在一个放热峰，此放热是由氨基硼酸酯与环氧树脂发生固化反应引起的。以这三种配方分别进行 2.5℃/min、5℃/min、10℃/min 和 20℃/min 的等速升温 DSC 测定，根据 Kissinger 公式求得各体系的表观反应活化能分别为：$E_{a_1}＝95.7kJ/mol$，$E_{a_2}＝83.9kJ/mol$，$E_{a_3}＝109.2kJ/mol$。根据 Crane 公式近似求得各体系的表观反应级数均等于 1。

由于双酚 A 型环氧树脂中的环氧基处于端位，所以对于易进攻端位碳原子的亲电性固化剂较活泼，而对于脂环族环氧树脂，由于其环氧基两端的碳原子都处于"中间"的位置，其氧原子相对"突出在外"，因此脂环族环氧基易被亲核性固化剂进攻发生反应。从图 4-14 曲线可以推测，对氨基硼酸酯类固化剂的反应能力，双酚 A 型环氧树脂上的环氧基比脂环族上的环氧基反应活性高，为此认为氨基硼酸酯对环氧树脂的固化反应是按阴离子机理进行的。然而这个结论是不正确的。因为如果是这样，曲线 b 的表观反应活化能应该介于曲线 a 与 c 体系之间；但事实不是这样，曲线 b 的表观反应活化能比 a 和 c 都低。这说明氨基硼酸酯与环氧树脂是按阳离子催化机理进行固化反应的。那么对于曲线 c 的表观反应活化能比 a 的还高又将如何解释呢？为此可以设想，如果氨基硼酸酯要与环氧基进行阳离子开环聚合反应，氨基硼酸酯首先应具有引发阳离子开环聚合反应的电子接受体，而此接受体的形成要靠体系提供氢质子给予体——羟基。而从脂环族环氧树脂的结构式可见，它不具备羟基，因此难以引发环氧基发生开环聚合反应，所以其反应活化能较高。

　　为了充分证明氨基硼酸酯与环氧树脂的固化反应机理，对图 4-14 中曲线 a～c 三种体系在固化前后分别进行了红外光谱研究，结果如图 4-15～图 4-17 所示。

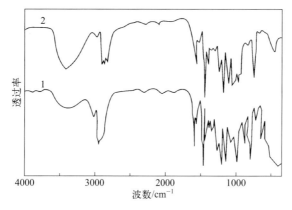

图 4-15　图 4-14 中 a 体系固化前后的红外谱图
1—固化前；2—固化后

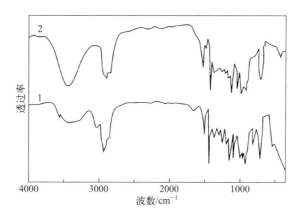

图 4-16　图 4-14 中 b 体系固化前后的红外谱图
1—固化前；2—固化后

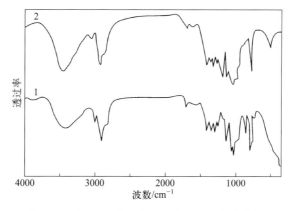

图 4-17　图 4-14 中 c 体系固化前后的红外谱图
1—固化前；2—固化后

从图 4-15～图 4-17 所示可见，a 和 c 体系在 1340～1380cm^{-1} 处的吸收（硼-氮配位键）都未有明显变化，说明上述结论是正确的。此外，比较固化前后的红外谱图还发现，固化前 910cm^{-1}（环氧基）的吸收谱带在固化后基本消失，而在 1060～1120cm^{-1}（醚键）的吸收谱带有大量增加，证明体系是按离子活化机理进行的聚醚反应。

总之，DSC 和 IR 技术研究结果表明，固化反应主要是氨基硼酸酯与体系中羟基化合物形成含氢质子的配位化合物，然后由此引发体系中的环氧基进行阳离子开环聚合反应形成聚醚交联网络结构。

4.5　酸酐固化剂

酸酐固化剂的特点是对皮肤刺激性小，适用期长。用它做环氧树脂固化剂，固化物的性能优良，特别是介电性能比胺类固化物优异。因此，酸酐固化剂主要用于电气绝缘领域。酸酐固化剂的缺点是固化温度高，由于加热至 80℃ 以上才能进行反应，因此比其他固化剂成型周期长，并且改性类型也有限，常常被制成共熔混合物使用。

4.5.1　酸酐的固化反应机理

4.5.1.1　无促进剂机理

酸酐在无促进剂存在下，与环氧树脂的主要反应如下。

① 环氧树脂中的羟基使酸酐开环形成单酯：

$$\text{CH—OH} + \text{O=C} \underset{R}{\overset{O}{\diagup\diagdown}} \text{C=O} \longrightarrow \text{CHOOC} \underset{R}{\diagup} \text{COOH}$$

② 一个羧基只能与一个环氧基进行加成反应，是酸酐固化环氧树脂的主要反应，属于加成型酯化反应，所以①中反应产物的羧基继续与环氧基进行酯化反应生成二酯：

$$\text{CHOOC} \underset{R}{\diagup} \text{COOH} + \text{CH}_2\text{—CH—}\sim \longrightarrow \text{CHOOC} \underset{R}{\diagup} \text{COOCH}_2\text{—CH—}\sim \\ \qquad\qquad\qquad\qquad\qquad\qquad\qquad\qquad\qquad | \\ \qquad\qquad\qquad\qquad\qquad\qquad\qquad\qquad\qquad \text{OH}$$

上述酯化反应生成的羟基，可以进一步使酸酐开环。

③ 在酸的作用下，环氧树脂中的羟基与环氧基可进行醚化反应：

$$\text{CHOH} + \text{CH}_2\text{—CH—}\sim \xrightarrow{\text{H}^+} \text{CHOCH}_2\text{—CH—}\sim \\ \qquad\qquad\qquad O \qquad\qquad\qquad\qquad\qquad\qquad\qquad | \\ \qquad\qquad\qquad\qquad\qquad\qquad\qquad\qquad\qquad\qquad \text{OH}$$

由以上反应可以看出，固化速率受环氧树脂中羟基浓度的支配。羟基浓度低的环氧树脂反应速率特别慢，即使在 150℃ 左右也基本上不进行反应；而羟基浓度高的固态环氧树脂，则以非常快的速率进行反应。此外，从上述反应还可看出，酯化反应消耗酸酐，而醚化反应不消耗酸酐，所以每个环氧基需要的酸酐数小于 1，一般为 0.85 左右。

4.5.1.2　叔胺作促进剂机理

叔胺作促进剂时，酸酐与环氧树脂的固化反应为：

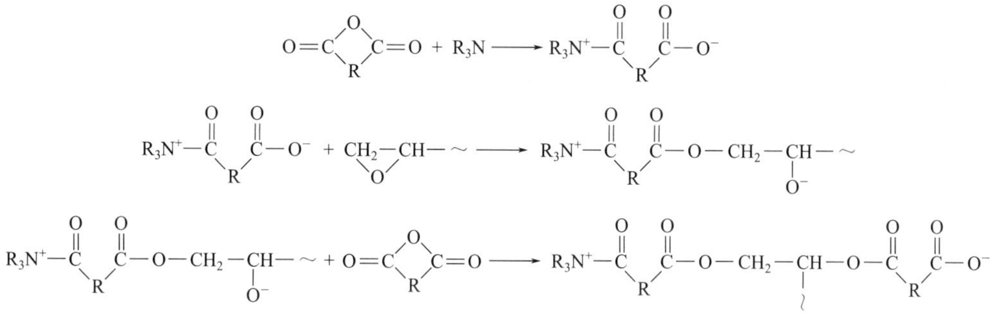

叔胺与酸酐形成一个离子对，其中带负电的氧原子从背面进攻环氧基的端基碳，使环氧基开环，同时产生一个新的阴离子。这个阴离子又可与酸酐形成一个新的离子对，或者使另一分子的环氧基开环，进一步发生醚化反应，反应便继续下去。在路易斯碱（叔胺类）存在下反应生成酯键，并抑制醚化反应，所以反应速率取决于叔胺的浓度。一个环氧基与一个酐基反应。此时酸酐对环氧树脂的合适用量为化学理论量，而叔胺的用量为环氧树脂质量的 0.5%～5%。常用作酸酐促进剂的叔胺化学结构与一般性质见表 4-8。

表 4-8　常用作酸酐促进剂的叔胺的化学结构与一般性质

名称	化学结构式	分子量	外观	相对密度（20℃）	熔点/℃	黏度/（mPa·s）
三乙胺（TEA）	$N(CH_2CH_3)_3$	101	无色液体	0.729	−115	—
三羟乙基胺	$N(CH_2CH_2OH)_3$	149	无色黏稠液体	1.124	20～21	—
苄基二甲胺（BDMA）	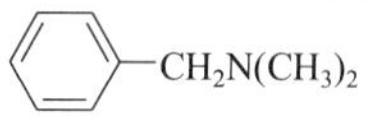 —$CH_2N(CH_3)_2$	135	液体	—	—	—
2-(二甲氨基甲基)苯酚（DMP-10）	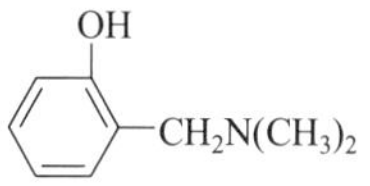 OH —$CH_2N(CH_3)_2$	151	液体	—	—	—
2,4,6-三(二甲氨基甲基)苯酚（DMP-30）	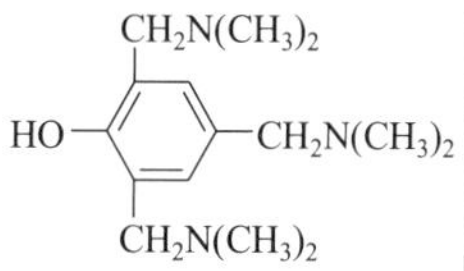 $CH_2N(CH_3)_2$ HO— —$CH_2N(CH_3)_2$ $CH_2N(CH_3)_2$	265	淡黄色液体	0.98	—	—
DMP-30 的三(2-乙基己酸)盐（DMP-30·HA）			褐色透明液体	0.97	—	500～750（25℃）
2-乙基-4-甲基咪唑	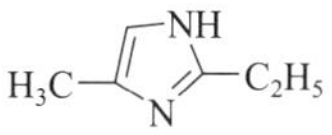 H_3C— —C_2H_5 NH N	110	高黏度茶褐色液体	—	—	4000～8000（25℃）

4.5.1.3　叔胺的羧酸复盐作促进剂机理

DMP-30 是酸酐固化环氧树脂最常用的叔胺（R_3N）促进剂，而叔胺又常以羧酸复盐（$R_3N·HA$）的形式使用。$R_3N·HA$ 的促进活性比叔胺（R_3N）本身要弱得多。陈平等用 DMP-30 的三(2-乙基己酸)盐（结构简式为 $R_3N·HA$）作为潜伏型固化促进剂用于双酚 A 型环氧树脂（E-54）/甲基四氢邻苯二甲酸酐（MeTHPA）固化体系，研究了其固化反应动力学和潜伏固化促进机理。

固化反应促进机理:

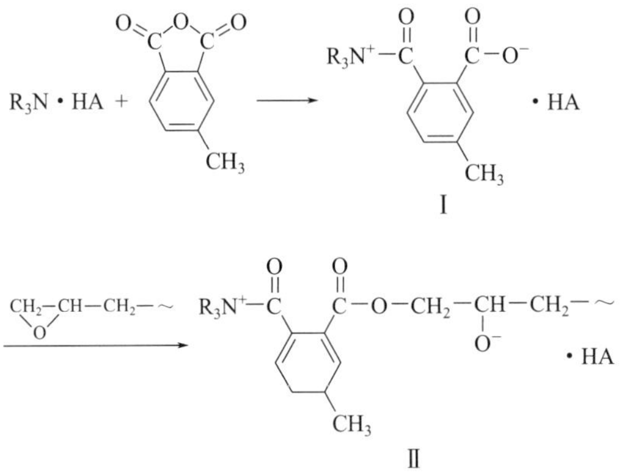

在某一温度（$T < 120\,℃$）下，$R_3N \cdot HA$ 先进攻酸酐的羰基碳，生成含有离子对的物质 Ⅰ；再由物质 Ⅰ 中带负电的氧原子从背面进攻环氧基的端基碳，生成物质 Ⅱ。然后物质 Ⅱ 可以与酸酐反应形成一个类似 Ⅰ 的物质，或者继续与另一分子的环氧基反应，进而逐步实现环氧化合物的开环聚合。

在温度 $T > 120\,℃$ 时，叔胺的羧酸复盐发生热离解，形成 R_3N 和 HA。此时叔胺 R_3N 催化促进酸酐/环氧树脂体系发生按阴离子机理进行的交替固化反应；同时羧酸是质子给予体，可以进一步促进酸酐/环氧树脂体系的固化反应。即在某一温度以上时，可以起到双重促进作用。

DMP-30 的三(2-乙基己酸)盐/MeTHPA 固化 E-54 环氧树脂体系的性能见表 4-9。该体系中环氧基∶酸酐＝1∶0.85（摩尔比），DMP-30 的三(2-乙基己酸)盐的质量分数为 4%。固化条件：100℃/3h＋140℃/3h＋170℃/3h。适用期 50h（室温下，黏度从初始达到 10Pa·s 的时间），贮存期 8 天（室温下，体系从初始达到凝胶的时间）。

表 4-9　DMP-30 的三(2-乙基己酸)盐促进的酸酐固化环氧树脂体系的性能

	性能	参数
电性能	介电损耗角正切（1000Hz）	0.0021
	体积电阻率/(Ω·cm)	3.8×10^{14}
	表面电阻/Ω	1.2×10^{15}
	介电强度/(kV/mm)	24 ± 2
力学性能	拉伸强度/MPa	55.4
	拉伸模量/GPa	3.25
	断裂伸长率/%	2.05
	弯曲强度/MPa	110
	弯曲模量/GPa	3.82
热性能	热变形温度/℃	124
	表观分解温度/℃	287

4.5.1.4　季铵盐作促进剂机理

陈平等对季铵盐作酸酐/环氧树脂体系固化反应促进剂的机理进行了研究，反应过程如下：

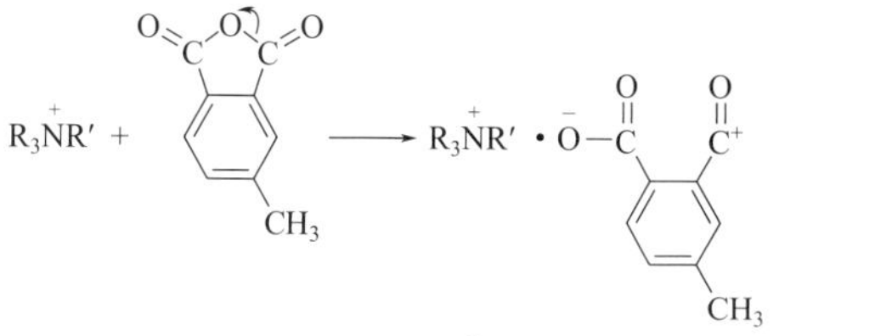

I

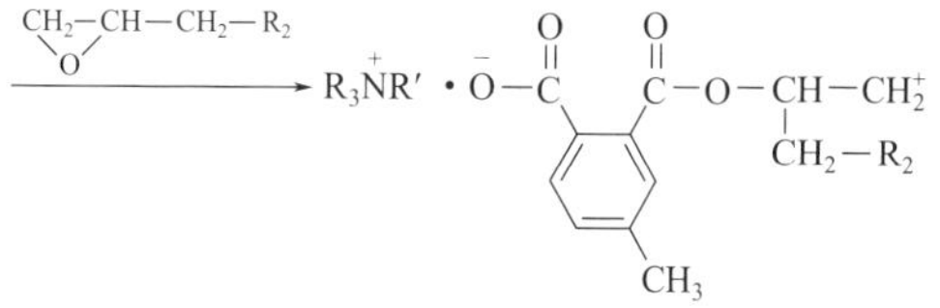

II

在某一温度（$T < 120℃$）下，$R_3\overset{+}{N}R'$ 进攻酸酐中构成氧桥的氧原子，使该氧原子与羰基碳形成共价键的一对电子向其转移，该氧原子与氮原子之间生成离子键，而该羰基碳形成碳正离子，即生成物质 I；再由物质 I 中带正电的碳原子进攻环氧基的氧原子，同时正电荷转移到环氧基的一个碳原子上，即生成物质 II。然后物质 II 继续与另一分子的环氧基反应，进而逐步实现环氧化合物的开环聚合。

在高温（$T > 120℃$）下，季铵盐按双分子消除（E_2）反应机理发生热离解，形成叔胺（R_2NR'）和氯代烷（RCl），此时 R_2NR' 可以像 BDMA 一样催化促进酸酐/环氧树脂体系发生按阴离子催化机理进行的交替固化反应。

从上述促进机理可知，季铵盐在某一温度以下，使环氧树脂发生按阳离子催化机理进行的交替固化反应；而在某一温度以上，逐渐转变成按阴离子催化机理进行的交替固化反应。由环氧基固化反应机理可知，按阳离子催化机理进行的固化反应活化能将略高于按阴离子催化机理进行的固化反应活化能。所以季铵盐促进体系在室温乃至温度低于 80℃ 时，具有比叔胺促进体系更长的贮存适用期，大体上与上文的叔胺羧酸盐（$R_3N \cdot HA$）相当。其室温下体系的贮存期比叔胺促进的长 6～8 倍。

4.5.1.5　硼胺络合物作促进剂机理

硼胺络合物作促进剂时，酸酐/环氧树脂体系的固化反应为：

$$BF_3 \cdot NHR_2 \longrightarrow H^+ + BF_3 \cdot NR_2^-$$

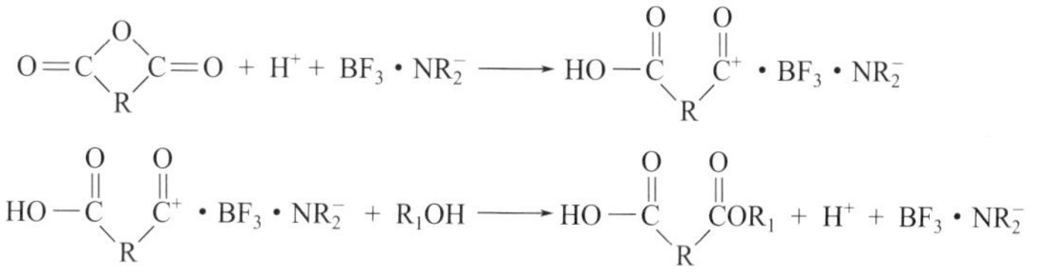

氢离子可促进环氧基与羟基的醚化反应，而使酯化反应受到抑制，这样硼胺络合物对醚化反应有利：每个环氧基需要的酸酐数约为 0.55，此时酸酐对环氧树脂的合适用量只为理论量的 55%～60%。

4.5.1.6　金属有机化合物作促进剂机理

金属羧酸盐类如环烷酸锌、辛酸锌等可以对酸酐/环氧树脂的固化反应起催化作用，如下所示：

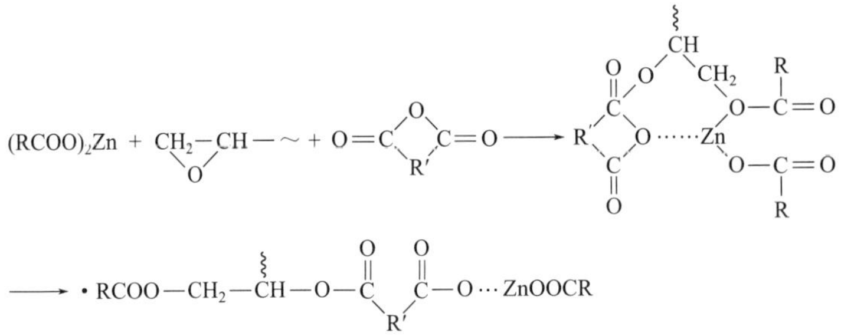

实验表明，在固化反应前期环氧基与酸酐的消耗程度是一致的，固化物交联结构中只有酯键。而在固化反应后期环氧基的消耗速率较酸酐高，固化物交联结构中除含有酯键外，又生成了醚键。这说明金属羧酸盐类促进剂除了可作为酸酐与环氧树脂固化反应的促进剂以外，它还可以作固化剂直接固化环氧树脂，形成醚键交联结构。其固化反应机理如下：

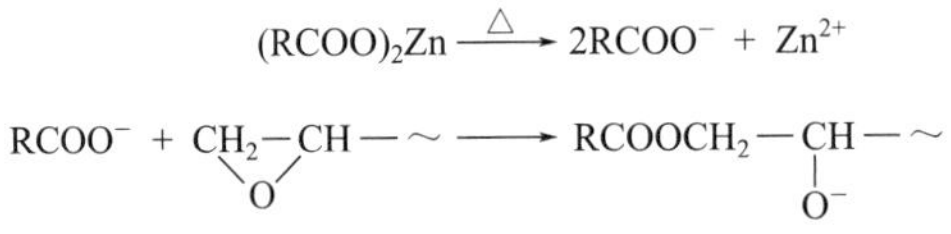

此外，锌原子可与环氧基中的氧原子形成配位键，促进环氧基开环：

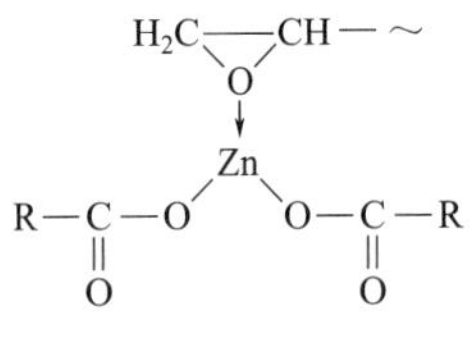

4.5.1.7　乙酰丙酮金属络合物作促进剂机理

近年来，环氧树脂固化用潜伏型催化剂越来越受到重视，人们开发出许多金属有机化合物作为各种环氧树脂体系的潜伏型促进剂，特别是以过渡金属元素或稀土金属元素与乙酰丙酮为基础的乙酰丙酮金属络合物，人们发现它是以酸酐为固化剂的环氧树脂体系中非常有效的潜伏型促进剂，其理论通式可写为：

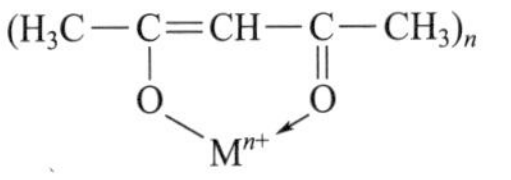

式中，M^{n+} 为金属离子。把乙酰丙酮金属络合物加入酸酐和环氧树脂的固化体系中，

在室温下有很好的贮存稳定性，在 150～175℃时能很快凝胶，而且生成的固化物具有良好介电性能和力学性能。常用的有钛（Ⅳ）、铬（Ⅲ）、钴（Ⅲ）、铬（Ⅳ）、铝（Ⅲ）、锰（Ⅲ）和钴（Ⅱ）等的乙酰丙酮络合物。现已开发出以这一体系为基础的封装材料，广泛用于电子封装的倒装片底层填料基体树脂。

应用差示扫描量热、差热分析等测试技术对乙酰丙酮金属络合物作为酸酐固化环氧树脂体系潜伏型促进剂的固化反应机理、固化反应动力学以及固化物结构与性能关系等进行深入的理论研究。研究结果表明，金属的电荷和离子半径以及由于轨道分裂而产生的稳定性是决定乙酰丙酮金属络合物稳定性的重要因素。根据结晶场理论，当金属离子被配位体包围时，其 d 轨道电子云发生变形而产生晶场稳定能，金属络合物因此得到稳定。金属-配位体之间的键合力或结合能是影响其催化固化反应活性的重要因素。

① 由碱金属和碱土金属离子的乙酰丙酮络合物作酸酐/环氧树脂体系固化催化剂时，通常起始固化温度较低，而峰值温度较高，而且树脂固化的性能不好。这是由于这些金属离子没有 d 轨道或 d 轨道全充满，不会发生晶场稳定现象，在金属离子与配位体之间只存在静电结合，结合力比较弱。因此这些金属离子的乙酰丙酮络合物的催化效能不高。但是 Li(Ⅰ) 和 Be(Ⅱ) 的乙酰丙酮络合物例外，它们表现出了很强的催化作用。这是由于 Li^+ 和 Be^{2+} 具有较低的原子序数和较小的离子半径，离子和配位体之间形成共价键的倾向明显，而不完全与静电作用有关。

② 具有部分填充 d 轨道的过渡金属的乙酰丙酮络合物作酸酐/环氧树脂固化催化剂时展示了较宽的固化反应活性，而且树脂的固化性能也比较好。

③ 镧系和锕系稀土金属的乙酰丙酮络合物拥有部分未填充的 f 轨道，这些 f 轨道对形成配位键有些是十分有效的，有些不十分有效。所以，它们有些表现出与碱金属和碱土金属相类似的催化作用，即具有较低的固化起始温度和较高的固化反应峰值温度，而且固化物性能不好。但是有一些表现出与部分填充 d 轨道的过渡金属离子相类似的催化作用，即展现了较高的固化反应活性，而且树脂固化物的性能更加优异。这可能与某些镧系及锕系过渡金属 f 轨道填充状态及半径收缩有关。

随着金属离子氧化性的增强，金属离子与配位体之间的共价键特性和金属络合物的稳定性增强。其中，乙酰丙酮三价金属络合物在催化环氧树脂固化反应时要比乙酰丙酮二价金属络合物具有更高的活化能。乙酰丙酮二价金属络合物的生成反应平衡常数符合 Irving-Williams 规则，即遵循如下次序：

$$Mn^{2+} < Fe^{2+} < Co^{2+} < Ni^{2+} < Cu^{2+} > Zn^{2+}$$

这一次序可以理解为：从 Mn 到 Cu 元素，随着金属离子半径下降，晶场稳定能增加。Zn(Ⅱ) 的 d 轨道是完全充满的，所以通过配位不会获得稳定能，这就是乙酰丙酮 Zn(Ⅱ) 络合物为何与碱土金属络合物的表现类似的主要原因。

这种乙酰丙酮金属络合物在室温或较低的温度下，以螯合物的形式稳定存在。在固化反应过程中，随着固化反应温度的升高，乙酰丙酮金属络合物可能与酸酐形成如下过渡状态，然后催化环氧树脂发生交替固化反应，形成以酯键为交联网络的环氧树脂固化产物。

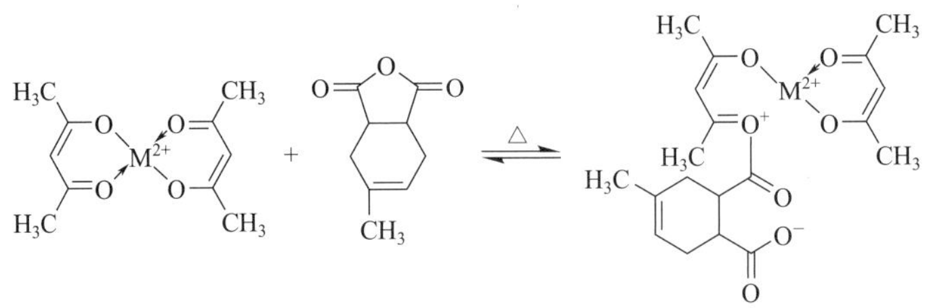

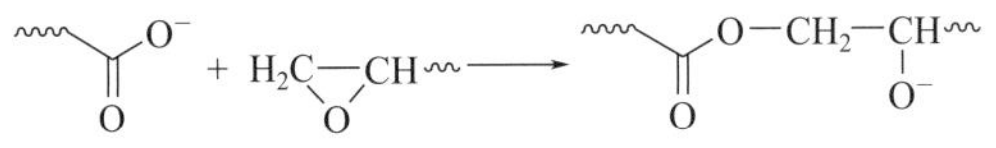

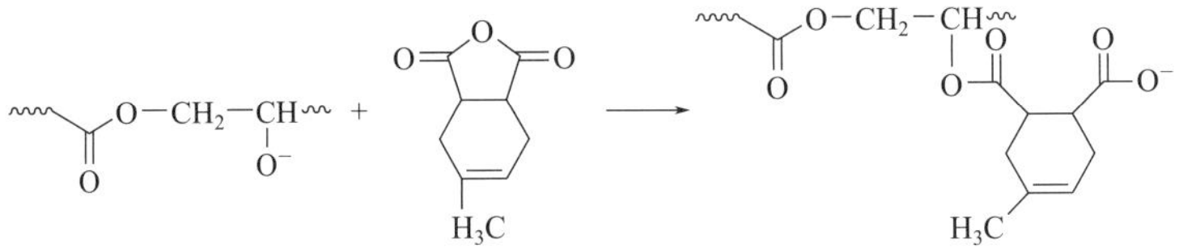

在以上过渡状态的形成过程中，金属离子和乙酰丙酮之间的配位键的断裂、乙酰丙酮与酸酐之间化学键合的速率以及环氧树脂的溶剂化作用等方面的影响都要考虑到。

在高温（150～175℃）下，乙酰丙酮金属络合物热分解，生成金属阳离子，然后金属阳离子依靠电子转移与酸酐形成复合物：

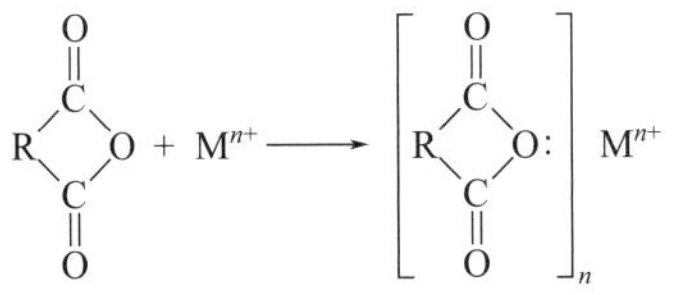

最终导致酸酐引发环氧基按阳离子催化反应机理进行聚合反应，生成酯键交联网络固化物，同时 M^{n+} 还原生成 $M^{(n-1)+}$。

4.5.2　酸酐固化剂的种类与特点

酸酐固化剂种类很多。从使用方式方面分为单一、简单混合、共熔混合和改性酸酐，不过改性酸酐类型较少。一般不存在共熔混合酸酐/双酚 A 型环氧树脂的加成物。从化学结构方面可以分为直链脂肪族、芳香族和脂环族酸酐。按官能团分类则有单官能团、双官能团和多官能团酸酐。一般情况下，多官能团酸酐几乎无实用价值。另外酸酐也可按游离酸的存在与否进行分类，游离酸的存在对固化反应起促进作用。总之分类方法多种多样，其特性差别也很大，实际使用时应加以注意。表 4-10 列出了具有代表性的酸酐固化剂的性质。表 4-11 给出了各种酸酐固化剂与双酚 A 型环氧树脂络合物的固化条件，表 4-12 给出了酸酐固化剂的性能与用途。

表 4-10　几种典型的酸酐固化剂的性质

类别	名称	英文缩写	状态	黏度/(Pa·s)	熔点/℃
单官能团酸酐	邻苯二甲酸酐	PA	粉末	—	128
	四氢邻苯二甲酸酐	THPA	固体	—	100
	六氢邻苯二甲酸酐	HHPA	固体	—	34
	甲基四氢邻苯二甲酸酐	MeTHPA	液体	0.03～0.06	—
	甲基六氢邻苯二甲酸酐	MeHHPA	液体	0.05～0.08	—
	甲基纳迪克酸酐	MNA	液体	0.138	—
	十二烷基琥珀酸酐	DDSA	液体	15	—
	氯茵酸酐	HET	粉末	—	235～239
双官能团酸酐	均苯四甲酸二酐	PMDA	粉末	—	268
	苯酮四酸二酐	BTDA	粉末	—	227
	甲基环己烯四酸二酐	MCTC	粉末	—	167
	二苯醚四酸二酐	DPEDA	固体	—	222
游离酸酸酐	偏苯三酸酐	TMA	粉末	—	168
	聚壬二酸酐	PAPA	—	57	—

表 4-11　酸酐固化剂与双酚 A 型环氧树脂配合物的固化条件

类别	英文缩写	酸酐当量/(g/mol)	适用期	标准固化条件
单官能团酸酐	PA	148	14h（100℃）	150℃×6h
	THPA	152	—	85℃×2h+150℃×（12～24）h
	HHPA	154	24h（加促进剂/250℃）	100℃×2h+150℃×5h
	MeTHPA	166	34min（加促进剂/100℃）	85℃×2h+150℃×（12～24）h
	MNA	178	5～6h（加促进剂/25℃）	85℃×2h+150℃×（2～24）h
	DDSA	266	10h（加促进剂/25℃）	100℃×1h+200℃×1h
	HET	388	30min（120℃）	200℃×2h
双官能团酸酐	PMDA	106		
	BTDA	161	—	200℃×24h
	TMEG[①]	205		
	MCTC	132		
游离酸酸酐	TMA	192	—	140℃×1h+150℃×20h（加促进剂）
	PAPA	174		

①　双（1,2,4-苯三羧酸-1,2-酐)乙二醇酯。

表 4-12　酸酐固化剂的性能与用途

类别	简称	HDT/℃	特点		用途			
			优点	缺点	成型	浇注	浸润	涂料
单官能团酸酐	PA	100～152	价廉、发热低、耐药品性优良（碱除外）	升华、混合工艺性劣		○		○
	THPA	—	除不升华外与 PA 近似	着色、混合工艺性劣		与其他酸酐混用		

类别	简称	HDT/℃	特点		用途			
			优点	缺点	成型	浇注	浸润	涂料
单官能团酸酐	HHPA	110~130	低黏度、优良耐候性	吸湿				
	MeTHPA	121~123	低黏度、优良耐候性	价格高		○		
	MeHHPA	135	色稳定、优良的耐候性	价格高		○	○	
	MNA	150~175	优良的工艺性、耐热性，低收缩	耐碱性差		○	○	○
	DDSA	60~70	优良的工艺性	耐药品性差		○	○	
	HET	145~190	优质的耐热性、阻燃性和电性能	操作工艺性差		○		
双官能团酸酐	PMDA	250	耐热性、耐药品性优良	工艺性差		○		○
	BTDA	280	耐热性、耐药品性、耐高温性、耐老化性优良	溶解性不良（与单官能团酸酐共用）	○	○		○
	TMEG	194	耐热性、耐药品性优良	价格高	○	○		○
	MCTC	280	工艺性好、耐热	价格高	○	○		
游离酸酸酐	TMA	201	速固化，电性能、耐热性、耐药品性优良	工艺性差		○		○
	PAPA	39	—	耐热性差		○	○	

注：○代表可用。

从表 4-11 可见，不同种类的酸酐固化剂固化环氧树脂的反应速率有相当大的差别。在实际应用中应根据价格、工艺性能及其物性的综合平衡指标来选择适用的固化剂。下面对比较重要的几种酸酐固化剂作补充说明，以便读者加深对酸酐固化剂的了解和在使用中引起注意。

(1) 单官能团酸酐

① 邻苯二甲酸酐（PA）是传统的固化剂，其最大的特点是价格便宜，但是由于易升华，使用时应注意。PA/环氧树脂固化时放热量小，特别适用于大型浇注品，它的环氧树脂固化物的电性能和耐化学药品性优良。PA 固化剂为固态粉末状，在室温下不易与环氧树脂相容，所以使用较麻烦。

② 四氢邻苯二甲酸酐（THPA）是由邻苯二甲酸酐经加氢制得的。THPA 为熔点 100℃ 的固体，不易升华，但有使环氧树脂固化物着色的倾向，一般很少单独使用。

③ 六氢邻苯二甲酸酐（HHPA）也是由邻苯二甲酸酐经加氢制得的，HHPA 为低熔点白色蜡状固体，熔点为 34℃，有吸湿性。其最大特点是熔化后黏度低，可以制成低黏

度的 HHPA/环氧树脂络合物，对操作工艺性能十分有利，同时具有优良的耐热性和耐漏电起痕性能。

④ 甲基四氢邻苯二甲酸酐（MeTHPA）是由 PA 的衍生物经由顺丁烯二酸酐和异戊二烯或间戊二烯进行 Diels-Alder 反应制备的，由于异构化而呈液态。其最大的特点是 MeTHPA/环氧树脂络合物的黏度非常低，而且难以从环氧树脂中析出结晶，是酸酐类使用最广泛的一种固化剂。

⑤ 甲基六氢邻苯二甲酸酐（MeHHPA）由甲基四氢邻苯二甲酸酐经加氢制备，为无色透明液体，适用期长。MeHHPA/环氧树脂固化物色相稳定，耐候性和耐漏电起痕性能优异。

⑥ 纳迪克酸酐（NA）是由环戊二烯与顺丁烯二酸酐以等摩尔比通过加成反应制得，也是顺、反异构体的混合物，其收率可达 85%～92%，经甲苯重结晶得到熔点为 162℃的纳迪克酸酐。

⑦ 甲基纳迪克酸酐（MNA）是由甲基环戊二烯与顺丁烯二酸酐以等摩尔比合成的液体酸酐，也是顺、反异构体的混合物，室温下黏度低，是应用最广泛的酸酐固化剂之一。MNA/环氧树脂络合物的适用期长，反应速率慢，固化收缩率小，固化物的耐高温老化性和耐化学药品性能优异。

已被使用的其他酸酐固化剂还有十二烷基琥珀酸酐（DDSA），它赋予 DDSA/环氧树脂固化物以柔软性。氯茵酸酐（HET）固化剂则主要用于耐火的环氧树脂配方中。

（2）双官能团酸酐　这类固化剂与环氧树脂反应形成的固化物具有结构紧密、热稳定性好的特点，比较耐酸、碱及各种化学药品，耐大气老化性能亦较其他酸酐形成的环氧固化物好。

① 均苯四甲酸二酐（PMDA）为高熔点固体，难溶于环氧树脂中，因其反应活性过高，难以操作，通常不单独使用，而与甲基四氢邻苯二甲酸酐或与甲基六氢邻苯二甲酸酐等液体酸酐混合使用，这样才能取得更好的效果。

② 苯酮四酸二酐（BTDA）是一种高熔点固体，通常也不单独使用。

以上两种酸酐固化剂单独使用时，首先应将它们分散在环氧树脂中，然后在三辊机上压延混炼，这样可以得到酸酐分散很均匀的环氧树脂混合体系。这两种酸酐与环氧树脂的固化物交联密度高，耐热性能特别好。

③ 甲基环己烯四酸二酐（MCTC）是开发较晚的一种固化剂，在室温下为固体，反应活性接近其他双官能团酸酐固化剂，其固化物的耐热性高（HDT 为 280℃），耐漏电起痕性优良。

④ 二苯醚四酸二酐（DPEDA）虽然是高熔点白色结晶体，但它的固体粉末可以均匀地分散于环氧树脂中，随着升温加热而溶解在环氧树脂中，与环氧树脂的固化物交联密度高，又因分子结构中有柔性醚键，而且可以与 HHPA 和 MNA 等酸酐固化剂混用，因此，其固化物的综合物理性能优异。

（3）游离酸酸酐

① 偏苯三酸酐（TMA）是熔点为 168℃的白色固体，由于熔点高，与环氧树脂络合时存在困难。TMA 中存在的游离酸有促进环氧树脂固化的作用，其最大的特点是固化速率快，同时适用期较短又是它的一大缺点。TMA/环氧树脂固化物有良好的耐热性和力学

性能。

② 聚壬二酸酐（PAPA）是一种高分子量的脂肪族酸酐固化剂。分子量为 2000～5000，分子链的两端是羧基，分子链节以酸酐相连。PAPA 为白色粉状物，熔点为 57℃，易吸水降解，要密闭贮存；它在 60℃时的熔融黏度为 500～1000mPa·s。每 100g 双酚 A 型环氧树脂固化时，使用 PAPA 70g。用叔胺作为促进剂时，在 150℃下固化 4h，其固化物的伸长率高达 100%，并具有较好的热稳定性。在 150℃下热老化 8 周之后，失重率为 1%。此外，PAPA 可以和其他酸酐混用，以改进其他酸酐/环氧树脂固化物的缺点（如韧性）。

4.5.3 酸酐固化剂的共熔混合改性

在酸酐固化剂中有相当多的品种为高熔点的固体，当与环氧树脂配合时常常需要加热，使之熔解，然后冷却到 60℃左右以延长使用期，但是有些酸酐当温度过低时又会从环氧树脂中析出结晶（如邻苯二甲酸酐）。显然，用这种方法不能令人满意，因为高温一方面使适用期缩短；另一方面产生刺激性蒸气。为了克服这些缺点，进行酸酐共熔混合改性是十分必要的。共熔混合改性后的酸酐熔点降低，容易与环氧树脂混合，给实际操作带来很大方便，而所得环氧树脂固化物的性能没有多大改变。

4.6 顺丁烯二酸酐及几种改性固化剂

顺丁烯二酸酐（俗称马来酸酐）是白色结晶，熔点 53℃，特点是酸性强，$pK_a \approx 1$，因此固化环氧树脂速率快。固化 100g 双酚 A 型环氧树脂，马来酸酐用量在 30～40g，马来酸酐对芳香胺类固化剂具有促进作用。马来酸酐可以和各种共轭双烯加成，生成多种重要的液体酸酐。这里主要介绍三种通常用于胶黏剂的改性酸酐固化剂。

① 70 酸酐 70 酸酐是一种液体酸酐，是由丁二烯与马来酸酐合成的，毒性低，挥发性小。用量为计算值的 80%；固化条件 150℃×4h 或 180℃×2h；固化物的马丁耐热温度为 100℃，并且具有良好的柔性。

② 桐油酸酐 液体桐油酸酐（308）是利用我国特产桐油改性的马来酸酐。每 100g 双酚 A 型环氧树脂，固化剂用量是 200g，固化条件为（100～120）℃×4h。固化物柔软，延伸率好。但热变形温度低，可在 60℃以下使用。

③ 647 酸酐 647 酸酐是一种低熔点混合酸酐。它是由环戊二烯与过量的马来酸酐的内型（endo）、外型（exo）加成物以及部分未反应的马来酸酐组成。熔点低于 40℃；酸酐当量 137～147g/mol；实际用量为计算值的 80%～90%；固化条件（150～160）℃×4h；固化物的热变形温度为 150℃左右。

4.7 阳离子聚合固化体系

环氧树脂另一类非常重要的固化方式就是利用阳离子聚合反应进行固化。阳离子聚合固化技术具有很多突出的优点：

① 潜伏性好。固化体系只有在严格的外加引发条件下如紫外光辐射或者加热才会引

发聚合反应。

② 固化速度非常快，需要的能量很小，无需惰性气体保护可在空气中进行，经济又高效。

③ 避免了使用毒性大的胺类、酸酐类固化剂并且固化中无需任何溶剂，是一种绿色、环境友好型的固化体系。

④ 固化物由单组分环氧树脂组成，固化收缩率低且固化物具有优良的热、机械、黏结和耐化学品性能。

目前阳离子聚合固化体系主要分两大类：一种是光引发阳离子聚合固化体系，另一种是热引发阳离子聚合固化体系，两者的主要区别在于引发聚合反应的途径不同。从过去的研究状况来看，关于光引发的阳离子聚合体系固化脂环族环氧树脂的文献报道相对较多，研究也更深入。下面将具体介绍这两类阳离子聚合固化体系。

4.7.1 光引发阳离子聚合固化体系

光引发阳离子聚合是将液体材料迅速转变成固体材料最有效的技术之一，它的研发始于 20 世纪 50 年代，主要包括各种低聚体系、功能化单体、光敏引发剂及助剂。在过去的 70 多年中，光固化技术被广泛地应用于涂料、油墨、黏合剂、光刻胶、微电子及光电子封装等领域。除了以上这些传统的应用领域，光固化技术还被应用于牙科用材料固化、3D 打印等方面。如今，光引发阳离子聚合技术研究主要集中在高效阳离子光敏引发剂、高活性单体、近紫外及可见光等长波固化体系的开发及其应用中。

阳离子光敏引发剂是这一固化体系中重要的组分之一，它对固化速率、引发条件以及固化物的性能都有较大的影响。迄今为止已报道的用于固化脂环族环氧树脂的阳离子光敏引发剂主要有如下几种类型。

① 芳香重氮盐　芳香重氮盐是 20 世纪 70 年代发现的并最早商业化的阳离子光敏引发剂。其光解会产生路易斯酸，路易斯酸与氢给予体（水或者醇）反应生成强质子酸，进而引发阳离子聚合。这种固化体系具有速度快、不受氧阻碍、对水不敏感等优点。但是芳香重氮盐的自身热稳定性较差，不能长期储存，而且光引发后放出的氮气会在涂层中形成气泡、针孔，降低了涂层性能，现已逐渐被淘汰。

② 鎓盐　鎓盐是工业应用中的主流阳离子光敏引发剂。现已开发的鎓盐型光敏引发剂主要包括碘鎓盐、锍盐、鏻盐和吡啶鎓盐等。20 世纪 70 年代美国的 Crivello 教授成功开发了一种二芳基碘鎓盐型的阳离子光敏引发剂，在随后的工作中又和他的同事们开发了上百种含不同取代基团的二芳基碘鎓盐和三芳基锍盐等阳离子光敏引发剂。二芳基碘鎓盐和三芳基锍盐具有优良的光敏性和热稳定性，是如今最常用的阳离子光敏引发剂。但它们的缺点是最大吸收都在远紫外区并且吸收波段范围窄，在固化活性较低的环氧单体时，需要加入光增感剂，如自由基型、电子转移型光敏剂或者光敏染料等。

③ 铁芳基配合物　以二茂铁盐类为代表的铁芳基配合物是另一类比较成熟的阳离子光敏引发剂。这类光敏引发剂具有低温引发、高温增长的特点，而且它在近紫外区有较强的吸收，其吸收波长甚至延长至可见光区。采用铁芳基配合物作为光敏引发剂的固化体系的一个关键问题是要控制好固化的条件，低温有利于环氧化合物与引发剂形成配合物，但不利于环氧基的开环聚合反应；高温有利于开环聚合反应，但生成的配合物稳定性会下

降。因此，必需选择妥善的固化条件以实现快速、稳定的聚合。

④ 有机铝络合物/硅烷体系　这类阳离子光敏引发剂在光照时光解生成硅醇化合物，然后在有机铝络合物的作用下引发环氧树脂开环聚合。该体系的特点是：引发过程中的阳离子活性种并不是强质子酸，降低了应用时对衬底材料的腐蚀性；固化中无阴阳离子对，提高了固化物的电性能和耐水性。目前这一体系用到的有机铝络合物主要有三乙酰基丙酮铝和三乙酰基乙酸乙（或甲）酯铝。硅烷主要有三苯基硅邻硝基苄基醚和过氧叔丁基硅烷。

4.7.2　热引发阳离子聚合固化体系

与光引发阳离子聚合固化体系相比，热引发阳离子聚合固化体系具有相似的引发剂类型和聚合反应机理。但热引发的阳离子固化体系一个显著的特点是它不受试样厚度的限制，而光固化体系由于光辐射的能量会随着试样厚度的增加而递减，如果试样厚度过厚会导致固化不均。

热引发阳离子聚合固化体系一个非常重要的要求就是体系要具有良好的热潜伏性，理想的潜伏型热引发阳离子聚合固化体系应满足如下几点要求：①体系可在适度的高温（100～170℃）下迅速固化；②体系可在固化温度之下无限期地长久存储；③加入的热敏引发剂不会影响环氧树脂固化物的性能。在过去的几十年里，众多具有优良潜伏性的阳离子热敏引发剂被陆续开发出来并应用于环氧树脂的固化。其中主要有芳基磷盐、芳基锍盐、芳基吡啶鎓盐、芳基铵盐等。如今，开发更多具有优良潜伏性、热稳定性及高效的阳离子热敏引发剂仍是这一研究领域的重要发展方向。

4.8　其他固化剂

这类固化剂为辅助性和特殊用途的固化剂，包括线型酚醛树脂、聚酯树脂、液体聚氨酯、苯乙烯-顺丁烯二酸酐共聚树脂以及聚硫橡胶等。

4.8.1　线型酚醛树脂固化剂

线型酚醛树脂固化剂结构如下：

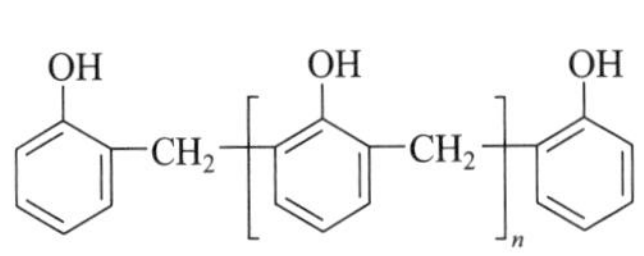

在酚醛树脂中含有大量的酚羟基，在加热条件下可以固化环氧树脂，形成高度交联的结构。这个体系既保持了环氧树脂良好的黏附性，又保持了酚醛树脂的耐热性，使酚醛树脂/环氧树脂可以在260℃下长期使用。因此，这种体系可用于成型材料和粉末涂料。

4.8.2　聚酯树脂固化剂

聚酯树脂末端的羟基或羧基可以与环氧树脂中的环氧基发生反应而使环氧树脂固化。固化物韧性、耐湿性和电性能以及粘接性都十分优良。

4.8.3　液体聚氨酯固化剂

聚氨酯的结构式如下：

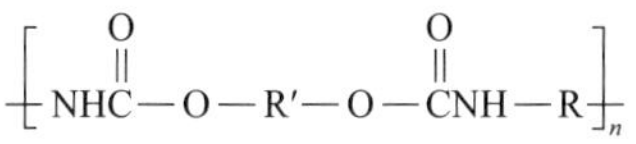

$$\left[NHC-O-R'-O-CNH-R \right]_n$$

聚氨酯中的氨基可以与环氧树脂中的环氧基发生开环反应，异氰酸酯基可以和环氧树脂中的羟基或开环反应生成的羟基发生反应，使环氧树脂固化。由于把聚氨酯中的醚键引入环氧树脂交联网络中，所以固化物的韧性较好，此外固化物具有低的透湿性和吸水性能。

4.8.4　苯乙烯-顺丁烯二酸酐共聚树脂固化剂

苯乙烯-顺丁烯二酸酐（SMA）树脂是由苯乙烯与顺丁烯二酸酐（马来酸酐）共聚而得的无规共聚物。1974 年由美国 ARCO 公司首先开发成功，商品名为 Dylark。

SMA 树脂生产工艺主要有溶液法、本体法和本体-悬浮法，不采用乳液聚合法和悬浮聚合法，这是由于马来酸酐在水中极易水解。马来酸酐本身不能自聚，却很容易与苯乙烯共聚。在溶液聚合时，以丙酮或二甲苯为溶剂，加入质量分数为 0.05％ 的过氧化苯甲酰为引发剂，在 50℃ 下聚合，产物用石油醚沉淀，经分离、干燥、造粒为成品。其反应式如下：

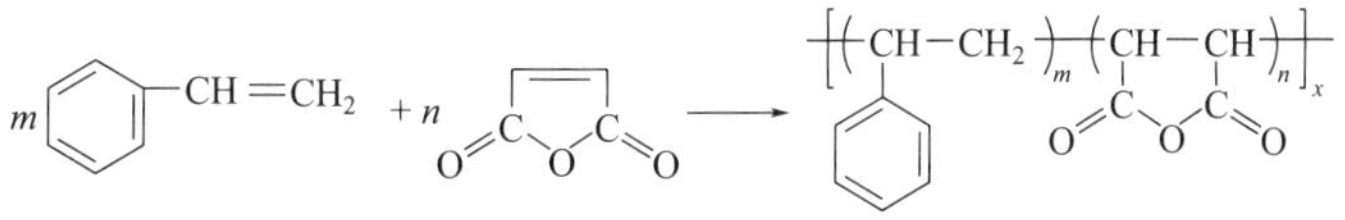

这类共聚物的商品型号目前有 SMA1000、SMA2000、SMA3000 和 SMA4000。在这些共聚物中，苯乙烯：马来酸酐摩尔比分别为 1：1、1：2、1：3 和 1：4，它们的分子量范围是 1400～4000。这几种共聚树脂的混合物也可作为环氧树脂的固化剂。SMA 树脂最大的特征是可使 SMA/环氧树脂体系的固化物的耐热性能得到提高，其提高的幅度与SMA 共聚树脂中 MA 的含量成正比，MA 含量每增加 1％，T_g 约提高 3℃。此外，该共聚树脂可大幅度降低环氧树脂固化物的介电常数和介电损耗值，非常适合用作高频及超高频印刷电路板。

4.8.5　聚硫橡胶固化剂

聚硫橡胶固化剂以液态聚硫橡胶和多硫化合物的形式提供使用。

① 液态聚硫橡胶是一种低分子量黏稠液体，其分子量一般为 800～3000。液态聚硫橡胶代表性的结构如下：

$$R-\left[O-(C_3H_6O)_n CH_2-CH(OH)-CH_2-S \right]_m H$$

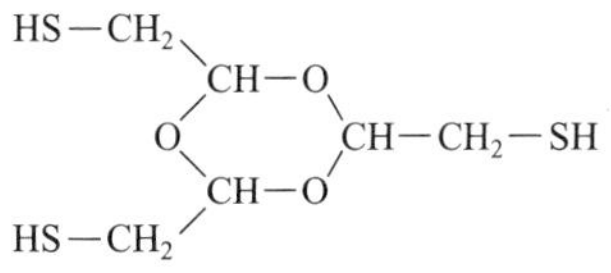

聚硫橡胶本身硫化后，具有很好的弹性和黏附性，并且耐各种油类和化学介质，是一种通用的密封材料。当液态聚硫橡胶和环氧树脂混合后，末端的巯基（—SH）可以和环氧基发生化学反应，赋予环氧树脂固化物较好的柔韧性。在无促进剂存在下，上述反应进行得极缓慢。但路易斯碱作为促进剂时，即使在 0～20℃的低温下也可以固化。在常温下只有 2～10min 的适用期，显示出快速固化的特性，但完全固化则需要 1 周的时间，加温则使反应更快，而且反应更完全。这种体系不仅在湿度高的情况下能固化，而且在碱性表面也有良好的粘接性，其固化反应机理与醇相似。

②　多硫化合物的一般结构如下：

$$HS + C_2H_4OCH_2OC_2H_4 - S - S\frac{}{}_n C_2H_4OCH_2O - C_2H_4 - SH$$

这种多硫化合物末端有硫醇结构，是一种低聚物，它与液态聚硫橡胶不同，即使用路易斯碱作为促进剂，也不具备低温固化特性。多硫化合物与普通叔胺或多元胺固化剂并用，则可在室温下固化。

4.9　环氧树脂固化用促进剂

环氧树脂与固化剂反应，除了一般的脂肪族胺和部分脂环族胺类固化剂可以在常温下固化外，其他大部分脂环族胺和芳香胺以及几乎全部的酸酐固化剂都需要在较高温度下才能和环氧树脂发生固化反应。为了降低固化反应温度，缩短固化反应时间，采用固化促进剂是非常必要的。前面已经介绍了一些固化用促进剂，然而为了更全面地掌握促进剂的用法，本节将系统地介绍一下适用于胺类和酸酐类固化剂固化环氧树脂的促进剂。

4.9.1　亲核型促进剂

亲核型促进剂对胺类固化剂固化的环氧树脂起到单独的催化作用，而对酸酐固化剂则起双重催化作用，即对酸酐和环氧树脂同时起催化作用。

①　在胺类固化剂与环氧树脂剂体系中，亲核型促进剂对环氧基的催化机理是通过体系中的羟基进行阴离子醚化反应。

②　在环氧树脂/酸酐固化剂体系中，亲核型促进剂先与酸酐反应，生成羧基阴离子或碳正离子，再与环氧基反应，又产生新的烷氧阴离子或碳正离子，继续与另一分子的环氧基反应，形成聚酯型交联结构。

③　亲核型促进剂对环氧树脂/酸酐固化剂体系中环氧基的催化机理是：酚、羧酸、醇或水等质子给予体，可对固化反应起加速作用，加速顺序为酚＞羧酸＞醇≥水。这种顺序与亲核型促进剂形成氢键能力的大小是一致的。

由于亲核型促进剂对酸酐和环氧基有明显的催化作用，已被广泛应用。亲核型促进剂大多属于路易斯碱，它们对环氧树脂具有较强的催化活性，碱性愈强，取代基的空间位阻愈小，催化活性愈大。促进剂的结构及性能对交联固化反应速率和固化物性能的影响甚大。

4.9.2　亲电型促进剂

在环氧树脂与酸酐固化剂进行固化反应时，采用的亲电型促进剂主要有路易斯酸

（BF$_3$、PF$_5$、AsF$_5$、SbF$_6$、SnCl）及其络合物，其催化作用是先与路易斯碱形成络合物，再与环氧基反应。因 BF$_3$ 及其络合物的适用期过短，实用性欠缺，有机锡类价格较贵，故较少应用。也有人合成了一种 π-芳烃铁盐络合物，此类络合物即使在室温下与环氧树脂络合以后也是稳定的，在特定温度下加热便能迅速反应，具有潜伏型促进剂的特点。

4.9.3　金属羧酸盐促进剂

在环氧树脂与酸酐固化剂进行交联固化反应时，可采用金属羧酸盐作为促进剂，金属羧酸盐中的金属离子在反应前期有空轨道，能与环氧基形成络合物，催化聚合反应，后期由于固化反应体系放热量的增加，金属羧酸盐解离，由生成的羧酸根阴离子继续催化聚合反应。金属羧酸盐具有两种不同的催化机制，使交联体系固化物中既具有酯键结构又有醚键结构。常用锰、钴、锌、钙和铅等的金属羧酸盐作为促进剂，并在实际生产中得到应用。在对乙酰丙酮金属盐类的研究中发现，此类促进剂在常温下适用期长，可以作为环氧树脂固化反应中的潜伏型促进剂，其促进催化机理与金属羧酸盐一样。作者也曾对乙酰丙酮镧系过渡金属络合物作为酸酐固化双酚 A 型环氧树脂的潜伏型促进剂做了许多研究工作。

4.10　潜伏型环氧树脂体系固化反应动力学参数的特征

环氧树脂/固化剂体系是以逐步聚合反应来实现固化的，因此其贮存适用期一般来讲都比较短，这就限制了它在某些领域中的进一步推广应用。所以，研制出在室温或低温下具有贮存稳定性，在高温下又具有快速固化反应特征的潜伏型环氧树脂体系，对实际生产是十分必要的。

（1）理论分析

环氧树脂固化体系的低温贮存稳定性和高温快速固化反应速率的问题，在本质上是固化反应速率与反应温度之间关系的问题。早在 19 世纪末阿伦尼乌斯（Arrhenius）就总结了如下经验公式：

$$\ln k = -\frac{E_a}{RT} + \ln A$$

式中，k 为反应速率常数；E_a 为反应活化能；R 为摩尔气体常数；T 为温度；A 为指前因子。Arrhenius 公式中的反应活化能 E_a 实质上是一个与温度 T 有关的变量。对某一环氧树脂体系而言，若体系在整个固化温度区间具有一致的固化反应机理，那么 E_a $(T) = E_a$（常数），对于此固化体系而言，若计算出体系的贮存温度 T_s 和固化温度 T_c 下的反应速率常数 k_s 和 k_c，便可以得到固化反应在整个固化温度区间的 Arrhenius 关系图（一），如图 4-18 所示。若使某一环氧树脂体系的贮存温度和固化反应温度不变，欲延长体系的贮存适用期和缩短固化反应时间就意味着要降低 T_s 下的反应速率常数，增加 T_c 上的反应速率常数，即使 $k_{s_1} > k_{s_2}$、$k_{c_2} > k_{c_1}$，其关系示意如图 4-19 所示。

将图 4-19 中曲线 1 和曲线 2 比较后发现，后者有较大的截距和斜率，也就是体系 2 具有较高的固化反应活化能（E_a）和指前因子（A），即 $E_{a_2} > E_{a_1}$、$A_2 > A_1$。由此可见，对于具有一致固化反应机理的环氧树脂体系而言，欲延长体系在室温或低温下的贮存稳定性和提高高温下的固化反应速率，则该体系就应具有较高的固化反应活化能和指前因子。

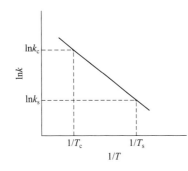

图 4-18　Arrhenius 关系图（一）

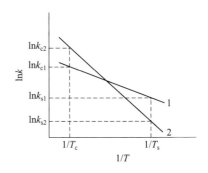

图 4-19　Arrhenius 关系图（二）

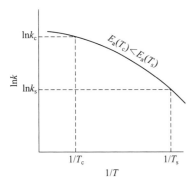

图 4-20　Arrhenius 关系曲线

对于在整个固化温度区间，不具有一致的固化反应机理的环氧树脂体系而言，根据 Arrhenius 公式，若想提供具有较好的低温贮存稳定性和高温快速固化反应的固化体系，那么需要体系的 $E_a(T_c) < E_a(T_s)$，即随着固化温度的逐渐升高，其体系的固化反应活化能 $E_a(T)$ 越来越低。$E_a(T_c)$ 与 $E_a(T_s)$ 值相差越大，体系的潜伏贮存性就越理想。此时的 Arrhenius 关系曲线如图 4-20 所示。

众所周知，活化能是反应过程中体系各物质间的成键与断键所需能量变化的量度，而指前因子是各反应物质反应前后混乱度的量度。双分子反应的 E_a（T）和 A 值都比单分子反应的低，而通常的环氧树脂体系的固化反应都是双分子反应，因此很难达到室温贮存寿命长和高温固化时间短的目的。为此，若想研究设计出理想的潜伏型环氧树脂配方体系，从反应机理的角度讲，必须将体系各物质间的固化反应转化成单分子反应为控制步骤的反应。为实现这种转化可以采用潜伏型固化剂或潜伏型促进剂。

对于潜伏型固化体系：

$$B{-}X \underset{k_{-1}}{\overset{k_1}{\rightleftharpoons}} B + X$$

$$A + B \underset{\triangle}{\overset{k_2}{\rightleftharpoons}} A{-}B$$

式中，B—X 是潜伏型固化剂；A 和 B 分别为反应型环氧树脂和固化剂。若 $k_2 \gg k_1$，便可以实现单分子反应控制整个固化反应的目标。

对于潜伏型促进剂体系：

$$C{-}X \underset{k_{-1}}{\overset{k_1}{\rightleftharpoons}} C + X$$

$$B + C \underset{\triangle}{\overset{k_2}{\rightleftharpoons}} B{-}C$$

$$A+B-C \underset{\triangle}{\overset{k_3}{\rightleftharpoons}} A-B+C$$

式中，C—X 是潜伏型促进剂；C 为促进剂；A 和 B 分别为反应型环氧树脂的固和剂。若 k_2、$k_3 \gg k_1$，那么也可以实现单分子反应控制整个固化反应的目标。

（2）一般性结论

潜伏型环氧树脂体系的动力学参数特征：应具有较高的固化反应活化能和指前因子，或者具有活化能可变的特征——既在低温或室温下体系具有较高的固化反应活化能，又在高温下具有较低的固化反应活化能。

动力学参数特征的理论分析对研究潜伏型环氧树脂、寻求低温贮存稳定性和高温快速固化反应的实际问题有理论指导价值，是进行新型潜伏型固化剂和促进剂分子设计的重要理论依据。

第 5 章
环氧树脂用辅助材料及其改性

环氧树脂使用时，除了需要添加固化剂，使其与环氧树脂发生固化形成交联网络结构外，往往还需要一些辅助材料。例如：加入稀释剂调节环氧树脂的黏度；加入触变剂改善环氧树脂的贮存性和加工性；添加偶联剂提高纤维增强材料、无机填料等的改性效果；在作为阻燃材料和注塑材料时往往需要分别使用阻燃剂和脱模剂。尽管环氧树脂是一类综合性能优异的树脂基体，在很多工业领域得到广泛应用，但环氧树脂和固化剂组成的材料常常因某些性能诸如耐湿热、韧性等不能满足某些使用领域的要求，因此需要对基体材料进行改性。在环氧树脂改性时材料的性能是有得有失的，要求仅改进某一性能而保持其他性能不变是很困难的。环氧树脂材料的设计者只能努力做到改进环氧树脂材料某一性能的同时，尽可能使其他性能少受损失。由于篇幅有限，本章仅就环氧树脂常用场合所需的一些辅助材料及其改性效果进行简要的论述。

5.1 稀释剂

环氧树脂材料要求的黏度依用途的差别而定，例如涂料、浇注和浸渍等用途所要求的黏度比液态双酚 A 型环氧树脂的黏度还要低。高黏度环氧树脂可通过加入稀释剂来降低黏度和改进工艺性能。通常稀释剂按机能分为非活性稀释剂和活性稀释剂。

5.1.1 非活性稀释剂

非活性稀释剂与环氧树脂相溶，但并不参加环氧树脂的固化反应，因此与环氧树脂互溶性差的部分在固化过程中分离出来，完全互溶的部分也依沸点的高低而从环氧树脂固化物中挥发掉。由于这种非活性稀释剂的加入，环氧树脂固化物的强度和模量下降，但伸长率得到了提高。最常用的非活性稀释剂有邻苯二甲酸二丁酯及邻苯二甲酸二辛酯。添加 17 份（质量份）邻苯二甲酸二丁酯可使双酚 A 型环氧树脂的黏度从 15Pa·s 降至 4Pa·s。此外丙酮、松节油、二甲苯亦可作为非活性稀释剂。某些酚类化合物同样可作为稀释剂，同时又是胺类固化剂的活性促进剂，如煤焦油。煤焦油中的酚类化合物可以和环氧基发生反应，添加环氧树脂量的 10%～20%，对环氧树脂固化物的性能影响不大，产品主要作为涂料来使用。煤焦油可以改善环氧树脂固化物的憎水性，但减弱了对酸和溶剂破坏的抵抗能力。

5.1.2 活性稀释剂

活性稀释剂主要是指含有环氧基团的低分子量环氧化合物，它们可以参加环氧树脂的固化反应，成为环氧树脂固化物交联网络结构中的一部分。一般活性稀释剂分为单环氧基、双环氧基和三环氧基三类，见表 5-1。有些单环氧基稀释剂，如烯丙基水甘油醚、丁基缩水甘油醚和苯基缩水甘油醚对胺类固化剂反应活性较大；而另一些烯烃或脂环族单环氧基稀释剂对酸酐固化剂反应活性较大。

表 5-1 典型活性稀释剂的化学结构与性状

名称	英文缩写	结构式	环氧当量/(g/mol)	沸点/℃	黏度(25℃)/(Pa·s)
单环氧基					
正丁基缩水甘油醚	BGE	$CH_3(CH_2)_3OCH_2-CH-CH_2$（环氧）	130～140	165	0.0015
烯丙基缩水甘油醚	AGE	$CH_2=CHCH_2OCH_2-CH-CH_2$（环氧）	98～102	154	0.0012(20℃)
5-乙基己基缩水甘油醚	EHAGE	$CH_3CH(CH_2)_4OCH_2-CH-CH_2$，$CH_2CH_3$（环氧）	195～210	257	0.002～0.004
苯乙烯氧化物	SO	苯基-$CH-CH_2$（环氧）	120～125	191.1	0.002(20℃)
苯基缩水甘油醚	PGE	苯基-$OCH_2-CH-CH_2$（环氧）	151～163	245	0.007(20℃)
对甲基苯基缩水甘油醚	CGE	H_3C-苯基-$OCH_2-CH-CH_2$（环氧）	182～200	—	0.006(25℃)
对异丁基苯基缩水甘油醚	BPGE	$(H_3C)_2CHCH_2$-苯基-$OCH_2-CH-CH_2$（环氧）	220～250	175 (2.3kPa)	0.02
甲基丙烯酸缩水甘油酯	GMA	$H_2C=C(CH_3)-COOCH_2-CH-CH_2$（环氧）	142	189	0.0015
叔碳羧酸缩水甘油酯		$R-C(CH_3)_2-COOCH_2-CH-CH_2$（环氧）	240～250	135	—
双环氧基					
二缩水甘油醚	DGE	$CH_2-CH-CH_2OCH_2-CH-CH_2$（环氧）	130		
聚乙二醇二缩水甘油醚	PEGGE	$CH_2-CHCH_2O(CH_2CH_2O)_{1\sim4}CH_2-CH-CH_2$（环氧）	130～300	—	0.015～0.017
聚丙二醇二缩水甘油醚	PPGGE	$CH_2-CHCH_2O(CHCH_2O)_{1\sim3}CH_2-CH-CH_2$，$CH_3$（环氧）	150～360	—	0.02～0.08
丁二醇二缩水甘油醚	BDGE	$CH_2-CHCH_2O(CH_2)_4OCH_2-CH-CH_2$（环氧）	130～175	—	0.01～0.03
N,N'-二缩水甘油基苯胺	DGA	苯基-$N(CH_2-CH-CH_2)_2$（环氧）	125～145	—	0.05～0.1

续表

名称	英文缩写	结构式	环氧当量/(g/mol)	沸点/℃	黏度(25℃)/(Pa·s)
三环氧基					

三羟甲基丙烷三缩水甘油醚	TMPGE	CH_2OCH_2CH—CH_2
		          O
		$H_5C_2CCH_2OCH_2CH$—CH_2
		          O
		CH_2OCH_2CH—CH_2
		          O
			135～160	—	0.1～0.16

丙三醇三缩水甘油醚	GGE	CH_2OCH_2CH—CH_2
		          O
		$CHOCH_2CH$—CH_2
		         O
		CH_2OCH_2CH—CH_2
		          O
			140～170	—	0.115～0.17

总之，从改性环氧树脂材料的观点看，活性稀释剂的使用价值比非活性稀释剂的高。例如在粘接、浇注等情况下挥发有困难，因此非活性稀释剂可能带来阻碍环氧树脂固化反应或者产生气泡等不利结果，在这种情况下使用活性稀释剂可以得到满意的效果。选择活性稀释剂要适当，以求取得更好的效果。一般来说，活性稀释剂应满足的条件如下：①稀释效果好；②尽可能不损害环氧树脂固化物的性能；③卫生、安全性高、毒性刺激性小。从不损害环氧树脂固化物性能的观点看，使用双环氧基和三环氧基活性稀释剂得到的固化物性能优良，但却存在稀释效果差的缺点。

5.2 触变剂

在环氧树脂组分中有些是互不相容的，相对密度悬殊（如环氧树脂/填料体系），从而在贮存过程中会发生沉淀，影响固化物的性能。特别在垂直面、仰视面上进行涂覆和填充时，要求环氧树脂物料不发生流淌和滴落。这时就要求施工时，物料能够快速固化，保持一定的形态。这些要求是仅采用高分子量环氧树脂以及添加普通无机填料无法实现的，非采用触变剂不可。

5.2.1 触变性

触变性是指物料在受剪切和静置状态下，溶胶和凝胶可反复逆转的一种现象。对凝胶物料施加剪切力，起初阻力很大，但随着时间的延长而逐渐降低，达到一定值后变成了溶胶；解除剪切力，溶胶的阻力逐渐恢复，物料重新变成了凝胶。触变程度以物料由溶胶态变成凝胶态所需时间来表示，也可以用被增黏物料的流变特性数据，即触变指数（TI）来表示。TI 可用 Brookfield 黏度计在室温下测定。TI 的数值高说明物料的触变性好；数值为 1 时物料没有结构黏性，仍然是牛顿流体。

5.2.2 触变剂

触变剂是一种具有很大比表面积的不溶性添加剂。气相法制备的二氧化硅（简称气相二氧化硅）的表面与物料母体之间有形成氢键的可能性，因此它是最有效的触变剂。

高分散的气相二氧化硅是在氢气、氧气燃烧状态下由四氯化硅水解而成的。反应式如下：

$$2H_2 + O_2 + SiCl_4 \rightleftharpoons SiO_2 + 4HCl$$

比表面积大与粒径高分散性是气相二氧化硅最重要的参数。它的比表面积为 $50\sim400m^2/g$，粒径为 $7\sim40nm$，粒子几乎是球形的，不存在细孔。它和沉淀法制备的二氧化硅是截然不同的。

（1）气相二氧化硅的表面特性　气相二氧化硅粒子表面有 Si—OH 存在，如图 5-1 所示，因此相互间有氢键缔合的倾向，这也是粒子间相互凝集形成三维网状结构的原因。

在聚合物料中气相二氧化硅的网状结构使物料的黏度上升，但一旦受到剪切力作用（搅拌、振动、混合）网状结构将被破坏，物料的黏度迅速下降；一旦剪切力消失，气相二氧化硅的三维网状结构将再次使物料黏度很快上升（图 5-2）。

（2）气相二氧化硅的触变效果　气相二氧化硅在不同物料中的触变效果是不同的。

在极性物料中气相二氧化硅的触变效果不好，这主要是由于极性物料分子中的氢同气相二氧化硅表面的硅酸基相结合，排斥了气相二氧化硅粒子间的氢键缔合。但用高温加水分解法制得的氧化硅与气相二氧化硅组成的混合物能够使极性物料增稠。在多官能基有机化合物作添加助剂的极性物料中，气相二氧化硅能够提高增稠效果。这种添加助剂一般是环氧树脂的高分子量固化剂，如聚酰胺等。

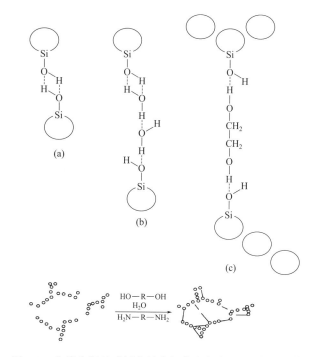

图 5-1　末端有羟基或氨基的有机物和气相 SiO_2 的相互作用

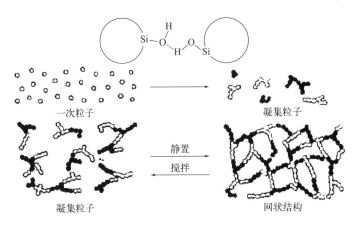

图 5-2 气相二氧化硅使物质具有触变性原理

5.2.3 在环氧树脂中加入气相二氧化硅的作用

气相 SiO_2 在环氧树脂中的添加量应根据加工特性和应用技术要求来决定，一般为环氧树脂的 2%～5%（质量分数）。在浇注料和涂料中，为了提高加工性，添加量可高达10%（质量分数）。其混合方法为：室温下在混炼机中混炼；将环氧树脂加热，在高速搅拌下加入气相二氧化硅。

气相 SiO_2 对环氧树脂流动性的影响与气相 SiO_2 的比表面积和粒径有关。比表面积越大、粒径越小的气相 SiO_2 增稠作用越强。气相二氧化硅中的水分和 pH 值对环氧树脂的增稠作用影响不大。此外，气相 SiO_2 对环氧树脂体系的适用期没有影响。

气相 SiO_2 的触变效果因环氧树脂组分中胺类固化剂的加入而增强。在环氧树脂中添加胺类固化剂后，发现不同种类的固化剂对气相 SiO_2 的分散状态和流变特性有不同的影响。一般来说，较少量的气相 SiO_2 就可在以低分子量脂肪族胺作为固化剂的环氧树脂物料中发挥增稠效果。而在以高分子量脂肪族胺（如聚酰胺类）为固化剂的环氧树脂物料中，只有添加较多的气相 SiO_2 才能发挥较好的增稠效果。

在以脂环族多元胺为固化剂的环氧树脂物料中，需要添加较多的气相 SiO_2 才能发挥触变效果。在含有胺加成物的改性环氧树脂物料中，气相 SiO_2 的增稠及触变效果比未改性的双酚 A 型环氧树脂物料差。在以芳香族胺类为固化剂的环氧树脂物料中，气相 SiO_2 的触变效果较差，即使加入 7%（质量分数）的气相 SiO_2，也仅能获得增稠效果而没有触变性能。

5.3 填料

填料一直广泛用作增量剂，以期降低制造成本，改善材料的某些性能。环氧树脂在某些场合下亦采用填料综合改进力学、热学或电学性能，特别是降低收缩率。为了获得良好的改性效果，重要的是充分考虑填料与基体树脂的黏结性，偶联剂处理是改善黏结性的行之有效的方法之一。

5.3.1　填料的种类、性状及适应性

填料的种类非常多，具有代表性的填料的性状和适应性见表 5-2。填料的适应性不仅取决于填料的化学组成，还与其性状及颗粒的大小（粒径或粒度）有关。例如，为改进力学性能，最好采用针状或纤维状（棒状）填料，这种填料有玻璃、石棉、黏土、碳酸钙等；要改进热传导性，可采用导热好的铝（镁）及其化合物、各种结晶性硅石、金属等。

表 5-2　各种无机填料的性状及适应性

填料	组成	相对密度	颗粒尺寸/μm	粒子形状	色调	适应性
石棉	$3MgO \cdot 2SiO_2 \cdot 2H_2O$ 或镁、铁、钠的硅酸盐	2.4～2.6	—	纤维状	灰	e、g、h、i
氧化铝	Al_2O_3	3.7～3.9	30～150	板状	白	e、f、g
高岭土	$Al_2O_3 \cdot 2SiO_2 \cdot 2H_2O$	2.58	0.5～50	六角板状	白	b、e、h、i、j
炭黑	C	1.8	0.01～40	球状	黑	b、c、d
石墨	C	2.26	5～45	薄片状	黑	a、d、e
硅微粉	SiO_2	2.3	0.015	球状	白	k
硅酸钙	$CaO \cdot SiO_2$	2.89	5～20	针状	白	c、g
硅藻土	$SiO_2 \cdot nH_2O$	2.00	40～80	不定形	乳白	k
氧化镁	MgO	3.40	40～80	—	白	
氧化钛	TiO_2	4.26	0.2～50	球状	白	b、f
氢氧化镁	$Mg(OH)_2$	2.40	40～80	—	白	
三水氧化铝	$Al_2O_3 \cdot 3H_2O$	2.40	0.5～60	板状	白	e、d、h、j
石英粉	SiO_2	2.6	50～800	不定形	白	d、e、g
熔融硅石	SiO_2	2.2	1～140	不定形	白	c、d、e、f、g、h
氮化硼	BN	2.30	1～5	板状	白	c、d、e、f、g、h、j
碳酸钙	$CaCO_3$	2.7	1～50	不定形	白	b、e
碳酸镁	$MgCO_3$	2.8	40～150	—	白	b、e、h
二硫化钼	MoS_2	4.8	0.5～40	板状	黑	a
重晶石	$BaSO_4$	4.4	—	板状	白	h
云母	$K_2O \cdot 3Al_2O_3 \cdot 6SiO_2 \cdot 2H_2O$	2.8～3.1	10～80	薄片状	灰白	f、g、h
寿山石黏土	$Al_2O_3 \cdot 4SiO_2 \cdot H_2O$	2.7～2.9	40～80	板状	白、土黄	b、e、k
无水石膏	$CaSO_4$	2.96	10～50	不定形	白	c
金属粉	Fe、Al、Mg、Zn、Ag 等	3.1～13.1	5～200	晶体	白、红、黑	a、c、d

注：a 代表耐磨性；b 代表着色性；c 代表热传导性；d 代表导电性；e 代表尺寸稳定性；f 代表介电性；g 代表电阻性；h 代表耐水性（耐化学药品性）；i 代表耐寒性；j 代表耐热性；k 代表热稳定性。

加入填料不可能使环氧树脂所有的性能都得到改进，往往改进了第一使用性能，其他性能相应下降。例如，在电气用途中，添加氢氧化铝以期改进力学性能和阻燃性能，但却导致介电性能和电气绝缘性能的降低。因此，往往需要根据具体的使用要求，将某种或几种填料混合添加，才能得到满意的改进效果。

5.3.2　填料对环氧树脂的改性效果

填料可以改进如下性能。

力学性能：拉伸强度、弯曲强度、冲击强度、尺寸稳定性、耐磨性能等。

热性能：热老化性、热变形温度（HDT）、高温特性，降低热膨胀系数、提高热传导性，赋予阻燃性（延迟燃烧性、自熄性，提高着火点）。

电气性能：提高耐电弧性、高温绝缘及高温介电性能。

耐化学药品性：提高耐酸性、耐碱性、耐水性、耐溶剂性能。

改善操作性能：增黏（增稠）、提高触变性、降低固化放热、减少固化收缩。

（1）力学性能　加入填料的主要目的在于改进材料的力学性能，改进效果取决于填料自身的性质、颗粒的大小及用量的多少。例如填料为硅石，偶联剂加入树脂/填料混合物中。研究结果认为，弯曲强度、模量随填料添加量的增加而首先提高，破坏能量在填料添加初期上升，到达极大值后开始下降。

力学性能对温度的依赖性也由于填料的加入而有所变化。研究温度与拉伸强度的关系（硅石填料）表明，填料颗粒的大小不同，作用效果差别很大。在高温区，无论填料颗粒大小如何拉伸强度都因填料的加入而提高；在室温附近，填料颗粒大小不同，对拉伸强度影响极大，颗粒大的，拉伸强度不但不提高，反而大幅度下降。这是因为固化物在高温下呈韧性破坏而在低温玻璃态转变为脆性破坏，玻璃态区填料不但起不到增强效果，反而成为裂纹的产生源。

关于高温下的增强效果，加入填料希望能提高HDT。但是研究各种填料的添加量与固化物HDT的关系表明，大多数填料对耐热性几乎没有贡献，有的还会降低HDT，只有少数几种填料如碱性碳酸镁、石棉和云母可以使固化物HDT提高。

（2）电气性能　填料用来改善电气性能的情况不多，除改进固化物耐电弧性能外，填料对电绝缘性和介电性能都可能产生不良影响。填料有时会含有吸湿性杂质和易离子化的物质，即使不含有这些物质也易包藏水分，所以电绝缘性就会下降，例如一些含碱土金属的填料和纤维状填料（石棉）等。因此，为除去杂质常常将填料进行焙烧。作为电气材料使用的填料有硅石、氧化铝、云母等。通常使用的硅石，特别是熔融硅石具有高绝缘性和耐湿绝缘性，同时有优异的介电性能和低热膨胀系数，常常作为超高压变压器用材料。

填料对电气性能改进最大的是耐电弧性；研究填料与耐电弧性的关系表明，随着填料配合量的增加，耐电弧性几乎呈直线上升，其中氢氧化铝改进效果最好。耐电弧性不仅与填料用量有关，也受填料颗粒大小和形状的影响。

体积电阻与硅石用量的关系：随着硅石用量增加，体积电阻率提高；如果温度上升，填料用量的影响变小。对于介电性能而言，只要采用绝缘性能优良的填料，所受的影响就很小。

在谈到材料电气性能的问题时，人们往往更关心材料所处的环境变化。在使用环境温度和湿度条件下电气性能如何变化必须加以注意。一般来讲，钛酸酯偶联剂处理的填料对耐湿性能的改善效果好于硅烷偶联剂处理的填料。

（3）热性能　热性能中十分重要的是热膨胀系数和热传导性。它们都因填料的加入而得到大幅度改善。有研究指出，填料的添加带来线膨胀系数的明显下降，密度不同的填料其改进效果不同，但是密度相近的填料（氧化铝、硅石、滑石和云母）之间的差异主要取决于填料本身的性能。

热传导性与填料用量的关系研究结果表明，固化物的热传导性几乎随填料用量增加呈正比上升。当然，填料自身的特征对改进效果起着很大的作用，填料自身的热传导性越高，则由它配合的固化物的热传导性也越高。

（4）阻燃性能　按阻燃功能来分，可以把填料分为一般性填料和阻燃性填料。所谓阻燃性填料是指那些加入热固性树脂中使固化物具有阻燃性能（氧指数提高）的填料，如三氧化二锑、氢氧化铝、水合石膏等。即使体系加入一般性填料，也会由于树脂比例减少，而使体系着火点提高，燃烧能量降低。随着固化物中填料量的增加，其燃烧的速率减慢，燃烧速率延迟效果特别明显的是阻燃填料类的水合物，主要是由于燃烧过程中阻燃填料结合水吸热所致。这些阻燃填料中氢氧化铝的效果最佳，二氧化锑也是较好的品种，同时与有机卤化物并用具有协同阻燃效果。

（5）耐化学药品性　耐化学药品性主要取决于固化物的化学性质。填料的加入不一定都能提高耐化学药品性。但是填料的加入降低了有机固化物的比例，使耐化学药品性多少有些提高。填料对耐水性和耐酸、耐碱及耐溶剂性能的改进效果差别很大。一般来说，填料用量增加，固化物吸水率降低，对耐水性而言，因填料种类和用量不同，其效果差别很小，但是因为填料种类和用量不同，其耐化学药品性差别甚远。所以在实际使用过程中要根据不同的用途选择有效的填料和用量。

（6）改善操作性能　填料除了具有某种功能性用途之外，还可以改进树脂配方的黏度（增稠）、触变性能。由于填料的加入，使得固化物中树脂比例减少，因此降低了树脂的固化放热，使体系在比较平稳的状态下发生固化反应，从而减少了树脂的固化收缩，使树脂体系开裂的可能性变小。总之，填料在树脂配方体系中对改善操作工艺性是有利的。

5.4　偶联剂

为提高填料、纤维增强材料等的改性效果，有必要采用偶联剂对其表面进行处理。可用的偶联剂主要有硅烷偶联剂和钛酸酯偶联剂，两者处理效果和使用性能都有一些差异。它们的化学结构如图 5-3 所示。

硅烷偶联剂的无机官能团为三官能团，即 $Si—(OR_2)_3$，钛酸酯偶联剂的无机官能团为单官能团，即 $Ti—OR_2'$。偶联剂上键合的有机官能团是氨基、巯基、乙烯基、环氧基、脲基等。无机官能团与玻璃类或硅石（二氧化硅）等无机填料起反应，有机官能团与环氧树脂用、不饱和聚酯树脂用固化剂发生键合反应，偶联剂起中间层的作用。因此可以选用能够与环氧基或羟基反应的基团作为有机基团。

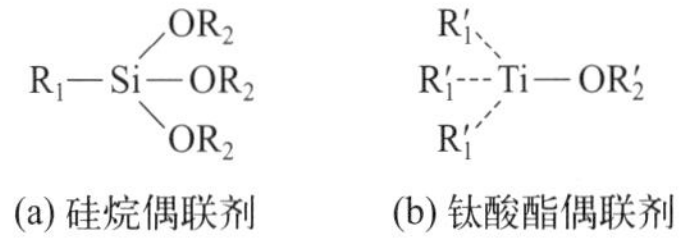

$$R_1—Si \begin{matrix} OR_2 \\ —OR_2 \\ OR_2 \end{matrix} \qquad R_1'—Ti \begin{matrix} R_1' \\ —OR_2' \\ R_1' \end{matrix}$$

(a) 硅烷偶联剂　　(b) 钛酸酯偶联剂

图 5-3　硅烷和钛酸酯
偶联剂的化学结构

硅烷偶联剂和钛酸酯偶联剂的作用机理如图 5-4 所示。硅烷和钛酸酯有些不同。以玻璃类无机基质表面处理为例，硅烷偶联剂先使它的烷氧基水解生成硅烷醇，再与玻璃类表面的 Si—OH 起缩合反应，形成化学键；而钛酸酯没有水解过程，只有一步反应。此外用硅烷偶联剂时，偶联剂相互发生缩合反应，而钛酸酯则不产生缩合反应。

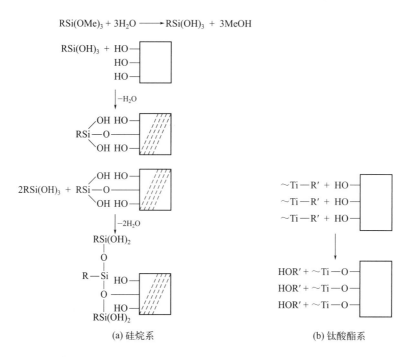

图 5-4　硅烷系和钛酸酯系偶联剂处理无机基质（填料）的反应机理

然而不是对所有的填料采用偶联剂处理都是有效的，填料种类不同，效果上也有差别，有些甚至毫无效果。按对填料处理效果进行分类，结果见表 5-3。效果最好的是硅石、玻璃、铝粉之类的表面带有大量羟基的填料，依此类推，毫无效果的是表面不带羟基的碳酸钙、石墨、硼等。

表 5-3　偶联剂对不同填料的处理效果

效果	填料
效果优良	硅石、玻璃、铝
效果尚可	硝石、黏土、氢氧化铝
效果稍微	石棉、氧化钛、氧化锌
无效果	碳酸钙、石墨、硼

大量研究结果表明，对填料表面处理时，所采用的有效偶联剂应不仅仅是一端能以化学键（或同时有配位键、氢键）与填料表面结合，另一端可溶解扩散于界面区域的树脂中并与其大分子链发生纠缠或形成互穿聚合物网络（IPN）等，而且偶联剂本身应含有长的柔软链段，以便形成柔性的有利于应力松弛的界面层来吸收和分散冲击能量，使材料具有良好的冲击强度和韧性。填料改性固化物若处于潮湿环境下，偶联剂处理的效果显得更加突出。

图 5-5 为以玻璃纤维布作填料的环氧树脂/4,4'-二氨基二苯甲烷（DDM）固化物的弯曲强度与煮沸时间的关系。无偶联剂处理时，环氧树脂与填料是以氢键结合起来的，而用偶联剂处理后，这种结合状态就变成以醚键为中介的共价键合，当水分侵入界面时，由于较强的共价键代替了易使粘接力下降的氢键，耐煮沸性便大为改善。此外，经过偶联剂处理的填料对于提高填料及树脂的浸润性也是有利的。但是在提高浸润性的同时，还应使界面区域偶联后余留的极性基团尽可能少，以使固化物的界面抗湿性进一步提高。钛酸酯偶联剂相比硅烷偶联剂可使填料与树脂组成的固化物具有更好的抗湿性能。

偶联剂处理填料的方法有：a. 对填料直接处理；b. 把偶联剂溶于丙酮或乙醇的溶剂中，然后处理填料；c. 把偶联剂加到环氧树脂/填料混合物中。

近年来国外在偶联剂处理方面取得了很大进展，为满足制品某一特殊要求先后发明了有机铁偶联剂和有机铝偶联剂，此外在复合偶联剂方面也进行了许多有益的探索。

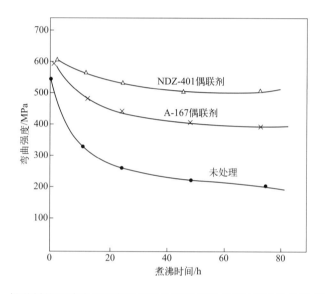

图 5-5 偶联剂处理玻璃纤维布作填料的环氧树脂/DDM 固化物的耐煮沸性能

5.5 阻燃剂

除了在主链上含有卤族元素、磷系元素、硼系元素的环氧树脂之外，大部分环氧树脂均是由 H、C、O 组成的，因此都具有不同程度的可燃性。这些环氧树脂燃烧时不仅着火，而且还有可能散出烟尘和毒气。衡量环氧树脂固化物是否易燃的一项重要指标是氧指数（OI）。它是评价环氧树脂及其他聚合物相对燃烧性的一种表示方法。氧指数在 21％ 以下的属于易燃材料，在 22％ 以上称为难燃材料。环氧树脂的氧指数为 20％ 左右，属于易燃材料。

阻燃剂按照类别分为反应型阻燃剂和添加型阻燃剂。反应型阻燃剂一般指主链结构自身就具有阻燃元素或官能团的环氧树脂或固化剂，比如溴化环氧树脂、双氰胺类固化剂等（这些在前面有关章节已作了讨论），这里仅对添加型阻燃剂进行讨论。

添加型阻燃剂按化学成分分为两大类，即无机阻燃剂和有机阻燃剂。

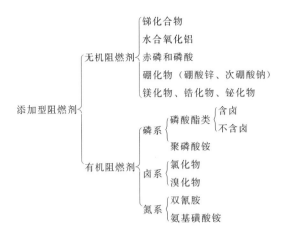

为了达到优良的阻燃效果往往是多种阻燃剂互相配合使用，以期实现协同阻燃效应。

5.5.1 无机阻燃剂

无机阻燃剂具有热稳定性好、不析出、不挥发、无毒和不产生腐蚀性气体以及价格低廉、安全性较高等特点，近年来在国内外发展很快。在美国无机阻燃剂消费量占阻燃剂总消费量的 54% 以上，日本占 64%。

表 5-4 列出一些无机阻燃剂的主要品种。目前国内外广泛采用的有赤磷、氢氧化铝、三氧化二锑、硼化物和镁化物等。无机阻燃剂的缺点是：大量添加会使材料加工性和物理性能下降，因此使用时必须控制加入量。

表 5-4 无机阻燃剂主要品种

元素名称	主要品种	元素名称	主要品种
磷（P）	赤磷	锆（Zr）	氧化锆、氢氧化锆
锡（Sn）	氧化锡、氢氧化锡	铝（Al）	氢氧化铝、碱式碳酸铝钠
锑（Sb）	三氧化二锑	镁（Mg）	氢氧化镁
钼（Mo）	氧化钼、钼酸铵	钙（Ca）	铝酸钙
硼（B）	硼酸锌、偏硼酸钡、氧化硼		

（1）氢氧化铝 氢氧化铝是无机阻燃剂的代表品种，它不仅可以阻燃，而且可以降低发烟量，价格低廉、原料易得，因此受到世界各国普遍重视。美国和日本每年氢氧化铝的消费量占整个无机阻燃剂消费量的 80%，主要用于环氧树脂、不饱和聚酯树脂、聚氯乙烯、聚乙烯、聚丙烯和聚苯乙烯等。

（2）三氧化二锑 其本身不能作为阻燃剂，但当它与含卤阻燃剂并用时，就会产生很强的协同阻燃效应，从而大大减少含卤阻燃剂用量。它是一种有效的阻燃助剂。

（3）硼系阻燃剂 硼酸锌（$ZnO \cdot B_2O_3 \cdot 2H_2O$）是一种无毒、无味、无臭的白色粉末，ZnO 含量为 37%～40%，B_2O_3 含量为 45%～49%，H_2O 含量 <1%，320 目筛余物 <1%。

（4）磷系阻燃剂 赤磷是一种用途很广的新型阻燃剂。它与白磷不同，在空气中相当稳定。赤磷是由白磷在 400℃ 下加热数小时后制得的，通常为无定形态。赤磷可用作环氧树脂等树脂的阻燃剂。由于赤磷添加量少、溶解性差和熔点高（＞500℃），因此用赤磷阻燃聚合物，比用其他阻燃剂有更好的物理性能。

赤磷和环氧树脂直接混炼时发热，有危险性，若要达到 UL94 V-0 阻燃等级加入量必须大，这样不仅成本提高，而且体系强度增强，有沉淀，呈红色，难以自由着色；而先将赤磷和钛酸酯偶联剂水溶液进行球磨，再和环氧树脂、水合氧化铝一起混炼，体系强度降低，赤磷无沉淀现象。

赤磷阻燃原理：它在高温下先变成磷酸，进而变成偏磷酸、多聚磷酸；磷酸是强有力的脱水剂，它能使聚合物脱水变成焦炭，从而隔离了氧气与聚合物接触，起到阻燃作用。

5.5.2　有机阻燃剂

（1）有机卤化物阻燃剂

① 双(2,3-二溴丙醇)反丁烯二酸酯（FR-2）　一种白色粉末状的反应型阻燃剂，溴含量 62％以上，热分解温度 220℃，熔点 63～68℃。它是由过量二溴丙醇和顺丁烯二酸酐在硫酸催化下进行减压酯化制得的，工艺路线是：

$$\begin{array}{c}\text{HC—C} \\ \parallel \quad \parallel \\ \text{HC—C}\end{array}\!\!\begin{array}{c}O\\ \\ O\end{array}\!\!O \;+\; 2CH_2\!-\!CH\!-\!CH_2OH \xrightarrow[\;\;减压\;\;]{\;H_2SO_4\;\triangle\;} $$

$$CH_2\!-\!CH\!-\!CH_2\!-\!O\!-\!\overset{O}{\overset{\parallel}{C}}\!-\!CH$$
$$\quad HC\!-\!\overset{\parallel}{\underset{O}{C}}\!-\!O\!-\!CH_2\!-\!CH\!-\!CH_2 \;+\; H_2O$$

主要作为丙烯腈-丁二烯-苯乙烯共聚物（ABS）、丙烯腈-苯乙烯共聚物（AS）树脂的反应型阻燃剂，另外可作为聚丙烯、聚苯乙烯、环氧树脂和不饱和聚酯树脂等的添加型阻燃剂。

FR-2 阻燃剂应用于丙烯酸环氧酯类树脂中，有良好的阻燃效果。配方（质量份）如下：

丙烯酸环氧酯	40	环烷酸钴溶液	2
苯乙烯	10	FR-2	20
氢氧化铝	30	过氧化环己酮溶液	4

上述混合物浇注成试条，室温下固化 24h，再在 60℃下固化 4h。试样经水平燃烧法试验，在本生灯火源撤离后 2s 内熄灭。

② 四溴苯酐　该化合物为白色粉末，溴含量 68.9％，熔点 279～280℃，不溶于水和脂肪族碳水化合物溶剂，可溶于硝基苯、甲基甲酰胺，微溶于丙酮、二甲苯和氯代溶剂。

制备方法：将苯二甲酸酐溶于含 20％～65％SO$_3$ 的发烟硫酸中，以少量碘和铁粉为催化剂，加热到 75℃，然后慢慢加入溴；加完溴后，将温度升至 200℃，保温 17h，在此温度下通入氯气，这时即有四溴苯酐析出，过滤后先用浓硫酸洗涤，再用稀硫酸和水洗涤，经干燥后即得成品。

国外商品牌号有日本日宝化学公司的 FR-TB 和美国 Michigan 公司的 Firemaster-BHT4。

四溴苯酐阻燃剂应用于变压器浇注料中，配方（质量份）及性能如下。

配方：E-44 环氧树脂 100；四溴苯酐 70；赤磷钛酸酯复合料 12；水合氧化铝 100；三氧化二锑 15；2-乙基-4-甲基咪唑 0.5。

上述组分在 80℃ 相互混合后浇注于模具中，先经 120℃×2h 固化再经 160℃×6h 固化。性能如下：热变形温度 120℃，弯曲强度 145MPa。

阻燃性试验（炽热棒法）：燃烧时间 3s；燃烧距离 1mm。介电常数（25℃）35F/m；介电损耗角正切（25℃）0.8%，（100℃）0.65%。

③ 氯桥酸酐　一种白色结晶体，熔点为 240～241℃，氯含量 57.4%，可溶于苯、己烷、丙酮和四氯化碳。氯桥酸酐是由 1mol 六氯环戊二烯和 1.1mol 的顺丁烯二酸酐在 138～145℃ 下，经过 7～8h 反应后制得的。将产品用热水和稀醋酸进行结晶后，即得到一种白色结晶状的氯桥酸酐（又称氯茵酸酐）。其反应式如下：

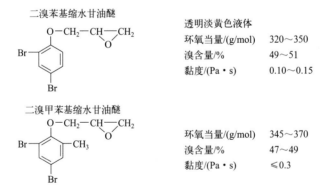

氯桥酸酐是一种反应型阻燃剂，主要用于不饱和聚酯和聚氨酯树脂，另外也可作为环氧树脂固化剂。国外商品牌号有美国 Hooker 公司的 HET Acid。

④ 二溴苯基缩水甘油醚及二溴甲苯基缩水甘油醚

二溴苯基缩水甘油醚

	透明淡黄色液体	
环氧当量/(g/mol)	320～350
溴含量/%	49～51
黏度/(Pa·s)	0.10～0.15

二溴甲苯基缩水甘油醚

环氧当量/(g/mol)	345～370
溴含量/%	47～49
黏度/(Pa·s)	≤0.3

它们都是含溴带有活性环氧基的低黏度液体，加入环氧树脂中既能起到活性稀释剂的作用又能起到阻燃剂的作用。

二溴苯基缩水甘油醚和三氧化二锑一起使用可以获得协同阻燃效果。以下两组配方可以供配制阻燃涂料和浇注料参考。

配方 1（质量份）

E-51 环氧树脂	100
二溴苯基缩水甘油醚	30
三氧化二锑	15
593 固化剂	27

固化条件：80℃×2h 或 65℃×3h 或室温 48h。

配方 2（质量份）

E-42 环氧树脂	100
二溴苯基缩水甘油醚	30
甲基四氢邻苯二甲酸酐	85
硅微粉	180
三氧化二锑	15
DMP-20	1～3

固化条件：80℃×1h＋100℃×2h＋130℃×5h

二溴苯基缩水甘油醚的阻燃效果见表 5-5。

二溴甲苯基缩水甘油醚应用于预浸渍玻璃纤维布配方（g）：

E-51 环氧树脂	520	线型酚醛树脂	20
四溴双酚 A 型环氧树脂	280	二溴甲苯基缩水甘油醚	60
双酚 A	120		

表 5-5 二溴苯基缩水甘油醚的阻燃效果

项目		100%E-51 环氧树脂	80%E-51 环氧树脂、20%二溴苯基缩水甘油醚	70%E-51 环氧树脂、30%二溴苯基缩水甘油醚
Sb_2O_3 用量/%		15	15	15
固化剂		二亚乙基三胺	二亚乙基三胺	二亚乙基三胺
自熄时间/s	第一次点火	完全燃烧	<2	即熄
	第二次点火	完全燃烧	<2	即熄
余烬/s		—	2	0
熔滴状况		滴下	无滴下	无滴下

把上述物料搅拌 30min，然后加入 40g 粒径为 15μm 的双氰胺粉末，5g 三(3-氯苯基)-1,1-二甲基脲，用三辊机混炼后，即制成清漆，浸渍玻璃纤维布后在 140℃下加热 8min，则制成预浸胶布。数层胶布经 180℃热压 30min 所制成的层压板阻燃性能达到 UL94 V-0 阻燃等级。

（2）有机磷阻燃剂

① 甲基膦酸二甲酯（DMMP） 产品的理化性质及技术指标见表 5-6 和表 5-7。

表 5-6 DMMP 产品理化性质

黏度(25℃)/(mPa·s)	折射率(25℃)	沸点/℃	闪点(开口杯)/℃	分解温度/℃	凝固点/℃	蒸气压(30℃)/Pa	溶解性
1.75	1.411	180	≥90	≥180	<−50	133.32	与水及有机溶剂混溶

表 5-7 DMMP 产品技术指标

外观	酸值/(mg KOH/g)	水含量（质量分数）/%	相对密度（25℃）	磷含量（理论值）/%
无色或淡黄色透明液体	≤1.0	≤0.05	1.160±0.005	25

该阻燃剂遇到火焰时磷化物分解生成磷酸→偏磷酸→聚偏磷酸。在分解过程中产生磷酸层，形成不挥发性保护层覆盖于燃烧面，隔绝了氧气的供给，促使燃烧停止。又因聚偏磷酸能促进高聚物燃烧分解炭化，生成大量水分，从而阻止了燃烧。总之，磷化物以阻火效果为主，对燃烧固相非常有效。磷化物热分解生成五氧化二磷，没有毒气产生，这是该阻燃剂的一大优点。

DMMP 和低分子量环氧树脂（如 E-51 环氧树脂、E-44 环氧树脂）有一定的溶解性。为了使 DMMP 添加量达 7% 以上，在环氧树脂组分中添加活性稀释剂是必要的。它的优点是可以制成透明的阻燃材料。DMMP 与含卤阻燃剂一起使用，由于协同效应可达到更高的阻燃水平。

② 三(2,3-二氯丙基)磷酸酯（TDCPP） 一种浅黄色黏稠液体，相对密度（25℃）1.513，闪点 51.7℃，折射率（n_D^{25}）1.5019，皂化值 790.6mg KOH/g，可溶于氯化溶剂，不易挥发和水解，对紫外光稳定性良好。它是由环氧氯丙烷和三氯氧磷在二氯乙烷溶剂中，在 85~88℃ 和无水三氯化铝催化下制得的。

$$3Cl-CH_2-CH-CH_2 + POCl_3 \xrightarrow{AlCl_3} \begin{array}{l} CH_2-CH-CH_2-O \\ \;\;|\quad\;\;| \\ \;\;Cl\quad Cl \\ CH_2-CH-CH_2-O-P=O \\ \;\;|\quad\;\;| \\ \;\;Cl\quad Cl \\ CH_2-CH-CH_2-O \\ \;\;|\quad\;\;| \\ \;\;Cl\quad Cl \end{array}$$

国外主要商品牌号有美国斯托福公司的 FyrolFR-2、Celanese 公司的 CelluflexFR-2、日本大八化学公司的 CRP 和日本油脂公司的二おこ3PC。

③ 三(2,3-二溴丙基)磷酸酯（TDBPP） 一种浅黄色黏稠液体，相对密度（25℃）2.255，闪点 282.9℃，折射率（n_D^{25}）1.573，可溶于乙醇、丙酮、苯，具有低毒性，不易挥发和水解，对紫外光稳定性良好。它是将 2,3-二溴丙醇缓慢滴加至三氯氧磷的二氯乙烷溶液中，在 35~40℃ 和三氯化铝和硫酸钛复合催化下制得的。

$$O=P\begin{array}{l}-Cl \\ -Cl \\ -Cl\end{array} + 3CH_2-CH-CH_2OH \xrightarrow{催化剂} O=P \begin{array}{l} O-CH_2-CH-CH_2 \\ \quad\quad\quad\;|\quad\;| \\ \quad\quad\quad Br\;\; Br \\ O-CH_2-CH-CH_2 \\ \quad\quad\quad\;|\quad\;| \\ \quad\quad\quad Br\;\; Br \\ O-CH_2-CH-CH_2 \\ \quad\quad\quad\;|\quad\;| \\ \quad\quad\quad Br\;\; Br \end{array}$$

TDCPP、TDBPP 两种阻燃剂的物理性质见表 5-8。

表 5-8 两种磷酸酯型阻燃剂的物理性质

名称	外观	沸点/℃	相对密度（20℃）	折射率（25℃）	含磷或含卤量/%	毒性
TDCPP	浅黄色黏稠液体	>200（0.5kPa）	1.513	1.5019	P=7.2 Cl=49.5	大白鼠经口 LD$_{50}$ 为 2830mg/kg
TDBPP	浅黄色黏稠液体	110~130（0.13kPa）	2.255	1.5730	P=4.45 Br=68.9	大白鼠经口 LD$_{50}$ 为 10200mg/kg

④ 氯烷基磷酸缩水甘油酯

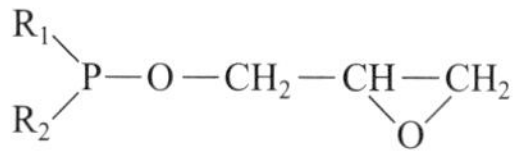

$$R_1 \\ R_2 \bigg\rangle P-O-CH_2-CH-CH_2$$

式中，R_1 为—O—CH$_2$C（CH$_2$Cl）$_3$ 或—O—CH（CH$_2$Cl）$_2$；R_2 为—O—CH$_2$C（CH$_2$Cl）$_3$。

因含有缩水甘油基，能和环氧树脂一起与固化剂反应，故是一种结构型阻燃剂。

⑤ 氨基磷酸酯

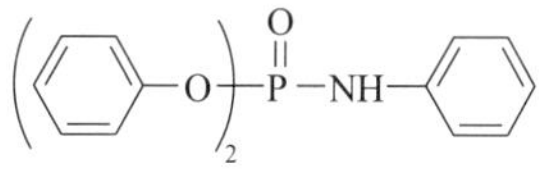

$$\left(\bigcirc -O \right)_2 \overset{O}{\underset{\|}{P}}-NH- \bigcirc$$

该化合物中含有苯氨基，可作为环氧树脂固化剂使用。

配方（质量份）如下。

E-44 环氧树脂	100	593 固化剂	19
氨基磷酸酯	50		

室温下固化 3d 后，试样在本生灯上做水平燃烧试验，离开火焰 12s 内自熄。

5.6　脱模剂

脱模剂是为了减少或防止两种材料表面黏着的固体或液体薄膜，它是塑料成型加工中必不可少的材料。在环氧树脂的浇注、模压、层压加工中更为重要，因为环氧树脂对多种金属、非金属材料有很强的粘接性，特别是反应注射成型（RIM）时会产生两种摩擦力：一种是环氧树脂分子之间的内摩擦力；另一种是环氧树脂及填料与加工模具表面的外摩擦力。这些都使制品表面粗糙，缺少光泽；严重的会形成制品表面皱纹和模具粘连。因此必须在模具表面涂一层光滑、致密的薄膜将环氧制品和模具隔离开来。

5.6.1　脱模剂的分类

对脱模剂的要求主要是有一定的热稳定性、不腐蚀模具、具有化学惰性、不与环氧树脂中的组分反应、不残留分解物、不影响制品色泽和后加工性（如上漆、打印等）、清洗性好（易洗去附着制品上的脱模剂）、易成型、脱模性优良、不污染环境。

（1）按用途分类　可分为内脱模剂和外脱模剂。外脱模剂直接涂覆于模具上；内脱模剂加入环氧树脂组分中，一方面起到内润滑作用减少流体阻力，另一方面加工时内脱模剂溢出到制品表面起到脱模作用。

（2）按状态分类　有液体和固体两种类型。其中以液体为主，半固态以蜡状物为主。

（3）按使用寿命分类　有一次性、半永久性、永久性三类。由于现代工业要求高效率生产，且产品设计更新周期加快，因此，内脱模剂和半永久性脱模剂得到普遍的重视，发展也较快。永久性脱模主要是用硅橡胶、有机氟塑料直接制成模具，成本高，较少使用。

（4）按化学结构分类

a.有机硅系列：溶液型（硅油、硅橡胶溶液、雾化硅油）；乳液型（硅乳化剂）；膏型

（硅酯）；硫化型［RTV（室温硫化型）、LTV（低温硫化型）、HTV（高温硫化型）］。

　　b.有机氟系列：溶液型；乳液型；粉末型。

　　c.蜡系列：凡士林；动物油脂；植物油脂。

　　d.内脱模剂及辅助脱模剂：硬脂酸金属盐；二硫化钼；脂蜡。

5.6.2　脱模机理

　　脱模剂效果的好坏与各种因素有关，例如制品的外形特征、模具的光洁度、环氧树脂的固化程度。但就脱模剂本身效果而言，自身的表面张力是关键，表面张力过大容易污染模具，脱模效果差，表5-9列出几种材料的表面张力。

表 5-9　几种材料的表面张力

物质名称	测定温度/℃	表面张力/($\times 10^{-5}$N/cm)	沸点/℃	物质名称	测定温度/℃	表面张力/($\times 10^{-5}$N/cm)	沸点/℃
水	25	71.96	100	石油醚	54	30.6	30～90
戊醇	20	35.3	138	二甲基硅油	25	20～21	152～250
乙醇	0	24.3	78.3	聚四氟乙烯	20	18.5	
苯	20	28.2	80.1	聚乙烯	20	31	
乙二醇	20	47.7	197				

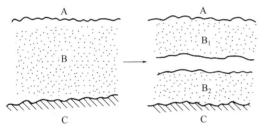

图 5-6　脱模剂作用机理

A—制品；B—脱模剂；C—模具

　　从表5-9来看，这几种材料中只有二甲基硅油和聚四氟乙烯适宜作为环氧树脂的脱模剂，聚乙烯虽然和环氧树脂不粘接，但表面张力明显高于前两者，脱模效果差。

　　脱模剂的作用机理如图5-6所示。

　　由图5-6可知，可作为脱模剂者还需由B能容易地分离成B_1、B_2。而分离的难易程度由分子间力的大小所决定，通过脱模剂的沸点、黏度、蒸发热等来判断。有机硅的这些数值都较相同分子量的烃类小，所以有机硅的分子间力比较小，适合用作脱模剂。其次，为能使较多的脱模剂黏附在模具上而不是制品上，希望B在分离成B_1和B_2时的分离比（B_1/B_2，体积比）要小，故B_1/B_2是决定脱模耐久性的因素。B_1/B_2比值的大小一般受黏度影响，脱模剂黏度越高，B_1/B_2的比值越小，脱模剂的脱模效果也越好，涂一次脱模剂可以脱模的次数越多。

　　若把制品A放大，可看出其表面也有无数细孔，脱模剂在它的表面也会发生渗透现象。渗透越深，脱模剂往制品上的迁移率越高，即B_1/B_2的比值越大。然而脱模剂的黏度越大，涂布到制品表面孔隙的阻力越大，则就越不易浸透，所以B_1/B_2的比值就小。高黏度硅油既有良好的涂布性，黏度随温度变化又小，因此是优良的脱模剂。

5.6.3　有机硅系脱模剂

　　（1）硅油　最有代表性的是聚二甲基硅氧烷，也就是二甲基硅油。常用的黏度范围是

0.100～1Pa·s。黏度较高的硅油可以溶在有机溶剂中使用，也可以用乳化剂把它分散在水中制成乳化液使用。但在模温较低时不宜使用乳化液，因水分不易蒸发，会影响使用效果。把硅油和填料掺和在一起做成膏状物，可以在垂直面上涂布。这种方法适用于模具不太复杂的压力铸造。把黏度大于3Pa·s的高黏度硅油和氟里昂113（F113）或石油醚混合装罐制成喷雾脱模剂，不仅使用方便而且脱模效果好。

（2）硅橡胶　它有两种用法：一种用法是把硅橡胶溶于有机溶剂中，然后涂在模具上，溶剂挥发后即形成一层硅橡胶薄膜，这层膜可以硫化，也可不硫化，不硫化的膜实际上是一层黏度极高的硅油膜，这种膜的脱模效果很好，还可以重复涂布；另一种方法是用室温硫化硅橡胶经硫化后可以制成模具，浇注环氧树脂时具有永久性脱模效果，而且有极强的仿真性。

（3）硅酯　它是由硅油和气相二氧化硅经混炼加工而成的膏状物质，有很强的触变性，可以直接在模具上揩涂，达到脱模的效果。

（4）硅乳化剂　284乳化剂等硅乳化剂是水包油型乳剂，中等黏度，有机硅油含量约40%，还含有聚乙烯醇，使用前加入40℃以下的水稀释。模具预热到60～80℃，然后把稀释后的硅乳化剂用喷涂方法喷到模具上，再在140℃下烘烤2h。

5.6.4　有机氟系脱模剂

氟塑料具有优异的耐高温、耐低温性能，大多数品级连续使用温度在150℃以上，有些品种可达260℃，耐化学腐蚀性好。由于表面张力小，润滑性好，表面不易黏附等特性，氟塑料是制成脱模剂的理想材料。直接使用浓缩分散液制成的涂料作为脱模剂虽然效果很好，有长期的使用寿命，但是处理手续较复杂。需喷涂在金属模具表面，先于90℃左右烘干约15min，再在380℃下烧结15～30min后取出急冷淬火。或将聚四氟乙烯（PTFE）粉末通入等离子焰流中，在高温作用下，迅速塑化而成致密涂层。

脱模剂Mold Wiz以有机酸酯衍生物和氟碳烃化合物为主要成分，分为涂在模具的外脱模剂和可掺混于树脂中的内脱模剂两大类。

外脱模剂能在模具表面形成附着力很强的薄膜，此膜难以向成型制品迁移，因此可以多次脱模，模具不易沾污，清理次数少，对制品二次加工无影响，与硅油、脂蜡类脱模剂相比，成型制品的表面状况更好。

用于环氧树脂制品脱模的品种是溶液型的，有AZNF-57、IMRI-25、LMP-320等。

为了充分发挥Mold Wiz的脱模效果，应注意下列几项操作。

① 预先用溶剂仔细洗净模具表面的油脂及以前所用的脱模剂。

② 如果模具有不光洁之处，用补平剂Melax添加20%的Mold Wiz将其仔细修平，干燥后再多次涂覆Mold Wiz为好，充分干燥后再使用。

5.6.5　内脱模剂

内脱模剂的作用以辅助脱模为主：一方面提高脱模效果；另一方面是作为内部润滑剂减少流体的阻力，提高注射或模压料在模腔中的充实程度，从而提高制品的内在和外观质量。

用于环氧树脂的内脱模剂有两大类：一类是硬脂酸金属盐类；另一类是脂蜡类。它们在室温下和环氧树脂相容性不强，而在高温下相容性增强，掺入树脂中，待加工完成后大部分溢出在制品的表面，提高了脱模性及制品表面的光洁度。几种硬脂酸金属盐类的润滑性见表 5-10。

脂蜡是含有 C_{24} 以上的高级脂肪酸和含有 $C_{26} \sim C_{32}$ 高级脂肪醇的酯类。主要成分为褐煤蜡、巴西蜡、棕榈蜡和石蜡等，在这类蜡中含有 $1 \sim 2$ 个极性基团，还含有两个非极性的长链烷基，所以具有内部润滑和外部润滑双重作用。几种脂蜡的技术指标见表 5-11。

表 5-10　几种硬脂酸金属盐类的润滑性（挤出塑性形变法）

名称	金属含量/%	脂肪酸根/%	熔点/℃	润滑性值[①]
硬脂酸钡	19.5	80.5	220 以上	27.4
硬脂酸钙	6.6	93.4	145～155	35.7
硬脂酸镁	4.7	95.3	117～125	39.3
硬脂酸镉	16.5	83.5	104～110	54.7
硬脂酸锌	10.3	89.7	120	59.2
硬脂酸铅	26.8	73.2	105	59.3

① 润滑性值单位为 $g/(kgf \cdot m \cdot min)$，即单位时间内每单位力矩的挤出量。

表 5-11　几种脂蜡的技术指标

名称	技术指标
褐煤蜡	软化点 80～82℃，黏度（100℃）5～35Pa·s
部分皂化褐煤蜡	软化点≤100℃，黏度（100℃）≤300Pa·s

硬脂酸金属盐类或脂蜡加入环氧树脂中的量一般控制在 $0.5\% \sim 1.5\%$，过多地加入会影响环氧树脂制品的耐热性和固化反应。

5.7　增塑剂

增塑剂对环氧树脂改性的作用如下。

① 改进冲击强度，增加材料的断裂伸长率，以及提高其他力学性能。

② 改进耐热冲击性：热膨胀系数不同的材料连接时，因温度急剧变化会产生变形，往往造成应力开裂，材料带有柔性便能改进形变的吸收性。

③ 改进粘接性：柔性可以缓解材料固化收缩引起的内应力，从而提高对基材的粘接强度。

通过环氧树脂或固化剂的选择可以在某种程度上使材料的柔性得到改善。如前所述，双酚 A 型环氧树脂是一类分子量不同的系列产品，它们由于分子量的不同，固化产物之间的柔性差别很大。就固化剂来讲，有使双酚 A 型环氧树脂呈刚性的 DETA、DDM 之类的固化剂，也有柔性固化的聚酰胺、长链亚烷基二胺类的固化剂。但是，对于某些柔性要求高的情况，只靠选择环氧树脂和固化剂还不能完全满足要求，此时，有必要加入增塑剂或液体橡胶进行改性。增塑剂改性是均一进行的，通常称为合金改性；液体橡胶等改性呈现非均一性，因此称为增韧改性。

5.7.1　增塑剂的种类

用于环氧树脂的增塑剂如图 5-7 所示，可分为反应型和非反应型。反应型增塑剂可以与环氧树脂共聚，键合到固化结构中，细分为环氧类和非环氧类。非反应型增塑剂不参与固化反应，只不过是溶解于环氧树脂中，赋予其可塑性，时间一长，非反应型增塑剂就会慢慢挥发掉。非反应型增塑剂还容易使材料起雾，对一般用途缺乏实用性。

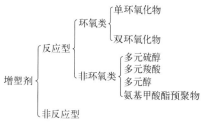

图 5-7　用于环氧树脂的增塑剂

典型的反应型增塑剂见表 5-12。其中环氧类增塑剂不受固化剂种类的限制，而非环氧类增塑剂受固化剂种类的限制，因此表 5-12 中注明了其适用范围。

反应型增塑剂与活性稀释剂属于同一个范畴，反应型增塑剂或多或少地显示稀释的效果，而活性稀释剂或多或少地显示增塑的效果。一般认为增塑作用大而稀释效果小的是反应型增塑剂，反之亦然。

表 5-12　典型的反应型增塑剂及其适用范围

柔软剂	代表例	化学结构	适合的固化剂
单环氧化物	腰果酚缩水甘油醚	$H_{31-2n}C_{15}$—〈〉—OCH_2CH—CH_2 （环氧） n 为双键数，$n = 0、1、2、3$	适合于所有固化剂
双环氧化物	聚丙二醇二缩水甘油醚	CH_2—$CHCH_2O$—[$CHCH_2O$]$_m$—[CH_2CHO]$_n$—CH_2CH—CH_2，CH_3，CH_3 $m + n = 6\sim7$	适合于所有固化剂
	双酚 A-亚烷基环氧化物的加成物二缩水甘油醚（侧链型环氧）	CH_2—$CHCH_2$—[OCH_2CH_2]$_m$—O—〈〉—C（CH_3）$_2$ ... O—[CH_2CHO]$_n$—CH_2CH—CH_2 $m + n > 2$	
	双酚 A 二缩水甘油醚的聚合脂肪酸加成物	CH_2—$CHCH_2O$—〈〉—C（CH_3）$_2$—〈〉—OCH_2CHCH_2OC=O OH，R CH_2—$CHCH_2O$—〈〉—C（CH_3）$_2$—〈〉—OCH_2CHCH_2OC=O OH	
	聚合脂肪酸多缩水甘油酯	（CH_2）$_7$COOCH$_2$CH—CH$_2$ CH CH　CH（CH_2）$_7$COOCH$_2$CH—CH$_2$ CH　CHCH$_2$CH=CH（CH_2）$_4$CH$_3$ CH （CH_2）$_3$CH$_3$	

续表

柔软剂	代表例	化学结构	适合的固化剂
多元醇	聚丙二醇聚四氢呋喃端羟基聚酯	—	酸酐、路易斯酸碱
聚硫	聚硫醇化物	$HSCH_2CH_2OCH_2OCH_2CH_2SSCH_2CH_2OCH_2OCH_2CH_2SH$	多元胺、聚酰胺、叔胺
多元羧酸	聚合脂肪酸	—	酸酐、叔胺
氨基甲酸酯	氨基甲酸酯预聚物	$OCN-Ar-NHCOOROOCNH-Ar-NCO$ Ar：苯或苯的衍生物，如 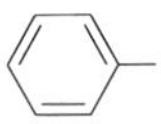 ⬡—CH_2 等 R：亚烷基，如$(CH_2)_4$	多元胺、聚酰胺

5.7.2　增塑效果

反应型增塑剂大都具有明显的增塑作用，然而几乎都以 HDT 和拉伸强度的急剧下降来换取伸长率的提高。

5.8　纤维增强材料

21 世纪，先进复合材料的开发与应用进入飞速发展的时期，因此复合材料用增强体的开发十分重要。凡是在聚合物基复合材料中起到提高强度、改善性能作用的组分均可以称为增强材料。用于环氧树脂基复合材料的纤维增强材料有玻璃纤维、碳纤维、芳纶纤维、超高分子量聚乙烯纤维、硼纤维等。

5.8.1　玻璃纤维

玻璃纤维是由熔化的玻璃溶液以极快的速度抽成的细丝状的材料，通过合股、加捻成玻璃纤维纱。它可以再纺织成玻璃纤维带、玻璃纤维布等制品。

玻璃是由若干种金属或非金属氧化物构成的，不同的氧化物将决定玻璃或玻璃纤维不同的生产工艺及最终制品的性能。

（1）玻璃纤维的种类、组成及特性　玻璃纤维的种类很多。按碱含量，可以分为有碱纤维、中碱纤维和无碱纤维。按化学组成分类，在归类玻璃纤维性能及特性方面是更便利的。

玻璃纤维主要是由 SiO_2 和镁、钙、铝、铁、硼的氧化物构成的。它们对玻璃纤维的性能以及工艺特点起到非常重要的作用。SiO_2 使玻璃具有低的热膨胀系数；Na_2O、Li_2O、K_2O 等碱金属氧化物具有低的黏度，可以改善流动性；CaO、MgO 等碱土金属氧化物能改进制品的耐化学药品性、耐水性及耐酸、耐碱性能；Al_2O_3、Fe_2O_3、ZnO、

PbO 等金属氧化物可以提高制品的耐化学腐蚀性。上述氧化物的不同组合可以得到不同性能的玻璃纤维。

① A-玻璃纤维 亦称高碱玻璃,是一种典型的钠硅酸盐玻璃。它的 Na_2O 含量高达 14%,因而耐水性很差,较少用于玻璃纤维的生产。在国外主要用于生产玻璃棉、屋面沥青增强材料中。

② E-玻璃纤维 亦称无碱玻璃纤维。是一种硼硅酸盐玻璃,也是目前应用最为广泛的一种玻璃纤维。具有良好的电绝缘性及一般的力学性能。缺点是易被无机酸侵蚀,故不适于用在酸性环境中。

③ C-玻璃纤维 亦称中碱玻璃纤维。其特点是含有一定量的 B_2O_3,耐化学药品性特别是耐酸性优于无碱玻璃,但是电气性能差、力学性能不高。主要用于生产耐腐蚀的玻璃纤维产品。

④ S-玻璃纤维 它是一种高强度玻璃纤维,玻璃成分中 SiO_2 含量高,熔点高,拉丝作业困难,因此价格较贵。其玻璃纤维制品主要用在军工和国防工业领域中。

⑤ AR-玻璃纤维 也称为耐碱玻璃纤维,主要是为了增强水泥制品而研制开发的。玻璃成分中含有 16% 的 ZrO,故耐碱性大大增强。

⑥ E-cR 玻璃纤维 它是一种改进的无硼无碱玻璃纤维,用于生产耐酸性、耐水性要求很高的玻璃钢制品。其耐水性比无碱玻璃纤维高 7~8 倍,耐酸性比中碱玻璃纤维还要好一些。

⑦ D-玻璃纤维 亦称低介电玻璃,属电子级产品。主要生产介电常数和介电强度要求高的玻璃钢制品。

⑧ Q-玻璃纤维 属电子级玻璃纤维。其特点是 SiO_2 含量高(达到 99%),介电常数极低,主要用于制造高频传输用高性能印刷电路板。

⑨ H-玻璃纤维 属于特种玻璃纤维制品。主要特点是具有高的介电常数,有利于制成小型化的印刷电路板。

(2)玻璃纤维织物的种类及特点 根据不同的用途,玻璃纤维可以织成玻璃纤维布(方格布、斜纹布、缎纹布、罗纹布和席纹布)、玻璃纤维带(分为有织边带和无织边带)、玻璃纤维毡片(短切原丝毡、连续原丝毡)。

5.8.2 碳纤维

碳(石墨)纤维是由有机纤维或低分子烃气体原料加热至 1500℃ 所形成的由不完全石墨结晶沿纤维轴向排列的一种纤维状多晶碳材料,其碳元素的含量达 95% 以上。

碳纤维制造工艺分为有机先驱体纤维法和气相生长法。应用的有机先驱体纤维主要有聚丙烯腈(PAN)碳纤维、人造丝碳纤维和沥青碳纤维等。目前世界各国发展的主要是 PAN 碳纤维和沥青碳纤维。工业上生产石墨纤维是与生产碳纤维同步进行的,它需要再经高温(2000~3000℃)加热处理,使乱层石墨结构的碳纤维变成高均匀、高取向度结晶的石墨纤维。气相生长法制得的碳纤维称为气相生长碳纤维(VGCF)。

碳纤维按力学性能分为通用级(GP)和高性能级(HP级,包括中强型 MT、高强型 HT、超高强型 UHT、中模型 IM、高模型 HM 和超高模型 UHM)。前者拉伸强度小于 1000MPa,拉伸模量低于 100GPa;后者拉伸强度可高于 2500MPa,拉伸模量大于 220GPa。

碳纤维具有低密度、高强度、高模量、耐高温、耐化学腐蚀、低电阻、高导热、低热膨胀、耐辐射等特性。其还具有纤维的柔曲性和可编性，比强度和比模量优于其他无机纤维。碳纤维/环氧树脂复合材料的拉伸强度超过铝合金。但是碳纤维性脆、耐冲击性和高温抗氧化性较差。

碳纤维增强环氧树脂基复合材料制品已广泛应用于火箭喷管、导弹头部鼻锥、飞机和人造卫星的结构部件等国防工业领域中。此外，其还广泛用于制造运动器件（各种球拍和杆、自行车、赛艇等），也用作医用材料（如制作人工韧带、骨筋、齿根等）、密封材料、制动材料、电磁屏蔽材料和防热材料等，还可大量用于建筑材料。

5.8.3　超高分子量聚乙烯纤维

超高分子量聚乙烯（UHMWPE）纤维是由荷兰 DSM 公司在 1979 年申请了第一项发明专利的基础上，于 1990 年开发研制成功的，商品名"Dyneema"。随后日本东洋纺、日本三井石化和美国联合信号公司先后取得了 DSM 的专利许可权，开始进行开发和生产，使其纤维强度由最初的 6.4cN/dtex，提高到 37cN/dtex。

UHMWPE 纤维的表面自由能低，不易与环氧树脂基体黏合，对其进行表面处理以便提高它与基体的界面黏合性能。主要的处理方法有：①表面等离子体反应力法；②表面等离子体聚合方法。

UHMWPE 纤维是目前比强度最高的有机纤维。在高强度纤维中它的耐动态疲劳性能和耐磨性能最高，耐冲击性能和耐化学药品性也很好，但是最大的缺点是其极限使用温度只有 $100\sim300℃$，蠕变较大，因此，限制了它在许多领域中的应用。目前主要应用在制备耐超低温、负热膨胀系数、低摩擦系数和高绝缘等性能要求较高的制品领域中。

5.8.4　芳纶纤维

凡聚合物大分子主链是由芳香环和酰胺键构成的聚合物都称为芳香族聚酰胺聚合物（树脂）。由它纺织而成的纤维统称为芳香族聚酰胺纤维（简称芳纶纤维），美国称为 Kevlar 纤维。芳纶纤维主要有两大类：一类是全芳族聚酰胺纤维；另一类是杂环聚芳酰胺纤维。虽然可合成应用的品种很多，但目前可供复合材料使用的主要品种有聚对苯二甲酰对苯二胺（PPTA）、聚间苯二甲酰间苯二胺（MPIA）、聚对苯甲酰胺（PBA）和共聚芳酰胺纤维。

芳纶纤维具有耐高温、高强度、高模量和低密度（$1.39\sim1.44g/cm^3$）的特性。但是芳纶纤维耐酸、耐碱性和耐化学介质的能力较差。不同种类的芳纶纤维具有不同的特性。

（1）PPTA 纤维　PPTA 纤维是芳纶纤维中应用最为普遍的一个品种。美国杜邦公司于 1972 年研制开发成功，其后荷兰 Akzo 公司的 Twaron 纤维系列、俄罗斯的 Terlon 等也相继投入市场。中国 20 世纪 80 年代中期试生产的芳纶 1414 也为该类纤维。PPTA 纤维具有微纤结构、皮芯结构、空洞结构等不同形态的超分子结构，这些结构特点是形成不同强度、不同模量 PPTA 纤维的基础。

（2）PBA 纤维　它是 20 世纪 80 年代初由中国研制成功的，定名为芳纶 14。PBA 纤维具有与 PPTA 纤维相似的主链结构。但是红外光谱和 X 射线衍射光谱研究表明：仲酰胺的吸收谱带相对比强度有差异，波数与位置也不完全一样，取向度高达 97%，因此模量比 PPTA 纤维略高，拉伸强度比 PPTA 纤维约低 20%，此外，耐热老化性能和高温下的强度保持率也比 PPTA 纤维高。这些性能使其更有利于用作复合材料的增强材料。

（3）共聚芳酰胺纤维　采用新的二胺或第三单体合成新的芳纶是提高芳纶纤维性能的重要途径。目前主要的品种有日本帝人公司的 Technora 纤维和俄罗斯的 CBM 及 APM-CO 纤维。

① Technora 纤维　它是由对苯二甲酰氯与对苯二胺及第三单体 3,4′-二氨基二苯醚在 N,N'-二甲基乙酰胺等溶剂中经低温缩聚而成的。纤维密度为 $1.39g/cm^3$，拉伸强度 $3.40GPa$，拉伸模量 $64GPa$，断裂伸长率 4.6%，热分解温度在 500℃ 以上。

② 聚对芳酰胺苯并咪唑（Armos）纤维　俄罗斯商品牌号为 CBM 的芳纶纤维属于此类。Armos 纤维，一般认为它是在 PPTA 的基础上引入对亚苯基苯并咪唑类杂环二胺，经低温缩聚而成的三元共聚芳酰胺体系，纺丝后再经高温热拉伸而成。据介绍，CBM 纤维结构中含有叔氨基，它提供了多个空轨道，能吸引苯二甲酰胺芳香环上的 π 电子，并可进一步杂化，形成更为稳定的化学键，因此使其纤维强度优于 PPTA，这是一种非晶型的高分子结构。

Armos 纤维则是 PPTA 溶液和 CBM 溶液以一定比例混合抽丝而得到的一种"过渡结构"。通过纤维结构的改变和后处理工艺的调整，可得到一系列性能不同的 Armos 纤维。因此 Armos 纤维兼有结晶型刚性分子和非晶型分子的特征。因此 Armos 纤维的性能明显高于 Kevlar 纤维，并且由于其分子链中的叔胺和亚胺原子易与基体中的环氧官能团作用，故导致纤维基体界面可能形成比较牢固的网状结构，由此其剪切强度远高于 Kevlar 纤维。

芳纶纤维干纱的单丝和复丝测得的纤维强度，并不能真实地反映芳纶纤维复合材料的性能，因为芳纶纤维是皮-芯结构。基体树脂对其复合材料的性能影响是不能忽视的。芳纶纤维复合材料在密度和强度方面，比玻璃纤维复合材料具有更显著的优异性能，除压缩强度、剪切强度略低外，其他性能均高于玻璃纤维复合材料。芳纶纤维复合材料最突出的性能是具有高应力-断裂寿命，良好的耐循环疲劳性能和显著的振动阻尼特性。芳纶纤维与碳、硼等高模量纤维混合，可得到应用上需要的高压缩强度、高剪切强度，是使用任何单一纤维增强材料所不能比拟的。芳纶纤维增强环氧树脂基复合材料主要用于航空航天领域中。如 Kevlar-49 浸渍环氧树脂浇注美国核潜艇"三叉戟"C4 潜-地导弹的固体火箭发动机壳体；苏联的 SS-24、SS-25 铁路和公路机动洲际导弹用各级固体发动机壳体；德国的 M4 导弹 402K 发动机壳体。芳纶纤维/环氧树脂复合材料还大量应用于制造先进的军用飞机。此外，芳纶纤维/环氧树脂制备的含有金属内衬的压气瓶在航天航空领域中也得到了广泛的应用。

芳纶纤维/环氧树脂复合材料还用于战舰和航空母舰的防护装甲和声呐导流罩等。芳纶纤维复合材料板、芳纶与金属复合装甲板已广泛用于防弹装甲车、直升机防弹板和防弹头盔等。芳纶纤维增强环氧树脂基复合材料可以用于制造弓箭、弓弦、羽毛球拍等体育运动器件，还广泛应用在高性能集成电路和低线膨胀系数印刷电路板等电子领域中。

5.8.5　聚对亚苯基二噁唑纤维

聚对亚苯基二噁唑（PBO）纤维因具有比碳纤维更低的密度、更高的比强度和比模量而被认为是 21 世纪的超级纤维。PBO 纤维是由美国 Dow 化学公司在 1982 年开发出高效率的单体合成技术之后，于 1991～1994 年与日本东洋纺公司合作开发成功的产品。1995年东洋纺公司购买了 Dow 化学公司的专利权，开始进行中试生产，商品名为 Zylon。其具有优异的力学性能和耐高温性能，拉伸强度为 5.80GPa，拉伸模量高达 280～380GPa，同时其密度仅为 1.56g/cm^3；PBO 纤维没有熔点，其分解温度高达 670℃，可在 300℃下长期使用，是迄今为止耐热性最好的有机纤维；其阻燃性能优异，同时具有优异的耐化学介质性，除了能溶解于 100％的浓硫酸、甲基磺酸、氯磺酸、多聚磷酸外，在绝大部分的有机溶剂及碱中都是稳定的；PBO 纤维在受冲击时纤维可原纤化而吸收大量的冲击能，是十分优异的耐冲击材料，其复合材料的最大冲击载荷和能量吸收均高于芳纶纤维和碳纤维；除此之外，PBO 纤维还表现出比芳纶纤维更为优异的耐蠕变性能和耐剪切、耐磨性。

PBO 纤维的高性能来自于苯环及芳杂环组成的刚棒状分子结构，以及分子链在液晶态纺丝时形成的高度取向的有序结构。因此研究这种溶致性液晶高分子结构具有重要意义。对 PBO 分子链构象的分子轨道理论计算结果表明：PBO 分子链中苯环和苯并二噁唑环是共平面的。从空间位阻效应和共轭效应角度分析，PBO 纤维分子链间可以实现非常紧密的堆积，而且由于共平面，PBO 分子链各结构成分间存在更高程度的共轭，因而导致其分子链具有更高的刚性。

5.8.6　硼纤维

硼纤维是用化学气相沉积法使硼（B）沉积在钨（W）丝或其他纤维芯材上制得的连续单丝。芯材直径一般为 3.5～50μm，制得的硼纤维直径有 100μm、140μm、200μm 三种。大直径硼纤维的综合性能较好，并有利于降低成本，但是直径过大，缺陷增多。目前以直径 140μm 的纤维应用最多。

硼纤维的拉伸强度约为 3.5GPa，拉伸模量约为 400GPa，密度约为 2.5g/m^3。因此硼纤维最突出的优点是密度低，力学性能好。

硼纤维作为复合材料增强纤维，主要用途是制造对重量和刚度要求高的航空、航天飞行器的部件，如在美国的军用飞机 F-14、F-15 中已有使用。此外在超导发电机、超离心设备、高速和高受力旋转的机械设备中也有应用。

5.8.7　玄武岩纤维

玄武岩纤维是一种新型无机环保绿色高性能纤维材料，是玄武岩石料在 1450～1500℃熔融后，通过铂铑合金拉丝漏板高速拉制而成的连续纤维。其生产工艺产生的废弃物少，对环境污染小，且产品废弃后可直接在环境中降解，无任何危害，因此是一种名副其实的绿色、环保材料。纯天然玄武岩纤维的颜色一般为褐色，有金属光泽。它由二氧化硅、氧化铝、氧化钙、氧化镁、氧化铁和二氧化钛等氧化物组成，不仅强度高，而且还具有电绝缘、耐腐蚀、耐高温等多种优异性能。我国已把玄武岩纤维列为重点发展的四大纤维（碳纤维、芳纶纤维、超高分子量聚乙烯纤维、玄武岩纤维）之一，实现了工业化生产。玄武岩纤维已在纤维增强复合材料、摩擦材料、造船材料、隔热材料、汽车行业、高温过滤织物以及防护领域等多个方面得到了广泛的应用。

5.8.7.1　玄武岩纤维制品及其优缺点

玄武岩纤维制品种类较多，包括无捻粗纱、纺织纱、短切纱、膨体纱等。无捻粗纱是用多股平行原丝或单股平行原丝在不加捻的状态下并合而成的玄武岩纤维制品；纺织纱是由多根玄武岩纤维原丝经过加捻和并股而成的纱线，单丝直径一般 $9\sim17\mu m$；短切纱是用连续玄武岩纤维原丝短切而成的产品；膨体纱是玄武岩纤维纱经过高性能的膨体纱机，在高速空气流下进入成型膨化通道中形成紊流，利用这种紊流作用将玄武岩纤维分散开，使其形成毛圈状纤维，从而赋予玄武岩纤维蓬松性；此外，还有玄武岩纤维布、玄武岩纤维毡及玄武岩纤维复合材料。

其优点如下。

① 原料充足：玄武岩纤维是由玄武岩矿石熔融后拉丝制成，而玄武岩矿石在地球和月球上的储量都相当可观，从原料成本来看相对比较低。

② 弹性模量和拉伸强度高：玄武岩纤维的弹性模量为 $91\sim110GPa$，高于无碱玻璃纤维、石棉、芳纶纤维、聚丙烯纤维和硅纤维。其拉伸强度为 $3800\sim4800MPa$，比大丝束碳纤维、芳纶纤维、PBO 纤维、钢纤维、硼纤维、氧化铝纤维都要高，与 S-玻璃纤维相当。

③ 耐高温和热震稳定性能好：玄武岩纤维的使用温度一般在 $-260\sim880℃$，这一温度远远高于芳纶纤维、无碱 E-玻璃纤维、石棉、岩棉、不锈钢纤维，接近硅纤维、硅酸铝纤维和陶瓷纤维；具有非常好的热震稳定性，在 $500℃$ 温度下可保持不变，在 $900℃$ 时原始重量仅损失 3%。

④ 化学稳定性好：玄武岩纤维的耐酸性和耐碱性均比铝硼硅酸盐纤维好。其耐久性、耐候性、耐紫外线照射、耐水性、抗氧化等性能均与天然玄武岩石头相当。

⑤ 热导率低：玄武岩纤维的热导率为 $0.031\sim0.038W/(m\cdot K)$，低于芳纶纤维、硅酸铝纤维、无碱玻璃纤维、岩棉、硅纤维、碳纤维和不锈钢纤维。

⑥ 电绝缘性和介电性能好：玄武岩纤维的体积电阻率较高，为 $1\times10^{12}\Omega\cdot m$，大大高于无碱玻璃纤维和硅纤维；体积电阻率比电绝缘 E 玻璃纤维高一个数量级，介电损耗角正切比电绝缘 E 玻璃纤维高 50%。

⑦ 吸湿性较低：玄武岩纤维的吸湿性低于 0.1%，低于芳纶纤维、岩棉和石棉。

⑧ 吸声系数较高：玄武岩纤维的吸声系数为 $0.9\sim0.99$，高于无碱玻璃纤维和硅纤维。具备优良的透波性和一定的吸波性，吸声和隔音性能优异，可制作隐形材料。

另外，玄武岩矿石是一种天然的材料，其生产过程中无硼或其他碱金属氧化物排出，因此其烟尘中无有害物质析出，对大气不会造成污染，而且产品的寿命长，是一种低成本、高性能、洁净程度理想的新型绿色环保材料。而且具备天然的硅酸盐相容性，与水泥、混凝土的分散性好，结合力强，热胀冷缩系数一致，耐候性好。

玄武岩纤维及其制品具备诸多优异性能，但是也存在一些不足之处。

① 成分不稳定：玄武岩矿石原料丰富，但是其成分波动比较大。由于玄武岩是地

球熔岩形成的，因此同一矿点的成分都可能波动较大，而这也会对纤维的稳定性造成影响。

② 生产成本高：由于玄武岩资源丰富，因此原料成本较低，但其生产成本较高。生产过程中的成本主要涉及较高的能源价格和铂铑合金漏板消耗较大。一般能源选用的是天然气，该能源和铂金在我国都是比较匮乏的资源，无法和俄罗斯、乌克兰等国家相比，因此价格高昂。

③ 生产效率低下：由于玄武岩熔体导热性差，析晶上限温度较高，因此生产工艺条件高，成纤难度大。受现有技术所限，熔炉的熔化效率都比较低，多采用的是 200 孔、400 孔拉丝漏板，无法和玻璃纤维的多孔漏板生产模式相比。

玄武岩纤维在国内外的产能都有待提高，当性能与成本达到一个相对平衡的水平，在市场上才会有更广阔的应用空间。目前市场需求缺口大，降低其生产成本、提高生产效率，是需要努力的方向。

5.8.7.2 应用领域

（1）隔热、耐温、防火领域 玄武岩纤维具有耐高温的特性，可织成防火布，应用于消防领域。玄武岩纤维也可纺织成高温过滤袋，应用于高温过滤、除尘。另外还可以做成针刺毡，用于保温领域。

（2）建筑领域 利用玄武岩纤维优异的耐腐蚀性，可与乙烯基或者环氧树脂通过拉挤、缠绕等工艺复合成型，制成新型的建筑材料。这种材料具有高强度，优异的耐酸、耐腐蚀性，可代替部分钢筋用于土木工程中。而且玄武岩纤维的膨胀系数与混凝土相近，两者之间不会产生大的温度应力。

（3）交通领域 玄武岩纤维摩擦系数稳定，可用在一些摩擦增强材料上，如刹车片。由于吸声系数较高，可用在一些内饰件上，起到隔音降噪的效果。

（4）石油化工领域 玄武岩纤维的耐腐蚀性优良，因此在石油化工领域具有独特优势。常见的有玄武岩纤维增强环氧树脂缠绕高压管道，具有保温和防腐蚀的双重效果。

5.8.7.3 玄武岩纤维复合材料制品

玄武岩纤维上涂有（硅烷）浸润剂，其短切纱是增强热塑性树脂的首选材料；同时还是替代聚丙烯（PP）、聚丙烯腈（PAN）用于增强水泥混凝土的优良材料；也是替代聚酯纤维、木质素纤维等用于沥青混凝土的极佳产品，可以提高沥青混凝土的高温稳定性、低温抗裂性和抗疲劳性等。

玄武岩纤维与碳纤维、芳纶纤维、超高分子量聚乙烯纤维等高性能纤维相比，除了均具有高强度、高模量的特点外，玄武岩纤维还具有耐高温性佳、抗氧化、抗辐射、绝热隔音、过滤性好、压缩强度和剪切强度高、适应于各种环境下使用等优势，且性价比高，是一种纯天然的无机非金属材料，也是一种可以满足国民经济基础产业发展需求的新型基础材料和高技术纤维。

玄武岩纤维及其复合材料可以较好地满足国防建设、交通运输、建筑、石油化工、环保、电子、航空、航天等领域结构材料的需求，对国防建设、重大工程和产业结构升级具有重要的推动作用。它既是 21 世纪符合生态环境要求的绿色材料，又是一个在世界高技术纤维行业中可持续发展的有竞争力的新材料。尤其是我国已经拥有自主知识产权的玄武岩纤维制造技术及工艺，并且达到了国际先进水平，因此，大力发展玄武岩纤维及其复合材料产业具有十分重要的意义。

5.8.8　聚酰亚胺纤维

聚酰亚胺（PI）纤维又称芳酰亚胺纤维，是由均苯四酸二酐和芳香族二胺聚合得到聚酰胺酸预聚体，再通过溶液纺丝制得。其醚类均聚纤维强度为 364～455MPa，伸长率 5%～7%，模量 10～12GPa，在 300℃下经 100h 后强度保持率为 50%～70%，极限氧指数 44%，耐射线能力强；而酮类共聚纤维具有近似中空的异形断面，强度 345.8MPa，伸长率 32%，模量 3.2GPa，密度为 1.41g/cm³，100℃ 和 250℃ 收缩率各小于 0.5% 和 1%。该纤维可应用于高温粉尘滤材、电绝缘材料、各类耐高温阻燃防护服、降落伞、蜂窝结构及热封材料，还可作为复合材料增强体及抗辐射材料等。

5.8.8.1　制备方法及技术

醚类均聚纤维由均苯四甲酸酐与 4,4′-二氨基对苯醚溶液缩聚成聚酰胺酸后湿纺和高温环化而得；酮类共聚纤维由二苯基甲酮-3,3′,4,4′-四甲酸酐与甲苯二异氰酸酯及 4,4′-二苯基甲烷二异氰酸酯进行溶液共缩聚和湿纺而得。

聚酰亚胺纤维纺丝方法分为湿法纺丝和干法纺丝，根据纺丝浆液是聚酰亚胺还是聚酰胺酸，有一步法纺丝和二步法纺丝之分。

第一步是将聚酰胺酸的浓溶液经湿法或干法喷丝得到聚酰胺酸纤维，第二步是将第一步纺制的聚酰胺酸纤维经化学环化或热环化得到聚酰亚胺纤维，因而称为二步法。二步法纺制聚酰亚胺纤维是一直普遍使用的方法。纤维的拉伸工序可以在第一步进行，也可在第二步酰亚胺化的过程中进行，或者每一步都进行一定的拉伸。

聚酰胺酸浆液常用的溶剂有二甲基甲酰胺（DMF）、二甲基乙酰胺（DMAc）、二甲基亚砜（DMSO）、N-甲基吡咯烷酮（NMP）等非质子极性溶剂。因此聚酰胺酸纤维中残留的溶剂比较容易洗净，有利于后期的酰亚胺化和拉伸工序的进行。

日本帝人公司在 NMP 中合成聚酰胺酸溶液，将该溶液挤入空气，然后进入水：NMP（90∶10）混合液制成的凝固浴中，拉伸 2 倍、卷绕，然后进入第二步工序，将聚酰胺酸纤维浸在醋酸酐和吡啶的混合液中进行化学酰亚胺化，温度为 20～70℃，得到聚酰亚胺纤维。此时得到的聚酰亚胺纤维的物理、力学性能并不是很高，采用 450～600℃ 的高温处理，同时再对纤维进行小倍数的拉伸，可使聚酰亚胺大分子发生部分交联，进一步提高纤维的物理、力学性能，其拉伸强度 2～20GPa，初始模量 145GPa。

5.8.8.2　在防护材料中的应用

聚酰亚胺纤维拥有良好的可纺性，可以制成各类特殊场合使用的纺织品，由于本身的热导率低，是一种绝佳的隔温材料，并且具有耐高低温特性、阻燃性好、不熔滴、离火自熄特征，因此可用于制备阻燃、隔热防护服。聚酰亚胺纤维隔热防护服穿着舒适，皮肤适应性好，永久阻燃，而且尺寸稳定、安全性好、使用寿命长。我国冶金部门每年需隔热、透气、柔软的阻燃工作服数万套，水电、核工业、地矿、石化、油田等部门则年需几十万套防护服，年需耐高温阻燃特种防护服用纤维 300t 左右。

聚酰亚胺纤维织成的无纺布，也是制作装甲部队的防护服、赛车防燃服、飞行服等防火阻燃服装最为理想的纤维材料。这种纳米纤维非织造布还可用来制造舒适且保暖的功能性服装，如军用服装、医用卫生服、消除不良体味的休闲服、防生化武器特种服装、医用卫生防护服装、高效烟雾防护面罩等，在防护材料领域的应用前景十分广阔。

5.9　环氧树脂的增韧

5.9.1　环氧树脂的增韧途径

目前增韧环氧树脂的途径大致有以下几种。

① 用刚性无机填料、橡胶弹性体、热塑性塑料和热致液晶聚合物（TLCP）等第二相来增韧改性。

② 用热塑性塑料连续贯穿于环氧树脂网络中形成半互穿网络型聚合物（Semi-IPN）来增韧改性。其方法有：分步法、同步法等。这种方法主要是通过环氧树脂固化时形成互穿网络聚合物，其性能比单独的环氧树脂要好得多（当然要控制固化条件、相畴尺寸等）。

③ 通过改变交联网络的化学结构组成（如在交联网络中引入"柔性段"）以提高交联网链的活动能力来增韧。

④ 由控制分子交联状态的不均匀性来形成有利于塑性变形的非均匀结构以实现增韧。

5.9.2　环氧树脂的增韧机理

5.9.2.1　无机刚性填料（颗粒）的增韧机理

任何物质要想起到增韧的作用，这种物质在基体树脂中一方面要诱发银纹，同时在银纹产生时要有能力阻止银纹的扩展。对未改性的环氧树脂基体，在脆性树脂相进行尖锐裂纹端应力集中，故破坏进行迅速，如图 5-8（a）所示。在刚性粒子与树脂粘接良好的情况下［如果刚性粒子与基体间粘接不强时，裂纹所穿过的颗粒与裂纹邻近的颗粒会发生粒子与基体的界面剥离，如图 5-8（b）所示，这个过程耗能很少，一般可忽略不计］，由于刚性粒子塑性变形时拉伸应力能有效地抑制裂纹的扩展，与此同时吸收了部分能量，如图 5-8（c）所示，从而起到增韧作用，这个过程称为裂纹钉锚机制。

采用无机刚性填料改性，要获得良好增韧效果的条件可归纳为以下几点。

① 刚性粒子的尺寸（粒度）要适当。粒子的尺寸如果太小，相当于一个尖端，易形成应力集中，不利于韧性提高；反之，粒子的尺寸如果太大，那么相当于两相结构，也不利于韧性的改进。

② 刚性粒子应具备适合的弹性模量（使之能产生"冷拉"的塑性形变）。

③ 刚性粒子与基体树脂在界面上要有良好的粘接性能。因此对无机填料进行表面处理，使之通过偶联剂来使"粒子-偶联剂-基体树脂"具有良好的界面粘接性能是至关重要

的。并且根据性能使用要求，还可以通过分子设计合成具有指定界面性能的偶联剂。

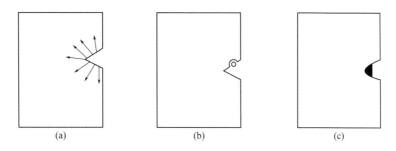

图 5-8　环氧树脂固化物缺口应力图

5.9.2.2　橡胶类热塑性弹性体的增韧机理

这一类中最常用的是液体橡胶增韧环氧树脂体系。橡胶（热塑性弹性体）通过其活性端基（如羧基、羟基、氨基等）与环氧树脂中活性基团（如环氧基、羟基等）反应形成嵌段。在树脂固化过程中，这些橡胶段一般从基体中析出，在物理上形成两相结构。这种橡胶增韧的环氧树脂的断裂韧性（G_{IC}）比未增韧的树脂有大幅度的提高。在这种橡胶类增韧的环氧树脂中，橡胶相主要作用于诱发基体的耗能过程，而其本身在断裂过程中被拉伸撕裂所耗的能量一般占次要地位。材料的断裂（或破坏）过程发生在基体树脂中，因此增韧最根本的潜力在于提高基体的屈服变形能力。

Rowe 和 Nkhols 等认为，要想使橡胶起到增韧环氧树脂的作用，必须符合下列条件。

① 橡胶相能很好地溶解在未固化的树脂体系中，并能在树脂凝胶过程中析出第二相（即发生相分离），分散于基体树脂中；

② 橡胶的分子结构中必须含有能与树脂基体进行反应的活性基团。

由上面两个观点可见，正确控制橡胶与环氧树脂体系中的相分离过程是增韧成功的关键。因此有必要讨论一下橡胶增韧环氧树脂体系中的相分离过程及其影响因素。

（1）影响相分离的热力学因素　对于聚合物共混体系（或嵌段共聚物），是形成混容的均相还是形成相分离的两相结构，取决于混合自由能 ΔG_m（$\Delta G_m > 0$ 不相溶；$\Delta G_m \leqslant 0$ 混溶或部分混溶）。如果把环氧树脂固化体系和橡胶看成是 A 与 B 组成的共混体系，则 ΔG_m 值同样对其共混体系的相态起决定作用。$\Delta G_m = \Delta H_m - T \Delta S_m$，其中 ΔH_m 是混合自由焓，T 是热力学温度，ΔS_m 是混合熵，由于 ΔS_m 是增加的，因此 ΔG_m 值主要取决于 ΔH_m。由于 $\Delta H_m = V (\delta_A - \delta_B)^2 \varphi_A \varphi_B$，其中 V 是混合摩尔体积，φ_A 和 φ_B 分别为 A 与 B 组分的体积分数，δ_A 和 δ_B 分别是环氧树脂固化体系和橡胶相的溶度参数。所以，可以用两相发生相分离时的临界溶度参数之差与共混体系的混合溶度参数（$\Delta \delta_m$）来预测共混物的溶解性，其表达式为：

$$\Delta \delta_m = \left(\frac{\rho R T}{2} \right)^{\frac{1}{2}} \times \left(\frac{1}{\sqrt{M_A}} + \frac{1}{\sqrt{M_B}} \right)^2$$

式中，ρ 是共混体系的平均密度；R 是摩尔气体常数；T 是热力学温度；M_A 和 M_B 分别是 A 和 B 的分子量。这样，可以比较方便地来预测共混体系的混溶性，即当 $\mid \delta_A -$

$\delta_B\ |\ \leqslant \Delta\delta_m$ 时，共混物是相溶的，$|\ \delta_A-\delta_B\ |>\Delta\delta_m$ 时，共混物是不溶的。

由 $\Delta\delta_m$ 表达式可见，$\Delta\delta_m$ 是随 M_A 和 M_B 的变化而变化的。在固化反应过程中，由于 M_A 逐渐增大，$\Delta\delta_m$ 值逐渐减小，这样在体系固化到某一时刻时，使 $|\ \delta_A-\delta_B\ |_{t=0}$ $<\Delta\delta_{m_{t=0}}$；变成 $|\ \delta_A-\delta_B\ |_{t=t_1}>\Delta\delta_{m_{t=t_1}}$，此时发生相分离。值得说明的是，$\delta_B$ 值不仅与其自身的分子量有关，而且与橡胶中各成分的含量有关。有文献报道，δ_B 值随丁腈橡胶中丙烯腈含量的增加而增加。由此可见，控制橡胶的分子量和丙烯腈含量等，使 $|\ \delta_A-\delta_B\ |_{t=0}<\Delta\delta_{m_{t=0}}$ 成立，在固化到某一时刻后，使 $|\ \delta_A-\delta_B\ |_{t=t_1}>\Delta\delta_{m_{t=t_1}}$ 便发生相分离，从而得到理想的增韧效果。

（2）影响相分离的动力学因素　上面讨论了影响体系发生相分离的热力学方面的因素，它决定着在一定条件下体系发生相分离的可能性（必要条件），所以是十分重要的影响因素。但是，实际体系的相分离过程能否按照上述热力学规律顺利进行，动力学方面的因素也是重要的影响因素。特别是本书所讨论的体系，其相分离过程与固化反应同时进行，动力学因素就更加重要了，它是体系发生相分离过程的充分条件。

众所周知，热固性树脂体系固化反应进行到一定程度就将发生凝胶，它是体系由线型分子向交联网状结构（体型）的临界转变点，宏观上伴随着黏度的急剧增大。体系一旦开始凝胶，大尺寸的分子运动将被冻结，整个体系的结构形态就被固定下来，所以，要求相分离必须在凝胶以前完成。动力学因素直接影响相分离的效果，从而严重影响增韧的效果。

橡胶粒子的形成和长大是分子扩散和聚集的过程，需要一定的时间才能完成。从开始发生相分离到发生凝胶这段时间是橡胶微区的形成和长大的最长时间，定义为 $t_p=t_{gel}-t_s$，其中 t_{gel} 是凝胶时间；t_s 是发生相分离的时间。t_{gel} 长，有利于顺利地发生相分离和橡胶粒子粒径的长大；反之，t_{gel} 短，橡胶粒子的粒径小，数量也少，甚至不能发生相分离。但是并不是 t_{gel} 越长越好，因为橡胶粒子长得太大、太坚硬，也不利于环氧树脂的增韧，所以，t_{gel} 有一个最佳的时间范围。与之相对应的就是有一个最佳的固化温度（T_{gel}）区间：$T_{so}<T_{gel}<T_{sg}$。其中 T_{so} 是两组分未发生反应时共混物的临界相溶温度；T_{sg} 是凝胶点的临界相溶温度。由于橡胶相从基体中迁移（或扩散）需要一定的时间 t_d，根据 Stokes-Einstein 关系式，得到

$$t_d=3\pi L^2 R_B \eta_A/(KT)$$

所以，可以通过控制固化反应温度来合理地控制凝胶时间，进而控制相分离的时间和橡胶相的粒径尺寸，从而获得良好的增韧效果。

陶德辉等人研究了用不同类型固化剂固化环氧树脂/液体羧基丁腈橡胶（CTBN）体系的热学-力学性能，见表 5-13。

从表 5-13 的实验结果可见，用六氢吡啶和三乙醇胺作固化剂时，CTBN 具有较好的增韧效果；用 THPA 酸酐作固化剂时增韧效果尚可；而用三氟化硼单乙胺作固化剂时，CTBN 基本上不具有增韧效果。他们认为这可能与三氟化硼单乙胺/环氧树脂固化体系的溶度参数与 CTBN 相差较大有关。

表 5-13　CTBN 增韧不同固化剂固化环氧树脂基体的热学-力学性能

固化剂	配方/份		性能				
	E-51	CTBN	G_{IC} /(kJ/m^2)	冲击韧性 /(kJ/m^2)	拉伸强度 /MPa	断裂伸长率/%	HDT/℃
六氢吡啶（5 份）	100	0	0.173	24.0	81.7	2.6	102
		10	1.023	25.0	73.6	7.4	90
三乙醇胺（10 份）	100	0	0.195	23.0	82.4	4.7	72
		10	0.964	24.0	71.0	6.9	69
THPA（75 份） BDMA（1 份）	100	0	0.120	7.0	64.0	2.1	132
		10	0.611	11.1	83.6	3.0	129
三氟化硼单乙胺（3 份）	100	0	0.108	2.8	62.0	2.0	148
		10	0.119	9.5	65.8	2.2	84

注：六氢吡啶和三乙醇胺固化条件为 100℃/2h＋120℃/16h；THPA 和三氟化硼单乙胺固化条件为 120℃/2h＋150℃/12h。

由此可见，不同的固化剂种类对于 CTBN 增韧环氧树脂的效果是不一样的。

王习群认为 Rowe 和 Nichols 所提出的两个条件中的第二个条件——橡胶分子必须与环氧基体间有良好的键合值得进一步研究。他通过采用不同种类的固化剂、不同用量的固化剂和外加双酚 A 等方法合成了网络结构及平均网链长度（M_c）不同的环氧加成固化产物。在这些条件下比较了加入液体羧基丁腈橡胶（CTBN）和丁腈橡胶-26 以及不加橡胶类弹性体的情况下环氧树脂固化物的韧性差别，根据这些研究结果可以判断橡胶与环氧树脂基体间是否存在化学键合，以及对橡胶增韧作用的影响。其试验结果见表 5-14 和表5-15。

表 5-14　三乙醇胺固化环氧树脂体系的性能

配方/质量份				G_{IC} /(J/m^2)	M_c
E-51	双酚 A	橡胶	三乙醇胺		
100	0	0	10.0	178	546
100	0	CTBN 10	10.0	1082	546
100	0	丁腈橡胶-26 10	10.0	764	546
100	24	0	10.0	288	＞1000
100	24	CTBN 10	10	7748	＞1000
100	24	丁腈橡胶-26 10	10	4738	＞1000

注：固化条件为 100℃/2h＋120℃/16h。

表 5-15 酸酐固化环氧树脂体系的性能

配方/质量份				G_{IC} /(J/m^2)	M_c
E-51	THPA	BDMA	橡 胶		
100	78	1	0	112	380
100	78	1	CTBN 10	500	380
100	78	1	丁腈橡胶-26 10	160	380
100	39	1	0	160	610
100	39	1	CTBN 10	1438	610
100	39	1	丁腈橡胶-26 10	630	610

注：固化条件为 120℃/2h+150℃/12h。

从表 5-14 和表 5-15 可见，在所有试验条件下，丁腈橡胶-26 对环氧树脂均有增韧作用，但是其增韧效果与环氧树脂基体的网络结构和平均网链长度有很大关系。如果用 THPA 酸酐作固化剂时，则在环氧基体中引入 THPA 的结构单元，使其网链刚性增大，此时当环氧平均网链长度（M_c）较小时，丁腈橡胶-26 的增韧效果差。随着 M_c 的增大，其增韧效果显著增大。如果用三乙醇胺作固化剂时，由于 M_c 较大，丁腈橡胶-26 具有明显的增韧效果，特别对于加入 24 份的双酚 A 体系，由于环氧树脂分子量增大，这样 M_c 又明显增加。在这两种情况下，丁腈橡胶-26 对固化体系的增韧效果都十分显著。丁腈橡胶-26 的价格比 CTBN 低得多，所以在某些场合下使用是非常经济实用的。

橡胶类弹性体增韧的环氧树脂材料在加载断裂过程中，基体的耗能过程有：基体的剪切屈服、橡胶与基体的界面形成孔洞、基体中形成裂纹带以及主干裂纹的脆性断裂等。诱发这些过程的局部应力场的幅值主要与环氧树脂基体和橡胶相的弹性模量有关，但是也与两者的键合情况相关联。M_c 大的环氧树脂基体对纵向深处方向发展的分支裂纹和剪切带的扩展阻力要小得多，有利于形成较深的断裂过程区，因此这种情况下断裂过程中基体的耗能占总耗能的比重较大。对于 M_c 较小且网链的刚性较大的环氧树脂材料，发生这些过程的阻力要大得多，所以材料在加载破坏过程中基体的耗能占整个耗能的比重较小。在橡胶颗粒相中的耗能过程主要有橡胶颗粒的弹性变形和橡胶颗粒被撕裂或橡胶颗粒与环氧树脂基体的界面间的剥离。当两相间存在牢固的键合时，则橡胶与环氧树脂基体间的剥离可能成为主要的耗能过程，这一耗能可能比前两者的过程低得多。对于 M_c 较小的环氧树脂材料，在断裂过程中，橡胶颗粒相的耗能占整个耗能的比例不可忽视，而两者在界面处有无化学键合，会明显地影响这部分的耗能大小，可能这就是在此情况下，丁腈橡胶-26 的增韧效果远低于 CTBN 的原因。对于 M_c 较大的材料，由于断裂过程中主要的耗能发生在基体树脂中，虽然它的大小与两相在界面处的化学键合有关，但是影响不大，所以此时丁腈橡胶-26 能够产生较好的增韧效果，但是仍然低于 CTBN。

余方照等对不同分子量的端羧基聚醚增韧环氧树脂体系的力学性能进行了研究。结果表明：端羧基聚醚（$M_n=700\sim1200$）的分子量对其相分离有明显影响，从而对体系的增韧效果也造成较大的影响。用此增韧剂有两个优点：①橡胶相的玻璃化转变温度低；②环氧树脂体系的耐热性不因添加增韧剂而降低。

韩孝族等对用端羟基丁腈橡胶（HTBN）增韧的酸酐固化环氧树脂体系的增韧机理和性能影响也进行了研究，采用的方法是将 HTBN 直接加入酸酐固化环氧树脂体系中。这样一方面 HTBN 中的羟基可以和酸酐反应，产生羧基，羧基进一步与环氧基发生反应；另一方面酸酐也可以直接借助体系中的羟基与环氧基反应，使环氧树脂固化。这样形成的热固性环氧树脂交联网络中含有丁腈橡胶的软段。

他们对 HTBN 增韧的环氧树脂的相态结构与其力学性能的关系也进行了深入研究，结果表明体系具有两相结构。在 HTBN 用量为 $10\%\sim30\%$ 时，随着 HTBN 用量的增加，分散的橡胶颗粒相直径也随之增加，但无论在哪种情况下，分散的橡胶相都是由大小不等的两种球形颗粒组成的，大的颗粒直径在 $5\sim10\mu m$，小的颗粒直径在 $0.5\sim1.0\mu m$。按 Riew 理论，小的颗粒主要对剪切变形起作用，大的颗粒能阻止裂纹的增长，当两种颗粒同时存在时，可以得到最佳的增韧效果。继续增加 HTBN 的用量，仍有橡胶相的球形颗粒存在，但是大的颗粒逐渐消失，当 HTBN 的用量在 60% 以上时，形态结构便会发生相倒转，橡胶相由分散相转变成了连续相，此时只能起到增柔作用，为此，力学性能也随之急剧地下降。

李家德等研究了不同种类的酸酐固化剂对 CTBN/环氧树脂体系的改性增韧效果，结果见表 5-16。

表 5-16　不同液体酸酐对 CTBN/环氧树脂体系的性能影响

固化剂种类	CTBN 用量/份	G_{IC} /(J/m²)	拉伸强度 /MPa	冲击韧性 /(10^2J/m²)	断裂伸长率/%	HDT/℃
HHPA	0	113	73.3	68.9	3.0	132
	10	714	82.8	93.9	4.5	126
THPA	0	110	64.0	63.7	1.34	131
	10	782	63.7	98.3	2.7	127
MNA	0	40.5	52.7	63.4	1.7	148
	10	120	42.8	104.9	2.6	139

注：1.固化剂用量与环氧等当量比，BDMA 为 1 份。

2.固化条件为 120℃/2h＋150℃/10h。

研究结果表明，用 THPA 酸酐增韧的效果最好，HHPA 次之，MNA 最差。他们认为这主要是这几种酸酐固化剂的溶度参数与环氧树脂不同而造成的。

日本胶黏剂研究所研究了一种将橡胶分散在环氧树脂中的技术。这种技术是把用马来酸酐改性的、氢化的苯乙烯-丁二烯-苯乙烯嵌段共聚物橡胶（SEBS）分散在环氧树脂中。这种改性树脂的耐撕裂、耐冲击强度是原环氧树脂的几倍，批量生产成本低。该技术主要是采用了两种沸点不同的溶剂（四氢呋喃和甲苯）。

SEBS 和环氧树脂溶解在混合溶剂中，把产物中的四氢呋喃（THF）蒸发掉，橡胶组分固化，然后蒸发掉甲苯，苯乙烯和环氧树脂通过苯环和共同连接的橡胶组分的分子间力而结合，最终制得橡胶分散在树脂中的乳液。

虽然环氧树脂具有良好的绝缘性、耐水性、耐湿性和耐化学药品性，但它的耐撕裂和耐冲击性能较差，尽管通过树脂的端基羧化或把氨基化的丁腈橡胶加在环氧树脂中能克服这些缺点，然而这些改性方法在生产成本上或改性产品的加工上都有不足之处。

5.9.2.3　与热塑性树脂形成半互穿网络型结构（Semi-IPN）的增韧机理

这种增韧体系中一般热塑性树脂的使用量比较大，热塑性树脂连续贯穿于热固性树脂网络中。由于热塑性树脂的存在，会使环氧树脂固化材料的韧性提高，同时还可以降低吸水性，而环氧树脂网络的存在，又可保持其耐化学药品性、尺寸稳定性等。如有关耐热性热塑性树脂聚醚砜（PES）、聚醚酰亚胺（PEI）等与环氧树脂形成 Semi-IPN 的报道，它们兼备了环氧树脂的易热加工性和耐热性热塑性树脂的韧性等特点。

这种 Semi-IPN 的制备方法有三种：物理共混法（又称熔融共混）、化学共混法和化学溶解法。物理共混法与一般线型聚合物的物理共混法大致相同；化学共混法是将热塑性树脂用热固性树脂单体（或预聚物）溶胀或溶解，再用单体进行原位固化反应而制得互穿网络；化学溶解法是将耐热性热塑性树脂加入溶剂中得到一种树脂溶液，然后再加入环氧树脂中，这样就得到一种耐热性热塑性塑料和环氧树脂的混合液，把溶剂蒸发掉，最终就得到耐热性热塑性塑料分散在环氧树脂中的混合物。

要想形成有效的热塑性树脂改性的互穿网络型聚合物，需要两个条件：①必须存在或在制备过程的剪切应力场中形成初始网络，一般为物理交联网络；②聚合物必须能进行化学的或动力学的反应，由离散的熔体形成无限交联网络的同时，有足够的流动性以填充到初始网络的间隙中，这样才能使其形成较好的相畴尺寸，对韧性有较大的改进。

20 世纪 90 年代国外又兴起用热致液晶聚合物来增韧环氧树脂，其所用的热致液晶分为主链型和侧链型。然而无论哪种类型的热致液晶聚合物在结构上都含有大部分介晶刚性单元和一部分柔性链段。它与传统的增韧方法相比，最大的特点是在韧性大幅度提高的同时，不但不会使 T_g 和 HDT 下降，而且还略有升高；与用耐热性热塑性树脂增韧相比，最大的优点在于，只需 20%～30%的用量就可以得到热塑性树脂的增韧改性效果。

5.9.2.4　改变交联网络的化学结构的增韧机理

对于有些高交联密度的环氧树脂基体交联网络，脆性特别高，如果用含端活性基的橡胶类弹性体来改性，由于基体的屈服变形潜力小，因此韧性提高的幅度不大，而且增韧后的材料玻璃化转变温度和模量都有明显的下降。如果在上述体系中加入一些活动性较强但耐热性能好的"柔性段"来增加网链分子的活动能力，可得到较理想的增韧效果（如外加双酚 A 改性的 CTBN/环氧树脂体系）。具体地说，可以通过外加第二组分或改变固化剂两种方法来实现。

5.9.2.5　控制分子链交联网络状态的不均匀性来改善环氧树脂韧性的机理

它是使用一种所谓原位增韧（in situ toughening）的技术合成的韧性环氧树脂。这种方法是通过两阶段的反应来实现的，交联后形成分子量呈双峰分布的环氧树脂交联网络。这种方法制得的树脂其韧性是常规树脂的 2～10 倍，它的增韧机理可能是通过造成环氧树脂固化物交联网络的不均匀性，从而形成微观上的非均匀连续结构来实现的。因为这种结构从力学上讲是有利于材料产生塑性变形的，所以具有较好的韧性。据报道陶氏化学开发的 XJ-7178800 环氧树脂就是这种类型的韧性树脂。这种树脂的固化产物的破坏方式已经从脆性破坏转变成为塑性破坏，所以，如何从化学反应机理上更好地控制最终形成固化产物的结构形态，使之有利于韧性的提高，将是未来环氧树脂增韧的一个新的研究方向。

5.10　热固性树脂改性环氧树脂

5.10.1　氰酸酯改性环氧树脂

通常环氧树脂基体的分子结构中含有大量羟基等极性基团，吸湿性强，使其复合材料制品在湿热条件下的力学性能、介电性能急剧下降。氰酸酯是一类端基带有—OCN 官能团的热固性树脂，由于氧原子和氮原子的电负性高，具有共振结构，同时碳氮原子间的键能较低，易打开，使其受热后可直接聚合或与环氧树脂等含活泼氢的化合物发生共聚反应，且赋予该树脂优良的介电性能、良好的力学性能和耐湿热性能。应用氰酸酯改性（共固化）环氧树脂可大大提高固化树脂的湿热性能，明显提高其耐冲击性能等。应用氰酸酯树脂固化环氧树脂制得的复合材料已经广泛应用于电子电气、航空航天等许多领域。

氰酸酯与环氧树脂的共固化反应十分复杂，反应历程存在争议，但目前普遍认可的共固化反应机理如下：首先氰酸酯发生自聚反应形成三嗪环、环氧基与氰酸酯基共聚形成噁唑啉，噁唑啉是反应中间体，在高温下全部异构化为噁唑啉酮；然后三嗪环与剩余的环氧基反应形成异氰脲酸酯衍生物，异氰脲酸酯衍生物还可进一步与环氧基反应生成噁唑啉酮衍生物。因此最终固化物网络主要包括三嗪环、异氰脲酸酯和噁唑啉酮等六元、五元环。反应式如下：

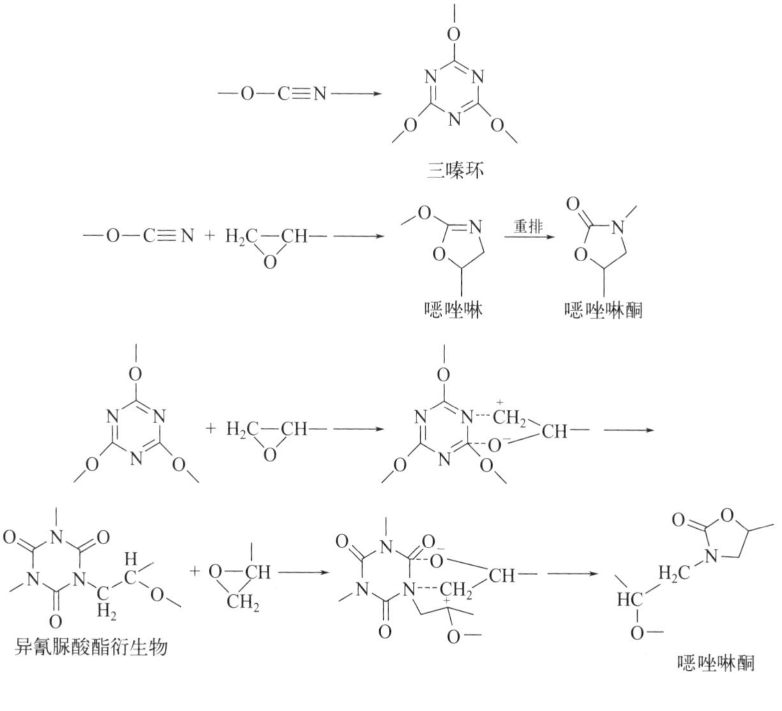

氰酸酯与环氧树脂间的共固化反应是在一定条件下进行的，因此影响最终产物结构和性能的因素也很多，如：反应温度、催化剂、物料比、反应单体结构等。近年来人们对这些影响因素进行了一系列研究，但主要集中在催化剂和物料比上。氰酸酯固化环氧树脂可在无催化剂的条件下完全固化，也可在催化剂存在下固化。无催化剂时反应较慢，故催化剂能明显促进固化反应，降低固化温度，缩短固化时间，所以氰酸酯改性环氧树脂反应中一般多使用催化剂。催化剂有多种，如有机金属盐、酸碱复合体系、咪唑类等，催化剂的加入一般对共固化反应机理影响不大，但最终产物组成存在着一定的差异，这可能是在氰酸酯固化环氧树脂的过程中存在各种反应，而催化剂对各种反应的促进作用不同，从而改变了生成物的组成，影响树脂固化物的力学性能及其热稳定性。因此，了解催化剂的催化活性和对反应产物的影响，对生产实践具有重要意义。陈平等对不同比例氰酸酯改性环氧树脂共固化体系的性能进行了研究，其结果见表 5-17。

表 5-17　环氧树脂与氰酸酯共固化产物的性能

性能	不同环氧树脂/氰酸酯质量比时的性能数值		
	70∶30	55∶45	40∶60
T_g(DMA)/℃	223	232	241
热变形温度/℃	198	203	213
初始热分解温度/℃	364	360	355
最大热分解温度/℃	403	397	396
K_{IC}[①]/(MN/m$^{3/2}$)	0.8	0.99	0.9
G_{IC}/(J/m^2)	213	280.7	250
弯曲强度/MPa	117	117.3	128
弯曲模量/GPa	2.8	2.9	3.1
表面电阻/($\times 10^{13}$Ω)	0.56	2.3	8.1
体积电阻率/($\times 10^{13}$Ω·m)	2.0	7.8	13

① 为临界应力强度因子。

5.10.2　酚醛树脂改性环氧树脂

环氧树脂是热固性树脂中收缩率最小的一种，具有良好的力学性能、粘接性能和耐化学腐蚀性能等特点，尤其耐碱性更为优越，常常被用于制作玻璃钢、胶黏剂和防腐蚀层的主体。酚醛树脂耐化学腐蚀性好，尤其是耐酸性和耐热性能强，该树脂加热到 280℃时才分解，可以长期在 200℃以下使用。利用酚醛树脂改性环氧树脂，可提高防腐性能、耐热性能，降低成本。

酚醛树脂带有能与环氧树脂中的环氧基、羟基发生反应的基团，在一定条件下能相互交联产生固化，其过程较为复杂，可以发生以下反应：①酚醛树脂中的酚羟基与环氧基发生醚化反应；②生成的新羟基又能和环氧基反应；③酚醛树脂中的羟甲基和环氧树脂中的羟基反应；④酚醛树脂中的羟甲基和环氧树脂中的环氧基反应。最终可交联成复杂的整体型结构产物，该产物既有酚醛树脂优良的耐酸性，又有环氧树脂良好的耐碱性和粘接性，也能提高环氧树脂的耐温性。但酚醛树脂改性环氧树脂的固化速率较慢，须在高温条件下才能使上述交联反应得以完成。例如采用缠绕法生产的环氧酚醛玻璃钢管以及层压板的生产、料团的模压成型，就直接在成型过程中，施以高温来完成交联反应。但在实际生产中也常常加入一定量的环氧树脂室温固化剂混合使用，可使树脂先在室温下凝胶，再在 60～80℃下固化数小时即可使用。

在酚醛树脂改性环氧树脂中，酚醛树脂用量的范围选择也十分重要。为了获得廉价的改性环氧树脂配方，同时又试图更好地提高产品的耐热性，有的厂家习惯采用过量的酚醛树脂。实际上，酚醛树脂的加入量应适当。当环氧树脂：酚醛树脂＝（60～100）：（40～30）（质量比）时，混合料能获得满意的固化速率和良好的耐腐蚀性能酚醛树脂加入量过多时，会使混合料的室温固化速率显著变慢，且固化度低，影响制品使用。选用分子量低于 470 的环氧树脂时，它们分子结构中的羟基比高分子量环氧树脂要少得多，限制了与更多的酚醛树脂起交联反应。而且环氧树脂结构中所含的羟基要比环氧基更容易与其他树脂中的活泼基团起交联反应。因此，低分子量的环氧树脂在用于环氧/酚醛配方中时，酚醛树脂加入量的限制就更为重要。

5.10.3　双马来酰亚胺改性环氧树脂

环氧树脂作为一类综合性能优异的通用热固性高分子材料，其耐热性仍然不够理想，冲击韧性和断裂韧性也比较低，因此提高环氧树脂的耐热性和韧性一直是研究的热点。双马来酰亚胺（BMI）树脂因具有酰亚胺环结构而具有优异的热稳定性和力学性能，而且其与环氧树脂有良好的相容性，因而近年来用其改性环氧树脂引起了国内外学者的广泛关注。

环氧树脂和 BMI 树脂均是热固性树脂，可在热和催化剂的作用下形成体型交联网络。例如在四缩水甘油基二氨基二苯基甲烷（tetra-GDDM）、二氨基二苯基甲烷（DDM）、氨基酸酰肼、BMI 组成的四元体系中，可能发生如下的化学反应：a. DDM 中氨基上的活泼氢对环氧基的开环反应；b. 氨基酸酰肼中氨基上的活泼氢与环氧基的开环反应；c. 反应 a 与反应 b 产生的羟基催化环氧基的开环反应；d. BMI 树脂双键与 DDM 的加成反应（Michael 加成）；e. BMI 树脂双键与氨基酸酰肼的加成反应（Michael 加成）；f. BMI 树脂双键的均聚反应。

刘力男等曾利用透射电子显微镜来追踪 BMI/环氧树脂改性体系在固化过程中聚集态结构的变化。发现环氧树脂与 BMI 形成了互穿网络结构，但由于环氧树脂和 BMI 的固化活性不同，环氧树脂先发生固化，引起两种单体间的溶解度下降而发生相分离，形成了富环氧区域和富 BMI 区域。互穿与相分离是两个相反的结构发展方向，树脂的互穿程度直接受初始固化温度的控制，它们决定着树脂的结构和力学性能。他们的实验结果表明，当初始固化温度选择 150℃时，树脂的拉伸强度和断裂伸长率较高，而选择 130℃或 180℃作为初始固化温度时，树脂的力学性能有所降低。

李全步等通过 BMI 对一种长链柔性芳胺（DAMI）进行扩链，固化改性酚醛型环氧树脂（F-51），考察了 BMI 改性 F-51 树脂体系的力学性能以及热稳定性，表 5-18 给出了 BMI 含量对 DAMI/F-51 树脂体系的力学性能和热稳定性的影响。

表 5-18　BMI 含量对 DAMI/F-51 树脂体系力学性能和热稳定性的影响

BMI 含量/%	T_g(DSC)/℃	热膨胀系数/($\times 10^{-5}$℃$^{-1}$)	冲击强度/(kJ/m²)	断裂伸长率/%	拉伸强度/MPa	拉伸模量/GPa	弯曲强度/MPa	弯曲模量/GPa
0	149	5.6	15	3.3	89.2	3.13	198.3	3.52
10	153	5.5	27	4.2	102.4	3.42	204.1	3.78
20	165	5.4	33.6	4.8	105.4	3.59	209.3	3.84
40	172	5.1	29.6	3.3	94.3	3.62	206.9	3.88
50	178	4.5	23	3.1	91.5	3.64	196.8	3.91

注：DSC—差示扫描量热法。

5.11　可溶性聚芳醚酮对环氧树脂的增韧改性

笔者对含酚酞侧基可溶性聚芳醚酮（PEK-C）增韧改性环氧树脂（EP）/氰酸酯（CE）体系的固化反应动力学、固化物相态结构及其与固化物性能的关系进行了深入的研究。结果表明，PEK-C 对体系的共固化反应有一定的促进作用，但对其反应机理影响不大。根据 DSC 测试结果确定固化工艺。在 EP/CE 共固化体系中，随着 CE 含量的增加，初始热分解温度逐渐下降，弯曲性能、T_g 和热变形温度随之提高，而韧性则在适量体系中最好。与 EP 和 CE 的化学计量比无关，PEK-C 的加入能够在保持弯曲性能、T_g 和热稳定性不变的条件下有效地提高共固化体系的韧性，但在相同工艺下，CE 过量体系的韧性提高幅度较大。DMA 和 SEM 结果表明，CE 欠量时改性体系为均相结构，而 CE 过量时改性体系形成了较好的相分离结构，这可能是造成该体系韧性较大幅度提高的主要原因。随着 CE 含量的增加，改性体系的固化反应温度和表观活化能均随之提高。PEK-C 在液体 EP 中的溶解性要明显优于其在 CE 中的溶解性。因此热力学因素在相分离过程中占主导作用。本研究工作选择环氧树脂与氰酸酯的化学计量比分别为 1.5、1、0.5 的体系，依次记作 A、B、C，加入 PEK-C 的质量分数为 5%、10% 和 15%，在 A 中加入 5%PEK-C 的体系记作 A-5，其他的试样编号可以依此类推。下面主要介绍 B 体系。

5.11.1　聚芳醚酮/环氧树脂/氰酸酯体系固化反应动力学

图 5-9 所示为 PEK-C/环氧树脂/氰酸酯三元共混体系的 DSC 曲线（升温速率为 10℃/min），其中 PEK-C 的质量分数从 0～15% 不等，以此来研究 PEK-C 含量对环氧树脂与氰酸酯共固化反应活性的影响，从图 5-9 得到的各个体系的固化反应特征参数在表 5-19 中列出。

表 5-19　从 DSC 曲线得到的一些固化反应参数

试样	T_i/℃	T_p/℃	T_f/℃	ΔH/(J/g)
B	222	270	297	723
B-5	194	259	286	675
B-10	188	258	285	637
B-15	175	250	281	615

注：T_i 为初始反应温度；T_p 为最大反应温度；T_f 为反应终止温度；ΔH 为固化反应热焓。

从图 5-9 可以看出，所有体系都表现出相同的峰形特征：一个很强的放热峰，同时在此之前还存在着一个较弱的放热峰，这表明所有体系都具有相似的反应机理，都包含两个或两个以上的反应，某些反应在一定温度范围内是同时发生的，因此较弱的放热峰形成的肩峰不太明显。

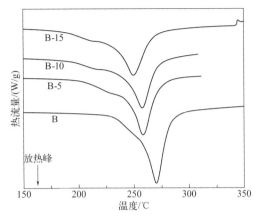

图 5-9　PEK-C/环氧树脂/氰酸酯三元共混物的 DSC 曲线
（升温速率：10℃/min）

从表 5-19 可见，初始反应温度（T_i）和最大反应温度（T_p）随着 PEK-C 的加入而下降，但是随着 PEK-C 含量的进一步增加，T_i 和 T_p 值的降低幅度变得不明显。

分析其原因如下：一方面，聚芳醚酮类树脂在合成过程中难免存在一些酚羟基封端基团，这些活泼氢的存在很容易引发氰酸酯的自聚反应，从而进一步促进环氧树脂的固化反应，这可能是造成改性体系反应活性提高的主要原因；另一方面，PEK-C 的加入导致改性体系黏度增大，反应基团的碰撞概率下降，阻碍固化反应的发生。因此，热塑性树脂对固化反应有两方面的影响：①活性链端的存在有利于固化反应的发生；②由于热塑性树脂长链的存在导致体系黏度的增加，将延缓固化反应的发生。PEK-C/环氧树脂/氰酸酯共混体系中的固化反应特征是这两方面因素相互竞争的结果。

对于动态 DSC 的研究，计算固化反应活化能的方法主要有两种：Kissinger 法和 Ozawa 法，其值分别见表 5-20 和表 5-21。

表 5-20　Kissinger 法得到的固化反应活化能

试样	反应活化能/(kJ/mol)	
	反应 1	反应 2
B	66.3	78.5
B-5	63.5	74.2
B-10	61.9	75.4
B-15	65.2	76.8

表 5-21　Ozawa 法得到的反应活化能

试样	反应活化能/(kJ/mol)	
	反应 1	反应 2
B	71.3	83.2
B-5	69.2	81.5

续表

试样	反应活化能/(kJ/mol)	
	反应 1	反应 2
B-10	66.4	80.2
B-15	69.7	81.3

5.11.2　聚芳醚酮/环氧树脂/氰酸酯体系固化反应机理

图 5-10 和图 5-11 给出的分别是 B 体系和 B-10 体系在不同固化时刻的红外谱图，共固化反应过程中所出现的主要基团的结构和特征吸收峰位置在表 5-22 中给出。同样地，为了去除 B-10 体系中 PEK-C 组分在 928cm^{-1} 和 1770cm^{-1} 处吸收峰对环氧基（916cm^{-1}）和噁唑烷酮（1758cm^{-1}）特征峰的影响，对 B-10 体系在不同固化时刻的红外谱图分别进行差减处理，得到的谱图在图 5-12 中给出。在大多数环氧树脂反应机理的研究中，是以苯环在 830cm^{-1} 或 1500cm^{-1} 处的吸收峰作为内标，但在本研究体系中，PEK-C 的加入引入了苯环，造成反应基团（氰酸酯基和环氧基）与苯环的摩尔比发生改变，而反应基团（氰酸酯基和环氧基）与甲基的摩尔比未发生变化，因此为了能够更清楚地对比 PEK-C 的影响，选取甲基在 2965cm^{-1} 处的吸收峰为内标来计算不同固化时刻主要基团的相对含量。

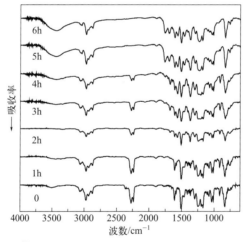

图 5-10　B 体系在 150℃/4h＋200℃/2h 固化工艺下的红外谱图

定义环氧基或氰酸酯基在固化 t 时刻的转化率为 $X(t)$，则 $X(t)$ 可按照下式进行计算：

$$X(t)=1-\frac{H(t)_R H(t_0)_{2965}}{H(t_0)_R H(t)_{2965}}$$

式中，$H(t_0)_R$、$H(t_0)_{2965}$ 分别是固化前环氧基（或氰酸酯基）和甲基的峰高；$H(t)_R$、$H(t)_{2965}$ 则分别为反应到 t 时刻时环氧基（或氰酸酯基）和甲基的峰高。反应过程中出现的主要基团三嗪环、噁唑啉、异氰脲酸酯以及噁唑啉酮的相对含量分别用 H_{1565}/H_{2965}、H_{1678}/H_{2965}、H_{1696}/H_{2965}、H_{1758}/H_{2965} 表示。表 5-23 和表 5-24 分别列出了 B 体系和 B-10 体系在不同固化时刻反应基团和生成基团的相对含量，其中 B-10 体系的结果是按照差减后得到的谱图（图 5-12）进行计算的。

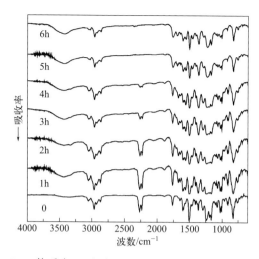

图 5-11　B-10 体系在 150℃/4h＋200℃/2h 固化工艺下的红外谱图

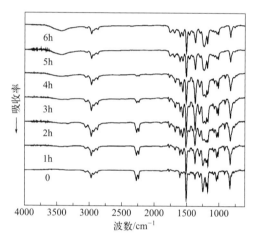

图 5-12　差减后 B-10 体系在 150℃/4h＋200℃/2h 固化工艺下的红外谱图

表 5-22　共混体系主要基团的特征吸收频率

基团	结构	波数/cm^{-1}
氰酸酯基	—O—C≡N	2270，2235
环氧基	—HC—CH$_2$	916
甲基	—CH$_3$	2965
三嗪环		1565（—C＝N—）
异氰脲酸酯		1696（—C＝O)

基团	结构	波数/cm^{-1}
噁唑啉	—O—C=N— O CH$_2$	1678（—C=N—）
噁唑啉酮	O=C—N— O CH$_2$ CH	1758（—C=O）

表 5-23　B 体系在不同固化时刻主要基团的变化情况

t/h	X/% 环氧基	X/% 氰酸酯基	H_{1565}/H_{2965} （三嗪环）	H_{1678}/H_{2965} （噁唑啉）	H_{1696}/H_{2965} （异氰脲酸酯）	H_{1758}/H_{2965} （噁唑啉酮）
0	0	0	0	0	0	0
1	0	7	0.22	0	0	0
2	6	39	1.15	0.49	0	0
3	10	55	1.28	0.58	0	0
4	14	69	1.59	0.63	0	0.21
5	61	100	1.33	—	0.77	0.83
6	100	100	1.13		0.88	0.86

表 5-24　B-10 体系在不同固化时刻主要基团的变化情况

t/h	X/% 环氧基	X/% 氰酸酯基	H_{1565}/H_{2965} （三嗪环）	H_{1678}/H_{2965} （噁唑啉）	H_{1696}/H_{2965} （异氰脲酸酯）	H_{1758}/H_{2965} （噁唑啉酮）
0	0	0	0	0	0	0
1	7	28	0.80	0.40	0	0
2	13	45	1.00	0.66	0	0.04
3	19	70	1.45	0.74	0	0.29
4	21	83	1.57	0.79	0	0.33
5	89	100	1.26	—	0.84	0.74
6	100	100	1.14		0.86	0.81

5.11.3　聚芳醚酮/环氧树脂/氰酸酯体系的相态结构

图 5-13 所示为不同配比 PEK-C/环氧树脂/氰酸酯共混体系的 SEM 照片。

从图 5-13 可见，三个未改性体系的断面 [图 5-13（a）、（c）、（f）] 平整、光滑，裂纹走向基本一致，且均沿直线扩展，未出现明显的应力分散现象，呈典型的脆性断裂条纹。但三个未改性体系断面形貌各自也有不同：图 5-13（a）所示的体系断面最光滑，应力条纹较稀疏、笔直；图 5-13（c）所示的体系断面最粗糙，断裂纹细密，断层较明显，并且还有较长的韧窝带；而图 5-13（f）所示的体系裂纹排列紧密，有少量的裂纹分叉和断层。

加入 PEK-C 后，改性体系破坏面表现出不同程度的韧性特征。在氰酸酯欠量的条件下，改性树脂体系的断面 [图 5-13（b）] 呈均相结构，这与 tanδ 结果一致。虽然断裂纹仍基本沿同一方向扩展，但与未改性体系相比，应力条纹数量减少，变得更加粗糙，在裂

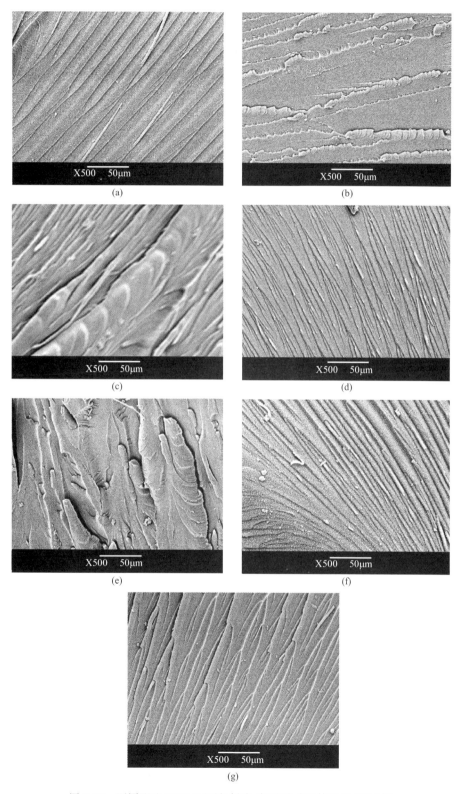

图 5-13　不同配比 PEK-C/环氧树脂/氰酸酯共混体系的 SEM 图

纹线附近可观察到明显的韧窝和撕裂形貌。此时，试样受到外力作用时，热塑性树脂能够有效地吸收部分破坏能，产生明显的韧窝特征，因此在具有均相结构的改性体系中，破坏可能是由热塑性树脂和环氧树脂基体两部分共同承担的。

在氰酸酯适量的条件下，加入10％的PEK-C时，改性体系断面［图5-13（c）］呈现明显的贝壳纹理，产生很多根须状的细小分枝，断裂方向趋于分散，表明相分离的发生。在受到外力作用时，这些裂纹分叉有效地分散外应力，从而使材料的韧性得到提高。但断裂仍发生在一个平面内，断面也不是十分粗糙。当PEK-C的含量进一步增加至15％时，形貌［图5-13（e）］发生急剧变化，断裂面变得粗糙不平，破坏不再是在一个平面内进行，而是发生了明显的断层和沟壑，材料在破坏时吸收了更多的能量。在氰酸酯过量的条件下，改性体系也发生了相分离，断面形貌与B-10体系十分相似，裂纹分叉明显。但与B-10体系相比，C-10体系的裂纹较稀疏、粗大，部分地方甚至出现分层［图5-13（g）］。

可见，氰酸酯含量对PEK-C改性环氧树脂共混体系的相结构有着重要的影响，在加入PEK-C的量相等且均为10％时，采用相同固化工艺条件，氰酸酯欠量体系为均相结构，氰酸酯适量和过量体系为相分离结构，因此初始共混体系中氰酸酯含量的增加有利于相分离的发生。

5.11.4　聚芳醚酮/环氧树脂/氰酸酯体系的性能

根据金属材料的断裂韧性测试方法，材料的断裂韧性可用临界应力强度因子（K_{IC}）和临界应变能量释放速率（G_{IC}）两个参数来表示。图5-14所示为断裂韧性（K_{IC}和G_{IC}）值与树脂组成间的关系图。

从图5-14可见，对于未加PEK-C的环氧树脂/氰酸酯体系，随着共固化体系中氰酸酯含量的增加，K_{IC}和G_{IC}值出现先上升后下降的趋势。当环氧基和氰酸酯基的摩尔比为1时，共固化体系的韧性最好，K_{IC}和G_{IC}值分别为$0.99MN/m^{3/2}$和$280.7J/m^2$，这与SEM观察到的结果一致。环氧树脂与氰酸酯共固化物网络结构单元主要包括三嗪环、噁唑烷酮、异氰脲酸酯、聚醚键结构等，其中三嗪环和聚醚键结构的形成有利于交联密度的提高和韧性的降低；噁唑烷酮结构的形成则促使交联密度的下降和韧性的提高。由固化物红外定量分析可知，当初始混合溶液中氰酸酯基与环氧基的摩尔比为1时，噁唑烷酮的含量最高，体系的交联密度最低，这可由橡胶态的储能模量证实。因此，在氰酸酯改性环氧树脂体系中，存在着一个最佳性能配比。在不同配比的环氧树脂/氰酸酯共固化体系中，加入PEK-C后其断裂韧性都有不同程度的提高。在氰酸酯欠量条件下，K_{IC}和G_{IC}值随着PEK-C含量的增加呈线性提高。由SEM结果可知，此时改性树脂体系是均相结构，PEK-C含量越高，吸收的破坏能越多，相应地，韧性越高。

根据应力-应变曲线可以得到各树脂体系的弯曲强度和弯曲模量，所计算得到的弯曲强度和弯曲模量与组分配比间的关系分别列于图5-15和图5-16中。

加入PEK-C后，改性体系的弯曲强度和弯曲模量均未发生明显的下降，甚至还出现微量的增加，这可能是由于PEK-C自身较高的弯曲强度和模量所致。因此，同其他热塑性树脂改性环氧体系一样，PEK-C作为环氧树脂/氰酸酯体系固化的增韧剂，在提高环氧树脂韧性的同时，并未降低材料原有的力学性能。

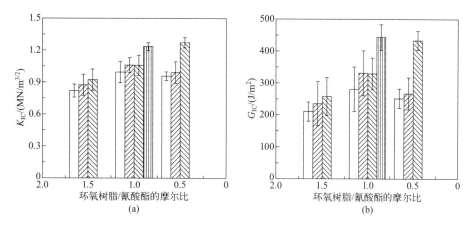

图 5-14　不同树脂配比体系的 K_{IC} 和 G_{IC} 值关系图

□未加 PEK-C 的环氧树脂/氰酸酯体系；▨5％PEK-C；▧10％PEK-C；▥15％PEK-C

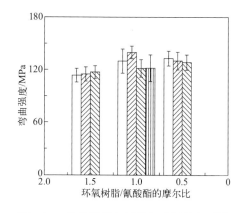

图 5-15　弯曲强度与树脂组成间的关系图

□未加 PEK-C 的环氧树脂/氰酸酯体系；▨5％PEK-C；▧10％PEK-C；▥15％PEK-C

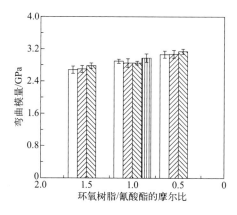

图 5-16　弯曲模量与树脂组成间的关系图

□未加 PEK-C 的环氧树脂/氰酸酯体系；▨5％PEK-C；▧10％PEK-C；▥15％PEK-C

表 5-25 给出了不同树脂配比共混体系的热变形温度。从表 5-25 可见，在纯环氧树脂/氰酸酯体系中，随着氰酸酯含量的增加，热变形温度随之提高，这与 T_g 的变化规律是相同的，但热变形温度的具体值较 DMA 测得的 T_g 要低些。

表 5-25 不同树脂配比共混体系的热变形温度

试样	HDT/℃	试样	HDT/℃
A	198	A-10	198
B	203	B-5	207
B-10	206	B-15	204
C	213	C-10	207

在氰酸酯欠量和适量条件下，PEK-C 的加入对体系的热变形温度影响不大，这与 T_g 的变化规律也是一致的。但对于氰酸酯过量体系，10%PEK-C 的加入使得体系的热变形温度从 213℃ 降为 207℃，此值恰好等于 PEK-C 的热变形温度，这可能是由于 B-10 体系中发生了相分离，共混体系在受外力作用时表现出了较低组分的耐热性能。因此，在热塑性树脂改性环氧体系中，若要不降低原有体系的使用温度，就要选择耐热性能接近或者较高于环氧树脂基体耐热性能的热塑性树脂。

表 5-26 列出了 PEK-C 改性环氧树脂/氰酸酯体系的一些特征温度值。从表 5-26 可见，在环氧树脂/氰酸酯共固化体系中，分解温度（T_{max}、$T_{5\%}$、$T_{10\%}$、$T_{20\%}$、$T_{50\%}$）随着初始混合物中氰酸酯含量的增加而略微下降，表明热稳定性的降低。这可能是由于在失重前期主要是环氧树脂与氰酸酯共聚产物的热分解所致，环氧树脂含量越高，共聚产物形成得越完善，因而达到相同失重率的分解温度越高。此外，在不同配比的环氧树脂/氰酸酯共固化体系中，PEK-C 的加入对改性体系的 $T_{10\%}$、$T_{20\%}$、$T_{50\%}$ 以及 T_{max} 影响不大，即环氧树脂/氰酸酯共固化体系的热稳定性受 PEK-C 的影响不大，所有研究体系的起始热分解温度都保持在 350℃ 以上。

表 5-26 TG 和 DTG 曲线得到的 PEK-C 改性环氧树脂/氰酸酯体系的一些特征温度

试样	热重损失温度/℃				T_{max}/℃
	$T_{5\%}$	$T_{10\%}$	$T_{20\%}$	$T_{50\%}$	
A	364	382	396	425	403
A-5	375	386	398	425	420
A-10	372	384	395	425	410
B	360	371	385	417	397
B-5	351	366	383	415	400
B-10	350	365	382	413	400
B-15	353	369	384	421	395
C	355	368	381	412	396
C-5	358	372	385	418	389
C-10	353	366	378	416	377

5.12　可溶性含羧基聚芳醚酮对环氧树脂的增韧改性

5.12.1　可溶性含羧基聚芳醚酮与环氧树脂的固化反应表征

　　王忠刚等开展了含羧基聚芳醚酮（PEK-L）对环氧树脂的反应性增韧研究。含羧基聚芳醚酮的化学结构如图 5-17 所示。PEK-L 的苯环侧基和羧基侧基破坏了分子结构的规整性，降低了其结晶性，使链与链的堆积比较松散，使其具有良好的溶解性能，可以溶解在 THF、DMF、DMAc、DMSO、NMP 等非质子性溶剂中，这为其增韧改性及成型加工带来方便。

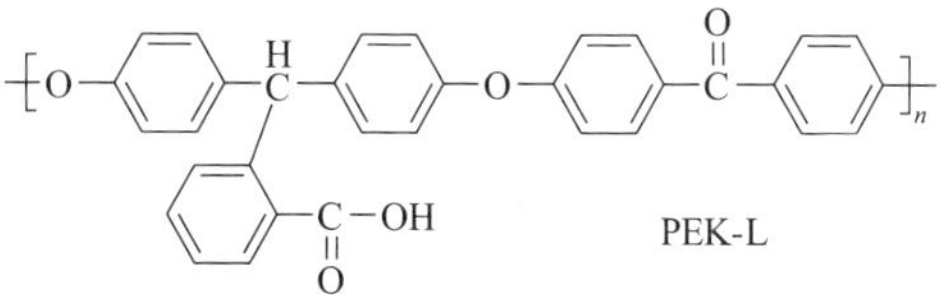

图 5-17　含羧基聚芳醚酮的化学结构

　　研究中采用的双酚 A 型环氧树脂和催化剂结构如图 5-18 所示。2-乙基-4-甲基咪唑（2E4MZ）是一种咪唑类催化剂，而 2,4,6-三（二甲氨基甲基）苯酚的三（2-乙基己酸）盐（DMP-30·HA）是一种有效的热潜伏性催化剂，加热到 100℃ 左右时其能分解产生叔胺 DMP-30。

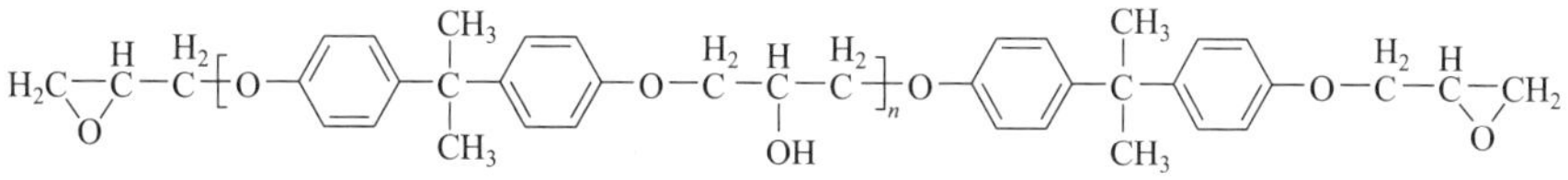

(a) 双酚A型环氧树脂

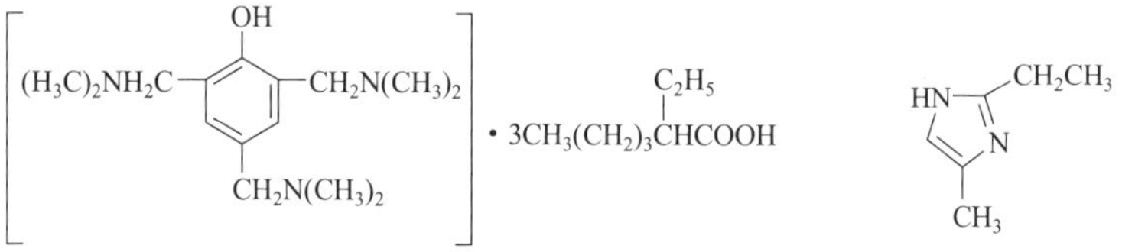

(b) DMP-30·HA

(c) 2E4MZ

图 5-18　研究中采用的双酚 A 型环氧树脂和催化剂结构

　　从图 5-19 曲线 a 可见，PEK-L/双酚 A 型环氧树脂混合物的 DSC 固化曲线上有两个明显的部分重叠的放热峰，峰值分别为 154.6℃ 和 188.5℃，总的反应热为 138.2 J/g。固化曲线上出现两个峰表明 PEK-L 与双酚 A 型环氧树脂的固化过程中很可能先后有两个不同的固化反应发生。如图 5-19 曲线 b 和 c 所示，将 DMP-30·HA 和 2E4MZ 加入 PEK-L/双酚 A 型环氧树脂混合物中，都只得到一个尖锐的反应放热峰。其中，PEK-L/双酚 A 型环氧树脂/DMP-30·HA 体系的放热峰值温度为 146.4℃，反应热为 181.8 J/g；而 PEK-L/双酚 A 型环氧树脂/2E4MZ 体系的放热峰值温度为 147.5℃，反应热为 116 J/g。可见，与不加催化剂的 PEK-L/双酚 A 型环氧树脂体系比起来，虽然 PEK-L/DGEBA/2E4MZ 体系的固化反应发生的温度较低，但是其反应热却要小得多，这表明其固化更加不完全。与不加催化剂的体系相比，PEK-L/双酚 A 型环氧树脂/DMP-30·HA 体系固化反应温度也低得多，但反应热要大得多，这说明了加入催化剂 DMP-30·HA 后，PEK-L/双酚 A 型环氧树脂混合物不但固化反应活性提高了，而且固化更加完全了。

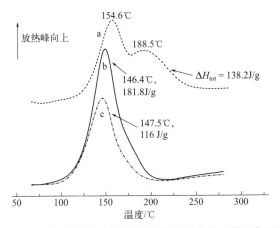

图 5-19　PEK-L/双酚 A 型环氧树脂混合物的非等温 DSC 曲线（羧基与环氧基摩尔比为 1∶1）

a—PEK-L/双酚 A 型环氧树脂；b—PEK-L/双酚 A 型环氧树脂/DMP-30·HA；
c—PEK-L/双酚 A 型环氧树脂/2E4MZ

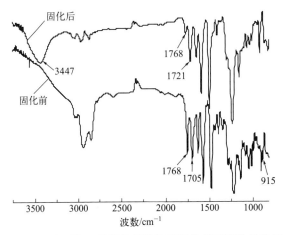

图 5-20　PEK-L/双酚 A 型环氧树脂体系固化前和固化后的红外谱图

如图 5-20 所示，固化前，改性环氧树脂体系在 915cm^{-1} 处呈现明显的环氧基特征吸收峰，在 1768 cm^{-1} 和 1705 cm^{-1} 处也有强而尖锐的吸收峰。1768 cm^{-1} 为体系中含羧基侧基聚芳醚酮 PEK-L 中的游离态羧基，1705 cm^{-1} 为含羧基侧基聚芳醚酮 PEK-L 中的由氢键缔合的羧基。

在 135 ℃固化 120min 后，915cm^{-1} 处环氧基特征吸收峰基本消失，表明体系中的环氧基团反应完全。并且，1705cm^{-1} 处的 PEK-L 中由氢键缔合羧基的特征吸收峰及 1768cm^{-1} 处的游离羧基吸收峰也大幅度地减弱到几乎消失，这说明了含羧基侧基聚芳醚酮 PEK-L 中的羧基也几乎全部参与到固化反应中去了。此外，在 3447cm^{-1} 左右可以观察到一个宽而大的峰，这是环氧基团发生开环反应生成的羟基的特征吸收峰。另外，我们还发现，在 1721cm^{-1} 处出现了一个非常明显的强峰，这是由 PEK-L 中的羧基与环氧树脂的环氧基发生反应生成酯基而造成的。

由 DSC 和红外光谱数据可以推断，首先催化剂 DMP-30·HA 引发环氧树脂中环氧基发生开环反应生成氧负离子，然后氧负离子从 PEK-L 的侧羧基中获取一个氢原子从而生成仲羟基且在 PEK-L 的侧基上形成—COO⁻。生成的 PEK-L 侧基上的—COO⁻与环氧基反应生成酯基和氧负离子。然后，PEK-L 的侧羧基再给这个氧负离子提供质子而生成另一个—COO⁻和另一个仲羟基。上述反应步骤不断地重复循环而导致链增长，最后形成三维交联网络结构（如图 5-21 所示）。

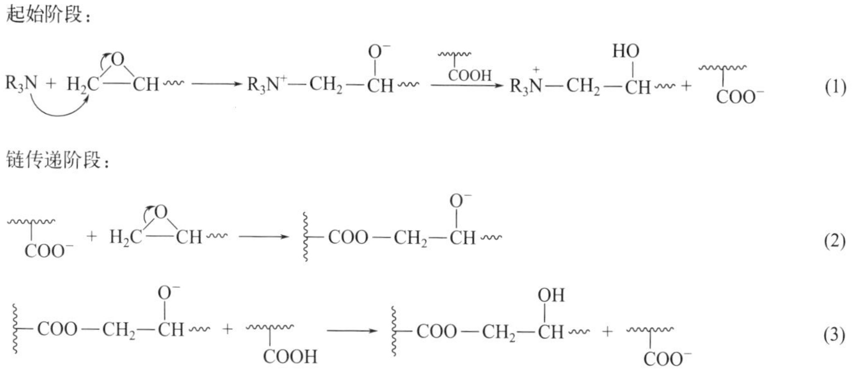

起始阶段：

$$R_3N + H_2C\!\!-\!\!CH \longrightarrow R_3N^+\!\!-\!\!CH_2\!\!-\!\!CH \xrightarrow{COOH} R_3N^+\!\!-\!\!CH_2\!\!-\!\!CH + COO^- \qquad (1)$$

链传递阶段：

$$COO^- + H_2C\!\!-\!\!CH \longrightarrow COO\!\!-\!\!CH_2\!\!-\!\!CH \qquad (2)$$

$$COO\!\!-\!\!CH_2\!\!-\!\!CH + COOH \longrightarrow COO\!\!-\!\!CH_2\!\!-\!\!CH + COO^- \qquad (3)$$

图 5-21　PEK-L/双酚 A 型环氧树脂体系的固化反应机理

5.12.2　可溶性含羧基聚芳醚酮与环氧树脂的固化反应动力学

为了研究 PEK-L/双酚 A 型环氧树脂体系的固化反应动力学，王忠刚等采用非等温 DSC 以 2.5℃/min、5℃/min、10℃/min、15℃/min 及 20℃/min 五种不同的升温速率分别对添加了 0.5% DMP-30·HA 催化剂的羧基与环氧基摩尔比为 1∶1 的 PEK-L/双酚 A 型环氧树脂混合物（即 EK-11 体系）的固化反应过程进行了测试（图 5-22）。

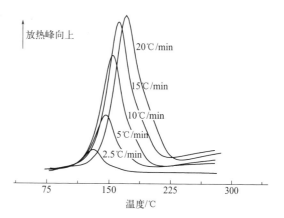

图 5-22　羧基与环氧基摩尔比为 1∶1 的
PEK-L/双酚 A 型环氧树脂体系在不同
升温速率下的非等温 DSC 曲线

如图 5-22 所示，所有 DSC 固化曲线中均只有一个反应放热峰，随着升温速率的提高，放热峰逐渐变得又尖又陡，并且体系的固化起始温度、峰值温度及终止温度均向高温方向移动。这是因为在较低升温速率下，体系有充足的时间进行反应，因此在较低温度下就开始发生反应。随着升温速率的增加，体系的 dH/dt 越大，即单位时间产生的热效应增强，热惯性也越大，产生的温度差就越大，固化反应放热峰向高温移动。

由图 5-22 中的 DSC 固化曲线，可以得到改性环氧体系在不同升温速率（β）下的反应放热峰的特征温度，包括固化峰起始温度（T_i）、峰顶温度（T_p）及终止温度（T_f）（表 5-27）。

表 5-27 羧基与环氧基摩尔比 1∶1 的 PEK-L/双酚 A 型环氧树脂/
DMP-30·HA 体系不同升温速率下的 DSC 数据

β/(℃/min)	T_i/℃	T_p/℃	T_f/℃
2.5	111.0	131.5	146.5
5	118.4	141.4	158.7
10	125.5	146.4	174.1
15	131.3	157.4	181.4
20	135.5	162.7	191.5

众所周知，固化反应的表观活化能（E_a）的物理意义是把反应分子激发到可进行反应的"活化状态"时所需的能量，是衡量固化体系固化反应活性大小的重要参数，反映了固化反应的难易程度，决定了固化反应能否顺利进行。E_a 越大，通常所需反应温度亦越高。此外 E_a 的大小体现了反应速率对温度的敏感度，E_a 越大，反应速率对温度就越敏感。因此树脂固化反应表观活化能对其固化反应的研究有着十分重要的意义。

树脂体系固化反应的表观活化能 E_a 一般可由 Kissinger 法、Ozawa 法及 Isoconversional 法求得。

Kissinger 法有两个假定：一是假定固化曲线上反应放热峰峰顶温度处的反应速率最大，因为反应放热峰峰顶处热流速率 dH/dt 最大，而反应速率 $d\alpha/dt$ 与 dH/dt 成正比，也是最大；二是假定反应为 n 级反应。

Ozawa 法是一种积分法，其实验基础是：对于同一固化体系而言，DSC 固化曲线上反应放热峰峰顶处的反应程度与升温速率 β 无关，是一个常数。

Isoconversional 法可计算得到不同转化率下的活化能，基于该方法，固化体系在某特定转化率下的反应速率只取决于温度。

为了更好地说明问题，本研究采用上述三种方法分别计算该改性环氧体系固化反应的表观活化能，并对计算结果进行分析比较。

（1）Kissinger 法求解改性环氧体系固化反应的表观活化能

Kissinger 方程为：

$$\ln\frac{\beta}{T_p^2} = \ln\frac{AR}{E_k} - \frac{E_k}{RT_p} \tag{5-1}$$

式中 β——升温速率，K/min；

T_p——峰顶温度，K；

A——阿伦尼乌斯指前因子，s^{-1}；

E_k——Kissinger 表观活化能，J/mol；

R——摩尔气体常数，8.314J/(mol·K)。

以 $-\ln(\beta/T_p^2)$ 对 $1/T_p$ 作图，拟合得一条直线，斜率为 E_k/R，因而可以求出表观活化能 E_k 的值。利用表 5-27 的 DSC 结果，可以得到 $-\ln(\beta/T_p^2)$ 和 $1/T_p$ 的数据，如表5-28 所示。

表 5-28　Kissinger 方程计算得到的 PEK-L/双酚 A 型环氧树脂/DMP-30・HA 体系固化动力学数据

实验编号	1	2	3	4	5
T_p/K	404.65	414.55	422.65	430.55	435.85
$\beta/(K/min)$	2.5	5	10	15	20
$(1/T_p)/(\times 10^3 K^{-1})$	2.471	2.412	2.366	2.323	2.294
$-\ln(\beta/T_p^2)$	11.090	10.445	9.840	9.422	9.159

由表 5-28 中的数据，以 $-\ln(\beta/T_p^2)$ 对 $1/T_p$ 作图，得到一条直线（图 5-23）。可以看出，改性环氧树脂体系的 $-\ln(\beta/T_p^2)$ 和 $1/T_p$ 呈很好的线性关系。采用线性回归得到的方程为 $y = 11.0829x - 16.3219$，相关系数为 0.9988。该回归直线的斜率为 11.0829，因此可求得改性环氧体系的固化反应表观活化能为 92.14kJ/mol。

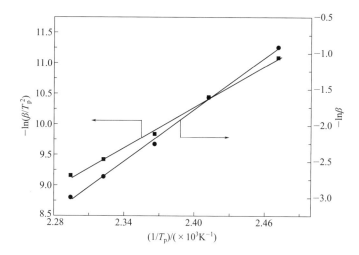

图 5-23　$-\ln(\beta/T_p^2)$（左）和 $-\ln\beta$（右）与 $1/T_p$ 的关系曲线

（2）Ozawa 法求解改性环氧体系固化反应的表观活化能

Ozawa 方程为：

$$\frac{d(\ln\beta)}{d(1/T_p)} = -\frac{1.052E_o}{R} \tag{5-2}$$

式中　β——升温速率，K/min；

T_p——峰顶温度，K；

E_o——Ozawa 表观活化能，J/mol；

R——摩尔气体常数，8.314J/(mol・K)。

以 $-\ln\beta$ 对 $1/T_p$ 作图，拟合得一条直线，斜率为 $1.052E_o/R$，由所得直线的斜率可以求出表观活化能 E_o 的值。利用表 5-27 的 DSC 结果，可以得到 $-\ln\beta$ 和 $1/T_p$ 的数据，如表 5-29 所示。

表 5-29 Ozawa 方程计算得到的 PEK-L/DGEBA/DMP-30·HA 体系固化动力学数据

实验编号	1	2	3	4	5
T_p/K	404.65	414.55	422.65	430.55	435.85
β/(K/min)	2.5	5	10	15	20
$(1/T_p)/(\times 10^3 K^{-1})$	2.471	2.412	2.366	2.323	2.294
$-\ln\beta$	-0.916	-1.609	-2.256	-2.708	-2.996

以 $-\ln\beta$ 对 $1/T_p$ 作图，得到一条直线，如图 5-23 所示。该拟合直线的方程为：$y = 11.9056x - 30.3528$，相关系数为 0.9986。该直线的斜率为 11.9056，由此可求得改性环氧体系的固化反应表观活化能为 94.09kJ/mol。

（3）Isoconversional 法求解改性环氧体系固化反应的表观活化能

Isoconversional 方程为：

$$E_a = -R\frac{d(\ln\beta)}{d(1/T)} \tag{5-3}$$

式中 β——升温速率，K/min；

T——某一特定转化率下的温度，K；

E_a——某一特定转化率下的表观活化能，J/mol；

R——摩尔气体常数，8.314J/(mol·K)。

改性环氧体系 PEK-L/双酚 A 型环氧树脂/DMP-30·HA 体系在不同升温速率下的转化率与温度曲线如图 5-24 所示，所有曲线都呈 S 形，并且随着温度的升高而向右延展。另外，每个升温速率下的转化曲线起始阶段都很平缓，但是在某一较窄的温度区间内转化率剧烈增长，最后阶段转化率基本上变为常数。这种在短温度范围内的转化率剧烈增长的现象是自催化固化反应的典型特征。

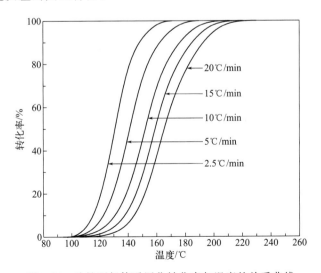

图 5-24 改性环氧体系固化转化率与温度的关系曲线

由图 5-24 的转化曲线可以得到转化率（α）10％至 90％时的 $1/T \times 10^3$ 数据及相应的 $\ln\beta$ 数据，作图得到若干条直线（图 5-25），从直线斜率可以求得不同转化率下的活化能 E_a（图 5-26）。可以看出，改性环氧体系起始固化阶段时，活化能最大，为 97.54kJ/mol。然后随着转化率的增加，活化能一直减小，最后当转化率增加到 90％时，活化能减小到 77.15kJ/mol。分析其原因，主要是由于固化过程中生成的羟基产生了自催化作用。固化过程中，含羧基侧基聚芳醚酮 PEK-L 中的羧基与环氧树脂中的环氧基反应生产羟基，羟基能给环氧基的氧原子提供质子，促进环氧开环反应的进行，从而对固化反应产生自催化作用。随着固化反应的进行，生成的羟基的浓度增加，因此固化反应速率增加而活化能值减小。

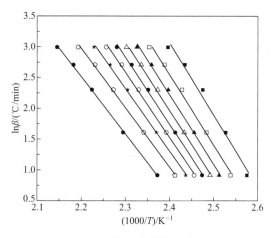

图 5-25 环氧固化等转化率曲线

■ $\alpha=10\%$；□ $\alpha=20\%$；▲ $\alpha=30\%$；△ $\alpha=40\%$；● $\alpha=50\%$；○ $\alpha=60\%$；★ $\alpha=70\%$；☆ $\alpha=80\%$；⬠ $\alpha=90\%$

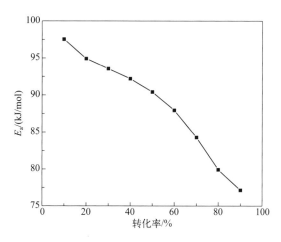

图 5-26 改性环氧体系的活化能与转化率的关系曲线

5.12.3 可溶性含羧基聚芳醚酮改性环氧树脂体系的性能

图 5-27 为纯环氧树脂及改性环氧树脂不同配比体系的弯曲应力-应变曲线。纯环氧树脂体系的弯曲应力随弯曲应变的增加而线性增加，直至断裂没有产生任何屈服行为，呈现

脆性断裂特征。当加入含羧基侧基聚芳醚酮 PEK-L 后，环氧树脂的断裂行为发生了明显的改变。改性环氧树脂体系的弯曲应力在弯曲形变 3％之前随弯曲应变的增加而线性增加，但之后弯曲变形过程发生了屈服行为，呈现明显的韧性断裂特征。

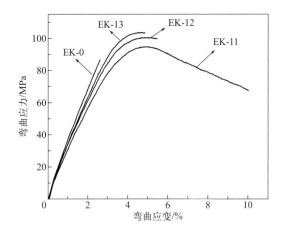

图 5-27 纯环氧树脂及改性环氧树脂的弯曲应力-应变曲线
EK-0—纯环氧树脂；EK-11—羧基与环氧基的摩尔比为 1：1；
EK-12—羧基与环氧基的摩尔比为 1：2；EK-13—羧基与环氧基的摩尔比为 1：3

由图 5-28 可见，纯环氧树脂固化体系（EK-0 体系）的弯曲强度为 84.2MPa。当改性环氧树脂体系中羧基与环氧基的摩尔比为 1：3 时（EK-13 体系），弯曲强度达到最大值 100.5MPa，比纯环氧树脂体系提高了将近 20％。但进一步增加 PEK-L 的含量反而使弯曲强度略有降低。例如，当羧基与环氧基的摩尔比由 1：2（EK-12）增加到 1：1 时（EK-11 体系），弯曲强度由 100.5MPa 降到 94.8MPa。PEK-L 的加入使得环氧树脂的弯曲强度提高，其原因应该是，高屈服强度的 PEK-L 链通过化学键均匀地键入到环氧网络中，大大提高了环氧树脂抵抗破坏和断裂的能力。

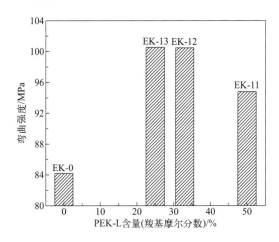

图 5-28 纯环氧树脂及改性环氧树脂体系的弯曲强度与 PEK-L 含量的关系图

纯环氧树脂体系的弯曲模量约 3.1GPa（图 5-29）。加入含羧基侧基聚芳醚酮 PEK-L 后，环氧树脂的弯曲模量略有降低，但加入含羧基侧基聚芳醚酮 PEK-L 后，环氧树脂的弯曲断裂应变显著增加。例如，改性环氧树脂体系中羧基与环氧基摩尔比为 1∶3、1∶2 和 1∶1 时，弯曲断裂应变分别比纯环氧树脂提高了 85％、98％和 283％（图 5-30）。含羧基侧基聚芳醚酮 PEK-L 链上的反应性羧基侧基通过与环氧树脂中的环氧基反应，高韧性 PEK-L 分子链与环氧基产生均匀且很强的界面键合，大大提高了环氧树脂交联网络的韧性。

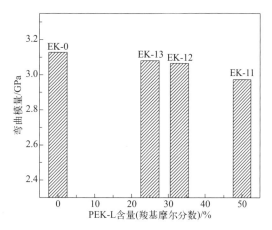

图 5-29　纯环氧树脂及改性环氧树脂体系的弯曲模量与 PEK-L 含量的关系图

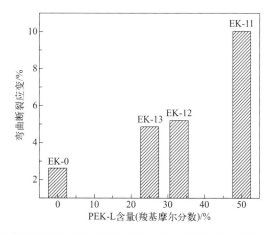

图 5-30　纯环氧树脂及改性环氧树脂体系的弯曲断裂应变与 PEK-L 含量的关系图

　　为定量分析含羧基侧基聚芳醚酮 PEK-L 对环氧树脂的断裂韧性的影响，分别对纯环氧树脂体系和不同 PEK-L 含量的改性环氧树脂体系进行了断裂韧性测试。图 5-31 显示，纯环氧树脂体系的临界应力强度因子 K_{IC} 为 $1.51\mathrm{MN/m^{3/2}}$。加入含羧基侧基聚芳醚酮 PEK-L 后，环氧树脂的断裂韧性发生了较大幅度的提高。当改性环氧树脂体系中羧基与环氧基摩尔比为 1∶3 时，K_{IC} 为 $1.92\mathrm{MN/m^{3/2}}$，比纯环氧树脂提高了 27％，随着 PEK-L 含量的继续增加，环氧树脂的断裂韧性迅速增加，当改性环氧树脂体系中羧基与环氧基摩尔比为 1∶2 和 1∶1 时，K_{IC} 达到 $2.18\mathrm{MN/m^{3/2}}$ 和 $2.53\mathrm{MN/m^{3/2}}$，分别比纯环氧树脂提高了 44％和 67.5％，可见含羧基侧基聚芳醚酮 PEK-L 明显增强了环氧树脂的韧性。临界应变能释放速率 G_{IC} 与 PEK-L 含量的关系见图 5-32。由图 5-32 可见，加入 PEK-L 后，环氧树脂的 G_{IC} 提高的幅度要远远大于 K_{IC} 提高的幅度。纯环氧树脂的 G_{IC} 为 $0.610\mathrm{kJ/m^2}$，而改性环氧树脂体系中当羧基与环氧基的摩尔比为 1∶3、1∶2 和 1∶1 时，G_{IC} 分别为 $0.992kJ/m^2$、$1.295kJ/m^2$ 和 $1.789kJ/m^2$，分别比纯环氧树脂体系提高了 63%、112% 及 193%。由此可见，反应性 PEK-L 链的加入大大提高了整个环氧网络的延展性及塑性变形的能力，在固化物受到外界应力破坏的时候，可以起到应力分散和承受应力的作用，显著提高了材料的韧性。

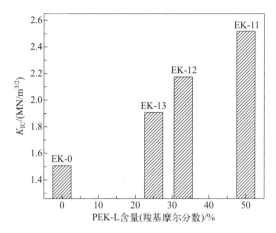

图 5-31　纯环氧树脂及改性环氧树脂体系的临界应力强度因子与 PEK-L 含量的关系图

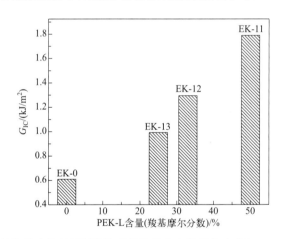

图 5-32　纯环氧树脂及改性环氧树脂体系的临界应变能释放速率与 PEK-L 含量的关系图

此外，PEK-L 加入前后，所有样品固化后的产物都均匀透明，表明改性环氧固化体系跟纯环氧固化体系一样呈均相结构。样品断面的扫描电镜显示，纯环氧树脂固化试样的弯曲断面断口非常尖锐光滑，呈典型的脆性断裂特征（图 5-33）。加入 PEK-L 后，环氧树脂固化体系的断面形态发生了明显的改变。改性环氧体系固化试样的弯曲断面断口起伏较大，非常粗糙，断面上有崎岖不平的海岭状、河流状花纹并伴有高度变形及韧性撕裂现象。

含羧基侧基聚芳醚酮既作为环氧树脂的改性剂，又充当环氧树脂的固化剂，其反应性羧基侧基在固化过程中能与环氧树脂中的环氧基反应，将其韧性链段用化学键键入致密的环氧树脂交联网络中且产生均匀的界面键合，避免了普通热塑性树脂对环氧树脂共混改性时因出现界面分离而造成体系相关力学性能的下降。由于含羧基侧基聚芳醚酮 PEK-L 本身具有较好的韧性和较高的断裂伸长率，当其在环氧树脂交联网络中的含量达到一定量

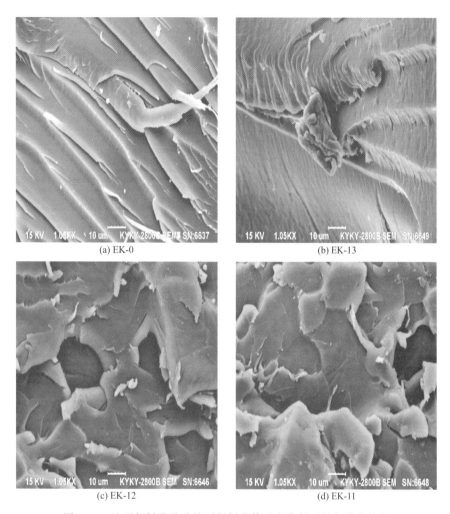

(a) EK-0　　　　　　　　　　(b) EK-13

(c) EK-12　　　　　　　　　　(d) EK-11

图 5-33　纯环氧树脂及改性环氧树脂体系弯曲断面的扫描电镜图

时，就可通过韧性撕裂、大规模塑性变形及钉锚桥接等作用来增加裂纹扩展所需的能量，使断裂能增加，从而实现对环氧树脂的增韧，大大提高了环氧树脂交联网络的抗塑性变形能力。在固化物受到外界应力破坏的时候，可以起到分散应力和承受应力的作用，增加了体系的断裂能，提高了材料的韧性。

5.13　可溶性双马来酰亚胺对环氧树脂的增韧改性

双马来酰亚胺（BMI）树脂是一类重要的高性能热固性树脂，具有比环氧树脂（EP）更优异的热氧稳定性和耐热性。采用 BMI 树脂改性环氧树脂，尤其是二元芳胺（DA）固化的环氧树脂体系，已被大量研究。芳胺分子结构中的伯胺和仲胺基团既能够与环氧基反应，也能够与 BMI 发生 Michael 加成反应，改性树脂形成共交联固化网络；随着芳胺用量、加料顺序、固化温度的不同，也能够发生环氧基和马来酰亚胺基团的自聚合反应（图 5-34）。依据固化机理的差异，BMI 刚性分子的引入通常能够改善环氧树脂固化物的抗吸湿性能和耐热性能。

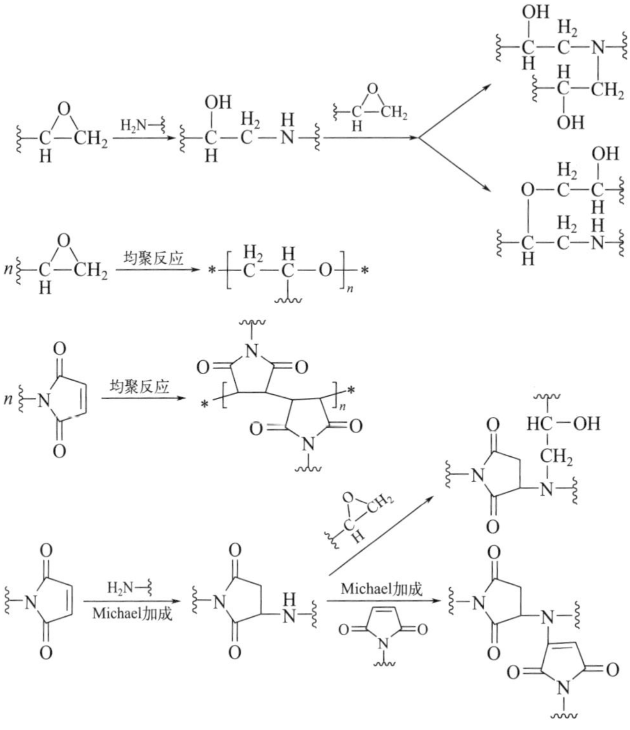

图 5-34 BMI/DA/EP 体系的固化机理

4,4′-双马来酰亚胺二苯甲烷（BDM，图 5-35）是最常用的改性环氧树脂的 BMI 单体；该单体分子结构规整、易结晶、熔点高、溶解性差，导致 BDM 与环氧树脂的混溶性不佳；两者在高温下形成的均相溶液在降温过程中发生 BDM 结晶析出，改性树脂体系工艺性严重劣化。含酞侧基链延长型 BMI（PPBMI，图 5-35）由于大侧基的存在，破坏了分子结构的规整性、降低了结晶性和熔点、改善了溶解性能，与环氧树脂能够形成室温下稳定的真溶液体系。PPBMI 改性 EP/DA 体系预期能够获得综合性能优异的环氧树脂。

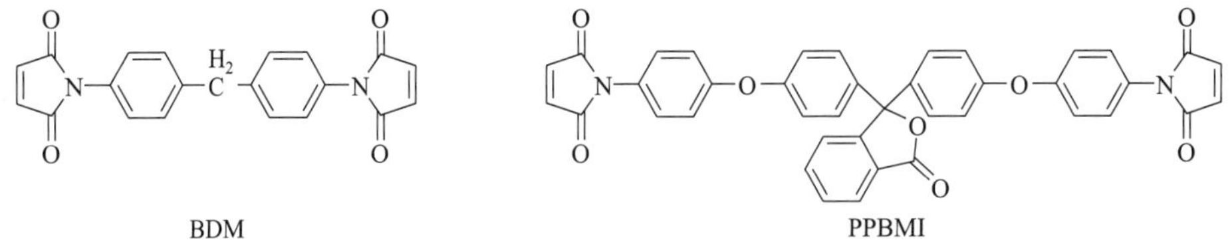

图 5-35 BDM 和 PPBMI 的化学结构

通过在等化学计量配比缩水甘油醚环氧树脂（E-51）和二氨基二苯砜（DDS）体系中加入 PPBMI，研究了 PPBMI 含量对环氧体系固化行为及固化物性能的影响。其中 P-0、P-5、P-10、P-15、P-20 分别代表在等化学计量配比 E-51/DDS 中加入质量分数 0%、5%、10%、15%、20% PPBMI 的树脂体系。

5.13.1 可溶性双马来酰亚胺改性环氧树脂体系的固化机理

为更好地厘清 PPBMI/DDS/E-51 体系的固化机理，陈平、熊需海等对 PPBMI/E-51

体系可能发生的反应进行研究。质量配比为 1 : 1 的 PPBMI/E-51 体系在 180℃ 下等温固化 1h 后就变成红棕色固体且部分不溶于强极性溶剂二甲基甲酰胺，固化 4h 后基本完全不溶。PPBMI/E-51 体系在 180℃ 下等温固化的红外谱图（图 5-36）显示，初始谱图在 1396cm^{-1} 处吸收峰比 1384cm^{-1} 处吸收峰的强度大，但是随着加热时间的延长，两峰强度发生了转变，1396cm^{-1} 吸收峰逐渐减弱最后变成了 1384cm^{-1} 吸收峰的肩峰。1396cm^{-1} 和 1150cm^{-1} 吸收峰分别是由 PPBMI 分子结构中 C—N—C 的不对称和对称伸缩振动引起的，1396cm^{-1} 峰减弱说明双马来酰亚胺环上双键发生了反应；1150cm^{-1} 处吸收峰的消失也证实了该结论。914cm^{-1} 处的吸收峰是环氧基的特征吸收峰，比较三条曲线可以发现该吸收峰的强度不随固化时间的增加而发生改变，这表明 PPBMI/E-51 体系在 180℃ 等温固化过程中环氧基没有发生反应。

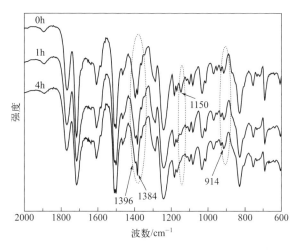

图 5-36　PPBMI/E-51 在 180℃ 下等温固化红外谱图

纯 PPBMI 在 180℃ 下等温固化 4h 后仍能完全溶解于二甲基甲酰胺、氯仿等溶剂中。从图 5-37 可见，随着加热时间的延长，PPBMI 的红外谱图中特征吸收峰的强度没有发生改变，表明纯 PPBMI 在 180℃ 的温度下不发生反应。

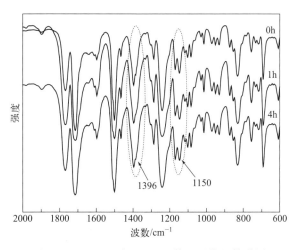

图 5-37　PPBMI 在 180℃ 下等温固化红外谱图

综合以上可以推断出, E-51 对 PPBMI 的均聚反应有促进作用。研究表明, 环氧基可能与双键形成两性离子, 从而引发 BMI 在较低的温度下进行阴离子引发的均聚反应 (如图 5-38)。

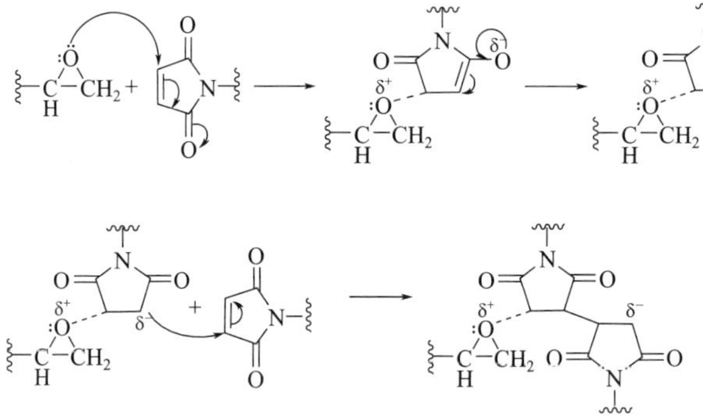

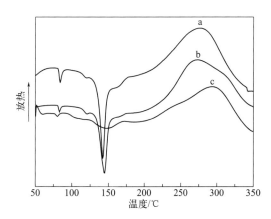

图 5-38 EP 引发 BMI 阴离子聚合机理

图 5-39 显示 PPBMI/DDS 体系的动态 DSC 曲线 (升温速率为 10℃/min), 其中曲线 a 为等摩尔比 PPBMI/DDS 粉末简单共混体系的固化放热曲线, 曲线 b 和 c 分别为 PPBMI 过量 (PPBMI 与 DDS 摩尔配比 2:1) 的简单共混体系和经过 160℃ 预聚 10min 体系的固化放热曲线。曲线 a、b、c 在 150℃ 附近的吸热峰是共混体系的熔融峰, 体系的熔融温度与 PPBMI 的熔点接近但低于 DDS 的熔点 (177℃)。组分的改变对 PPBMI/DDS 体系熔点的影响很小, 预聚使得熔融峰显著

图 5-39 PPBMI/DDS 体系的 DSC 曲线

变弱。等摩尔比 PPBMI/DDS 体系只在 275℃ 出现一个固化放热峰, 暗示固化过程主要发生一种反应; 而 PPBMI 过量体系除了在 270℃ 附近的主放热峰外, 其高温侧 310℃ 处存在一个明显的肩峰, 经过 160℃ 预聚后主放热峰变弱成了肩峰, 高温区域的肩峰增强变成了主放热峰。这表明 PPBMI 过量体系固化过程中主要存在两种反应, 且其中之一能够在 160℃ 的条件下进行。PPBMI 的固化放热峰峰顶温度在 300℃ 附近且在 180℃ 以下不发生反应。由此可以推断, 等摩尔比 PPBMI/DDS 体系主要发生的是 Michael 加成反应, 进而推知 PPBMI 过量体系在 270℃ 附近的放热峰是 Michael 加成反应引起的, 而 310℃ 处的放热峰主要归因于体系中残余双键的自聚反应。PPBMI 过量体系 Michael 加成反应的放热峰温度比等摩尔体系对应的放热峰温度低, 是因为 DDS 含量少反应提前结束; 而 PPBMI 过量体系残余双键的自聚温度比纯 PPBMI 的固化温度高则是因为 Michael 加成反应产物增大了体系的黏度进而导致双键的活动能力降低所致。

PPBMI 改性 E-51/DDS 体系的 DSC 曲线 (升温速率 10℃/min, 图 5-40) 显示: 当 PPBMI 的加入量小于 15% 时, 150~350℃ 只有一个放热峰, 并且 PPBMI 的加入对 E-51/DDS 体系的放热峰影响小; 当 PPBMI 的加入量超过 15% 时, 在主放热峰的高温侧出现一个放热肩峰。这表明低 PPBMI 含量的 E-51/DDS 改性体系在固化过程中各种反应几乎是

同步进行。

　　E-51/DDS 是等化学计量配比，PPBMI 与 DDS 发生 Michael 加成反应造成 E-51 环氧基团固化不充分。P-15 和 P-20 体系在 325℃和 320℃处的放热肩峰可能是体系中残余环氧基团高温均聚引起的。为了证实该结论，在 P-20 体系的基础上通过额外增加 DDS 的方法另设计两种配比体系：补加特定数量 DDS 后体系中 DDS 的总量恰好满足 PPBMI 与伯胺基团 Michael 加成反应，同时体系中残余的伯胺和仲胺基团使 E-51 完全固化，该体系标记为 P-20+1；额外补加 DDS 的物质的量等于 PPBMI 的物质的量，该体系标记为 P-20+2。随着 DDS 补加量的增加，高温区域的肩峰逐渐变小直至消失（图 5-41）。可以确定 P-15 和 P-20 体系高温区域的放热肩峰是由残余环氧基团的均聚反应引起的。该结论从另一侧面也说明 PPBMI 改性 E-51/DDS 体系中 PPBMI 主要参加了与 DDS 的 Michael 加成反应而环氧基引发的低温自聚反应几乎没有发生，这是因为在 PPBMI 改性 E-51/DDS 体系中 PPBMI 的浓度较低、双键相遇比较困难。

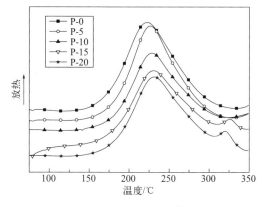

图 5-40　PPBMI 改性 E-51/DDS 体系的 DSC 曲线

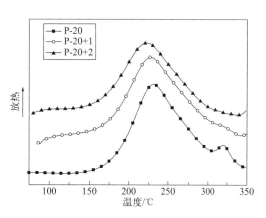

图 5-41　P-20 体系的 DSC 曲线

　　为了进一步确定 PPBMI 在体系中主要发生的是 Michael 加成反应还是双键自聚反应，上述树脂体系按相同的温度程序固化，然后对固化物进行 DSC 扫描（图 5-42）。若 PPBMI 主要参与的是 Michael 加成反应，那么固化体系交联密度将会降低，T_g 也随之降低；反之，PPBMI 的双键自聚反应则能增大体系的交联密度，使 T_g 提高。固化物的 DSC 曲

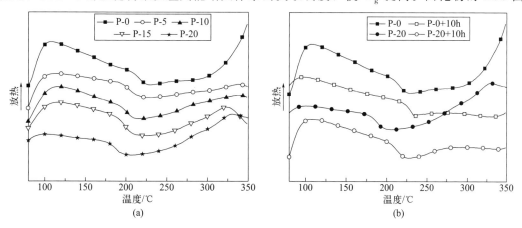

图 5-42　PPBMI 改性 E-51/DDS 固化物的 DSC 曲线

线显示，随 PPBMI 的含量增加固化物的 T_g 依次降低；P-15 和 P-20 体系在 325℃附近仍存在放热峰，这表明固化物中残存有反应性基团，未反应基团的存在也可能导致 T_g 的降低。P-0 和 P-20 固化物经 220℃恒温热处理 10h 后的 DSC 曲线显示，P-20 固化物的高温放热峰消失并且 P-0 和 P-20 固化物的 T_g 均有提高，但是 P-0 仅提高了 11℃，而 P-20 却提高了 24℃。P-0 体系 T_g 提高的原因是分子链聚集态的调整，提高了堆砌密度；而 P-20 体系 T_g 的提高除了分子链热调整外主要是因为残余活性基团的反应导致了交联密度的提高。完全固化的 P-20 体系的 T_g（213℃）依然低于 P-0 热处理前的 T_g（217℃）和热处理后的 T_g（228℃）。这表明改性体系中 PPBMI 主要是与 DDS 发生 Michael 加成反应。

5.13.2　可溶性双马来酰亚胺改性环氧树脂体系的性能

图 5-43 是 PPBMI 改性 E-51/DDS 体系固化物的储能模量（G'）温度谱图和损耗因子（tanδ）温度谱图，PPBMI 分子结构是由刚性的酰侧基、苯环以及酰亚胺环构成，PPBMI 的加入增加了环氧树脂固化网络分子链的刚度，导致玻璃态区域储能模量随 PPBMI 含量的增加而增大；PPBMI 与 DDS 发生 Michael 加成反应，降低了固化网络的交联密度，导致橡胶态固化物受力时形变量增大、模量降低。损耗因子（tanδ）温度谱曲线都呈现出对称的单峰，表明 PPBMI 和 DDS 形成的网链与环氧树脂固化网络具有良好的相容性。固化物交联密度的降低使得 T_g 随着 PPBMI 含量的增加而降低；PPBMI 扭曲分子结构增加网链松弛过程的内摩擦力，导致 tanδ 峰值随之增大。

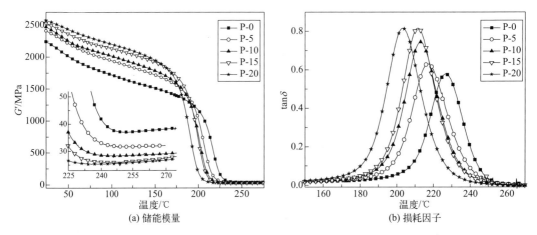

(a) 储能模量　　　　(b) 损耗因子

图 5-43　PPBMI 改性 E-51/DDS 固化物的储能模量和损耗因子温度谱图

PPBMI 改性 E-51/DDS 体系的热失重曲线（升温速率为 20℃/min，图 5-44）显示，PPBMI 的加入提高了环氧树脂的热稳定性，加入 20% PPBMI 的改性体系比纯环氧树脂体系的初始热分解温度高了 24℃，残碳率也由 11.8% 提高到 20.4%。

加入 PPBMI 能够提高 E-51/DDS 体系试样的缺口冲击强度（图 5-45），其中 5% PPBMI 的改性体系的冲击强度最高，达到了 3.75kJ/m²；与纯环氧树脂体系相比，增幅达 84.7%。但是随 PPBMI 含量的继续增加，冲击强度逐渐降低。一方面，交联密度对材料的韧性产生较大的影响，合适的交联密度能够提供最好的断裂韧性。另一方面，固化网络中化学缺陷（未反应基团）的存在有助于断裂的引发，对材料有脆化效应。由于改性体系中 PPBMI 双键主要是与 DDS 发生 Michaeal 加成反应，这将导致体系中环氧树脂的固化剂不足量从而使体系中残存少量未反应的环氧基团。而与其他体系相比，P-5 体系中残余的环氧基团数量最少。P-5 体系可能交联程度适当且体系中化学缺陷较少，因此展现出最好的冲击韧性。

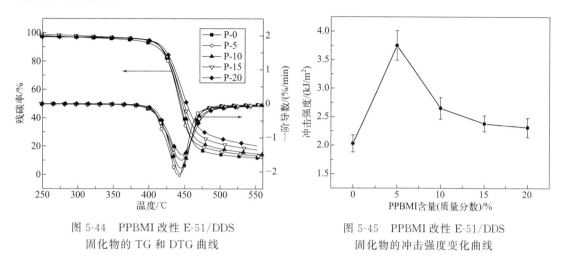

图 5-44 PPBMI 改性 E-51/DDS 固化物的 TG 和 DTG 曲线

图 5-45 PPBMI 改性 E-51/DDS 固化物的冲击强度变化曲线

PPBMI 改性 E-51/DDS 体系在 50℃ 和 100℃ 水中浸泡时吸水率随时间的变化曲线（图 5-46）显示，在 100℃ 时的吸水速率更快，达到平衡吸水量的时间短，平衡吸水量高；由于 PPBMI 分子结构中极性基团含量较 EP 少，疏水性更强，PPBMI 的加入能够减缓环氧的吸水速率并降低了平衡吸水量。

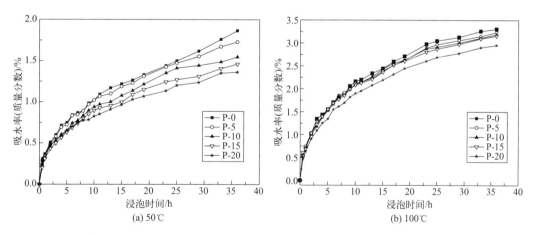

(a) 50℃

(b) 100℃

图 5-46 PPBMI 改性 E-51/DDS 固化物在 50℃ 和 100℃ 水中的吸水率曲线

第6章
环氧树脂固化物的转变与松弛

在近代高分子材料的科学研究中，对高聚物本体的结构与性能等方面的研究取得了很大的进展。为了进一步研究高聚物的各种物理性能，仅仅了解高聚物的微观结构是不够的，还要弄清楚高聚物内部分子运动的情况。可以说，分子运动是联系微观结构和宏观性能的桥梁，这就构成了"微观结构-多模运动及多重转变-宏观性能"的三维关系。探求彼此间的关系，以求为特定用途的材料选择而进行指定性能的分子设计提供足够的科学依据。

高聚物本体在一定条件下都处于一定的分子运动状态，改变条件，高聚物本体从一种模式的分子运动状态变为另一种模式的分子运动状态，同时在热力学性质和其他各种物理性质上都要发生急剧的改变。而这种改变还依赖于作用时间的长短。按照热力学的观点，习惯上称为转变；而按动力学的观点，则可称为松弛。

环氧树脂固化物具有一系列优异的性能，这是与它的分子结构、分子运动形态和交联结构密切相关的。研究表明，它在较宽的温度范围内可发生多重转变。应用动态黏弹谱和介电谱等技术，证实环氧树脂固化物的多重转变有：玻璃化转变（α 松弛）、次级转变（β 松弛、γ 松弛……）以及 α 松弛与 β 松弛之间的中间转变等。然而不同种类乃至同一种类不同类型的固化剂得到的环氧树脂固化物及其转变机理是不同的。下面分别对环氧树脂三大类固化物——酸酐/环氧树脂固化物、胺/环氧树脂固化物、羧酸/环氧树脂固化物的松弛机理以及某些松弛与其力学性能之间的关系分别加以叙述。

6.1 酸酐/环氧树脂固化物的转变与松弛

本节将详细地论述应用各种酸酐（芳香族、脂环族和脂肪族酸酐）固化双酚 A 型、氢化双酚 A 型和螺环型环氧树脂体系，在 $-150 \sim 200\,^{\circ}\mathrm{C}$ 之间的力学和介电的 α、α′、β 和 β′ 松弛的产生及松弛机理，最后对某些松弛峰的峰位和峰值强度与某些力学性能之间的关系也进行了分析总结。

6.1.1 玻璃化转变

环氧树脂固化物都存在主转变——玻璃化转变。研究证明，在用各种酸酐固化各种环氧树脂时，其主要转变都是由相邻分子链上的主链基团之间发生协同运动引起的。其值随着酸酐及环氧树脂种类而改变。

（1）化学结构对玻璃化转变的影响 主链上重复单元的芳烃基团含量增加时，α 松弛峰顶温度（$T_{\max}$）也会相应提高。当酸酐由脂肪族、脂环族向芳香族过渡时，其 α 松弛的峰顶温度也相应提高。当酸酐主链上有庞大取代基时，其 α 松弛的峰顶温度略有提高，其值随取代基的增加而升高。当双酚 A 上的甲基被苯环或其他庞大取代基或刚性更大的基团所取代时，其 α 松弛也向高温方向移动。

（2）分子量对 T_g 的影响　当环氧树脂分子量增加时，其环氧交联网络中交联点之间的分子量下降，导致交联密度下降，所以 $\overline{M}_n$ 增大，T_g 降低。

6.1.2　玻璃态中的 β 松弛

固化环氧树脂处于 T_g 以下（$T < T_g$）的玻璃态时，在 $-120 \sim -30℃$ 之间可以发生多重次级松弛。环氧树脂较高的冲击强度归因于低温的次级 β 松弛的贡献，这是当今研究的重要课题。环氧树脂交联网的 β 松弛与交联网中双酯局部链段的运动有关，且与使用的酸酐固化剂能提供的双酯量有关。

在 $-70 \sim -40℃$ 之间，可观察到酸酐固化的环氧树脂体系的 β 松弛，而这个低温 β 松弛与材料的化学结构存在着密切的关系。下面详细叙述。

（1）酸酐种类及化学结构对体系 β 松弛的影响　用三种酸酐——邻苯二甲酸酐（PA）、四氢邻苯二甲酸酐（THPA）和六氢邻苯二甲酸酐（HHPA）固化的芳香族环氧树脂在 $-150 \sim 100℃$ 下的动态力学性能如图 6-1 所示。

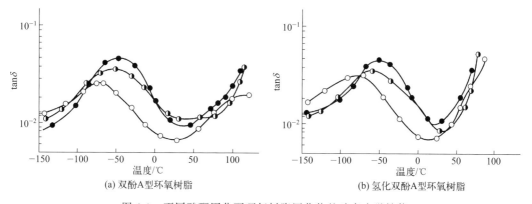

图 6-1　不同酸酐固化下环氧树脂固化物的动态力学性能
固化剂：◑PA；○THPA；●HHPA

这些体系的 β 松弛发生在较高的温度，且峰位及峰值温度都随着固化剂的化学结构从芳香型向脂肪型的变化而增加。然而，环氧树脂芳香型结构的变化对固化物 β 松弛影响较小。这个结果表明酸酐固化体系的 β 松弛行为仅依赖于酸酐的化学结构，而不依赖于环氧树脂的结构。

用 PA 和 HHPA 两种酸酐固化环氧树脂的低温 β 松弛受固化时间的影响结果如图 6-2 所示。从图 6-2 可见，随着固化反应的进行，所有体系的 β 松弛的峰位逐渐增加。这个结果表明：β 松弛可能是随着固化反应程度的增加，其可运动的双酯链段浓度的增加引起的。

二元酸酐和一元酸酐在固化环氧树脂的网络中将分别提供双酯和单酯链段。通过研究各种比率的二元和一元酸酐固化环氧树脂的动态力学性能可以得出如下结论：β 松弛峰的强度随着体系中二元酸酐浓度的增加而增强，即随着网络中双酯链段的浓度的增加而增强。

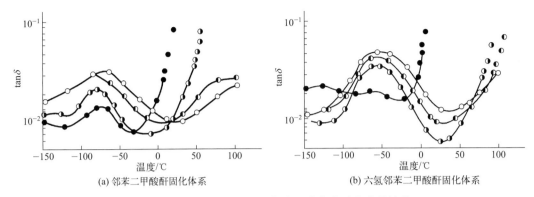

(a) 邻苯二甲酸酐固化体系　　　　　　　(b) 六氢邻苯二甲酸酐固化体系

图 6-2　不同固化时间下环氧树脂固化物的动态力学性能

固化时间：● 15min；◑ 30min；◒ 60min；○ 600min

环氧树脂：双酚 A 型环氧树脂；促进剂：BDMA

β 松弛峰位的最大值 $T_{\beta,\max}$ 与双酯的浓度呈现较强的线性关系，这表明该树脂体系的 β 松弛是由包括网络中双酯在内的酸酐可运动链段引起的，而且其松弛行为将受到双酯链段中环结构变化的影响。

用介电损耗法测量环氧树脂体系的 β 松弛，结果如图 6-3 所示。

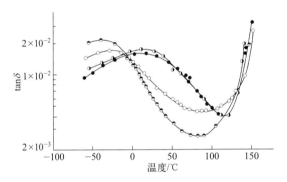

图 6-3　环氧树脂固化物的介电损耗

环氧树脂：双酚 A 型环氧树脂；促进剂：BDMA

固化剂：● HHPA；◑ THPA；○ PA；◒ EMTHPA

这些体系的介电 β 松弛在峰高上是近似的，因为这些体系中双酯链段的浓度是相同的。然而，β 松弛将随着酯链段中环结构从芳香族向脂肪族过渡而向高温移动。这说明双酯链段的柔性将随着链段中环结构的量而变化。由此认为 β 松弛峰的峰位和峰值温度的增加是由双酯链段的分子体积的增大而引起的。

用脂肪族酸酐固化环氧树脂体系的 β 松弛将比脂环族酸酐固化环氧树脂体系的松弛出现在更低温度下，峰位也具有一致的结果，所以认为环氧树脂固化体系的 β 松弛行为将依赖于网络中双酯链段的分子体积。

用有甲基和无甲基分支的脂环族酸酐——MeHHPA 和 HHPA 固化环氧树脂体系的力学 β 松弛行为如图 6-4 所示。从图 6-4 (a) 可见，前者的 β 松弛峰位与峰值温度比后者低。而用内桥甲基型酸酐固化的环氧体系的 β 松弛峰位和峰值温度将不受甲基分支存在的影响 [图 6-4 (b)]。这一点与 β 松弛的强度和峰值很少受到环己烷约束的结论是一致的。

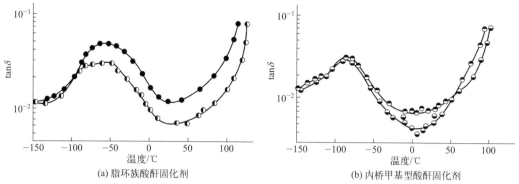

(a) 脂环族酸酐固化剂　　　　　　　　(b) 内桥甲基型酸酐固化剂

图 6-4　有/无甲基分支对环氧树脂固化物的动态力学性能的影响
促进剂：BDMA；环氧树脂：双酚 A 型环氧树脂
● HHPA；◐ MeHHPA；● EMTHPA；◑ MeEMTHPA

用不同比例混合酸酐固化的环氧树脂体系的力学 β 松弛性能如图 6-5 所示。从图 6-5 可见，这些体系中的 β 松弛的峰位随体系中脂环族的浓度的增加而提高，其峰值温度也向更高的温度方向移动。这与 β 松弛行为受脂环族环浓度的影响是一致的。

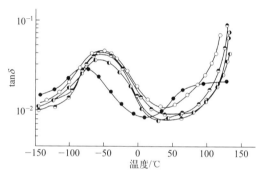

图 6-5　不同酸酐比率下环氧树脂固化物的动态力学性能
环氧树脂：双酚 A 型环氧树脂；固化剂：PA 和 HHPA；促进剂：BDMA
PA/HHPA：● 1/0；◑ 0.75/0.25；◐ 0.5/0.5；◒ 0.25/0.75；○ 0/1

具有或不具有长烷基侧链的各种酸酐固化的双酚 A 型环氧树脂的力学和介电 β 松弛行为是不同的。这些体系中的力学 β 松弛是由双酯和长的线型侧基及其他非极性链段共同运动而引起的。

（2）环氧树脂分子量对 β 松弛的影响　研究结果表明，环氧树脂分子量的变化对固化体系的 β 松弛机理无影响。

6.1.3　α 松弛与 β 松弛之间的中间转变

中间转变（中间温度松弛）是指聚合物在 α 松弛与 β 松弛之间的几个小松弛，它只是在复合材料界面或特殊环氧树脂基体中出现。

用动态力学方法曾发现一个 α′ 松弛峰（50～70℃），它是由体系未完全固化的基体的"链球"产生的一个松弛峰。

β′ 松弛是在室温产生的，它是酸酐固化螺环型环氧树脂体系中对位苯基的局部链段运动引起的，它强烈地受到螺环型环氧树脂中的对位苯基数量的影响。β′ 松弛对固化物的冲击强度有重要贡献。

6.1.4　β 松弛或 β′ 松弛对环氧树脂固化物冲击强度的影响

（1）β 松弛与冲击强度的关系　冲击强度与环氧树脂固化物的 β 松弛面积的关系曲线如图 6-6 所示。

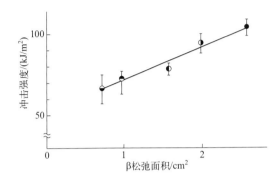

图 6-6　冲击强度与环氧树脂固化物的 β 松弛面积的关系曲线
固化剂：● HHPA；◐ MeHHPA；◔ THPA；◑ EMTHPA；◓ MeEMTHPA
环氧树脂：双酚 A 型环氧树脂；促进剂：BDMA

（2）β′ 松弛与冲击强度的关系　酸酐固化的螺环型环氧树脂在接近室温下产生一个 β′ 松弛，它对固化体系的韧性产生了影响。表 6-1 列出了用酸酐固化双酚 A 型和螺环型环氧树脂体系的低温松弛与冲击强度的关系。

表 6-1　双酚 A 型和螺环型环氧树脂固化体系的低温松弛与冲击强度的关系

环氧树脂	固化剂	冲击强度/(N·cm)	β 松弛峰高	β′松弛峰高
双酚 A 型	HHPA	63.7	0.047	ND[①]
	THPA	58.6	0.036	ND[①]
	PA	48.9	0.032	ND[①]
BMPTU	HHPA	98.1	0.034	0.0267
BGPTU	HHPA	72.6	0.049	0.0162
O-BGPTU	HHPA	59.8	0.044	ND[①]

① 意为没有此峰。

6.2　胺/环氧树脂固化物的转变与松弛

在众多种类的胺类固化剂中，脂肪族（脂环族）的伯胺与仲胺及芳香族的伯胺与仲胺对环氧树脂具有相同的固化反应历程，都是氨基上的活泼氢打开环氧环，形成体型交联网络。而用脂肪族或芳香族叔胺作固化剂，体系将按阴离子催化机理使环氧基开环进行醚化反应，固化后形成聚醚交联结构。

6.2.1　玻璃化转变

用各种胺类固化剂固化的环氧树脂体系都存在主转变——玻璃化转变（α 松弛）。然而，不同的胺固化环氧树脂体系具有不同的交联网络结构和不同的交联密度，最终导致体系具有不同的玻璃化转变温度（T_g）。

（1）化学结构对 T_g 的影响　研究结果表明，环氧树脂固化物的交联网络结构与 T_g 有直接关系。这说明环氧树脂固化物的玻璃化转变来源于分子链上的环氧基与胺交联形成的重复链段单元。由叔胺固化剂固化的环氧树脂的玻璃化转变与体系中聚醚结构单元有关，所以它具有较高的 T_g 值；而由其他脂肪族伯胺或仲胺固化的环氧树脂体系的 T_g 相对来说要低一些。另外固化剂从脂肪族向芳香族结构过渡时，也可能导致 T_g 上升。

当环氧树脂中双酚基丙烷基团上的甲基被苯环取代或苯环上的氢被其他庞大的取代基或卤素取代时，也会导致 T_g 向较高温度的方向移动。

（2）固化剂用量对 T_g 的影响　有资料报道环氧树脂与固化剂在化学计量上的配比偏差会导致 T_g 变化。在 a/e（胺与环氧当量比）<1 时，由于固化剂不足，使得固化物不能产生紧密的交联网络，所以 T_g 值较低；在 $a/e>1$ 时，由于固化剂过量，体系中存在一部分未参加反应的氨基小分子，所以 T_g 值也较低；只有 a/e 趋于 1 时，固化物的交联网络均一，且具有致密交联结构，此时 T_g 值最高。

（3）固化剂分子链长短对 T_g 的影响　用脂肪族二胺 $[NH_2-(CH_2)_m-NH_2]$ 固化环氧树脂时，随着 m 值的增加，交联点之间的分子量增大，体系固化物的 T_g 逐渐下降。

（4）环氧树脂分子量大小对 T_g 的影响　随着环氧树脂分子量的增大，其交联网络中交联点之间的分子参数 ν（交联密度）将逐渐下降，自由体积增加，所以 T_g 逐渐向低温方向移动。

（5）物理老化对环氧树脂固化物的 α 松弛的影响　研究结果表明，随着退火时间的延长，其 T_g 向高温移动，这是由于退火时间延长，热熔松弛，自由体积减小，所以 α 松弛向高温方向移动。

6.2.2　玻璃态中的 β 松弛

用胺固化的环氧树脂与用酸酐固化的环氧树脂一样，在 T_g 以下的玻璃态（$T<T_g$）时，也可以发生多重次级转变（β松弛），同时在玻璃态中 β 松弛对固化体系的冲击强度有重要贡献，这也是当今研究的重要课题之一。

用芳香二胺（o-PDA）和邻苯二甲酸酐（PA）固化环氧树脂的动态力学性能如图 6-7 所示。从图 6-7 中可见，酸酐固化环氧树脂体系与胺固化环氧体系的 β 松弛行为是不同的，前者在大约 −70℃ 处观察到一个小的 β 松弛，而后者在大约 −40℃ 处观察到一个较大的 β 松弛。目前对胺固化环氧体系的 β 松弛机理存在两种观点：一种认为 β 松弛来自体系中的二苯基丙烷；另一种认为来自于体系的羟基醚基团。

近期的研究结果证明，后一种观点是正确的。β 松弛受胺类固化剂种类等因素的影响。如果胺引发的环氧树脂固化体系中醚键增加，那么其 β 松弛向低温方向移动。用芳香族二胺或脂肪族二胺固化环氧树脂时，体系中的 β 松弛将不受固化剂的影响，这是因为这

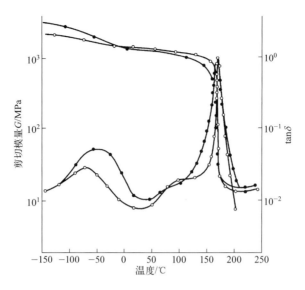

图 6-7　两种胺类固化剂固化环氧树脂的动态力学性能
固化剂：●o-PDA；○PA
环氧树脂：双酚 A 型环氧树脂

时固化剂种类的变化不会改变交联网络中羟基醚基团的含量。叔胺固化剂固化的环氧树脂体系中，交联网络几乎都是聚醚交联的，体系中存在着大量的羟基醚结构，所以，β 松弛移向低温（图 6-8）。

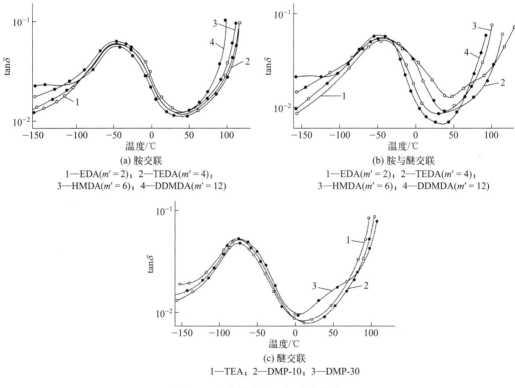

(a) 胺交联
1—EDA($m' = 2$)；2—TEDA($m' = 4$)；
3—HMDA($m' = 6$)；4—DDMDA($m' = 12$)

(b) 胺与醚交联
1—EDA($m' = 2$)；2—TEDA($m' = 4$)；
3—HMDA($m' = 6$)；4—DDMDA($m' = 12$)

(c) 醚交联
1—TEA；2—DMP-10；3—DMP-30

图 6-8　网络结构对 β 松弛的影响

6.2.3 α松弛与β松弛之间的转变

在α松弛、β松弛之间有一个或几个小松弛。研究结果表明，这几个小松弛可能是由于固化剂量上的偏差引起的，或者与胺类固化环氧树脂用不同促进剂或与胺类固化一些特殊结构的环氧树脂（如螺环型环氧树脂）有关。

（1）α'松弛峰的产生 在研究用DDM固化双酚A型环氧树脂时，发现胺与环氧树脂的当量比相差越大时，体系在α与β松弛峰之间50~70℃处产生的一个α'松弛峰越强。由此可以认为，此α'松弛峰是交联密度低和均一性差引起的。这与溶胀后环氧树脂交联网络的动态力学实验的结果相一致。

（2）β'松弛峰的产生 在用脂肪族二胺 $[H_2N—(CH_2)_m—NH_2]$ 固化环氧树脂（用羧酸作促进剂）体系中，交联网络几乎全部是胺交联的，此时在-100~0℃之间产生一个β'和一个β"松弛，其中位于-70℃左右产生的β"松弛与β松弛机理是一致的，只是表达形式不同而已。而于0℃左右产生的β'松弛是用胺固化环氧树脂体系（无促进剂存在）所不具有的，由此认为它是由体系中固有的—C—O—C—链段引起的一个新的松弛运动。另外在用DDM固化螺环型环氧树脂时，体系在α松弛与β松弛之间（30℃左右）产生了一个新的松弛——β'松弛。研究认为，此β'松弛与用酸酐固化螺环型环氧树脂体系的β'松弛机理是一致的，即也是由螺环型环氧树脂中本身存在的对位苯基引起的。

6.2.4 β松弛、β'松弛与固化物力学性能的关系

（1）β松弛与体系冲击强度的关系 β松弛与体系的冲击强度存在一种近似的线性关系，即β损耗松弛峰值（$\tan\delta_{max}$）越强，那么体系耐冲击强度也就越强，这一点与用酸酐固化环氧体系的结果是一致的。

（2）β'松弛与体系冲击强度的关系 具有β'松弛的环氧树脂固化体系比不具有β'松弛的环氧树脂固化体系具有更高的耐冲击性能，并且其冲击强度与β'松弛峰面积也存在一种近似的线性正比关系。

6.2.5 玻璃态中的γ松弛

关于用胺固化环氧树脂体系中的γ松弛（大约位于-140℃）的机理研究得较少。但是，有人曾利用脂肪族二胺 $[H_2N—(CH_2)_m—NH_2]$ 固化环氧树脂体系的低温力学松弛行为，对γ松弛机理进行过研究。研究结果认为γ松弛是由固化剂中—$(CH_2)_m$—（在 $m \geq 4$ 时）链段引起的，且此峰高度随 m 的增大而增加，而其峰位将随其值的大小而发生变化。

6.3 羧酸/环氧树脂固化物的转变与松弛

本节主要是在有/无叔胺促进剂存在下，对具有不同亚甲基数目的二元脂肪族羧酸 $[HOOC(CH_2)_pCOOH]$ 固化双酚A型环氧树脂体系的α、β、γ松弛产生的机理及其网络结构、交联密度与羧酸/环氧树脂体系的静态和动态力学性能的关系等进行系统的论述。

6.3.1　网络的结构特征

前文已经论述过，有机羧酸/环氧树脂体系中可能有以下三种主要的反应发生。

① 环氧基与羧基的酯化反应

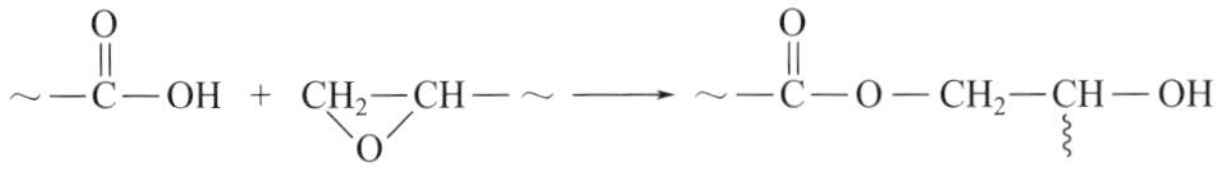

$$\sim\!-\!\overset{\displaystyle O}{\overset{\|}{C}}\!-\!OH \;+\; CH_2\!-\!CH\!\sim \;\longrightarrow\; \sim\!-\!\overset{\displaystyle O}{\overset{\|}{C}}\!-\!O\!-\!CH_2\!-\!CH\!-\!OH$$

② 羧基与羟基的酯化反应

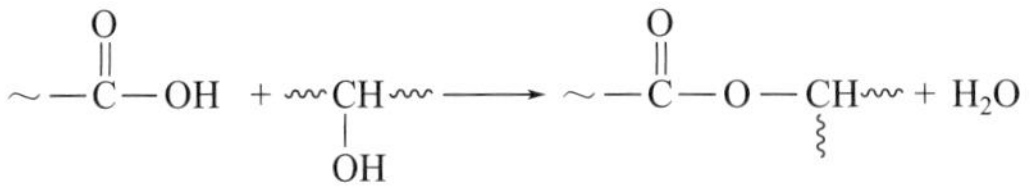

$$\sim\!-\!\overset{\displaystyle O}{\overset{\|}{C}}\!-\!OH \;+\; \sim\!\!CH\!\!\sim \;\longrightarrow\; \sim\!-\!\overset{\displaystyle O}{\overset{\|}{C}}\!-\!O\!-\!CH\!\!\sim \;+\; H_2O$$

③ 环氧基与羟基的醚化反应

$$\sim\!\!CH\!\!\sim \;+\; CH_2\!-\!CH\!-\!\sim \;\longrightarrow\; \sim\!\!CH\!\!\sim$$

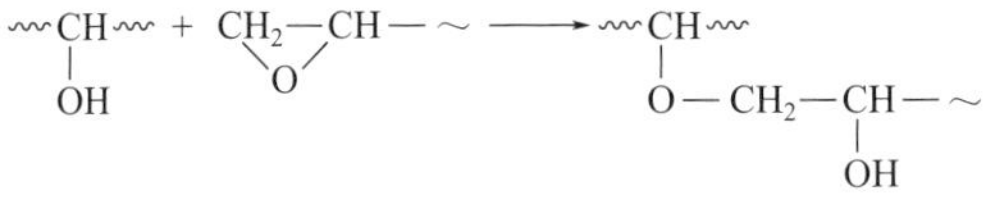

在羧酸作固化剂、有叔胺促进剂存在时，分析认为叔胺抑制了环氧基与羟基的醚化反应，所以，体系中基本上发生的是酯化反应，形成的固化物基本上全部是具有酯键交联的网络结构；在羧酸作固化剂、无叔胺促进剂存在时，体系中同时存在酯化反应和醚化反应，所以固化物基本上是同时具有酯键和醚键交联的网络结构；在无羧酸、单独用BDMA 等叔胺作催化剂型固化剂时，叔胺促进了体系中的醚化反应，抑制了体系中的酯化反应，所以固化物基本上是具有醚键交联的网络结构。在上述三种情况下，环氧树脂固化物的交联结构特征示意图如图 6-9 所示。

6.3.2　具有不同网络结构的环氧树脂固化物的松弛机理及其动态力学性能

具有酯键、醚键和同时具有酯键、醚键交联结构的环氧树脂固化物的动态力学性能如图 6-10 所示。

（1）动态储能模量（G）　从图 6-10 可见，具有醚键交联结构的 G 将比具有酯键和同时具有酯键、醚键交联结构的 G 高，且同时具有酯键、醚键交联结构网络的 G 是介于两者之间的。

（2）玻璃化转变温度（α 松弛）　玻璃化转变温度（T_g）的排列顺序与环氧树脂固化物的储能模量是一致的，这是由于体系的醚交联是由最致密的交联结构导致的。在羧酸作固化剂的体系中，无论是否有叔胺存在，其固化物的玻璃化转变温度（或 α 松弛）都是随着二元羧酸中亚甲基数目（p）的增加而逐渐下降。这是因为随着 p 的增大，其交联网络中交联点之间的分子量逐渐上升，交联密度逐渐下降，从而使体系固化物在较低的温度条件下就可以有足够的能量来激发整链的分子运动。

（3）玻璃态中的 β、γ 松弛　从图 6-10 可见：在醚键交联体系中，在 −70℃ 左右有一个低温松弛——β 松弛，通过研究认为它是由醚键基团运动导致的。而在酯键交联的体系

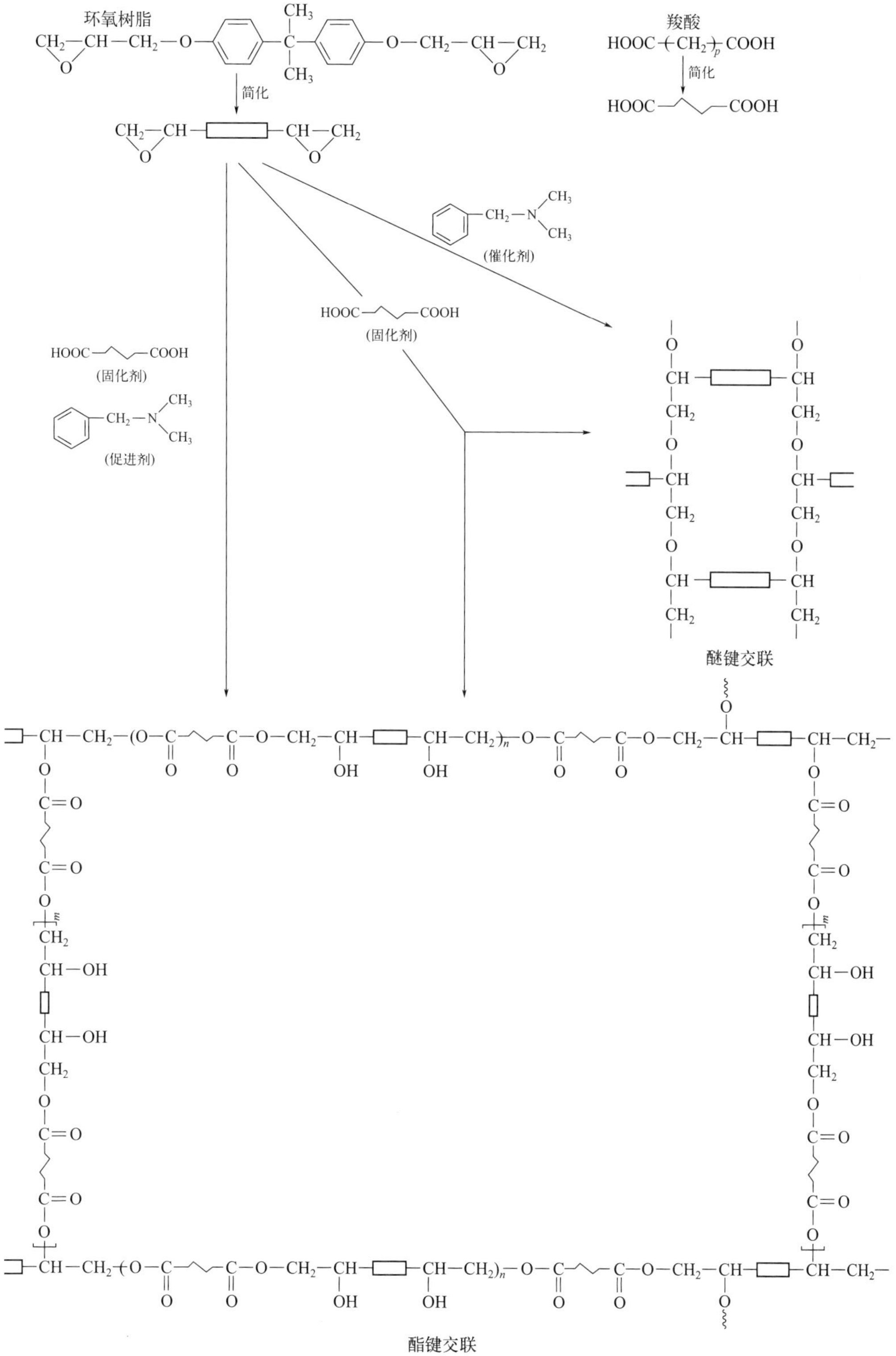

图 6-9　环氧树脂固化物的交联结构特征示意图

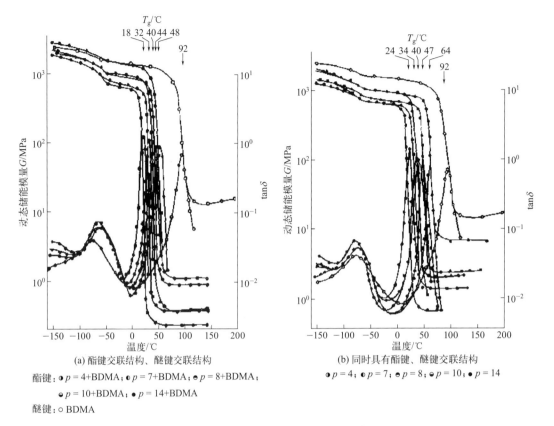

图 6-10　环氧树脂固化物的动态力学行为

中，在-50℃左右有一个低温松弛——β松弛出现，由于它产生的温区与醚键交联的体系不同，所以确认它是一个新的基团运动引起的低温松弛。通过研究认为它是由体系中羟基醚基团引起的，并且此β松弛不受 p 值大小的影响。这是因为 p 值的变化将不影响体系中羟基醚的含量。

在同时具有酯键、醚键的交联体系中的β松弛是随着 p 值大小的变化而在 $-70\sim50℃$ 之间产生变化的。这说明 p 值的变化影响体系中酯键交联和醚键交联的数量，从而影响体系中β松弛产生的温度。研究认为随着 p 值的增加，体系中醚键交联数量减少，β松弛向低温区移动。另外，在以羧酸为固化剂的体系中，大约在 $-140℃$ 时产生一个γ松弛峰。研究认为这是二元羧酸中亚甲基 $(CH_2)_p$（$p \geqslant 6$）产生的。从图 6-10 可见，p 值增加，γ松弛的峰值上升。

6.3.3　交联密度与 T_g 的关系

交联密度（ν）与亚甲基单元数（p）和玻璃化转变温度（T_g）的关系分别如图 6-11（a）和图 6-11（b）所示。从图 6-11（a）可见，在各种交联体系中，其交联密度都是随着 p 值的增加而呈线性下降，这说明环氧基与固化剂是通过均匀的固化反应形成网络结构的。从图 6-11（b）可见，T_g 与 ν 呈线性变化的关系。这说明 T_g 值不仅受到交联网络结构的影响，同时还受到交联密度（ν）的影响，两方面共同决定环氧树脂交联网络的 T_g 值。

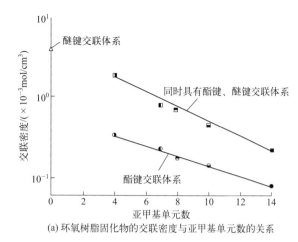

(a) 环氧树脂固化物的交联密度与亚甲基单元数的关系

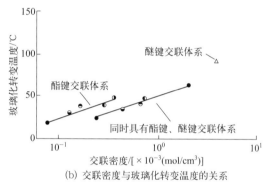

(b) 交联密度与玻璃化转变温度的关系

图 6-11　交联密度与亚甲基单元数和玻璃化转变温度的关系

6.3.4　网络结构与机械强度的关系

图 6-12 是三种体系的环氧树脂固化物拉伸强度（σ_B）与温度（T）的关系曲线。

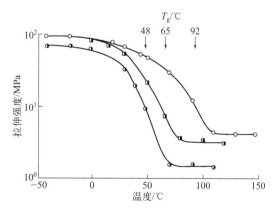

图 6-12　环氧树脂固化物的拉伸强度与温度的关系
◑酯键交联结构；○醚键交联结构；▥同时具有酯键、醚键交联结构

从图 6-12 可见，在 $T < T_g$ 的区域内，σ_B 随着温度 T 的变化很小，T_g 附近 σ_B 迅速下降，在 $T \geqslant T_g$ 时，σ_B 值随温度的变化又很小。并且对于不同的网络结构，其 σ_B 下降时的温度值不同。所以，σ_B 将强烈依赖于体系的网络结构。

6.3.5 力学性能对温度的依赖性

环氧树脂固化物的断裂伸长率（ε_B）与温度的关系如图 6-13 所示。从图 6-13 可见，环氧树脂固化物的断裂伸长率与温度呈现有规律的变化关系，且最大断裂伸长率在 T_g 时获得。从图 6-14 可见，拉伸强度与交联密度（ν）有很好的线性关系，即交联密度越高，则交联体系的拉伸强度就越高；而断裂伸长率在交联密度低的区域中，其交联密度越低，则其断裂伸长率越高，且呈现较好的线性关系。当交联密度在比较高的区域变化时，其 ε_B 与 ν 的依赖关系不呈现线性关系，这个特征与其他交联大分子体系的特征是一致的。

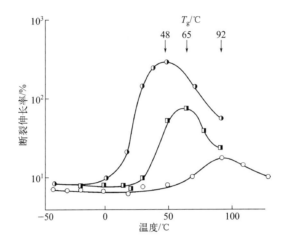

图 6-13 环氧树脂体系固化物的断裂伸长率与温度的关系
◑酯键交联结构；○同时具有酯键、醚键交联结构；■醚键交联结构

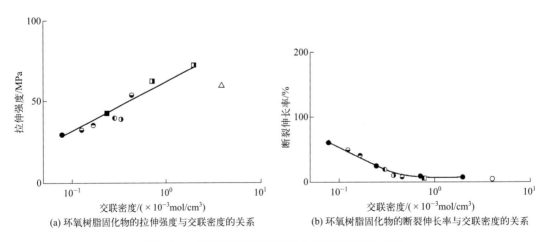

(a) 环氧树脂固化物的拉伸强度与交联密度的关系　　(b) 环氧树脂固化物的断裂伸长率与交联密度的关系

图 6-14 拉伸强度和断裂伸长率与交联密度的关系

从以上分析可见，环氧树脂固化物的交联网络结构特征和交联密度对环氧交联网络的 α 松弛（T_g 转变）、β 松弛和 γ 松弛以及动态和静态力学性能将产生强烈的影响。因此通过对固化剂/环氧树脂的固化反应机理的分析，可以对环氧树脂固化物交联网络的结构特征、力学松弛机理和物理性能等进行科学的理论预测。

第 7 章
环氧树脂固化物网络结构的形成及其与性能的关系

环氧树脂与固化剂反应形成不溶不熔的、具有三维网络结构的固化物（凝胶），其性能因环氧树脂、固化剂、促进剂和其他成分的种类不同、配比不同而不同。即使组成不变，因固化条件的改变，固化物的性能也不相同，这与固化过程中形成的网络结构和形态有关。本章仅讨论固化过程中形成的网络结构和形态与环氧树脂固化物性能之间的关系。

7.1 环氧树脂固化物网络结构的形成

随着反应的深入，线型缩聚物的黏度逐渐变大，但最终的产物是可溶可熔的。非线型缩聚物则相反，在反应达到某一特定阶段时，其黏度突然变大，同时形成不溶不熔的凝胶。严格地说，凝胶点只是开始产生凝胶的反应程度，凝胶点之后，反应继续进行一直到全部变为凝胶为止。最初出现的凝胶由两部分结构不同的分子组成：其一是网络结构的高分子，它具有不溶不熔的特性；其二是分子量较低的溶胶，它具有线型和支化结构以及可溶可熔的特性，共存于凝胶分子的三维网络结构中，可用合适的溶剂抽提出来。综上所述，体型缩聚反应在凝胶点之后还有一段溶胶逐渐减少和凝胶逐渐增加的过程，最后形成一个支化、交联和缠结交织在一起的相当复杂的网络聚合物。

7.1.1 微凝胶的形成

在环氧树脂固化过程中，一般认为反应体系处于不均一的状态。实际上是以快速反应产生的环氧树脂低聚物为核心，先在体系中产生不均一的微凝胶，然后微凝胶体逐步长大，最后形成大凝胶体，如图 7-1 所示。电子显微镜研究结果证实图 7-1 中所生成的第一次微凝胶体尺寸很小，直径仅在 $10 \sim 50nm$ 之间，第二次微凝胶体直径在 $200 \sim 500nm$ 之间，并与第一次微凝胶体共存。

7.1.2 大凝胶体的形成

随着环氧树脂固化反应的进行，体系到达凝胶点 P_α，溶胶分数 $W_s = 1$。超过凝胶点时，体系由凝胶和溶胶两部分组成，$W_s < 1$。当 $W_s = 0$ 时，$P_\alpha = 1$，此时，体系就是一个凝胶体系，不溶不熔。显然，在凝胶点之后，有一个凝胶和溶胶的分配问题。凝胶和溶胶的分配与凝胶点以后的反应程度有关，因此，通过溶胶分数的测定就可以估计凝胶点以后的反应程度（交联密度）。在凝胶点之后的进一步反应就是热固化反应，在这个过程中，随着反应程度的增大，体系经历了一个凝胶的产生和不断增长的过程。这样一个过程意味

着体系从微凝胶体逐渐生成大凝胶体。从起始状态经过微凝胶体和大凝胶体直到形成凝胶状聚合物，其模式如图 7-2 所示。

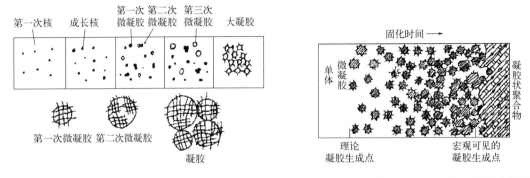

图 7-1 环氧树脂凝胶体的形成示意图   图 7-2 环氧树脂凝胶状聚合物形成示意图

图 7-2 把微观的凝胶生成点（即理论凝胶生成点）与宏观可见的凝胶生成点（即形态学上的凝胶生成点）分开表示。微观凝胶点是按均一体系理论计算的，与宏观可见的凝胶生成点不同。很明显这种差别归因于体系微粒凝胶体的生成。

7.1.3 交联网络结构的形成

图 7-2 说明了固化剂/环氧树脂体系随着反应的进行从低分子量环氧树脂经过溶胶和凝胶的生成，最后形成三维交联网络结构的全部过程。

实际上，固化剂/环氧树脂体系虽然最终形成三维交联网络结构，其固化物表现出良好的力学性能，但并不能表明体系中所有可参加反应的官能团全部参加了反应，这取决于交联密度、分子链末端的缠结、化学键合及分子间的作用力。

为了获得性能优良的环氧树脂固化物，在高温下进行后固化是十分必要的，如图 7-3 所示。这一过程在形态学的意义上可以理解为使体系中的微粒凝胶体间形成牢固的连接，并使所有的官能团全部参加反应，从而提高交联密度。这样形成的网络结构对于提高环氧树脂固化物的性能是非常有利的。

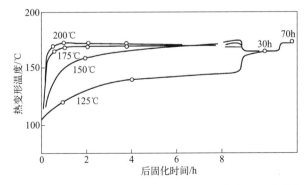

图 7-3 后固化温度和时间对环氧树脂固化物热变形温度的影响
配方：双酚 A 型环氧树脂 100g；4,4'-二氨基二苯砜 30g；三氟化硼络合物 1g。
固化条件：120℃/4h

7.2　环氧树脂固化物结构与性能的关系

众所周知，环氧树脂和固化剂的种类不同，其环氧树脂固化物的性能也不同，这主要取决于它们的化学结构和固化物的交联密度。因此，讨论微观结构与宏观性能之间的关系是必要的，这为在实际应用中通过选择环氧树脂和固化剂得到所需要的力学性能，提供了理论依据。

7.2.1　影响交联密度的因素

影响环氧树脂固化物交联密度的重要因素是：①环氧树脂与固化剂的配比；②体系的反应程度；③官能团之间的距离，即环氧树脂中环氧基间的距离和固化剂中官能团间的距离。

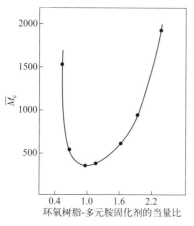

图 7-4　$\overline{M}_c$ 与环氧树脂/脂肪族多元胺固化剂配比间的关系

（1）环氧树脂与固化剂的配比　对于加成聚合型固化剂中可反应基团除与环氧树脂中环氧基反应以外再无其他反应的环氧树脂/固化剂体系来说，如果以等当量配比，则环氧树脂固化物的交联点间分子量（$\overline{M}_c$）最低，交联密度（ν）最高；偏离此比例越远，$\overline{M}_c$ 就越高，交联密度也就越低。这一点可以从图 7-4 中看出。

同样，对于加成聚合型固化剂中可反应基团除与环氧树脂中环氧基反应以外还可以与环氧树脂中的羟基发生反应的环氧树脂/固化剂体系来说，环氧树脂与固化剂的配比则依固化剂的种类而定。例如，双氰胺和酸酐类固化剂，它们除了可以引发环氧树脂中的环氧基进行开环加成聚合反应外，双氰胺中的氰基还可以和环氧树脂中的羟基反应，酸酐开环后，羧基还可以引发环氧树脂中的羟基进行聚醚反应，所以这两种固化剂适宜的配比分别为 0.6 和 0.85。

（2）体系的反应程度　确定适宜的反应物比例后，环氧树脂/固化剂体系的反应程度和 $\overline{M}_c$ 及 T_g 的关系如图 7-5 所示。

从图 7-5 中可见，超过凝胶点后，交联结构开始形成，$\overline{M}_c$ 急剧下降，随后变化逐渐趋于缓和，不久便达到平衡。图 7-5 中与 $\overline{M}_c$ 对应表示出玻璃化转变温度 T_g 的变化情况，可以看到，它们处于完全对称的状态，说明固化物的 T_g 与 $\overline{M}_c$ 相关联。

（3）官能团间的距离　双酚 A 型环氧树脂中环氧基间的距离是用环氧当量（EEW）表示的。图 7-6 中示出了交联密度（ν）、T_g 和环氧基反应率与 EEW 的关系。当 EEW 很大时（600～1500g/mol），ν 和 T_g 都很小。而当 EEW＜600g/mol 时，环氧树脂固化物的 T_g 迅速增加。在聚合度（n）近于零的区间，即使环氧树脂的环氧基的反应率达到 100% 时，ν 和 T_g 也是随 EEW 的增大而降低，EEW 增至 1500g/mol 时，环氧基的反应率降至 60% 以下。因此，图 7-6 中环氧树脂固化物的 ν 和 T_g 大幅度降低，这不完全是由于环氧树脂中环氧基之间的距离加大，其中还与反应程度有关。固化剂官能团间距离加大，环氧

树脂固化物的 ν 和 T_g 也同样降低。

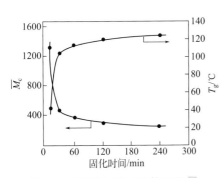

图 7-5　DGEBA/乙二胺体系的 $\overline{M}_c$
和 T_g 与固化时间之间的关系

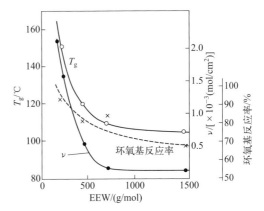

图 7-6　ν、T_g 和环氧基反应率与 EEW 之间的关系
（DGEBA/DDM，固化条件为 80℃/2h＋180℃/6h）

7.2.2　力学性能与交联点间分子量的关系

化学结构相似的环氧树脂固化物的性能与交联点间分子量的函数关系如图 7-7 所示。先看 T_g，用各种脂肪族多元胺固化双酚 A 型环氧树脂，其 T_g 值与脂肪族多元胺固化剂种类无关，仅为 $\overline{M}_c$ 的函数，随着 $\overline{M}_c$ 的加大（即 ν 减少），T_g 几乎直线下降，这与图 7-7 中的 $\overline{M}_c$ 与 T_g 之间的趋势是一致的。拉伸强度和反应率也与脂肪族多元胺固化剂的种类无关，仅为 $\overline{M}_c$ 的函数。拉伸强度在 $\overline{M}_c$ 小的区域下降缓慢，$\overline{M}_c$ 加大则下降的倾向明显。伸长率同拉伸强度刚好相反，在 $\overline{M}_c$ 小的区域几乎不变，$\overline{M}_c$ 加大，伸长率上升的倾向显著。肖氏硬度也与脂肪族多元胺类固化剂的种类无关，单纯为 $\overline{M}_c$ 的函数，但 $\overline{M}_c$ 在一个较大的范围内对硬度影响不明显。

7.2.3　力学性能对温度的依赖性

随着温度的上升，固化物的力学性能下降，这种力学性能对温度的依赖性与交联密度和分子间作用力大小有关：交联密度越大，力学性能对温度的依赖性越弱。

环氧树脂中多官能基缩水甘油胺树脂的耐热性特别优异，其对温度的依赖性如图 7-8 所示，为方便对比，双酚 A 型环氧树脂也列在其中。图 7-8 表明伸长率接近 T_g 前几乎不变，其后开始上升，在 T_g 处出现极大值，继而下降。对应伸长率的行为，拉伸强度在 100℃左右随温度下降的斜率较小，但在 100℃以上时几乎呈直线下降。两种固化物比较，多官能基缩水甘油胺树脂固化物虽在室温下拉伸强度高，但是随温度下降的速度并没有太大的区别。

图 7-9 表明了不同的酸酐固化剂固化的 DGEBA 树脂的拉伸强度与温度的关系。在室温下的拉伸强度按单官能度、带游离羧酸的单官能度和双官能度的顺序下降。但随着温度的上升，拉伸强度下降的斜率正好相反，官能度越大，下降斜率越小。因此高温下的拉伸强度与室温下的拉伸强度相反，随官能团数目的增加而上升。

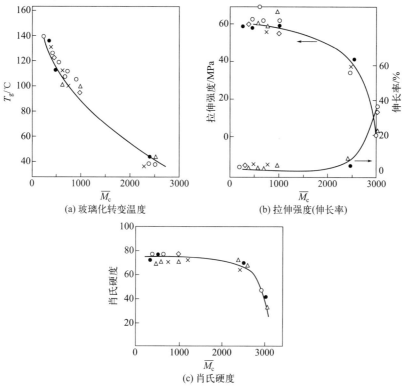

(a) 玻璃化转变温度　　　　(b) 拉伸强度(伸长率)

(c) 肖氏硬度

图 7-7　各种脂肪族多元胺/双酚 A 型环氧树脂固化物的玻璃化转变温度、
拉伸强度和肖氏硬度与交联点间分子量（$\overline{M}_c$）之间的关系

○ EDA；◇ DETA；× TETA；△ TEPA；● PEHA

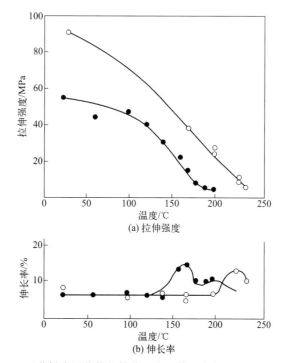

(a) 拉伸强度

(b) 伸长率

图 7-8　两种树脂固化物的拉伸强度、伸长率与温度之间的关系

● 双酚 A 型环氧树脂固化物；○ 多官能基缩水甘油胺环氧树脂

图 7-10 表明了各种脂肪族多元胺固化剂/DGEBA 树脂的弹性模量对温度的依赖关系（这是由交联密度不同引起的）。弹性模量在玻璃态随温度下降很少，在玻璃化转变区急剧下降约两个数量级，然后进入橡胶态。根据 WLF 方程作出 $\lg A_T$ 对测定温度（$T-T_g$）的图，然后从曲线上找到所需要的各温度下的 $\lg A_T$ 值，根据这一数据确定实验曲线的水平移动量而绘制的叠合曲线如图 7-11 所示。即使交联密度不同，玻璃化转变区的弹性模量及在玻璃化转变区的下降行为几乎没有太大差异，而橡胶态的弹性模量却随交联密度的提高而增大。

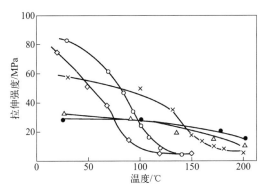

图 7-9 不同酸酐/DGEBA 固化物的拉伸强度与温度的关系
○PA（180℃）；◇HHPA（180℃）；×TMA（180℃）；△PMDA（220℃）；●BTDA（220℃）

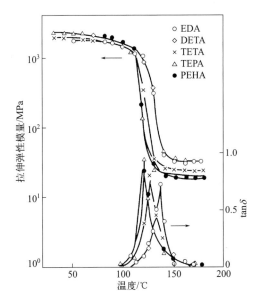

图 7-10 不同脂肪族多元胺/DGEBA
固化物的力学谱图

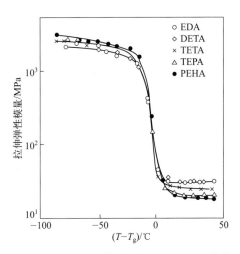

图 7-11 不同脂肪族多元胺/DGEBA 固化物
弹性模量与（$T-T_g$）之间的关系

第8章
环氧树脂的加工流变学

流变学是研究物质流动和变形的一门科学。流变学的研究对象涉及自然界发生的各种流动和变形过程，因而广泛渗透到许多技术领域：从地球的板块漂移、气象、地震、石油开采、化工过程、食品加工，一直到生物体的新陈代谢和血液循环等，是一门非常重要的学科。不论是热塑性塑料的成型过程，还是热固性塑料的成型过程，都需要加热熔融、流动成型和冷却固化三个基本步骤。可以说，几乎所有的聚合物在加工制造成产品的过程中，都要涉及流动，如注模、压模、吹塑、压延、挤出和环氧浇注、环氧玻璃纤维缠绕、环氧玻璃纤维拉挤、层压制品等，因此流动行为很重要，不但影响加工行为，还会影响最终产品的力学性能。本章只讨论环氧树脂的加工流变学。为了便于读者了解和掌握环氧树脂的加工流变学，首先从流变学基础概念讲起。

8.1 流变学基础概念

流变性通常简单地划分为弹性、黏性和塑性，塑性在形式上可以看作是弹性和黏性的组合。

（1）理想固体　理想固体服从胡克定律，所以又称为胡克固体。

$$\sigma = E\varepsilon = \frac{1}{D}\varepsilon \text{（拉伸时）} \tag{8-1}$$

$$\tau = G\gamma = \frac{1}{J}\gamma \text{（剪切时）} \tag{8-2}$$

式中，σ 和 τ 为应力；ε 和 γ 为应变；E 和 G 为弹性模量和剪切模量；D 和 J 为弹性柔量和剪切柔量，模量和柔量互为倒数。

对于一种极端的情况，$E = \infty$，无论施加多大的力物体也不会发生变形，即 $\varepsilon = 0$，这类物体被称为理想固体或欧几里得固体。

（2）理想流体　理想流体服从牛顿定律，所以又称为牛顿流体，流体服从如下简单关系：

$$\tau = \eta \frac{\mathrm{d}x}{\mathrm{d}r} = \eta \dot{\gamma} \tag{8-3}$$

式中，η 为黏度，即黏度定义为剪切应力 τ 与剪切速率 $\dot{\gamma}$ 之比，当 $\eta = $ 常数时，这种流体称为牛顿流体。牛顿流体的黏度不随剪切应力和剪切速率的变化而改变，低分子液体属于这一类。

黏度表征流体流动时流层之间的内摩擦力的大小，这种内摩擦力是由流体内部分子间相互吸引力和分子不规则运动而造成的。一层流体向前运动，就要克服这层流体与其相邻层的分子间吸引力和分子运动的动力，也就是要克服一定的内摩擦力。流体的黏度越大，说明分子间的吸引力越大，流动时的内摩擦力也越大，因而流动起来也就越困难。

（3）非牛顿流体　凡是不符合牛顿流体公式的流体统称为非牛顿流体，其流变行为与时间无关的有：假塑性流体、胀塑性流体和宾汉（Bingham）流体，它们的流动曲线如图8-1所示。

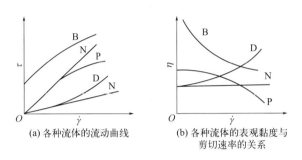

(a) 各种流体的流动曲线　　(b) 各种流体的表观黏度与剪切速率的关系

图 8-1　流体的流动曲线

N—牛顿流体；P—假塑性流体；B—宾汉流体；D—胀塑性流体

大多数高分子量的聚合物流体属于假塑性流体，其黏度随剪切速率的增加而减小，即所谓剪切变稀。对于这种假塑性行为可解释为：从低剪切速率转向高剪切速率时，无规缠结的大分子开始转向分子取向和缠结点减少，从而使黏度降低。

胀塑性流体和假塑性流体相反，随着剪切速率的增加，黏度升高，即发生剪切变稠，这类流动行为在悬浮液、胶乳中常见。

宾汉流体又称塑性流体，当所受应力小于某一临界应力值 τ_y 时不发生流动，相当于胡克固体；而当所受应力一旦超过临界应力值 τ_y 时则像牛顿流体一样流动，这类流动称为塑性流动。外力除去后，因流动而产生的形变不能恢复，而作为永久变形保留下来，所以又称为塑性变形。

$$\tau = GR(\tau < \tau_y) \tag{8-4}$$

$$\tau - \tau_y = \eta_p \dot{\gamma}(\tau > \tau_y) \tag{8-5}$$

式中，τ_y 为屈服应力；η_p 为塑性黏度；G 为剪切模量。宾汉流体的塑性行为，一般解释为与分子缔合或某种结构的破坏有关。

（4）触变性　流变性质随时间和剪切速率的变化而变化就是触变性，触变性材料通常是假塑性材料，反之则不然。

用一个旋转黏度计就可以表征触变行为。在固定时间下以不同剪切速率测定样品的黏度，得到的结果如图8-2所示。从图8-2看出，增加剪切速率与减少剪切速率恰好形成一个触变滞后圈，滞后圈的大小依赖于时间。对于触变性，体系的黏度随时间增加而下降说明流动过程中可能有某种结构产生破坏。

震凝性（即反触变性）是指其体系的黏度随时间而增加，说明流动过程中可能有某种新结构形成，如图8-3所示。

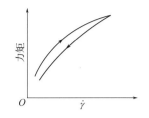

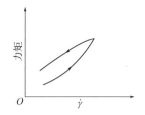

图 8-2 触变性流体的滞后曲线　　图 8-3 震凝性流体的滞后曲线

触变性主要表现为如下几点。

① 黏度在剪切作用下下降；由低剪切速率变为高剪切速率时黏度下降。

② 剪切后随放置时间变长，黏度升至平衡值，从高剪切变为低剪切时黏度升高。

③ 随剪切速率的提高，黏度的下降速率也提高；随剪切速率的降低，黏度的恢复速率提高。

④ 按剪切速率扫描循环时产生的滞后圈，预先静止则为顺时针，预先高剪切则为逆时针。

⑤ 往往有屈服应力和屈服应变。

一般认为，浓分散悬浮粒子间的聚集、分子缠结和某种结构形成聚集体的相互碰撞而破散，具有这种布朗运动的结构作用时，剪切的破散作用占优的特性就是触变性；反之，具有剪切的结构作用超过布朗运动的破散作用的特性就是反触变性（震凝性）。

8.2　环氧树脂结构-流变性-加工性-性能间的关系

热固性树脂在合成树脂中占有很大比重，因此，有必要对其流变性质进行专门讨论。热固性树脂在成型加工过程中，其流变性质会发生很大改变。例如环氧树脂，它们的初始黏度较小，但是随着反应程度的增加，黏度迅速上升，在凝胶点，黏度和弹性模量在很短的时间内大幅度上升。在凝胶点之后，体系的溶胶逐渐减少，凝胶逐渐增多，黏度增加得如此之快，以至于很快便不能流动了。最后经充分交联达到玻璃态，此时体系的模量高达 10^3 MPa。

了解这些流变特性的变化对解决环氧树脂的加工成型工艺方面的问题是极其重要的。例如，环氧树脂与玻璃纤维复合制品，在浸渍阶段，环氧树脂的黏度多大才能更好地浸透玻璃纤维？在环氧树脂固化反应的 B 阶段（半固化的凝胶态）时，环氧树脂-玻璃纤维预制件中树脂的流动性多大才能使之易于成型？在层压阶段，如何控制温度和压力？树脂流动性多大才能防止树脂不外溢而制品又无不实？固化时间多久才能使最终产品性能最佳？再例如，硅微粉填充环氧树脂作灌封料，硅微粉的填充量，环氧树脂、固化剂、促进剂、偶联剂等的选择，对于环氧树脂体系的黏度有多大影响？选择多高的温度进行灌封？

通过了解热固性树脂的流变模型可以回答上述诸多问题。这种模型是建立在分子结构参数基础上的，因此，可以作为测定热固性树脂结构的强有力的分析手段。流变数据可用来鉴别树脂的凝胶点，解释分子量、支化程度和交联密度。

本节的目的是：讨论环氧树脂交联体系，如何得到流变数据；怎样分析这些流变数据，建立这些流变数据与分子结构参数的关系，并了解在实际加工中的意义。

8.2.1　结构与流变之间的关系

与热塑性树脂不同，热固性树脂（如环氧树脂）初始黏度很小，当加入固化剂和促进剂时，在一定的温度下，化学反应就开始进行，随之导致分子的化学交联和树脂固化。因此热固性树脂的流变学研究不仅要知道热固性树脂的流动黏度，而且要知道在制品成型之前的一系列流动行为。

一般希望在温度固定的条件下，热固性树脂的黏度应尽可能不发生很大改变。这一情况可首先通过考虑热固性树脂本身的性质来了解。热固性树脂通常与填料、固化剂、玻璃纤维复合制成复合材料。为了交联，低分子量树脂至少应有三个活性反应基团。两个活性反应基团的单体反应生成一个二聚体，此时具有四个活性反应基团。当生成一个三聚体时，则具有五个活性反应基因。因此，n 聚体具有 $n+2$ 个活性反应基团。在实际反应过程中，情况更为复杂，n 聚体既可以与一个单体反应，又可以与一个任意多聚体反应，其结果是：即使平均分子量很低时，也可以形成一个大分子，体系的黏度从很小增加到很大（图 8-4）。

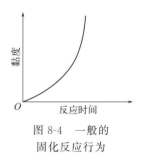

图 8-4　一般的固化反应行为

例如，在前几章里已经讨论过，虽然环氧树脂是一个含有环氧基的线型分子，但是无论是胺、酸酐或其他改性固化剂与环氧树脂反应时，每打开一个环氧基便产生一个羟基，而这个羟基又可与羧基、氨基等基团反应，从而形成一个交联网络结构。

图 8-5 表明了环氧树脂与固化剂在固化过程中各种性能的变化。P_{cr} 为凝胶点的反应程度。对于不同的固化体系，P_{cr} 不同。在反应开始时，所有的样品都是可溶的，溶胶分数 $W_s=1$。重均分子量 M_w 开始时缓慢增加，然后迅速接近凝胶点，数均分子量 $\overline{M}_n$ 在凝

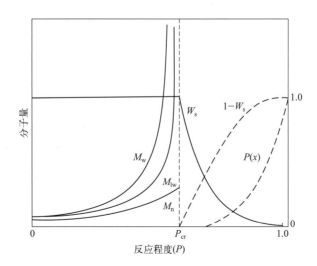

图 8-5　环氧树脂与双官能团固化剂体系分子量、溶胶分数（W_s）、凝胶分数（$1-W_s$）和全部反应的官能团反应程度 P（x）与反应程度（P）间的关系

胶点时仍很低，支化分子的分子量 $M_{lw}=gM_w$（这里 g 为支化因子，参见 8.2.3 部分）。显然 M_{lw} 可通过测定支化因子计算出来，实验发现支化分子的分子量 M_{lw} 的数据与黏度数据相吻合。超过凝胶点之后，样品的可溶部分减少。$W_s<1$，凝胶分数（$1-W_s$）开始增加，$P(x)$ 代表多官能团参加反应的程度。如果得到反应过程的详细信息，就可能使实验数据与理论预测取得很好的一致性。

一般来说，在讨论热固性树脂的流变性质时，主要注意力集中于形成网络结构的过程，而不去注意它的结构。反应过程中流变数据的改变是反应程度的函数，因此，控制流变性质就是控制反应程度。

为了研究热固性树脂的流变性质，首先需要了解反应动力学。不仅需要知道化学键是如何形成的以及形成的速率，而且还需要知道聚合物骨架结构，从而使人们通过一定的理论基础把分子结构参数（平均分子量、支化度、凝胶点、交联类型、交联密度）与流变性质联系起来。如果知道反应历程，就能得到反应过程中结构改变的理论模型。图 8-6 概括了建立热固性树脂流变学结构模型的方法。可以将固化反应数据、理论模型和流变测量数据转变成结构-性能模型，这种模型对于研究树脂的发展过程

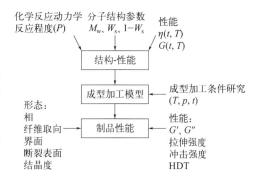

图 8-6　结构-流变性-加工性-制品性能模式图

是非常有用的。例如，了解单体活性反应基团或化学计量率是怎样影响凝胶点的。该模型同时表明加工行为和结构参数是控制网络结构聚合物最终使用性能的关键。

8.2.2　固化行为的动力学研究

一般来说，在热固化过程中进行动力学参数的直接测量是很困难的。热固性树脂的支化结构和交联结构难以用色谱等方法进行溶液表征，由于高温固化和固化速率快而使得问题更加复杂。但是，由于大多数热固化反应都是放热反应，所以跟踪固化反应的最简单方法就是跟踪热的产生。通常与这种方法相适应的仪器是差示扫描量热仪（DSC）。

DSC 装置的升温和补偿是通过小型加热元件按分时方式工作的。故装置的热容量小，试样量小，并对试样杯进行夹卷，热量传递良好，可做基本上没有滞后的快速升降温或恒温试验。在补偿回路的作用下，对所产生的热量变化随时进行补偿，且补偿量只等于转变或反应所需的量，此量不因操作条件而变。因此，作出的曲线分辨率高，基线回复快而稳定。

DSC 测定的是在一定温度程序下，维持试样与参考物温差为零时所需分别供给试样与参考物的热量差，因此纵坐标代表吸热或放热速率，而峰的面积则代表转变或反应时所产生的能量变化。DSC 的纵坐标单位是 mJ/s，由于是在等压下，故对单位质量的试样而言，即等于 dQ/dt，而一般试验大都是在等速升温或降温的条件下进行的，故 dT/dt 为常数，所以：

$$\frac{\dfrac{\mathrm{d}Q}{\mathrm{d}t}}{\dfrac{\mathrm{d}T}{\mathrm{d}t}} = \frac{\mathrm{d}Q}{\mathrm{d}T} = c_p \tag{8-6}$$

式中，Q 为热量；t 为时间；T 为温度；c_p 为比热容。

因此，DSC 纵坐标反映的实际上是比热容的变化。根据这一事实，DSC 曲线的正方向所代表的是吸热，反方向所代表的是放热。

根据 Kissinger 公式：

$$\frac{\mathrm{d}\left(\ln\dfrac{\beta}{T_p^2}\right)}{\mathrm{d}\left(\dfrac{1}{T_p}\right)} = -\frac{E_a}{R} \tag{8-7}$$

又由 Crane 公式：

$$\frac{\mathrm{d}(\ln\beta)}{\mathrm{d}\left(\dfrac{1}{T_p}\right)} = -\frac{E_a}{nR} \tag{8-8}$$

可以求出各固化体系的表观反应活化能，同时可求出各固化体系的反应级数。按 Kissinger 方法，可以近似地求出动力学方程中的指前因子 A，即：

$$A \approx \frac{\beta E_a \exp\left(\dfrac{E_a}{RT_p}\right)}{RT_p} \tag{8-9}$$

由式（8-9）可以计算出不同温度下的反应速率常数，即：

$$k = A\exp\left(\frac{-E_a}{RT}\right) \tag{8-10}$$

以上各式中，β 为升温速率；T_p 为峰值温度；E_a 为表观反应活化能；R 为摩尔气体常数；n 为反应级数；k 为反应速率常数。

这里介绍另外一种方法，化学动态松弛谱。

Gillham 在 20 世纪 70 年代研究的扭辫率分析法（torsional braid analysis，TBA），能在动态松弛谱上跟踪记录下由化学变化所导致的模量与内耗的改变，使松弛谱的范围从物理转变扩展到化学变化区域，为直接跟踪固化反应过程的动态力学行为的研究提供了一种有效的研究方法。

高分子化学反应中的两个重要反应是交联与裂解，这两个反应在松弛谱中都能呈现内耗峰，但在模量变化上则不同：交联反应使高分子的刚性增强，模量增加；裂解则与之相反，使模量降低，这就可以把这两者区别开来。低分子量热固性树脂添加固化剂后的体系，可用等温固化或升温固化的方式来跟踪固化过程。人们常用 DSC 法以升温固化的方式跟踪固化过程。这里给出用 TBA 法以等温固化的方式来研究环氧树脂加胺或酸酐体系的固化过程，见图 8-7。根据固化温度的不同可分为三种方式。

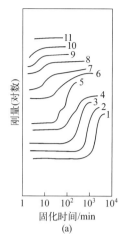
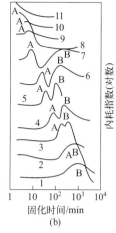

图 8-7　环氧树脂加胺或酸酐体系的等温固化松弛时间谱（TBA 法）

1—50℃；2—60℃；3—80℃；4—100℃；5—112℃；6—125℃；

7—150℃；8—175℃；9—201℃；10—225℃；11—249℃

（1）$T_\text{固} < T_\text{g,凝}$　这种方式是在温度较低时发生的，即当固化温度（$T_\text{固}$）低于凝胶点时的玻璃化转变温度（$T_\text{g,凝}$）时，松弛谱上仅出现一个单一的内耗峰（图 8-7 中 B 峰），并伴随有刚量的进一步升高。这一方式表示预聚物的分子量随着等温反应时间的增大而增高，在凝胶之前能从液态一直转变为玻璃态，这时的玻璃化转变温度为时间的函数 $T_\text{g}(t)$。这一方式一直延续到 $T_\text{固} = T_\text{g,凝}$ 时，即等温固化温度等于凝胶点时的玻璃化转变温度，在这个温度下固化，玻璃化和凝胶同时发生。

（2）$T_\text{g,凝} < T_\text{固} < T_\text{g,∞}$　当固化在这一温度范围内进行时，在松弛谱上出现第二个内耗峰（图 8-7 中 A 峰）。与 A、B 这两个内耗峰相对应的是刚量曲线的两步升高，A 峰在 B 峰之前出现，表示在这个温度范围内的转变是凝胶在玻璃化之前进行，这时的玻璃化主要是由于凝胶后在交联网络中交联密度增加。这样的固化过程，树脂从液态转变为橡胶态，而后再转变为玻璃态，这时的玻璃化转变温度是凝胶的 T_g，交联网络最高的 T_g 可称为 $T_\text{g,∞}$。

（3）$T_\text{固} > T_\text{g,∞}$　上述玻璃化的后果是，树脂的完全固化必须在高于 $T_\text{g,∞}$ 时进行"后固化"，由于不会再发生玻璃化，在松弛谱上就不再出现 B 峰而仅有 A 峰。

综上所述，对于环氧树脂的固化过程，在等温固化时将依赖于两个临界转变温度即 $T_\text{g,凝}$ 和 $T_\text{g,∞}$，以及三种反应方式，后者可使固化温度在低于、介于或高于这两个临界温度时达到。

从松弛谱中所得凝胶点、模量、玻璃化转变温度等可作为交联反应动力学的参数。从凝胶点的时间为 t_0 时的参考状态出发，当令 P 为在时间（$t - t_0$）时的反应程度，k 为 "n" 级反应的总反应速率常数时，则动力学方程为：

$$\frac{1}{(1-P)^{n-1}} = X_0^{n-1}(n-1)k(t-t_0) + 1 \tag{8-11}$$

以 $\dfrac{1}{(1-P)^{n-1}}$ 对（$t - t_0$）作图可得 k，以 $\lg k$ 对 $1/T$ 作图，可得总活化能 ΔE。

另外，傅里叶转变红外光谱法也是研究固化行为的有效方法。

8.2.3　热固性树脂的流变模型

对于热固性树脂的固化过程来说，黏度的迅速上升是鉴别其凝胶点的最普通的方法，也是最重要的流变参数之一，通常在凝胶点时，其黏度高达 $10^4 \sim 10^5 \mathrm{Pa \cdot s}$。在凝胶点之前，可以把测定的黏弹性质（$\eta_0$）与分子量参数联系起来。

对于线型分子：

$$\eta_0 = KM_{\mathrm{w}}^{\alpha} \tag{8-12}$$

式中，K 为常数，与温度和分子结构有关；在 $M_{\mathrm{w}} < M_{\mathrm{c}}$ 时，$\alpha = 3.4$，这里 M_{c} 为临界分子量。

对于支化分子：

$$\eta_0 = KM_{\mathrm{lw}}^{\alpha} \tag{8-13}$$

式中，M_{lw} 为最长链的重均分子量，研究表明：

$$M_{\mathrm{lw}}^{\alpha} = gM_{\mathrm{w}} \tag{8-14}$$

式中，g 为支化因子，$0 < g < 1$。在临界 M_{w} 以下，线型分子的黏度大于支化分子的黏度；在临界 M_{w} 以上，支化分子的黏度大于线型分子的黏度，见图 8-8，这应归因于链缠结的贡献。

因为在凝胶点之前，最初形成的高度支化结构大分子的分子量仍很低，所以可以认为热固性树脂的黏度在凝胶点之前对剪切速率不敏感。White 和 Roller 在研究环氧树脂/固化剂体系的固化反应时发现，以对数黏度 η 对反应时间作图为直线关系（图 8-9），从而指出：

$$\eta(t, T) = k\, \mathrm{e}^{\frac{E_{\eta}}{RT} k(T)t} \tag{8-15}$$

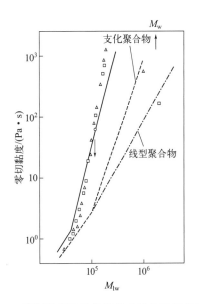

图 8-8　零切黏度与最长链的重均分子量的关系

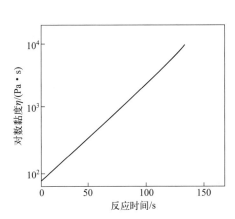

图 8-9　对数黏度与反应时间的关系

式中，$k(T) = A\exp(E_a/RT)$，为一级速率常数，A 为指前因子；E_a 为反应活化能；R 为摩尔气体常数；T 为热力学温度；E_η 为流动活化能。

这个模型能够成功地预言热固性树脂固化过程中的黏度随反应时间和反应温度变化的规律。显然它是经验式，没有考虑动力学和结构参数的影响。如果采用 $\eta(t,T)/\eta(0,T)$ 对反应时间作图，便可消除温度因素的影响。

在凝胶点之后，可用橡胶弹性理论成功地预言模量。

对于实际交联网络的弹性模量 G：

$$G = (V - h\eta)RT + G_N^0 T_e \tag{8-16}$$

式中，G_N^0 为橡胶平台模量；T_e 为链缠结浓度；h 为经验常数，取值在 $0\sim1$ 之间。故 G 正比于 G_N^0 和 T_e。实际交联网络往往存在缺陷。例如，链端或交联发生在短链上形成分子内环，均不能随应力而使模量降低；另外，链间的缠结又使模量增加。故式 (8-16) 是在考虑了以上两种因素基础上而得到的结果。随着反应程度的加深，交联密度增加，橡胶平台模量增加，对于环氧树脂/固化剂体系，当固化反应完成时，$T_e = 1$，环氧树脂固化物的弹性模量达到最大值，这时的橡胶弹性模量就是固化物的弹性模量。

8.3　流变学在环氧树脂中的应用

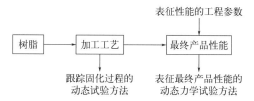

图 8-10　加工工艺与制品性能模式图

流变学为解决实际生产工艺问题提供了一种优良方法，它是联系材料、生产和产品最终性能间的有效桥梁。在热固性树脂的固化过程中，组成的任何微小变化都会影响固化行为，从而改变最终产品的性能，如图 8-10 所示。

流变学提供了从低黏度流体到固体跟踪固化反应的方法，而动态力学试验则在宽广的温度范围内表征材料的模量和阻尼行为，给出了玻璃化转变温度、$\tan\delta$ 峰、α 和 β 转变过程的数据，并与冲击强度和蠕变性能等数据联系起来。

8.3.1　固化行为与加工工艺性

图 8-11 表明在一个典型的固化实验中，黏度与实验温度和反应时间的关系。在实验开始时，树脂的黏度递减，随着温度和反应时间的增加，固化开始，黏度增加，当达到凝胶点时，黏度迅速增加。这种黏度-温度-时间曲线的形状依赖于反应体系的组成。例如，树脂的类型、填料、固化剂、促进剂和纤维等。与此类似可以得到在固定温度下的黏度-时间曲线。如图 8-12 所示为 B 阶段环氧树脂等温固化曲线，可以看出，在整个 B 阶段固化过程中，体系的黏度是反应时间（动力学方程）和温度（Arrhenius 方程）的一个连续函数，即：

$$\eta(t) = \eta_{t_0} \exp[k(T)t] \tag{8-17}$$

$$\eta(T) = \eta_{T_\infty} \exp\left(\frac{E_\eta}{RT}\right) \tag{8-18}$$

其中
$$k(T) = KT_\infty \exp\left(\frac{E_a}{RT}\right) \tag{8-19}$$

组合式（8-17）～式（8-19）得：

$$\eta(t,T) = K \exp\left(\frac{E_\eta}{RT}\right) \exp[k(T)t] \tag{8-20}$$

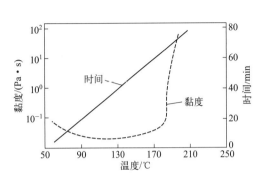

图 8-11　典型的热固性树脂的预固化曲线

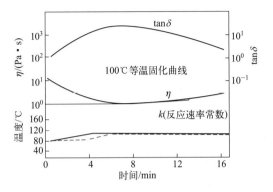

图 8-12　B 阶段环氧树脂的等温固化曲线

如果在固定温度下进行等温固化，那么就可以研究固化过程中的动力学反应。对于等温固化，对式（8-20）取对数得：

$$\ln\eta(t,T) = \ln\eta_{T_\infty} + \frac{E_\eta}{RT} + tKT_\infty \exp\left(\frac{E_a}{RT}\right) \tag{8-21}$$

若以 $\ln\eta(t,T)$ 对 t 作图，为一直线，如图 8-9 所示。从图 8-9 中可看出，等温固化过程中黏度的时间依赖性。$\ln\eta_{T_\infty} + E_\eta/(RT)$ 为曲线截距，$k(T_\infty)\exp[E_a/(RT)]$ 为曲线的斜率，E_η 和 E_a 可以从一系列不同温度的等温固化实验中得到。

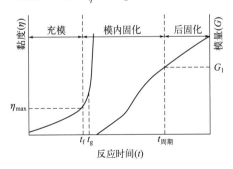

图 8-13　在反应注射成型过程中
流变性质的变化

对于热固性树脂的注射成型来说，掌握体系的流变性质随时间发生改变的规律是相当重要的。图 8-13 说明了在反应注射成型过程中流变性质的改变。图中黏度-时间曲线表明要想得到良好的混合和低压填充，体系的初始黏度应尽可能小，必须在凝胶点之前而黏度又不大的某一时间（t_f）完成填充。图中的模量曲线给出了模内固化（$t_{周期}$）的最佳时间。

图 8-14 表明了石墨-环氧树脂体系固化过程中动态黏度的变化规律。当温度升高时，树脂的黏度减小；当不再升温后随着反应时间的增加，体系的黏度增加；2.5h 之后，温度再次升高（此时已超过玻璃化温度），进入层压阶段。图中同时标出了环氧-石墨体系 B 阶段所对应的反应时间，这为环氧树脂体系 B 阶段提供了可靠的加工工艺参数。

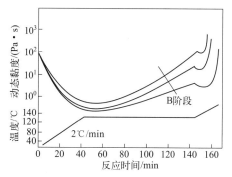

图 8-14　石墨-环氧树脂体系固化过程中的动态黏度变化

8.3.2　玻璃纤维/环氧层压制品加工过程中的流变性质

在玻璃纤维/环氧层压制品加工过程中其流变性质往往发生很大改变，并且直接影响层压制品的最终力学性能。在一个典型的加工过程中，一般升温速率为 2～5℃/min，当温度达到某一温度（如 120℃）时进行保温，树脂由 B 阶段开始进行交联反应，保温一定时间后，施以一定压力，然后进一步升高温度至树脂固化完全，这样一个加工周期中的流变性质的变化如图 8-15 所示。

在这样一个加工过程中，树脂的黏度变化是很重要的，直接影响加工工艺性和制品性能。图 8-15 表明，在太低的保温温度下进行固化，曲线出现第一个极小值，但黏度仍较大，树脂不能充分铺展。固化速率随着时间的增加仍很慢。当施加压力时，再次升高温度使黏度出现第二个极小值，由于此时的黏度太小，施加的压力使树脂外溢相当严重。这时制品的树脂含量少，容易产生分层。如果层压时在太高的保温温度下进行固化，曲线黏度的第一个极小值过小，施压时同样造成树脂外溢，不能保证制品的性能。因此，保温温度、保温时间和施加压力的选择应以树脂不外溢，又能压实制品，得到最佳力学性能的制品为准则。显然，层压过程中流变性质的严格控制是选择最佳加工工艺参数的理论依据。

（1）固化温度的影响　用动态试验方法可以研究固化温度对产品性能的影响。当固化温度增加时，产品的 T_g 移向高温，固化温度过高，虽然 T_g 高，但由于树脂的迁移而使产品质量变差。固化温度低，最终产品的 T_g 低，力学性能差。因此应综合各种因素进行考虑来选择实际的工艺条件才能得到最佳性能的产品。

（2）固化速率的影响　有人对玻璃纤维/环氧层压制品体系，在保温之后，再次升温的加热速率对流变行为和最终产品质量的影响作过许多研究。一般来说，在固化过程中温度变化和体系的黏度变化如图 8-16 所示。增加加热速率，黏度的第二个极小值减小，交联时间缩短，由于传热不均匀，导致交联密度小，产品的玻璃化转变温度减小。与此相反，慢的加热速率使得传热均匀，因而交联密度大，玻璃化转变温度高。

（3）不同固化剂的影响　固化剂的种类和含量对固化过程中黏度的变化以及最终产品的质量是极其重要的。图 8-17 表明了不同固化剂种类对作为印刷电路板的环氧树脂固化物动态力学行为的影响。同样的环氧树脂，用不同的固化剂固化，其固化物的玻璃化转变温度可在一个宽广的范围内变化，可见固化剂不仅可以改变固化物的结构，还可以改变最终产品的性能。

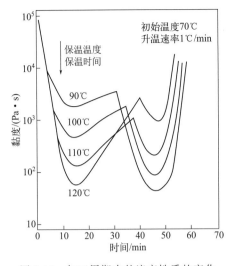

图 8-15 加工周期中的流变性质的变化

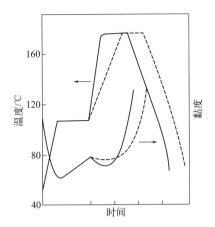

图 8-16 不同固化周期的温度-黏度-时间谱

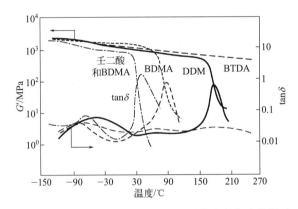

图 8-17 不同固化剂对环氧固化物动态力学行为的影响

8.4 环氧树脂加填体系的流变性质

环氧树脂在固化过程中常常伴随有一定程度的体积收缩，这种体积收缩使环氧树脂作为灌封料时易造成应力开裂，从而使灌封件成为废品。为了改善环氧树脂的体积收缩，减少应力开裂，通常的办法是将大量的填料加入环氧树脂中。这种环氧树脂加填体系属于一种浓分散体系，即包含多相微小区域的体系。填料将对环氧树脂的流变行为产生显著的影响，这里有必要进行详细讨论。

8.4.1 影响浓分散体系流变性质的因素

影响浓分散体系流变性质的因素主要是物理因素和化学因素。

（1）物理因素

① 分散介质和粒子间的流体力学相互作用，颗粒对浓分散体系的流线产生干扰引起流线畸变。例如，纤维状填料对流线的干扰就比球状填料的干扰强。

② 粒子群间保留液体，高切变速率下结构破坏，从而引起流线的改变。

③ 粒子间的机械接触，带来空间效应和颗粒摩擦运动。

④ 粒子界面膜的流动。

总之，流体力学相互作用有各种形式，单个粒子流线畸变，若干个粒子相互作用引起流线畸变，从而引起流变性质的改变。若只有流体力学相互作用，流体还是牛顿流体。而实际上还有机械作用和化学作用，这些作用往往带来非牛顿性。

（2）化学因素

① 由双电层引起的静电作用，大多为斥力，也有引力。

② 范德瓦尔斯力，即吸引力，这是使填料粒子不易分散的主要原因。

③ 空间作用，粒子表面被流体分子所覆盖，其覆盖程度和介质的性质决定着其流变性质。

④ 介质层，一个粒子或若干个粒子被介质所包围，粒子群表面形成介质层。

⑤ 流体分子在颗粒表面的吸附取决于两者之间的相互作用，这包括：形成氢键、静电作用、化学键。填料的偶联剂处理就在于改善了填料的内聚力，使之更容易被流体分子所吸附，从而达到良好的分散。

总之，影响浓分散体系流变行为的物理化学因素概括起来为：流体力学相互作用、粒子间的相互吸引力和粒子间摩擦作用。这三种作用力与许多因素有关，如粒子的尺寸和形状、粒子的力学性能、液体的黏度以及粒子与液体间的物理化学作用等。这些因素之间以错综复杂的关系对每种作用力产生影响。一般来说，在低或中等固相浓度时，流体力学作用力占重要地位；中等浓度到高浓度时，粒子间的接触引起的摩擦力变得重要起来；固相浓度很高时，粒子间的接触作用占主导地位。

8.4.2　刚性填料体系的牛顿性

8.4.2.1　浓分散体系相对黏度与固相浓度的关系

关于浓分散体系的相对黏度 η_r 与固相浓度 φ_2 的方程式很多，归纳起来有两类。a. 方程式中不出现与切变速率有关的参数，由于在低固相浓度，且粒子间的吸引力弱的场合，悬浮液呈牛顿性，故相对黏度与固相浓度有关，与切变速率无关；显然，将零切黏度或低切变速率下的相对黏度与固相浓度相关联，当然方程式中也就不会出现与切变速率有关的参数。b. 方程式考虑相对黏度与切变速率的关系，即考虑其非牛顿性。

建立这些方程式的方法有两种：一是从微观角度，即浓分散体系各组分的性质以及它们之间的相互作用出发，通过理论分析建立起来的方程，由于浓分散体系的复杂性，至今尚难得到可在大范围内应用的方程；二是从浓分散体系的宏观流动行为（即通过实验观察浓分散体系的流变特征）出发，提出包括几个参数的流变模型，再由实验来确定这些参数，这种方程虽属经验型的，但比前者更具实用性。

若粒子间没有吸引力，并且固相浓度低时，固液间流体力学相互作用占主导地位。如果连续相是牛顿性的，则浓分散体系也是牛顿性的，黏度随固相浓度线性增加。但在中等固相浓度时，黏度与固相浓度的关系就变成非线性的。当固相浓度进一步从中等浓度变到高浓度时，黏度增加迅速，浓分散体系呈现非牛顿性。当粒子间有吸引力时，且连续相是非牛顿性的，情况就更复杂了。本节主要讨论刚性填料浓分散体系的牛顿性，由于环氧树脂加填体系都是在低剪切速率下进行的，所以这里不讨论剪切速率的依赖性问题。

Einstein 首先推算了填料对牛顿流体黏度的影响，提出了如下简单方程：

$$\eta_r = \eta / \eta_1 = (1 + K_E \varphi_2) \tag{8-22}$$

式中，η 为混合物的黏度；η_1 为流体的黏度；η_r 为相对黏度；φ_2 为填料的体积分数；K_E 为 Einstein 系数。由于部分液体被固定在聚集体内，所以 K_E 就会增大。虽然 Einstein 方程仅适用于固相浓度很低的情况，但它却十分简单。

对于中等固相浓度以下的球状颗粒浓分散体系的黏度，最令人满意的也是最常用的方程为 Mooney 方程：

$$\ln \eta_r = \frac{K_E \varphi_2}{1 - \dfrac{\varphi_2}{\varphi_m}} \tag{8-23}$$

式中，φ_m 为最大堆砌体积分数，即使得流体不再流动时的 φ_2 的值。当 $\varphi_2 = \varphi_m$ 时便形成了一种具有屈服点的刚性糊。显然 φ_m 是粒子形状的函数，对于等径球体系，φ_m 的上限是 0.74，这相当于最紧密堆砌的情况。粒径不均一时，φ_m 值便会增大，因为小粒子可以进入大粒子堆砌所形成的空隙中。当具有无穷多分散粒径分布时，则 $\varphi_m = 1$。对于棒状体系，当棒状颗粒长径比增加时，φ_m 减少。

特别强调指出，φ_m 反映了粒子的聚集状态（或内聚力）。它直接反映了粒子所带电荷以及粒子的表面化学行为，而这两者都影响粒子的聚集状态，以及聚集体的微结构和抗破坏能力。聚集体的微结构可呈链状，也可呈球状。对于后者，聚集体内可带有许多不能运动的液体，即所谓沉淀液，使体系黏度增大。即使 φ_m 是常数，由于 φ_2 / φ_m 增大，也会使相对黏度 η_r 增大，如图 8-18 所示。

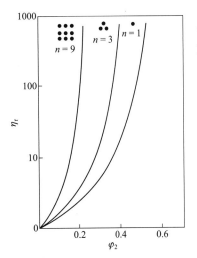

图 8-18 球状颗粒的聚集作用对 Mooney 方程中相对黏度的影响（n 为聚集体内的粒子数）

Krieger-Dougherty 方程被认为是非常成功的方程之一，它特别适用于 φ_2 接近于 φ_m 的情况，Krieger-Dougherty 方程为：

$$\eta_r = \frac{1}{\left(1 - \dfrac{\varphi_2}{\varphi_m}\right) K_E \varphi_m} \tag{8-24}$$

Cnoong 提出了一个适用范围更广的方程，即：

$$\eta_r = \left(1 + 0.75 \frac{\dfrac{\varphi_2}{\varphi_m}}{1 - \dfrac{\varphi_2}{\varphi_m}}\right)^2 \tag{8-25}$$

Cnoong 方程不仅对低黏度、高浓度、单分散、双分散以及其他粒径分布的体系均适用，也适用于固体粒子分散于有交联的和无定形的黏弹性材料中所形成的浓分散体系。关于浓分散体系悬浮液的相对黏度与固相体积分数的方程还有很多，这里不一一介绍。

8.4.2.2　粒子尺寸及其分布对浓分散体系黏度的影响

如果粒子充分分散，则粒子大小对体系的黏度不应有影响。若存在吸附层，则在小粒子上占的比例大，即有效体积分数加大，体系的黏度增加。当粒子较小时（在微米以下），布朗运动相当重要，黏度往往变大，并且出现非牛顿性。当粒子尺寸较大时，应考虑实验的可行性，如界面、惯性、稳定性和均一性。

研究结果表明，双分散体系的最大堆砌体积分数 φ_{m} 比单分散体系高很多，而且小粒子与大粒子直径比 d/D 越小，φ_{m} 值越大，如图 8-19 所示。也就是说，在相同的 φ_2 下，双分散体系的黏度比单分散体系（等径粒子）的黏度要小得多。这在工程上非常有实用价值。这是因为大小不同的粒子组成的混合物比等粒径的粒子堆砌更为紧密。小粒子在大粒子之间起着滚珠轴承的作用，从而降低了体系的黏度。但当小粒子与大粒子的直径比小于 1/10 时，小粒子的这种作用逐渐减弱，仅能作为大粒子间的流体而已。在 φ_2 不变的情况下，小粒子的体积占固相体积的约 40% 时，能获得最小的相对黏度，如图 8-20 所示。

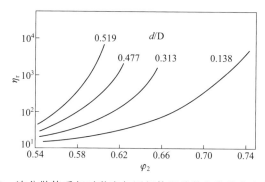

图 8-19　浓分散体系相对黏度与固相体积分数和粒径分布的关系
（小粒子占固相体积的 25%）

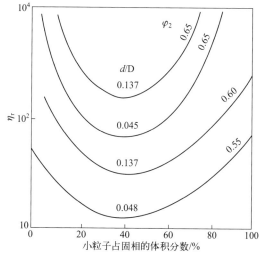

图 8-20　不同粒径分布和不同 φ_2 的相对黏度 η_{r}

8.4.3 填料对环氧树脂流变性质的影响

很多应用场景需要在环氧树脂中加入一些粉状的无机填料。这些填料的加入可以降低其价格，促使其硬度增加，在放热的固化反应中作为一种热渗入物，减少在固化中的收缩率，并改善其他工艺及性能参数。关于无机填料加入环氧树脂中的作用，无机填料的种类以及无机填料对环氧树脂各项性能的影响在第 5 章中已经作了详细介绍，这里只介绍填料对环氧树脂体系的流变性质的影响。

图 8-21 所示为各种填料对环氧树脂体系黏度的影响，从图中可见，有些填料增黏效果特别显著。一般认为，填料对环氧树脂增黏的效果主要与填料表面的物理化学结构有关，也与填料粒子的大小和形状有关。通常来说，填料的加入使环氧树脂从均一体系变成了非均一体系，随着填料用量的增加，环氧树脂添加体系的黏度亦随之增加。为了改善填料的表面性质，增加添加量，改善环氧树脂固化物的性能，常常用硅烷偶联剂和钛酸酯偶联剂对填料进行表面处理。处理效果因偶联剂的种类不同而不同。例如用钛酸酯系偶联剂处理氢氧化铝，使填料分散性得到改善，增黏倾向明显减小，而用硅烷偶联剂处理则得不到这种效果（图 8-22）。

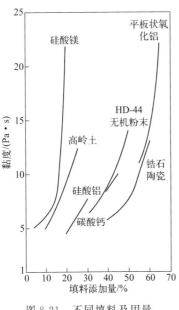

图 8-21 不同填料及用量
对环氧树脂黏度的影响

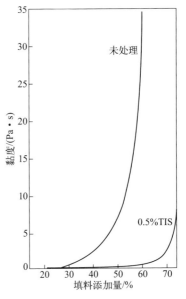

图 8-22 钛酸酯偶联剂（TIS）
处理前后填料对黏度的影响
偶联剂—二丙基三异硬脂酸钛酯；
填料—氢氧化铝；分散剂—矿物油

环氧树脂应用

RESIN

第 9 章
环氧树脂胶黏剂

环氧树脂具有优良的黏结性和各种均衡的物理性质，作为胶黏剂从尖端技术到家用方面都有广泛的应用。环氧树脂胶黏剂的性能主要取决于环氧树脂、固化剂、填料以及其他各种添加剂的种类和用量。另外，也常常与其组成的配合技术有关。因为环氧树脂的用途众多，所以对环氧树脂性能的要求也是多方面的，见表9-1。

表 9-1　环氧树脂胶黏剂的用途

领域	被粘物	要求特性	主要用途
土木、建筑	混凝土、木、金属、玻璃、塑料	低黏度、润湿（水中）固化性、低温固化性	混凝土修补（浇注、密封）、外壁瓷瓦粘接、嵌板粘接、底材粘接、钢筋混凝土管粘接、胶合板粘接
电子电气	金属、陶瓷、玻璃、塑料、层压板	电气特性、耐湿性、耐热冲击性、耐腐蚀性、耐热性	电子元器件、IC元件、管芯粘接、液晶显示器、扬声器磁头、电池外壳、小型变压器、抛物面天线
航空、航天	金属、塑料、增强材料	耐湿性、防锈性、油面粘接、耐久性、耐环境性	金属间粘接（如铝合金等）、蜂窝结构骨架与金属粘接、嵌板粘接（外嵌、内装、隔板等）
汽车及其他车辆	金属、塑料、增强材料	耐湿性、防锈性、油面粘接、耐久性（即耐疲劳性）	车身粘接（卷边的密封与粘接）、钢板粘接
运动器材	金属、木、玻璃、塑料	耐疲劳性、耐冲击性	滑雪板、弓箭、高尔夫球棒、网球球拍
其他	金属、玻璃	低毒性	文化艺术品修补、家用、工作用

环氧树脂胶黏剂同其他类型胶黏剂比较，具有以下优点：①适应性强，应用范围广泛；②不含挥发性溶剂；③低压粘接（接触压即可）；④固化收缩小；⑤固化物畸变小，耐疲劳性好；⑥耐腐蚀、耐湿、耐化学药品以及电气绝缘性优良。环氧树脂胶黏剂也存在一些不足之处：①对结晶型或极性小的聚合物（如聚烯烃、有机硅、氮化物、丙烯酸、聚氯乙烯等）粘接力差；②耐剥离、耐开裂性、耐冲击性和韧性不良。但是这些缺点是可以克服的。对缺点①可以通过打底（对被粘物进行表面处理）解决，对缺点②可以采用改性环氧树脂使性能得到改善。通常采用双组分包装以方便使用（主剂和固化剂），对于使用自动粘接机生产的多采用单组分胶黏剂。胶黏剂用的环氧树脂广泛采用双酚A型环氧树脂；有耐热要求或其他特殊用途的，也可采用耐热性优良的环氧树脂品种和特种环氧树脂。

胶黏剂的供应形态基本上是液态，单组分胶黏剂根据用途和使用方式的不同，也可供应固态（主要是粉末状）、带状或膜状（主要是预聚物）。

按使用形式可分为双组分胶黏剂和单组分胶黏剂。

（1）双组分胶黏剂

① 通用双组分型　通用双组分胶黏剂多采用双酚A型环氧树脂，同多种固化剂配合，因此，胶黏剂的名称取自参与配合的固化剂的名称。表9-2概括了各种胶黏剂的固化条件、特点及用途。环氧树脂胶黏剂按固化剂种类可分为常温、低温、高温和超高温固化型。显然固化温度提高，其胶黏剂的耐热温度也随之提高。

表 9-2　按固化剂分类的环氧树脂胶黏剂

分类名称	固化剂	特点		用途
		优点	缺点	
脂肪族多元胺（常温固化型）	脂肪族多元胺（DETA、TETA、TEPA）；胺的加成物；螺环二胺改性物（B-001、C-002等）	常温固化、速固化、万能粘接性、硬质	吸湿性强、毒性强、适用期短、低温下性脆	金属、塑料、玻璃、陶瓷、木材等同种或异种相互粘接
脂肪族多元胺（中温固化型）	脂肪族多元胺（DBA-PA、DEAPA、K16B）；脂环族多元胺（B-AEP）	中温固化（40～100℃）、慢固化性、万能粘接性、硬质	吸湿性强、毒性强、固化时间长、性脆	金属、塑料、玻璃、陶瓷、木材等同种或异种相互粘接
聚酰胺类	Verstmid 115（胺值220mgKOH/g）、125（胺值330mgKOH/g）、140（胺值375mgKOH/g）等	常温固化、潮湿面固化、吸湿性低、低毒性、适用期长、万能粘接性、柔软性可自由调节	聚酰胺用量增加，耐水性、耐热性、耐化学药品性降低，长时间（数周以上）高温（85℃以上）暴露下有发脆倾向	一般工业用，电缆接头用、家庭用
酸酐类	液体（DDSA、MNA）；固体（PA、HHPA、MA、PMDA、TMA、HET）	高的耐热性（特别是PMDA体系，HDT为253℃）	高温下固化时间长	适于耐热性粘接
酚醛树脂类	甲酚型酚醛树脂	广泛的温度范围（-253～260℃）内保持稳定的粘接力、价廉	固化中有挥发物产生（需加压）、弯曲强度低、剥离强度低	表面材料与蜂窝芯材粘接
芳香胺类	液体（HY-947）；固体（m-PDA、DDM、DDS）	优良的耐高温性（200℃）、优良的耐水性、耐化学药品性、耐溶剂性、电气特性	固化温度高（200℃以上）、收缩率大、弯曲强度差、耐冲击性不良、粘接力低、对冷热循环不敏感	适于耐热粘接
聚硅氧烷类	—	优越的耐热性、耐老化性	适用期短、价格昂贵	耐热粘接
尼龙类	醇溶性尼龙66等	优越的耐低温性、剥离强度高	耐热性低（-253～82℃）、价格贵	某些结构粘接、FRP表面与蜂窝芯材粘接

使用双组分胶黏剂时应注意以下两点：a.按规定的比例将两组分均匀混合；b.注意配好的胶黏剂的适用期（混合后黏度上升到不能使用的时间）。混合比例不同，其胶黏剂的粘接强度也不同，一般固化剂过量时，粘接强度下降的程度比固化剂不足时大。双组分胶黏剂混合的同时反应即开始，随着时间的延长，胶黏剂的黏度增大，然后达到不能使用的程度。因此要充分注意适用期，必须在适用期内用完。

双酚 A 型环氧树脂类胶黏剂的耐热性与配合的固化剂种类关系极大。图 9-1 列出了不同固化剂的双组分胶黏剂的耐热性，并与其他胶黏剂相比较。

耐热性	胶黏体系	耐热性	胶黏体系
538℃	PBI(聚苯并咪唑，短时间)	204℃	环氧树脂/酸酐 丁腈橡胶/酚醛树脂
482℃	PI(聚酰亚胺，短时间)		
427℃	PBI(长时间)	149℃	环氧树脂/芳香二胺 乙烯基/酚醛树脂
371℃	PI(长时间)		
316℃	聚硅氧烷，改性聚硅氧烷	82℃	环氧树脂/聚酰胺，酚醛树脂/氯丁橡胶 环氧树脂/尼龙，环氧树脂/脂肪胺
260℃	环氧树脂/线型酚醛树脂		

图 9-1　各种胶黏剂的耐热性

② 耐燃双组分型　双酚 A 型环氧树脂体系的双组分胶黏剂根据所采用的固化剂种类可以在 200～300℃的高温下使用（固化剂用酚醛树脂、聚硅氧烷等）。如果环氧树脂从双官能度更换成相应的多官能度类型也可以得到耐高温的胶黏剂。例如四（缩水甘油基苯基）乙烷（tetra-GEPE）、四缩水甘油基二氨基二苯基甲烷（tetra-GDDM）及甲酚线型酚醛树脂的多缩水甘油醚（ECM）等。然而多官能度环氧树脂的耐热性能也与所使用的固化剂的种类有关。

（2）单组分胶黏剂

双组分环氧树脂胶黏剂在使用前，一直将环氧树脂和固化剂分别包装和贮存。从生产和使用角度看，双组分胶黏剂有不少缺点：其一增加了包装的麻烦；其二双组分胶黏剂使用时，混合比例的准确性和混合的均一性将影响粘接强度；其三树脂和固化剂混合后只有很短的使用寿命。胶黏剂中固化剂种类不同其适用期也不同，如脂肪族胺类为数十分钟，叔胺或芳香胺类为几小时，酸酐类为一天至数天，不能长期存放。因此，配制单组分胶黏剂可以使胶接工艺简化，并适用于自动化操作工序中。

将固化剂和环氧树脂混合起来配制单组分胶黏剂，主要是依靠固化剂的化学结构或者是采用某种技术手段把固化剂对环氧树脂的开环活化暂时冻结起来，然后在热、光、机械力或化学作用（如遇水分解）下固化剂活性被激发，便迅速固化环氧树脂。单组分固化的方法有以下几种。

① 低温贮存法　对于一些反应较慢的体系在低温下贮存。

② 分子筛法　把固化剂吸附于分子筛内，用加热或吸湿置换释放出来。

③ 微胶囊法　将固化剂封入微胶囊内，再与环氧树脂混合后便不会发生固化反应。成膜物质有明胶、乙烯基纤维素、聚乙烯醇缩醛等。胶囊靠加热或加压而破裂，固化剂和环氧树脂便发生反应。

④ 湿气固化法　使用酮亚胺或醛亚胺类固化剂，这类固化剂遇水后游离出胺化合物

而发生固化反应。

⑤ 潜伏型固化剂法　使用在规定温度以上才能被活化发生反应的热反应型固化剂。

⑥ 自固化型环氧树脂　适用于分子中含有 2 个或 2 个以上环氧基和亚氨基的化合物，例如缩水甘油基脲烷。

目前国内外市场出售的单组分环氧树脂胶黏剂几乎都是采用潜伏型固化剂或自固化型环氧树脂，产品的形态有液态、糊状、粉末状和膜状等品种。

9.1　土木建筑用胶黏剂

现代土木建筑的特点是建材的多样轻质化、施工的规范化和周期的缩短，对于抗地震、抗风蚀的要求提高，维修保养要便捷，环氧树脂建筑用胶黏剂顺应了现代土木建筑发展的总趋势，所以近年来发展迅速，胶种向着低毒、能在特殊条件下（例如，潮湿面、水下、油面、低温）固化、室温固化、高强度的结构胶、高弹性的方向发展。应用方面从单一的新老水泥的黏合和建筑裂缝的修补，发展到基础结构、地面、装潢、结构件、给排水等施工工程中，主要用途见表 9-3。

表 9-3　环氧树脂胶黏剂在土木建筑上的主要用途

工程类别	粘接对象	典型用途	主要组成
基础结构	岩石-岩石 金属-岩石或混凝土 金属-混凝土 金属-金属	疏松岩层的补强，基础加固，预埋螺栓、底脚等，柱子、柱头、接头、悬臂梁加粗、桥梁加固、路面设施敷设	环氧树脂、稀释剂、改性胺 环氧树脂、填料、改性胺 双酚 S 型环氧树脂、缩水甘油胺树脂、丁基橡胶、改性胺
地面	瓷、花岗石-混凝土 金属-混凝土 砂石-混凝土 PVC-橡胶-金属	耐腐蚀地坪制造中的勾缝、地面防滑和美化、净化，地板的铺设	环氧树脂、填料、改性胺 环氧树脂、聚硫橡胶、改性胺 丙烯酸酯-环氧树脂共聚乳液
维修	混凝土、钢筋、灰浆	堤坝、闸门、建筑物的裂缝、缺损、起壳的修复，新旧水泥搭接	环氧树脂、糠醇、改性胺 环氧树脂、沥青、改性胺 环氧树脂、活性石灰、改性胺
装潢	金属、玻璃、大理石、瓷砖、有机玻璃	门窗、招牌、广告牌的安装和装潢	环氧树脂、聚氨酯 环氧树脂、有机硅橡胶
给排水	金属、混凝土	管道、水渠衬里，管接头密封	环氧树脂、改性芳香胺

9.1.1　港工混凝土潮差及水下部位修补胶

港工混凝土及钢筋混凝土建筑物，在长期使用中，受自然条件和超载作用及施工不当，经常会引起某些构件局部损坏，必须及时加以修补。在潮差及水下部位的修补时，胶黏剂必然要接触水，首先要解决环氧树脂的遇水乳化和胺类固化剂溶于水遭损失的问题。

沥青及煤焦油都是憎水材料，当环氧树脂中加入适量的沥青或煤焦油时，可对树脂的极性基团起到保护作用，同时也可减少固化剂的溶出，保证了环氧树脂的固化，使之在潮湿或水下对混凝土具有一定的粘接能力。港工混凝土潮差及水下部位，修补胶一般用环氧树脂/沥青（煤焦油）胶黏剂。

经对沥青和 E-44 环氧树脂不同掺量（以质量份计）进行比较，认为掺加量大于 30 份时热稳定性不好，同时粘接强度下降；而沥青掺加量少于 20 份时，对潮湿面的粘接强度较差。

试验结果表明煤焦油掺入量 10～40 份为好，习惯上降低体系黏度用量为 30 份，为了加快体系的固化速率可添加 1～3 份的 DMP-30。典型的环氧树脂/沥青（煤焦油）胶黏剂配方及性能见表 9-4，环氧树脂/沥青（煤焦油）砂浆胶粘接强度见表 9-5，环氧树脂/沥青（煤焦油）砂浆胶水下固化强度见表 9-6。

表 9-4　典型的环氧树脂/沥青（煤焦油）砂浆胶配方及性能　　单位：质量份

配方编号	E-44 环氧树脂	沥青	煤焦油	三乙烯四胺	DMP-30	水泥	砂子	拉伸强度/MPa		成功率/%	
								潮湿状态	水下	潮湿状态	水下
1	100	20	—	12	2	100	100	2.05	2.01	3.7	7.38
2	100	—	30	12	2	100	100	2.57	2.03	8.64	7.36

注：在温度 20℃ 左右固化 7 天后测定。

表 9-5　环氧树脂/沥青（煤焦油）砂浆胶粘接强度

配方编号	8 字形粘接拉伸强度/MPa		10cm×10cm×40cm 粘接拉伸强度/MPa		4cm×4cm×16cm 粘接弯曲强度/MPa	
	潮湿面	水下	潮湿面	水下	潮湿面	水下
1	2.05	2.01	—	—	3.0～4.0	2.5～3.0
2	2.51	2.26	2.16	1.93	6.90	3.75

注：固化剂同表 9-4。

表 9-6　环氧树脂/沥青（煤焦油）砂浆胶水下固化强度

配方编号	压缩强度/MPa	弯曲强度/MPa
1	16.3	33.4
2	9.5	27.4

注：固化条件如下，在水温 20℃，砂浆胶 2～3h 凝胶，再养护 7 天。

试件制作方法：将 10cm×10cm×10cm 混凝土试件劈开后，于水中用 1、2 号砂浆胶修补，在 20℃ 左右养护 1 周冻融循环后，再做压缩强度测试，结果见表 9-7。

环氧树脂/沥青及环氧树脂/煤焦油砂浆具有优良的抗冻性能，经 300 次冻融循环后，混凝土试件的砂浆层已剥落，而修补面及粘接缝完好。

表 9-7　环氧树脂/沥青（煤焦油）砂浆胶冻融试验

配方编号	压缩强度/MPa		300 次冻融后	
	原始	300 次冻融后	强度增长率/%	环氧树脂/沥青（煤焦油）胶失率/%
1	78.0	87.0	12	0
2	90.9	—	0.3	0

在低温（2～7℃）下施工，固化剂采用硫脲多元胺缩合物，用量为 15～20 份。

9.1.2　水利工程用潮湿面及水下修补胶

水利工程中的渠道渡槽混凝土构件的开裂、隧洞由于磨损和大气侵蚀造成的破坏、混凝土坝廊道的渗漏、引水闸门上粘贴轨等要做到无水干燥下维修是困难的。在这类修补胶中大都采用环氧树脂-聚硫橡胶体系（以下简称环氧-聚硫胶），其典型配方见表 9-8。

表 9-8　环氧-聚硫胶典型配方　　　　　单位：质量份

配方编号	E-51 环氧树脂	聚硫橡胶（分子量1000）	MA 固化剂	T-31 固化剂	501# 稀释剂	DMP-30 促进剂	填料	E-44 环氧树脂
1	100	20～30	8～12	—	—	3～5	300～600	—
2	—	25～30	—	20～25	5	3～5	20～25	100

配胶工艺如下：

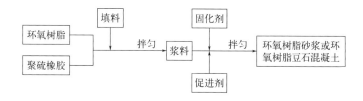

环氧-聚硫胶 1 号配方对水泥砂浆 8 字形试件的粘接拉伸强度为：干燥状态 4～5MPa；潮湿状态 3MPa；水下状态 3MPa。

环氧树脂胶黏剂在土木工程中应用时常遇到冬季气温下降至 10℃ 以下（甚至 0℃），胶黏剂固化缓慢、黏度太大无法施工的问题。即使在室温（25℃左右）需要快速固化定位粘接时，通常胶黏剂由于在胶黏面仅零点几克，固化发热量小，也无法在几分钟完成粘接。目前国内外在这种胶黏剂的研制中都在用高反应活性固化剂和环氧树脂。

例如在本书第 4 章中提到的硫脲-多元胺缩合物、多硫醇化合物等，在配料量仅 0.7g 时室温下 17min 固化，在 0℃ 配胶量仅 5g 时 9.6min 就发生凝胶。上述两种固化剂和羟甲基双酚 A 型环氧树脂等高活性环氧树脂配合后，可以制得快速固化型胶黏剂。如德国 Diamord Shamroch 公司生产的 6～35min 凝胶的胶黏剂；日本ユニシ（株）のボントケイッヮ5min 型快速固化环氧树脂胶黏剂。这些胶黏剂性能好，使用方便，但是价格昂贵，只能用于文物和家庭少量物品的修补之用，不可能在土木工程中使用。它们令人不愉快的臭味、对金属表面处理十分敏感等问题也限制了其大量的应用。以下列举几种实用性强的低温或急速固化改性环氧树脂胶黏剂，见表 9-9～表 9-13。

表 9-9　环氧树脂-糠醇-p-4-4 胶黏剂配方

名称	技术指标	用量/质量份	主要作用
E-44 环氧树脂	环氧值 0.45～0.47mol/100g	100	主剂
糠醇	工业含量≥98%	20	稀释剂、增塑料
p-4-4	胺值 570mgKOH/g 左右	30	自制固化剂
水泥	500 号普通硅酸盐	100	填料
标准砂	粒度 0.5～0.85mm	400	填料

从表 9-10 压缩强度试验可以看出，此胶黏剂在 0℃下 1 天内能固化，完全固化需要 3 天。

表 9-10　0℃实验条件下环氧树脂砂浆胶压缩强度

固化期/d	加荷条件	压缩强度/MPa	固化期/d	加荷条件	压缩强度/MPa
1		45.0	1		21.2
3	1	45.5	3	2	30.2
10		50.5	10		30.9

注：1. 试件尺寸 4cm×4cm×4cm。

2. 加荷条件 1 为试件从 0℃恒温箱中取出，立即在室温下做压缩强度测试。

3. 加荷条件 2 为试件从 0℃恒温箱中取出，放在 20℃烘箱中 60min 后做压缩强度测试。

表 9-11　0℃实验条件下环氧树脂砂浆胶拉伸强度

固化期/d	试验条件	试件数量/个	拉伸强度平均值/MPa	破坏部位
1		15	5.8	砂浆母体
3	1	15	5.3	砂浆母体
10		15	5.3	砂浆母体
1		15	5.1	砂浆母体
3	2	15	4.2	砂浆母体
10		15	4.0	砂浆母体

注：1. 采用 8 字形砂浆试件，沿腰部锯成两半，使之粘接面平整，粘接面涂胶后对齐，平放在玻璃上，用 8 字铁模套住避免错位。

2. 试验条件 1：试件从 0℃恒温箱中取出，立即在室内做拉伸试验。

3. 试验条件 2：试件从 0℃恒温箱中取出，放在 20℃恒温箱中 60min 后在室内做拉伸试验。

表 9-12　0℃应用条件下环氧树脂砂浆胶力学性能

固化期/d	压缩强度/MPa	拉伸强度/MPa	固化期/d	压缩强度/MPa	拉伸强度/MPa
1	57.0	5.3	31	108.0	5.5
10	102.2	5.2			

从表 9-11 中看出，拉伸试验时断裂均发生在砂浆母体，说明该胶粘接拉伸强度均超过砂浆母体的相应强度，能满足使用要求。

从表 9-12 初步应用证明该胶黏剂能在低温季节使用，并可减少冬季施工保温措施费用。

田兴和对丙烯酸改性环氧树脂作为快速固化环氧树脂胶黏剂进行了详细的研究。根据含活性氢化合物与丙烯酰基双键的加成反应速率比环氧基开环的速率快得多的特性，制造了一种含一定量环氧基的丙烯酸改性环氧树脂，配合酚醛改性脂肪族多元胺，并采用端羟基聚醚与环氧树脂的嵌段共聚物为增韧剂，得到室温下快速固化的环氧胶黏剂，也可以作为低温环境下需快速粘接、密封、填隙等用途。不同环氧树脂体系的相对固化活性见表9-13。

羟甲基双酚 A 型环氧树脂（一羟甲基化）的活性比普通双酚 A 型环氧树脂（E-51 环氧树脂）高 10 倍。

表 9-13　不同环氧树脂体系的相对固化活性

体系				凝胶时间（料量 2g，26℃）/min
树脂	用量/g	固化剂	用量/g	
EQ-45	3	SU/HDA	1	5
AE	3	SU/HDA	1	2
EQ-45	2	SU/DETA	1	30
AE	2	SU/DETA	1	12
AE	4	混胺 A	1	2.5（料量 1g）
AE	3	混胺 G	1	2

注：EQ-45 为羟甲基双酚 A 型环氧树脂；AE 为丙烯酸改性环氧树脂；SU/PETA 为硫脲-己二胺缩合物；SU/DETA 为硫脲-二亚乙基三胺缩合物；混胺 A 为由酚醛树脂改性乙二胺等组成的混合物；混胺 G 为在混胺 A 基础上加入乙二胺的加成物。

从表 9-13 中可以看出丙烯酸改性环氧树脂的相对活性更高，在相同的固化剂条件下，丙烯酸改性环氧树脂的活性为羟甲基环氧树脂活性的 2.5 倍，由此可以推测，丙烯酸改性环氧树脂的相对活性为纯双酚 A 型环氧树脂相对活性的 24 倍。

丙烯酸改性环氧树脂从结构看，其固化产物是硬脆性的，往往会因应力过分集中使胶接接头不能承受较高的负载，因此必须进行增韧改性。树脂中还有一定的酯键，从而会有水解反应发生，耐水性不如纯环氧树脂，因此在胶黏剂配方设计和应用中必须加以注意。

总的来说，丙烯酸改性环氧树脂原料来源广，价格也较低廉，是此类胶黏剂良好的选材。

9.1.3　混凝土细裂缝灌浆补强胶

港工混凝土建筑物，由于种种原因，常常出现一些宽窄不同及深度不一的裂缝，影响了结构物的正常使用和寿命，从而需要补强以恢复其整体性。在一般情况下，补强后的港工混凝土，其拉伸强度不低于 2MPa。

尤其是对于发生在码头潮差部位或船坞泵站的承压水作用部位的裂缝，其补强必须在潮湿的状态下或压力水作用下进行，细缝补强则更加困难。这不仅是普通水泥灌浆所不能解决的问题，即使是一般的化学灌浆也是从材料到工艺都难以完全满足要求的。

环氧树脂胶黏剂具有高强度、耐水等优良的综合性能，但作为灌浆补强需要解决黏度高、憎水性及脆性强、伸长率低等问题。以下介绍两种最常用的灌浆补强胶。

9.1.3.1　环氧树脂-聚酰胺型灌浆补强胶

（1）配方及性能　典型配方见表9-14。

表 9-14　典型配方

原料名称		环氧树脂	糠醛/丙酮	DMP-30	聚酰胺
原料规格		E-44	工业品	试剂粗品	600#
主要作用		主剂	稀释剂	促进剂	固化剂
用量/质量份	配方1	100	80/80	5	15
	配方2	100	50/50	3	15

粘接拉伸强度试验条件及方法如下。采用砂浆8字形试件，先用拉力机拉断，然后浸于水中，粘接前试块为饱水状态。粘接时，补强胶涂于断裂面上，按原茬合拢，再沿缝线面用蜡涂缝以防浆液流失，然后用松紧带箍住，放入水中养护［水温（25±1）℃］，抽出不同养护龄期试样进行检测，结果见表9-15。

表 9-15　不同龄期时粘接拉伸强度

养护条件	配方	不同龄期粘接拉伸强度/MPa						
		3d	4d	5d	6d	7d	15d	30d
水中养护	糠醛/丙酮 50/50	2.04①	3.28	3.85	3.74	3.48	3.68	3.69
水中养护	糠醛/丙酮 80/80	—	2.51①	2.66①	3.26	3.20	3.45	3.94
空气养护 干燥试件	糠醛/丙酮 80/80	3.90	—	—	—	—	4.77	4.76

① 试件做粘接拉伸时均由粘接面拉断。

表9-15试验结果表明：糠醛/丙酮＝50/50的配方，3d龄期试件均由粘接面拉断，4d以后龄期均由砂浆面拉断，且强度增长趋于稳定。糠醛/丙酮＝80/80的配方，3～5d龄期试件均由粘接面拉断，6d以后龄期从砂浆面拉断，且强度增长趋于稳定。故可分别采用4～6d龄期作为设计和施工标准。

混凝土细裂缝宽度不同，需要不同黏度的灌浆胶。表9-16为两种配方灌浆胶的主要性能。

表 9-16　两种配方灌浆胶的主要性能

项目	配方1	配方2
初始黏度/(Pa·s)	0.01	0.002
使用时间/h	>2	>2

续表

项目	配方 1	配方 2
粘接拉伸强度/MPa	>30（3d 龄期）	>30（6d 龄期）
拉伸强度（8 字形）/MPa	3.0	2.0
压缩强度（2cm×2cm×2cm 试件）/MPa	8.0	6.0

（2）模拟灌浆试验　混凝土细裂缝的灌浆效果不仅取决于灌浆材料及其性能的好坏，而且与灌浆工艺也有密切关系。因此，在选定了理想的灌浆配方后，进行了各种条件的模拟试验，以探索与之相适应的灌浆工艺。

采用 15cm×15cm×15cm 混凝土试件，先在压力机上劈开，然后照原茬合拢，用夹具控制裂缝宽度，进浆嘴和排气嘴要骑缝布置，分别设在试件的两个平行面上，并位于破裂面对角线的两个端点位置。采用环氧树脂砂浆封缝止浆，待环氧树脂砂浆固化后进行压水试验，检查封缝质量，然后将合格的试件放入水中，1d 后取出进行灌浆。

灌浆前对缝面处理的好坏在一定程度上影响着灌浆效果，为了改善浆液的憎水性，对不同的缝面处理方法进行了比较。

① 灌浆前以压缩空气对缝面吹水　灌浆前先将试件由水中取出，对试件吹风 5min 使缝中水排出，风压要在 0.2MPa 以上，然后灌浆，灌浆压力为 0.2MPa。待排气嘴出浆后闭浆 10min，灌浆后试件放入水中养护，30d 后取出进行劈裂拉伸试验。试验结果见表 9-17。

表 9-17　模拟灌浆试验结果

灌浆温度/℃	浆液配方/质量份				裂缝宽度/mm	灌浆压力/MPa	劈裂拉伸强度/MPa	说明
	环氧树脂	600 号聚酰胺	DMP-30	糠醛/丙酮				
18	100	15	3	50/50	0.07～0.1	0.27～0.37	1.50	饱和水
15	100	15	3	80/80	≤0.1	0.20～0.30	1.42	—
16	100	15	3	50/50	0.1～0.4	0.20～0.25	3.18	干燥缝

由表 9-17 可见，当混凝土裂缝为干燥情况时，其劈裂拉伸强度较高，达到 3MPa 以上；而混凝土缝面为饱和水情况时，其劈裂拉伸强度只有 1.5MPa，这说明了缝面条件对强度的影响极大，如何改进有待进一步研究。

② 采用丙酮洗缝　当缝面为干燥状态时比缝面为水饱和状态时强度高 1 倍以上。为此采用丙酮灌入缝内，用风机（风压 0.2MPa）吹 5min 再灌浆，其效果较前者为好，结果见表 9-18。

表 9-18　采用丙酮洗缝模拟灌浆试验结果

灌浆温度/℃	配方				裂缝宽度/mm	灌浆压力/MPa	劈裂拉伸强度/MPa
	环氧树脂	600 号聚酰胺	DMP-30	糠醛/丙酮			
19	100	15	3	50/50	0.1	0.22～0.37	2.49

续表

灌浆温度/℃	配方				裂缝宽度/mm	灌浆压力/MPa	劈裂拉伸强度/MPa
	环氧树脂	600号聚酰胺	DMP-30	糠醛/丙酮			
18	100	15	3	50/50	0.05~0.15	0.20~0.29	2.16
13	100	15	3	50/50	0.1~0.25	0.20~0.32	2.44
15	100	15	3	80/80	0.05~0.1	0.20	2.14
13	100	15	3	80/80	0.1~0.25	0.20~0.25	2.01
14	100	15	3	80/80	0.05~0.15	0.22~0.27	2.65

　　港工建筑物多处于水下及潮差部位。混凝土裂缝灌浆后，不但强度要满足要求，还要求具备良好的防渗性能。

　　在裂缝补强灌浆中，有些建筑物如船坞、泵站等多处于地下水位之下，故要求能在一定水压下灌浆及固化。

　　从抗渗性试验结果来看，在3~5d龄期内20℃下固化，有压力下，固化物抗渗水压达0.8MPa，能满足抗渗要求，结果见表9-19。

表9-19　在有压力水情况下固化的抗渗结果

配方/质量份	试件编号	裂缝宽度/mm	抗渗效果
环氧树脂 100	3-1	0.2	0.8MPa 水压无渗水
糠醛 50	3-2	0.1~0.2	0.8MPa 水压无渗水
丙酮 50	3-3	0.15~0.2	0.8MPa 水压无渗水
聚酰胺 600 15	3-4	0.2	0.8MPa 水压无渗水
DMP-30 3	3-5	0.2~0.25	0.8MPa 水压无渗水
	3-6	0.15~0.2	0.8MPa 水压无渗水

　　裂缝灌浆后该灌浆胶在8℃与-15℃交替冻融250次，试件表面完好，平均粘接拉伸强度仍大于30MPa。

9.1.3.2　低黏度高强度环氧树脂灌浆补强胶

　　在裂缝宽度0.5mm以下的混凝土裂缝灌浆修补时，必须配制一种低黏度高强度改性环氧树脂浆料。蒋燕分研制出了糠醛-环己酮缩合物作为E-44环氧树脂的稀释型增塑剂，代替以往常用的糠醛-丙酮缩合物，解决了后者臭气大、污染空气、损害灌浆工人身体健康的问题。

　　糠醛-环己酮缩合物是按酮醛缩合反应原理制得，其制备方法是100份糠醛加上100份环己酮，在催化剂的作用下反应数小时后，即可得到缩合物。糠醛-环己酮不同摩尔比的缩合物，对灌浆胶的力学性能带来较大的影响，见表9-20。在实际应用时，可根据黏度、强度及成本的不同进行选择。

表 9-20　糠醛-环己酮摩尔比对固化物力学性能的影响

糠醛-环己酮摩尔比	压缩强度/MPa	拉伸强度/MPa	冲击强度/(kJ/m²)	固砂体压缩强度/MPa	
				石英砂	标准砂
2.5∶1	59.4	11.0	2.0	44.0	44.3
2∶1	63.1	13.1	1.8	44.4	58.1
1.5∶1	84.3	19.6	2.0	49.8	47.2
1∶1	59.2	20.2	2.7	48.1	50.5
1∶0.5	48.1	8.8	3.2	44.1	48.1
1∶1.5	45.3	14.5	3.9	40.9	19.5
1∶2.0	18.8	14.0	4.1	30.7	35.6
1∶2.5	13.0	6.9	5.2	16.1	13.8
1∶3.0	6.2	11.7	5.9	12.1	14.0
1∶3.5	4.5	2.5	4.3	8.4	12.7
1∶4.0	8.1	2.2	3.7	6.7	5.1
1∶4.5	3.1	2.8	9.2	8.8	4.0

基本组成：

E-44 环氧树脂　　　　　　　　　　　　二亚乙基三胺

不同摩尔比的糠醛-环己酮缩合物

配成浆液，倒入模内成型，1 个月后测定性能，结果见表 9-21。

表 9-21　环氧树脂与糠醛-环己酮缩合物配比对固化物力学性能的影响

环氧树脂与糠醛-环己酮缩合物配比	压缩强度/MPa	拉伸强度/MPa	冲击强度/(kJ/m²)	固砂体压缩强度/MPa	
				石英砂	标准砂
100∶0	82.4	54.5	9.86	67.7	69.1
90∶10	100	72.6	11.62	66.2	73.1
80∶20	95.4	37.1	10.57	81.9	82.4
70∶30	80.8	34.9	8.17	60.4	83.5
60∶40	73.9	38.9	4.83	61.9	71.7
50∶50	67.2	9.1	4.33	48.0	50.5
40∶60	61.2	7.5	1.39	38.1	25.8

9.1.4　建筑结构胶黏剂

随着建筑工业的发展，胶黏剂研究开发工作的深入，建筑结构胶黏剂现已作为一种新型的结构件粘接材料及装修用材料应用于建筑施工中。

大量应用于各种构件的粘钢加固，包括修复桥梁、老厂房的梁柱缺损补强、柱子接长、悬臂梁粘接、水泥柱头接长、牛腿粘接等。

（1）建筑结构胶黏剂的成分

① 树脂　低分子量双酚 A 型环氧树脂。

② 增韧剂 聚硫橡胶、聚醚、聚酯、丁腈橡胶等。用聚硫橡胶改性后的环氧胶黏剂在公路桥梁上粘接钢梁后进行疲劳试验，在动荷载作用下，经过 300 万次疲劳试验无损伤。

③ 固化剂 改性胺，改性聚酰胺（如长碳链液体胺类），可在潮湿面固化环氧树脂的酮亚胺，再辅以固化促进剂、偶联剂。

（2）建筑结构胶黏剂的应用前景 我国从 20 世纪 90 年代起进入了建筑的黄金时代，大型市政工程和特大型工业项目水利工程的开工为建筑结构胶黏剂提供了广阔的市场。

我国每年都有大量旧建筑需要加固改造，建筑胶黏剂可以解决许多传统建材、工艺无法解决的难题。如在粘接钢梁时不用电焊工艺，节省了器材又避免了着火问题；如水泥桩头接长，用焊接的方法需要高级焊工方能保障桩头的垂直，但用胶黏剂，初级工经培训后就能操作。数种改性环氧树脂建筑结构胶黏剂的主要性能见表 9-22。

表 9-22 不同牌号改性环氧树脂建筑结构胶黏剂主要性能

项目	JGN-Ⅰ	JGN-Ⅱ	JGN 耐热	YJS-Ⅰ	AC 型	法国 31 号
密度/(g/cm^3)	1.60±0.10	1.60±0.10	1.50±0.10	—	—	1.60±0.10
固体含量/%	99.8	99.8	99.8	99.8	99.8	99.8
黏度（25℃)/(Pa·s)	6～8	6～8	6～8	2～3	—	5～7
使用期（25℃)/min	40～60	40～50	60～80	60～100	40～60	40～60
材料性能/MPa						
拉伸强度	≥35	≥30	≥30	≥24		≥25
压缩强度	≥60	≥55	≥60	≥60	—	≥60
粘接强度/MPa						
钢-钢剪切	≥20	≥18	≥18	≥24	≥22	≥18
钢-钢拉伸	≥35	≥38	≥38	≥35	≥32	≥35
混凝土-混凝土	≥6.0	≥6.0	≥6.0	≥4.5	≥5.0	≥6.0
使用温度/℃	−50～80	−45～80	−50～120	−5～60	−40～60	−40～60
粘钢加固性能	最高断裂梁承重力 2 倍					
贮存期/d	12	12	12	12	12	12

9.1.5 土木建筑用胶黏剂的新进展

土木建筑领域中，常温固化和低黏度化是重要的研究课题。以前多采用稀释剂，如丁基缩水甘油醚类，与环氧树脂混合使用，以降低物料的黏度，但存在毒性和皮肤刺激性的问题。因此，研究毒性低的环氧化合物作为稀释剂，或者研究不用稀释剂的环氧化合物，已被各界所重视。为此，已研究开发了高级脂肪醇型环氧化合物等。另外，从双酚 A 型环氧树脂向双酚 F 型环氧树脂过渡，再延伸一步，正在研究开发一系列低黏度的新型环氧树脂。

在作为底材方面，希望改善速固化性、透干性、耐候性、耐白化性等，同时也希望实现无溶剂化。

在胶黏剂方面，一液化（即单组分）、速固化性以及低温固化性等依然是热门研究方向。

9.2　电子电气用胶黏剂

电子电气领域用胶黏剂包括电气绝缘胶黏剂和导电胶黏剂、导热胶黏剂、导磁胶黏剂等。

9.2.1　导电胶黏剂

导电胶黏剂具有一定导电性，固化或干燥后可以将多种导电材料连接起来，使新连接的部分形成电的通路。当今电子产品继续向着微型、扁平、高灵敏、高可靠性方向发展，大量使用难以用铅锌合金焊接的材料及耐热性不强的高分子材料。在这些元器件制造和装配过程中，以往的焊接方法会引发零件变形、接头不牢、性能下降等问题，而用导电胶黏剂进行粘接就可以解决上述问题。

（1）导电胶黏剂的优缺点

① 电阻率可以控制在 $10^{-5} \sim 10^{8} \Omega \cdot cm$ 的较宽范围内。

② 耐腐蚀性好。

③ 具有优良的加工性能，可现场成型。

④ 密度低，可减轻零件的重量。

⑤ 可以使连接部位有弹性。

⑥ 价格较低。

⑦ 耐热性不强，硬度及耐候性比金属差。

（2）环氧树脂导电胶黏剂的特性　其有很好的粘接强度。根据选用的固化剂不同可以配制成单组分（一液型）或多组分（多液型）；可配成室温固化型、中温固化型或高温固化型；可配成无溶剂型或有溶剂型。环氧树脂导电胶黏剂的优异性能和多样性，使它成为导电胶黏剂中应用最广的品种。

（3）环氧树脂导电胶黏剂的组成　环氧树脂导电胶黏剂由环氧树脂、固化剂、导电填料、增韧剂、固化促进剂及其他助剂配制而成。它是电子传导宏观复合物，其中导电填料对导电胶黏剂的导电性起着决定性作用，常用的填料如下。

① 颗粒状：炭黑、金属粉末（金、银、铜、镍、钯、铂、铁等）。

② 纤维状：碳纤维、金属纤维、金属化玻璃纤维。

各种导电填料的性能见表 9-23。

表 9-23　各种导电填料的性能

导电材料	填料的电阻率 /(Ω·cm)	添加量范围（质量分数）/%	所得复合物电阻率 /(Ω·cm)	特性
炭黑	$0.23 \sim 10$	$10 \sim 15$	$\leqslant 10^{0}$	价格低，流动性差，机械强度和电性低
碳纤维	$(0.7 \sim 18) \times 10^{-3}$	$5 \sim 20$	$\leqslant 10^{-4}$	价格高，混炼中电阻变化大

续表

导电材料	填料的电阻率 /(Ω·cm)	添加量范围 (质量分数) /%	所得复合物 电阻率 /(Ω·cm)	特性
银	$1.62×10^{-6}$	40～80	$≤10^{-5}$	高价，银迁移
铜	$1.72×10^{-6}$		$≤10^{-5}$	容易氧化
金	$2.4×10^{-6}$		$≤10^{-4}$	高价，稳定
铝	$2.75×10^{-6}$			易氧化
镍	$7.24×10^{-6}$			易氧化
铁	$9.8×10^{-6}$			易氧化
白金	$10.6×10^{-6}$			高价
金属化玻璃纤维	10^6	10～30	$≤10^{-2}$	高价，混炼中电阻变化大
防静电剂	—	0.2～0.3	$≤10^4$	电阻随温度及时间变化，表面发黏

(4) 影响导电性的主要因素　导电胶黏剂中主剂树脂的种类以及导电填料的品种、用量、粒度都会影响导电胶黏剂的导电性，而且应用工艺不同也会影响该性能。

① 搅拌。由于银等填料的密度比树脂大几倍，在长期贮存中填料会下沉，因此为了获得优良的导电性和均匀一致性，绝大多数导电胶黏剂和导电涂料在使用之前均要求搅拌均匀，否则会使导电性不佳。但有些品种如使用前调配的导电胶黏剂往往搅拌时间越长，填料就越有可能被树脂包裹，使导电性下降。要求搅拌均匀而又不要搅拌太长的时间，这些只有在使用过程中才能逐步掌握。

② 固化温度。从使用方便的角度来说，室温固化最好；但从性能来说，一般加温固化的导电性和粘接强度及其稳定性要比室温固化好，而且在一定温度范围内，固化温度越高，固化越完全，导电性就越强而稳定。如环氧树脂-聚酰胺-银粉组成的导电胶黏剂，室温24h固化，电阻率为13Ω·cm，74℃、2h固化条件下达$4.8×10^{-2}$Ω·cm。

③ 固化压力。加压固化有利于导电颗粒的接触，提高导电性能，尤其在填料用量较少的场合。例如环氧树脂-聚酰胺-银粉组成的导电胶黏剂加压0.35MPa时，导电性可提高10倍。

④ 溶剂。为了改善涂布工艺性，常常借助于溶剂稀释，但它对导电胶黏剂的导电性和均匀性会带来不良影响，使用时尽可能不加或少加。

典型导电胶黏剂的配方及性能见表9-24。导电胶黏剂几种典型的作用见表9-25。

表 9-24　典型的导电胶黏剂配方及性能

胶黏剂 牌号	组成		固化条件	体积电阻率 /(Ω·cm)	剪切强度 /MPa	使用温度 /℃
DAD-5	甲	氨基多官能环氧树脂 液体丁腈橡胶-40	压力49～98kPa， 100℃，3h	$(5～6)×10^{-3}$	≥14.7（铝，室温） ≥11.8（铜，室温） ≥9.8（铝，180℃） ≥7.8（铜，180℃）	−60～180
	乙	2-乙基-4-甲基咪唑				
	丙	电解银粉				

胶黏剂牌号	组成		固化条件	体积电阻率 /(Ω·cm)	剪切强度 /MPa	使用温度 /℃
DAD-7	甲	E-51 环氧树脂、羧基丁腈橡胶、乙酸乙酯	涂胶后烘（50℃）0.5h，合拢（120℃）3h，压力 49kPa	1×10^{-3}	17.6（黄铜，室温） 11.8（黄铜，100℃） 12.7（黄铜，−60℃） 14.7（铝，室温） 9.8（铝，100℃） 12.7（铝，−60℃）	−60～120
	乙	2-乙基-4-甲基咪唑				
	丙	电解银粉				
	甲：乙：丙＝1.8：0.1：（3.8～4.5）					
301	—		压力 0.2～0.3MPa，60℃×1h＋（150～160）℃×2h	1×10^{-4}	14.7（铝，室温） 14.7（铜，室温） 9.8（铝，100℃）	−40～100
305	420 环氧树脂胶 还原银粉 甲醇：苯＝7：2		0.1～0.3MPa，160℃×（1～2）h	1×10^{-3}～1×10^{-4}	25.8（铝，室温） 19.5（铝，80℃） 8.9（铝，120℃）	−60～120
HH-701	E-51 环氧树脂 B-63 稀释剂 邻苯二甲酸二辛酯 701 环氧树脂固化剂 （己二胺：乙醇胺＝1：1） 还原银粉		20℃×（4～5）h＋（70～80）℃×1h＋120℃×（1.5～2）h	1×10^{-2}～1×10^{-3}	20.9～21.8（铝，室温）	50～60
HH-711	环氧树脂、咪唑、胺类固化剂、银粉		80℃×1h＋120℃×3h	1×10^{-3}～1×10^{-4}	26.4～29.4（铝，室温） 25.3～26.8（铜，室温）	
J-17	E-51 环氧树脂 W-95 环氧树脂 聚丁烯醇缩丁醛 羧基液体丁腈橡胶 600 号稀释剂 2-乙基-4-甲基咪唑 间苯二胺 银粉 KH-560		50kPa，160℃×3h	1×10^{-3}	29.4～34.3（不锈钢，室温） 22.5～24.5（铝，100℃）	−60～100
CLD-1 导电胶	E-51 环氧树脂、650 聚酰胺、2-乙基-4-甲基咪唑、银粉		常温 48h 或 100℃×1.5h	1×10^{-1}（常温） 1×10^{-3}（100℃）	17（铝，室温） ＞17.6（室温，铜） ＞12（铜，60℃） ＞12（铜，−60℃）	−60～120

胶黏剂牌号	组成		固化条件	体积电阻率/(Ω·cm)	剪切强度/MPa	使用温度/℃
CLD-2导电胶	E-51 环氧树脂、三乙醇胺、偶联剂、银粉		80℃×0.5h+120℃×3h	1×10⁻³~1×10⁻⁴	14.2（铝，室温） 18.6（铝，60℃） 12.5（铝，-60℃） 20.7（铜，室温） 14.5（铜，60℃） 17.4（铜，-60℃）	-60~60
CLD-3导电胶	甲	环氧树脂、铜粉混合物	120℃×3h	1×10⁻⁴	20.6（铝，室温） 21~23（铜，室温） 19.1（铝，-60℃） 20.5（铜，60℃） 21（铜，-60℃）	60~100
	乙	三乙醇胺				
CLD-5镀银粒子导电胶	环氧树脂、三乙醇胺、镀银粒子、银粉等		80℃×0.5h+120℃×3h	1×10⁻³	15~18.5（铝，室温） 16.8（铝，60℃） 16.1（铜，室温） 13.5（铝，-60℃）	-60~100
HD15-1	环氧树脂（E-51 和 711）、2-乙基-4-甲基咪唑、KH-550、银粉		100℃×2h	1×10⁻⁴	12.7（铝，室温）	-60~100
901 胶	甲	E-44 环氧树脂 丙酮	120℃×3h	1×10⁻³	10.8~12.7（铜，室温） 10.8~11.2（铝，室温）	
	乙	三亚乙基四胺				
	丙	银粉				
DAD-24	甲	环氧树脂、片状银粉、溶剂等	甲：乙=1：1，涂胶后1h叠合，150℃×2h 或 130℃×3h	(1~5)×10⁻⁴	7.2（铝，室温） 6.8（铝，-60℃） 6.2（铝，120℃） 4.2（铝，150℃）	-60~125
	乙	酚醛树脂、片状银粉、溶剂等				
DAD-54	环氧树脂、潜伏型固化剂、片状银粉、增韧剂、溶剂等组成的单包装胶黏剂		(120~130)℃×3h 或 150℃×1h	1×10⁻⁴	9.5（铝，-60℃） 5.9（铝，120℃） 4.3（铝，150℃） 8.2（黄铜，室温）	-60~150
聚酰胺-酰亚胺导电胶	聚酰胺酰亚胺 环氧树脂 铜粉 固化剂Ⅰ 固化剂Ⅱ 抗氧剂 偶联剂 溶剂适量			1×10⁻³~1×10⁻⁴	7.8~9.8（铝，室温） 2.9~48.2（铜，室温）	-60~180

表 9-25　导电胶几种典型的作用

典型用途	性能要求	主要组成
电子管散热片、场效发光管引出线粘接	电阻率（5~6）$\times 10^{-3}\Omega\cdot cm$ 铜或铝剪切强度/MPa 室温>14.7 200℃>9.8	缩水甘油胺环氧树脂、丁腈橡胶、咪唑、银粉
石墨银电板粘接	电阻率（1~2）$\times 10^{-3}\Omega\cdot cm$ 黄铜剪切强度/MPa 室温>10.9 120℃>7.8	双酚 A 型环氧树脂、邻苯二甲酸二烯丙酯、咪唑、银粉
代替焊锡用于电子元件和印刷电路板、玻璃、陶瓷粘接	电阻率（1~2）$\times 10^{-3}\Omega\cdot cm$ 铝剪切强度/MPa 室温>24.5 150℃>7.8	环氧树脂、聚乙烯醇缩甲乙醛、咪唑、还原银粉
导热结构胶粘接各种金属	热导率（58~120℃）1.08~1.04W/(m·K) 剪切强度（铝-铝）/MPa 室温>24.5 120℃>7.8 不均匀扯离强度（铝-铝）/MPa 室温>4.9 120℃>4.2	环氧树脂、丁腈橡胶、银粉、乙炔炭黑、间苯二胺

9.2.2　导热、导磁胶黏剂

导热、导磁胶黏剂是具有导热和导磁功能的胶黏剂。

导热胶黏剂的填料一般为金属粉（银、铜、铝等粉）或无机填料（石墨、炭黑、氧化铍等）。配制导热胶黏剂时多用价廉质轻的铝粉，在考虑到有电绝缘性能要求时，应选用氧化铍，它广泛用于电器中的金属零件和电工陶瓷的胶接等。

导磁胶黏剂的填料常用羰基铁粉，导磁胶黏剂主要用于磁性元件（如变压器铁芯、导磁棒）的胶接，以提高其连接处的导磁性能。

各种导热、导磁胶黏剂因其树脂品种、导热填料、导磁填料以及固化剂种类和固化条件不同而具有不同的性能。综合考虑粘接性能与导热性能、导磁性能，树脂与填料的比例以（3~4）：（7~6）为宜。为了提高导热和导磁性能，其填料一般要求粒径较细。填料的粒径越小，导热、导磁性能越好。

由于环氧树脂对各种金属材料如钢、铁、铝、铜等及非金属材料如玻璃、陶瓷等均有良好的粘接力，因此可以广泛用于电气绝缘领域中。依据应用场合的不同，可以对环氧树脂种类、分子量和固化剂的种类、状态等进行广泛的选择和调整，以适应各种电气绝缘领域的实际应用。

环氧树脂胶黏剂的种类很多，但是未经改性的环氧树脂胶黏剂往往较脆、耐燃性不强，因此在一些特殊的电气绝缘领域应用时往往加入其他高分子化合物进行改性。如加入酚醛树脂、有机硅树脂、苯胺-甲醛树脂、三聚氰胺甲醛树脂、呋喃树脂等，以使其应用领域更广泛。

9.2.3　环氧树脂云母制品

（1）云母制品特点　云母是一种天然无机矿物质，具有晶体结构，结构分层可以剥离。云母的种类很多，其中只有白云母和金云母可以作为绝缘材料。

① 白云母为无色或淡红玉色，且有玻璃光泽，其组分复杂，一般用 $KH_2Al_3(SiO_4)_3$ 来表示。

② 金云母呈淡褐色，具有玻璃光泽，其组分可用 $KH_3(MgF)_3 \cdot Al(SiO_4)_3$ 来表示。

云母具有极优良的电气和力学性能，很强的耐热性、耐潮性、化学稳定性、耐辐射性，其体积随温度变化很小，其薄片柔软而有弹性。因此云母是目前高压电机和电器的重要绝缘部位的主绝缘材料，应用形式一般有彩云母和粉云母两种。目前大电机主绝缘中有粉云母独占市场的趋势。

（2）环氧树脂云母制品　环氧树脂云母制品包括带、箔、板等，都是以环氧树脂胶黏剂黏结粉云母或将粉云母纸粘贴在玻璃纤维布、聚酰亚胺薄膜上，经烘干或热压而成。主要是用在大、中型高压电机定子线圈主绝缘中，目前国内外大电机主绝缘的结构一般归纳为如下四种形式。

① 有溶剂的多胶量云母带：主要应用于低压电机领域。

② 无溶剂的多胶量云母带：多胶量云母带对线圈绕包后可直接模压成型，也可以在罐内先抽真空除去潮气和层间空气，然后用液体静压成型。

③ 少胶量云母带：包绕线圈后在罐内真空干燥处理，浸渍无溶剂树脂漆，然后热压成型，此时云母带原含有的少量胶成分参与无溶剂树脂漆的固化反应，无挥发物放出。

④ 整体浸渍的少胶量云母带（或白坯带）：包绕和干燥处理后先行嵌线，然后与铁芯一起进行无溶剂树脂漆的整体浸渍，热烘固化成型。该结构仅适用于 13.8kV 以下的中型汽轮发电机和交流电动机。

对于云母带中胶黏剂的要求除了良好的黏着性外，还必须满足以下性能要求：使组合成的复合绝缘体具有与铜线接近的膨胀系数，保证电机运行升温时与导线膨胀的一致性，使导线与绝缘层不致产生剥离；具有很高的电气强度，保证运行安全可靠并能减薄绝缘厚度；提高起始电晕电压；具有较高的常态体积电阻和热态体积电阻，低的介质损耗和吸水性，好的热稳定性以及优良的力学性能。此外还应满足一系列工艺要求，如对多胶粉云母带贮存期至少 6 个月，而在高温时能短时间固化成型。对所用的环氧无溶剂漆，要求低黏度和足够长的适用期等。

目前主绝缘所用的胶黏剂主要有环氧树脂和聚酯树脂两大类，而环氧树脂通过改性又有取代聚酯树脂的趋势。环氧树脂改性有两种途径，即采用新型的固化剂和采用新型的环氧化物。已报道的环氧树脂胶黏剂的类型很多，如以不饱和聚酯为固化剂的环氧聚酯胶黏剂和以间苯二酚甲醛树脂与酸酐为固化剂的环氧酚醛胶黏剂；以环氧化热塑性酚醛树脂为基础的胶黏剂；以双酚 A 型环氧树脂与脂环族环氧树脂为基础的混合胶黏剂等。

根据我国桐油原料丰富的特点，在 B 级胶黏剂中较普遍采用的有桐油酸酐双酚 A 型环氧树脂胶黏剂。桐油酸酐作为环氧树脂的固化剂有许多优点，它是挥发性低的液体酸酐，易与环氧树脂混容，固化物的韧性较好，在较大的温度范围内能保持优良且较稳定的介电性能。它的缺点主要是因具有长链而使固化物的刚性差，热变形温度较低。

如选用某些耐热的树脂对环氧树脂进行改性，或采用某些特殊的固化剂，还可使环氧树脂胶黏剂的耐热等级达到 F 级。

环氧树脂云母制品还有各种环氧柔软云母板、环氧塑性云母板、环氧换向器云母板、环氧衬垫云母板以及环氧粉云母箔等，广泛用于电器绝缘中。

9.3　交通工具用胶黏剂

各类交通工具（飞机、船舶、汽车等），为了减轻自重、减少接头的应力集中以提高运行安全性或降低制造成本，目前都尽量采用胶黏剂粘接来代替以前的铆接、焊接和螺栓连接。在轿车生产中这种技术特征尤为明显。

9.3.1　汽车工业用胶黏剂

汽车用环氧树脂胶黏剂的发展特征如下。

① 油面粘接性能提高。

② 单组分化，40℃下适用期长达半年左右；在 150℃左右与电泳底漆同步固化。

③ 固化前能经受磷化处理而不渗流，不掺杂电泳漆。

④ 汽车中应用复合材料的品种越来越多，要求胶黏剂的适用性强。

环氧树脂胶黏剂在汽车上的主要用途见表 9-26。

表 9-26　环氧树脂胶黏剂在汽车上的主要用途

用途	黏胶材料	粘接部位	典型组成
卷边、点焊	钢板-钢板	发动机罩、门	单组分环氧树脂、环氧树脂-聚氨酯
补强	钢板-FRP	门中部、门把手	环氧树脂-偏磷酸三甲酯
补强	钢板-发泡材料	门中部、门把手	环氧树脂-聚酰胺
结构粘接	碳、玻璃钢、生铁	刹车片	单组分环氧树脂原浆料
粘接密封	FRP-涂装钢板	车顶、窗框	环氧树脂-聚硫橡胶
装饰粘接	聚丙烯酸酯-聚丙烯	灯座	改性环氧树脂
组装	金属-摩擦片	制动器	耐热性环氧树脂结构胶
组装	金属-透镜	车头灯	环氧树脂结构胶

（1）汽车用蜂窝夹心板用胶黏剂　蜂窝夹心板以铝箔、塑料等为蜂窝芯，采用胶黏剂粘接成许多六角形，呈蜂窝状结构，表面再蒙上铝板或玻璃纤维增强塑料板材。蜂窝芯仅约占容积的 10%，空气含量约占 90%（质量分数），因此质量很轻，而且有很高的强度和刚性。

蜂窝夹心板隔热、吸收冲击力、表面平整、光滑，已是汽车及飞机制造中广泛采用的轻质材料。蜂窝芯和蒙皮粘接用胶黏剂绝大多数用可挠性的环氧树脂胶黏剂。其性能见表 9-27。

表 9-27　一种可挠性环氧树脂结构胶基本特性（单组分胶）

项目		数据
外观		白色浆状物
黏度/(Pa·s)		1200
固体含量/%		100
硬度（肖氏）		30
下垂性/mm		15
常态粘接强度	剪切强度/MPa	11.2
	T 型剥离强度/(kN/m)	24
耐湿性（80℃×6h）	剪切强度/MPa	9
	T 型剥离强度/(kN/m)	17.5
玻璃纤维粘接强度	第二道涂层剪切强度/MPa	6.2
	第一道涂层 T 型剥离强度/(kN/m)	22

（2）汽车钣金折缝补强胶黏剂

① 钣金折缝用胶黏剂。采用原位聚合的 PBA-P（BA-IG），0.2～1.0μm 的橡胶粒子分散体以及采用晶种乳液聚合制成的 PBA/PMMA P（BA-IG）/P（MMA-IG）橡胶粒子分散体来改性环氧树脂，以双氰双胺和二甲基咪唑作为固化剂所制成的新型胶黏剂在汽车上已应用于钣金折缝中。这种高强度胶种的应用改变了以往烦琐的生产工艺。以前的工艺是在折缝中涂布环氧树脂胶黏剂后，再涂装底漆，在烘烤底漆的同时使环氧树脂最终固化。为了保持折缝胶粘接强度，中间需采用临时点焊，这个凸起的焊点以后要费很大工夫去修平。自从采用这种新型胶黏剂后，不再需要临时点焊，因此工艺简单又降低了成本。

② 车体补强用胶黏剂。环氧树脂胶黏剂还用于车门钣金补强材料和外板的粘接。环氧树脂胶黏剂作为轿车工业用结构胶，期望它在保持粘接强度的基础上具有一定的伸长率，这与对橡胶型胶黏剂的伸长率的要求是不同的，典型环氧树脂胶黏剂的特性见表9-28。

表 9-28　典型环氧树脂胶黏剂的特性

项目		数据
外观		白色浆状物
黏度（25℃）/(Pa·s)		12 左右
固体含量/%		100
硬度		30
下垂性/mm		≤15
常态粘接强度	剪切强度/MPa	≥11
	T 型剥离强度/(kN/m)	≥24
耐湿粘接强度	剪切强度/MPa	≥9
	T 型剥离强度/(kN/m)	≥17.6
对玻璃纤维布粘接强度/MPa	第一层涂料	≥6.2
	第二层涂料	≥5.4

我国自行研究开发的汽车折边胶黏剂，已在轿车上使用，KH9530 汽车折边胶黏剂是以环氧树脂为基础的结构胶黏剂，它可以粘接多种金属及非金属材料，在轿车生产上，用于粘接轿车的车门、发动机罩和行李箱盖的钢板折边。据报道，它的性能均达到并超过国际同类产品的标准，结果见表 9-29 及表 9-30。

表 9-29　剪切强度比较　　　　　　　　单位：MPa

固化条件	德标[①]	KH-9520 胶	德标[①]	KH-9520 胶
	180℃/30min	170℃/12min	180℃/30min 230℃/10min	170℃/12min 230℃/10min
固化后 24h	16	33	14	27.5
80℃固化 24h 后，80℃测	13	19	13	13.1
−35℃固化 24h 后，−35℃测	16	23	13	23.4
DIN50 017 SFW 湿热老化循环 10 次	15	29.6	13	27.9
DIN50 021 SS 盐雾试验 480h	15	19.2 24.2[②]	13	25.7[②]
高低温交变 20 次	14	25.2 27.4[②]	12	25.5[②]

① 德国品牌胶黏剂性能。
② 电泳漆处理试片。

表 9-30　弯曲性能比较　　　　　　　　单位：MPa

固化条件	德标[①]	KH-9520 胶	德标[①]	KH-9520 胶
	180℃/30min	170℃/12min	180℃/30min 230℃/10min	170℃/12min 230℃/10min
固化后 24h	45	80	40	80
−35℃固化 24h 后，−35℃测	45	>45	30	>45
DIN50 017 SFW 湿热老化循环 10 次	45	>80	30	>80
DIN50 021 SS 盐雾试验 480h	45	50 100[②]	30	110[②]
高低温交变 20 次	30	80 80[②]	20	85[②]

① 德国品牌胶黏剂性能，弯曲角度观察胶层开裂性。
② 电泳漆处理试片。

9.3.2　船舶安装及零件修补用胶黏剂

（1）船舶部件安装使用的胶黏剂及其性能　船舶部件安装时使用胶黏剂可以简化工艺、提高质量、减轻劳动强度、缩短造船周期、降低制造成本。

船舶主副机垫片涂环氧树脂胶黏剂代替研磨。船舶主副机在安装时必须保证轴系直线的一致性，以往用楔形或球形垫片来固定机器，需要很多钳工研磨，很费时间。如安装1台2000kW的主机，研磨垫片与螺丝耗时320h，且劳动强度大，研磨时铁砂飞扬，严重危害工人的健康。现改用环氧树脂胶黏剂填满钢质垫片与机座间的缝隙来安装主副机，可以不用研磨。同样安装1台2000kW的主机只需要60h，大大节约了人工，减轻了工人的劳动强度。

① 胶黏剂配方（质量份）

甲组分

E-44环氧树脂　　　　　　　100

501号环氧树脂稀释剂　　　　10

乙组分

650号聚酰胺固化剂　　　　　70

DMP-30　　　　　　　　　　5

铁粉（150～200目）　　　　100～200

② 性能　用环氧树脂胶黏剂安装主副机垫片，它不仅对金属有较大的粘接力，而且环氧树脂胶黏剂本身具有一定的压缩、冲击、剪切等机械强度，尤其凭借压缩强度作为垫片使用是足够的，曾有单位做过垫片承压5～10倍的压力试验，试样为不同间隙的金属垫片涂上厚度为0.30mm的环氧树脂胶黏剂，在最大负荷时，测得压缩变形为0.015mm，卸去负荷后，仍恢复原来尺寸，而该压力远远小于环氧树脂胶黏剂的压缩极限强度。对于不同厚度的胶层，在不同压力下测其变形情况，初步得出厚度为1mm的环氧树脂胶黏剂层，在压力28.7MPa时，所受全部静动负荷不会大于20MPa，因此像这样的耐压材料，用作主副机垫片是完全可靠的。

（2）艉轴与螺旋桨用环氧树脂胶黏剂　船舶艉轴与螺旋桨的安装，过去一直采用键紧配连接，这种连接方法对艉轴与轴孔接触面要求很高，至少要求有75%的接触面积，并要求在配合面上每625mm^{2}中要有三点相靠，键的两侧要求0.05mm的塞片塞不进去。这样不仅要花费很多加工工时，而且研磨劳动强度大，效率低，修造船周期长。以一艘447.6kW拖轮为例，研磨1个铜质螺旋桨的孔，要用约150个工时。后来，许多船厂对该项工艺进行大胆革新，陆续采用了环氧树脂胶黏剂安装，有的采用有键胶接，有的采用无键胶接，从根本上省去对艉轴的研磨工作，大大简化了工艺。同样一艘477.6kW拖轮安装艉轴与螺旋桨仅需2～3h就够了，而且大大减轻了工人的劳动强度，缩短了修造船周期。另外还改善了艉轴的防腐蚀性能，解决了拆卸螺旋桨困难的问题。以往大型的螺旋桨由于海水的侵入造成锥体的锈蚀或其他原因很难拆卸。一般大型螺旋桨拆卸，顺利的要花4～8h，困难的要花8～16h，最困难的要用24h才能拆卸下来。采用环氧树脂胶黏剂安装后，只需0.5～1h就能拆卸下来。

① 配方（质量份）

E-44环氧树脂　　　　　　100

650号聚酰胺固化剂　　　　70

501号环氧树脂稀释剂　　　10

石膏粉　　　　　　　　　适量

② 性能　动负荷试验和实船使用情况也都证明艉轴与螺旋桨采用环氧树脂胶黏剂安

装是行之有效、安全可靠的一种方法。

（3）艉轴与铜套粘接 船舶艉轴与铜套一般采用过盈配合，即将铜套加热后套入艉轴上的。这种施工方法不但劳动强度大、工作紧张、费工又费时，且因加热温度难以掌握，温度过高会产生铜套破裂，温度过低或施工动作稍慢又会造成铜套套入一半后既不能进又不能退，导致报废。例如某厂在安装一艘3000t客货轮艉轴铜套时，由于铜套接触面大、散热快，套到一半时再也无法套进，同时也无法拉出，造成返工，损失很大。采用胶黏剂胶合，可大大节省工时，简化了工艺，避免了以上情况。经一系列试验后，认为这项工艺是可行的，在一些船上实际试用后，也证明性能良好。

典型配方（质量份）：

E-44 环氧树脂	100	593 号固化剂	23

（4）船舶零件与设备的修补 船舶零件与设备由于长期接触河水与海水，会发生严重的腐蚀；或因为工作条件的恶劣产生裂缝、裂断等破坏；或长期工作产生磨损、松动；也有的是毛坯经精加工后发现疏松和气孔等缺陷；有的还会发生人为的损伤等。一般采用焊补、机械加固等方法修复。但因为各种损坏形式不同，加上船舶条件的限制，往往只能报废换新。有些零部件因为船上无备货或来不及制造而影响了运输或延长了修船周期。采用胶黏剂修补，工艺简单，时间短，成本低，因此得到了广泛的应用。

9.3.3 飞机制造用胶接点焊胶黏剂

胶接点焊具有连接强度高、密封性好、应力分布均匀、耐疲劳性好、质量轻、可以进行阳极氧化、生产效率高等特点，已在航空工业上广泛应用。胶接点焊工艺有两种：一种是涂胶后进行点焊；另一种是点焊后进行灌胶。

点焊灌胶示意如图9-2所示。

能满足胶接点焊用的专门胶黏剂称为点焊胶。点焊胶除满足胶黏剂的一般要求以外，还应满足如下要求。

① 胶黏剂应有一定的流动性，以利于涂或灌时能渗入搭接间隙，或在点焊时能从接触面内挤出（指先胶后焊者）。同时还应有较长的适用期，以便有充分的时间涂胶而不至于固化。

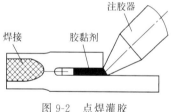

图 9-2 点焊灌胶

② 固化后的胶层有较好的耐酸、耐碱性能。

③ 对点焊金属无腐蚀作用，胶接强度高。

④ 毒性小或无毒性。

⑤ 用于先胶后点焊的胶黏剂，固化时不产生气体，否则会产生气孔或焊接时产生裂纹。

点焊胶黏剂的使用范围见表9-31。其主要品种见表9-32。

表 9-31 点焊胶黏剂的使用范围

牌号	J14 环氧树脂胶黏剂	425 号环氧树脂胶黏剂	E-3 环氧树脂胶黏剂
使用范围	高温点焊胶，适用于铝合金、玻璃钢	铝合金胶接点焊	铝合金胶接点焊、金属材料结构胶或灌封胶

表 9-32　几种典型的点焊胶黏剂

牌号	组分	固化条件	性能					
J14 环氧树脂胶黏剂	300 号环氧树脂、400 号环氧树脂、羧基丁腈橡胶、缩丁醛	接触压力下150℃×3h	－70～250℃铝合金剪切强度/MPa					
			－70℃	室温	100℃	150℃	200℃	250℃
			27.0	＞30.0	26.6	18	10.6	4.4
			不均匀扯离强度（室温）＞5.8kN/cm					
425 号环氧树脂胶黏剂	环氧树脂、聚丁二烯环氧树脂、聚硫橡胶、咪唑等	25℃ × 24h ＋140℃×3h	－60～60℃铝合金剪切强度/MPa					
			－60℃		室温		60℃	
			17.6		＞19.6		＞19.6	
			不均匀扯离强度（室温）＞4kN/cm					
E-3 环氧树脂胶黏剂	环氧树脂、聚丁二烯环氧树脂、聚硫橡胶、咪唑等	接触压力，室温，12h；70℃×1h＋100℃×3h	－60～60℃铝合金剪切强度/MPa					
			－60℃		室温		60℃	
			＞24.5		＞24.5		＞17.6	
			不均匀扯离强度（室温）≥3.5kN/cm					

9.4　机械工业用胶黏剂

9.4.1　精密机械、模具、工夹具修补胶

　　精密机械、模具、工夹具在长期使用后往往会产生磨损裂缝，有时也会因使用不当发生人为的损伤，从而影响其正常的使用。以前通常采用焊接或等离子喷涂的方法将 $NiCO_4$ 或 TiN_4 等高硬度金属合金沉结等方法来修复，要恢复到原来的尺寸和精度是很难的，费工费钱，需要高技术的技工才能修补。

　　自从 20 世纪 80 年代起德国、美国发明了含金属环氧树脂修补胶后，上述的修复工作变得简单而经济得多。俄罗斯也将以前用于军事工业的这类胶黏剂推向了民用。典型含金属修补胶牌号及其性能对比见表 9-33。

表 9-33　国外 3 种品牌的胶黏剂性能对比

性能	DESAN Thormo	DESAN Super	DEBUKCN
剪切强度/MPa			
25℃	11.7～16.6	19.6～29.4	14.7～15.5
100℃	—	—	10
140℃	—	—	34
150℃	1.6～2.1	2.2～2.5	—
压缩强度/MPa	≥147	≥147	
工作温度范围（瞬间温度）/℃	－85～250	－85～180	－60～300
固化时间/h			

性能	DESAN Thormo	DESAN Super	DEBUKCN
完全固化 20℃	24	24	24h 固化度 80%
60℃	3～4	3～4	1 周后完全固化
定型（20℃）	6～8	6～8	25℃，5～6
拉伸强度/MPa	29～34.3	29～34.3	—
耐介质性（水、海水、碱水、汽油、机油、有机溶剂）	浸渍 6 个月内无变化	浸渍 6 个月内无变化	浸渍 6 个月内无变化
维氏硬度（HV）	≤65	≤65	—
机械加工方法	可切削、抛光	可切削、抛光	可切削、抛光
固化收缩性	基本无收缩	基本无收缩	基本无收缩
密度/(g/cm^3)	3.0～3.1	3.0～3.1	—
线膨胀系数/℃$^{-1}$	50×10^{-4}	40×10^{-6}	34×10^{-6}
体积膨胀系数/℃$^{-1}$	155×10^{-6}	125×10^{-6}	—
体积电阻率/(Ω·cm)	3.2×10^{12}	7×10^{14}	—
相对介电常数（1000Hz）	12.3	7.4	—
介电损耗角正切（1000Hz）	0.18	0.029	—
介电强度（5000Hz)/(kV/mm)	1.1	1.1	—

含金属修补胶有多种填料类型：还原铁粉、还原铜粉、石墨、陶瓷粉、铝粉等。这些胶黏剂都能在室温下固化，但是在中等温度下（60～80℃）固化性能更好。

粘接对象：钢-钢、钢-生铁、钢-铝、钢-黄铜-紫铜、金属-层压板、金属-混凝土、金属-陶瓷、金属-玻璃。

精密机械、模具、工夹具修补胶在配方设计时十分注意固化物的线膨胀系数和体积膨胀系数，使之与相对应的金属匹配。填料平均粒度在 3～5μm，固化物能经受机械切削和抛光等处理。

9.4.2　机床维修用胶黏剂

机械工业行业中的科技人员在机床设备维修用环氧胶黏剂方面积累了很多好的配方和工艺。

例如 AR 型耐磨胶在维修表面被磨损的零件（如轴、孔、机床导轨等）时，有较好的效果，其技术指标见表 9-34。使用以环氧树脂和无机填料为主体的双组分胶黏剂可以代替通常采用的电焊、电镀、镶套工艺来恢复这些零件原来的几何形状和尺寸规格，具有工艺简单、成本低、工期短的优点。

表 9-34　AR 型耐磨胶的主要技术指标

主要指标	AR-4	AR-5
外观	黏稠液体	黏稠液体
固化条件	25℃×24h+60℃×2h	25℃×24h+60℃×2h

续表

主要指标	AR-4	AR-5
剪切强度（铝-铝）/MPa	14.7～15.7	17.9～19.6
剥离强度/(kN/m)	5.49	4.08
布氏硬度/kPa	5.0～6.8	11.7～11.9
摩擦系数（200r/min，负荷0.98～1.96MPa）	0.010～0.013	—
使用温度/℃	−45～120	−45～120

9.4.3　光学零件用胶黏剂

光学仪器的制造过程中经常采用胶黏剂将光学零件胶接组合，物镜、目镜及其他系统往往是由两块或两块以上的透镜组成的，棱镜和分划零件为了制造方便和起保护作用也采用胶接工艺。

（1）环氧型光学胶黏剂的组成　其组成必须满足以下光学性能的要求。

① 胶黏剂的折射率与光学玻璃折射率相近。一般情况下，n_D^{20} 为 1.50～1.60，有些场合要求在 1.5505～1.5520，折射率范围很小。

② 透明度好，清洁度高，对可见光和其他要求透过的特定光谱区域（紫外、红外）少吸收或无吸收，固化后的胶层是无色或接近无色的。

③ 对环氧树脂的选择原则。选用无色或接近无色的环氧树脂。为了便于胶接时易排除气泡选用黏度低的树脂，因此被选用的双酚 A 型环氧树脂为 E-53（616 号）和 CGY-330 等。

④ 选择稀释剂、增塑剂的原则。由于双酚 A 型环氧树脂的折射率 n_D^{20} 为 1.6200～1.6500，高于光学玻璃的折射率。因此必须选用脂环族环氧稀释剂和长碳链的邻苯二甲酸酯这些低折射率的化合物。被选用的化合物又必须和环氧树脂完全互溶成透明液体。

⑤ 选择固化剂的原则。能室温固化、无色或浅色透明液体和光学胶甲组分完全溶解、无固体物析出。长碳链胺类改性体最为适宜。

⑥ 膨胀单体的选用。在大直径光学零件胶接时，需要使固化时胶黏剂的体积收缩趋近于零，无内应力作用。

根据螺环单体在聚合时体积膨胀的现象，可以选择与环氧树脂易发生加成反应的螺环醚作为膨胀单体使用。几种典型螺环单体聚合时的体积膨胀率见表 9-35。

表 9-35　典型螺环单体聚合时的体积膨胀率

典型螺环单体结构	聚合温度/℃	聚合时的体积膨胀率/%
H₂C—CH₂ O—CH₂ / C / H₂C—O O—CH₂	25	0.1
CH₂—O O—CH₂ / H₂C C CH₂ / CH₂—O O—CH₂	25	2.0

典型螺环单体结构	聚合温度/℃	聚合时的体积膨胀率/%
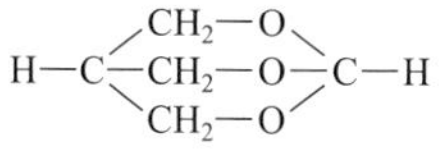 H—C⟨CH₂—O⟩⟨C⟩⟨CH₂—O⟩C—H	>0	1.3
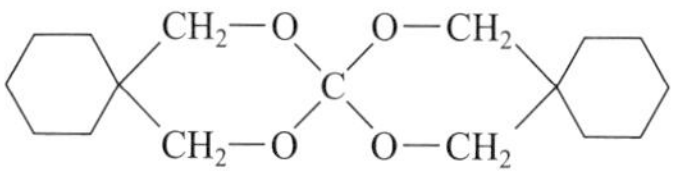 CH₂—O O—CH₂ ...	室温	4.0
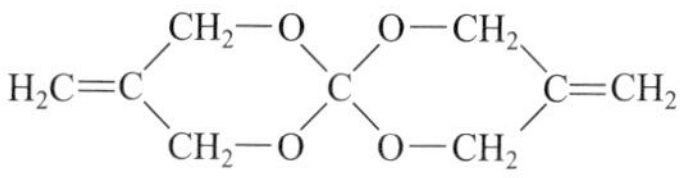 H₂C=C⟨CH₂—O⟩...	室温	4.5

（2）环氧型光学胶黏剂与其他光学胶黏剂的性能对比

① 天然冷杉树脂胶黏剂 天然冷杉树脂是由松柏科冷杉类植物分泌的树汁经提纯精炼而成，属于热熔胶，是光学行业中古老的胶种。作为室内常温下使用仪器粘接用胶，它还是可以满足各种技术要求的。但是这种胶的机械强度差，线膨胀系数比玻璃高两个数量级以上，在40℃以上胶层变软，粘接的光学零件中心易偏移；在—40℃以下胶层变脆，易发生龟裂而脱胶，耐溶剂和老化性也差。因此限制了它的使用范围，呈逐渐被淘汰的趋势。

② 甲醇胶黏剂 甲醇胶黏剂又名凤仙胶或卡丙诺胶，它的单体是二甲基乙烯代乙炔基甲醇，分子结构式为：

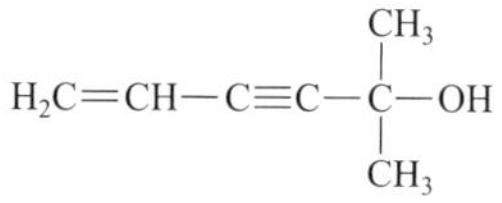

$$H_2C=CH-C≡C-\underset{\underset{CH_3}{|}}{\overset{\overset{CH_3}{|}}{C}}-OH$$

光学粘接时利用它的不饱和烯烃和炔烃在过氧化苯甲酰的引发下聚合。

甲醇胶黏剂的缺点：a.精制分馏去除粗甲醇胶黏剂的工艺复杂；b.胶层脆性大，不耐震动；c.甲醇胶黏剂单体聚合成高分子是通过加成聚合反应来完成的，因此固化时收缩非常大（12%～15%），致使胶接接头内应力很大，有时会引起光学零件变形，质量变坏；d.对紫外光敏感，甲醇胶黏剂聚合温度超过80℃，胶液会呈现黄绿色，吸收紫外光后颜色由浅逐渐变成棕红色，光谱透过率随存放时间逐渐下降，不能用作透紫外光光学零件的粘接，因此这种胶黏剂也在光学行业中被冷落了。

③ 环氧树脂型光学胶黏剂的优点

a.环氧树脂是通过环氧基团的开环聚合而固化的，是合成树脂中固化体积收缩率较小的一种。环氧树脂型光学胶黏剂配制时采用了增韧剂或增塑剂及长碳链柔性固化剂，胶层弹性模量小，这样就使环氧树脂型光学胶黏剂内应力小，被粘接的光学零件不会变形，质量不损坏。若采用膨胀单体和环氧树脂一起固化，可以使固化过程中的体积变化趋近于零。

b.环氧树脂光学胶黏剂能在—65～80℃的范围内使用。

c.固化后的环氧树脂有优异的耐水、防潮和耐介质性，可以在严酷的条件下保持光学零件组合的稳定性，但是环氧树脂型光学胶黏剂固化后拆胶较困难。

（3）典型的光学胶黏剂的指标与性能

① 650 号光学胶黏剂的组成　650 号光学胶黏剂的甲组分由低分子量环氧树脂、环氧树脂稀释剂、增塑剂等组成，其技术指标见表 9-36。

表 9-36　650 号光学胶黏剂甲组分技术指标

项目	指标
外观	浅黄色透明液体（色泽不高于 0.5%）
净度	在投射光线上用 6 倍放大镜观察，每 5mL 产品中可见轻尘不超过 5 个
折射率（20℃）	1.5000～1.5520
环氧基含量/%	17～20（即环氧值 0.395～0.465mol/100g）
黏度（20℃）/(mPa·s)	30～50

650 号光学胶黏剂乙组分为 651 号聚酰胺，其为浅黄色黏稠透明液体，胺值 400mg KOH/g±20mg KOH/g。

配料质量比：甲组分：乙组分＝10：（2～3）。

光学行业中，将不同的固化剂和 650 号甲组分配合所得牌号见表 9-37。

表 9-37　光学行业中所得牌号的光学胶黏剂组成

牌号	组成	配比/质量份	特性
GHJ-1	650 号甲组分 651 号聚酰胺	10 2～3	固化剂毒性小，胶层有弹性，但色泽较深
GHJ-2	650 号甲组分 β-羟乙基乙二胺	10 1～1.5	固化剂色泽浅，但对湿气敏感
GHJ-3	650 号甲组分 乙二氨基代丙胺	10 1～1.2	固化剂为化学试剂，色泽浅，但胶层耐热性较差
GHJ-D1	650 号甲组分 J-207 固化剂	10 3.7～3.9	固化剂为最长碳链脂肪胺，色泽浅，胶层有弹性
GHJ-4	650 号甲组分 503 号固化剂	10 2.3～2.5	固化剂色泽浅，黏度低，易溶解，胶层富有弹性

② 650 号光学胶黏剂的性能

a. 折射率见表 9-38。

表 9-38　折射率

材料名称	折射率
650 号甲组分	1.5472
650 号聚酰胺	1.5172
上述两者以 10：2.5（质量比）混合	1.5433～1.5437

b. 可见光透过率。用分光光度计测几种光学胶黏剂可见光透射的结果见表 9-39。

表 9-39 几种光学胶黏剂的可见光透过率

波长/nm	透过率/%		
	冷杉胶	甲醇胶	650 号光学胶黏剂
400	89.1	87.9	88.7
450	90.0	89.8	90.0
500	90.5	90.5	90.8
550	91.0	91.0	91.2
600	91.0	91.0	91.5
650	91.0	91.0	91.5
700	91.2	91.2	91.5

650 号光学胶黏剂在可见光范围内透射性和甲醇胶基本相同，甚至稍好一点。这给 650 号光学胶黏剂在某些方面代替甲醇胶以改善某些性能提供了可能性。

c. 粘接强度。胶黏剂配方：甲组分：乙组分＝10：2。固化工艺：60℃保温 18h。

粘接强度测定结果见表 9-40。

表 9-40 粘接强度测定结果

粘接对象	拉伸强度/MPa	剪切强度/MPa	粘接对象	拉伸强度/MPa	剪切强度/MPa
玻璃-玻璃	9.4	—	玻璃-4J45 合金	7.6	—
石英-石英	12	—	玻璃-45 号钢	>10	10
石英-4J32 合金	9.5	—	铝-铝	30	12.5

注：无论是玻璃与玻璃，还是玻璃与金属的粘接，在拉伸试验中都是玻璃破裂而固胶层完好。

d. 高低温性能。为了满足光学仪器使用环境温度的要求，进行了高、低温下胶层的稳定性试验。650 号光学胶黏剂的高、低温性能见表 9-41。

表 9-41 650 号光学胶黏剂的高、低温性能

试验条件	试验结果	试验条件	试验结果
(80±2)℃保温 4h	胶层完好	−60℃保温 4h	胶层完好
(100±2)℃保温 2h	胶层完好	−90℃保温 2h	胶层完好
(128±2)℃保温 2h	胶层完好		

e. 耐介质性能。试验结果见表 9-42。

表 9-42 耐介质性能试验结果

试验项目	试验条件	试验结果
耐水性	室温下于蒸馏水中浸泡 1 年	胶层无变化
耐溶剂性	酒精中浸泡 4 个月	胶层无变化
	酒精-蒸馏水（1：1）中浸泡 1 年	胶层无变化
	10%丙酮中浸泡半年	胶层无变化
	80%乙醚：20%乙醇中浸泡 4h	胶层无变化
耐潮性	20℃下相对湿度 94%中放 4 个月	胶层无变化

注：试验是将粘接后的光学零件放在各种介质中进行观察的。

③ 零膨胀系数光学胶黏剂的应用　中国科学院南京天文仪器厂在 1987 年就发表文章，报道了采用零膨胀系数光学胶黏剂制造 $\phi2.16m$ 反光望远镜。该望远镜在观察使用时副镜的镜面朝下，设计者采用了吊挂式支撑结构，副镜与支撑机构连接采用胶黏剂粘接，副镜的直径 730mm、厚 100mm、质量 200kg，其材料为超低膨胀系数的微晶玻璃，副镜背面有 9 个 $\phi45mm$ 的沉头孔，它们与相应连接镜室的 9 个铟钢块粘接，要求粘接固化后无内应力产生，检测应力的精度达到光学波长级灵敏度。由此可见该副镜不能使用一般的光学胶黏剂。

虽然环氧树脂的固化体积收缩率在聚合物中较小，但一般仍有 2% 左右的收缩。例如，用二亚乙基三胺和 E-51 环氧树脂反应生成的胶黏剂粘接玻璃，有 12MPa 的内应力存在，由于副镜的直径为 730mm，粘接产生的内应力必将改变大型光学镜面（$\phi2.16m$）的光学精度，降低仪器使用性能。

零膨胀系数光学胶黏剂的设计原理是胶黏剂固化时产生的体积收缩，由于预聚体或单体彼此间是靠范德瓦耳斯力吸引的，因此反应变成了化学键，后者比前者作用范围小，体积发生收缩。

1978 年美国化学家 W.J.Bailey 首先发现了螺环醚开环反应后化学键键长超过范德瓦耳斯力作用距离，此聚合物体积发生了膨胀。他于 1984 年 8 月又提出了膨胀聚合的新观点：当螺环醚聚合时，体积不但不收缩反而膨胀，而且通过调整聚合温度，还可以使聚合物体积与单体相比较，不增不减，即收缩率接近零。

零膨胀系数光学胶黏剂就是运用了螺环醚开环反应发生体积膨胀的原理来补偿环氧树脂固化体积收缩，从而达到无应力产生，体积收缩趋近于零的效果。

（4）安全夹层玻璃灌封用胶黏剂　公共场所用的玻璃门和玻璃屏风，高层建筑用的窗玻璃，为了安全起见应该使用安全夹层玻璃。安全夹层玻璃通常的结构是两层玻璃中间夹一层聚乙烯醇缩丁醛薄膜。这种工艺适宜于制造通常幅面和几何形状不太复杂的玻璃件。

特大幅面和几何形状复杂的夹层安全玻璃则不能用上述工艺，因为聚乙烯醇缩丁醛薄膜的幅面有限，几何形状复杂的玻璃制件经受不起热压成型。而光学透明胶黏剂不受此限制，又可以在现场成型。555-V 型光学透明胶黏剂是典型的灌封用光学透明胶黏剂，其技术指标及性能见表 9-43。

表 9-43　555-V 型光学透明胶黏剂的黏度技术指标

组分	外观	黏度（25℃）/(mPa·s)	配料比/质量份	可见光透过率/%	折射率 n_D^{20}	剪切强度/MPa
甲组分	无色透明	800	100	>90	1.55～1.57	（玻璃-玻璃）≥20
乙组分	淡黄透明	40	50			

（5）光敏型光学胶黏剂　光敏型光学胶黏剂由光敏树脂、光敏剂、二丙烯酸酯、阻聚剂等组成，它在紫外线照射下在几秒至一分钟内就能固化。

① 胶黏剂的组成　光敏树脂有丙烯酸双酚 A 型环氧酯及丙烯酸六氢邻苯二甲酸环氧酯。

② 几种光敏型光学胶黏剂的性能　下述几种光敏型光学胶黏剂均具有无色透明、光

学性能优良、应用方便、固化速率快的特点。可应用于透镜和透镜、棱镜和棱镜的胶接，也可胶接其他光学透明塑料，如聚苯乙烯、PMMA、聚碳酸酯以及用激光处理的铝箔夹心、闪光玻璃的制造。其主要性能见表 9-44～表 9-46。

表 9-44　GBN-501 和 GBN-502 的主要性能

项目	GBN-501	GBN-502
外观	无色（或微黄色）	无色
清洁度	合格	合格
折射率 n_D^{20}（液）	1.5288	1.5308
折射率 n_D^{20}（固）	1.5550	1.5488
固化收缩率/%	4.09	6.2
线膨胀系数/℃$^{-1}$	547.5×10^{-7}（22～25℃）	936.1×10^{-7}（22～45℃）
压缩剪切强度/MPa	18.50	9.3
透过率（白光）/%	＞88	＞87
应力	Ⅰ类	Ⅰ类
光圈	件一：N-2；ΔN-0.3 胶接 25 件光圈无变化 件二：N-5；ΔN-0.5 胶接 42 件均符合技术要求	
耐高低温性能	① 件一：±60℃ 5 个循环、−60℃ 和 80℃ 5 个循环后胶层无变化 件二：±50℃ 7 个循环后胶面、光圈无变化 ② 高温：160℃胶层无变化 低温：−70℃不脱胶	60℃和−50℃未脱胶
耐溶剂性	① 醇醚混合液：3h 无变化，5h 倒边处有一个亮点 ② 无水乙醇：5h 无变化	水，24h 未脱胶
老化性能（相对湿度 98%～100%，时间 100h）	5 块样品中 3 块无变化，2 块边缘轻微脱胶	—
工艺性能	紫外光，波长 2～5mm，60℃，固化 6h	
贮存期	1 年半以上	2 年以上

表 9-45　GGJ-1、GGJ-2 的性能

项目	GGJ-1	GGJ-2
外观	浅色透明液体	浅黄色透明高黏稠固体
折射率 n_D^{20}	1.505～1.524	1.54～1.56
酸值/(mgKOH/g)	1～1.5	1.0～2.0
运动黏度（50℃）/(m²/s)	$(2.18～3.18)\times10^{-4}$	—
收缩率/%	4～6	2～4
压缩强度/MPa	9.6（K_0 玻璃粘接）	13.7
拉伸强度/MPa	11.5	—
针入度（50g，25℃，5s)/($\times10^{-1}$mm)	—	105～108
透过率/%	＞90	＞90
贮存期/年	1	1

表 9-46　**Photobond 和其他胶的剪切强度比较**[①]　　　　单位：MPa

项目	Photobond	单组分环氧胶	双组分环氧胶	单组分丙烯腈胶	双组分丙烯腈胶
固化条件	汞灯 5min	160℃，30min	25℃，72h	25℃，24h	25℃，24h
室温	8.95	7.86	4.73	3.03	3.40
浸在 50℃水中 48h 后	8.25	6.07	1.65	0.0	0
在老化箱中					
50h 后	9.26	8.25	5.64	1.65	0
100h 后	8.96	9.00	1.50	0.0	0
500h 后	10.02	8.54	0.0	0.0	0

① 汞灯 900W，波长 365～3663nm；试样与光源距离 20cm；胶层厚 0.05mm；拉伸试验速率 50mm/min，以上数据均为 3 次试验的平均值；两块玻璃板胶接总厚度 10mm（每块 5mm）。

9.5　航空结构用胶黏剂

随着航空航天工业的迅速发展，各种新型复合材料的应用比例不断增加，一些材料之间的连接既不能焊接，也不易铆接，而且传统的金属焊接技术会使材料内部产生热变形，出现应力集中现象，降低了材料的力学性能。因此，这一现状使胶黏剂具备了愈加广阔的发展和应用前景。胶黏剂粘接的组件外观平整光滑，比强度高，而且不影响材料的功能性。应用胶黏剂粘接金属零部件时，1t 胶黏剂可以节约 1.8t 金属紧固件，同时可以降低使用材料所需的厚度，这就可以大大降低产品的重量，节约成本，提高航天器的载重能力和速度。

环氧树脂胶黏剂具有粘接性能及电绝缘性能好、收缩率低、价格低廉等优点，因而也被广泛用于航天飞行器的结构件粘接中。在结构件的连接上，胶接比传统的铆接、螺接、焊接具有更大的优越性。环氧树脂结构胶黏剂，强度和韧性高，综合性能好，胶接的安全可靠性高。配方设计灵活，可选择性强，能适应各种使用要求，是结构胶中最主要也是最可靠的产品。

9.5.1　环氧树脂结构胶黏剂分类及特点

环氧树脂结构胶黏剂，根据固化温度可以分为高温固化、中温固化、室温固化和低温固化四个类别。

① 高温固化环氧树脂结构胶黏剂的温度、韧性、耐热性等均比较高，多用于主受力结构的胶接。

② 中温固化环氧树脂结构胶黏剂主要是适应飞机工业的需要而发展起来的胶种，由于铝合金在 120℃以上开始出现晶界腐蚀倾向，并随温度的升高而加剧，晶界腐蚀后铝合金的强度和韧性都会下降，因此要求胶接铝合金的胶黏剂的固化条件不超过 130℃×4h。

③ 室温固化环氧树脂结构胶黏剂的应用更为广泛。其也是建筑结构胶黏剂的主要品种之一；

④ 低温固化环氧树脂结构胶黏剂是为了适应冬季低温施工的需要，开发出的一类新

胶种，能在 0℃甚至可在－10℃以下施工、固化。

按照耐热性，还可把环氧树脂结构胶黏剂分为通用型（≤80℃）、耐高温型（≥150℃）和耐中温型（介于前两者之间）三个类别。

在航空航天技术中，由于其装备及结构是在恶劣的环境下使用，对所使用的胶黏剂要求能长期承受高温和恶劣的使用条件。结构胶黏剂中使用较多的环氧树脂因其冲击韧性较差，并且长期使用温度低于 200℃，因此，目前广泛采用的是对热固性树脂进行改性获得的耐高温高性能胶黏剂。

最初使用橡胶共混对热固性树脂进行增韧改性，但不适宜作为耐高温高性能胶黏剂基体树脂使用。后来发展了用耐热性、力学性能良好的热塑性工程塑料（如聚醚砜、聚碳酸酯、聚醚醚酮和聚酰亚胺）增韧热固性环氧树脂，形成聚合物多相体系。研究表明，多相体系的力学性能及热、电性能往往是由连续相决定的。不同的相结构，其体系的性能不同。因此，有效地控制体系的相结构便成为制备高性能复合材料基体树脂的重要手段。外国有学者研究了热塑性塑料增韧环氧树脂中的聚合反应诱导相分离行为，发现在聚合反应诱导相分离的早、中期阶段有可能获得"双连续相"结构，并且在一定条件下可以发生一种"相反转"现象，也就是作为少量组分的热塑性塑料成为体系连续相。而体系的力学性能及热电性能往往以连续相为主，因此这种结构有利于体系性能的大幅度提高。

9.5.2　国外民机用胶黏剂应用情况

当前，几乎所有先进飞机的活动舵面（包括副翼、襟翼、方向舵、升降舵等）都采用了胶接蜂窝结构。运输机、客机、轰炸机等除广泛采用蜂窝胶接结构外，还大量采用了钣金壁板胶接结构和胶接-铆接、胶接-点焊、胶接-螺栓复合连接结构。而现在衡量民用客机制造技术水平高低的标准之一就是粘接制件的数量。

航空工业最初使用的胶黏剂为天然胶黏剂，随着酚醛和环氧树脂胶黏剂的发明问世，开始出现了金属结构胶接。在 20 世纪 40 年代中期，英国就开始使用 Redux775 酚醛胶黏剂粘接金属结构件。70 年代和 80 年代由于环氧系列胶黏剂的研制成功、表面处理技术的进步，西方发达国家各大航空公司迅速扩大了胶接技术的应用市场。国际上比较著名的航空胶黏剂研究与生产企业有 Cytec 公司、Loctite 公司、3M 公司、Hexcel 公司等，他们分别生产中温（120℃）和高温（177℃）固化的改性环氧树脂胶膜以及相配套的抑制腐蚀底胶和发泡胶。这些胶黏剂在大型运输机和客机上获得了较好的应用。

近年来，飞机胶接结构件的制造技术在欧美一些主要飞机生产大国得到了长足的发展，胶接体系的耐久性大幅度改善，胶接工艺日益成熟，胶接件的安全性、可靠性及耐久性大幅度提高。因此，国外飞机公司生产的系列飞机的承力结构上大量采用了胶接结构。荷兰 FOKER 公司生产的 Foker-35 型运输机，其机身两侧的侧壁板采用了整体胶接结构，是由蒙皮、梁和环向肋整体胶接而成，长度十多米。整个结构没有使用一颗铆钉或螺钉，有效减轻了结构重量，提高了疲劳寿命。在波音系列飞机中都有上百平方米到上千平方米的胶接面积，其中波音 747 飞机的用胶量可达到 1t，波音 787 飞机上更多地采用了纤维复合材料构件来替代传统的金属构件，在复合材料构件的生产中，不可避免地也会用到结构胶黏剂。

9.5.3　国内民机用胶黏剂应用情况

我国的航空结构胶黏剂和胶接技术研究和应用始于 20 世纪 50 年代末，是在以军用飞机为研究和应用背景的基础上发展起来的。为满足军用飞机研制与生产的需求，国内主要有北京航空材料研究院（SY 系列）、黑龙江省石油化学研究院（J 系列）、上海橡胶制品研究所（JX 系列）、上海合成树脂研究所、晨光化工研究院（DG 系列）等单位从事胶黏剂的研发工作。国内的胶黏剂经过了吸取国外技术的仿制与自主研发的交替发展阶段，经过多年发展，形成了板-板胶、板-芯胶、芯条胶、底胶、发泡胶、修补胶、厌氧胶、功能性胶黏剂以及胶带等多品种胶黏剂系列。我国目前已经具备了较完整的航空胶黏剂体系和与国际同步的胶接技术。

我国军用飞机所用的胶接体系和胶接技术已经接近或达到世界先进水平，但在民用飞机应用上还缺乏大面积、大部位结构胶接经验。民用飞机在胶黏剂力学性能、耐久性等综合性能的要求上与军用飞机存在着较大差异，因此国内胶黏剂在相关性能考核上还要有诸多工作要做，主要体现在：

① 需要进一步开展胶黏剂与树脂基复合材料胶接的研究。目前复合材料在民用飞机上获得大量应用，欧洲空客 A380 客机复合材料用量达到了飞机总重的 22%，美国波音 787 客机复合材料用量更是达到了 50% 之多，我国大飞机的复合材料用量也达到较高水平。这些复合材料在制造及连接过程中有相当一部分是采用胶接固化来实现的，有的还需基于胶黏剂进行共固化成型。国内虽开展了部分工作，但不够系统、全面，应在现有的基础上进行深入细致的研究。

② 需要进一步完善胶接体系性能考核及应用数据积累。在胶接体系研制及其应用中，国内针对军用飞机的设计需要已经开展了较为全面的试验考核，但是针对民机的设计要求，还要开展更为苛刻的动态、静态下的耐久试验和耐腐蚀试验，为其在民用飞机上的应用积累更多、更系统、更科学的数据。另外缺乏对国产胶接体系在民用飞机上相容性、胶接成型工艺、无损检测技术等的系统研究以及相关工艺的验证；缺少胶接件的使用寿命评估技术，典型胶接件功能考核及综合验证不足。

③ 需要进一步改善胶接体系的工艺性能及质量稳定性。应用在大型飞机的国外高温及中温固化胶接体系，其胶膜在施工过程具有容易铺覆的特点，表现了良好的施工性能和工艺性能，可适用于不同胶接结构形式及待胶接材料之间的结构胶接。在国内现有胶接体系中，结构胶膜的工艺黏性、铺覆性及固化成型工艺还需进一步研究和改进，以便于大尺寸整体胶接件的制造。另外国内的胶接体系和胶接技术虽然在多种军用飞机上获得了工程化应用，但其质量稳定性、批次稳定性还有待于进一步提高。需在胶黏剂原材料复验、生产过程控制、出厂与入厂复验等关键程序上把关；进行批次性能数据的积累并采用数理统计等方法对批次稳定性进行把控。

④ 胶黏剂品种及规格尚有待扩充。国外无论是中温还是高温固化胶接体系，胶黏剂的品种很多、规格全，满足了各种不同的用途和使用要求。国内胶膜的品种相对较少，规格相对单一，同一牌号胶膜可供选用的规格少，并且预定用途的适用范围小。

第10章
环氧树脂浇注料及反应注射成型

环氧树脂以各种形式（液态的或固态的）供环氧树脂成型材料使用。适用的成型方法有浇注成型、压缩成型、传递成型和注射成型等。一般液态环氧树脂体系适用于浇注成型，固态环氧树脂体系适用于其他成型方法。成型材料用作电子、电气部件的封装、灌封、浸渍或制造电气绝缘结构件，也可以利用其优良的力学性能制作一部分工装夹具和光弹材料。

液态成型材料由环氧树脂、固化剂、填料、脱模剂、颜料和其他添加剂组成。环氧树脂一般采用双酚 A 型环氧树脂，有些特殊场合也用到脂环族环氧树脂，如要求耐漏电起痕性和耐候性场合。这类液态成型材料主要应用于线圈整体浸渍和浇注等。

环氧树脂浇注品有很多优越之处：它能使电器零件完全密闭、防火、防潮、防霉、耐腐蚀、耐热、抗寒、耐冲击震动和收缩率小等。在电器制造中主要用于电容器、电阻、电视机和变压器等方面。环氧树脂浇注件的结构柔韧、耐久，减轻了质量。被浇注的电器设备在潮湿的海岸地带或各种特殊环境中均能使用，同时还大大延长了设备的使用寿命。电子系统的零件可以缩合装配在一个简单的浇注件内，省去了单个装配附件，又避免了系统操作的不灵敏。但是，环氧树脂应用于浇注方面仍存在一些缺点，如冲击强度较差，使应用受到一定的限制。然而可用一种增韧剂来补救，增韧剂可使铸件的冲击强度、弯曲强度显著提高，另外还可解决高温固化的难题。

10.1 电气装备用浇注料

随着发电站向大电流、高电压方向发展，对输变电设备的绝缘要求更高，从而使环氧树脂的干式、整体绝缘结构和全密封工艺在电力互感器、变压器、绝缘珠等产品上得到普遍推广。单件浇注量从几十千克增加到了几百千克，生产方式也更为专业化。为了提高生产效率，节省能源，一些新的浇注工艺，如加压凝胶法（PG 法）、自动加压凝胶法（APG 法）、自动脱模凝胶法（CMRD 法）等得到了应用。这些工艺要求环氧树脂体系要有更好的工艺稳定性，例如，黏度、适用期、凝胶时间、固化速率等。这些除涉及固化体系的化学结构、反应活性之外，还与杂质离子含量有很大的关系。例如环氧树脂中的钠离子含量达到 200mg/kg 或氯化钠含量达到 1000mg/kg 可使环氧树脂桐油酸酐体系胶化到无法使用的地步。离子杂质对固化产物的高温电绝缘性、介电损耗角正切值（tanδ）的影响也很大。浇注件的大型化、嵌件的复杂化，给制品的防开裂带来了难度，在配方设计和工艺选择时尽可能减少内应力的产生，因此同样是液态环氧树脂-液态酸酐-叔胺-填料的体系也有千变万化。

用环氧树脂作为绝缘材料起源于欧洲，直到 1958 年 Imhof 设计成功被称为 DURESCA

的 110kV 固体绝缘开关装置后，才奠定了它在电站设备中作为主要绝缘材料的地位，至今还没有一种材料能撼动其地位或替代它。

我国从 20 世纪 60 年代中期开始使用环氧树脂浇注电力互感器、绝缘套管、高压开关、绝缘珠等，走过了气体绝缘开关（GIS）到固体绝缘开关（SIS）的道路。大城市人口密度高，用电量大，变电所的容量越来越大型化，油浸式变压器又大又重，已逐渐被用环氧树脂浇注成型的干式变压器所取代。如今 550kV 的输变电设备也实现了体积小、容量大和可靠性高，其中环氧树脂浇注成型起到了关键的作用，而且在户外绝缘材料的应用技术上也已经实现突破。

10.1.1　环氧树脂浇注绝缘材料、浇注工艺及影响因素

典型的环氧树脂浇注绝缘材料的性能见表 10-1。图 10-1 和图 10-2 分别为环氧树脂浇注的典型工艺及设备。

表 10-1　环氧树脂浇注绝缘材料的性能

项目	介电强度 /(kV/mm)	电阻/Ω	耐电弧性 /s	弯曲强度 /MPa	压缩强度 /MPa	热变形 温度/℃
环氧树脂/ 石英粉浇注料	24	2×10^{13}（常态） 2×10^{13}（浸水 24h）	200	120	160	100

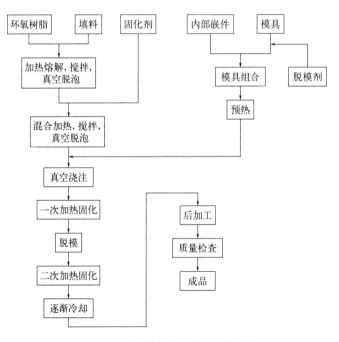

图 10-1　环氧树脂浇注制造工艺流程

环氧树脂浇注料是一种多组分的复合体系，它由树脂、固化剂、增韧剂、无机粉末填料等组成，对于该体系的黏度、反应活性、适用期、放热量等都需要在配方、工艺、铸件尺寸结构等方面作全面的设计，做到综合平衡。其影响因素主要有以下几种。

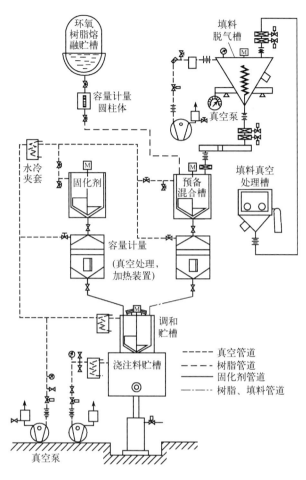

图 10-2　典型真空脱泡浇注工艺装备

10.1.1.1　黏度

从容易浇注和脱去气泡的角度来考虑，环氧树脂浇注料的黏度越小越好，通常操作过程中黏度达 40Pa·s 时，便无法浇入模具。但环氧树脂浇注料中填料是必须加入的，因为它是提高环氧树脂固化物的硬度、热导率，降低线膨胀系数、产品成本的主要手段。如果浇注料黏度太小，填料就容易发生沉淀。当填料严重沉淀时，固化物呈不均匀状态，在冷热交变中就会发生开裂。从大量的实验中得出经验数据，环氧树脂浇注料凝胶临界时，硅微粉填料则不可能发生沉淀，此时的黏度在 85Pa·s 左右。

10.1.1.2　反应活性和适用期

环氧树脂浇注件都希望无气泡、气隙和裂纹存在，导致残留气泡和气隙的原因是大量填料的加入带来的空气及树脂中低分子量挥发物的存在。后一个问题可以在树脂制造中排除。前一个问题可以在浇注工艺中用延长真空脱泡时间的方法来解决。

气泡上升速度可以用斯托克斯公式表示：

$$U = \frac{g(d_p - d_g)D^2}{18\eta}$$

式中　U——气泡上升速度；

　　　g——重力加速度；

　　　d_p——粒子密度（这里是指空气密度，为0）；

　　　d_g——浇注料液体密度；

　　　D——气泡直径；

　　　η——浇注料黏度。

从上式可以得出，若要去除浇注料中的气泡，浇注料应保持较长时间的低黏度。用抽真空的方法来扩大气泡的直径以加快脱泡的速率，所以要求浇注料的反应活性在脱泡温度下很低，有较长的适用期。

反应活性高的酸酐和环氧树脂反应时必然放热量大，局部过热就会造成浇注件中保留热应力，有可能造成裂纹或形成树脂与工件的界面气隙，同时环氧树脂的活性和残留碱含量也是影响因素。因此在选择酸酐时，应注意选择酸酐基含量和游离酸尽可能少的品种。此外，浇注温度也是适用期的主要影响因素。反应速率可用下列公式表示：

$$k = K_0 e^{-(E_1/RT)}$$

式中　k——反应速率；

　　　K_0——频率因子；

　　　E_1——反应速率所表现的活化能；

　　　R——摩尔气体常数；

　　　T——热力学温度。

环氧树脂浇注料在某一温度下随着时间的延长，固化反应的深入，黏度将增大，其规律遵循以下公式：

$$\eta_t = \eta_0 e^{kt}$$

式中　k——反应速率；

　　　η_t——时间t时的浇注料黏度；

　　　t——浇注料反应的时间；

　　　η_0——浇注料的初始黏度。

从以上两个公式可知：树脂和固化剂的活性是浇注料适用期的主要影响因素。

环氧树脂和酸酐的反应是放热反应，因此要控制模内的温度，就应降低初始固化温度，并加入一定量的粉末填料以提高浇注料的热导率，同时尽可能地减薄浇注厚度，这对消除或减小热应力是极有效的。

环氧树脂-酸酐体系在发生固化反应的同时，体积开始收缩，开始凝胶时，如果没有浇注料来做充分补充，就会因体积收缩有气隙和内应力产生，因此此时进行加压凝胶（PG）对消除上述问题很有效。

环氧树脂浇注件产生内应力的另一个主要原因是固化物与金属嵌件、包封件的膨胀系数不同，特别是在界面处，而消除和降低浇注固化物的潜性内应力是提高铸件抗开裂性的重要措施。

为了提高浇注件的各项性能，可以采用以下配方设计方案。为提高耐热性，可以通过掺混能提高交联密度的树脂体系加以解决；为了改善树脂的耐开裂性，配方中可选用长碳链的脂肪酸酐（如聚壬二酸酐等）以及特殊的填料等。

由于电气绝缘浇注件中都镶嵌着铜、铝导体，线圈、铁芯等，环氧树脂和上述金属的膨胀系数不同，如果配方和工艺设计、操作不当的话，浇注件内部就会有应力存在，最后导致开裂。此外，一旦固化反应控制不当或填料分布不均，则会造成环氧树脂固化物体积收缩，产生孔隙、气泡，这会降低耐漏电起痕性。

10.1.2 六氟化硫断路器拉杆和绝缘筒的制造

真空浇注应用最典型的实例是制造六氟化硫（SF_6）断路器的拉杆和绝缘筒，它们除了要求具有高的绝缘性能和耐腐蚀性外，还要承受冲击负荷和在十几吨拉力下浇注件不分层、不开裂。

作为电气绝缘浇注用的环氧树脂组成见表 10-2。

表 10-2 电气绝缘浇注用的环氧树脂组成

种类	材料	使用目的	注意事项
树脂	固体双酚 A 型环氧树脂	一般用	环氧值
	液体双酚 A 型环氧树脂	提高生产效率，采用加压凝胶法	—
	脂环族环氧化物	户外使用，耐热性提高	耐开裂性
填料	石英粉	一般用	不纯物和反应性
	熔融石英	耐开裂性提高	碱性不纯物
	氧化铝	耐电弧 SF_6 气体绝缘开关	粒度分布
	白云石	耐电弧 SF_6 气体绝缘开关	—
	三水氧化铝	提高耐漏电起痕性	耐开裂性
	硅烷处理石英粉	提高耐湿性、耐候性	—
	锆石、堇青石	提高耐开裂性、耐热性	粒度分布
固化剂	四氢苯酐	一般用	游离酸的浓度
	六氢苯酐	提高耐漏电起痕性	—
	甲基六氢苯酐	使化学反应缓和，降低放热量	—
其他助剂	固化促进剂	短时期内固化和脱模	防止过度放热
	着色剂	着色	—
	活性稀释剂	降低黏度	耐热性、机械强度下降

LW-200 kV 六氟化硫高压电器的提升杆环氧浇注件配方及制品性能见表 10-3 和表10-4。

表 10-3 浇注件配方 单位：质量份

配方编号	E-31 环氧树脂	HK-021①	SiO_2	Al_2O_3	$Al_2O_3 \cdot 3H_2O$
1	100	65	—	120	—

续表

配方编号	E-31 环氧树脂	HK-021[①]	SiO_2	Al_2O_3	$Al_2O_3 \cdot 3H_2O$
2	100	65	200	—	—
3	100	65	—	20	180
4	100	65	250	—	—

① HK-021 是甲基四氢苯酐异构体共溶物。

表 10-4　浇注件力学、电气绝缘性能

配方编号	冲击强度 /(J/cm²)	弯曲强度 /MPa	马丁耐热温度/℃	线收缩率 /%	表面电阻 /Ω	体积电阻率/(Ω·cm)	$\tan\delta$
1	1.47	124	99	0.37	2.8×10^{13}	1.7×10^{15}	0.018
2	1.67	135	98	0.31	2×10^{14}	1.5×10^{15}	0.015
3	1.40	134	110	0.32	2.5×10^{14}	2×10^{15}	0.014
4	1.75	133	98	0.29	3.3×10^{14}	3.5×10^{15}	0.013

10.1.3　干式变压器浇注料

　　环氧树脂浇注的干式变压器由于具有难燃、不爆、不污染环境、体积小、质量轻、运行噪声小等优点，在高层建筑、车站、机场、地铁等人口密集处已获得广泛的应用。薄绝缘型干式变压器在我国产量最大，它的绝缘结构采用玻璃纤维方格布或玻璃纤维毛毡作为填料，经高真空除湿脱气，在模具中用环氧树脂真空浇注成型。浇注好的线圈机械强度高，耐热循环和热冲击性能好，不易开裂，由于绝缘层薄（仅 1~2mm），散热好，变压器中填充物的 80% 是玻璃纤维，具有较好的阻燃性。它要求浇注料黏度低，能浸透玻璃纤维，挥发分低，适用期长，固化产物韧性好。

　　我国以前采用美国 3M 公司的配套环氧树脂浇注料，据报道，目前已研制成功干式变压器专用料。它们的主要成分为树脂组分：E-51 环氧树脂和增韧剂按比例配制而成（称为 FM-06 树脂）。固化剂组成：由桐油酸酐和甲基四氢苯酐配制而成。FM-06 树脂组分的指标见表 10-5。

表 10-5　FM-06 树脂组分的指标

项目	环氧值/(mol/100g)	黏度（25℃）/(mPa·s)	有机氯（100g）/mol	挥发分（质量分数）/%
指标	0.46~0.48	6000~9000	<0.001	<0.2

　　这种专用料与瑞士 Ciba 公司料的性能对比见表 10-6。

　　国内外几种薄绝缘干式变压器环氧浇注料的性能对比见表 10-7。

　　从表 10-6 和表 10-7 的性能测试结果可见，我国的干式变压器专用浇注料与国外水平相当，可满足使用要求。

表 10-6　干式变压器专用料与瑞士 Ciba 公司料的性能对比

测试项目	浇注专用料（无填料）	浇注专用料（有填料）	Ciba 料（无填料）
弯曲强度/MPa	98.2	105	133
冲击强度/(kJ/m²)	20.3	10.6	9.68

续表

测试项目	浇注专用料（无填料）	浇注专用料（有填料）	Ciba 料（无填料）
热变形温度/℃	92	126	101
介电强度/(MV/m)	18.8	24	22.8
介电损耗角正切	6.4×10^{-3}	2.3×10^{-2}	1.8×10^{-2}
相对介电常数	3.4	3.9	3.8
体积电阻率/(Ω·m)	8.2×10^{13}	9.1×10^{12}	3.6×10^{13}
表面电阻/Ω	7.3×10^{15}	2.7×10^{14}	4.1×10^{15}

表 10-7　薄绝缘干式变压器浇注料应用配方、工艺及固化物性能对比

有关性能		Ciba Araldite f 树脂配方		CER 5207 树脂配方	FM-06 树脂＋ MAC-2 酸酐配方	
原料黏度 （25℃） /(mPa·s)	树脂	9000～13000		11000～13000	6000～10000	
	固化剂	150～230		40～50	300～1000	
	促进剂	800～2000		50～80	2000～4000	
	增韧剂	50～110		—	—	
浸渍料配方 /质量份	树脂	100		100	100	
	固化剂	100		90	90～100	
	促进剂	1		9	—	
	增韧剂	5		—	—	
配方料工艺 性能（黏度）		60℃时 80～110mPa·s, 5～7h 后 1500mPa·s; 80℃ 时 30～40mPa·s, 2～2.5h 后 1500mPa·s		60℃时 60mPa·s, 7.5h 后 140mPa·s; 80℃时约 45mPa·s, 5h 后 1500mPa·s	80℃时 53mPa·s, 2.5h 后 69mPa·s, 4.5h 后 88mPa·s	
脱泡浸渍 工艺条件		0.01～0.1MPa 余压, 60～80℃ 脱泡 0.5～3h; 0.1～0.4MPa 余压, 真空浸渍		各组分单独预热 （60℃）60～120min, 60℃ 真空混合脱气 15min, 65℃ 真空浇注	70～80℃ 脱泡 30～60min（真空度 0.099MPa）后, 80～85℃ 真空浸渍	
固化工艺条件		80℃×8h＋130℃×8h		80℃×6h＋100℃×4h＋ 120℃×4h＋140℃×4h	110℃×16h＋125℃×6h	
固化物性能	性能	加填料	无填料	无填料	加填料	无填料
	弯曲强度/MPa	110～120	130～150	120～130	110～140	100～120
	冲击强度/(kJ/m²)	10～12	18～25	20～27	11～12	18～26
	体积电阻率/(×10^{16}Ω·cm)	1.00	—	1.00	0.82	1.00
	热变形温度/℃	马丁耐热 80～90 DSC 90～100	马丁耐热 80～90 DSC 95～105	120～130（T_g）	100～130	83～90
	介电强度/(kV/mm)	18～20	16～20	18～20	＞20	18～20
	tanδ	0.02～0.03	0.003～0.004	—	0.02～0.03	0.006～0.007

10.1.4 其他电气装备用环氧树脂绝缘浇注料

环氧树脂绝缘浇注料在其他电气装备中也有着十分广泛的应用，详见表 10-8。

表 10-8 环氧树脂绝缘浇注料在电气装备中的应用

应用种类	树脂	填料	系统电压 /kV	环境
电缆附件				
（1）变压器用	Ea	SiO$_2$	220 及以下	油内
（2）直流电缆	E	SiO$_2$	600（直流）	油或 SF$_6$
（3）充油电缆				
终端	Ea	SiO$_2$ 或水合氧化铝	63～500	户内、油、SF$_6$
	Ed	SiO$_2$	35 及以下	户内、油
	Ea、Ed	SiO$_2$	500 及以下	户外
油浸纸	Ed、Ec	SiO$_2$ 或玻璃纤维	10 及以下	户外、户内、地下
塞止盒	Ea	SiO$_2$	220 及以下	地下、井下
绝缘及直线连接盒	Eg	SiO$_2$ 或玻璃纤维	220 及以下	地下、井下
（4）交联聚乙烯电缆				
终端	Ea	SiO$_2$ 水合氧化铝、玻璃纤维	63～220	油或 SF$_6$
	Ea、Eg	SiO$_2$、玻璃纤维	63～220	户外
绝缘、直线接头	Ea、Eg	SiO$_2$ 或玻璃纤维	63～220	地下、井下
（5）过渡、T 形接头	Ea	SiO$_2$	63～110	地下、井下
（6）导引电缆	Ed	SiO$_2$	63～220	地下、户外、户内
绝缘子				
（1）拉杆支持式	Ea、Eg	SiO$_2$ 水合氧化铝	220	户内
（2）盆式	Ea	水合氧化铝、SiO$_2$	220 及以下	户内
（3）柱式	Ec	SiO$_2$、玻璃纤维	35 及以下	户内
（4）悬式	Eg、Ec	SiO$_2$、水合氧化铝、玻璃纤维	500 及以下	户外
	E	无	15	户外
断路器				
（1）真空	E	水合氧化铝	10	户内
（2）SF$_6$	E	水合氧化铝	35	户内
变压器				
配电	Ea	SiO$_2$、玻璃纤维	35	户内
互感器				
电压	Ea、Eb、Ec	SiO$_2$ 水合氧化铝	35 及以下	户内、户外
电流	Ea、Eb、Ec	SiO$_2$ 水合氧化铝	35 及以下	户内、户外

注：E 为双酚 A 型环氧树脂，Ea、Eb、Ec、Ed、Eg 指不同种类的双酚 A 型环氧树脂。

10.2 工装模具用环氧树脂浇注料

利用液体环氧树脂能随意流动、可浇注、可涂覆的特点，以及固化物体积收缩小、尺寸稳定、具有较高机械强度的特点，部分替代金属能制造出一系列成型模具。其优点如下。

① 制作周期短，1～7d 就能完成。

② 成本低，不需要车、钳、刨、铣等工艺，减少设备投资。

③ 对操作者技术要求比机械加工低。

④ 机械强度虽比金属模具低，但比石膏模具高得多。

⑤ 质量轻、耐腐蚀。

这种工艺特别适宜生产大型飞机拉伸、张伸成型模及汽车的新车型用的一系列模具。

10.2.1 铸造模具用环氧树脂浇注料

用环氧树脂制造铸造模具，具有特殊的形状稳定性、强度、耐磨性，便于改型或修理，而成本却与木模相接近，加工比木质更容易。环氧树脂铸造模具拥有良好的热稳定性、低吸潮性、高尺寸精度，保管容易，不会发生虫蛀。

为了使铸造模具具有突出的冲击韧性和高强度的边缘，均采用环氧树脂和聚氨酯树脂两种材料相配合。室温能固化，固化周期一般为 2～3d。

环氧树脂模板及高效的模型更换系统，使非常经济地生产出具有严格质量要求和高精度特点的铸件成为可能。

10.2.2 金属薄板成型模具用环氧树脂浇注料

用环氧树脂制造金属薄板成型模具的优点较在现代工业中已被公认。尤其在飞机、汽车工业中，应用环氧树脂模与钢模相比，只需较少的设备及用钢模几分之一的时间，对制造样机、样车以及仅需数千件零件的金属薄板成型件是更为经济的，它还可以作为过渡应急所需的模具材料，已广泛应用于深拉延模、落锤模及冲击模的制造中。

制造过程采用分层填充和芯体加表面层两种方法。实际上这两种方法都可用于制作深拉延模具，而对于落锤模具通常只用芯体加表面层法制作。

10.3 光弹测试材料用环氧树脂浇注料

光弹性应力分析法是飞机、舰艇、地下工程水工结构、导弹、火箭、大型建筑物结构强度分析的重要测试手段。

环氧树脂的浇注体受力后具有"记忆性"，可以用光学仪器来观察、测量受力前后的干涉条纹的变化，从而分析出建筑和机械结构合理与否，因此环氧树脂是常用的光弹性材料。光弹性材料在设计配方和浇注固化时尽可能产生小的应力，由于要求全透明，减少固化体积收缩和应力最常用的手段——添加填料是不能采用的，因此在这种精密浇注中需要采用特殊的配方和工艺，方能制得复杂的三维立体光弹性模型及贴片、棒料、块体。

10.3.1 树脂、改性剂、固化剂的选择

为准确地模拟各种原型的条件以提高光弹试验的质量，选择合适的树脂及品种是首要的问题。从双酚 A 型环氧树脂固化物来看，它是三维交联网状高分子，它的热力学状态

只有玻璃态和高弹态，在高温下不出现黏流态，其光学灵敏度高、固化收缩小，树脂固化前在室温下为液态，加热后黏度变稀，很容易浇注成型，固化后时间边缘效应和光学蠕变较小，因而非常适于做光弹试验的模型材料。液态双酚 A 型环氧树脂的品种也有数种，以酸酐为固化剂的浇注体系，从希望其黏度小、易排出气泡角度出发应该选用 E-44 环氧树脂，E-51 环氧树脂虽然黏度小，但是本身羟基含量不足，且挥发分稍高。

对于树脂的质量，要求色泽浅、透明度高、挥发分少、无机械杂质、有机氯值和无机氯值低。

环氧树脂固化物的力学性能与它所形成的交联密度有关，交联网络越紧密，材料的弹性模量越高；反之交联网络越稀疏，材料的弹性模量越低，材料的光学常数也随之发生变化。因此为了调节环氧树脂固化物冻结弹性模量，必须加入能与环氧树脂完全溶解且有增韧效果的改性剂。

早期均采用顺丁烯二酸酐作固化剂，我国光弹性材料界目前还有一些单位沿用这种旧配方。甲基四氢苯酐及其衍生物、异构体（如 HK-021 酸酐）是很好的固化剂。

10.3.2　制造光弹性材料必须解决的几个质量问题

用环氧树脂制造光弹性材料在某些情况下能产生云雾和初应力不易消除的问题，会影响光弹性测定的精度。

（1）云雾问题

① 云雾的定义　指环氧树脂固化物经退火后，在偏振光场中所出现的光学不均匀性，虽经退火但不能消除，仍扰乱应力条纹。

② 产生原因　树脂中低沸点物存在，固化剂有升华，前期固化反应太快，放热量过大。

（2）初应力

① 初应力的定义　由于不合理的工艺和原料配方所产生的应力，它是一种经过退火不能消除的应力。

② 初应力产生的原因　材料在模具中内部温度与烘箱温度的差值称为超温。

a.超温值越大，材料的应力越大，因此要求浇注料初期固化应采用低温。

b.浇注料在凝胶后受到模具的约束，在非自由状态下的固化收缩产生初应力。因此在浇注料凝胶后根据具体情况脱模，尽早解除约束，再进行第二次高温后固化。

c.温度应力：材料固化后降温速率太快，模型材料形成内外温差，致使材料产生不均匀收缩而出现应力。防止方法是选择适当的降温速率，对于体积较大、形状复杂的模具，浇注料配方中可加入线型高分子化合物，降低三维交联网络的密度，以达到消除初应力的目的。

常用的有端羧基聚酯树脂和端羧基聚醚树脂。

304 号聚酯结构如下：

$$\left[\begin{matrix} O & O \\ \| & \| \\ H-O-C & C-O-R \end{matrix}-O\right]_m\left[\begin{matrix} O \\ \| \\ C-CH=CH-C-O-R-O-C-CH=CH-C \end{matrix}-OH\right]_n$$

式中，R 为 $C_2 \sim C_4$ 亚烷基。

端羧基聚醚（CTCPE）的结构如下：

$$HOOC-R-(OB)_{m_1}-(OP)_{n_1}-CH_2-CH_2-O-(PO)_{n_2}-(BO)_{m_2}-R-COOH$$

式中，B 为$-CH_2-CH_2-CH_2-CH_2-$；P 为$\underset{CH_2-CH-}{\overset{CH_3}{|}}$；R 为 $C_2\sim C_4$ 亚烷基。

这两种带有羧基的线型高分子可以和环氧树脂发生固化反应。

近年来又研究出使用螺环酯（或采用螺环状酸酐）改性双酚 A 型环氧树脂，可以制得固化收缩接近于零的浇注料。典型的螺环酯改性环氧树脂（EXP-101 型）结构如下：

EXP-101型

10.4　环氧树脂的反应注射成型及增强反应注射成型

随着电器工业的迅速发展，对环氧树脂制品的尺寸精度、表面质量、多种嵌件内应力分布均匀性都有了更高的要求。通用的常压浇注、真空浇注已无法满足这样高的要求，为此必须使用一种新工艺即环氧树脂自动加压凝胶工艺（automatic pressure gelation process）。这种工艺是 20 世纪 60 年代初由瑞士 Ciba-Geigy 公司首先开发的。它通过压力将环氧树脂、固化剂等混合料由专用注射机注入模具内，在加热、加压条件下使环氧树脂混合料凝胶固化，因此又称为反应注射成型（reaction injection molding，RIM）。这种工艺及注射成型机真正大量投入工业化生产是在 1975 年之后。

最早实现商品化的产品是美国 GE 公司在 1979 年推出的名为"Arnox"的产品。它在一定温度范围内的固化时间为 $30\sim60s$，由于固化放热量过大，不能用于 2kg 以上制品的生产。到了 20 世纪 80 年代初，H. G. Waddill 对多种脂肪族多元胺进行了研究，开发出了二液型 RIM 技术，这种体系可以在 $100\sim120℃$ 下 $1\sim3min$ 内完全固化。直到那时，环氧树脂 RIM 技术才趋于成熟。我国从 1985 年开始从国外引进了环氧树脂注射机和专用料。

10.4.1　环氧树脂的反应注射成型工艺过程及原理

环氧树脂的反应注射成型（RIM）加工工艺与热塑性塑料的注射成型工艺十分相似。首先将干燥的环氧树脂料定量地输入配料桶内，进行混合、真空处理，混合料达到要求后，即可放入注射缸内备用。

在进行混合料处理的同时，将注塑模具装在注射机上，然后校正、加热。把装有注射料的压力容器移至注射机前，同时在环氧树脂料桶中注入一定压力的干燥气体，把容器与注射喷嘴接通。调整好注射时间、压力、温度等参数后，即可进行注射。

环氧树脂的 RIM 加工的周期一般在 10min 以内，时间虽短，但整个过程对计量、混合、注射压力、模具温度和开锁模时间的控制是十分精确的。

图 10-3 和图 10-4 分别是环氧树脂注射料基本组成和 RIM 工艺过程。

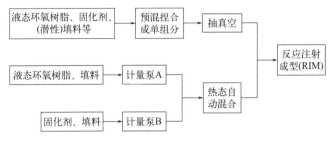

图 10-3　环氧树脂注射成型料基本组成

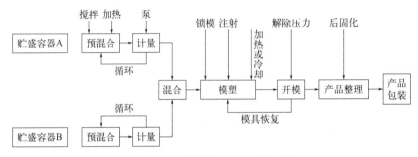

图 10-4　环氧树脂 RIM 工艺过程

环氧树脂 RIM 工艺具有许多优点：能大大提高环氧树脂制品的表面和内部质量。其主要原因是注射成型工艺中混合料的温度比模具温度一般要低 70℃，环氧树脂混合料、固化能量由外界模具提供，因此在靠近模壁处混合料的温度最高，并首先固化，然后逐步深入内部，这样固化的放热量能得到较好的控制。由于中心处固化较慢，在外界持续的压力下，注射喷嘴可以在整个固化成型过程中对模腔注料，补偿因固化反应而引起的体积收缩，因此所制得的环氧树脂制品尺寸精度及表面质量高，内应力小，分布均匀，力学、电气性能均比真空浇注制品高。

一些典型的反应注射成型的环氧树脂制品如下：①环氧树脂耐 SF_6 绝缘套筒；②环氧树脂绝缘块、盖；③支柱绝缘子；④小型盒式绝缘子。

10.4.2　增强反应注射成型

环氧树脂 RIM 制品的性能往往不能满足要求，为了提高环氧树脂 RIM 制品的性能，人们进行了许多研究工作，其研究方向主要有两个方面：一是采用纤维增强法形成了增强反应注射成型（RRIM）系列；二是使环氧树脂和其他聚合物形成互穿网络-反应注射成型结构，即 IPN-RIM 结构。

增强反应注射成型共有三种类型。

（1）填料添加法　在液体原料中加入粉状、鳞片状、球状或无定形的填料以提高环氧树脂的硬度，减小固化收缩率，并降低成本。适宜的填料有碳酸钙、二氧化硅和云母粉等。

N. S. Strand 研究了填料的类型和用量对 RIM 性能的影响，最为引人注目的发现是球状玻璃珠填料，因其表面积最小，吸油量最低，对改善制品的耐化学品性、耐热性和热膨胀系数的效果最好。

（2）编织物铺垫法　由长纤维编织成板状或棒状的增强材料预先铺垫在模具内，随后再注入环氧树脂，使之成型。

（3）混合法　（1）法和（2）法共同使用，连续地在金属模具内配置好玻璃纤维织物（或其他纤维织物），然后将含有填料的环氧树脂混合物注入模具内，使之成型。一般来说，随着纤维含量的增加，其注射成型材料的弯曲强度和冲击强度均提高。

用玻璃纤维、碳纤维、Aramid 纤维以及复合纤维织物作增强材料（表 10-9）所得到的 RRIM 制品的性能见表 10-10。

表 10-9　增强材料

增强材料	英文缩写	材料厚度/mm	材料单位厚度质量/(g/mm)
玻璃纤维	GF	—	450
Aramid 纤维织物	AFC	0.25	170
Aramid 和碳纤维复合织物	ACC	0.25	180
碳纤维织物	CFC	0.45	480
碳纤维和玻璃纤维复合织物	CGC	0.27	235

表 10-10　环氧树脂 RIM 和 RRIM 制品的机械强度

类型	增强材料含量（体积分数）/%	密度/(g/cm³)	拉伸强度/MPa	弯曲强度/MPa	冲击强度/MPa
环氧树脂浇注件	0	1.10	—	97	2.50
环氧树脂 RIM 制品	0	1.13	78	116	2.84
GF（RRIM）	11.9	1.41	—	162	—
GF（RRIM）	29.3	1.47	181	281	—
AFC-GF（RRIM）	43.0	1.38	—	490	9.24
CFC-GF（RRIM）	46.3	1.50	350	582	5.72
CFC-GF（RRIM）	40.1	1.72	257	451	18.83
ACC-GF（RRIM）	42.3	1.41	—	373	6.51
CGC-GF（RRIM）	40.3	1.56	673	675	8.26

从表 10-10 中可以看出环氧树脂 RIM 制品的机械强度比浇注件高出 10%～20%，RRIM 制品尤其是复合纤维增强后机械强度提高了 2～5 倍。

10.4.3　互穿网络-反应注射成型

互穿网络-反应注射成型（IPN-RIM）是将环氧树脂与另外一种树脂（例如聚氨酯）混合后进行反应注射成型的材料。目前研究最广泛的是聚氨酯和双酚 A 型环氧树脂体系，关键的问题是选择能使两者在注射成型的同时发生完全反应的催化剂，这将是一个重要的研究课题。

环氧树脂 IPN-RIM 最适宜于高压绝缘珠、互感器、电机转子、耐腐蚀泵体等的大量生产。我国在数年前也已引进了数条 IPN-RIM 生产线制造电器绝缘材料，但所用材料绝大多数仍需进口，这和国际先进水平还有一段差距。

第 11 章
环氧树脂模塑料

在机电工业中环氧树脂模塑料的应用逐渐在增加。除用来制造成型制品如连接器、线轴、齿轮、配电盘等以外，主要是对小型电子元器件如晶体管、集成电路、电容器、电阻器等进行包封。它与环氧浇注料相比，主要的优点是操作方便、生产效率高，可以使用较多的填料，甚至纤维状的填料也可以使用；主要的缺点是设备费用高，不适于小批量生产。

固体环氧树脂和高温固化剂、促进剂、无机填料经充分混炼后制成的粉状材料称为环氧树脂模塑料（简称环氧模塑料），在一定条件下有相当长的贮存期和适用期。

环氧模塑料通过传递模塑机加工成型，不仅成型速率快、产品质量高，而且可以实现自动化生产。随着半导体工业的迅猛发展，集成电路塑料封装的产业化，环氧模塑料已成为该领域的主导材料，另外在电器绝缘方面环氧模塑料也起到了很好的作用。

自 20 世纪 80 年代以来，半导体工业发展的显著特点是小型化、高集成度、高可靠性、扁平化。电子工业发展的一个主要特点是集成电路（IC）在印刷电路板上的安装方式由插入法向表面安装方向发展，实装密度在不断提高，因此 IC 的扁平化是主流。为了缩小封装尺寸和提高生产效率，除了少量 IC 采用液态树脂（主要是环氧树脂）通过蘸料、浇注、浸渍、滴落工艺进行封装外，绝大多数是采用环氧模塑料通过传递模塑机加工成型。

环氧模塑料与其他热固性模塑料相比，除制品本身的优良性能如较好的耐湿性、化学稳定性和介电性能等以外，在工艺性能上也有自己的特点，如固化时无低分子物析出、收缩率小。另一个重要特点是成型时在不高的温度下具有良好的流动性，因而所需的压力较低。环氧模塑料在 100℃时就可以流动，而固化后的热变形温度却可达 200℃以上。其他树脂的模塑料则往往需在 150℃以上才能流动。

通常环氧模塑料的成型压力只需 0.3～3.0MPa，特殊情况下可达 7.0MPa。如经预成型或高频预热后，压力还可减至上述压力的 2/3。这种性质对于生产带有小孔或薄壁的精细而复杂的制品，以及用于电子元器件的包封都是非常有利的。

环氧模塑料的成型加工方法和其他热固性模塑料相同，主要有压塑成型、传递成型和注射成型三种方法。环氧模塑料的注射成型发展较晚，由于注射机价格昂贵，在应用上受到一定限制。压塑成型的特点是压力直接施于工件上，因此对于生产大型制品或含有大量纤维状填料的塑料是较有利的。但是在大批量生产中、小型制品时，目前应用较多的还是传递成型的方法。

对于环氧模塑料除制品本身具备所要求的性能外，还应具有必需的成型工艺性能，如具有一定的流动性、胶化速率快，以及为了易于脱模，要求在高温下硬度大等。应注意对于不同的成型方法所要求的工艺性能也是不同的，如对于压塑成型，模塑料的流动性应小些，对于传递成型则要求流动性要大，而对于注射成型则要求模塑料保持塑化或流动状态的时间要长。

11.1　电气工业用环氧树脂模塑料

(1) 对模塑料的要求　对于较普遍的电气绝缘器件传递成型所用的模塑料特别要求以下几点：

① 低温和低压下流动性好　一般是在 $150\sim160℃$ 下成型。对于受温度和压力影响敏感的电子元器件的包封，则要求必须在 $0.3\sim0.5MPa$ 的压力和 $120℃$ 左右的温度下能够成型。

② 成型时间要短　这不仅可以提高生产效率，而且还与被包封元器件的耐热性有关，一般要求经 $1\sim3min$ 能从模型中取出。

③ 贮存时间要长　由于通常是在一定的压力和温度下半自动化或自动化成型，故要求在一定期间内流动性保持不变，因此要求尽可能在低温下贮存。

(2) 环氧树脂模塑料的组成　一般为环氧树脂、固化剂、填料、颜料和脱模剂等。

环氧树脂中最常用的还是液体和固体的双酚 A 缩水甘油醚型树脂，此外也有用环氧化热塑性酚醛树脂型的多官能性树脂的，后者不仅固化速率快，而且固化后交联密度大，制品的化学稳定性、耐热老化性以及热耐性（包括热变形温度）都较好。

由过氧乙酸制得的脂环族环氧树脂，由于其具有紧密的化学结构，因此所制得的塑料制品具有高的热变形温度，在高温下介电常数稳定，损耗因数低，耐电弧性好，耐气候性好，应用于工业是很合适的。在模塑料制备时可以单独用一种环氧树脂，但考虑到其流动性、固化速率以及固化树脂的耐热性，通常还是混合使用得较多。

所用的固化剂有多元胺类如间苯二胺（m-PDA）、二氨基二苯甲烷（DDM）等，有固体的酸酐如邻苯二甲酸酐（PA）、均苯四甲酸二酐（PMDA），有潜伏型固化剂如 BF_3-胺络合物、双氰胺等，此外还有用三聚氰胺衍生物、肼类等作固化剂的，在用胺类作固化剂时，可加入双酚 A 或间苯二酚作催化剂，用酸酐时可加入叔胺作催化剂。

常用的填料有二氧化硅、云母、黏土、滑石粉、碳酸钙、水合氧化铝、炭黑、石墨等，根据填料的种类与流动性的要求其用量为 $40\%\sim85\%$。为了提高制品的耐冲击性，可用玻璃纤维、石棉、尼龙或聚酯纤维填料，其用量为 $10\%\sim50\%$。当作为传递成型用模塑料时，纤维状填料不能多加。加入填料后环氧树脂塑料制品密度一般为 $1.60\sim2.20kg/L$，当采用一些特种填料如玻璃或其他合成树脂的微型空球时，制品的密度可降至 $0.75\sim1.0kg/L$。

环氧树脂的黏着性很好，因此要使制品易于脱模还需加入脱模剂。常用的脱模剂有硬脂酸锌、硬脂酸钙、特殊脂肪酸及其酯类和蜡类。

(3) 环氧树脂模塑料的制造方法　有以下三种：

① 干式法　将环氧树脂、固化剂及其他材料粉碎并充分混合，因此所用的树脂和固化剂必须是固体的。为了混合更均匀还需进行预备成型或辊压，用此法制得的模塑料用于传递成型比压塑成型更为合适。

② 半硬化法（B 阶法）　使液体的环氧树脂与芳香胺类固化剂加热反应，中间冷却使

反应停止,使之处于可熔可溶的固态(相当于 B 阶状态),这种 B 阶状态的树脂在室温下有的可存放一周,有的甚至可存放一年以上。利用这种 B 阶状态的树脂再制成模塑料,这种方法的缺点是反应温度、反应程度以及冷却方法难以掌握,因此模塑料的质量难以控制。

③ 熔融法 此法开始与干式法一样,先将各种材料粉碎混合,然后在尽可能不发生反应的温度下在热辊机或捏合机中混合。此法与干式法不同的是可以采用液体的固化剂,混合较均匀,另外根据热辊的温度和时间的变化对模塑料的熔点及流动性也可进行调整。其缺点是与干式法相比,压粉的贮存期较短。

11.2 电子工业用环氧树脂模塑料

集成电路(IC)的封装就是将封装材料和半导体芯片结合在一起形成一个以半导体为基础的电子功能块器件。封装材料除了保护芯片不受外界灰尘、潮气、机械冲击外,还起到了机械支撑和散热的作用。当今约有 90% 的芯片用环氧模塑料进行封装。

目前最大可封装 ϕ50mm 的大型扁平 IC,主流是单模方式;ϕ10mm 的 IC 采用多模多柱塞方式,因为它有加工周期短、自动化、省人工的优点。近年也有采用环氧树脂粉末通过流化床浸渍和用热塑性聚苯硫醚(PPS)通过注射成型封装的研究。

环氧树脂封装模塑料必须紧跟集成电路快速而且多样的变化节奏,因此对其树脂、原料、组分、加工工艺的研究显得十分活跃,新品种也不断地在涌现。表 11-1 列出了集成度和元件数之间的关系。

表 11-1 集成度与元件数的关系

IC 的名称	元件数/个
小规模集成电路(SSI)	约 100
中规模集成电路(MSI)	100~1000
大规模集成电路(LSI)	1000~100000
超大规模集成电路(VLSI)	100000 以上

集成度单位为比特,英文符号为 bit。例如,64kbit 芯片 1cm² 面积集成有 1.2 万~1.3 万个元件,256kbit 芯片每 1cm² 面积集成有 12 万~13 万个元件,16Mbit 存储器芯片,在 1.28cm×1.28cm 的硅片上可集成 3300 万个元件,可存储相当于 1000 页 A4 纸的信息量。随着超高集成度芯片的产业化,对封装材料提出越来越高的技术、工艺要求。

环氧树脂作包封和封装材料的优点是黏度低(达到无气泡浇注)、粘接强度高、电性能好、耐化学腐蚀性好、耐温范围宽(-80~155℃)、收缩率低。环氧树脂的全固化收缩率为 1.5%~2%(相比之下,不饱和聚酯为 4%~7%,酚醛树脂为 8%~10%)。在固化过程中不产生挥发性物质,因此,环氧树脂不易产生气孔、裂纹和剥离等现象。

目前集成电路、半导体芯片用环氧模塑料主要是邻甲酚醛型环氧树脂体系,它的基本组成见表 11-2。

表 11-2　环氧树脂类封装用模塑料的组成

组分		典型材料
基础树脂	主剂	邻甲酚醛型或脂环族改性环氧树脂等
	阻燃树脂	溴化环氧树脂
	固化剂	线型酚醛树脂、酸酐、芳香族胺等
添加剂	固化促进剂	咪唑、叔胺、磷系化合物等
	脱模剂	脂肪族酯（天然、合成）、脂肪酸及其盐等
	增韧剂	有机硅橡胶、丁腈橡胶
	偶联剂	有机硅烷、钛酸酯
	着色剂	炭黑、染料等
	阻燃助剂	三氧化锑
填料		二氧化硅（结晶性、无定形）、矾土、氮化铝、硅酸钙

随着 IC 高度集成化、芯片和封装面积的增大、封装层的薄壳化以及所要求价格的进一步降低，对环氧模塑料提出了更高且具有综合性的要求，具体如下。

① 成型性　流动性、固化性、脱模性、模具沾污性、金属磨耗性、材料保存性、封装外观性等。

② 耐热性　耐热稳定性、玻璃化转变温度、热变形温度、耐热周期性、耐热冲击性、热膨胀性、热传导性等。

③ 耐湿性　吸湿速率、饱和吸湿量、焊锡处理后的耐湿性、吸湿后焊锡处理后的耐湿性等。

④ 耐腐蚀性　离子型不纯物及分解气体的种类、含有量、萃取量。

⑤ 粘接性　与元件、安全岛、保护膜等的粘接性，高温、高湿下粘接强度保持率等。

⑥ 电气特性　各种环境下的电绝缘性、高周波特性、带电性等。

⑦ 力学特性　拉伸及弯曲特性（强度、弹性高温下保持率）、冲击强度等。

⑧ 其他　打印性（油墨、激光）、难燃性、软弹性、无毒及低毒性、低成本、着色性等。

11.3　提高电子工业用环氧树脂模塑料性能的途径

11.3.1　特种环氧树脂

（1）高纯度　众所周知，在电气和电子领域内，轻、薄、短、小的发展趋势很快，对于在各种元件中使用的高分子材料，元件虽小型化和高集成化，但要求必须达到与以前制品同样的可靠性。这对于在电气和电子领域中大量应用的环氧树脂来说，对性能的要求比以前提高了很多，尤其是用于半导体的包封材料，对性能的要求更为严格。对用于包封的环氧树脂材料，除要求速固性、低应力和耐热性外，还要求高纯度化。在环氧树脂中，主要杂质是以有机氯为端基的不纯物，如图 11-1 所示。从制造工艺上讲做到完全消除杂质是困难的。环氧树脂高纯度化的理由是：环氧树脂中的杂质（如 Na^+、Cl^- 等），特别是可水解氯离子的析出，在水分的作用下，加速了管芯中铝引线的腐蚀，使电子元器件制品的寿命受到恶劣影响。用于半导体包封的环氧树脂，主要是邻甲酚醛型环氧树脂。各生产厂家争先恐后地推出此种类型的高纯度化的树脂。表 11-3 给出的等级不同的产品，是日本已商品化的品种，目前日本各公司开发的高纯度树脂的水平大体相同，在质量指标方面已达到无甚差别的程度。

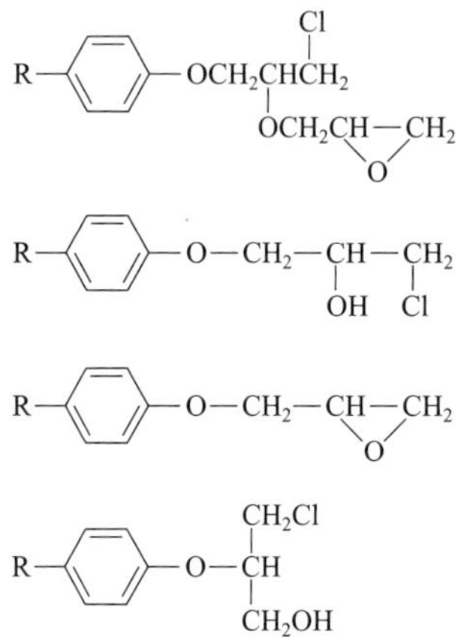

图 11-1 环氧树脂含氯端基

表 11-3 高纯度环氧树脂的产品与等级

公司名称	高纯度品①	超高纯度品②	超高纯度品③（最尖端等级）
日本化药	EOCN-1020	EOCN-1025	EOCN-1027
住友化学工业	ESCN-195X	—	ESCN-200X
大日本油墨化学工业	EXP	EXP-1	UP 型
东都化成	701S	—	701SS
日本道化学公司	3430	3450	—

① 可水解氯含量大致在 200～300mg/kg 的产品。

② 可水解氯含量大致在 100～200mg/kg 的产品。

③ 可水解氯含量大致在 100mg/kg 以下的产品。

另外，环氧树脂在电气、电子领域，除用于元器件包封料之外，还广泛用于胶黏剂方面。对于管芯的粘接，由于高集成化提高了可靠性，与半导体包封料一样，也要求高纯度、高质量的树脂。但是，用于胶黏剂方面的环氧树脂不同于半导体包封料所用的固态环氧树脂，而是液态环氧树脂。对于双酚 A 型环氧树脂的高纯度化，有的公司采用再结晶的方法进行提纯。但再结晶法成本高（收率低）以及熔点接近室温，再结晶操作困难，因此，目前大多对改进环氧树脂制造工艺条件进行探讨，如控制反应条件和后处理洗净等。

表 11-4 列出了几种典型的液态高纯度环氧树脂，表中所列举的品种为油化壳环氧公司所生产的液态高纯度环氧树脂，它们分别为双酚 A 型和双酚 F 型，目前已市售。从分类上看，它们可分为高纯度品和超高纯度品。

表 11-4　液态高纯度环氧树脂

项目	双酚 A 型		双酚 F 型	
	高纯度品[①]（YL-979）	超高纯度品[②]（YL-980）	高纯度品[①]（YL-983）	超高纯度品[②]（YL-983U）
环氧当量/（g/mol）	185～195	180～195	165～180	165～180
全氯含量/（mg/kg）	500～700	100～300	500～700	150～350
可水解氯/（mg/kg）	200～300	100（最大）	200～300	150（最大）
可皂化氯/（mg/kg）	50（最大）	50（最大）	50（最大）	50（最大）
黏度 （25℃）/（Pa·s）	10～25	10～25	3～6	3～6

① 高纯度品是可水解氯含量为 200～300mg/kg 的制品。

② 超高纯度品是可水解氯含量为 100mg/kg 或 150mg/kg 以下的制品。

不管是哪种高纯度品，与通用的液态树脂相比，固化物在耐水性和耐高压蒸煮性方面，均有大幅度的改善，在要求可靠性的应用方面，使用寿命确实延长了。

目前市售的环氧树脂已经除去了游离的 Na^+、Cl^-，使用上是不成问题的。问题是由于合成时的副反应，在水存在时可水解游离出 Cl^-（可水解氯），因此对 IC 的可靠性影响很大。

因此，问题在于如何合成可水解氯含量低的高纯度树脂。下面介绍几种制造低氯含量的高纯度环氧树脂的方法：使精制工艺最佳化（溶剂、温度）；使反应条件最佳化（除盐法，如 NaOH 法）；用有机银处理（$Ag^+ + Cl^- \longrightarrow AgCl\downarrow$）；利用电泳处理；不使用环氧氯丙烷。

目前世界上含可水解氯 600mg/kg 左右的通用型环氧树脂只能适应 64kbit 存储单元的存储程度，对 256kbit 存储单元的存储程度，必须使用高纯度环氧树脂，在超过 1Mbit 存储单元时代，要使用超高纯度环氧树脂。可以预料，今后还将继续进行环氧树脂高纯度化的研究。

（2）高功能化　IC 封装用的环氧树脂除了要求高纯度化之外，随着高集成化封装的大型、薄壳化，目前要求解决的是低应力比、高耐热冲击和低吸水性，为此出现了许多新结构的环氧树脂和改性方法。低二聚体邻甲酚甲醛环氧树脂，减少其含量，可以降低熔融黏度，有利于大面积 IC 的封装，提高固化产物的 T_g，使之具有高的耐热性。

（3）高耐热性能

① 以芳香胺（通式如下）和环氧氯丙烷反应生成的氨基四官能环氧树脂作为封装用模塑料的组分，固化产物具有较高的耐热性。

$$H_2N \text{—} \bigcirc \text{—} O \text{—} \bigcirc \text{—} X \text{—} \bigcirc \text{—} O \text{—} \bigcirc \text{—} NH_2$$

其中X为： $\begin{array}{c} CH_3 \\ | \\ -C- \\ | \\ CH_3 \end{array}$ 或 $\begin{array}{c} O \\ \| \\ -S- \\ \| \\ O \end{array}$

参与反应的芳香胺通式

典型的树脂结构为：

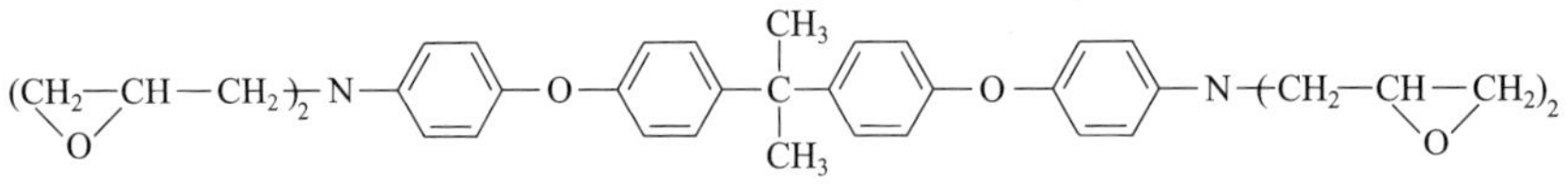

$$(CH_2-CH-CH_2)_2-N-\!\!\!\!\bigcirc\!\!\!\!-O-\!\!\!\!\bigcirc\!\!\!\!-\overset{CH_3}{\underset{CH_3}{C}}-\!\!\!\!\bigcirc\!\!\!\!-O-\!\!\!\!\bigcirc\!\!\!\!-N-(CH_2-CH-CH_2)_2$$

② 双酚 A 或溴化双酚 A、甲醛缩合产物与环氧氯丙烷反应生成的典型环氧树脂，作为模塑料的原料比邻甲酚醛环氧树脂反应活性高。该树脂固化后产物的 T_g 比用酚醛型树脂固化后产物的 T_g 提高 10℃。

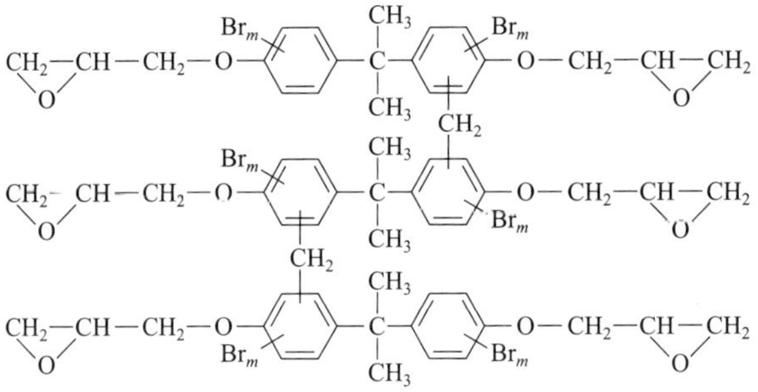

$$m=1\sim2$$

（4）低吸湿化

① 苯酚和丙烯醛或其他长碳链的醛缩聚产物与环氧氯丙烷反应生成的环氧树脂作为封装用模塑料的原料，可以改善材料的吸水性。树脂的通式如下：

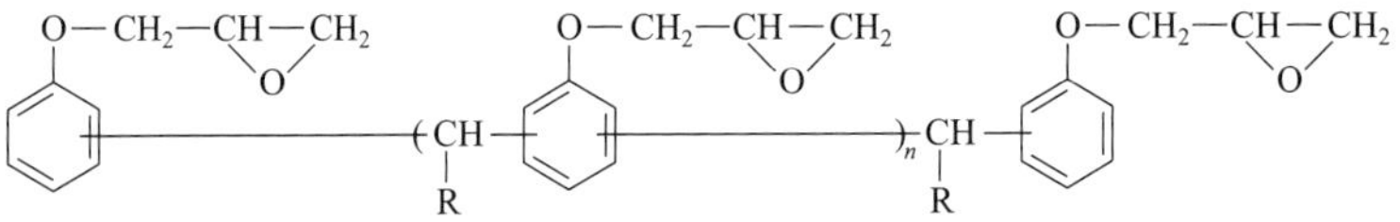

其中 R 为 $H_2C\!=\!CH-$、$(CH_3)_2CH-CH_2-$、$H_3C-CH_2-CH_2\!\!+\!\!CH_2\!\!\not\!\!{}_n$（$n=0\sim$ 6）的整数。

② 将 α-萘酚引入线型酚醛环氧树脂中，由于萘骨架的存在，耐水性、耐热性都有提高。

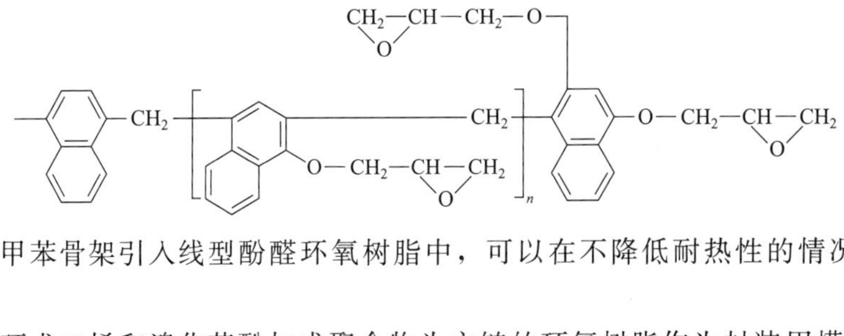

③ 将二甲苯骨架引入线型酚醛环氧树脂中，可以在不降低耐热性的情况下，提高耐水性。

④ 以双环戊二烯和溴化苯酚加成聚合物为主链的环氧树脂作为封装用模塑料的原料，呈现出低的吸水率。

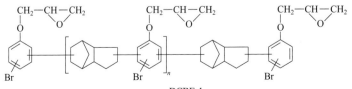

DCBE-1

DCBE-1 和溴化邻甲酚醛环氧树脂（PNBE-1）同样用酚醛树脂固化后，固化产物的各项性能比较见表 11-5。

表 11-5　两种树脂生成的模塑料的性能

类别	煮沸吸水率 (1h) /%	T_g/℃	线膨胀系数 (E)/℃$^{-1}$	表面电阻率 /Ω	体积电阻率 /(Ω·cm)
DCBE-1	0.15	224	$6.60×10^{-5}$	$1.9×10^{17}$	$1.2×10^{16}$
PNBE-1	0.20	224	$6.54×10^{-5}$	$1.0×10^{17}$	$1.4×10^{16}$

（5）低应力化　另外一个技术动向是低应力化。随着 IC 集成度的提高、芯片尺寸的大型化和布线的微细化，固化环氧树脂与硅元件热膨胀系数不同而产生的应力将造成破坏。

内部应力产生的原因如下：模塑料固化收缩与硅片热收缩有差异，即两者线膨胀系数不同，一般模塑料比硅片、引线的线膨胀系数要大一个数量级，在成型、加热到冷却至室温过程中必然在硅片上残留应力。

热应力可以用下式来表示：

$$\sigma = KE\alpha\Delta T$$

式中　σ——热应力；

　　　K——常数；

　　　E——弹性模量；

　　　ΔT——环氧模塑料 T_g 和室温的差；

　　　α——热膨胀系数。

从该公式中可以看出降低树脂的弹性模量和 T_g，是减少热应力的有效途径。

可使树脂本身低应力化的方法包括：①各种烷基苯酚共缩合的线型酚醛的环氧化；②含有比—CH_2—更长链基的酚类缩合物的环氧化；③邻甲酚线型酚醛型环氧树脂与含有活性端基弹性体的加成。

图 11-2 所示是有机硅橡胶改性环氧树脂的动态力学曲线。

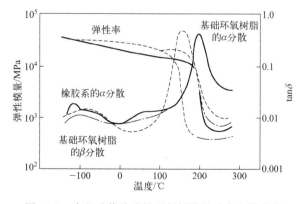

图 11-2　有机硅橡胶改性环氧树脂的动态力学曲线

从图 11-2 可见，有机硅橡胶可以明显降低环氧模塑料的动态弹性模量。

用间苯二酚和双环戊二烯的聚合物进行环氧化，可生成如下结构的树脂：

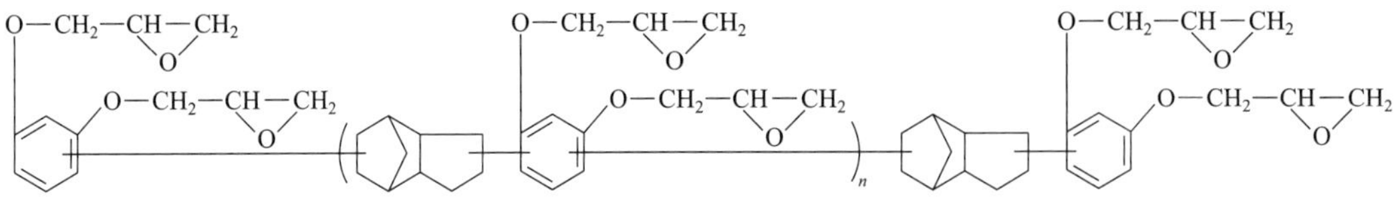

这种树脂的固化产物的应力比标准邻甲酚甲醛环氧树脂的小得多。

11.3.2　特种固化剂

（1）提高固化剂的反应性　使用 1 个分子中至少有 2 个氨基或氨基醇的胺类固化剂，代替部分常用固化剂。由于氨基醇中碱离子含有量小于 $50mg/kg$，因此有很好的固化性。

（2）提高固化剂的耐水性及耐热性　采用具有以下结构的酸酐作为模塑料的固化剂，可减少吸水率 5%左右，提高耐热性 7℃左右。

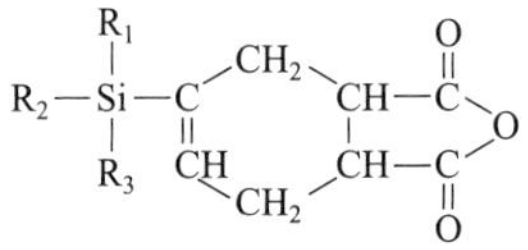

（3）赋予低应力的固化剂　双环戊二烯和烷基酚聚合物（简称 DIPP）与酚醛树脂的物性比较见表 11-6。DIPP 的结构式为：

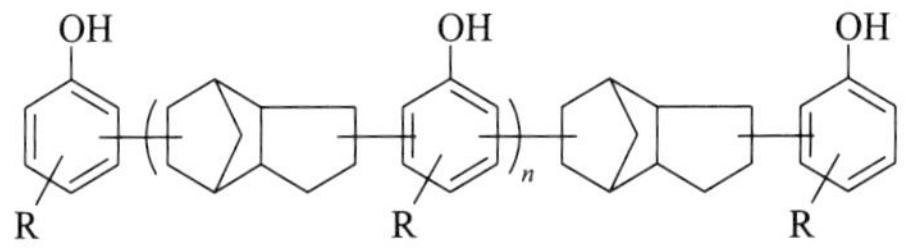

式中，R 为 H 或 CH_3，$n=0\sim5$。

表 11-6　3 种牌号 DIPP 和酚醛树脂的物性比较

物性	DIPP-400LL	DIPP-200LL	DIPP-100LL	酚醛树脂
外观	淡绿黑色	淡红黑色	淡红黑色	淡黄白色
酚羟基当量/(g/mol)	187	186	175	104
软化点/℃	88	72	95	71
残留单体/%	0.5 以下	0.5 以下	0.5 以下	0.5 以下
数均分子量 $\overline{M}_n$	520	540	580	770

三种 DIPP 及酚醛树脂分别作为邻甲酚醛环氧树脂固化剂，它们的产物性能对比见表 11-7。

表 11-7　固化产物性能的比较

固化产物性能	DIPP 固化剂			酚醛树脂
	400LL	200LL	100LL	
$T_g(E)$/℃	175	173	192	198
$T_g(D)$/℃	182	181	193	208

固化产物性能	DIPP 固化剂			酚醛树脂
	400LL	200LL	100LL	
表面电阻率/Ω	9.0×10^{15}	$>1.0 \times 10^{16}$	$>1.0 \times 10^{16}$	5.8×10^{15}
体积电阻率/(Ω·cm)	8.5×10^{15}	9.0×10^{15}	1.1×10^{16}	7.0×10^{15}
1%热失重温度/℃	366	368	372	360
线膨胀系数$[<T_g(E)]$/℃$^{-1}$	7.16×10^{-5}	7.15×10^{-5}	7.01×10^{-5}	6.84×10^{-5}
线膨胀系数$[>T_g(E)]$/℃$^{-1}$	1.75×10^{-4}	1.84×10^{-4}	1.75×10^{-4}	1.62×10^{-4}
常温吸水率（20℃，24h）/%	0.15	0.15	0.16	0.23
煮沸吸水率（100℃，1h）/%	0.28	0.28	0.28	0.38

注：$T_g(E)$ 为损耗模量所给出的玻璃化转变温度；$T_g(D)$ 为损耗因子所给出的玻璃化转变温度。

（4）提高粘接性的固化剂　含有氨基的酰亚胺化合物，如 H_2N— 及以下两种结构的酚醛树脂相混合组成固化剂，可使环氧模塑料和芯片、引线的粘接强度提高 10%左右。

其中 n = 0 或 1　　　　X 为 C_{15} 烃基，m = 1~2

（5）提高安全性的固化剂　以降低固化剂的毒性为目标，将软化点为 60~120℃的线型酚醛树脂和 1,8-二氮杂二环[5.4.0]十一碳-7-烯或者它的衍生物在 80℃以上加热混炼，上述混合物的毒性比原来的酚醛树脂毒性降低很多。

11.3.3　特殊的固化促进剂

在 IC 封装用的模塑料中，固化促进剂是一个重要的组分，它不仅能提高固化程度，还能改善充填性、流动性、脱模性，减少对模具的污染，提高固化产物的耐热性、耐湿性、低应力等一系列性能。

（1）提高耐湿性　在模塑料配方中用三硅醇铝和三硅醇硫形成的络合物作为固化促进剂，可以有效地提高固化产物的耐湿性。

（2）提高成型性的固化促进剂　以二甲基聚硅氧烷为主链的含有铵盐或呱嗪基的聚合物作为固化促进剂，可以提高脱模性能，减少对模具的污染。

（3）低应力化　这种封装料的组分为：①环氧树脂；②酚醛树脂；③两端基为环氧基的聚亚烷基二醇和一个分子至少有 2 个仲氨基的杂环化合物的反应产物。这样组成的封装料固化产物的应力很低。

11.3.4　改进填充料的性能

在模塑料中填充料的用量占了相当大的比重，最多可达 80%（质量分数），因此它对成型性固化产物的特性有显著的影响。填充料除了粒径分布、形态、表面处理给模塑料性能带来变化外，各种热膨胀系数和热导率的填充料对提高模塑料的性能有更大的作用。

（1）减少溢料　用最大粒径 $74\mu m$ 以下的球形熔融二氧化硅和最大粒径 $40\mu m$ 以下的熔融二氧化硅的粉碎料，以 55％～95％（质量分数）和 45％～5％（质量分数）相混合成为比表面积为 $3m^2/g$ 以下的混合填料。它的用量占封装模塑料总量的 40％～90％（质量分数）。此组成的模料填料体系可以减少模塑料飞边的产生。

（2）提高耐湿性　①最大粒径 $149\mu m$ 的合成低 α 线球状二氧化硅；②最大粒径 $74\mu m$ 的底线角形二氧化硅。①＋②合计应占树脂 6％（质量分数）以上、粒径为 $44\mu m$ 以上的混合填料，用它作为封装用模塑料的填料，可以减少吸湿量 3％左右。

（3）低应力的填料　用氨基聚醚型有机硅氧烷处理平均粒径为 $8\mu m$ 的棱角状二氧化硅及平均粒径为 $6\sim8\mu m$ 的球状二氧化硅，按以下配方（质量份）组成环氧模塑料，再测定其热应力，结果如图 11-3 所示。

配方（质量份）：

邻甲酚甲醛环氧树脂	100	二氧化硅	395～960
酚醛树脂	55	偶联剂	3
氨基聚醚有机硅	10		

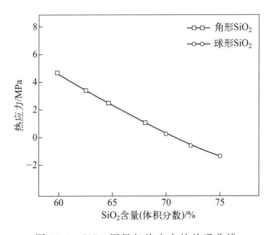

图 11-3　SiO_2 用量与热应力的关系曲线

（4）提高流动性　可采用粒径为亚微米级到 $10\mu m$ 的氧化硅作填料。

（5）改善热力学性能的填料　用 β-锂霞石代替部分二氧化硅作为填料，可降低成型料的线膨胀系数。用球状矾土粉末作填料可提高热导率。

（6）减少模具磨损的填料　用平均粒径为 $10\mu m$ 以下的硫酸钙代替二氧化硅作填料可减少模具的磨损。

（7）提高力学性能的填料　在 40％～60％（质量分数）Al_2O_3 和 60％～40％（质量分数）SiO_2 的混合填料中添加 1％～80％（质量分数）平均直径为 $0.1\sim5\mu m$、平均长度为 $1\sim200\mu m$ 的陶瓷纤维，由此制成的模塑料的冲击、压缩强度都能提高。

11.3.5　选用增韧剂来改善封装用模塑料的性能

（1）降低应力　用三端基为羧基的丁腈橡胶和带有氨基的有机硅化合物的反应产物作为环氧模塑料的增韧剂。

（2）改善封装材料外观的增韧剂　将一种末端至少有一个环氧基的聚醚有机硅氧烷作为环氧模塑料的组分，成型料的表面光洁度可以提高。

11.4　集成电路封装用环氧模塑料的发展动向

（1）树脂纯度的提高　IC 铝电极极易受到树脂中的 Na^+、Cl^- 的腐蚀，因此必须严加控制，进一步提高环氧树脂净化技术。目前已使高纯度的邻甲酚甲醛树脂实现了工业化生产（Na^+ 含量<1mg/kg，Cl^- 含量<1mg/kg，可水解氯含量<350mg/kg）；超高纯度的树脂正在创造条件进入工业化生产阶段（Na^+、Cl^- 含量同前，可水解氯量进一步下降，<150mg/kg）。

（2）封装料可靠性的提高　其关键技术是实现低应力化，封装后的 IC 受严格的冷、热冲击，高压水蒸煮试验时，致使封装失败的原因是内应力引起的封装料和元件界面发生开裂。所以在实现封装料的低应力化时，只有采取降低线膨胀系数和降低弹性率的方法，降低线膨胀系数的最好方法是在封装料中使用高填充量的二氧化硅。据研究，当填料量达到 $60\%\sim70\%$（体积分数），甚至更高时，线膨胀系数可低至 $1.0\times10^{-5}℃^{-1}$，固化收缩几乎是零。高填充量会使模塑料的熔融流动性变差，其对策是使用平均粒度为 $6\sim8\mu m$ 的球形熔融二氧化硅。

改善树脂低弹性率的方法：①邻甲酚醛环氧树脂和硅橡胶、丁腈橡胶共混形成海岛结构；②环氧树脂自身结构的变化，例如部分长链烷基代替原树脂中的亚甲基。

此外，提高树脂耐水性的方法是：在树脂结构中引入萘、对环戊二烯和氟元素，使高压蒸煮后的材料吸水率下降 25% 以上。

由于电子、电气工业迅速发展，技术更新十分迅速，为其配套的环氧树脂材料也随之发展，是技术更新比较快的领域。

目前，印刷电路板发展的趋势是提高耐热性、多层化、高密度化。对于电子元器件的小型化、薄形化，必须解决吸湿性、耐热性的问题，同时要求提高耐铜迁移性能。另外，随着计算机演算的高速化，提高材料的介电常数和降低介电损耗也是十分重要的。为了解决上述一系列问题，阻燃型环氧树脂材料开始从 TB-BA 型（四溴双酚 A 型）向具有特殊结构的树脂过渡。

在半导体包封领域，伴随着表面实装化的扩大，为了抑制包封材料的开裂，对材料提出了耐热冲击性、耐焊锡反流性以及低膨胀系数等要求。从提高生产性的角度出发，期望开发适应于无管壳化的环氧树脂材料。

第 12 章
环氧树脂涂料

环氧树脂在涂料工业中的应用主要是利用它优良的黏结性以及优异的耐化学药品性能。用于涂料环氧树脂大约占环氧树脂总用量的 35%，在防腐蚀、电气绝缘、交通运输、土木建筑等领域有着广泛的应用。环氧树脂涂料按使用情况分为溶液型（包括高固含量和无溶剂型）、水分散状和粉末状。各种形式的环氧树脂涂料组成及用途列于表 12-1。

（1）常温固化型　由环氧树脂和固化剂构成，以双组分包装形式使用，分为普通环氧树脂涂料和焦油改性环氧树脂涂料。普通环氧树脂涂料可以着色，焦油改性环氧树脂涂料是黑色或灰色的。固化剂都采用常温固化型的脂肪族多元胺及其加成物或聚酰胺，根据实际使用的目的灵活掌握。常温固化型环氧树脂涂料的主要应用对象是不能进行烘烤的大型钢铁构件和混凝土结构件，焦油改性涂料比普通涂料色彩差，但耐化学药品性优良，且价格低廉，适合于不要求色彩的场合。常温固化型环氧树脂涂料的优点是在 10℃ 以上的温度下即能形成 3H 铅笔硬度的耐化学药品性涂膜，缺点是易泛黄、易粉化，而且初期的柔软性易随时间的延长逐渐丧失。虽然它在使用中出现泛黄和粉化，但其耐腐蚀性能不降低。

（2）自然干燥型　不饱和脂肪酸和松香酸等可以与环氧树脂进行酯化反应，这些酯化产物可用来制造涂料。它与普通的醇酸漆一样，也有规定的酸的种类和用量。按油长分类，可以做成长油型（干性）、中油型（半干性）和短油型（不干性），油长不同，环氧酯涂料的性能也不一样。

油长是指采用干性油改性合成树脂时，涂料中所含干性油的比例：干性油＞200 份——长油型涂料；100 份＜干性油＜200 份——中油型涂料；干性油＜100 份——短油型涂料。

表 12-1　环氧树脂涂料组成及用途

状态	分类名称	黏料		包装形式	烘干条件	用途
		环氧树脂	固化剂			
溶液	常温固化型	环氧树脂 ($n=1\sim2$)	脂肪族多元胺 胺内在加成物 胺分离加成物 聚酰胺	双组分	$12\sim20℃$，$4\sim7d$	化工厂装置，管道内外壁 工厂、港口设备、船舶内外面 贮槽内壁、圆罐内面 水泥表面
		焦油改性环氧树脂 ($n=1\sim2$)	脂肪族多元胺 胺内在加成物 胺分离加成物 聚酰胺	双组分	$60℃$，$30s$	贮槽、船舶外板及各种设备、工厂设备、钢铁结构物、海上结构物、船坞、用水设备、水泥

状态	分类名称	黏料		包装形式	烘干条件	用　　途
		环氧树脂	固化剂			
	自然干燥环氧酯型	环氧树脂与不饱和脂肪酸、松香酸或妥尔油酸酯化制得酯化型树脂（$n=2\sim9$）长油型、中油型、短油型		单组分	自然干燥（空气固化）	汽车、金属家具、家电器具、木材家具、水泥、机械类、桥面
溶液	烘干型	环氧树脂（$n=2\sim9$）	① 酚醛树脂 ② 脲醛树脂 ③ 三聚氰胺甲醛树脂 ④ 醇酸树脂 ⑤ 热固性丙烯酸树脂 ⑥ 聚氨酯树脂	单组分	① $185\sim205℃$，$20\sim30min$；② $180\sim200℃$，$20\sim30min$；③ $180\sim200℃$，$20\sim30min$；④ $80\sim100℃$，$40\sim60min$；⑤ $150℃$，$30min$；⑥ $80\sim100℃$，$5\sim30min$	① 金属罐、化学车间、导线 ② 家电器具（冷藏库、洗涤机、炊具等）③ 家电器具（冷藏库、洗涤机、炊具等）④ 汽车、家电器具、炊具 ⑤ 厨房用具、汽车、家电器具、炊具、金属线圈、塑料 ⑥ 橡胶、电线
水分散液	阳离子电泳型	季铵盐化环氧树脂（$n=12$以上）	嵌段聚氨酯	单组分	$180℃$，$30min$	汽车、铁架、铝制品
粉末	粉末型	环氧树脂（$n=2\sim9$）	芳香胺 多元羧酸或酸酐 多元酸酰肼 双氰双胺 BF_3-胺络合物	单组分	$180℃$，$30min$	电气部件、弹簧 圆罐内外壁 管内外壁

在环氧树脂作为黏料的涂料中加入一定量的环烷酸钴之类的金属盐干燥剂（空气氧化催化剂），调制成单组分涂料供应市场。使用时，经涂装的涂料靠溶剂的蒸发形成涂膜，在空气中氧的作用下，黏料分子间形成交联结构，其耐久性大幅度提高。

这种涂料与醇酸漆的用途差不多，在某种程度上保留了环氧树脂的特性，比醇酸漆的黏附性和耐化学药品性优越，但也易泛黄且有粉化的趋向。

（3）烘干型　环氧树脂以酚醛树脂、脲醛树脂、三聚氰胺甲醛树脂、醇酸树脂和多异氰酸酯作为固化剂，或者以热固性丙烯酸树脂作为这些树脂的固化剂来制造的烘干型涂料，其烘烤温度视组分中低聚物树脂的官能团种类不同而异。

涂料分为以保护功能为主的底涂涂料和以装饰功能为主的面涂涂料，而烘干型环氧涂料都适用，不过大多数情况是利用烘干型环氧树脂涂料优良的耐腐蚀性将其作为底涂涂料使用。

（4）阳离子电泳涂料　环氧树脂可以用作阳离子电沉积涂料的黏料，又称为阳离子电泳涂料。其涂装原理不同于迄今叙述的溶液型涂料，环氧树脂类阳离子电泳涂料比通常用的阳离子电泳涂料具有更为优越的防腐性能，专门用于大量生产的钢铁制品的底涂涂料。

这种被称为聚合物电镀的涂装技术，在环氧树脂应用中非常重要。下面进行较为详细的介绍。

环氧树脂阳离子电沉积涂料由作为黏料的阳离子化的聚酰胺树脂、作为交联剂的嵌段多异氰酸酯以及作为颜料分散剂的䤭盐化环氧树脂所组成。所使用的环氧树脂多是固态树脂，反应在溶液中进行。

涂料的配制是将有机酸加入聚酰胺树脂和嵌段多异氰酸酯的溶液（采用水溶性溶剂）中，聚酰胺树脂经䤭盐化分散于水中形成乳液，将颜料分散于䤭盐化的环氧树脂水溶液中（分散液），把乳液和分散液混合均匀即调制成阳离子电泳涂料。

电沉积涂装的原理实质上就是电泳原理，被涂物作为阴极，对应极为阳极，电极反应为：

阳极（对应极）

$$2H_2O \longrightarrow 4H^+ + O_2 \uparrow + 4e^-$$

阴极（被涂物）

$$2H_2O + 2e^- \longrightarrow 2OH^- + H_2 \uparrow$$

$$\equiv\!NH + OH^- \longrightarrow \equiv\!N(析出) + H_2O$$

带正电的涂料粒子在阴极上析出，沉积在被涂物表面，形成浓度 60% 以上的高浓度涂膜，然后用通常的烘烤方法进行烘干，使嵌段多异氰酸酯与羟基发生交联固化反应，最终得到所需要的涂膜。这种涂装方法效率较高，主要用于大量涂装的场合，其典型的用途是汽车底涂和铁架的涂装。

按主要成膜材料组成，又可将环氧树脂涂料按图 12-1 所示分类。

胺固化型涂料
　　多元胺固化环氧树脂涂料
　　聚酰胺固化环氧树脂涂料
　　胺加成物固化环氧树脂涂料
　　胺固化环氧沥青涂料

合成树脂固化型涂料
　　环氧-酚醛树脂涂料
　　环氧-氨基树脂涂料
　　环氧-聚氨酯涂料
　　环氧-氨基-醇酸涂料

脂肪酸酯固化型涂料
　　环氧酯涂料
　　环氧酯与其他合成树脂并用涂料
　　水性环氧酯涂料

其他类型涂料
　　无溶剂环氧树脂涂料
　　粉末环氧树脂涂料
　　超高分子量环氧树脂涂料
　　光固化环氧树脂涂料

图 12-1　环氧树脂涂料按主要成膜材料分类

12.1　防腐蚀环氧树脂涂料

金属的腐蚀是金属表面在周围环境中介质作用下发生化学或电化学反应，逐步由表及里，使金属受到破坏，丧失其原有性能。金属腐蚀是人们面临的一个十分严峻的问题，据粗略估计，每年因腐蚀而报废的金属材料相当于当年金属产量的 20％以上。采用涂料来防锈与防腐蚀是最为简便而有效的方法。通常是以防锈涂料为底漆、以防腐涂料为面漆配套使用。

12.1.1　纯环氧树脂涂料

以低分子量环氧树脂为基础的双组分涂料，可以制成无溶剂或高固体分涂料。这类涂料由于交联度高，所以防腐蚀性能很好。其性能主要取决于固化剂的种类。这类涂料分两罐包装，使用前配制，环氧树脂以采用 E-44、E-42、E-20 为主，室温下干燥，养护期 1 周以上。

（1）改性脂肪胺固化环氧防腐漆　该类涂料可自配自用，成本低，操作简便，适用于贮槽、集水井等钢制品或水泥制品的防腐。据介绍，在 16％～20％碳化氨水贮槽内壁刷涂 2 道可保护 2 年以上。参考配方 1 见表 12-2。

表 12-2　配方 1

组分	原料	组成（质量分数）/％	组分	原料	组成（质量分数）/％
树脂组分	E-42 环氧树脂	50	固化剂组分	593 号固化剂	10.5～12
	甲苯	15		丙酮	3.5～5
	辉绿岩粉	25			

（2）己二胺固化环氧防腐漆　使用己二胺作为固化剂可以得到柔韧性好的防腐蚀涂层。固化剂加入树脂组分后，室温下放置 2～3h 使之熟化后使用，可以避免出现涂膜泛白的问题。参考配方 2 见表 12-3。

表 12-3　配方 2

组分	原料	组成（质量分数）/％			
		白色磁漆	绿色磁漆	银灰色磁漆	防锈漆
树脂组分	E-20 环氧树脂（50％）	77.5	72.6	85	70
	钛白粉（锐钛型）	20.5			
	三氧化二铬		19.3		
	滑石粉		6.5		
	铝粉浆			15	
	三聚氰胺甲醛树脂（50％）	1.9	1.6		1.9
	硅油				0.1
	氧化铁红	0.1			28
固化剂组分	己二胺	2.5	2.4	2.8	2.3
	无水乙醇	2.5	2.4	2.8	2.3

配套施工，适宜于大型化工设备、贮罐、钢质贮油罐、管道内外壁的防腐蚀涂层。涂 2 道防锈漆，2 道白磁漆，于室温下干燥 15d 后的钢质油罐，贮存汽油 15 个月，漆膜无变化。

（3）聚酰胺固化环氧树脂防腐漆 聚酰胺固化的环氧涂层与多元胺固化的涂层相比有以下优缺点：

① 可制得高弹性的涂膜；

② 施工性能好，与环氧树脂组分混合后，不需要熟化立即可使用，涂料的使用寿命长，对人体毒性小；

③ 能在较潮湿的钢铁、混凝土表面施工；

④ 涂膜的耐化学品性比多元胺固化环氧漆有所下降，尤其是耐碱性下降较明显。

此类涂料是两罐装，施工时按比例将两组分混合均匀，然后施工。

两种聚酰胺环氧漆配方见表12-4、表12-5，表12-5中混合溶剂的组成见表12-6。

表 12-4 聚酰胺环氧漆配方 1　　　　　　　　　单位：质量份

原料	底漆	磁漆（天蓝色）
成分1		
柠檬铬黄	12.12	—
锌铬黄	9.92	—
氧化锌	7.45	—
滑石粉（325目）	2.72	—
铝粉浆（固体60%）	5.50	—
钛白粉（金红石型）	—	26.40
酞菁蓝	—	0.40
E-20环氧树脂	17.18	36.35
30%丁醇和70%二甲苯混合溶剂	17.18	36.35
硅油溶液（1%）	—	0.50
成分2		
聚酰胺树脂（胺值200mgKOH/g）	11.5	20
30%丁醇和70%二甲苯混合溶剂	11.5	20

注：1. 附着力（划圈法），2级。

2. 弯曲试验，3mm。

3. 耐冲击强度，490.5N·cm。

4. 耐人造海水，浸6个月涂膜无明显变化。

5. 耐湿热性 [（42±1）℃，相对湿度95%]，6个月涂膜颜色发花，无气泡。

表 12-5 聚酰胺环氧漆配方 2　　　　　　　　　单位：质量份

原料	底漆（刷涂）	面漆（刷涂或喷涂）	清漆（喷涂）
成分1			
环氧树脂（环氧当量500g/mol）	12	33	50
混合溶剂	40（A）	34（A）	50（B）
氧化铁红	38	—	—
锌黄	8	—	—

原料	底漆 （刷涂）	面漆 （刷涂或喷涂）	清漆 （喷涂）
云母粉	2	—	—
钛白粉（金红石型）	—	31.5	—
石棉粉	—	1.5	—
成分 2			
聚酰胺（胺值 200mgKOH/g）	4.2	11.5	17.5
混合溶剂	4.2（C）	11.5（C）	17.5（D）

表 12-6　表 12-5 中混合溶剂的组成

原料	种类/质量份						
	A	B	C	D	E	F	G
甲乙酮	—	20	—	—	—	—	—
甲基异丁基酮	—	20	28	—	—	—	20
溶纤剂	70	10	42	—	—	10	20
丁基溶纤剂	10	—	—	—	—	—	10
异丙醇	—	—	—	50	—	—	—
正丁醇	—	—	—	—	25	—	5
甲苯	—	50	30	50	—	—	45
二甲苯	—	—	—	—	75	90	—
高沸点芳香烃	20	—	—	—	—	—	—

注：A→B 溶解环氧树脂用；C→E 溶解聚酰胺树脂用；F→G 稀释剂。

12.1.2　漆酚环氧重防腐涂料

生漆被认为是目前人类所知的最古老的工业涂料，是大自然赋予人类的珍贵资源。漆酚是生漆的主要成分，是由含有 $0\sim3$ 个双键的 C_{15} 和 C_{17} 侧链脂肪烃取代基的邻苯二酚衍生物混合物组成的多酚类化合物。漆酚芳环上的两个互成邻位的酚羟基是最具特征的活性基团，可发生酚类反应，漆酚苯核结构上的邻位和对位氢原子受酚羟基和侧链的影响也变得非常活泼；漆酚芳环侧链上的不饱和双键和共轭双键又可使其发生烯烃类反应。

在漆酚环氧树脂的合成中，所用的环氧树脂为 E-20 或 E-42（分子量分别为 950 和 240），漆酚∶甲醛＝1∶0.7（摩尔比），漆酚缩甲醛树脂∶环氧树脂＝1∶1（质量比），丁醇∶二甲苯＝1∶2.7（质量比），磷酸加入量为反应物总量的 0.5% 左右。具体合成步骤如下。

①　将漆酚与等量二甲苯投入反应釜中，加热共沸脱水，上层二甲苯回流入釜，待釜中水排净后放料，让其冷却并沉淀。上层溶液经圆锥形高速离心机（10000r/min）去渣，得纯漆酚二甲苯溶液，测定其不挥发分含量。

②　离心清液投入反应釜，边搅拌边加甲醛，再加少量氨水，加热至 90℃ 保温反应 1h 以上，升温排水，二甲苯回流入釜，水排净后继续升温到 120℃ 保温反应至溶液拉丝至 20cm。

③ 再投入环氧树脂及丁醇,加热到120℃保温反应,待其黏度符合要求时加入部分二甲苯及磷酸(加入时反应釜内温度控制在118℃左右),再继续搅拌反应1h后放料,过滤包装为成品,固体分含量为10%。

漆酚环氧重防腐漆集生漆的耐热性、防腐功能,酚醛树脂的耐水、耐溶剂、耐酸性,以及环氧树脂的耐碱性于一体,具有很强的耐水性、耐油和耐化学介质性。漆酚环氧重防腐漆中的醚键和羟甲基都是强极性基团,这些基团可以使漆酚多聚体分子与基材表面,特别是与金属表面之间产生很强的粘接力;芳环结构使漆膜耐热,表面硬度增大;苯核上的长侧链烷基结构又使漆酚环氧重防腐漆具有很好的韧性,因此其柔弹性明显胜于普通酚醛环氧树脂。表12-7给出了漆酚环氧重防腐漆的主要技术性能指标。

表 12-7 漆酚环氧重防腐漆的主要技术性能指标

项目	指标
在容器中的状态	搅拌后无硬块,呈均匀态
黏度(涂-4杯黏度计)/s	$\geqslant 20$
细度/μm	$\leqslant 50$
施工性	喷涂两道无障碍
干燥时间/h	
表面干燥	$\leqslant 1$
无印痕干燥(1000g)	$\leqslant 24$
遮盖力/(g/m²)	$\leqslant 80$
漆膜外观	红棕色、平整光滑
附着力/级	1
耐冲击性/(kgf·cm)	$\geqslant 50$
柔韧性/mm	1
不挥发物含量/%	$\geqslant 40$
耐盐雾(120h)	不脱落、不起泡、不生锈
耐湿热[温度(47±1)℃,相对湿度(96±2)%,120h]	不脱落、不起泡、不生锈
耐盐水性[浸于30%(质量浓度)NaCl、Na₂CO₃溶液,168h]	漆膜无异常
耐酸性[浸于20%(质量浓度)硫酸、硝酸、盐酸溶液,168h]	漆膜无异常
耐碱性[浸于40%(质量浓度)NaOH溶液,168h]	漆膜无异常
耐海水性(浸于海水中,168h)	漆膜无异常
耐油性(浸于煤油、汽油、变压器油中,168h)	漆膜无异常
耐植物油性(浸于食用油中,168h)	漆膜无异常
耐有机溶剂性(浸于二甲苯、苯、乙酸乙酯中,168h)	漆膜无异常
耐松节油性(浸于松节油中,168h)	漆膜无异常
耐温变性(经受-20℃与120℃冷热交替10个循环)	漆膜无异常
耐热性(200℃±2℃,铝片,72h)	漆膜无异常
漆膜电阻率	
体积电阻率/(Ω·cm)	3×10^4
表面电阻率/Ω	3×10^5

12.1.3 环氧树脂沥青防腐蚀涂料

煤焦油沥青有很好的耐水性，价格低廉，和环氧树脂有良好的混溶性。将环氧树脂和煤焦油沥青配制成涂料可获得耐酸碱性好、耐水性好、附着力强、机械强度大、耐溶剂性能好的综合防腐涂层，而且比纯环氧树脂涂料价格低得多。因此该类涂料已广泛用于化工设备、水利工程构筑物、地下管道内外壁的涂层。它特殊的优点是具有耐水性，涂膜附着力好且坚韧，但它不耐高浓度的酸和苯类溶剂，不能做浅色涂料，不耐日光长期照射。因煤焦油有毒，不能用于饮用水设备上。

表 12-8 是聚酰胺固化环氧树脂沥青防腐蚀涂料的一组配方，用于地下输油管外壁防腐蚀。经试验涂层能耐 60～70℃ 的盐碱性地下水，且有良好的抗渗透性。

表 12-8　聚酰胺固化环氧树脂沥青防腐蚀涂料配方

组分	原料	组成（质量分数）/%			
		清漆	面漆	中间漆	底漆
树脂组分	E-20 环氧树脂	28.0	19.6	11.2	11.3
	轻质碳酸钙	—	15.8	31.5	30.2
	铁红	—	5.2	10.5	11.3
	氧化锌	—	—	—	7.5
	煤焦油沥青	35.0	24.5	14.0	6.7
	混合溶剂	23.0	25.1	27.2	27.4
固化剂组分	300 号聚酰胺	7.0	4.9	2.8	2.8
	二甲苯	7.0	4.9	2.8	2.8
环氧树脂/沥青（质量比）		0.8	0.8	0.8	1.7
颜料/环氧树脂（质量比）		—	0.43	2.33	2.35
环氧树脂/聚酰胺（质量比）		4	4	4	4
固体分/%		70	70	70	70

12.1.4 无溶剂环氧树脂防腐蚀涂料

在空间狭窄、封闭的场所进行溶剂型涂料涂装施工时，经常会发生施工人员中毒、溶剂滞留和涂层固化不充分的问题，无溶剂环氧树脂防腐涂料可以避免上述问题的发生。由于这类涂料可以厚涂、快干，能起到堵漏、防渗、防腐蚀的作用。表 12-9 是用于混凝土贮油罐内壁涂料的参考配方。

表 12-9　混凝土贮油罐内壁涂料的参考配方　　　　　单位：质量份

组分	原料	用量
树脂组分	E-44 环氧树脂	100
	异辛基缩水甘油醚	15
固化剂组分	593 号固化剂	2.5
	DMP-30	0.25

使用前将固化剂组分加入树脂中充分搅拌均匀后即可施工，在室温下干燥，养护 7 天后方可使用。

12.1.5　环氧树脂类防腐蚀涂料的发展方向

环氧树脂类防腐蚀涂料顺应着社会的要求，将继续朝着无公害化、高品质化、简化涂装工艺方向发展。

（1）无公害化　为了达到无公害化的目标，目前采用两种方法：无溶剂化或减少溶剂含量，达到高固体分及树脂的乳化和水性化。前者采用低黏度液态树脂和必要的活性稀释剂，这种方法要解决原料成本高和固化时间长、喷涂困难等一系列问题；后者在高湿度的环境下固化时间延长、耐腐蚀性下降的倾向较严重。

（2）高品质化　采用线型酚醛环氧树脂和各种胺加成物固化剂作为主要成膜材料，使交联网络间分子量缩小而提高玻璃化转变温度（T_g），另外在涂料配方中采用铬离子玻璃片状填料，赋予涂膜对环境的阻隔性能和氯离子透过性。

（3）简化涂装工艺　简化涂装工艺，解决低温下环氧类防腐蚀涂料的固化问题。目前较好的方法是采用异氰酸酯的预聚体与环氧树脂中的羟基反应交联固化。环氧树脂/多异氰酸酯以及环氧树脂/胺固化型涂料的特征见表 12-10。

表 12-10　环氧树脂/多异氰酸酯以及环氧树脂/胺固化型涂料的特征

特征	环氧树脂/多异氰酸酯	环氧树脂/胺固化剂
涂膜形成	$R-NCO + R'-OH$ $\longrightarrow R-NHCOOR'$	$R-CH-CH_2 + R'-NH_2 \longrightarrow$ 　　　　$\underset{O}{\diagdown\diagup}$ $R-CH_2-CH-NH-R'$ 　　　　　　$\underset{OH}{\mid}$
优点	低温固化性好，耐酸性较好	附着力强，耐碱性好，对基材适应性强
缺点	固化时间短，对温度和湿气敏感	低温固化性差，涂膜色泽易变黄，耐酸性也较差

12.2　电气绝缘环氧树脂涂料

绝缘涂料是电机、电器制造中必不可少的材料，其质量的好坏对于电工设备的技术经济指标和运行寿命起着关键的作用。电工绝缘涂料是绝缘材料中的重要组成部分。

绝缘涂料按其在电机、电器中的用途分类如下：漆包线绝缘漆、浸渍绝缘漆、覆盖绝缘漆、硅钢片绝缘漆、黏合绝缘漆。

电工绝缘涂料需要有全面、综合的性能，包括一般涂料的力学性能、防腐蚀涂料的耐化学品性能，当然主要有良好的绝缘性能。双酚 A 型环氧树脂具有上述综合性能，能制造出合格的绝缘涂料，一般作为 E 级（120℃）、B 级（130℃）绝缘材料使用。使用酚醛型环氧树脂、有机硅改性环氧树脂其耐热等级可达到 F 级（155℃）。环氧树脂涂料除了耐电弧性比有机硅和三聚氰胺-甲硅树脂涂料差一些，电绝缘强度比有机硅树脂涂料差以外，其他机电性能都优于一般热固性树脂涂料。

12.2.1　漆包线绝缘漆

环氧树脂漆包线绝缘漆在漆包线绝缘漆中是小品种。主要是利用环氧树脂优良的耐化学品性、耐湿热、耐冷冻性，作为潜水电机、化工厂用电机、冷冻机电机、油浸式变压器的绕组和线圈。

　　一般均采用高分子量的环氧树脂 E-06、E-03，固化剂为醇溶性酚醛树脂，例如 703 号、284 号酚醛。从表 12-11 列出的数据来看，以 E-03 为原料的漆包线的性能比 E-06 要稍好一些。

表 12-11　两种漆包漆性能的比较

项目	E-06 为原料漆包线	E-03 为原料漆包线
耐热性	0.315mm 线于 125℃、72h 老化后拉断处涂膜不露头，但有泡白	0.315mm 线于 125℃、72h 老化后拉断处涂膜不露头，不泡白
耐刮削性	0.315mm 线在 200gf 负荷下平均 57.0 次	0.315mm 线在 200gf 负荷下平均 57.3 次
电性能	0.35mm 线平均电压 7125V	0.35mm 线平均电压 7500V
耐苯性	0.09mm 线经苯溶液浸泡后在棒上松开时，需要用手指轻挑	0.09mm 线经苯溶液浸泡后在棒上松开时，自动松开

　　表 12-12 为两种漆包线的实测结果。由于它们的缠绕性、耐热冲击性能有限，限制了它的应用领域。

表 12-12　两种环氧漆包线检验结果

项目	技术标准	E-03 为原料漆包线				E-06 为原料漆包线			
		1 号	2 号	3 号	4 号	1 号	2 号	3 号	4 号
铜丝线直径/mm	0.315±0.01	0.315	0.315	0.315	0.315	0.315	0.315	0.315	0.315
漆包线最大直径/mm	0.355	0.35	0.35	0.35	0.353	0.35	0.35	0.35	0.353
漆膜颜色	表面无泡	不合格	不合格	不合格	合格	光洁	光洁	光洁	光洁
伸长率/%	15	27	27	28	27	27	30	29	29
弹性	拉断不裂	合格	合格	合格	合格	合格	合格	合格	合格
附着性	冲击不裂	合格	合格	合格	合格	合格	合格	合格	合格
电压/V	800	7000	7800	7000	7000	7500	7000	7000	7000
针孔/孔	7	0	0	0	0	2	3	3	3
耐刮削性（200gf）/次	平均 40 次以上	47	47	49	47	58	51	56	60
耐苯（60℃）	30min 不粘	合格	合格	合格	合格	合格	合格	合格	合格
热老化（120℃或 130℃，24h）	拉断不裂	合格	合格	合格	合格	合格	合格	合格	合格
热老化 [（125±5）℃，72h]	拉断不裂	合格	合格	合格	合格	合格	合格	合格	合格

12.2.2　浸渍绝缘漆

　　电机绕组、电器线圈经过浸渍绝缘处理后可提高机械强度、电绝缘性，并使之具有良好的防潮、防霉菌、防盐雾性（称作"三防"性能）。

　　环氧树脂与多种漆包线漆有良好的相容性，因此是浸渍漆中的一大品种。从表 12-13 所列数据可以看出，环氧浸渍漆在浸渍漆家族中性能处于中等水平。

表 12-13　各类浸渍绝缘漆的性能

浸渍漆	黏度（涂-4 杯，25℃）/s	干燥条件	不挥发分/%	介电强度/(kV/mm) 常态	介电强度/(kV/mm) 浸水	体积电阻率/(Ω·cm) 常态	体积电阻率/(Ω·cm) 浸水	吸水率(24h)/%	耐热等级
油改性酚醛树脂漆	30～50	(105±2)℃，1.5h	45	60	20	—	—	—	A
氨基醇酸树脂漆	25～45	(105±2)℃，2h	45	70	40	10^{13}	10^{12}	2	B
环氧酯漆	25～35	(115±5)℃，2h	45	70	40	10^{14}	10^{13}	<1.5	B
无溶剂环氧树脂漆	—	(130±2)℃，1h	100	—	—	10^{14}	10^{12}	—	B
聚酯醇酸树脂漆	30～60	(150±2)℃，3h	45	65	30	10^{15}	10^{14}	—	F
聚二苯醚树脂漆	30～80	—	50～60	90	72	1.1×10^{16}	1.7×10^{16}	—	H
聚酰亚胺树脂漆	—	(200±5)℃，0.5h	10	70	40	10^{15}	10^{13}	—	H

（1）环氧酯绝缘烘漆　该涂料是由中等分子量环氧树脂与干性植物油酸经高温酯化聚合后，以二甲苯丁醇稀释，加入适量的氨基树脂配制而成，耐热温度为 130℃。

根据环氧树脂酯化程度的不同，可获得烘干型浸渍漆。酯化当量在 0.5g/mol 以下的为烘干型，0.5g/mol 以上的为气干型。可用来酯化环氧树脂的植物油酸为亚油酸和桐油酸等。参考配方见表 12-14。环氧酯绝缘清漆的性能见表 12-15。

表 12-14　环氧酯绝缘烘漆参考配方　　　　　　　　　　单位：质量份

原料名称	烘干型	气干型	原料名称	烘干型	气干型
E-12 环氧树脂	23.5	29.0	二甲苯	40.6	38.8
亚油酸	22.3	6.2	环烷酸钴	0.09	—
桐油酸	—	13.2	环烷酸铅	0.08	—
特级松香	—	2.5	醋酸锌（外加）	—	0.005
丁醇	4.7	10.0	正钛酸丁酯（外加）	—	0.1

表 12-15　环氧酯绝缘清漆的性能

检验项目	指标
a.烘干型环氧酯绝缘清漆	
外观	黄褐色透明液体，无机械杂质
黏度[涂-4 杯,(25±1)℃]/s	20～35

检验项目		指标
a. 烘干型环氧酯绝缘清漆		
酸值/(mgKOH/g)		≤5
固体含量/%		≥45
干燥时间[(115±5)℃]/h		≤2
耐热性[(150±2)℃通过 ϕ3mm 不开裂]/h		50
介电强度/(kV/mm)	常态[(25±1)℃,相对湿度(65±5)%]	≥70
	浸水[浸于(25±1)℃蒸馏水中 24h]	≥40
吸水率[浸于(25±1)℃蒸馏水中 24h]/%		≤1.5
体积电阻率/(Ω·cm)	常态[(25±1)℃,相对湿度(65±5)%]	≥1×10^{14}
	热态[(130±2)℃]	待定
	浸水[浸于(25±1)℃蒸馏水中 24h]	≥1×10^{13}
b. 自干型环氧酯绝缘清漆		
外观		黄褐色透明液体,无机械杂质
黏度[涂-4 杯,(25±1)℃]/s		50~70
酸值/(mgKOH/g)		≤15
固体含量/%		≥45
干燥时间/h	自干[(25±1)℃]	≤24
	低温烘干[(60±2)℃]	≤2
介电强度/(kV/mm)	常态[(25＋1)℃,相对湿度(65±5)%]	≥30
	浸水[浸于(25±1)℃蒸馏水中 24h]	≥8

（2）无溶剂环氧树脂绝缘漆　无溶剂环氧树脂绝缘漆是为了节约能源，减少有机溶剂挥发，适应环保要求而发展起来的。由于它可以用各种配方来制造，因此适用于浸渍、滴浸涂装工艺以及热固化、辐射固化等干燥工艺，品种众多。各种配方及制品性能见表12-16～表 12-18。

表 12-16　沉浸型无溶剂漆配方　　　　　　单位：质量份

原料名称	配方 1	配方 2	配方 3	配方 4
E-44 环氧树脂	36.4	40	13.2	35.0
桐油酸酐（TOA）	22.7	20	19.8	—
松节油酸酐	22.7	20	—	—
苯乙烯	18.2	17.5	26.8	—
正钛酸丁酯	—	2.5	—	—
304 不饱和聚酯	—	—	13.2	—
284 丁氧基酚醛树脂	—	—	17.0	—
过氧化苯甲酰	—	—	0.13	—

续表

原料名称	配方 1	配方 2	配方 3	配方 4
对苯二酚	—	—	0.04	—
邻苯二甲酸二缩水甘油酯	—	—	—	30.0
异辛基缩水甘油醚	—	—	—	30.0
595 号固化剂[①]	—	—	—	5.0

① 595 号固化剂为 2-(二甲氨基乙氧基)-1,3-二噁-2-硼杂环己烷，是潜伏型固化剂。

表 12-17　滴浸型无溶剂漆配方　　　　　　　　单位：质量份

原料名称	配方 5	配方 6	配方 7
E-51 环氧树脂	25.0	—	—
E-44 环氧树脂	—	—	31.7
苯基苯酚环氧树脂	—	50.0	—
苯乙烯	—	—	19.2
桐油酸酐	60.0	50.0	23.9
松节油酸酐	—	—	23.9
环氧丙烷丁基醚	15.0	—	—
二甲基咪唑乙酸盐	—	—	1.3
N,N'-苄基二甲胺	0.8	—	—
二甲基咪唑（乙醇饱和液）	—	0.5～0.2	—

表 12-18　无溶剂漆实测性能

指标	配方 1	配方 2	配方 3	配方 4	配方 5	配方 6	配方 7
黏度(涂-4 杯,20℃)/s	50.8	45.5	24.6		236	85[①]	32.5
干性(130℃)/h	2	1	1.5		—	15min	2
挥发分(130℃,2h)/%	23	23	43		45[②]	0.77	18.3
吸水率/%	0.6	0.65	0.9		—	0.97	
介电强度/(kV/mm)				见表			
常态	83	140	99	12-19 和	45	94.1	90.5
120℃	53	87.2	67	表 12-20	22	—	75.5
受潮 24h 后	61	88.2	77		35	70	80
体积电阻率/(Ω·cm)							
常态	$5.6×10^{15}$	$4.6×10^{15}$	$2.9×10^{15}$		$1×10^{15}$	$>1×10^{14}$	$5.8×10^{15}$
120℃	$1.9×10^{11}$	$1.4×10^{12}$	$3.7×10^{14}$		$1×10^{11}$	—	—
受潮 24h 后	$2.8×10^{15}$	$6.8×10^{15}$	$6×10^{14}$		$1×10^{15}$	$>1×10^{13}$	$3.1×10^{15}$
凝胶时间/min	—	—	—		16	—	8
防霉性/级	1				0～1		

① 25℃。

② 120℃。

① 沉浸型无溶剂漆　沉浸型无溶剂漆配方 4 的基本性能见表 12-19，电性能（涂膜固化 160℃、14h）见表 12-20。

表 12-19　沉浸型无溶剂漆配方 4 的基本性能

项目	参数	
外观	黄色透明液体	
脆化时间（160℃热板法）/s	31～35	
黏度（涂-4 杯）/s	初配	36
	贮存 24 天	36.5
	贮存 41 天	38.5
	贮存 371 天	40

表 12-20　沉浸型无溶剂漆的电性能

项目	室温	130℃	浸水 15 昼夜后
$\tan\delta$（1000V 测）	0.44%	1.28%	2.13%
体积电阻率/($\Omega\cdot$cm)	6.38×10^{15}	9.4×10^{12}	3.42×10^{14}
介电强度/(kV/mm)	35.7	未测	29.7
介电常数/(F/m)	4.61	4.8	4.69

剪切强度 108.5MPa，马丁耐热温度 68℃，冲击强度 124.5kJ/mm^2。从数据可见这种涂料具有特殊的韧性。

这种无溶剂浸渍漆可应用于中型交流高压电机的全粉云母带连续绝缘定子真空压力浸渍工艺中。使整个包好的粉云母带绝缘的线圈铁芯、线圈端部结构支撑件浸以环氧无溶剂漆，从而使电机定子介电性能较好，与机械强度较弱的云母材料、玻璃纤维、有机合成材料等结合成为牢固、坚韧、耐化学性、耐潮、耐热良好的绝缘层，从而使定子线圈绝缘加工工艺方便（缩短工时，减少工序），可减少绝缘厚度，缩小电机体积，延长电机使用寿命。

② 滴浸型无溶剂漆　功率较小的电机定子、转子绕组绝缘采用滴浸工艺较多。整个工艺流程可分为 4 个阶段。

a. 预热：工件是线圈采用通电加热，否则用外部加热的方式，达到滴漆要求的温度。

b. 滴漆：工件旋转至滴漆装置下用倾斜法或水平法滴漆。

c. 凝胶：工件滴漆后平置，继续旋转一定时间，升温到 150℃左右使漆凝胶。

d. 固化：工件可通电或外部加热固化。

以 J02（1～5）电机滴浸无溶剂漆为例说明滴浸工艺条件。

工件转速/(r/min)	25～35	预热温度/℃	40～100
工件倾角/(°)	20～35	固化温度/℃	150±5
滴漆量/(mL/min)	30～200		

12.2.3　粉云母带黏合绝缘漆

粉云母带是电机主绝缘材料即定子线圈的绝缘和槽绝缘的重要材料，主要用来黏合粉云母、磁极线圈、薄膜、层压板等绝缘材料。在 B 级黏合漆中以环氧树脂基料为主。

环氧类黏合漆因使用的固化剂不同其性能有明显的变化。例如，采用桐油酸酐（TOA）-环氧体系属于 B 级绝缘材料，5℃ 以下贮存，适用期 3 个月。而采用氨基硼酸酯（594 号固化剂）-环氧体系在室温下贮存，适用期为 1 年，也属于 B 级绝缘材料。马来酰亚胺桐油酸酐（MTOA）是一种耐热环氧固化剂，由于存在耐热的酯环和亚胺，使固化物有较高的耐热性，可以作为 F 级绝缘材料使用。

① TOA、MTOA 粉云母黏合漆的性能见表 12-21。

表 12-21　TOA 环氧体系和 MTOA 环氧体系黏合漆的性能

项目		MTOA	TOA
tanδ	室温	0.0034	0.0069
	80℃	0.0128	0.0176
	130℃	0.0229	0.0542
	155℃	0.0098	0.1090
	180℃	0.020	0.2670
	浸水 24h	0.040	—
体积电阻率/(Ω·cm)	室温	7.3×10^{16}	8.1×10^{15}
	80℃	7.2×10^{14}	1.4×10^{15}
	130℃	1.2×10^{14}	3.6×10^{13}
	155℃	1.4×10^{13}	3.0×10^{11}
	180℃	1.1×10^{12}	—
	浸水 24h	2.6×10^{16}	—
相对介电常数	室温	3.18	3.88
	80℃	3.38	3.32
	130℃	3.90	3.20
	155℃	3.92	3.55
	180℃	3.84	3.69
	浸水 24h	3.04	—
介电强度/(kV/mm)	常态	105.8	83.5
	130℃	95.6	16.0
	155℃	87.2	67.4
弯曲强度/Pa	室温	9.06×10^{7}	9.44×10^{7}
	155℃	3.52×10^{7}	—
耐热温度/℃		171	148

② 594 号-环氧树脂体系粉云母带的制造及性能。

a. 涂料的制备。按 E-12 环氧树脂：E-44 环氧树脂：594 号＝60：40：5（质量比）称量，先将 E-44 环氧树脂、E-12 环氧树脂投入反应釜，在 60～70℃ 下混合均匀，再加入 594 号固化剂，在 80～90℃ 下混胶 30min，混胶结束后加入甲苯-丙酮混合溶剂（质量比 1：1）配制成固体含量 55%～60% 的溶液，搅拌均匀出料，黏度 12～13s（室温 25℃ 左右）。

b. 粉云母带制造与性能。采用电加热云母带机,烘房长 6m,车速 0.86m/min,带胶法生产,烘房控制前温 130℃、后温 150℃,带子厚度 0.14～0.15mm。粉云母带性能见表 12-22。

表 12-22　粉云母带性能

性能	粉云母带指标	粉云母带实测值
厚度/mm	0.14～0.16	0.14～0.15
胶含量/%	37～43	37～40
挥发分/%	≤1	≤1
拉伸强度/MPa	≥10	17.2
介电强度/(kV/mm)	39～31	42.7

两种黏合剂的性能见表 12-23。从表 12-23 中可以看出 E-44/E-20/594 号黏合漆的马丁耐热温度较 TOA 环氧漆有较大提高,两种胶的介电性能相似,介电常数、体积电阻率水平相当。在冲击强度上虽不及 TOA 环氧漆,但对应用没有影响。

经材料和应用试验证明这种粉云母带黏合漆在电性能、力学性能方面能满足大电机制造的要求,已在 50000kW 线圈产品生产线上使用。

表 12-23　两种黏合剂的物理、力学、电气性能

性能	E-12/E-44/594 号 凝胶时间(200℃)2～4min			E-44/E-20/TOA 凝胶时间(200℃)3～4min		
配比(质量比)	60：40：5			35：15：50		
$\tan\delta$/%						
20℃	0.29	0.30	0.29	0.33	0.32	0.31
130℃	1.0	0.81	0.88	1.9	3.1	0.75
相对介电常数						
室温	4.0	4.0	4.0	3.8	3.8	3.7
130℃	4.2	4.0	4.1	4.8	4.8	4.8
体积电阻率/(Ω·cm)						
室温	3.8×10^{16}	4.8×10^{16}	2.2×10^{16}	4.6×10^{16}	4.6×10^{16}	4.4×10^{16}
130℃	6.5×10^{17}	6.7×10^{17}	4.8×10^{17}	4.5×10^{17}	6.5×10^{17}	3.1×10^{17}
马丁耐热温度/℃	74	88	85	53	53	58
冲击强度/(kJ/m²)	11.3	13.5	13.5	27.6	24.6	23.5
弯曲强度(室温)/MPa	116.9	107.4	105.1	88.6	96.3	85.9
固化条件	3.5h,170℃	3.5h,170℃ +48h,130℃	5h,170℃	3.5h,170℃	5h,170℃	14h,170℃

12.2.4　覆盖绝缘漆

为了对已浸渍的绕组进行保护以防机械损伤、大气影响,通常采用的方法是涂刷覆盖漆。

环氧酯防霉绝缘漆是以环氧酯和氨基树脂为主要成膜材料，以二甲苯、丁醇混合溶剂稀释加入颜料经研磨制成的。该涂料耐热等级为 B 级，防霉性 0～2 级，经抗甩试验，涂膜在（130±2）℃、2500r/min 下，1h 后不飞溅。其适用于湿热带电机、电器、精密仪表等绕组外层防霉。参考配方见表 12-24。

表 12-24 环氧酯防霉漆配方

原料名称	用量(质量分数)/%	原料名称	用量(质量分数)/%
环氧酯	66.7	环烷酸锌	1.0
氨基树脂	6.4	二甲苯/丁醇	8.0
钛白粉	15.3	防霉剂	2.5
松烟	0.1		

铁红环氧-聚酯-酚醛覆盖绝缘漆的制造：用 34%（质量分数）E-42 环氧树脂与 16%（质量分数）己二酸聚酯（酸值 340～360mg KOH/g）在 50%（质量分数）环己酮-氯化苯溶液中溶解，加热到（150±5）℃反应 3～4h，得到酸值 8mgKOH/g 以下、黏度为 70～150s 的浅黄色黏稠液体，将它和丁基化酚醛树脂、氧化铁红混合，研磨成覆盖烘漆。该涂料具有优良的抗潮、防霉性能。参考配方见表 12-25。

表 12-25 铁红环氧-聚酯-酚醛覆盖绝缘漆配方

原料名称	用量(质量分数)/%	原料名称	用量(质量分数)/%
环氧聚酯涂料	49	醋酸丁酯	5.0
丁基化酚醛树脂	21	丁醇	5.0
氧化铁红	20		

12.2.5 硅钢片绝缘漆

为了耐油防锈，防止硅钢片叠合成型后间隙涡流产生和边缘增厚效应发生，在硅钢片上必须涂覆绝缘漆。环氧树脂硅钢片是用 E-03 高分子量环氧树脂、621 号线型环氧树脂和丁醇醚化酚醛树脂（284 号酚醛树脂）组成。参考配方见表 12-26。

表 12-26 硅钢片绝缘漆配方

原料名称	用量(质量分数)/%	原料名称	用量(质量分数)/%
E-03 高分子量环氧树脂	25	醋酸丁酯	5.5
621 号线型环氧树脂	3.7	丁醇	5.0
284 号酚醛树脂	17.3	环己酮	31.0
二甲苯	12.5		

12.3 汽车车身用环氧树脂涂料

汽车车身用环氧树脂涂料主要是离子电泳涂料，它一般是以水作为冷却剂的水溶性环氧酯涂料，一般采用电沉积法进行涂装，它不同于一般的溶液型涂料，除了基本上保持环氧树脂的黏附性以外，其防腐蚀性能也非常优越，专门用于生产汽车车身等钢铁制品的底漆涂料。

12.3.1 水溶性环氧酯的合成和电沉积涂料的配制

除了甘油型环氧树脂等少数多元醇缩水甘油醚之外，绝大多数的环氧树脂都不溶于水，要制成水溶性环氧酯，必须在环氧分子链上接上一定数量的强亲水性基团，例如羧基、氨基、羟基、酰氨基等。但是这些极性基团仅能使环氧酯形成乳浊液，只有进一步中和成盐后才能获得水溶性。水溶性环氧酯电沉积树脂根据在水中电离的离子状态分成阴极电沉积树脂、阳极电沉积树脂两种，它们是配制相对应涂料的主要成膜材料。

12.3.2 阳极电沉积涂料

最常用的方法是双酚 A 型环氧树脂与不饱和脂肪酸发生酯化反应生成环氧酯，然后 α,β-不饱和二元羧酸（或酐）和环氧酯上的脂肪酸双键加成而引入羧基，最后经胺中和成盐而成水溶性树脂。其反应式如下：

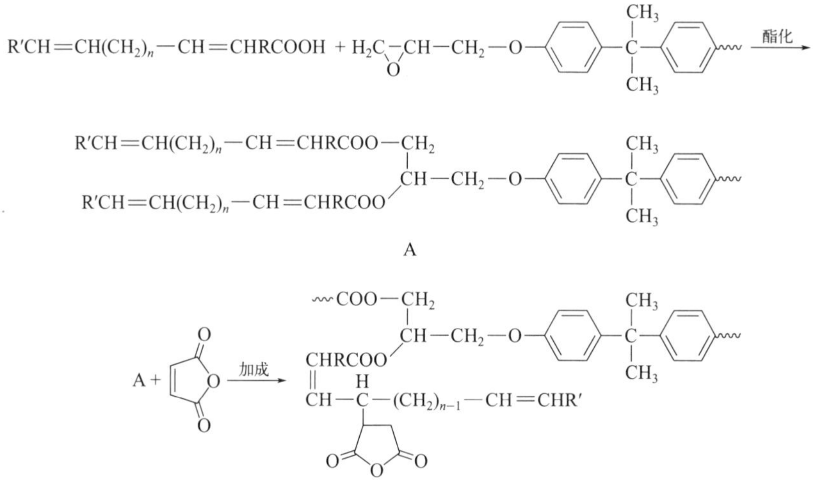

$$R''COOH + R'''NH_3 \xrightarrow{中和} R''COONH_2R'''$$

常用的环氧树脂牌号为 E-20、E-12。油酸为亚麻油酸、豆油酸、脱水蓖麻油酸等，α,β-不饱和羧酸或酸酐常用的是顺丁烯二酸酐、反丁烯二酸、衣康酸。常用的胺为一乙醇胺和二乙醇胺。

（1）典型的配方及制备工艺　配方（kg）如下：

E-20 环氧树脂	195	丁醇（工业品）	146
亚麻油酸（酸值 195mgKOH/g）	500	一乙醇胺（质量分数>78%）	70～75
顺丁烯二酸酐（纯度>99%）	36.5		

配方量的亚麻油酸加入反应釜中，升温到 120～150℃，加入全部环氧树脂，开动搅拌，通入二氧化碳，继续升温到 240℃保温酯化。保温 1h 后开始取样测定酸值和黏度，

当酸值达到 35~40mgKOH/g、黏度 35~50s（格氏管 25℃）时冷却，当温度降至 180℃时，停止搅拌，加入顺丁烯二酸酐，然后搅拌并快速升温到 240℃保温 30min。迅速冷却到 130℃加入丁醇，搅拌溶解均匀后，液温冷却到 60℃以下，分批加入一乙醇胺中和，当 pH 值达到 7.5~8.5 时出料。

（2）水溶性环氧酯电沉积铁红底漆配方及制备工艺　配方（kg）如下：

水溶性 E-20 环氧酯（固体质量分数 77%）	40.5	硫酸钡（沉淀型）	10.75
氧化铁红（湿法）	10.75	滑石粉（325 目）	4.45
		蒸馏水	33.35

将配方量的水溶性 E-20 环氧酯、氧化铁红、硫酸钡、滑石粉加入配料罐中，搅匀。然后在三辊研磨机或砂磨机中研磨至细度 50μm 以下。

阳极电沉积涂料从 20 世纪 60 年代中后期发展起来，很快就得到了普及。但是为了使这种树脂保持良好的水溶解稳定性，必须将树脂中和到微碱性（pH＝7.5~8.5）。在这种碱性介质中高聚物内的酯键易水解，使涂膜性能下降，从而发生丝状腐蚀、结疤腐蚀等问题，从而影响了这种树脂在汽车车身底漆上的应用。

12.3.3　阴极电沉积涂料

阴极电沉积涂料是由水溶性阳离子树脂、颜料、填料、助溶剂经研磨制成的。水溶性阳离子树脂的制造原理如下。

① 环氧树脂的环氧基先与仲胺或叔胺反应，再与酸反应生成季铵盐聚合物。

$$\sim\sim-CH-CH_2 + {}^+NR_3H \cdot RCOO^- \longrightarrow \sim\sim-CH-CH_2NR_3 \cdots -RCOO^-$$

配入聚丙烯酸预聚体，可制成浅色涂料，其特点是涂料不会因金属离子而污染，防腐蚀性更好，原理是漆基的含氮聚合物对金属有钝化作用。

② 以环氧树脂为原料生成巯基盐聚合物。

$$\sim\sim-CH-CH_2 + SR_2 \cdot R'COOH \longrightarrow \sim\sim-CH-CH_2-\overset{+}{S}-R_2 \cdot R'COO^-$$

典型的阳离子树脂的配方（质量份）：

E-20 环氧树脂	150	蓖麻油酸	50
二乙醇胺	33		

丙烯酸预聚物制备配方（kg）：

丙烯酸异丁酯	50	丙烯酰胺	10
甲基丙烯酸甲酯	20	亚麻仁油异丙醇醇解物	10
丙烯酸	10		

制造工艺：将环氧树脂加入反应釜中，升温至 80~90℃熔融，开动搅拌，升温到 100℃左右，在 30min 内滴完二乙醇胺，在 100℃左右保温 0.5h。通氮气加入蓖麻油酸，并升温至 180~190℃，待酸值降至 5mgKOH/g 以下，加入含量为 83% 的丙烯酸预聚物溶液 15 份，在 180℃下保温至酸值重新下降至 5mgKOH/g 以下，降温至 100℃，停通氮气，加入 50 份异丙醇，在 80℃下加入 190 份水溶性酚醛树脂（45% 水溶液），搅拌 1.5h，

按每 100 份树脂与 4.6 份醋酸的比例，搅拌均匀出料。其他可作为固化剂的还有水溶性三聚氰胺甲醛树脂、苯代三聚氰胺甲醛树脂、脲醛树脂。

12.3.4　两种电沉积涂料性能的对比

汽车工业中车身底漆目前基本上都改用阴极电沉积涂料，为了进一步提高防锈能力，技术动向是提高电沉积涂料的涂装厚膜性。表 12-27 是阳、阴极电沉积涂料的性能比较。从所列涂膜性能来看，阴极电沉积涂料比阳极电沉积涂料性能更优。

表 12-27　阳、阴极电沉积涂料的性能比较

品名	电沉积涂料类型	阴极电沉积漆	阳极电沉积漆
涂料	品名 树脂类型	パク□ト,,U30ブテック 水性环氧树脂	パク□エ□ト-9000 水性环氧树脂
涂料特性	不挥发分/%	20	13
	pH 值	6.6	9.0
	电导率/(μS/cm)	1600	2000
电泳特性	破裂电压/V	400	450
	电泳电压/V	250	250
	膜厚（浴温 30℃，30min）/μm	20	20
	库仑效率/(mg/C)	35	23
	泳透力（钢管法）/cm	25	24
涂膜性能	烘烤条件	175℃/30min	175℃/30min
	铅笔硬度	3H	2H
	附着力/N·cm	100	100
	耐水性（40℃）/h	500	500
	耐碱性（0.1mol/L NaOH）/h	>48	>48
	耐盐雾/h		
	未磷化处理，涂膜 10μm	>200	>48
	未磷化处理，涂膜 20μm	>300	>72
	锌盐磷化，涂膜 5μm	>200	>120
	锌盐磷化，涂膜 10μm	>400	>204
	锌盐磷化，涂膜 15μm	>600	>288
	锌盐磷化，涂膜 20μm	>800	>360
	耐杯突性/mm	4.5	4
	耐蚀性（40℃，240h，70% 相对湿度）/mm	0.5～1	2～3

12.4　船舶用环氧树脂涂料

船舶涂料是用于保护船只、舰艇、海上石油钻采平台、码头钢柱及钢铁结构件等不受海水腐蚀的专用涂料。船舶涂料类别多，由多种成膜树脂组成，其中环氧树脂类涂料用途如下。

车间底漆　　环氧树脂富锌底漆

船底防锈漆　环氧树脂沥青防锈漆

船壳漆　　　聚酰胺固化环氧树脂漆

压载水舱漆　环氧树脂煤焦油沥青漆

饮水舱漆　　室温固化环氧树脂漆

甲板漆　　　环氧树脂富锌底漆、环氧树脂云母氧化铁中间漆、室温固化环氧树脂面漆

油舱　　　　聚酰胺固化环氧树脂漆

12.4.1　环氧树脂富锌底漆

环氧树脂富锌底漆是以电化学腐蚀理论为依据而设计制造的防锈涂料。标准电极：$Zn \longrightarrow Zn^{2+} + 2e^-$，标准电位是$-0.76V$；$Fe^- \longrightarrow Fe^{2+} + 2e^-$，标准电位是$0.44 \sim 0.50V$。将两者组成电池，则锌是阳极，铁是阴极。用环氧树脂成膜材料把大量锌粉黏附在钢铁表面上，就形成连续的锌层。在水蒸气、酸、碱作用下，锌粉缓慢地生成$Zn(OH)_2$、$ZnCO_3$、$4Zn(OH)_2 \cdot ZnCl_2$等化合物；当化合物剥离、掉落时又露出新的锌粉层，电位差立即增大，产生较强的阴极保护作用。

考虑到防锈、附着力等各方面性能，干膜中锌粉含量在$82\% \sim 85\%$为宜，锌粉粒度小于$5\mu m$的占80%以上为宜。

环氧树脂富锌底漆有2罐装或3罐装两种，通常是3罐装。

甲组分：超细锌粉。

乙组分：E-20环氧树脂液中加入氧化铁及膨润土，气相二氧化硅。

丙组分：固化剂液，聚酰胺，其胺值为$200mgKOH/g$。

环氧树脂富锌底漆绝大多用于成批铁材预处理或保养，在工厂流水线上除锈去氧化皮，自动涂装、干燥，因此又称为车间底漆。

涂装环氧树脂富锌底漆的钢材有较好的耐热性，当切割或焊接时，离焊缝处烧损仅有$8 \sim 10mm$，是造船预涂保养钢板的主要底漆。

含锌量高的环氧树脂底漆焊接时所产生的大量氧化锌雾气会危害焊工的身体健康，因此目前的技术趋势是减少锌粉用量，干膜内锌粉含量为$40\% \sim 50\%$，而将氧化铁红、滑石粉或硫酸钡含量提高。环氧树脂富锌底漆通常作为大型或超级油轮船壳底漆。

12.4.2　船底防锈涂料

船底漆涂刷在船舰水线以下，长期浸在水中，因此在船舶航行期间对船底无法进行维修保养。随着几十万吨超级油轮、深水码头钢桩、海上钻采石油和天然气平台等庞然大物的出现，需要使用长效、高性能涂料的呼声越来越高。环氧树脂沥青防锈涂料及纯环氧树脂防锈涂料能经受长期海水浸泡以及干湿交替、阴暗潮湿的环境。因此它们是船底防锈涂料中的佼佼者。

（1）环氧树脂沥青涂料

① 环氧树脂与煤焦油沥青的比例　通常环氧树脂与煤焦油沥青的配比是（4∶6）～（6∶4），增加煤焦油沥青对固化剂调入后的涂料适用期能起到延长作用，但是在其上涂覆涂料时，层间附着力会有问题。因此从涂料的性能和经济方面综合考虑，煤焦油沥青与环

氧树脂的比例一般不大于 60％。选用环氧树脂 E-20 可获得附着力、干性俱佳的涂层。

② 固化剂的品种与比例　聚酰胺既是固化剂又可起到增韧剂的作用，它的用量为：ω（环氧树脂）：ω（聚酰胺）＝（2：1）～（7：3）［聚酰胺的胺值（400±20）mgKOH/g］。

另一种固化剂为己二胺、苯酚与甲醛反应的产物，属曼尼希（Mannich）胺加成物，其优点是固化速率较快，能在 5℃左右使涂料固化，耐化学药品性亦较好。

③ 溶剂的组成　溶剂对环氧树脂煤焦油沥青涂料的溶解性十分重要。采用混合溶剂如甲苯、二甲苯、重质苯、丁醇、丙二醇、乙醚等对环氧树脂和煤焦油沥青、聚酰胺都有很好的溶解性，不会发生析出现象。

（2）水下施工用防锈涂料　大型水闸、石油钻井平台、码头钢桩长期浸泡在水中，为了延长其使用寿命，有时必须采用水下施工涂装进行维修保养。

水下施工常用防锈涂料品种是无溶剂环氧沥青涂料，组分有 E-44 环氧树脂、丁基缩水甘油醚、煤焦油沥青、酮亚胺类固化剂、水凝固剂、触变剂（如气相二氧化硅、膨润土、高岭土）等。

12.4.3　船壳漆

室温固化环氧-聚酰胺涂料后能得到坚韧、附着力强、耐水、耐磨的涂层，所以能作为长效的船壳漆。由于涂刷在水线之上，为了提高这种漆的耐候性，配方中加入耐候性好的颜料。为了提高防护性能常用中间漆——环氧树脂铝粉底漆与环氧树脂云母氧化铁底漆。这一组参考配方是典型的船壳漆。这种漆的缺点是日晒后易倒光，影响外观。

灰色室温固化环氧树脂船壳漆配方见表 12-28。

表 12-28　灰色室温固化环氧树脂船壳漆配方

组分	成分	用量/质量份
甲组分	E-20 环氧树脂	30
	二甲苯丁醇	29
	氧化锌	30
	金红石型钛白粉	10
	着色颜料	1
乙组分	聚酰胺	50
	二甲苯	50

12.4.4　甲板漆

甲板漆除了要求有耐水、耐晒、耐磨、耐洗刷性之外，还要求耐石油、耐机油及具有防滑作用。

环氧树脂甲板漆由三组涂料组成。

① 底漆：环氧树脂富锌底漆。

② 中间漆：环氧树脂云母氧化铁底漆。

③ 面漆：环氧树脂甲板漆。

环氧树脂铁红厚浆型甲板漆配方见表 12-29。

表 12-29　环氧树脂铁红厚浆型甲板漆

成分	用量（质量分数）/%	成分	用量（质量分数）/%
E-42 环氧树脂	21.7	酰胺改性氢化蓖麻油	1.0
硫酸钡	18.5	二甲苯/甲基异丁基酮/丁醇＝6/3/1（质量比）	21.9
氧化铁红	19.7		
超细滑石粉	6.3	聚酰胺	10.9（分装）

防滑材料：粗粒聚乙烯或聚丙烯粉末，为了防止防滑材料在涂料中贮存日久后难以混合均匀，一般都在使用前按比例调入涂料中。

12.4.5　饮用水舱涂料

船舶饮用水舱是用船壁钢板焊接而成的，易受水浸渍而锈蚀，污染饮用水。目前大部分船舶的饮用水舱是采用涂料进行保护的。涂料品种大致有胺固化环氧树脂涂料、无溶剂环氧树脂涂料，均是室温固化型。由于这类涂料既要有良好的防腐蚀性、耐水性，又必须通过卫生标准，所以在配方设计时要选择无毒的原材料，固化剂常选用聚酰胺。

饮用水舱涂料配方见表 12-30。

表 12-30　饮用水舱涂料配方　　　　　　　　单位：质量份

组分	成分	底漆	面漆
配方 1			
甲组分	E-20 环氧树脂	23	22
	氧化铁红	16	—
	钛白粉	—	13
	超细滑石粉	17	20
	酰胺改性氢化蓖麻油	1	1
	甲苯	12	12
	甲基异丁基酮	10	10
	乙二醇乙醚	2	2
	丁醇	2	2
乙组分	聚酰胺	8	9
	二甲苯	9	9
配方 2			
甲组分	E-44 环氧树脂	70	70
	丁基缩水甘油醚	30	30
	氧化铁红	35	—
	钛白粉	—	35
	超细滑石粉	20	25
	酰胺改性氢化蓖麻油	2	2
乙组分	聚酰胺（651 号）	55	

12.5 食品容器用环氧树脂涂料

金属罐、桶作为食品容器来说，在生产效率、流通性、保存性等各个方面，至今仍居食品包装材料的首位。金属品种有白铁、马口铁（锡钢）、铝箔等。

为了保持食品在加工和长期贮存期内仍保持原有的特殊风味，需要避免包装罐、桶中的内容物与容器表面发生腐蚀、褪色等化学反应，就必须在包装容器的内壁涂上涂料。随着人们生活质量的提高，各国对食品中重金属的含量作了严格的限制，更有甚者，规定某些食品罐头必须有内壁涂料，否则不准生产销售也不允许进口。因此食品包装罐桶内壁涂料是十分重要的。

制空罐技术的发展和防止空气污染法规的建立，促使罐头内涂料向着高固体分、无溶剂、水性涂料、粉末涂料的方向发展。

环氧树脂固化成膜后的优点：①对金属内壁附着力强；②涂膜保色性好、不变色；③耐焊性和耐化学药品性强，接缝处涂膜很少烧焦；④耐碱、酸性好。

它的缺点是：①耐硫酸、耐冰醋酸性不好；②涂膜非常容易透过硫化氢，缺乏抗硫保色性能。因此环氧树脂是通过和其他树脂并用后才用作食品罐头内壁涂料的。

主要品种有如下几种。

12.5.1 环氧树脂/酚醛树脂涂料

环氧树脂/酚醛树脂涂料（214 号涂料）是环氧树脂涂料中耐腐蚀性最强的一种，采用高分子量环氧树脂为原料，柔韧性很好，由酚醛树脂固化的涂膜既能抗含硫食品又能抗含酸性食品的腐蚀，是目前各国使用最普遍的食品罐头内壁涂料。但它对 pH 值 3.5 以下的强酸性食品和高蛋白食品还不能阻止腐蚀现象的出现。

（1）主要成膜材料

① 高分子量环氧树脂（E-03）。它是分子量为 6000～8000 的线型树脂，分子两端的环氧基距离很远，酚醛树脂固化后分子链的内旋转较方便，所以柔韧性很好。它的每一个聚合链节都有一个羟基，富有极性，对金属表面有很好的附着力。

② 可溶性酚醛树脂（703 号酚醛树脂）。它由氨催化苯酚、甲醛的缩聚反应生成，它和碱金属氢氧化物催化剂有相同之处，能生成各种含有羟甲基的缩聚物；但又有不同之处，氨不仅起到 OH^- 的作用而且参与反应。据日本高桥、濑户等人研究，其反应按下式进行：

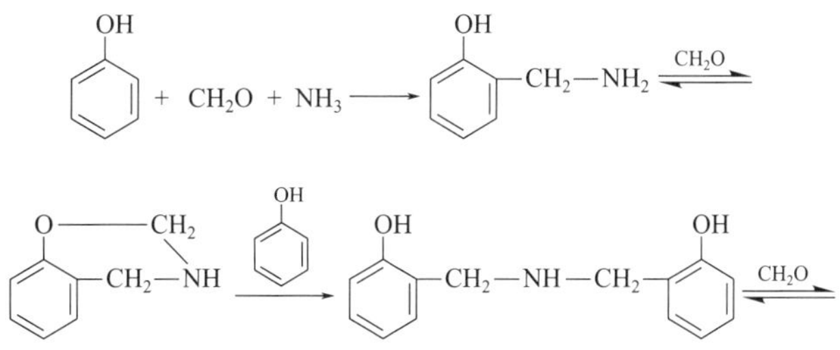

　　氨催化醇溶性酚醛作为食品包装用罐头内壁涂料的主要原料，其质量的好坏很重要。对于涂膜柔韧性要求高的，最好制备羟甲基含量少的树脂，这样可以降低交联密度；对于涂膜耐药品性要求高的，则要制备羟甲基含量高的树脂以提高交联密度。

　　E-03 环氧树脂和 703 号酚醛树脂的混合比例一般按 7∶3 或 8∶2（质量比）进行。

　　环氧树脂和酚醛树脂相容很重要，若相容性不好，配成的涂料、涂膜色泽发暗，或出现小孔和收缩等弊病。用预聚方法可以防止这些弊病的发生。即按涂料配方的树脂比例，配成固体含量 50% 的涂料，加热至 110～130℃，回流 0.5～2h，使部分酚醛树脂中的酚基羟基和环氧树脂中的环氧基起反应，此时酚醛树脂中的羟甲基在预缩合中不会更多地和环氧基反应。有些资料中指出为了避免上述反应，使涂料的黏度上升过快，将 703 号酚醛树脂和丁醇进行部分醚化。

　　（2）助剂　环氧树脂/酚醛树脂涂料中的溶剂以混合溶剂为好，其中应有一些高沸点溶剂以利于涂料的流平，如丁基溶纤剂、乙二醇乙醚、高级醋酸酯等。有时为了矫正涂膜上出现的一些缺陷可以添加少量丙烯酸酯聚合物、硅油改性的高分子量不饱和脂肪酸等。

　　（3）环氧树脂/酚醛树脂的烘烤条件　工业化生产采用隧道式烘烤，温度一般为 205℃，时间为 10～12min。环氧树脂/酚醛树脂固化后的涂膜外观呈金黄色，光泽度在 85% 以上，十分美观，在印铁行业中称作"黄金板"。除了主要作为食品罐头的内壁涂料之外，它常被作为糖果、饼干盒的外涂料打底漆。用 214 号涂料涂覆的马口铁被称作 214 号涂料铁，它是食品制罐行业主要的中间产品。

12.5.2　环氧树脂/甲酚甲醛树脂涂料

　　养蜂场的贮蜂蜜桶，盐腌、醋腌、酱油腌的蔬菜，肉类在贮运过程中一般都采用钢桶，每桶容积为 25～50L（最大的为 212L）。这些钢桶内壁也必须涂上涂料，以保护内容物不被污染。蜂蜜能使铁氧化，蜂蜜一旦混有铁离子，色泽就变深，透明度下降，口味变差。盐水对铁的腐蚀性很强，钢桶甚至会被烂穿。以前曾采用醇溶性酚醛、醇酸类涂料作为内壁涂料，但由于机械强度差，在运输过程中涂膜即脱落。20 世纪 80 年代初期，我国为了完成出口蜂蜜的任务不得不到国外用高价买回涂料，来制造内涂装钢桶。后来组织攻关制造出了环氧树脂/甲酚甲醛树脂涂料（FM 涂料），实现了国产化，成本也大大降低。这种称为"蜂蜜桶"的钢桶由于可以连续周转，使用 2 年以上，在食品工业中被普遍采用，也可用来贮存番茄酱、盐渍食品等。FM 涂料的主要成膜材料如下。

　　① E-03 环氧树脂。

　　② 醚化甲酚甲醛树脂。用甲酚代替苯酚可以制得耐水性、耐腐蚀性比普通酚醛树脂更好的树脂。该树脂是用碱金属氢氧化物作为催化剂，缩聚到热固性酚醛的 B 阶段状态，

再用丁醇醚化树脂中的羟甲基使树脂能在室温下有很好的贮存稳定性。但烘烤过程中丁醇重新被分解出来，羟甲基使聚合物成为不溶不熔的网状结构，与此同时树脂中的酚羟基和环氧树脂中的环氧基起交联反应。

③ 钛白粉、体质颜料等助剂。FM 涂料按配方规定将 E-03 环氧树脂溶液和甲酚甲醛树脂、钛白粉、体质颜料等配合，经砂磨机研磨后制得。FM 涂料性能见表 12-31（基材 45 号碳钢）。

表 12-31　FM 涂料性能

项目	附着力	柔韧性/mm	冲击强度/(N·cm)	耐 5%醋酸（121℃，15min）	耐 5%硫酸铜（室温，30min）	外观
参数	1 级	2	490.5	无变化	无变化	平整

12.5.3　环氧树脂/氨基树脂涂料

三聚氰胺甲醛树脂是氨基树脂中耐热性好、机械强度高的一类，它和高分子量环氧树脂配合能制得色泽浅、光泽度高、弹性好、耐腐蚀性和耐污性高的涂膜。

三聚氰胺和甲醛反应首先生成多羟甲基衍生物，这种衍生物中有一羟甲基、二羟甲基、三羟甲基取代物，理论上存在六羟甲基取代物。

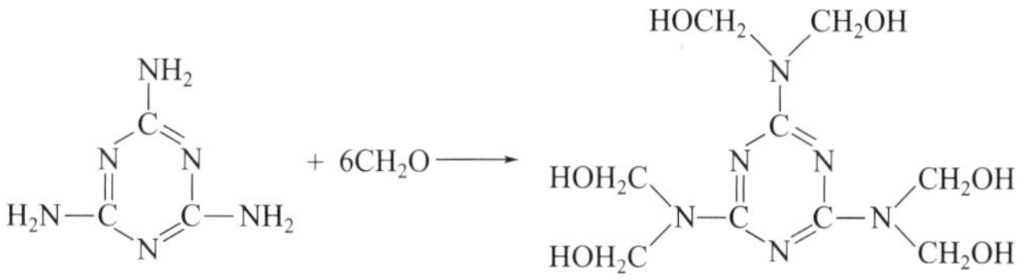

$$\text{(三聚氰胺)} + 6CH_2O \longrightarrow \text{(六羟甲基三聚氰胺)}$$

由于羟甲基过多，容易在贮存中发生三聚氰胺甲醛树脂互相反应而交联，因此大多采用丁醇使之醚化。环氧树脂/氨基树脂涂层无色透明，气味小，强韧度好，最宜作为浅色水果罐头和果汁饮料罐头涂料的底漆。环氧树脂/氨基树脂中添加钛白粉后可作为酸性饮料罐和瓶盖的专用涂料，称为"白可丁"。它对马口铁的附着力、耐药品性、耐焊药性、加工制罐性以及和乙烯基涂料的黏附力都较好，因此用作乙烯基涂料的底漆，用作啤酒、果汁等罐头盒的内涂料。环氧树脂/氨基树脂涂料的涂膜硫化氢透过性大，不宜用作抗硫涂料包装鱼、肉、豆类等食品。

12.5.4　环氧树脂/聚酰胺树脂涂料

空罐在加工过程中时常有以下情况发生：罐内接缝部位有切角露出铁基，易出现硫化铁污染食品的现象；在弯折踏平处因涂膜伸长和变形而损伤；或者经过高温焊锡发生焦化，因此接缝部位的涂膜因种种原因受损，它是最易受到腐蚀的部位，这就需要用补涂涂料来补救，加强其抗腐蚀性。接缝补涂涂料应具有干燥温度低、干燥时间短等特点，最好利用焊锡热量就能干燥固化。

我国绝大多数的制罐厂采用自配的环氧树脂/聚酰胺树脂涂料。参考配方如下（质量份）。

| E-20 环氧树脂 | 100 | 丁醇 | 50 |
| 甲苯 | 50 | 650 号聚酰胺 | 20 |

该涂料 25℃下有 7h 的适用期。

后来我国引进了几条粉末涂料静电喷涂补涂接缝生产线，大多数是采用环氧树脂/酚醛树脂类粉末涂料，这种涂装方法没有有机溶剂蒸发污染空气的问题。

12.5.5　易拉罐内外壁涂料

易拉罐一般均是两片罐，由铝制深拉伸罐和易启封罐盖组成，铝质量轻、易回收是其优点，但铝很易被腐蚀，耐酸、耐碱性都差，易拉罐是直接饮用型包装容器，因此内外壁涂料都必须符合食品卫生标准。

易拉罐空罐生产线已实现了高速和自动化，因此罐身、罐盖内壁涂装及罐身外壁涂装必须快速完成才能跟上自动化生产的节奏。

一种乳液型涂料由高分子量环氧树脂和带有羧基的胺类化合物反应，产物经中和后分散在异丙醇水溶液中而制得。这类涂料经美国莫比尔涂料公司不断地改进，其产品已大量应用于易拉罐内壁涂装。

由二羟甲基丙烯酸和二异氰酸酯丙烯酸羟乙酯反应制成带羧基的聚氨酯预聚体和水性环氧丙烯酸酯相混合制成水溶性光固化涂料。涂层干燥分两步进行：第一步加热使水分挥发；第二步用紫外线辐射固化。由美国联合碳化物（UCC）公司生产的两种环氧-聚氨酯丙烯酸酯产品 AHC-1120、AHC-1121 已被美国食品药品监督管理局（FDA）认可，已正式用于易拉罐的内外壁涂装。其基本性能达到了环氧-三聚氰胺甲醛烘漆的水平，固化速率可提高 5 倍以上，无可燃物、无污染、节约能源是它们最为突出的优点，详见表12-32。

表 12-32　美国 UCC 公司两种水溶性光固化涂料与环氧-三聚氰胺涂料的基本特性

基本特性	环氧-聚氨酯丙烯酸酯 AHC-1120	环氧-聚氨酯丙烯酸酯 AHC-1121	环氧-三聚氰胺涂料
干燥时间(110～120℃)/min	≤5	≤6	20～30(170～180℃)
光固化时间/s	≤30	≤30	—
涂膜厚度/μm	15～18	15～18	15～18
埃里克森试验/mm	8	8.5	5
附着力[(划格法)胶带剥离]	100/100	100/100	100/100
耐酸性(5%醋酸水溶液中,0.1MPa,0.5h)	不泛白、不脱落	不泛白、不脱落	不泛白、不脱落
耐焊接性[(250±5)℃锡罐浸渍60s]	不脱落、不焦化	不脱落、不焦化	不脱落、不焦化
涂料贮存稳定期/月	6	6	6

12.6　土木建筑用环氧树脂涂料

在土木建筑领域环氧树脂涂料主要应用在桥梁防腐涂装、地坪（地基）、水泥管道内衬涂装等。由于其他产品在相关金属防腐蚀等章节中已有介绍，这节仅就地坪、水泥管道涂装用环氧树脂进行重点介绍。

12.6.1　环氧树脂地坪涂料

（1）地坪涂料配方设计　地坪涂料的配方设计中有 5 个关键要素。

① 主要成膜材料　环氧树脂及活性稀释剂是主要成膜材料。为了达到良好的流动性以便于施工，一般均采用 E-51 环氧树脂或 E-44 环氧树脂，但在冬天施工的情况下为了提高反应速率并降低体系黏度，往往用双酚 F 型环氧树脂代替部分 E-51 环氧树脂。地坪涂料以无溶剂状态供应。活性稀释剂除应有良好的稀释效果外，不应给操作人员的皮肤、呼吸道带来刺激。常用稀释剂为异辛基缩水甘油醚或叔碳酸缩水甘油醚、新戊二醇二缩水甘油醚等。

② 固化剂及固化促进剂　固化剂为能室温固化的胺类，如图 12-2 所示。这些胺类固化剂毒性小，对湿气和空气中二氧化碳吸收量很小，不会发生涂层起雾、白化等弊病。固化促进剂为 DMP-30。

③ 填料　合适的填料不仅可降低成本又能提高压缩强度、耐磨性，改善热膨胀系数、调节流动性，加入金属粉末可以制成导电性地坪，防止静电发生。有时设计某些填料浮在涂层表面起到防滑作用，这在肉类加工车间、润滑防锈油较多的机械加工车间是十分必要的。作为踏脚线涂装时则需添加触变剂。为了减少地坪的光泽，配方中还需添加消光填料。

④ 颜料　其用来调配色彩达到标志、美观等目的。有些颜料如经致密 SiO_2 表面包膜的金红石型钛白粉和铬黄、铬绿、酞菁绿、铁盐等配入地坪涂料中能提高耐候性。地坪涂料的耐磨性是人们非常关注的性能。图 12-3 所示是几种铺地材料耐磨耗性的比较。

从图 12-3 可以看出环氧树脂地坪涂料的磨耗量仅是 PVC 铺地材料的 53%，是一种优质的耐磨材料。

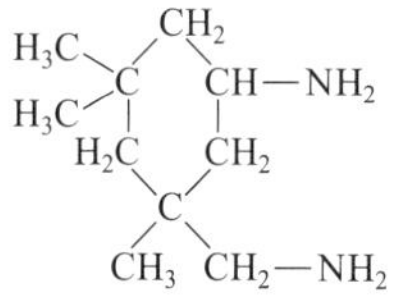

(a) 异佛尔酮二胺(IPDA)

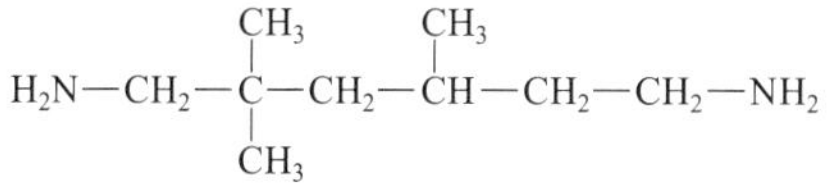

(b) 2,2,4-三甲基-1,6-己二胺

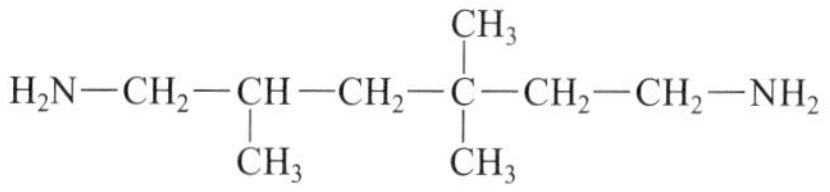

(c) 2,4,4-三甲基-1,6-己二胺

图 12-2　能室温固化的胺类

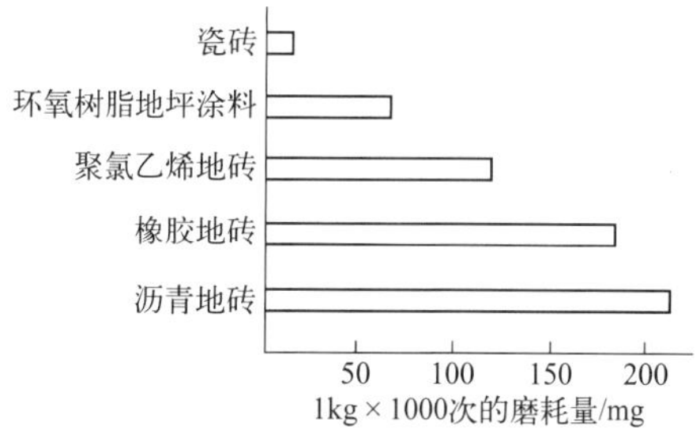

$1kg \times 1000$ 次的磨耗量/mg

图 12-3　几种铺地材料的耐磨耗性比较
（测试方法：ASTM D 1044）

⑤ 固化剂的预熟化工艺　环氧树脂地坪涂料的施工养护一般在室温下进行，气温和环境湿度对固化反应及最终涂层的性能有直接的影响。下面推荐的几组配方都是采用固化

剂和少量环氧树脂预熟化的工艺制得固化剂组分，详见表 12-33。这类固化剂均有一定的水分容忍性。

表 12-33　环氧树脂地坪涂料用固化剂组分及物化数据

单位：质量份

组分	A	B	C	D
IPDA	100	100	55	—
三甲基己二胺	—	—	45	100
稀释剂	88	88	88	88
水杨酸	12	12	12	12
环氧树脂（环氧当量 190g/mol）		20	40	40
物化数据				
黏度（20℃）/(mPa·s)	48	350	615	340
相对密度（20℃）	1.009	1.030	1.029	1.017
折射率 n_D^{25}	1.5198	1.5298	1.5309	1.5225
活泼氢当量/(g/mol)	85	99	108	104
水分容忍性 [$V(H_2O):V(固化剂)$]	0.63:1	0.38:1	0.28:1	0.35:1

（2）环氧树脂地坪的结构、配方及性能　环氧树脂地坪根据使用场合的不同，其结构有较大的变化，施工工法也不同。

① 砂浆工法（镘平工艺）涂料　这是最通用的环氧树脂地坪，结构如图 12-4 所示。只由底漆和砂浆涂料两种材料组成。

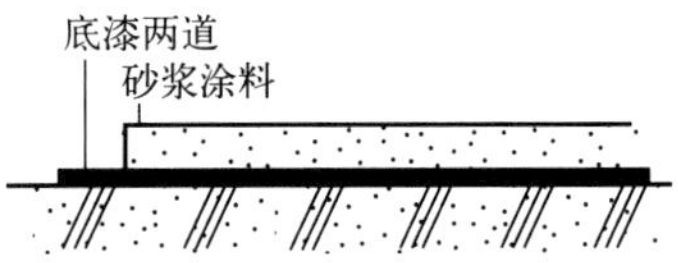

图 12-4　砂浆工法结构

地坪基材一般均为混凝土，它是一种多孔的、充满疏松颗粒的材料，表面和内部都可能吸入水分，混凝土随着水泥强度等级、配方、养护时间的不同，其成分和碱性都在变化。其表面处理的方法以喷砂再经约 55℃ 的水蒸气熏为好。这样可以去除疏松的表面层，快速洗去污染并赶走水分。待混凝土干燥后，取样测定其表面可溶性物质、疏松附着物数量小于等于 1% 时可认为表面处理已完成。

对于混凝土地坪的凹陷多孔部分，用环氧快干腻子刮平。

快干腻子配方（质量份）：

E-44 环氧树脂	100	醋酸乙酯	20
650 号聚酰胺	35	300 号水泥	180
596 号固化剂	15		

底漆配方（质量份）：

E-44 环氧树脂	100	DMP-30	2.4
异辛基缩水甘油醚	30	石英砂（0.1～0.3mm）	200
593 号固化剂	24		

底漆涂刷两道，干膜厚度达到 30～40μm。

砂浆涂料配方（质量份）：

甲组分		乙组分	
E-44 环氧树脂	90	表 12-33 中配方 A 固化剂	45
异辛基缩水甘油醚	10	其他颜料	2
钛白粉	4	沉淀硫酸钡	120
		石英砂（0.1～0.3mm）	240

砂浆涂料的施工采用镘刀镘干法，干膜厚度达到 3.5～4.0mm。

这种环氧树脂地坪涂料的用途如下。

a.耐化学品腐蚀地坪，例如化工厂、食品原料加工、药物中间体、电镀、纸浆加工、化妆品、染料加工、车间、普通实验室、分析室的地坪涂装。

b.耐油、耐水地坪制作，如炼油、榨油、机械制造、组装车间、加油站、浴场地坪涂装。

c.防滑、耐磨、耐冲击地坪制作，如冷冻仓库、钣金车间等。

② 面层涂覆工法（自流平工艺）涂料　面层涂覆工法结构如图 12-5 所示。

从图 12-5 可以看到这种工法是在砂浆工法基础上再加上一层面层涂料。面层涂料是无溶剂型环氧树脂涂料，有自流平的特点，面层涂料除了使地坪美观之外，还起到了浸水不滑、清扫方便和消光的作用。

面层涂料参考配方（质量份）：

甲组分		乙组分	
E-44 环氧树脂	90	表 12-33 中配方 C 固化剂	45
钛白粉	4	异辛基缩水甘油醚	10
硫酸钡	10	其他颜料	2
石英砂（0.1～0.3mm）	66	滑石粉	20

用涂刷或自流平的方法在砂浆涂料上罩这种涂料形成一层干膜厚度为 1.0～1.5mm 的面涂。在美国这类涂料已通过 FDA 标准，并列入制药厂的生产规范（GMP）之中。

这种工法制作的环氧树脂地坪是为了满足清洁、卫生要求高的场所的涂装，如药品包装车间、医院手术室、集成电路生产车间、饮料灌装车间等。

③ 防滑涂覆工法涂料　防滑涂覆工法结构如图 12-6 所示。

图 12-5　面层涂覆工法结构　　　　图 12-6　防滑涂覆工法结构

从图 12-6 可以看出这种工法也是在砂浆工法基础上再加上一层含有骨材（粗颗粒填料）的涂层。

防滑涂料是在环氧树脂涂料配方中，加入大量的粗颗粒填料组成的，其配方如下（质量份）。

甲组分		乙组分	
E-51 环氧树脂	100	表 12-33 中配方 C 固化剂	50
硅微粉	144	石英砂（0.1～0.3mm）	240
		颜料	适量

这种涂料黏度较大，施工采用镘刀镘平法，涂层干膜厚度在 0.7～1.2mm。涂料镘平后在其上面撒满 1～2mm 粒径的石英砂骨材。由于浸渍了涂料后的骨材暴露在涂层上面，形成粗糙的表面，起到了防滑的效果。

防滑涂覆工法制成的环氧树脂地坪使用场合：肉类加工车间、地坪、停车场斜坡、船舶甲板等。

④ 耐寒型环氧树脂地坪涂料　这类涂料是作为冬季施工冷藏仓库、冷冻室地坪涂装之用，在固化条件上满足 5℃左右 7 天的标准固化时间。

双酚 A 型低分子量 E-51 环氧树脂在 5℃左右黏度很大，并有结晶的倾向，反应活性变差，而双酚 F 型环氧树脂在 -30℃ 冷冻 10 天仍保持流动性，在 25℃下该树脂的黏度只有 E-51 环氧树脂的 1/4。它掺混在 E-51 环氧树脂中可以起到降低黏度、防止结晶和提高固化速率的作用。

在固化体系中加入多硫醇化合物使这类地坪涂料能在 5℃左右固化。如在 2℃左右施工，固化体系全部采用嵌段多异氰酸酯，其涂层的耐磨耗性比纯环氧树脂涂料提高 2～3 倍。

耐寒型环氧树脂地坪涂料参考配方（质量份）：

甲组分		乙组分	
E-51 环氧树脂	60	表 12-33 中配方 D 固化剂	45
聚醚双缩水甘油醚	20	双酚 F 型环氧树脂	20
石英砂（0.1～0.3mm）	180	硫酸钡	100
		颜料	适当
		多硫醇化合物	20

上述配方是按砂浆工法工艺要求设计的。

⑤ 环氧树脂沥青地坪涂料　环氧树脂沥青地坪涂料是环氧树脂类地坪涂料中价格最低廉的，但是由于沥青加入其只能是黑色，装饰性较差，因此一般作为地下仓库、停车场、汽车修理厂等地坪涂装用；环氧树脂沥青地坪涂料的压缩强度和弯曲强度虽比混凝土高出一倍至数倍，但比上述几种涂料要差得多，不宜承受高摩擦和高冲击。

环氧树脂沥青地坪涂料参考配方（质量份）：

甲组分		乙组分	
E-44 环氧树脂	50	聚酰胺[胺当量(215±5)g/mol]	20
溶剂（二甲苯：醋酸丁酯＝2：1）	25	煤焦油沥青（特种沥青 AN）	50
滑石粉	16	硅微粉	66

这种涂料的施工采用辊刷方法。

⑥ 导电性环氧树脂地坪涂料　在面粉、粉末涂料生产车间为了防止粉尘爆炸，在微电子装配车间为了起到电磁屏蔽作用，在化纤车间为了使静电释放都需要使用导电性环氧树脂涂料来涂装地坪。

导电性环氧树脂地坪涂料有自流平、镘涂（砂浆型）、涂刷型三种，填料主要为炭黑、铜粉、铝粉等。

表 12-34 是日本 ACR 株式会社生产的三种型号（CSL、CRM、CZX）的导电性环氧树脂地坪涂料的典型性能。

表 12-34　三种导电性环氧树脂地坪涂料的典型性能

项目	CSL	CRM	CZX
涂装方式	自流平	镘涂（砂浆型）	涂刷型
标准干膜厚度/mm	1.5～2	3.5～4	二道涂刷 40～50μm
体积电阻率/(Ω·cm)	1.2×10^4	3.2×10^5	6.3×10^3
泄漏电阻/Ω	1×10^8 以下	1×10^8 以下	1×10^8 以下
硬度（肖氏 D）	80	90	H（铅笔硬度）
压缩强度/MPa	65.3	19.2	—
弯曲强度/MPa	75	35	—
拉伸强度/MPa	20.5	—	—
磨耗减量/mg	94	90	110
热变形温度/℃	60	80	—
对混凝土粘接强度/MPa	2	3.5	100/100
压剪法测定	混凝土破坏	混凝土破坏	划格法测定
伸长率/%	5		

多异氰酸酯固化环氧树脂涂料（属于导电性环氧树脂地坪涂料）的性能见表 12-35。导电性环氧树脂地坪涂料的使用场合见表 12-36。

表 12-35　多异氰酸酯固化环氧树脂涂料的性能

项目	数据
膜厚/μm	40
铅笔硬度	H
附着力（划格法）	100/100
柔韧性/mm	2
伸长（埃里克森）	7mm 以上
冲击强度（9.81N）	50cm 以上
磨耗试验/mg	18

表 12-36　导电性环氧树脂地坪涂料的使用场合

项目	CSL	CRM	CZM
对地坪的要求	美观、易清理的一般作业场所	防爆不燃型地坪，抗重压、高强度	耐磨、清洁、经济地坪，轻作业厂及仓库用
使用场合	工业用无尘室 精密机械厂 电子仪表厂 制药厂 食品厂 纺织防静电车间 造纸防静电车间 印刷防静电车间	重工业厂房 化工厂、火药厂、火柴厂 煤气厂 饲料谷物厂 面粉厂 纺织厂 造纸厂 印刷厂	精密机械厂 电子仪表厂 制药厂无尘室 胶片制造厂 仓库地坪

从表 12-37 可以看出环氧地坪的压缩强度是混凝土的 2～4.6 倍，弯曲强度是其 5.5～12 倍。

表 12-37　几种环氧树脂地坪涂料的机械强度

性能	自流平	砂浆型	环氧树脂/沥青树脂	耐寒型（－30℃）	混凝土
压缩强度/MPa	98	84.0	45.0	76.0	21.0
弯曲强度/MPa	33	30.0	15.0	25.0	2.7

12.6.2　水泥管道内外壁涂料

水泥管道表面疏松且有气孔，本体和表面都有可溶物质，吸水率高，本身呈碱性，不耐酸。要使它能耐多种化学品、延长使用寿命、减少流体阻力，必须在其内壁涂上涂料。

水泥管道内外壁涂料可以起到封闭多孔结构，阻止可溶物渗出，增加表面强度的作用，采用环氧涂料又可以使其耐多种化学药品。

由于水泥管是多孔疏松性材料，不宜使用溶剂型涂料，因为涂层一旦干燥后渗入细孔内的溶剂不能充分挥发，涂膜强度势必下降。过去还有一种观点认为水泥只要在外壁进行涂装即可，事实上外壁涂料虽然能阻止水分向管道内壁涂层的渗透，但是外壁涂层不可能完全不出现气孔。在渗透作用和毛细作用下，随着时间的进展，内壁涂层的压力会不断地增加，如果涂料的附着力差就会被顶破。而用环氧树脂制成的砂浆涂料若管内壁涂装厚度达到 2～3mm 就能承受这种压力。

（1）水泥管道外壁涂料　表 12-38 的数据证明了水的渗透性和水泥的饱和时间取决于外壁涂料的成分。试验所用的水泥管是用高频振动法制得的，壁厚为 80mm。从表 12-36 可以看出作为外壁涂料采用无溶剂型沥青涂料最好，沥青有很强的耐水渗透性，无溶剂型涂料可以达到良好的封闭性。

表 12-38　外壁涂料成分与水的渗透性、水泥饱和时间的关系

外壁涂料类型	24h 水的渗透率/（g/cm²）	饱和时间
未经涂装水泥管	100×10^{-4}	约 2 个月
涂覆 300μm 沥青乳胶涂料管	85×10^{-4}	2～5 个月
涂覆 300μm 沥青溶剂涂料管	2.5×10^{-4}	6～16 年
涂覆 300μm 无溶剂沥青涂料管	0.5×10^{-4}	35～88 年
涂覆 300μm 煤焦油沥青涂料管	0.7×10^{-4}	18～44 年
涂覆 500μm 无溶剂环氧树脂涂料管	1.1×10^{-4}	15～40 年

（2）水泥管道内壁涂料　水泥管道内壁涂料由无溶剂型环氧树脂涂料组成。

水泥管道内壁底漆参考配方（质量份）：

甲组分		乙组分	
E-44 环氧树脂	85	650 号聚酰胺	50
沉淀硫酸钡	100	丁基缩水甘油醚	15
氢化蓖麻油	5	滑石粉	200

水泥管道内壁面漆参考配方（质量份）：

甲组分		乙组分	
E-44 环氧树脂	85	650 号聚酰胺	50
滑石粉	100	丁基缩水甘油醚	15
		氢化蓖麻油	5

12.7　粉末涂料

粉末涂料，顾名思义，是一种粉末状的涂料。涂装时采用静电涂装法或流动浸渍法涂布于被涂物的表面，使之附着，再加热熔融成一体（一种烧结原理）形成涂膜。无溶剂涂装是粉末涂料的最大特点。粉末涂料有两种：一是在烘烤中仅熔融成膜的非反应型粉末涂料（如聚氯乙烯、聚乙烯和聚酰胺等）；二是在熔融的同时发生交联反应的反应型粉末涂料（如环氧树脂、丙烯酸树脂、聚酯树脂等）。

粉末涂料具有省能源、省资源、低污染和高效能的特点，它与高固体分涂料、无溶剂涂料、水溶性涂料等新型涂料一样具有很大的发展潜力。

环氧树脂粉末涂料的制造方法一般分为三种，即干混法、局部反应法（半固化法）和熔融混合法。目前以熔融混合法为主，差不多所有制品都采用此种方法制造。熔融混合法的工艺是将固化剂、颜料、流平剂加到固态环氧树脂中（软化点 90～110℃），采用热辊或捏合法混炼，然后将混合物粉碎分级制成环氧树脂粉末涂料。

（1）粉末涂料的优点

① 无溶剂、减少公害　粉末涂料不含任何溶剂，是 100％固体分涂料，它的制造、运输和施工避免了因溶剂而造成的公害。

② 简化涂装工序，提高涂装效率　液体涂料的施工需经刮腻子、喷涂底涂料、水磨、喷面涂料等"三磨三抄"10 多道至 20 多道工序，加工周期 7～10 天。而粉末涂料涂装只需喷涂、固化、冷却等 3～4 道工序，一次成膜，能形成自动化生产，从而节省了能源和资源，提高了生产效率。

③ 粉末涂料损失少并可回收再用　与液体涂料相比，粉末涂料可以直接涂覆到被涂物表面上去，经烘烤固化形成涂膜，而且未被涂上的粉末可以回收后再送入供粉系统中使用，从而大大减少粉末涂料施工中的损失。粉末涂料利用率均在 95％以上。

④ 粉末涂膜性能高、坚固耐用　粉末涂料可以利用常温不溶于溶剂的树脂，或利用不易溶解而无法液化的液体涂料高分子树脂来制造具有各种功能的高性能涂膜，且粉末涂料在制造或形成涂膜时没有溶剂加入和放出，不易形成贯通涂膜的针孔，可以得到致密的涂膜。与液体涂膜相比，粉末涂膜更加坚固耐用。

⑤ 可实现一次性涂装　粉末涂料一次涂装就能得到 50～300μm 厚的涂膜，并且不易产生液体涂料厚涂时的滴垂或积滞，不产生溶剂针孔，不造成厚膜涂装的缺陷，而且边角覆盖率也很高。而液体涂料一般一次涂装的膜厚在 5～20μm，如果要得到厚涂膜或中高档要求的涂膜，必须经过多次涂装方可实现。

（2）粉末涂料的缺点

① 换色困难　粉末涂料的涂装需要一整套设备（供粉器、喷粉室、回收系统等），如

果要换色不易在短时间内进行彻底的清理。粉末涂料的色泽也不可能像液体涂料那样用原色料调配。

② 不易薄涂层　粉末涂料的膜厚一般均在 $50\mu m$ 以上，要实现 $40\mu m$ 以下的涂膜十分困难。

③ 涂膜的装饰性不如液体涂料　由于粉末涂料是借助加热熔融而流平在被涂物上，由于其熔融黏度高，易呈轻微橘皮状，涂膜的装饰性不如液体涂料。

12.7.1　环氧树脂粉末涂料

环氧树脂粉末涂料是由专用的树脂、固化剂、流平剂、促进剂、颜料、填料和其他助剂配成，它的生产方法与传统的溶剂型涂料有所不同，粉末涂料的生产工艺仅是物理性混容过程，它不存在复杂的化学反应，而且要尽可能控制其不发生化学反应，以保持产品具有相对的稳定性。其生产过程可分为物料混合、熔融分散、热挤压、冷却、压片、破碎、分级筛选和包装工序。

（1）环氧树脂（以双酚 A 型环氧树脂为例）　作为粉末涂料用的环氧树脂，平均聚合度宜控制在 $4\sim9$ 之间，随着环氧树脂分子量分布的不同，树脂的性能与应用情况也有所改变。

理论上环氧树脂中的环氧基含量与分子量成反比，即树脂分子量增加，环氧基含量下降，软化点相应高些，固化产物具有较好的弯曲和耐冲击性，粉末涂料的贮存稳定性也较好。反之树脂中的环氧基含量增加，软化点就相应偏低，但它的活性和极性反而较好，交联密度增加，固化产物附着力、黏结性和润湿性都优良。但是软化点过分低的树脂所制成的粉末易结块。

（2）固化剂　环氧树脂可选用的固化剂种类很多，但适合热固性粉末涂料的品种较少，因为它有特殊的要求。

① 与成膜的物质（包括树脂、助剂、颜料、填料等）有良好的混容性。

② 在室温下不与树脂发生化学反应，只有当加热到固化温度时，才迅速和树脂发生交联反应，因此它是一种潜伏型固化剂。

③ 在粉末制造过程中，应不产生化学反应。环氧树脂粉末涂料的贮存寿命取决于所使用的固化剂。为了延长贮存寿命，往往需要使用较高温度下起反应的固化剂，例如芳香族多元胺、羧酸酐、羧酸酰肼、双氰胺、三氟化硼-胺络合物等。有时根据使用需要，也采用酚醛树脂和三聚氰胺甲醛树脂。选择固化剂的要点是综合考虑熔融混炼时的稳定性、制成涂料粉末后的贮存寿命和熔融时的固化性。

④ 在涂装烘烤过程中，与粉末涂料配方中的其他组分配合后，应有较好的流动性和润湿性，以便制得平整、光滑的涂膜。

⑤ 固体状，易于粉碎和分散，无毒、无味、无有害气体排出。

由于以上条件的限制，可供使用的固化剂有胺类、酸酐类、酰肼类等。

（3）流平剂　在粉末涂料成膜过程中，粉末的熔融、流平、固化等，几乎是同时发生的。熔融黏度在开始 $2\sim5min$ 时间内迅速增大，因此要想获得流平性极佳的涂膜表面是较为困难的，为改善粉末涂料的熔融流动性，常在组分中加入适量的有助于粉末流动的助剂——流平剂。流平剂除改善粉末热熔融中的流动性外，还能调整涂膜的表面张力，消除成膜时可能出现的严重结皮及缩孔等现象，以获得平整、光滑、丰满的涂膜。流平剂大多采用丙烯酸酯聚合物。它是一种高黏度透明液体，耐光和热稳定性好，与多种树脂（环氧树脂、聚酯树脂等）有较好的混容性，在粉末涂料组分中用量一般为 0.5%～1%。此外，有机硅改性树脂、酚醛树脂、氨基树脂、醋酸丁酸纤维素等也可作为流平剂使用，其用量约为 1%。

（4）颜料及填料　粉末涂料同溶剂型涂料一样可配制成五彩缤纷的颜色，因此颜料是粉末涂料的重要组成部分。颜料不仅给予涂膜色彩，以遮盖住被涂物的底层，并赋予被涂物表层以装饰性和美感，更主要的是提高了涂膜的力学性能和防腐性能，有的还可以滤去紫外线等有害光波，从而提高涂膜的耐候性和保护性，以延长涂膜的寿命。

（5）环氧树脂粉末涂料的固化体系

① 与双氰胺的固化　双氰胺的熔点为 210℃，在 130℃ 以下不与环氧树脂反应，其涂膜不易泛黄，原料价廉易得，因此在开发初期使用较为普遍。但是和环氧树脂的混合性较差，要在 200℃ 下固化 30min 才能使反应完全。所以有添加咪唑类固化促进剂的必要，使其固化条件降为 180℃，30min。

② 与咪唑化合物的固化　用于环氧树脂粉末涂料的咪唑类固化剂有咪唑、2-甲基咪唑、2-乙基-4-甲基咪唑。

咪唑类固化剂最突出的优点是固化温度较低，180℃ 下 5min 以内可完全固化。但从涂膜诸多要求考虑不宜单独使用，因为它所形成的涂膜流平性和机械强度较差，附着力也欠佳，涂膜在烘烤过程中易泛黄，所以在制造浅色和白色粉末时不能采用。当用双氰胺作为固化剂时，添加少量咪唑作为固化促进剂，则可降低固化条件，其用量一般为 0.10%～0.25%。在酸酐中作固化促进剂时，用量为 0.5%～2.5%。

③ 与二酰肼类固化剂的固化　二酰肼类固化剂最常见的有己二酸二酰肼、间苯二酸二酰肼和癸二酸二酰肼（俗称癸肼）。癸二酸二酰肼的结构式为：

$$NH_2—NH—\overset{\overset{O}{\|}}{C}—(CH_2)_8—\overset{\overset{O}{\|}}{C}—NH—NH_2$$

从分子结构看它有 6 个活泼氢原子，但由于其中两个氢原子不在分子的端位，其反应可能性很小，因为羰基的存在影响了它的活性，所以癸二酸二酰肼在环氧树脂体系中的固化速率不是很快，约需要在 170℃ 下 20min 才完全固化。

④ 与酸酐的固化　在环氧树脂粉末涂料中，一般不采用多元酸类作为固化剂，因为酸类化合物在固化反应时易出现副产物，造成涂膜有针孔、缩孔等缺陷。

上述四类固化剂与环氧树脂粉末涂料的优劣比较见表 12-39。

表 12-39　固化剂种类及环氧树脂粉末涂料的优劣比较

性能	双氰胺 200℃，20min 固化	二酰肼 170℃，20min 固化	咪唑系 140℃，20min 固化	酸酐系 180℃，20min 固化
光泽	C	B	C	A
平整性	B	B	D	A
硬度	A	A	B	A
柔韧性	B	B	B	A

续表

性能	双氰胺 200℃，20min 固化	二酰肼 170℃，20min 固化	咪唑系 140℃，20min 固化	酸酐系 180℃，20min 固化
冲击强度	B	B	B	B
白度	D	C	D	A
耐沸水	A	A	A	A
耐污染	B	B	B	B
耐湿热	B	B	B	B
耐盐雾	A	B	B	B
户外曝晒	除粉化外，均无异常现象			
耐结块（40℃，1 个月）	A	A	B	C
制备作业性	A	B	D	D
价格	便宜	高	高	高

注：优劣次序为 A＞B＞C＞D。

⑤ 与酚醛树脂的固化　线型酚醛树脂与环氧树脂组合后，能制得贮存稳定，涂膜力学性能、耐化学药品性和耐沸水性均优良的粉末涂料。组分中添加 DMP-30 之类的固化促进剂可以调整反应进程，另外由于它的涂膜无异味和无毒性，可以用来涂装食品罐头及容器。表 12-40 是以酚醛树脂为固化剂的环氧树脂粉末涂料配方。

表 12-40　以酚醛树脂为固化剂的环氧树脂粉末涂料配方　　单位：质量份

组成	用量	工艺
环氧树脂	750	凝胶时间 180℃，113s
酚醛树脂	250	固化条件 200℃，10min
DMP-30	7.5	涂膜厚度 $15\sim25\mu m$
流平剂	7	涂装在铝、马口铁上后再沸水蒸煮 2h，涂膜无异常

（6）环氧树脂粉末涂料的应用领域　环氧树脂粉末涂料被广泛用于电气绝缘、防腐及对装饰要求不太苛刻的产品的涂覆，主要应用场合如下。

① 管道和阀门行业：防腐管道、石油输送管、污水管、船舶用水管、煤气管和阀门部件等。

② 金属家具：钢家具、文件柜和钢椅等。

③ 厨房用具：液化气钢瓶、煤气灶具和脱排油烟机等。

④ 建筑行业：门锁、建筑用钢筋和钢模板等。

⑤ 电器行业：电子元器件、线圈和电机转子的绝缘包封等。

⑥ 仪表行业：仪器、仪表的外壳涂装。

12.7.2　环氧树脂/聚酯树脂粉末涂料

环氧树脂/聚酯树脂粉末涂料是在欧洲首先发明并实现工业化生产的。在世界粉末涂料总产量中约占 50％，国外称这类粉末为混合型粉末涂料。

该体系粉末涂料应用范围广、工艺简单、易于制造、成本较低，其涂膜具有流平性好、高光泽、力学性能和耐化学药品性能好的特点，是一种通用型粉末涂料。因此其在各国发展很快，现已成为粉末涂料的主导产品。

该粉末涂料的固化反应是由环氧树脂中的环氧基与聚酯树脂中的羧基交联成膜，反应式如下：

$$R-O-CH_2-CH-CH_2 + HOOC-R' \longrightarrow R-O-CH_2-CH-CH_2-O-\overset{\overset{\displaystyle O}{\|}}{C}-R' \sim\!\sim$$

（1）配方设计原理　环氧树脂与聚酯树脂的配比，可参照环氧值和酸值来调整两种树脂的不同用量，制出性能各异的粉末涂料。

（2）配方设计要点和技术参数　该粉末涂料的组分中，随着聚酯树脂用量的增加，涂膜的流平性、光泽度、耐候性有所改善，耐过度烘烤性、耐泛黄性相应提高；反之耐碱性及硬度有所下降。根据聚酯树脂的酸值相应调整环氧树脂的用量和型号，可配制出性能不同的粉末涂料，这是主要成膜物质之间的调整，因此要注意两种树脂的反应性和交联度的平衡关系。

环氧树脂/聚酯树脂粉末涂料的固化条件一般为 180℃，10min。如在配方中添加 0.05%～0.2% 咪唑类和苄基类固化促进剂，可加速开环反应的进行；也可添加 3%～5% 的金属氧化物，如氧化锌、氧化铝、氧化锆等，以降低固化温度，但加入量不能过多，固化速率的快慢主要取决于两种树脂间的官能团密度的分布状态。

（3）环氧树脂/聚酯树脂粉末涂料的应用　环氧树脂/聚酯树脂粉末涂料因具有环氧树脂粉末涂料和聚酯树脂粉末涂料的双重优越性，所以其应用范围也较为广泛。

① 家电行业：冰箱、洗衣机、微波炉、热水器和电饭锅等。

② 仪器仪表行业：仪器仪表外壳、医疗器械和光学仪器等的涂装。

③ 轻工行业：照明灯具、钢制家具和日用铝制品等。

④ PCM 钢板（金属预涂钢板）：固化条件为 240℃，80～300s，广泛应用于家电产品壳体。

⑤ 其他行业：货架、书架、商业机械等。

制造环氧树脂/聚酯树脂粉末涂料所采用的生产设备与环氧树脂粉末涂料略同，其生产工艺流程如下：

树脂粗破碎→配料→预混合→熔融混炼→压片冷却→细破碎＋分级筛选＋检验＋装箱→编号→包装→入库。

上述工艺流程就是先将两种树脂破碎至 20～60 目，将配料加入高速混合机内，混合 5～15min 后再进入挤出机（单螺杆或双螺杆）混炼，挤出机送料段温度为 60～80℃，出料段温度为 110～130℃，出料压片冷却，再送入粉碎筛选机组破碎分级过筛，粉碎粒度 180 目以上 100% 通过，通过检验合格装箱（20kg）、编号（备查）、入库待发。

12.7.3　环氧树脂/酚醛树脂防腐型粉末涂料

环氧树脂/酚醛树脂防腐型粉末涂料是以环氧树脂和酚醛树脂为基础的成膜物质，它具有优良的耐酸、耐碱、耐溶剂、耐热、耐湿寒等性能，是防腐材料中比较理想的一种涂层，它的应用范围很广，是粉末涂料扩大应用领域的一个重要品种。近年来，随着我国石油工业的迅速发展,环氧树脂/酚醛树脂防腐型粉末涂料也得到了较快的发展。

环氧树脂/酚醛树脂防腐型粉末涂料中酚醛树脂具有环氧树脂改性剂和固化剂的双重作用,将两种树脂混合后,经烘烤可发生缩聚反应,得到环氧酚醛树脂缩聚体。由于酚醛树脂所含的羟基较多,因此能与更多的环氧基起反应,故交联密度高,它具有比纯环氧树脂更高的耐热性、机械强度和防腐性,而且价格比较便宜,更有利于推广应用。

该粉末涂料中的酚醛树脂,可以使用热固性酚醛树脂,也可以使用热塑性酚醛树脂。热固性酚醛树脂是苯酚与甲醛在碱性介质下形成的,它具有的活性较高基团,主要是羟甲基与环氧树脂中的羟基起反应。采用热固性酚醛树脂与环氧树脂制成的粉末涂料,由于它们之间的混容性较差,故涂膜的性能不够理想,而且生产工艺不易控制,成品贮存稳定性亦差,所以此法应用得较少。

热塑性酚醛树脂在粉末涂料中应用得较多,该树脂是苯酚与甲醛在酸性介质下形成的线型产物,它与环氧树脂的反应,是酚羟基与环氧基之间的反应。也可采用酚的衍生物,制成取代基苯酚,如甲酚甲醛树脂、叔丁酚甲醛树脂、苯基苯酚甲醛树脂等,它们的活性虽然较弱,但与环氧树脂有良好的混容性,故涂膜的性能都比较好,如力学性能、防腐蚀性和光泽度等。

环氧树脂/酚醛树脂防腐型粉末涂料具备这两类树脂的优点,有环氧树脂附着力、柔韧性和耐碱性好的特点,又有酚醛树脂耐酸性、耐溶剂性好的特点。环氧树脂中存在的羟基和酚醛树脂中的酚羟基发生交联反应后,形成了稳定的苯环和醚键,其中环氧树脂中存在的羟基属脂肪醇,遇碱也不受影响,因此,它们之间的缩聚产物具有优良的防腐蚀性能,是性能比较全面的一种防腐型涂料。

环氧树脂/酚醛树脂防腐粉末涂料中采用的环氧树脂,应该选用分子量为1400、2900及3750等高分子量品种为好。因为这类环氧树脂与酚醛树脂的反应速率快,树脂的分子链较长、弹性好,与酚醛树脂并用时,能改进酚醛树脂弹性差的缺点,同时这种高分子量环氧树脂与酚醛树脂固化后,具有更好的防腐性、耐化学性和热稳定性。考虑到粉末涂料的生产工艺特性和颗粒熔融流平的可能性,防腐型粉末涂料采用的环氧树脂的分子量应以1400为主、其他高分子量环氧树脂为辅。

由于环氧树脂与酚醛树脂之间的反应活性较弱,所以涂层的成膜固化温度需在较高的条件下进行(约200℃)。如适量加入咪唑类催化剂,可以适当降低固化温度。同时酚醛树脂在高温烘烤时很容易变色,故固化涂膜颜色变暗,所以这类涂料不宜制成浅色或鲜艳颜色的涂膜。在制订粉末涂料配方时,环氧树脂与酚醛树脂不必以精细的当量关系计算,可根据具体的应用性能要求进行配比调节。一般来说,酚醛树脂用量多,会提高耐热性、防腐性,但涂膜易发脆。目前该类涂料被广泛应用在石油化工方面的防腐,如贮罐、管道等。

除上述技术路线外,在国外有专门在防腐型粉末涂料中应用的酚醛改性环氧树脂,而且牌号很多,有 ARALDITE GT7220、ARALDITE GT7255,且有专用的固化剂,可根据对防腐性能的要求和施工应用的工艺不同进行选择。它们配制成的粉末涂料主要性能是:180℃,凝胶时间为 24～35s,冲击强度达 1.57kN·cm,杯突试验深度为 8.7～9.0mm。

颜料和填料在防腐涂料中占有重要地位,它对提升防腐性起到一定的功效,它可以充实到涂层的组织结构中，形成质地致密而坚固的涂膜，起到化学的、物理的钝化和封闭作用。

　　一般颜料和填料，从防腐作用方面的观点来衡量有三种类型：阻蚀性的，如铬酸锌、锌粉、红丹和氧化锌等；中性的，如氧化铁、硫酸钡等；刺激性的，如炭黑、石墨等。在拟定防腐蚀涂料时，应尽量避免用刺激性的颜料，适量加入阻蚀性和中性的颜料及填料，当然阻蚀性颜料用量越多越好，但它会给制造和成本上带来一些困难，如涂料熔融黏度变大，不利于挤出和流平，同时涂膜日久后会变脆。因此，其一般以与中性颜料或填料混合应用为好。

第13章
纤维增强环氧树脂基复合材料

树脂基复合材料也称纤维增强塑料（FRP），是1932年在美国问世的，目前技术比较成熟，是应用最为广泛的一类复合材料。这种材料是用短切或连续纤维及其织物，增强热固性或热塑性树脂基体，经过复合工艺而成的。

热固性树脂在初始阶段流动性很好，容易浸透纤维增强体，同时工艺过程比较容易控制，因此这类复合材料成为当前的主要品种。热固性树脂早期有酚醛树脂，随后有不饱和聚酯树脂和环氧树脂，近年来又发展了耐热性能更好的双马来酰胺树脂和聚酰亚胺树脂。但是，由于环氧树脂基体对各种纤维增强材料具有良好的浸润性，同时又具有粘接力强、固化收缩率小、尺寸稳定性好、优异的加工成型性能，因此环氧树脂基复合材料目前仍然是高性能树脂基复合材料中应用最为普遍的复合材料。

20世纪60年代中期在美国利用玻璃纤维浸润环氧树脂，采用纤维缠绕技术，制造出了北极星、大力神等大型固体火箭发动机壳体，为航空航天技术开辟了轻体高强结构的最佳途径。

进入20世纪70年代，对复合材料的研究改变了仅仅采用玻璃纤维的局面。一方面不断开辟玻璃纤维/环氧树脂基复合材料的新用途；另一方面为满足重量敏感、强度和刚度要求很高的国防尖端技术的需要，开发了一系列，如碳纤维、碳化硅纤维、氧化钴纤维、硼纤维、芳纶纤维、超高分子量聚乙烯纤维等高性能增强材料，并广泛使用高性能环氧树脂基体，形成先进复合材料（ACM），如碳纤维增强的环氧树脂基复合材料的比强度是钢的5倍、铝合金的4倍、钛合金的3.5倍，其模量是钢、铝、钛的4倍。这种先进复合材料具有比玻璃纤维复合材料更好的性能，是用于飞机、火箭、卫星、飞船等航空航天飞行器的理想材料。

由于环氧树脂对各种纤维都有良好的浸润性，对多种非金属、金属有出众的粘接性能，通过配方设计能够方便地改变黏度、固化温度和时间，同时固化反应过程中无小分子副产物产生等一系列优异的工艺性，因此能够与多种纤维增强材料复合成型。表13-1列出纤维增强环氧树脂基复合材料成型方法。

表 13-1　纤维增强环氧树脂基复合材料成型方法

复合材料的成型方法	纤维缠绕成型	将纤维束连续浸渍环氧树脂，在芯轴以一定的模式缠绕，然后固化成型；缠绕模式有多种，最普遍的是螺旋缠绕模式，尤其适用于轴向和周向要求强度高的情况，轴箍缠绕模式适用于空体成型体、管、贮槽、箱等的制造
	连续拉挤成型	将纤维浸渍树脂放入成型模中，连续加热固化成型；纤维按轴方向排列，轴向强度非常高，适用于成型体、管、贮槽、角材等的制造

复合材料的成型方法	层压成型	将预浸材在热压机上固化成型的方法，一般使用交织预浸布；大多采用B阶段环氧树脂的干式层压法，液态环氧树脂的湿式层压法也有被实际采用；适用于印刷电路板、蜂窝板的面材等
	辊筒成型	夹持在三辊中加热芯轴上卷缠预浸材，并固化成型，不适于大尺寸制品的成型，适用于多品种、少数量制品的制造
	反应注射成型（RIM）	RIM工艺为在模腔中铺放预先设计好的增强材料预成型体，将树脂在压力作用下注入模腔，树脂流动浸润增强材料预成型体并固化成型复合材料构件；非常适合制备大型、复杂形状的复合材料构件

在表 13-1 中所示的几种纤维增强环氧树脂基复合材料成型方法中，层压制品的使用较多，其次是纤维缠绕成型制品和纤维拉挤成型制品。RIM 成型工艺作为制备大型、复杂形状复合材料构件的工艺方法正在获得更多的应用。

13.1 层压成型工艺

层压成型工艺是采用增强材料，如玻璃纤维布、碳纤维布等经浸胶机浸渍环氧树脂，经烘干制成预浸料，预浸料裁切后叠合在一起，在压力机中施加一定的温度、压力，保持适宜的层压时间而制成层压制品的成型工艺。采用这种成型工艺可生产各种层压板、绝缘板、波形板、印刷电路板等。整个生产流程如图 13-1 所示。

图 13-1 层压成型工艺流程图

13.1.1 预浸料的制备

（1）原材料

① 树脂 作预浸料的树脂一般采用中等分子量的环氧树脂，这种树脂的特点是强度高、耐化学腐蚀、尺寸稳定性好、吸水率低。

② 增强纤维 适合于制作预浸料的纤维增强材料有玻璃纤维布、高硅氧石英纤维织物、碳纤维布、芳纶纤维布等。玻璃纤维布具有耐热、强度高、良好的耐湿性、尺寸稳定性好、价格便宜等特点，是用途最广的品种之一。高硅氧石英布耐高温、绝缘和耐烧蚀性能好。碳纤维布具有良好的耐腐蚀和烧蚀性能，强度高。芳纶布具有耐热性能和较高的强度。

③ 辅助材料

a.固化剂：一般采用酚醛树脂预聚物、双氰胺、甲基四氢苯酐、甲基六氢苯酐、甲基纳迪克酸酐、芳香族胺类固化剂。

b.促进剂：苄基二甲胺、对苯二酚、2-乙基-4-甲基咪唑等。

c.溶剂：一般采用丙酮、乙醇和甲苯/二甲苯等。

（2）浸胶 用黏度被严格控制的树脂浸渍连续纤维织物，熟化，达到半熔阶段加热、烘干,成为预浸料(此时树脂达到 B 阶段)。胶布的质量是影响层压产品性能的一个重要因素。

① 预浸织布　影响浸胶的主要因素有胶液的黏度和浸渍方法。

浸渍一般采用溶胶机,主要有立式和卧式两种。胶液黏度可直接影响织物的浸渍能力和胶层厚度,若胶液黏度太大,纤维织物不易渗透;黏度过小,会导致胶布胶含量太低。浸渍时间一般为 15~30s。时间过长则影响生产效率,过短则导致胶布没浸透和胶含量不够。在浸胶过程中,纤维织物所受张力大小和均匀性会影响胶布的含胶量与均匀性,因此在浸胶过程中,应严格控制纤维织物所受的张力及其均匀性。

② 干燥　纤维织物浸胶后,必须进行干燥处理,除去预浸料中的溶剂、挥发物,同时使环氧树脂预聚体进一步聚合。

13.1.2　层压工艺

层压工艺是层压成型中的重要工序。层压工艺是将浸渍胶布按照压制厚度的要求配选板坯,置于经抛光的金属模板之中,放在热压机上,对两层模板进行加热、加压、固化、冷却、脱模、后处理等。

(1) 胶布裁剪　此过程是将胶布剪成一定尺寸,剪切设备可用连续式定长切片机,也可以手工裁剪。胶布剪切,要求尺寸准确,将剪切好的胶布叠放整齐,把不同含胶量及流动性的胶布分别堆放,做好记录贮存备用。

(2) 胶布配选　胶布配选工序对层压板的质量至关重要,如配选不当,会发生层压板开裂、表面发花等弊病。在具体操作中应注意如下问题。

① 在配选板材的面层,每面应放 2 张表面含胶量高、流动性大的胶布。

② 挥发物含量不能太大,如果挥发物含量太大,应干燥处理后再使用。

③ 配选的计算公式:

$$m = \frac{Shd}{1000}(1+\alpha)$$

式中　m——层压胶布的总质量,g;

$\qquad$ S——压制板材的面积,cm^2;

$\qquad$ h——层压制品的厚度,cm;

$\qquad$ d——层压板的密度,kg/cm^3;

$\qquad$ α——修正系数。

α 视成品板的大小和厚度而定:$h \leqslant 5$mm 时,α 取 0.02~0.03;$h > 5$mm 时,α 可取 0.03~0.08。

(3) 热压工艺　热压过程中最重要的工艺参数是温度、压力和时间。

① 温度　可分为五个阶段。

第一阶段是从室温升至物料显著反应的阶段,即预热阶段。此时树脂烃化并排出部分挥发物,压力一般为全压力的 1/3~1/2。

第二阶段是中间保温阶段。这时树脂熔化、渗透,反应速率较低,保温时间根据胶布含胶量、流动性和制品厚度而定。当流出树脂接近凝胶并拉长丝时,应加压并升温。

第三阶段是升温阶段。该阶段主要是为了提高树脂的固化程度。此时树脂反应速率加快。

第四阶段是保温阶段。目的是使树脂充分固化。

第五阶段是冷却阶段，达到树脂熔点即可停止加热，然后自然冷却，并保持需要的最高压力。冷却速率对制品表面的平整度有影响，应控制冷却速率，降至50℃以下时可以脱模。

② 压力　层压压力的作用：a.克服挥发物的蒸气压；b.使黏结的树脂流动；c.使胶布层间紧密接触；d.防止板材冷却时变形。

成型压力的大小是根据树脂的固化特性确定的。通常环氧/酚醛层压板成型压力为5.9MPa，环氧板材成型压力为3.9～5.9MPa。

（4）后处理　后处理的目的是使树脂进一步固化直到完全固化，同时部分消除制品的内应力，提高制品的综合性能。环氧板和环氧/酚醛板的后处理是在130～150℃的环境中保持150min左右。

（5）层压板常见缺陷、产生原因及解决办法　层压板的质量是层压工艺各工序操作质量的综合反映，因此，对层压板出现的质量问题应进行全面分析，从中找出确切原因，然后采取有效措施加以解决，以确保批量生产时层压板的质量。表13-2为层压板生产常见缺陷、产生原因及解决措施。

表 13-2　层压板生产常见缺陷、产生原因及解决措施

常见缺陷	产生原因	解决措施
颜色不均（表面发花）	多出现在薄板中，产生原因可能是胶布所用树脂流动性差、压制时压力不足或受压不均、预热时间过长、加压过迟	生产胶布时应注意树脂中不溶性树脂含量和树脂的流动性，预热时间不要过长并及时加全压，适当增大压力，增加衬纸数量并经常更换
中间开裂	坯料中夹有老化胶布、胶布含胶量过少、压力太小或加压过迟、坯料中夹有不洁净的杂物、坯料叠合体搭配不当	严格检查胶布质量、注意坯料的叠合、压制时注意掌握好加压时机并注意保压
板心发黑、四周发白	胶布可溶性树脂含量和挥发物含量过大，导致坯料在压制时流向四周，并且四周挥发物容易溢出而中间残留过多	适当增大不溶性树脂含量和降低挥发物含量、防止胶布受潮
厚度偏差	钢板不平、胶布含胶不均匀、可溶性树脂含量过大、胶布流动性过大、热板温度不均匀	检查钢板厚度、控制胶布质量和胶布中可溶性树脂含量、控制好热板温度分布
坯料滑移	在环氧酚醛复合材料坯料中较为常见，产生原因可能是胶布不溶性树脂含量低、胶布含胶量不均匀、预热阶段升温过快、压力过大或第二次加压过早、压力分布不均匀	适当控制不溶性树脂含量、对含胶量不均匀的胶布要适当搭配叠合、合理控制预热阶段的升温速率和加压速率、确保压力在坯料上均匀分布
板材翘曲	热板温度不均匀、胶布质量不均匀	升温及冷却要缓慢、胶布质量要严格控制并合理搭配
厚板树脂聚集和开裂	压制厚板时常出现，产生原因可能是加压时控制不当、树脂固化反应速率太快	提高胶布中不溶性树脂含量、适当降低预热及压制温度、降低升温速率、延长操作时间

13.1.3 玻璃纤维布增强环氧树脂覆铜箔板

高度信息化的时代已经到来，电子元器件已进入高集成度、高可靠性的新阶段，对于它们安装所必需的基板——印刷电路板（PWB）来说继续向着高密度、高精度方向发展是未来趋势。除了在 x、y 轴方向要实现高密度表面安装之外，还要求在 z 轴方向能进行化学沉铜、孔化等。除了需求单、双面布线外，还要求多层、柔性布线，因此要求一系列高性能复合材料。覆铜箔板是制造印刷电路板最重要的材料，玻璃纤维布增强覆铜箔板如 FR-4、FR-5 已成为电子计算机、通信设备、仪器仪表等电子产品中印刷电路板的主流。美国电气工程师学会环氧树脂覆铜箔板的主要型号标准及产品特性见表 13-3。

表 13-3 美国电气工程师学会环氧树脂覆铜箔板的主要型号标准及产品特性

型号	基体（或称为胶黏剂）	增强材料（或称为基材）	产品特性
G-10			一般用途
G-11	环氧树脂	玻璃纤维布	耐热
FR-4			阻燃
FR-5			耐热、阻燃

FR-4 的主要原料为溴化环氧树脂，其技术指标见表 13-4。

FR-4 覆铜箔板是电子电气绝缘领域广泛应用的品种，其胶液配方见表 13-5。

表 13-4 溴化环氧树脂技术指标

项目	指标	项目	指标
环氧当量/(g/mol)	400~450	固体含量/%	79~81
色泽（加氏）	<2	黏度/(Pa·s)	800~2000
溴含量/%	19~21	溶剂	丙酮
水解氯含量/%	0.02~0.03		

表 13-5 FR-4 胶液典型配方

材料名称	用量/质量份	材料名称	用量/质量份
溴化环氧树脂（固体含量80%）	125	乙二醇甲醚	15
双氰胺（DICY）	2.9	2-甲基咪唑	0.05~0.12
二甲基甲酰胺（DMF）	15		

FR-4 型环氧树脂覆铜箔板制造工艺有 2 个步骤。

（1）附胶黏剂铜箔的制造工艺 制造工艺流程如图 13-2 所示。

（2）漆布的制造工艺 漆布的制造工艺如图 13-3 所示。浸渍后的玻璃纤维布在干燥机内除了烘去溶剂外，还使清漆半固化达到 B 阶段。几种漆布的技术指标见表 13-6。

三种流动性不同的漆布按一定的顺序叠加后，在其一面或两面覆上附有胶黏剂的铜箔，放入压机内采用两种方法热压，即销式层压和堆积层压，如图 13-4 所示。三种漆布中树脂的熔体流动速率及固化行为如图 13-5 所示。

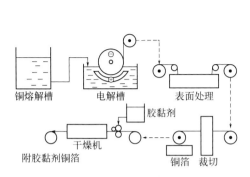

图 13-2　附胶黏剂铜箔的制造工艺流程

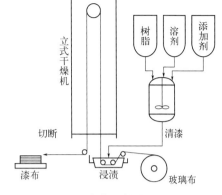

图 13-3　漆布的制造工艺流程

　　陈平等在 20 世纪 90 年代曾撰文对 FR-4 覆铜箔板的国产化进行了早期研究工作。其性能与国外 FR-4 优等品相当。FR-4 环氧树脂覆铜箔板的一般性能见表 13-7。

表 13-6　FR-4 三种漆布的技术指标

指标	低流动性	中流动性	高流动性
玻璃纤维布类型	116 号	116 号	116 号
树脂含量/%	55±5	55±5	57±5
可流动树脂含量/%	34±5	37±5	45±5
凝胶时间/s	150±20	200±25	222±30
挥发分/%	0.3 以下	0.3 以下	0.3 以下
压制后的厚度/mm	0.10±0.02	0.10±0.02	0.10±0.02

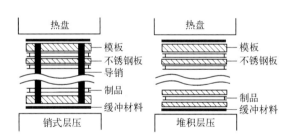

图 13-4　FR-4 型覆铜箔板层压工艺简图

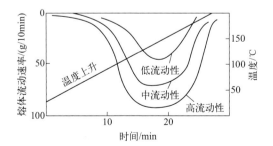

图 13-5　三种漆布中的熔体流动速率及固化行为

表 13-7　FR-4 环氧树脂覆铜箔板的一般特性

项目	数据	项目		数据
绝缘电阻/Ω	$5×10^{13}～10^{15}$	耐三氯乙烯煮沸(5min)		无异常
体积电阻率/(Ω·cm)	$10^{15}～10^{16}$	耐二氯甲烷(35℃,5min)		无异常
表面电阻/Ω	$10^{13}～10^{14}$	耐 NaOH(3%,40℃,5min)		无异常
相对介电常数(1MHz)	4.6～5.0	打孔性能	ASTM D(167℃)	常温
介电损耗角正切(1MHz)	0.016～0.021		实用模具打孔	常温
耐焊接性(260℃)	120s 以上			
耐热性(140℃)	60min 无异常			
铜箔剥离强度(35μm)/(N/cm)	16～22	剪切强度/MPa	铜箔部分	150～160
吸水率/%	0.06～0.15		层压板部分	140～150
弯曲强度/MPa	450～600			
阻燃性(垂直法)	UL94V-0			

辜信实对 FR-4 覆铜箔板提高耐热性、紫外线屏蔽性、吸收氩激光功能（AOI）等方面进行了探讨，提出在清漆配方中用部分酚醛环氧树脂可以提高覆铜箔板的耐热性，清漆用量在 5%～20% 范围内为宜。

现代电子工业发展迅速，电子系统要求信号传播速率越来越快，电子元器件的体积越来越小。传统的 FR-4 环氧玻璃纤维布板已不能满足现代电子技术发展的要求，要迫切研制开发出具有低介电常数 ε_r、低介电损耗角正切（tanδ）和高玻璃化转变温度（T_g）及其他优异性能的印刷电路板材料，以满足高速高频传输的需要。

提高印刷电路板（PWB）性能的途径主要有两种：一种是选用介电性能优异的增强材料，如 D-玻纤、Q-玻纤、石英纤维、Kevlar 纤维等，但是它们价格昂贵、成本较高；另一种是选用具有低介电常数、低介电损耗角正切、耐高温的高性能树脂基体。如聚酰亚胺、聚四氟乙烯、氰酸酯树脂、聚苯醚树脂等，但也存在价格昂贵的问题。

目前，获得性能优异、价格可以接受的 PWB 基板的研究，主要集中在对环氧树脂改性上，利用环氧树脂的低价格、良好的工艺性及综合性能，通过改性得到高性能树脂基体。根据实际生产和使用的需要，选用双酚 A 型二异氰酸酯改性环氧树脂，意在消除环氧树脂固化产物中极性较大的羟基，研究了不同固化促进剂及不同配比对环氧基体与固化产物的影响，通过优化设计，最终研制成功了符合 FR-4 印刷电路板成型工艺条件的改性环氧树脂基体。用此树脂基体试制的低介电常数、低介电损耗的 FR-4 印刷电路板性能见表 13-8。

表 13-8　基板的性能测试结果

实验项目	FR-4 标准要求	本产品性能
弯曲强度/MPa	441～539	523.6
吸水率/%	0.05～0.10	0.04
体积电阻率/(Ω·m)	$10^{13}～10^{14}$	$2.3×10^{14}$

实验项目	FR-4 标准要求	本产品性能
表面电阻/Ω	$10^{12} \sim 10^{13}$	1.7×10^{13}
相对介电常数（1MHz）	< 4.0	3.8
介电损耗角正切（1MHz）	$0.017 \sim 0.021$	0.0058
可燃性	UL94 V-0	UL94 V-0

由表13-8的性能测试结果可见，这种 PWB 用环氧树脂基体符合生产工艺要求，在胶黏剂配方中选用过渡金属的乙酰丙酮络合物 $Mt(acac)_n$ 作促进剂可以使胶布黏片的贮存期达到2个月以上，且高温可以快速固化，用此胶布制成的高性能 FR-4 印刷电路板超过了通用 FR-4 印刷电路板的性能，这对我国进一步开发高性能 FR-4 印刷电路板具有重要的借鉴和参考意义。

13.2　纤维缠绕成型工艺

纤维缠绕成型工艺是在纤维张力和预定成型控制条件下，将浸过树脂胶液的连续纤维（或布、预浸纱）按照一定的规律缠绕到芯模或内衬上，然后经固化、脱模，获得一定形状的制品。

13.2.1　概述

（1）纤维缠绕成型工艺及分类　根据纤维缠绕成型时树脂基体的物理化学状态不同，分为干法缠绕、湿法缠绕和半干法缠绕三种，其工艺流程见图13-6。

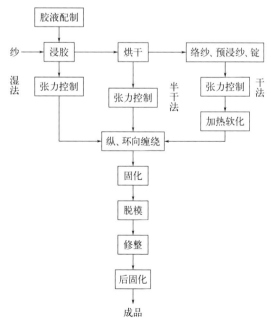

图 13-6　纤维缠绕成型工艺

① 干法缠绕　干法缠绕是采用经过预浸胶处理（树脂处于 B 阶段）的预浸纱或带，在缠绕机上经加热软化至黏流态后缠绕到芯模上。由于预浸纱（或带）是专业生产，能严格控制树脂含量（精确到 2% 以内）和预浸纱质量。因此，干法缠绕能够准确地控制产品质量。干法缠绕工艺的最大特点是生产效率高，缠绕速度可达 100～200m/min，缠绕机清洁方便，劳动卫生条件好，产品质量高。其缺点是缠绕设备贵，需要增加预浸纱制造设备，故投资较大，此外，干法缠绕制品的层间剪切强度较低。

② 湿法缠绕　湿法缠绕是将纤维集束（纱式带）浸胶后，在张力控制下直接缠绕到芯模上。湿法缠绕的优点为：a. 成本比干法缠绕低 40%；b. 产品气密性好，因为缠绕张力使多余的树脂胶液将气泡挤出，并填满空隙；c. 纤维排列平行度好；d. 湿法缠绕时，纤维上的树脂胶液可减少纤维磨损；e. 生产效率高（缠绕速度达 200m/min）。湿法缠绕的缺点为：a. 树脂浪费大，操作环境差；b. 含胶量及成品质量不易控制；c. 可供湿法缠绕的树脂品种较少。

③ 半干法缠绕　半干法缠绕是纤维浸胶后，到缠绕至芯模的途中，增加一套烘干设备，将浸胶纱中的溶剂除去。与干法相比，省去了预浸胶工序和设备；与湿法相比，可使制品中的气泡含量降低。

三种缠绕方法中，以湿法缠绕应用最普遍，干法缠绕仅用于高性能、高精度的尖端技术领域。

（2）纤维缠绕成型的特点

① 纤维缠绕成型的优点　a. 能够按产品的受力状况设计缠绕规律，能充分发挥纤维的强度；b. 比强度高，一般来讲，纤维缠绕压力容器与同体积、同压力的钢质容器相比，质量可减轻 40%～60%；c. 可靠性高，纤维缠绕制品易实现机械化和自动化生产，工艺条件确定后，缠出来的产品质量稳定，精确；d. 生产效率高，采用机械化或自动化生产，需要操作工人少，缠绕速度快（240m/min），故劳动生产率高；e. 成本低，在同一产品上，可合理配选若干种材料（包括树脂、纤维和内衬），使其再复合，达到最佳的技术经济效果。

② 缠绕成型的缺点　a. 缠绕成型适应性差，不能缠任意结构形式的制品，特别是表面有凹形的制品，因为缠绕时，纤维不能紧贴芯模表面而架空；b. 缠绕成型需要有缠绕机、芯模、固化加热炉、脱模机及熟练的技术工人，需要的投资大，技术要求高，因此，只有大批量生产时才能降低成本，才能获得较高的技术经济效益。

（3）缠绕成型技术的发展

① 缠绕成型技术的现状　自 1946 年美国发明用连续纤维缠绕成型压力容器方法以来，缠绕成型工艺得到不断的完善和发展。就全世界而言，缠绕成型工艺生产的复合材料制品，已占世界复合材料总产量的 8% 左右。我国在 1962～1965 年总结出纤维缠绕规律，设计出可缠制各种压力容器的链条式缠绕机，揭开了我国缠绕成型技术的历史。此后，从德国引进大型数控缠绕机，生产火箭发动机壳体和长 6m、直径 2m 的玻璃钢贮罐。进入 20 世纪 80 年代，先后从意大利、美国、日本等引进了自动化程度较高的微机控制缠绕机，可以生产直径 4m、长 15m 以内的管、罐，引进的现场缠绕机，经研究改造后，可以缠直径 20m 的立式贮罐。我国自行设计制造的机械式缠绕机、微机控制自动化程度很高的大型缠绕机和连续缠管机也相继问世，其技术水平在某些地方超过国外进口设备，现已

进入国际市场。

② 纤维缠绕制品开发应用　纤维缠绕制品的开发应用，分为军工和空间技术和民用等方面。

a. 军工和空间技术　应用于军工和空间技术方面的复合材料缠绕制品，要求精密、可靠、质量轻及经济等。纤维缠绕制品在航空、航天及军工方面的应用实例有：固体火箭发动机壳体；固体火箭发动机烧蚀衬套；火箭发射筒；鱼雷仪器舱；飞机机头雷达罩；氧气瓶（机载）；直升机的旋翼；高速分离器转筒；天线杆、点火器、波导管；导弹连接裙；航天飞机的机械臂等。

在这些产品中，最具代表性的是火箭发动机壳体，例如美国北极星 A 导弹一、二级发动机壳体，我国长征二号火箭发动机壳体，均用纤维缠绕玻璃钢取代合金钢，质量减轻 45％，射程由 1600km 增加到 4000km，生产周期缩短了 1/3，成本大幅降低。

b. 民用方面　在民用领域，纤维缠绕制品的优点主要表现在轻质高强、防腐、耐久、实用、经济等方面。已开发应用的产品有：高压气瓶（煤气、氧气）；输水工程，防腐管道及配件；各种尺寸和性能的贮罐；电机绑环及护环；风电机叶片；跳高运动员用的撑杆、船桅杆；电线杆；贮能飞轮；汽车板簧及传动轴；纺织机剑杆、绕丝筒；羽毛球及网球球拍；防波浮筒；磁选机筒等。

最具代表性的民用缠绕制品是玻璃钢管、罐。它具有一系列优点：耐化学腐蚀；摩擦阻力小，可降低能耗 30％左右；质量轻，为同口径钢管质量的 1/5～1/3；能生产 2～4m 大口径管（而球墨铸铁管的最大口径为 1m）；施工安装费用比钢管低 15％～50％；中国生产的直径 15～20m、容积 1000m^3 以上的大型立式贮罐，已在工程实际中应用，性能良好。

13.2.2　原材料及芯模

（1）原材料　缠绕成型的原材料主要是增强材料、树脂基体和填料。

① 增强材料　缠绕成型用的增强材料主要是各种纤维纱，如无碱玻璃纤维纱、中碱玻璃纤维纱、碳纤维纱、高强玻璃纤维纱、芳纶纤维纱及表面毡等。

选择增强材料时，应注意以下问题。

a. 性能和价格　碳纤维、芳纶纤维以及高强度、高模量玻璃纤维，其性能优异，强度大、刚性好，但这些纤维价格贵，常用于航空、航天及体育用品等方面。一般民用产品则多采用普通玻璃纤维。为了充分发挥不同增强材料的特性和降低成本，也可以采用两种以上纤维进行缠绕。如螺旋缠绕采用碳纤维，环向缠绕采用玻璃纤维，这样可以提高缠绕制品的纵向刚度，同时也能降低成本。

b. 满足制品的性能要求　无碱纤维耐水性、电性能好，适用于电器绝缘制品。中碱纤维价格比无碱纤维价格便宜 30％以上，耐酸性能优越，应大力推广。

c. 浸透性和粘接性　无论是碳纤维、芳纶纤维或玻璃纤维，用于缠绕成型时，都应进行表面处理，保证与树脂有较好的浸透性和粘接性。

d. 张力　无捻粗纱各股纱的张力均匀，不起毛，不断头，成带性好。

② 树脂基体　树脂基体是指树脂和固化剂组成的胶液体系。缠绕制品的耐热性、耐化学腐蚀性及耐自然老化性主要取决于树脂性能，同时对工艺性、力学性能也有很大影

响。其基本要求如下：

a. 适用期要长，为了保证能顺利地完成缠绕过程，凝胶时间应大于 4h；

b. 树脂胶液的流动性是保证纤维被浸透、含胶量均匀和纱片中气泡被排出的必要条件，缠绕成型胶液的黏度应控制在 0.35～1.0Pa·s；

c. 树脂基体的断裂伸长率应和增强材料相匹配，不能太小；

d. 树脂胶液在缠绕过程中毒性要小，固化后的收缩率要低；

e. 来源充足，价格便宜。

③ 填料　填料种类很多，加入后能改善树脂基体的某些功能，如提高耐磨性、增加阻燃性和降低收缩率等。在胶液中加入空心玻璃微珠，可提高制品的刚性、减小密度和降低成本等。在生产大口径地埋管道时，常加入 30％的石英砂，借以提高产品的刚性和降低成本。为了提高填料和树脂之间的粘接强度，填料要保证清洁和进行表面活性处理。

（2）芯模　成型中空制品的内模称芯模。一般情况下，制品固化后，芯模要从制品内脱出。

① 芯模设计的基本要求

a. 要有足够的强度和刚度，能够承受制品成型加工过程中施加于芯模的各种载荷，如自重、制品重、缠绕张力、固化应力、二次加工时的切削力等。

b. 能满足制品形状和尺寸精度要求，如椭圆度、锥度（脱模）、表面光洁度和平整度等。

c. 保证产品固化后能顺利从制品中脱出。

d. 制造简单，造价便宜，取材方便。

② 芯模材料　缠绕成型芯模材料分两类：熔、溶性芯模材料；组装式芯模材料和内衬材料。

a. 熔、溶性芯模材料　包括石蜡、水溶性聚乙烯醇型砂、低熔点金属等，这类材料可用浇注法制成空心或实心芯模，制品缠绕成型后，从开口处通入热水或高压蒸汽，使其溶、熔，从制品中流出，流出的溶（熔）体，冷却后可重复使用。

b. 组装式芯模材料和内衬材料　组装式芯模材料常用的有铝、钢、夹层结构、木材及石膏等。金属芯模一般设计成可拆式结构，制品固化后，从开口处将芯模拆散取出，重复使用。钢、铝和夹层结构芯模，可重复使用，适合于批量产品生产。石膏、木材来源广、价格低，制造和脱模比较方便。石膏芯模是一次性使用，不能回收。小型产品可用实心芯模，大型制品则与木材等组装成空心芯模。

内衬材料是制品中的组成部分，固化后不从制品中取出，内衬材料的作用主要是防腐和密封，当然也可以起到芯模作用，属于这类材料的有橡胶、塑料、不锈钢和铝合金等。

③ 芯模结构形式

a. 石膏隔板式组合结构芯模　石膏芯模是一次性使用品，它由金属芯轴、石膏封头、石膏隔板、铝管及石膏面层组成，也可以用铝金属型块组合封头代替石膏封头（图 13-7）。这种芯模的特点为：制作简单，成本低，拆除方便，这种芯模最适用于精度要求高的大、中型单件或小件制品，其尺寸精度可达 1mm 以内。

b. 管道芯模　其分为整体式和开缩式两种，整体式管道芯模（图 13-8）适用于直径小于 800mm 的玻璃钢管生产，整体式管道芯模是用钢板卷焊而成，也可以用无缝钢管加

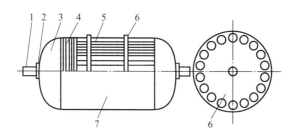

图 13-7　石膏隔板式组合结构芯模
1—芯轴；2—金属嵌嘴；3—石膏封头；4—麻绳；5—铝管；6—石膏隔板；7—石膏面层

工制造。为了脱模方便，整体式管道芯模表面要经过打磨、抛光，芯模沿长度方向要大于 1/1000 锥度。

　　直径大于 800mm 的管道芯模，采用开缩式管道芯模，如图 13-9 所示，芯模壳体由经过酸洗的优质钢板卷成，表面经过抛光、打磨，具有高精度和高光洁度。芯模中心轴，沿轴长度方向，每隔一定距离有一组可伸缩式辐条机构支撑的轮状环，用于支撑芯模外壳。脱模时，通过液压机械装置，使芯模收缩，从固化制品中脱下来。再用时，将芯模恢复到原始尺寸。

图 13-8　整体式管道芯模

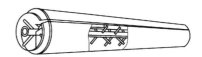

图 13-9　开缩式管道芯模

　　为了提高生产效率，减少缠绕过程中装、卸管道芯模的时间，在缠管机上增设多轴芯模装置（图 13-10），它是一个圆盘回转架，架上可同时装 3～6 根相同或不同直径的芯模。回转架使每根芯模依次置于缠绕工位进行缠绕，在回转架底座旁边有一个液压动力升降机，将缠好的管正确地放在脱模机上脱模。

图 13-10　多轴芯模

　　c.贮罐芯模　其一般由封头和罐身组成，可分别制成封头和罐身构件，然后再胶黏成整体。通常罐身用缠绕成型，封头用手糊或喷射成型。也可以将预制的封头和罐身粘成芯模，然后再整体缠绕。

　　④内衬　缠绕制品气密性差，因此在生产高压容器或航空氧气瓶时，必须要用致密材料做内衬来保证。

　　a.内衬材料的要求　内衬材料的致密性要高，不透水，不透气，密度尽量小；根据容器的使用条件，内衬材料应具有防腐蚀或耐高温低温性能等；与缠绕结构层有相同的断裂延伸率和膨胀系数，能共同承受载荷；能与缠绕结构层牢固地粘接在一起，耐疲劳、不分层；材料易获得，价格便宜。

目前用作内衬的材料有铝、不锈钢、橡胶和塑料等。

b. 常用的几种内衬材料

ⅰ. 铝、不锈钢内衬　铝内衬气密性高，缠绕过程中能够起到芯模作用，成型后铝内衬不再从制品中取出。铝内衬在缠绕和固化过程中变形小，与缠绕玻璃钢的结构层相容性好，已成功用于各种高压气瓶的生产，能保证制品耐疲劳寿命 2000 次以上。铝内衬的缺点是焊接技术要求高、制造复杂、不耐腐蚀等，不锈钢内衬耐腐蚀，但密度大，两种金属内衬制造都比较复杂。

ⅱ. 塑料、橡胶内衬　这类材料内衬气密性好，耐化学腐蚀，制造工艺简单，成本低，有弹性等。橡胶内衬属弹性材料，无刚度，不能满足缠绕成型过程中的芯模承载作用，必须加支撑结构。塑料内衬材料有尼龙 6、ABS、聚氯乙烯、聚乙烯等，这类材料气密性好，耐化学腐蚀，制造简单，有一定的强度和刚性，可起到内衬和芯模作用，成本低。其缺点是耐温（高、低温）性差，选用时必须考虑到制品固化温度和塑料内衬相适应。

13.2.3　纤维缠绕规律

纤维缠绕规律是研究绕丝嘴与芯模之间相对运动关系的规律，使纱带能均匀排布在芯模表面。国外虽在杂志上有照片报道，但没有关于如何能缠绕出规律线型的文字资料。1965 年我国研究者揭示了纤维缠绕规律，提出了两种计算方法，即"切点法"和"标准线法"。

13.2.3.1　缠绕线型

根据纤维在芯模上的排列状况，缠绕线型归纳为环向缠绕、纵向缠绕和螺旋缠绕三种。

（1）环向缠绕　环向缠绕是芯模绕自身轴线匀速旋转，绕丝嘴沿芯模筒体轴线平行方向移动，芯模每转一周，绕丝嘴移动一个纱片宽度，如此循环下去，直到纱片均匀地布满芯模筒体段表面为止。环向缠绕线型如图 13-11 所示。

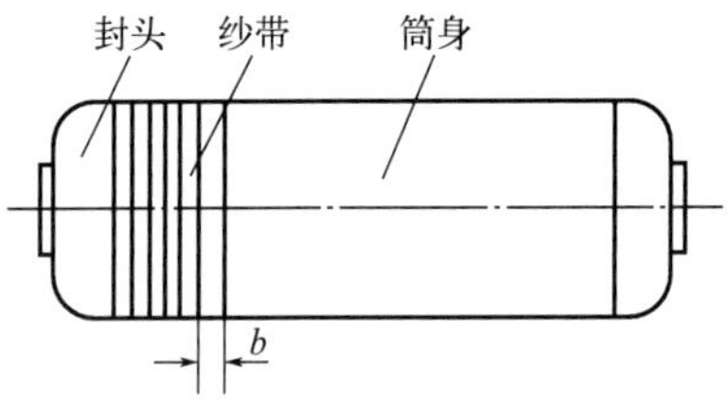

环向缠绕只能在筒身段进行，只提供环向强度。环向缠绕的缠绕角（纤维方向与芯模轴夹角）通常在

图 13-11　环向缠绕

$85°\sim90°$ 之间，环向缠绕参数关系图如图 13-12 所示，其计算公式如下：

$$W = \pi D \cot\alpha$$
$$b = \pi D \cos\alpha$$

(13-1)

式中　W——纱片螺距；

b——纱片宽度；

D——芯模直径；

α——缠绕角。

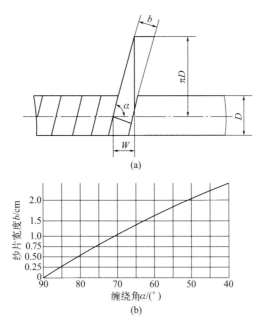

图 13-12 环向缠绕参数关系图

当缠绕角小于 70°时，纱片的宽度要求比芯模直径还大，这是不可能的，因此环向缠绕时，缠绕角必须大于 85°，小于 90°。

（2）纵向缠绕 纵向缠绕又称平面缠绕。缠绕时，缠绕机的绕丝嘴在固定的平面内做匀速圆周运动，芯模绕自身轴线慢速旋转，绕丝嘴每转一周，芯模旋转一个微小角度，相当于芯模表面上一个纱片宽度。纱片与芯模轴的夹角称为缠绕角，其值小于 25°。纱片依次连续缠绕到芯模上，各纱片均与两极孔相切，各纱片依次紧挨而不相交。纤维缠绕轨道近似为一个平面单圆封闭曲线。平面缠绕基本线型如图 13-13 所示。

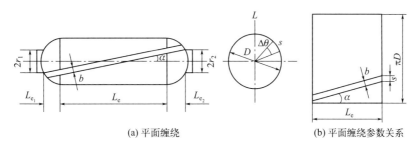

(a) 平面缠绕   (b) 平面缠绕参数关系

图 13-13 平面缠绕基本线型

由图 13-13 可知，缠绕角 α 为：

$$\alpha = \arctan\left(\frac{r_1 + r_2}{L_{e_1} + L_{e_2} + L_e}\right) \tag{13-2}$$

式中，r_1、r_2 为两封头的极孔半径；L_e 为筒身长度；L_{e_1}、L_{e_2} 为两封头高度。
若两封头极孔半径相同（即 $r_1 = r_2 = r$）、封头高度相等（即 $L_{e_1} = L_{e_2} = L_e$），则：

$$\tan\alpha = \frac{2r}{L_e + 2L_e}$$

$$\alpha = \text{arccot}(\frac{2r}{L_e + 2L_e}) \tag{13-3}$$

平面缠绕的速比 $i_纵$ 为芯模转速 Z_m 和单位时间绕丝嘴旋转次数 n 的比值，若纱片宽为 b，缠绕角为 α，则速比为：

$$i_纵 = \frac{b}{\pi D \cos\alpha} \tag{13-4}$$

平面缠绕适用于球形、椭球形及长径比小于1的短粗筒形容器生产。平面缠绕容器头部纤维有严重架空现象，为了减少纤维架空对制品质量的影响，一般在缠绕不同层次时，使缠绕角 α 值在一定范围内变化，以分散纤维在端头部的堆积。

（3）螺旋缠绕　螺旋缠绕的特点是：芯模绕自身轴线均匀转动，绕丝嘴沿芯模轴线方向按缠绕角所需要的速度往复运动——螺旋缠绕的基本线型是由封头上的空间曲线和圆筒段的螺旋线所组成（图13-14）。螺旋缠绕纤维在封头上提供经纬两个方向的强度，在筒身段提供环向和纵向两个方向的强度。

缠绕纤维与芯模旋转轴线相交的夹角，称为缠绕角 α，当缠绕角近90°时，实际上完成的是环向缠

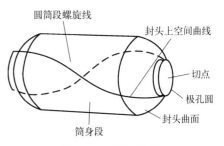

图 13-14　螺旋缠绕

绕，亦称高缠绕角螺旋缠绕。一般螺旋缠绕的缠绕角控制在 15°～85° 之间，此时绕丝嘴完成一个单程后的纱带与下一单程缠绕的纱带不再相切，而留下很大缝隙。要使纤维均匀布满芯模表面，就必须让绕丝嘴多次往复移动（纱带的轨迹是单头或多头螺旋线），才能填满这些缝隙。往复的螺旋线缠绕纱带，在芯模上相互交叉，当纤维均匀布满芯模表面时，就构成了双层平衡纤维壳，所以螺旋缠绕的层数总是偶数。

从连续纤维螺旋缠绕的规律中发现，纤维绕过极孔圆时，要与极孔圆相切，而在筒身段，同一层中的纤维有交叉现象。因此，可以通过用出现在封头极孔圆上的切点数和出现在筒身段部分的交叉点及交叉点连线（亦称交带）的数量来表征螺旋缠绕的线型特点与规律。

13.2.3.2　缠绕规律

缠绕规律是保证纤维缠绕制品质量的技术关键，是制品强度设计和缠绕机运动机构设计的依据。分析螺旋缠绕规律的方法有"切点法"和"标准线法"两种。切点法是通过缠绕线型在极孔圆上对应切点的分布规律，找出芯模转角、线型和速比之间的关系。标准线法是从芯模表面的标准线出发，找出制品尺寸与绕丝嘴及芯模相对运动的关系，两种方法可以得出完全一致的结果。下面主要介绍切点法缠绕规律。

（1）线型　线型是连续纤维缠绕在芯模表面上的排布形式。用切点法描述螺旋纤维缠绕的规律，就是研究线型与切点数和分布的规律。

① 纤维在芯模表面均匀布满的条件

a. 一个完整循环的纤维螺旋缠绕概念是指在缠绕过程中，纤维由芯模上的某点开始，

经过若干次往复缠绕后，又缠回到起始点上，这样在芯模上完成的一次（不重复）布线，就是一个完整循环。一个完整循环的纤维轨迹称为标准线。要使纤维均匀地布满芯模表面，需要若干条连续纤维缠绕形成的标准线构成。标准线的排布形式，包括切点、交叉点、交带及分布规律，充分反映了全部缠绕纤维的排布规律。

b. 切点数和分布规律　螺旋缠绕的纱片，在完成一个完整循环时，在芯模极孔圆周上只有一个切点，称单切点。而在一个完整循环中有两个以上切点的，称多切点。由于芯模匀速旋转，绕丝嘴每次往返时间相同，故在极孔圆周上的各切点，将等分极孔圆周。单切点与双切点的排布如图 13-15 所示。

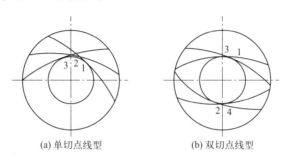

(a) 单切点线型　　　　　　　(b) 双切点线型

图 13-15　封头极孔圆上的切点线型分布图

当切点数 $n \geq 3$ 时，在与起始切点位置紧挨的切点出现以前，在极孔圆周上已出现 $n \geq 3$ 个切点。多切点线型在完成一个标准线型缠绕期间，相继出现的任意两个切点，可以依次排列，也可以间隔排列。当 $n = 3$、$n = 4$、$n = 5$ 时，其切点排列顺序如图 13-16 所示。

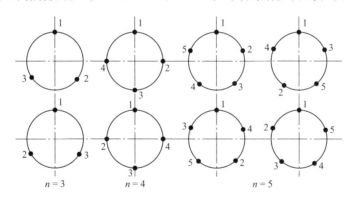

图 13-16　$n = 3$、$n = 4$、$n = 5$ 时初始切点的排列顺序

c. 缠绕纤维在芯模表面均布的条件　由于芯模上的每条纱片都对应着极孔圆上一个切点，所以只要满足以下两个条件就可以经若干个完整缠绕循环，使纱片一片挨一片地均布在芯模表面：一个完整循环的诸切点等分芯模转过的角度，即各切点均布在极孔圆周上；前一个完整循环与相继的后一个完整循环所对应的纱片，在筒身段应错开一个纱片宽度距离。

② 芯模转角（即缠绕中心角）与线型的关系　用 θ 表示一个完整循环缠绕的芯模转角。绕丝嘴往返一次，芯模转角用 θ_n 表示，绕丝嘴走完一个单程，芯模转角用 θ_t 表示，则：

$$\theta_n = 2\theta_t = \frac{\theta}{n} \qquad (13\text{-}5)$$

不同切点线型的芯模转角 θ_n 不同。

单切点芯模转角 θ_1 至少为 $360°\pm\Delta\theta$，或者再加上 $360°$ 的整数倍，即：

$$\theta_1 = (1+N)360°\pm\Delta\theta$$

式中，N 为整数；$\Delta\theta$ 为微小增量，由纱片宽度决定。

两切点线型的 θ_2 为 $360°/2\pm\Delta\theta/2$，或再加上 $360°$ 的整数倍，即：

$$\theta_2 = (\frac{1}{2}+N)360°\pm\Delta\theta/2$$

两切点为一个完整循环中绕丝嘴往返两次，错过一个 $\Delta\theta$，绕丝嘴往返一次时，则错开 $\Delta\theta/2$。以此类推，其他切点的芯模转角：

$$三切点时，\theta_3 = (1/3+N)360°\pm\Delta\theta/3;$$
$$n\text{ 切点时，}\theta_n = (\frac{1}{n}+N)360°\pm\Delta\theta/n \tag{13-6}$$

当 $n\geqslant3$ 时，各切点位置排布顺序与时序并不一致，如图 13-16 所示。

θ_3 有两个值：

$$\theta_{3\text{-}1} = (\frac{1}{3}+N)360°\pm\Delta\theta/3$$

$$\theta_{3\text{-}2} = (\frac{2}{3}+N)360°\pm\Delta\theta/3$$

θ_4 有两个值：

$$\theta_{4\text{-}1} = (\frac{1}{4}+N)360°\pm\Delta\theta/4$$

$$\theta_{4\text{-}3} = (\frac{3}{4}+N)360°\pm\Delta\theta/4$$

θ_5 有 4 个值：

$$\theta_{5\text{-}1} = (\frac{1}{5}+N)360°\pm\Delta\theta/5$$

$$\theta_{5\text{-}2} = (\frac{2}{5}+N)360°\pm\Delta\theta/5$$

$$\theta_{5\text{-}3} = (\frac{3}{5}+N)360°\pm\Delta\theta/5$$

$$\theta_{5\text{-}4} = (\frac{4}{5}+N)360°\pm\Delta\theta/5$$

n 切点时：

$$\theta_{n\text{-}k} = (\frac{k}{n}+N)360°\pm\Delta\theta/n$$

式中，k 为正整数；k/n 为最简真分数；$k/n+N$ 表示不同线型，代表某特定标准线；$\Delta\theta/n$ 表示芯模转角微调量，保证纱片既不离缝，又不重叠。

（2）转速比和线型

① 转速比　单位时间内，芯模转数 m 与绕丝嘴往返次数 n 之比称为转速比，即：

$$i = \frac{m}{n}$$

$$i = \frac{\theta_n}{360°} = (\frac{1}{n} + N) \pm \Delta\theta/(n \times 360°)$$

式中　i——实际转速比；

m——一个完整循环的芯模转数；

$\Delta\theta$——芯模转角增量；

n——一个完整循环中，绕丝嘴往返数（即切点数）。

② 转速比与线型的关系　线型是指纤维在芯模表面的排布形式，而转速比是芯模与绕丝嘴相对运动的关系。它们是全然不同的概念，但是不同线型严格对应着不同的转速比 i，所以通常认为线型 ΔS_0 在数值上等于转速比。

$$i = \Delta S_0$$

13.2.4　缠绕成型工艺设计及参数选择

缠绕成型工艺通常分为干法、湿法及半干法三种，选择成型方法时，要根据制品设计要求、设备条件、原材料性能及制品批量大小等因素综合考虑后确定。

缠绕成型工艺设计内容如下：

① 根据设计要求与技术质量指标进行缠绕线型和芯模设计；

② 选择原材料；

③ 根据产品强度要求、原材料性能及缠绕线型进行层数计算；

④ 根据选定的工艺方法制定工艺流程及工艺参数；

⑤ 根据缠绕线型选择缠绕设备。

缠绕成型中的主要工艺参数是：纤维烘干处理、浸胶方式及含胶量、胶纱烘干温度及时间、缠绕张力、缠绕速度、固化制度、脱模方法及脱模力等。

（1）纤维处理　缠绕成型用的玻璃纤维一般都选用 1200tex、2400tex 和 4800tex 缠绕专用纱，这种缠绕用玻璃纤维粗纱都是采用增强型浸润剂，但使用前应进行烘干，除去存放中纤维表面吸附的水分。芳纶纤维的烘干处理时间应更长些。

纤维烘干处理制度视其含水量和纱筒大小而定，一般用的玻璃纤维无捻粗纱是在 $60 \sim 80℃$ 下烘干 24h，用烘干纱缠绕的制品强度比未经烘干纱的强度高 4%。

（2）浸胶　含胶量对制品的性能影响很大，表现在几个方面：影响制品的质量和厚度；含胶量过高能使制品强度降低，气密性提高；含胶量过低会使制品中空隙率增加，气密性、耐老化性及剪切强度下降。

在浸胶过程中，必须严格控制纤维纱的含胶量，保证整个缠绕过程含胶量均匀。缠绕制品的结构层含胶量，一般控制在 17% ~ 25%，而以 20% 为最佳。

浸胶过程影响含胶量的因素很多，如胶液黏度、缠绕张力和浸渍时间等。温度对胶液黏度影响很大，因此应在浸胶槽上装设恒温水浴，水浴温度高低要视树脂种类而定。一般控制在 20～40℃范围。

为了保证纤维纱被树脂浸透、含胶量均匀以及纱片中尽量不含气泡，胶液的黏度应控制在 0.35～1.00Pa·s 范围之内。加热或加入稀释剂，都可以达到降低黏度的目的，但同时也会带来一定的副作用，必须选择得当。

浸胶方式主要有两种：①沉浸式浸胶（图 13-17）；②表面带胶式浸胶（图 13-18）。沉浸式浸胶是通过调整挤胶辊来控制胶含量的。表面带胶式浸胶则是通过调节刮刀间隙来控制含胶量的。

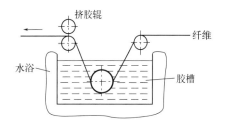

图 13-17　沉浸式浸胶

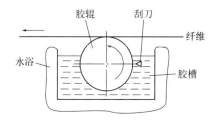

图 13-18　表面带胶式浸胶

（3）缠绕张力　缠绕张力是指在缠绕过程中，纤维所受的张紧力。张力大小、各束纤维中的张力均匀性以及各缠绕层之间纤维的张力均匀性等对制品质量影响很大。

缠绕张力的大小可通过计算确定，根据经验，一般初张力可按纤维强度的 5%～10% 选取。张力过小，纤维取向不佳，制品不致密，与内衬粘接不牢，同时还会使制品强度和耐疲劳性能降低；张力过大，纤维在缠绕过程中磨损增大，同样会使制品强度降低。

各纤维束之间的张力均匀性对制品的力学性能影响很大，各束纤维束受到的张力越不均匀，制品的强度降低越大。因此，在缠绕过程中，要尽量保持纤维束间和纤维束内各股纱的张力均匀。选用无捻或低捻缠绕纤维纱，保持纱片内各纤维平行，是保证纤维张力均匀的有效方法之一。

各纤维层间张力对制品的力学性能亦有影响。如果缠绕张力始终保持一致，则会使制品各缠绕层之间出现内松外紧的现象，使内层纤维张力降低，甚至松弛，造成纤维皱褶。固化后，纤维初始应力不均匀状态会大大降低制品强度和疲劳性能。

为了避免出现内松外紧的现象，可以采用逐层纤维张力递减的方法，尽可能使各层纤维在缠绕完成后所受的张力相等。纤维缠绕时的张力递减值可以通过计算确定，根据经验，一般取每层递减 5～10N。每层递减比较麻烦，可简化为每 2～3 层递减一次，递减值等于逐层递减之和。实践证明，采用缠绕张力递减法制成的容器爆破强度比未采用张力递减法的容器高 10% 以上。施加张力的方法，对于干法缠绕是通过纱团转动的摩擦阻力施加，对于湿法缠绕则是通过纤维浸胶的张力辊施加，张力辊的直径应大于 50mm。

（4）缠绕速度　纱带缠绕到芯模上的线速度称为缠绕速度，它反映缠绕过程的生产率。缠绕速度由芯模旋转速度和绕丝嘴运动线速度决定，其关系如图 13-19 所示。在湿法缠绕中，缠绕速度受到浸胶时间和设备能力限制：缠绕速度过快，纤维浸胶时间短，不易浸透；缠绕速度慢，则生产率低。在湿法生产过程中，缠绕速度最快不能超过 0.9m/s。

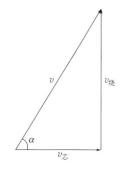

图 13-19　缠绕速度矢量图

α—缠绕角；v—缠绕速度；

$v_{芯}$—芯模旋转速度；

$v_{绕}$—绕丝嘴运动速度

（5）固化制度　缠绕成型的固化工艺一般分为加热固化和常温固化两种。不论是采用哪一种固化方法，制品在固化过程中均需缓慢转动，以保证制品受热均匀和防止流胶。缠绕成型聚酯玻璃钢用大型容器（如直径为 2～4m），建议采用常温固化。酚醛环氧树脂缠绕制品或大批量生产的制品，则需要选用加热固化，这是因为加热固化能保证产品质量，提高模具周转率和降低成本。对于厚壁缠绕制品，应采用分层缠绕固化法。此法是在模具上缠绕一定厚度后，使其固化，冷却至室温，打磨，再缠绕第二层，依次循环，直至达到设计厚度。分层缠绕固化的优点是：纤维位置及时得到固定，不致发生皱褶和松散；树脂不易在层间渗透，提高容器内外层质量均匀性。分层固化的缺点是：工艺复杂，能耗较大。

13.2.5　缠绕机

缠绕机是实现缠绕成型工艺的主要设备，对缠绕机的要求：①能够实现制品设计的缠绕规律和排纱准确；②操作简便；③生产效率高；④设备成本低等。

缠绕机主要由芯模驱动和绕丝嘴驱动两大部分组成。为了消除绕丝嘴反向运动时纤维松线，保持张力稳定，以及在封头或锥形缠绕制品纱带布置精确，实现小角度（5°～15°）缠绕，在缠绕机上设计有垂直芯轴方向的横向进给（伸臂）机构。为防止绕丝嘴反向运动时纱带转拧，伸臂上设有能使绕丝嘴翻转的机构。微机控制缠绕机有 4～5 个驱动轴，如图 13-20 所示。

（1）机械式缠绕机类型

① 绕臂式平面缠绕机（图 13-21）　其特点是绕臂（装有绕丝嘴）围绕芯模做均匀旋转运动，芯模绕自身轴线做均匀慢速转动，绕臂（即绕丝嘴）每转一周，芯模即转过一个小角度。此小角度对应缠绕容器上一个纱片宽度，保证纱片在芯模上一个紧挨一个地布满容器表面。芯模快速旋转时，绕丝嘴沿垂直地面方向缓慢地上下移动，此时可实现环向缠绕。使用这种缠绕机的优点是芯模受力均匀，机构运行平稳，排线均匀，适用于干法缠绕中小型短粗筒形容器。

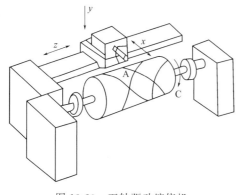

图 13-20　五轴驱动缠绕机

A—旋转缠绕；C—环向缠绕

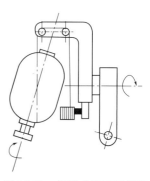

图 13-21　绕臂式平面缠绕机

② 滚转式缠绕机（图 13-22）　这种缠绕机的芯模由两个摇臂支撑，缠绕时芯模绕自身轴旋转，两臂同步旋转使芯模翻滚，翻滚一周，芯模自转一个与纱片宽相适应的角度，而纤维纱由固定的伸臂供给，实现平面缠绕，环向缠绕由附加装置来实现。由于滚翻动作机构不宜过大，故此类缠绕机只适用缠绕小型制品，且使用不广泛。

③ 卧式缠绕机（图 13-23）　这种缠绕机是由链条带动小车（绕丝嘴）做往复运动，并在封头端有瞬时停歇，芯模绕自身轴做等速旋转，调整两者速度可以实现平面缠绕、环向缠绕和螺旋缠绕。这种缠绕机构造简单，用途广泛，适宜于缠绕细长的管和容器。

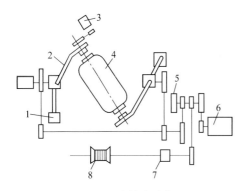

图 13-22　滚转式缠绕机
1—平衡铁；2—绕臂；3，6—电机；4—芯模；
5—制动器；7—离合器；8—纱团

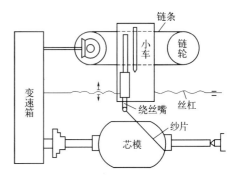

图 13-23　卧式缠绕机原理图

④ 轨道式缠绕机　轨道式缠绕机分立式和卧式两种，图 13-24 所示为卧式轨道缠绕机示意图，芯模和绕丝嘴小车运行轨道均呈卧式。纱团、胶槽和绕丝嘴均装在小车上，当小车沿环形轨道绕芯模一周时，芯模自身转动一个纱片宽度，芯模轴线和水平面的夹角为平面缠绕角 α，从而形成平面缠绕型。调整芯模和小车的速度可以实现环向缠绕和螺旋缠绕。轨道式缠绕机适合于生产大型制品。

⑤ 行星式缠绕机（图 13-25）　芯轴与水平面倾斜成 α 角（即缠绕角）。缠绕成型时，芯模做自转和公转两个运动，绕丝嘴固定不动。调整芯模自转和公转速度可以完成平面缠绕、环向缠绕和螺旋缠绕。芯模公转是主运动，自转为进给运动。这种缠绕机适合于生产小型制品。

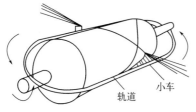

图 13-24　卧式轨道缠绕机

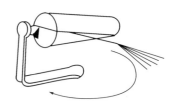

图 13-25　行星式缠绕机

⑥ 球形缠绕机（图 13-26）　球形缠绕机有 4 个运动轴，球形缠绕机的绕丝嘴转动、芯模旋转和芯模偏摆，基本上与摇臂式缠绕机相同，第四个轴运动是利用绕丝嘴步进实现纱片缠绕，减少极孔外纤维堆积，提高容器壁厚的均匀性。芯模和绕丝嘴转动，使纤维布满球体表面。芯模轴偏转运动，可以改变缠绕极孔尺寸和调节缠绕角，满足制品受力

要求。

⑦ 纵环向电缆式缠绕机（图 13-27）　纵环向电缆式缠绕机适用于生产无封头的筒形容器和各种管道。装有纵向纱团的转环 2 与芯模 3 同步旋转，并可沿芯模 3 轴向往复运动，完成纵向纱铺放，环向缠绕纱团 8 装在转环 2 两边的小车 4 上，当芯模 3 转动，小车 4 沿芯模 3 轴向做往复运动时，完成环向纱缠绕。根据管道受力状况，可任意调整纵环向纱数量比例。

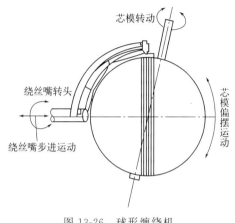

图 13-26　球形缠绕机

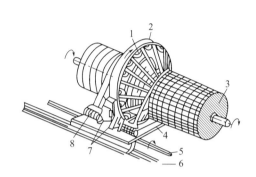

图 13-27　纵环向电缆式缠绕机

1—纵向纱盘；2—转环；3—芯模；4—小车；
5—小车丝杠；6—小车导轨；7—转环传动机构；
8—环向缠绕纱团

⑧ 新型缠管机（图 13-28）　新型缠管机与现行缠绕机的区别在于，它是靠管芯自转，并同时能沿管长方向做往复运动，完成缠绕过程。其特点如下。

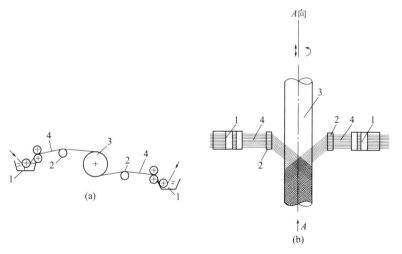

图 13-28　新型缠管机

1—浸胶导纱装置；2—绕丝嘴；3—芯模；4—纱片

a.绕丝嘴和胶槽固定不动，芯模做往复、旋转运动，设备结构简单；

b.一台缠绕机上拥有多个绕丝嘴同时工作，缠绕效率高；

c.一台缠绕机上拥有多个浸胶槽，可同时使用一种或几种树脂（不同配方树脂），使

319

内层、结构层的外表层一次完成；

　　d. 一台缠绕机可同时生产 1 根或 2～3 根管子，生产率高；

　　e. 生产线上有两台缠绕机，轮流交替准备缠绕和固化，生产过程不中断。

　　缠绕机在垂直平面内相互平行地装置 3 根管芯，由装在小车上的电动机经机头齿轮箱带动芯模旋转，使缠绕机沿管芯轴方向做往复运动，纤维纱在管芯上螺旋缠绕。这种缠绕机常用来生产 $\phi 25～500$mm 的各种玻璃钢管：生产 $\phi 25～150$mm 管时，每次可生产三根，生产 $\phi 150～250$mm 管时，每次可生产两根，生产 $\phi 250～500$mm 管时，每次可生产一根管。使用 1200tex 玻璃纤维纱时，分梳排纱密度为 3mm/根，缠绕角为 $35.24°～54°$（螺旋缠绕）。

　　这种缠绕机的优点是：绕丝嘴固定，为工人处理断头、毛丝以及看管带来很大方便；多路进纱可实现大容量进丝缠绕，缠绕速度快，布丝均匀，有利于提高产品质量和产量。

　　(2) 缠绕机控制系统　缠绕机按控制方法可分为机械控制缠绕机、数字控制缠绕机和微机控制缠绕机三种。

　　① 机械控制缠绕机　该缠绕机型式很多，其中又以卧式缠绕机应用最广。机械控制缠绕机的芯模被夹持在主轴上做自转运动，绕丝嘴安装在小车上，沿芯模轴线往复运动，通过调整芯模转速和绕丝嘴的运动速度（即速比）便可以实现各种线型缠绕，而速比的改变则是通过机头齿轮箱的挂轮，调节芯模主轴和小车间的机械运动来实现。

　　机械控制缠绕机的优点：结构简单，制造成本低；运行可靠，操作容易，维修方便；最适用于大批量管、筒形民用产品生产，经济实用，有着广阔的发展前途，即使是发达国家，目前仍然广泛应用这种缠绕机。

　　机械控制缠绕机的缺点：速比变化时，调整齿轮和链条较麻烦，变换产品生产时，需要准的时间过长；非线性缠绕精度不高，不能用于精度要求高的航天、航空制品生产。

　　② 数字控制缠绕机　数字控制缠绕机是以电脉冲式的数字量作为控制信号，实现对芯模进角的位移量和绕丝嘴的线位移量相互关系的控制，改变分频比便可以改变小车相对于主轴的速比，从而改变缠绕角。除芯模的小车运动外，还增加了绕丝嘴的伸臂和翻转运动，可以实现非线性缠绕，克服了机械缠绕机惯性大和精度低的缺点，但数控系统没有编程运算功能，改变线型时，需要停机调整，准备工作量较大，因而不能满足更加复杂制品的缠绕要求。

　　③ 微机控制缠绕机　在微机控制缠绕机中，缠绕机的系统程序属于容易更换的计算机软件，因此，大大增加了缠绕机的灵活性和适应性。

　　微机控制缠绕机除价格较贵外，优点很多。

　　a. 增加了缠绕机的运动坐标数。机械式缠绕机只有两个基本运动，即芯模转动和小车。而微机控制缠绕机则增加了绕丝嘴横向运动（垂直芯模轴线），绕丝嘴自身旋转，绕丝嘴垂直于小车平面运动，有三个运动坐标。

　　b. 增加计算机硬件和软件，扩大了缠绕机控制功能。一般微机控制缠绕机可以存储若干个不同的缠绕程序。

　　c. 缠绕精度高。传动机构选用精密机械，保证系统有较高的定位精度和重复定位精度，因而提高了缠绕精度和制品的重现性。微机控制缠绕机的芯模转动精度可以达到 ±0.0002 转，小车和绕丝嘴伸臂位移精度可达到 ±0.25mm。

　　d. 自动化程度高，使用方便。微机控制缠绕机适合于精度要求（质量、尺寸）高的航空、航天制品的生产，机械控制缠绕机则适用于民用管、罐产品的生产，从目前的发展情况分析，机械控制缠绕机和微机控制缠绕机都将会长期发展和应用，而数控缠绕机已被淘汰。

　　（3）缠绕机辅助装置　缠绕机的辅助装置有纱架、张力器、浸胶槽和绕丝嘴等。

　　① 纱架　缠绕机的纱架分随动式和固定式两种：随动式纱架安装在缠绕机绕丝嘴小车上，随小车同步运动，纱架到浸胶槽的距离短，不易出现松线、打结现象，但纱架上纱团容量少；固定式纱架安装在缠绕机的一侧或上方，纱架上纱团容量大。但因纱团距绕丝嘴小车较远，容易出现松线问题。图 13-29 和图 13-30 所示分别为端头引出型书架式纱架和侧向引出型书架式纱架示意图。

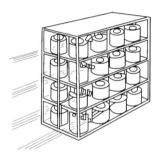

图 13-29　端头引出型书架式纱架

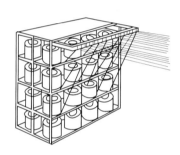

图 13-30　侧向引出型书架式纱架

　　② 张力器　张力器（图 13-31）亦称收线装置，为了控制张力，需要设收线装置，防止螺旋缠绕返程时发生松线现象。

　　③ 浸胶槽　根据对纤维表面涂胶方式不同，浸胶槽分为沉浸式、表面带胶式、滴胶式加压或真空浸胶等。

　　④ 绕丝嘴　绕丝嘴亦称导丝头，是缠绕机小车的主要部件，如图 13-32 所示，绕丝嘴应能前进后退，应能满足不同缠绕方式及不同制品形状和直径的缠绕要求。

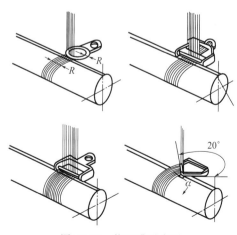

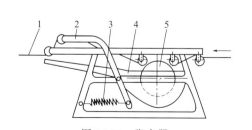

图 13-31　张力器

1—纤维；2—收线曲臂；3—弹簧；4—胶槽；5—胶辊

图 13-32　绕丝嘴示意图

13.3　拉挤成型工艺

拉挤成型工艺是将浸渍树脂胶液的连续纤维束、带或布等，在牵引力的作用下，通过挤压模具成型、固化，连续不断地生产长度不限的玻璃钢型材。这种工艺最适于生产各种断面形状的玻璃钢型材，如棒、管、实体型材（工字形、槽形、方形型材）和空腹型材（门窗型材、叶片等）等。

13.3.1　拉挤成型工艺特点

拉挤成型是复合材料成型工艺中的一种特殊工艺，其优点如下：

① 生产过程完全实现自动化控制，生产效率高；

② 拉挤成型制品中纤维含量可高达80％，浸胶在张力下进行，能充分发挥增强材料的作用，产品强度高；

③ 制品纵、横向强度可任意调整，可以满足不同力学性能制品的使用要求；

④ 生产过程中无边角废料，产品不需后加工，故较其他工艺省工，省原料，省能耗；

⑤ 制品质量稳定，重复性好，长度可任意切断。

拉挤玻璃钢制品的力学性能见表13-9。

表 13-9　拉挤玻璃钢制品的力学性能

性能		棒材	型材
材料组成	连续纤维毡/%	—	10
	无捻粗纱/%	55～70	47
	树脂/%	30～45	43
相对密度		1.8～2.1	1.86
拉伸强度/MPa		600～1000	521
拉伸模量/MPa		$(25～42)×10^3$	$27×10^3$
弯曲强度/MPa		700～1200	450
弯曲模量/MPa		$25×10^3$	—
压缩强度/MPa		400～600	547
介电强度/(kV/m)		600	610
热导率/[W/(m·K)]		0.23～0.46	0.23～0.41
热膨胀系数/($×10^{-6}℃^{-1}$)		3～4	4～5
吸水率/%		0.3～0.5	0.5

拉挤成型工艺的缺点是产品形状单调，只能生产线形型材，而且横向强度不高。

拉挤成型工艺过程由送纱、浸胶、预成型、固化定型、牵引、切断等工序组成。典型的拉挤成型工艺流程如图13-33所示。无捻粗纱从纱架1引出后，经过排纱器2进入浸胶槽3浸透树脂胶液，然后进入预成型模4，将多余树脂和气泡排出，再进入成型固化模5凝胶、固化。固化后的制品由牵引装置6连续不断地从模具中拔出，最后由切割装置7定长切断。在成型过程中，每道工序都可以有不同方法：如送纱工序，可以增加连续纤维毡、环向缠绕纱或用三向织物以提高制品横向强度；牵引工序可以使用履带式牵引机，也可以用机械手；固化方式可以是模内固化，也可以是加热炉固化；加热方式可以是高频电加热，也可以使用熔融金属（低熔点金属）等。

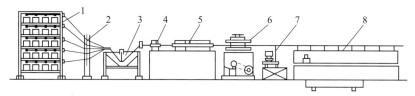

图 13-33　拉挤成型工艺流程

1—纱架；2—排纱器；3—浸胶槽；4—预成型模；5—成型固化模；
6—牵引装置；7—切割装置；8—制品托架

拉挤成型工艺的模具很重要，一般用钢模镀铬，模具表面要求光洁、耐磨，借以减少拉挤成型时的摩擦阻力和提高模具的使用寿命。模具的长度是根据成型过程中的牵引速率和树脂固化度决定的。预成型模为冷模，用自来水冷却。纤维浸胶时间一般控制在 15～20s 为宜。纤维在进入胶槽时要有一定张力，使浸胶后的纤维不松散。牵引力的大小，视制品的断面尺寸和几何形状而定，一般初始启动牵引力大于正常运转时的牵引力。

13.3.2　拉挤成型用原材料

（1）树脂基体　选择拉挤成型工艺用的树脂，除满足产品使用要求外，从工艺角度考虑，还应满足以下要求：

① 树脂黏度要低，固化过程无挥发物，一般黏度应低于 $2Pa \cdot s$，最好是无溶剂型树脂或反应型溶剂树脂，使用过程中易浸透纤维，易消除气泡；

② 适用期要长，配制好的胶液在室温下的适用期应在 8h 以上；

③ 固化收缩小，与填料相容性好，一般要保证固化收缩率在 4% 以内。

拉挤成型工艺用的环氧树脂，主要是室温固化型双酚 A 型环氧树脂与环氧氯丙烷的混合物，黏度在 $0.4Pa \cdot s$ 以上，固化剂选用二酸酐或芳香族胺类固化剂。

（2）增强材料　拉挤成型工艺用的增强材料主要是玻璃纤维及其制品，如无捻粗纱、连续纤维毡等。为了满足制品的特殊性能要求，可以选用芳纶纤维、碳纤维及金属纤维等。高性能纤维可以单独使用，也可以和玻璃纤维混合使用。无论是哪种纤维，用于拉挤成型工艺时其表面都必须经过处理，使之与树脂基体能很好地粘接。

拉挤成型工艺对玻璃纤维无捻粗纱的性能要求如下。

① 表面进行偶联剂处理，与选用的树脂相匹配，如热固性聚酯用硅烷型偶联剂，热塑性树脂则选用钛酸酯型偶联剂，树脂易浸透。

② 纤维本身强度高，不易产生静电。

③ 集束性好，生产过程中无松紧不均现象，不影响制品强度。

为了提高制品的横向强度，除选用无捻粗纱外，还需要用连续纤维原丝毡加强。还可以选用针织单向纤维与短切纤维复合毡和三向针织物，也可采用拉挤加环向缠绕来增强制品的横向强度。

三向针织物是制造高性能复合材料拉挤型材的理想材料，它可以克服拉挤制品横向和层间剪切强度低、沿纵向断面易开裂等缺陷。

（3）辅助材料　拉挤成型工艺用的辅助材料如下。

① 脱模剂　拉挤成型工艺的模具在连续生产过程中是闭合的，不可能涂脱模剂，为了使制品顺利从模具中脱出，必须使用内脱模剂。环氧树脂拉挤成型工艺用内脱模剂对于拉挤成型工艺的实现是非常重要的。

② 填料　环氧拉挤成型工艺制品常用填料有石英粉、高岭土等，但是环氧树脂收缩率非常小，因此一般不用。

13.3.3　拉挤成型模具

模具是拉挤成型技术中的重要工具，一般由预成型模具和成型模具两部分组成。

（1）预成型模具　在拉挤成型过程中，增强材料浸渍树脂后（或被浸渍的同时），在进入成型模具前，必须经过由一组导纱元件组成的预成型模具，预成型模具的作用是将浸胶后的增强材料，按照型材断面配置形式，逐步形成近似成型模腔形状和尺寸的预成型体，然后进入成型模具，这样可以保证制品断面含纱量均匀。

要求预成型模中的导纱元件能导纱、能导毡或能导纱同时又能导毡。导纱元件的结构形式可根据拉挤产品断面形状进行设计。板状结构导纱元件如图 13-34 所示。

导纱元件需用耐磨、光滑材料制造，导纱或导毡孔应有倒角，其尺寸应略大于纱和毡的尺寸。

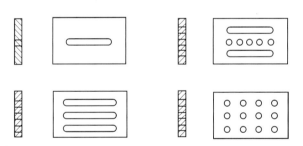

图 13-34　板状结构导纱元件

（2）成型模具设计基本要求

① 成型模具截面面积与产品横截面面积之比一般应大于或等于 10。其目的一是保证模具有足够的强度和刚度；二是加热后热量分布均匀和稳定。

② 拉挤模具长度与树脂固化速率、模具加热条件及拉挤成型速率有关。最主要的是保证制品拉出时达到脱模固化程度。根据经验，一般模具长度在 500～1500mm 范围内。

③ 模腔表面要求光洁，耐磨，硬度大于 50HRC，模腔进出口两端有倒角，圆角半径在 1.5～6mm 范围内。

④ 模腔尺寸应比制品尺寸大 1.5%～3.5%。

（3）模具材料　其应能满足以下要求：强度高，热处理变形小，加工性能好，易抛光，耐磨、耐热及耐腐蚀等。完全能满足这些要求的材料为数不多，价格昂贵。设计模具时应按其主要要求考虑。国产模具材料见表 13-10。

表 13-10　国产模具材料

种类	牌号	化学成分/%							热处理/℃			硬度（HRC）
		C	Si	Mn	V	B	Cr	Ti	渗碳	淬火	回火	
渗碳钢	20Cr	0.18～0.24	0.17～0.37	0.5～0.8			0.17～1.0		910～950	770～820 油或水冷	180～200	＞60
	20CrMnTi	0.17～0.23	0.17～0.37	0.8～1.1			1.0～1.3	0.04～0.10	910～950	800～860 油或水冷	200	＞60
	20Mn2	0.17～0.24	0.17～0.37	1.4～1.8					910～950	880 油冷	200	＞60
	20MnVB	0.17～0.23	0.17～0.37	1.2～1.6	0.07～0.12	0.008～0.0035			910～950	880 油冷	200	＞60
调质钢	40Cr	0.37～0.44	0.17～0.37	0.5～0.8			0.8～1.1		850 油冷		550 油冷或水冷	＞45～50
	45Mn2	0.42～0.49	0.17～0.37	1.4～1.8					840 油冷		550 油冷或水冷	＞50
	40MnB	0.37～0.44	0.17～0.37	1.1～1.4		0.008～0.035			850 油冷		550 油冷或水冷	＞50
	40MnVB	0.37～0.44	0.17～0.37	1.1～1.4	0.05～0.1	0.008～0.0035			850 油冷		550 油冷或水冷	＞50

　　（4）槽形拉挤型材成型模具　槽形拉挤型材的增强材料配置形式一般用毡、纱形式，其模具组合形式如图 13-35 所示。

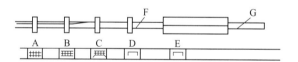

图 13-35　槽形拉挤型材成型模具示意图
A—导纱板；B，C—导纱导毡板；D—预成型板；
E—成型模具；F—预成型体；G—型材（槽钢形）

13.3.4　拉挤成型工艺的发展及其应用

　　拉挤成型技术始于 20 世纪 50 年代，首先在美国注册专利，60 年代得到应用，70 年代得到发展，80 年代发展速度达最快。美国 20 世纪 80 年代该方法的增长率为 20% 左右，居各种成型方法之首，近年的增长率仍保持在 10% 以上，受到各国同行们的重视，各种拉挤成型机不断涌现，如立式、卧式、弯曲型材式、反应注射式、加轻质填料式等。

　　拉挤成型工艺的发展趋势可以概括为：

　　① 断面几何形状趋于复杂；

　　② 断面尺寸朝着特大和特小方向发展；

③ 拉挤速度和生产效率日趋提高，如线速度＞6m/min，一机同时拉数根型材等；

④ 开发高性能复合材料拉挤型材；

⑤ 开发热塑性复合材料拉挤型材。

拉挤成型产品的开发应用，在国内外都受到行业同仁的关注，已开发应用的产品有近百种，已广泛用于多个领域。

（1）电工领域　已开发应用的产品有电缆保护槽、盖，电机槽楔块，绝缘棒，电工梯，电缆支架，高压线路工具，天线、电线杆、横担、电缆地下保护管，变压器零件，光缆增强芯材，变电所结构，电缆分线架，熔断丝管，线路维修车吊架等。

（2）防腐工程　拉挤成型产品是结构形状和材料特性的合理结合，在化工防腐工程领域更能发挥其特长，已开发的产品有：防腐结构型材、管网支撑结构、格栅地板、栏杆、油井抽油杆、井下压力管道、梯子、堰板和溢流闸、排污器叶片、化学器贮罐的内外支撑、进料槽、排气管、废水处理设备等。

（3）建筑工业　主要用于轻型结构、高层楼层的上层结构、活动房结构、移动式工作台、门窗型材、混凝土增强筋（代替钢筋）、房屋吊顶结构、檐槽等。

（4）交通领域　主要产品有高速公路护栏板、支柱，过街人行天桥，公路桥，汽车货架，车内扶手，冷藏车车厢板，行李架，保险杠，架空单轨，汽车簧片，岔口路障，刹车片，电力火车轨道护板等。

（5）运动娱乐领域　主要产品有弓箭、高尔夫球杆、滑雪板、滑雪杖、曲棍球棒、木琴部件、机动雪橇滑轨加固件、单杠和双杠、活动游泳池底板、高低栏架、船艇桨柄、钓鱼竿、撑竿、横杆等。

（6）其他方面的应用　其他方面待开发的产品很多，已应用的产品有太阳能收集器支架、测量标杆、塔尺、雨伞柄、拖把、笤帚把、工具柄（锤柄、铲柄）、梯子以及航空航天飞行器中的高性能绝缘杆件、风电机叶片、路灯柱等。

13.4　反应注射成型拉挤工艺

反应注射成型拉挤工艺（RIM 拉挤工艺），与其他拉挤工艺的机理基本相同。RIM 拉挤工艺的独特之处是将树脂直接导入增强材料中，这一点不像通常的拉挤工艺，增强材料在入模之前首先需要经过树脂槽浸渍。它是将增强材料拉过一个预成型模，该模直接装在反应注射模塑混合头下面。在预成型模内，增强材料被浸渍，然后进入加热的成型模内固化成型。

13.5　环氧树脂基复合材料在风力发电中的应用

风力发电是新能源中开发较早、应用较广、技术最成熟的可再生清洁能源。据报道，首个发电风场于 1891 年建立在丹麦的 Askov，目的是使当时的农场主受益。随着风力发电技术的成熟、制造成本的不断下降，发电成本也逐年下降，加上各国政府的政策扶植，又由于 20 世纪 70 年代石油风波的影响，风能资源的开发利用逐步得到发展。尤其到 20世纪 90 年代，随着科学技术的进步，风力发电从可再生清洁能源中脱颖而出，成为最具工业开发价值的一种新能源，世界风力发电正以迅猛的速度发展。

随着风电产业的飞速发展，环氧树脂在风电产业中的应用也得到不断拓展。其不但在风电机叶片上得到应用，在叶片的模具、机舱罩、驱动轴等方面也有一定的应用。

13.5.1　环氧树脂在风电机叶片上的应用

风电机叶片起到将风能转化为电能的作用，是风电机的关键部分，其设计和采用的材料决定了风力发电装置的性能和功率，也决定风力发电机组的成本。理想的环氧树脂具有放热性低、与各种纤维相容性及浸透性好、适用期长、黏度超低等优点。因此目前叶片一般采用环氧复合材料进行加工。随着市场对长叶片需求的不断增加，对环氧树脂也要求其具有优良的弯曲强度和结构性能。对于长度≥50m 叶片而言，环氧树脂的性能与其价格将获得最佳平衡；该树脂要能提供最佳浸渍性，优秀的弯曲疲劳性能、结构整体性和压缩强度。调查研究表明，长度 34m 的叶片，采用的玻璃纤维增强聚酯树脂质量为 5800kg，采用的玻璃纤维增强环氧树脂质量为 5200kg，采用的碳纤维增强环氧树脂质量为 3800kg。因此叶片材料的发展趋势为碳纤维增强环氧树脂复合材料。目前，一些世界著名公司都纷纷瞄准了叶片市场，相继推出与叶片相关的环氧树脂及其配套系列产品。

Dow Chemical 公司供应：①DER330、331、383 双酚 A 型环氧树脂半成品，用户用它和固化剂等配成双酚 A 型环氧树脂，可采用灌注工艺，也可加工预浸料，再去加工叶片；②DER329 预配方环氧树脂；③DERAKANE MOMENTULM411-200 低黏度环氧树脂，适于灌注工艺。

Hexcel Composites 公司研制的 M11、M11.5 环氧树脂用于加工预浸料，低温固化，低放热性，120℃、2～4h 固化或者 80℃、4～6h 固化。多层玻璃纤维（GF）、碳纤维（CF）增强该树脂层压板的固化性能好，而且层压板内因不同热膨胀系数导致的应力最小，不含敌草隆，符合欧盟环保法规的要求。Hexcoat 环氧胶衣为双组分，各组分都具有触变性，比传统胶衣更易混合。Hexcoat 02 环氧胶衣耐苛刻环境腐蚀性好，耐黄变性、拉伸强度、破坏应变和耐磨蚀性都好。Hexcoat 03 环氧胶衣不含溶剂，供修理用，60～90s 干燥。同时 Hexcel Composites 公司与英国 Bristol 大学宇航工程系合作，共同研制开发叶片自修复技术。在 CF/环氧树脂叶片壳体表层里面镶嵌着许多粗空心玻璃纤维（玻纤），空心玻纤里盛着环氧树脂体系（环氧树脂、潜伏型固化剂和抗紫外线剂等）。当叶片壳体表面出现肉眼不能明显察觉的裂纹、微孔、表皮瑕疵时，空心玻纤里的环氧树脂体系立即溢出，封住裂纹或微孔，进而蔓延、覆盖着破损区域。此刻，环氧树脂与潜伏型固化剂和抗紫外线剂互相掺混，产生固化反应而固化，从而使叶片的结构整体性得以恢复，达到叶片原始强度的 80%～90%。

德国 BASF 公司与德国 Leuna-Harze 公司签约，合作生产的叶片用环氧树脂已通过德国劳埃德认证，共同供应欧洲市场；同时也使 BASF 公司得到了长期原料供应的保障。目前 BASF 公司提供的叶片用双组分环氧树脂有：两种浸渍环氧树脂和一种层压环氧树脂。同时 BASF 公司还生产叶片用环氧树脂固化剂、促进剂和添加剂。

13.5.2　环氧树脂在风电机叶片模具中的应用

环氧树脂能满足高温模具和灌注成型工艺要求，最适合用于加工叶片的模具，例如：

①美国 Dow Epoxy System 公司生产的环氧树脂、胶黏剂等；②瑞士 Solent 复合材料公司生产的叶片模具的上、下模是灌注成型玻纤（或碳纤维）织物/环氧树脂。环氧树脂还可用作叶片模具的表面胶衣，如 Sika 公司的产品。Amber 复合材料公司选用经特殊设计的纳米改性低温固化环氧树脂体系，推出 HX90N 牌模具用预浸料，可提高模具表面的平整度、光洁度、无点蚀，从而缩短模具达到 A 级表面精度的时间，延长模具的有效使用期。其具有极好的流挂（下垂）性，使用方便，易于成型复杂形状制件。

BBC-Products 公司研制出 BC5009 新型低黏度环氧胶黏剂/积层树脂，用于模具、零件的粘接。材料中含有着色剂，无填料，高性能，易操作，适用期为 30min。

13.5.3 环氧树脂在风电机其他部位的应用

利用环氧树脂复合材料的优异性能，研制成 1.5MW 大型风电机的机舱罩、整流罩，并实现了产业化批量生产。风电机 3D 夹层结构复合材料机舱罩采用三维夹层结构复合材料、Ω 形（或 T 形）加强筋，该罩的质量比实心结构复合材料机舱罩轻 40%～50%，强度高，轴向压力稳定性很好，有效使用期 30 年。

随着风电行业的发展，相信环氧树脂在这一领域中的应用会得到进一步的扩大。

第14章
环氧树脂泡沫塑料及齿科材料

14.1 环氧树脂泡沫塑料

环氧树脂可以制成泡沫塑料。与其他泡沫塑料相比有很多优点：比一般的聚氨酯泡沫塑料更耐热，不需要像酚醛泡沫塑料那样在低温贮藏、高温固化；比有机硅泡沫塑料价廉而不需要长时间固化，原位发泡而熟化时无需外热，粘接力强，化学上惰性并能自熄等。

硬质环氧树脂泡沫塑料具有卓越的强度、尺寸稳定性，耐热性良、吸水率低，尤其是用中空微球作填料制成的高密度复合泡沫材料密度为 $0.53 \sim 0.67 g/cm^3$、压缩强度可达到 120MPa。

14.1.1 成型方法

环氧树脂泡沫塑料主要成型方法有物理发泡、化学发泡和中空微球填充体三种。前两种发泡方法适于制备密度小于 $0.064 g/cm^3$ 的低密度泡沫塑料和密度在 $0.064 \sim 0.32 g/cm^3$ 的中密度泡沫塑料，中空微球填充的泡沫塑料为密度大于 $0.32 g/cm^3$ 的高密度泡沫塑料。主要原料如下。

环氧树脂：以双酚 A 型低分子量环氧树脂为主（例如，E-51、E-44），有时也用 E-12 固体树脂的粉末。

固化剂：常用固化剂见表 14-1。

表 14-1 环氧泡沫塑料常用固化剂

项目	类别
脂肪族伯胺	二亚乙基三胺、三亚乙基四胺、四亚乙基五胺、二甲氨基丙胺、二乙氨基丙胺、氨基乙基乙醇胺
脂环族多元胺	蓋烷二胺、N-氨基乙基哌嗪
芳香族多元胺	间苯二胺、4,4'-二氨基二苯砜、4,4'-二氨基二苯基甲烷、苯胺-甲醛树脂
叔胺	2,4,6-三(二甲氨基甲基) 苯酚、苄二甲胺
路易斯酸	氨基硼酸酯、三氟化硼-乙胺络合物
酸酐	邻苯二甲酸酐、马来酸酐、均苯四甲酸二酐

发泡剂：多采用沸点在 $50 \sim 150 ℃$ 之间的多元胺、氨基甲酸酯，分解温度低于 150℃ 的偶氮化合物、酰肼、叠氮化合物和氢硼化物等。过去发泡剂重点放到氟氯甲烷发泡剂上，采用这种发泡剂发泡制备的环氧泡沫绝热效率高于或等于聚氨酯泡沫塑料。由于环氧泡沫泡孔难以渗透，这种发泡剂能在泡孔中较长时间保留。氟氯甲烷对臭氧层有破坏作用，已经被限制使用。

表面活性剂：环氧树脂泡沫塑料所用表面活性剂与酚醛泡沫塑料和聚氨酯泡沫塑料相同，如吐温类等。

触变剂：触变剂对环氧树脂泡沫塑料泡孔结构的生成有一定影响，根据所制备泡沫塑料类型、树脂和固化剂的选择而定。泡沫制备过程中使用触变剂，操作自由度大。常用的触变剂有颜料、石棉、硅藻土、云母、硅胶、膨润土、有机络合物、金属皂粉和固体植物油等。

（1）化学发泡法　低密度和中密度环氧树脂泡沫塑料配方分别见表 14-2 和表 14-3。

表 14-2　低密度环氧树脂泡沫塑料配方

编号	化合物名称	组分/质量份
配方 1[①]	双酚 A 二缩水甘油醚（分子量 950）	100
	间苯二胺	10
	发泡剂（Celogen）	10
	氧化苯乙烯	5
	表面活性剂（Pluronic L-68）	0.1
配方 2[②]	液态环氧化酚醛树脂	100
	氯苯二胺	80
	甲苯二异氰酸酯	60
	三乙醇胺	10
	表面活性剂（Pluronic L-64）	0.15
	水	2.5
配方 3[③]	双酚 A 二缩水甘油醚	100
	二乙基乙醇胺	3
	甲苯二异氰酸酯	50
	水	5
	表面活性剂（Pluronic L-64）	0.5
配方 4[④]	双酚 A 二缩水甘油醚	80
	间苯二胺	28
	发泡剂（Celogen）	2
	Plyophen 5023	20
	表面活性剂（Pluronic L-64）	0.1

① 在 120℃下放热量很大，制品拉伸强度可达 55.16kPa。
② 通过添加水，可以改变泡沫塑料强度。
③ 配料、混合，开始发泡，生成的泡沫塑料密度 32kg/m³。
④ 在 100℃发泡膨胀，泡沫塑料的泡孔结构良好。

表 14-3　中密度环氧树脂泡沫塑料配方

编号	化合物名称	组分/质量份
配方 1	环氧树脂	100.0
	4,4′-氧代双苯磺酰肼（Celogen）	2.0
	聚氧乙烯山梨糖醇酐单月桂酸酯	0.2
	甲苯	5.0
	二亚乙基三胺	6.0

编号	化合物名称	组分/质量份
配方2	环氧树脂（分子量450）	100.0
	甲苯	5.0
	聚氧乙烯山梨糖醇酐单月桂酸酯	适量
	甘油月桂酸酯	2滴
	二亚乙基三胺	6.0

环氧树脂泡沫塑料早期生产曾以偏硼酸三甲酯为发泡剂、二氨基二苯砜为固化剂、低分子量环氧树脂为基体组成。

配方（质量份）：

E-51环氧树脂	100	偏硼酸三甲酯（TMB）	30
二氨基二苯砜（DDS）	20		

在上述基本组分中可通过加入助发泡剂苯磺酰肼、表面活性剂等进行工艺和性能上的调节。将环氧树脂和除TMB之外的其他材料一起混合均匀，再加入TMB迅速搅拌，把混合物浇注到模具中，物料会自动放热而发泡，环氧树脂随之固化，这种含硼环氧泡沫塑料具有耐高温性。例如，在上述配方中加入15质量份的铝粉作为填料，制成的泡沫塑料的密度为0.315～0.460g/cm³，它在260℃下保持30min仍有0.75～1.79MPa的压缩强度，这种发泡体系由于性能好目前仍被采用。

（2）物理发泡法　如果要制取密度低的环氧泡沫塑料，通常用氟里昂作为发泡剂。

物理发泡法通常采用喷射发泡，喷射物由环氧树脂和固化剂两种原料组成。例如改用氟里昂-11，用量为6～22质量份，固化剂用三氟化硼络合物，将两种原料用定量泵按一定比例送入喷枪，在喷枪中经过高速混合后喷射，喷射物涂在物体上，当放热反应开始时即开始发泡，并在1～2min后固化。

张治万研究了不同环氧树脂固化剂对压缩强度的影响，结果见表14-4，最终选择了改性间苯二胺作为固化剂（590号）。

表14-4　各种固化剂浇注件的压缩强度

固化剂	590号	间苯二胺	2-甲基咪唑	MNA	顺丁烯二酸酐	70酸酐
压缩强度/MPa	144.4	133.4	135.7	141.9	134.5	137.4

以下列配方进行配制（质量份）：

E-51环氧树脂	100	氟里昂（F-13）	4
590号固化剂	22	DMP-30	2
苯磺酰肼	4	吐温-80	4滴

操作：将环氧树脂、苯磺酰肼、F-13、DMP-30、吐温-80等按配方量放入容器内搅拌均匀后，加入固化剂590号，再充分搅拌均匀，倾入模具中，在室温25～30℃下放置7～10h，制得泡孔均匀而细的泡沫塑料，密度为0.32g/cm³，压缩强度为2.47MPa。

在配方基本相同情况下，采用加热固化可以缩短固化时间。固化条件为60℃/30min、80℃/30min；再在100℃/30min、120℃/30min下后处理，能制得泡孔均匀而细的泡沫塑料，密度为 $0.3g/cm^3$，压缩强度为 2.34MPa。

（3）中空微球填充法 由于环氧泡沫采用的物理发泡剂氟里昂被禁用，化学反应发泡又难以控制，不像聚氨酯泡沫那样容易进行原位浇注，因此中空微球填充法是使用较多的工艺。中空微球有二氧化硅、陶瓷、塑料三种，从强度、化学稳定性、耐热性等方面来考虑，以二氧化硅中空微球为最佳。SiO_2 中空微球体积很小，直径仅 $5\sim200\mu m$，是同类实心珠的 1/10，容积密度一般在 $0.18\sim0.38g/cm^3$，球体表面和球体内部的气体均呈中性。用这样的中空微球作为环氧树脂的填料主要用于制备高密度泡沫塑料，制备方法见下例。

例如，将 100 质量份环氧树脂加热至 80℃，然后加入 25 质量份二氧化硅（或陶瓷、塑料）中空微球，混合 10min 后，加入 9 质量份苯胍（简称"促进剂 D"），并进行搅拌，把混合物倒入深盘中，并振动之。为了破坏积聚起来的气泡，可吹入 200℃ 左右的热空气。混合物在 $30\sim40$℃ 下固化 2h。制得的泡沫塑料孔径均匀，密度低，在 60℃ 和 7MPa 压力下体积压缩率仅为 1.2%。

14.1.2 性能

几种典型环氧树脂泡沫塑料的性能见表 14-5～表 14-10。

表 14-5 低密度环氧树脂泡沫塑料性能

性能	配方 1	配方 2（浇注）	喷射配方
密度/(g/cm^3)	0.04	0.025	0.034
热导率/$[W/(m \cdot K)]$	0.195	0.19	0.194
热性能（48h）/℃	65	65	93
体积变化/%	3	3	1
质量变化/%	−0.3	−0.2	0.3～0.5
起始压缩强度/MPa	0.17	0.10	0.10
泡孔性能			
闭孔率/%	90	92	90
泡孔壁（体积）/%	2	2	3
开孔率/%	8	6	7
吸水性/%	0.1		0.3
发泡时间/min	3	3	2
最大膨胀时间/min	3.5	3	2.5
干燥时间/min	3.5	3	2.5
固化时间/min	20	20	30
使用温度/℃	97	97	99
热变形	无	无	无
燃烧性	自熄	不燃	专用

表 14-6　中密度环氧树脂泡沫塑料的性能

性能	泡沫塑料密度/(g/cm³)			
	0.08	0.208	0.228	0.32
压缩强度/MPa	0.41	3.45		7.58
压缩弹性模量/MPa		7.58		
弯曲弹性模量/MPa	17.23		18.61	
弯曲强度/MPa	1.38			6.89
拉伸强度/MPa	0.34			3.45

表 14-7　高密度（复合）环氧树脂泡沫塑料的物理性能

填料	25℃下黏度/(Pa·s)	线性收缩率/%	肖氏硬度(D)	密度（21℃）/(g/cm³)	拉伸强度/MPa	热导率/[W/(m·K)]
无	13.5～19.5	0.12	80～85	1.17	55.16	0.39
二氧化硅（325目）	43～48	0.08	80～85	1.57	37.92	0.92
酚醛树脂球	34～38.5	0.14	80～84	0.86	22.75	0.27
玻璃球	44～47	0.25	80～85	0.95	28.96	0.66

表 14-8　高密度环氧树脂泡沫塑料的典型性能

项目	密度/(g/cm³)			
	0.672	0.64	0.608	0.576
在标准海水中有效浮力/MPa	35.20	38.40	41.60	44.80
单轴压缩强度/MPa	92.39	75.84	70.33	66.19
拉伸强度/MPa	31.72	24.82		22.75
弯曲强度/MPa	41.37	42.06		26.20
剪切强度/MPa	30.34	28.27		26.20
弹性模量/MPa	4012.89	3709.51	2433.93	2123.66

表 14-9　高密度环氧树脂泡沫塑料的电性能

填料	相对介电常数（25℃）	功率因数（25℃）	体积电阻率/(Ω·cm)			介电强度（25℃）/(kV/mm)
	1kHz	1kHz	25℃	65℃	100℃	
无	3.8	0.015	$8.7×10^{14}$		$5×10^{11}$	15.7～19.7
二氧化硅(325目)	3.4	0.12	$1.3×10^{14}$	$6.2×10^{13}$		>13
酚醛树脂球	3.2	0.014	$1.0×10^{14}$	$5.3×10^{13}$		>13

表 14-10　各种泡沫塑料作为浮力材料的水下工作深度

材料	硬质 PU 泡沫塑料	硬质 PVC 泡沫塑料	硬质交联 PE 泡沫塑料	高密度环氧树脂泡沫塑料
水下工作深度/m	100～150	1000	1500	6000

从表 14-5～表 14-10 可见，环氧树脂泡沫塑料具有优异的力学性能和电绝缘性，尤其是用中空微球填充法所制得的高密度泡沫塑料，其泡孔耐渗透性强、不吸水，又增添了隔

音、隔热等性能，因此它是制备水下装置的理想材料，也是目前最佳的浮力材料。

14.1.3　用途

环氧泡沫塑料发展很快，应用日趋广泛。环氧泡沫塑料不仅结构坚韧，而且绝缘性好，可作为绝热、电绝缘材料；它密度低，适宜填塞机械零件的空隙和用作夹心制品、防震包装材料、漂浮材料以及飞机的吸音材料等，也可作为特殊浇注制品。

（1）漂浮材料　近海钻探提升器、半潜式运载器上用于支撑钻具组的浮力舱，深海作业的停泊弹性浮标、旋转式浮标和管道式牵引浮标。

（2）近海作业绝热材料　用环氧树脂和中空微球制造出复合注塑绝热包带，用作水下输送管道的夹套材料。用它铺设在从油井口到钻探平台，可以有效地把热的原油与冰冷的海水相隔离，从而防止因石蜡冷却结晶而发生管道堵塞。

（3）其他用途　环氧树脂泡沫塑料多用于电子和宇航工业，制备电子元器件，飞机导航用部件，以及在受力情况下用的阻燃、介电元件等。采用浇注法可制备飞机用的大尺寸和结构复杂的制件。

14.2　环氧树脂齿科材料

丙烯酸环氧酯通过自由基引发聚合能迅速固化，特别是在紫外线照射下由光敏剂引发的聚合反应可在 1min 之内固化。运用这些特性来制造齿科材料已有数种产品在临床上应用，如补牙材料、防龋涂料。

14.2.1　可见光聚合型齿科修复材料

（1）齿科修复材料的变迁　牙齿被蛀蚀，医学上称为龋齿。当龋蚀部分去除后就形成窝洞，必须用材料去充填修复。经典的充填材料是银汞合金，虽然它很有效，但是有以下3 个缺点：a.价格较昂贵；b.使用汞对牙科医生身体有不利影响；c.银汞合金色泽深，和牙齿颜色不一致，用于前牙不美观。因此高分子材料取代银汞合金的工作在很早之前就开始了，并形成了一系列产品。

在临床中修复病人牙齿上的窝洞，必须在口腔中短时间内使修复材料固化。在感光性牙科修复材料发明之前，一直采用过氧化物和芳香族叔胺的氧化-还原体系使丙烯酸树脂固化。由于受到室温、窝洞大小和实际用料多少的影响，固化的完善程度很难控制，因此修复材料在窝洞中的保留时间和保留率难以保证。再加上材料是双组分的，配比的正确性和混炼的时间及效果也影响了这种修复材料的强度。紫外光固化不受温度的影响，只要辐照时间足够，性能是完全可保证的，再加上固化时间一般仅在 2min 之内，因此大大减轻了病人的痛苦。早期的紫外光固化材料是在长波紫外线下辐照固化，由于口腔黏膜极为娇嫩，为了使它不受到意外的伤害，目前改为可见光辐照聚合，并得到普遍的应用。

（2）可见光聚合型齿科修复材料的特性　这种材料的优点是十分明显的，概括有以下几点。

a.固化前使用时间长，医生可从容操作。

b.不需要混炼，避免了气泡混入而影响机械强度。

c.本身黏度大，雕塑形态方便。

d.采用可见光聚合安全、可靠、快速有效。

但是光聚合材料固有的局限性使它有以下不足之处。

a.固化厚度有限度，不宜用于窝洞深度超 5.5mm 的龋齿。

b.窝洞深而开口大的创面修复后易产生裂纹，从而引起过早脱落。这是材料底部聚合收缩率大造成的，现已用可见光聚合涂料作为衬底而得到改进。

c.光引发剂存在于固化物中，长期暴露在空气中会变黄，影响美观。

可见光是由含卤素的灯源发出的，各种灯源其照度（lx）和色温度（K）均不同，对修复材料的表面固化时间影响也不同，如照度为 10000lx、色温度 3000K 的光源有较长的操作时间，照度及色温度越高，材料的光稳定性越差。

可见光聚合型齿科修复材料除了用作龋齿窝洞的修复之外，在覆盖四环素色斑牙的美容手术上也取得了良好的效果。

14.2.2　复合补牙材料

（1）复合补牙材料的组成及性能　复合树脂主要由顺丁烯二酸酐改性的甲基丙烯酸环氧酯及二甲基丙烯酸二缩三乙二醇酯组成。

顺丁烯二酸酐改性的甲基丙烯酸环氧酯：

$$H_2C=\overset{\underset{\displaystyle CH_3}{|}}{C}-\overset{\overset{\displaystyle O}{\|}}{C}-O-A-O-\overset{\overset{\displaystyle O}{\|}}{C}-CH=CH-\overset{\overset{\displaystyle O}{\|}}{C}-O-A-O-\overset{\overset{\displaystyle O}{\|}}{C}-\overset{\overset{\displaystyle CH_3}{|}}{C}=CH_2$$

其中 A 为：

$$-CH_2-\underset{\underset{\displaystyle OH}{|}}{CH}-CH_2-\left[O-\underset{\text{benzene}}{}-\overset{\overset{\displaystyle CH_3}{|}}{\underset{\underset{\displaystyle CH_3}{|}}{C}}-\underset{\text{benzene}}{}-CH_2-\underset{\underset{\displaystyle OH}{|}}{CH}-CH_2-\right]_n O-\underset{\text{benzene}}{}-\overset{\overset{\displaystyle CH_3}{|}}{\underset{\underset{\displaystyle CH_3}{|}}{C}}-\underset{\text{benzene}}{}-O-CH_2-\underset{\underset{\displaystyle OH}{|}}{CH}-CH_2-$$

$$n = 0.15 \sim 0.266$$

二甲基丙烯酸二缩三乙二醇酯：

$$H_2C=\overset{\underset{\displaystyle\text{（略）}}{}}{C}-\overset{\overset{\displaystyle O}{\|}}{\underset{\displaystyle H_3C}{C}}-O-CH_2-CH_2-O-CH_2-CH_2-O-CH_2-CH_2-O-\overset{\overset{\displaystyle O}{\|}}{C}-\overset{\underset{\displaystyle}{}}{C}\overset{CH_3}{=}CH_2$$

其他组分还有经硅胺处理的 GG-17 玻璃粉、UV-327 紫外线吸收剂和以过氧化苯甲酰-叔胺氧化-还原引发体系。

为了便于医生操作和产品贮存，复合树脂配制成双组分形式，A 组分为液剂，B 组分为粉剂，按体积比取约 3∶7 的液与粉，在聚乙烯板上，用非金属调刀充分调和 30～45s，调和可采用螺旋状由内向外的方式，调和时要缓慢均匀，避免产生气泡。

表 14-11 和表 14-12 列出了国内外几种树脂型补牙材料的性能比较与复合树脂和同类型材料的性能比较。国产的复合树脂补牙材料各项性能和国外材料基本上处于同一水平上，但是在树脂成型工艺性能和品种方面尚有一些差距。

表 14-11 国内外树脂型补牙材料性能比较

补牙材料类别		操作时间	固化时间	拉伸强度 /Pa	吸水量（1周） /(mg/cm²)	变色
国内产品	复合树脂	164s	274s	4428×10⁴	0.26	轻微
	721 型	249s	326s	2659×10⁴	3.7	轻微
	741 型	126s	409s	3594×10⁴	1.2	轻微
	EB 型	379s	489s	3778×10⁴	0.8	轻微
国外样品	3mcoconcise（美国）	191s	241s	3488×10⁴	0.5	轻微
	G-G Epolite 100（日本）	138s	225s	3538×10⁴	0.7	轻微
美国牙科学会标准		大于 90s	小于 8min	大于 3400×10⁴	小于 0.7	轻微

表 14-12 复合树脂和同类型材料的性能比较

材料种类	压缩强度 /MPa	硬度 (HB)	线膨胀系数 /(10⁻⁶℃⁻¹)	聚合收缩率 /%	吸水率 /%
复合树脂	206	40	3.0	1.5	0.26
银汞合金	235	51	25.0	膨胀	
自凝塑胶	75.5	9	80.0	20	>3.5
硅黏固粉	94.1	38	8.1	6	>3
YY-922 型	137.2	20	46.8		0.8
741 型	120.6	23	22.0		0.89
丙烯酸环氧酯	176.5	40	35.0	14.3	0.47
牙齿	255		11.0		

（2）复合环氧树脂材料在临床上的应用 牙科治疗中银汞合金是用得较多的，治疗时必须用机械方法处理牙齿龋洞，因为银汞合金对牙齿无粘接力，仅靠在窝洞中的强行固位，很容易从补牙部位脱落。临床医生由于接触汞，很容易患白细胞方面的疾病。有些医疗单位改用非金属类型的补牙材料，此类材料比较美观，但是由于性能的欠缺，不适合补后牙，仅局限于前牙窝洞充填，而复合树脂补牙材料却能弥补银汞合金等材料的不足之处。

复合树脂充填牙齿窝洞的方法是：把调和好的补牙材料用塑料充填器迅速充入窝洞内，一般先将牙齿釉角釉壁充满，然后再将整个洞充填。充填应在 1min 内完成，充填后静等 3min，不可再搅动充填体，使聚合反应在口腔温度条件下自然完成。复合树脂完全聚合要 6~7min，聚合后取出隔离片，对需磨改的部位可用蘸水小圆石或金刚砂轮修磨，以恢复形态。1589 例患者复合树脂补牙材料充填 2 年后的临床疗效见表 14-13，按密合度、充填物形态、磨损、色泽、牙髓损害五项标准复查补牙材料的临床疗效，结果见表 14-14。

用复合树脂充填患者牙齿Ⅱ类洞与银汞合金相对比：根据临床观察，从充填物形态看，银汞合金有折断现象，1 年时有 3% 折断，9% 较差，2 年后又有 4% 折断，21% 较差；复合树脂补牙材料无折断现象。从窝洞边缘密合度对照，银汞合金与洞壁间歇 10μm，边缘泄漏 1 天后为 93.8%，6 个月后为 61.1%（充填体有膨胀现象）；而复合树脂与洞壁间歇小于 5μm，边缘泄漏 1 个月后为 44.2%，6 个月后为 77.2%，1 年后有 3% 密合度较差，2 年后 4% 密合度较差。咬合磨损病例，银汞合金 2 年后大于 2%；复合树脂充填料低于牙颌面洞缘，1 年后占 1.5%，2 年后占 4.0%。

表 14-13　复合树脂补牙材料充填 2 年后的临床疗效

牙齿洞型	医治患者/例	成功/%	尚好/%	失败/%
Ⅰ 类	608	94.4	5.2	0.4
Ⅱ 类	508	94.7	4.3	1.0
Ⅲ 类	157	91.2	7.0	1.8
Ⅳ 类	178	95.0	无	5.0
Ⅴ 类	138	97.0	无	3.0
共计	1589			

表 14-14　复合树脂补牙材料充填 2 年后分类复查

复查指标	成功/%	尚好/%	失败/%
密合度	96.4	1.9	1.7
充填物形态	99.5	0.2	0.3
磨损	99.2	0.8	无
色泽	90.2	9.8	无
牙髓损害	96.0	4.0	无

国外丙烯酸酯类复合树脂补牙材料 Palahav-TD71 经 3 年临床试验，成功病例占 75.7%，尚好病例占 22.7%，其中牙髓坏死占 1.6%；国内环氧酯复合树脂补牙材料 617 型，3 年临床试验，成功病例占 85% 左右，无牙髓坏死病例。以上两种补牙材料均能克服银汞合金和硅黏固粉、自凝塑胶的不足之处。

第 15 章
环氧树脂在先进电子封装和 LED 封装中的应用

15.1 环氧树脂在先进电子封装中的应用

随着芯片技术快速发展，集成电路不断更新换代，电子封装技术由双列直插（DIP）、四边引线扁平封装（QFP）发展到球栅阵列封装（BGA）及芯片尺寸封装（CSP）。近年来，由于无线通信、便携式计算机、宽带互联网络产品及汽车导航电子产品的需求，集成电路日益向轻、薄、小方向发展。在器件集成度越来越高，芯片面积不断扩大，集成电路引脚数增多的同时，要求芯片封装后尺寸进一步小型化和微型化，新的封装技术和封装形式不断涌现，包括灌封式塑料球栅阵列封装（CD-PBGA）、倒装芯片球栅阵列式塑料封装（FC-PBGA）、芯片尺寸封装（CSP）以及多芯片组件（MCM）等，这些新技术都需要采用液体环氧树脂封装。

脂环族环氧树脂具有固化前黏度低、固化后粘接性好的特点，尤其是它们通常由环烯烃经过有机过氧酸的环氧化制备，不含有机氯，避免了有机氯对电路的腐蚀，因此，脂环族环氧树脂近年来在微电子封装中的应用引起了人们越来越多的关注。针对某一种封装形式选择液体环氧树脂需主要考虑以下几个方面：黏度、玻璃化转变温度、剪切强度、弹性模量、电绝缘性、导热性、可水解离子含量以及吸水率等。以下介绍其中最具代表性的 FC-PBGA 和 CD-PBGA 用液体环氧封装材料。

15.1.1 FC-PBGA 用液体环氧封装材料

FC-PBGA 封装是美国 IBM 公司最早开发的一种技术（图 15-1）。所谓 FC-PBGA，就是首先将硅芯片采用可控焊点塌陷技术制成焊接凸点，然后将带凸点的芯片面朝下再流焊到多层基板上，最后靠毛细管表面张力作用，将黏度很低的液体环氧封装材料（Underfill 材料）填充到芯片与基板之间，加热固化成型（图 15-2）。采用倒装技术封装后芯片的体积只相当于原来的四分之一，可使每块芯片信号输入输出引脚数达到 1681，具有信号传递路径短、可靠性高以及封装速度快等特点，是目前封装密度最高的一种封装形式，特别适合于无线通信、笔记本电脑等要求芯片小、轻、薄的应用领域。近年来，日益增加的对集成电路高集成度和小型化的要求，更加促进了高密度化封装技术的发展，FC-PBGA 技术的发展速度很快，其市场份额每年以 89% 的速度递增。由于 FC-PBGA 用液体环氧封装料具有极高的技术附加值，美国和日本等发达国家非常重视对其研究开发，每年都有大量相关专利出现。

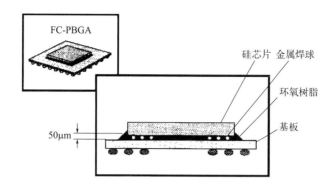

图 15-1　倒装芯片球栅阵列式塑料封装结构示意图

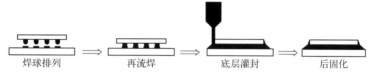

图 15-2　倒装芯片球栅阵列式塑料封装工艺流程

　　传统的 FC-PBGA 技术采用的是陶瓷材料作为基板。由于硅芯片的热膨胀系数与基板的相近，因此电路使用时的温度变化而导致的内应力还没成为严重的问题。近年来，受大量产的要求和高性能价格比的驱动，用有机树脂基板（FR-4）代替陶瓷基板已成为一种趋势。

　　FC-PBGA 是用导电的焊料将硅芯片与 FR-4 基板连接在一起。在冷热循环过程中，由于芯片（$3 \times 10^{-6}\,℃^{-1}$）与 FR-4（$25 \times 10^{-6}\,℃^{-1}$）热膨胀系数的差异，在焊点周围产生了很大的剪切应力，最终将导致焊点的开裂，影响电路的寿命，尤其是当芯片尺寸增大时应力的影响更明显。

　　FC-PBGA 中焊点周围的剪切应力（$\Delta\gamma$）可用下式表示：

$$\Delta\gamma = \Delta\alpha\Delta T \mathrm{DNP}/h \tag{15-1}$$

式中　$\Delta\alpha$——芯片与基板的热膨胀系数之差；

　　　ΔT　——冷热循环的温度变化范围；

　　　DNP——从芯片的中心点到边缘的距离；

　　　h——芯片与基板的间隙。

　　由 Coffin-Manson 模型可知，电子器件可承受的冷热循环次数（N_f）为：

$$N_f \propto \Delta\gamma^{-\alpha} \tag{15-2}$$

　　经实验测定，α 约为 1.9，因此可得下式：

$$\frac{N_{f电路板}}{N_{f陶瓷板}} = \left(\frac{6.5-3}{19-3}\right)^{1.9} = 0.056 \tag{15-3}$$

　　由式（15-3）可看出，若不考虑其他因素，以 FR-4 代替陶瓷作为基板，则倒装芯片电路的寿命将缩短 1/15 到 1/20。

　　为了克服硅芯片与基板的热膨胀系数不匹配而导致的对焊点的应力损害，目前普遍采用黏度很低的 Underfill 材料以底层填充的形式封装在芯片与基板之间，靠环氧树脂与其他材料良好的粘接性和其本身良好的机械强度，达到保护焊点不开裂并延长器件使用寿命的目的。与未使用 Underfill 材料的 FC-PBGA 器件相比，电路的寿命可延长 10～100 倍。

由于硅芯片与基板之间的间隙只有约 $50\mu m$，因此要求液体封装材料的黏度极低。其性能特点是低黏度、高耐热、低热膨胀系数、低吸水率和耐高温水解。由于 FC-PBGA 技术是近乎裸芯片的封装，因此对此封装材料有很高的纯度要求。表 15-1 为 FC-PBGA 用液体封装料的性能要求。随着 FC-PBGA 技术的发展，对 Underfill 材料的要求也随之变化。由于芯片与基板之间的间隙越来越小，填料硅粉的尺寸也要求更小，同时，细的硅粉更有助于改善沉降的问题。另外现在对固化时间要求也越来越短，如小于 30min。

表 15-1　FC-PBGA 用液体封装料的性能要求

性能	指标
黏度(25℃)/(mPa·s)	<10000
离子含量(Na$^+$、Cl$^-$)/×10^{-6}	< 20
固化时间(130℃)/min	< 90
玻璃化转变温度/℃	> 110
热膨胀系数/(×10^{-6}℃$^{-1}$)	< 35
模量/GPa	> 7
吸水率(85℃/85RH/72h)/%	< 1
室温保存时间(25℃)/h	> 16
低温保存时间(−40℃)/月	> 6
底层填充时间(12mm 芯片)/min	< 2

由于芯片与基板的间隙很小，Underfill 材料底层填充的速度由压力降（Δp）决定（图 15-3）。

压力降 Δp 可用下面的方程表示：

$$\Delta p = \frac{12\eta v x}{h^2} = \frac{12\eta \left(\dfrac{\mathrm{d}x}{\mathrm{d}t}\right) x}{h^2} \qquad (15\text{-}4)$$

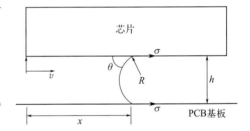

图 15-3　倒装芯片球栅阵列式塑料封装工艺计算参数示意图

式中　Δp——液体进入到 x 处时的压力降；

　　　η——液体黏度；

　　　v——流动时的平均速度；

　　　h——芯片与基板间的间隙。

压力降由液体的表面张力决定：

$$\Delta p = \frac{\sigma}{R} = \frac{\sigma \cos\theta}{h/2} \qquad (15\text{-}5)$$

式中　σ——表面张力；

　　　R——流体前端的弯曲半径；

　　　θ——接触角。

如果 Δp 恒定，式（15-4）可变化为：

$$x = \left(\frac{t\Delta p h^2}{12\eta}\right)^{0.5} = \left(\frac{t\sigma h\cos\theta}{6\eta}\right)^{0.5} \qquad (15\text{-}6)$$

式中，t 为液体流动的时间。

从式 (15-6) 可以计算出，Underfill 材料充满间隙的时间 t_{fill} 为：

$$t_{fill} = \frac{12\eta L^2}{\Delta p h^2} = \frac{6\eta L^2}{\sigma h \cos\theta} \tag{15-7}$$

式中，L 为芯片尺寸。

即液体填充的时间与芯片尺寸的平方成正比，与液体黏度成正比，与液体表面张力成反比，与间隙大小成反比。

倒装芯片发展的趋势是芯片尺寸不断增大，芯片与基板的间隙越来越小。因此，提高环氧树脂的流动性，降低黏度是减少液体底层填充所需的时间的关键因素。

图 15-4 为王忠刚等研制的 Underfill 材料流动性测试结果。由图可见，此材料流过 12mm 距离所用的时间不到 19s。倒装芯片实际封装中，为了提高封装速度，封装一般在 70~90℃ 下进行，因此研究 Underfill 材料黏度随温度变化的关系非常重要。由图 15-5 可见，Underfill 材料的黏度由 25℃ 时的 6000mPa·s 迅速降至 80℃ 时的 240mPa·s。

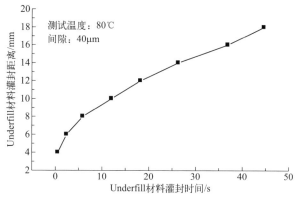

图 15-4　倒装芯片灌封距离与时间的关系曲线

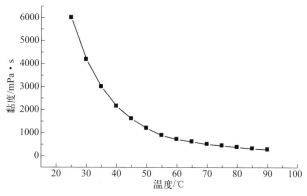

图 15-5　倒装芯片环氧封装料黏度随温度变化关系曲线

未加任何填料的环氧树脂的热膨胀系数一般在 $(60\sim70)\times10^{-6}℃^{-1}$。因此，要达到倒装芯片球栅阵列式塑料封装所要求的 $30\times10^{-6}℃^{-1}$，必须加入大量的无机填料。填料的种类很多，如二氧化硅、氧化铝、氮化铝和氮化硼等，目前最常用的是熔融的二氧化硅。

添加无机填料主要有以下几个好处：增加树脂的导热性；减小固化反应的收缩率；降

低成本；降低树脂的热膨胀系数，从而减小所封装器件冷热循环时的内应力，达到延长其使用寿命的目的。

15.1.2　国内外 Underfill 材料研究状况

20 世纪 90 年代初美国的 Dexter 电子材料公司率先开发出双酚型环氧-改性咪唑固化体系的液体封装料。沿着这条路线，经过深入研究开发，美国的 Epoxy 技术公司、佐治亚理工学院封装中心，日本的住友电木、大日本油墨等许多公司与机构也推出了各自的产品。

日本的住友电木采用双酚 F 型环氧树脂并使用芳香胺作固化剂，研制出一系列 Underfill 材料的配方，其性能见表 15-2。由表可看出，住友电木的 Underfill 材料的缺点主要是黏度偏高，有的配方甚至达到 30000mPa·s，而玻璃化转变温度偏低。美国和日本的其他电子材料公司的 Underfill 材料产品性能列于表 15-3 和表 15-4。

表 15-2　日本住友电木 Underfill 材料的配方及性能

材料和性能	A	B	C	D	E	F	G
硅粉含量/%	60	60	60	60	60	60	60
黏度(25℃)/(mPa·s)	11000	12000	12500	13000	30000	28000	30000
填充时间(80℃)/s	34	37	35	89	—	120	—
吸水率/%	0.6	0.5	0.5	0.5	1	0.5	1
热膨胀系数/($\times10^{-6}$℃$^{-1}$)	31	31	31	32	31	27	30
玻璃化转变温度/℃	90	88	90	92	72	84	60

注：A～G 为不同配方。

表 15-3　倒装芯片用 Underfill 材料（一）

材料和性能	H77	T7139	T6116-M	T6116-R	T6116-R2	T6116
组分	双	双	单	单	单	单
黏度(25℃)/(mPa·s)	12000	6000	13000	19000	19000	13000
热膨胀系数/($\times10^{-6}$℃$^{-1}$)	30	28	38	29	35	36
玻璃化转变温度/℃	90	121	110	110	95	92
热导率/[W/(m·K)]	0.9	1.3	1.5	1.5	1.5	1.5
室温储存时间/h	24	16	8	96	96	72
−40℃储存时间/年	1	1	0.5	1	1	1
体积电阻/($\times10^{14}\Omega$)	10	0.1	0.1	0.1	0.1	0.1

表 15-4　倒装芯片用 Underfill 材料（二）

性能	UF0544	UF1060	UF1070	UF4511	UF4526	UF4530
颜色	白	黑	黑	黑	黑	蓝
黏度(25℃)/(mPa·s)	2600	15000	28000	13000	4700	3000
热膨胀系数/($\times10^{-6}$℃$^{-1}$)	47	40	26	27	25	44
玻璃化转变温度/℃	144	125	135	150	133	148
密度/(g/cm^3)	1.67	1.78	1.7	1.74	1.7	1.5
室温储存时间/h	24	16	8	96	96	72
−40℃储存时间/月	9	5	6	6	6	6

王忠刚等对 FC-PBGA 用液体环氧封装料进行了研究，得到了许多重要的数据，取得了很好的结果（表 15-5）。其所研制的几组 Underfill 封装料配方 25℃时的黏度均小于

10000mPa·s，固化后的玻璃化转变温度最高可达 167℃，这两项重要指标已达到或优于国外同类产品。

为了降低封装料的黏度，根据倒装芯片技术对环氧树脂的特殊要求，王忠刚等设计合成出了系列新型脂环族环氧树脂（图 15-6）。这些环氧树脂在 25℃ 时黏度最低的只有50mPa·s，固化后玻璃化转变温度高达 205 ℃，这些性能是目前所有商品化环氧树脂不具备的。

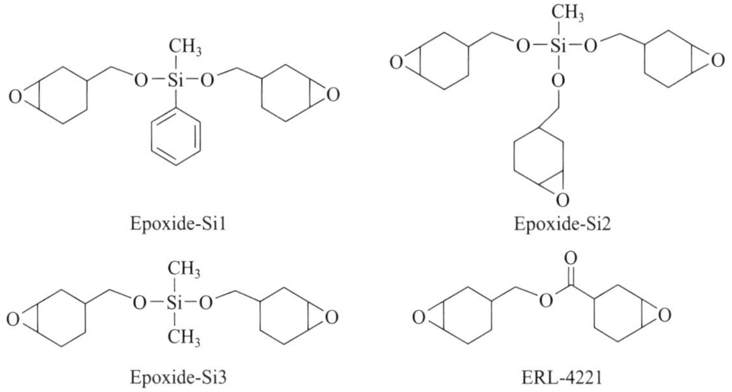

Epoxide-Si1　　　　　　　　　　Epoxide-Si2

Epoxide-Si3　　　　　　　　　　ERL-4221

图 15-6　四种脂环族环氧树脂的化学结构

表 15-5　Underfill 材料性能

材料和性能	KH001	KH002	KH003	KH004
主要成分	液体环氧	液体环氧	液体环氧	液体环氧
硅粉含量/%	65	65	65	65
硅粉粒径/μm	<20	<20	<20	<20
黏度(25℃)/(mPa·s)	4350	6120	7440	5680
玻璃化转变温度/℃	122	155	167	145
热膨胀系数/($\times 10^{-6}$℃$^{-1}$)	32	34	28	29
室温储存时间/h	>36	>36	>36	>36
剪切强度/MPa	11	10	14	12
弯曲强度/MPa	89.4	92.3	91.7	88.9
弯曲模量/GPa	8.9	9.3	8.4	9.1
灌封 12mm 硅芯片所需时间/s	19	45	81	31

15.1.3　CD-PBGA 用液体环氧封装材料

与 FC-PBGA 类似，CD-PBGA 也是高密度电子封装形式之一（图 15-7），这种封装形式具有较高的热性能和良好的电性能，引脚数可达 500。CD-PBGA 用环氧树脂的目的是保护硅芯片，延长芯片的使用寿命，因此对该树脂的吸水率有很高的要求。为了与硅芯片的热膨胀系数（CTE 为 3×10^{-6}℃$^{-1}$）匹配，要求固化后环氧封装材料的 CTE 越低越好。表 15-6 为 CD-PBGA 用液体环氧封装料的基本组成，表 15-7 和表 15-8 为市场 CD-PBGA 用液体环氧封装料产品的牌号和性能。

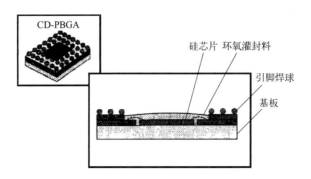

图 15-7 CD-PBGA 结构示意图

表 15-6 CD-PBGA 用液体环氧封装料的基本组成

组成	成分
环氧树脂	双酚 A 型液体环氧树脂
固化剂	酸酐
无机填料	二氧化硅粉（含量 75%）

表 15-7 市场 CD-PBGA 用液体环氧封装料的产品牌号和性能（一）

产品牌号	CD11-R2	CD11-R3	CD-013	CD162	CD062
颜色	黑	黑	黑	黑	黑
黏度/(mPa·s)	80000	120000	80000	80000	120000
热膨胀系数/($\times 10^{-6}℃^{-1}$)	10	8~10	10	10	17
玻璃化转变温度/℃	150	145	150	145	125
室温储存时间/h	24	48	48	24	24
离子含量					
氯离子/(mg/kg)		6	5		
钾离子/(mg/kg)		2	1		
钠离子/(mg/kg)		1	1		
−40℃储存时间/月	6	6	6	6	6

表 15-8 市场 CD-PBGA 用液体环氧封装料的产品牌号和性能（二）

产品牌号	CD1059	CD11−1R	CD4650	CD4460	CD4651	CD4652
颜色	黑	黑	黑	黑	黑	黑
黏度/(mPa·s)	270000	100000	300000	130000	130000	180000
热膨胀系数/($\times 10^{-6}℃^{-1}$)	24	17	20	11	11	14
玻璃化转变温度/℃	125	140	170	150	150	150
室温储存时间/h	24	24	48	48	48	24
离子含量						
氯离子/(mg/kg)		6	20	5	5	6
钾离子/(mg/kg)		2	20	1	1	2
钠离子/(mg/kg)		1	20	1	1	1
−40℃储存时间/月	12	6	6	9	9	6

15.1.4　其他软封装用环氧灌封材料

软封装也称板上芯片，是将芯片直接安置在有机或陶瓷线路板上，然后用液体环氧树脂将芯片、金属线以及各个焊点封装，以达到保护芯片的目的。软封装在电子表和电子琴线路等产品中已经得到广泛应用。软封装具有方法简单、成本低廉以及封装后芯片体积小的优点。随着材料和工艺方法的不断改进，软封装又开始应用在微型芯片封装领域，如倒装芯片的板上封装（Flip-chip on board）、微型 BGA（μBGA）、芯片尺寸封装（CSP）等。

由于软封装的材料直接与芯片、键合引线和基体材料相接触，因此它必须具有和芯片的装片材料相同的纯度。为了减小芯片与封装材料间产生的应力，封装材料的模量不能太高。而且为了防止界面处水分渗透，封装材料与芯片、基板之间应具有很好的粘接性能。

软封装所用的材料一般为聚合度较低的双酚 A 型液体环氧树脂，固化剂可以是咪唑衍生物或酸酐，另外还需添加无机填料以及其他添加剂。表 15-9 为软封装所用液体环氧封装料的组成。

表 15-9　软封装用液体环氧封装料的组成

组成	用量/质量份
液体环氧树脂	20
液体酸酐	9
熔融硅粉	70
添加剂和炭黑	1

15.2　环氧树脂在 LED 封装中的应用

发光二极管（LED）是新一代固体光源。与传统的白炽灯相比，LED 光源具有高效节能、使用寿命长、低毒环保和光频精确的优点，目前已经被广泛应用于照明、信号传输、标示和显示器等领域。理想的 LED 封装材料应具有高透光率、高折射率、优良的热性能、优良的力学及加工性能、耐高温变色、耐紫外辐射和水汽等特性。封装不仅起到机械支撑、保护、隔离空气中氧和水蒸气的作用，还直接影响 LED 的光提取效率。

迄今为止，因双酚 A 型环氧树脂具有价格低廉、透明性好、力学性能好、加工过程标准化等特点，约 90％的 LED 采用双酚 A 型环氧树脂封装，但双酚 A 型环氧树脂也有难以克服的固有缺点，如体系黏度大、易黄变、储存时间短、固化温度高且时间长等问题，这不仅给生产操作带来不便，也不利于节能及提高生产效率。为了解决这些问题，科研工作者们做出了很多尝试，其中采用脂环族环氧树脂代替双酚 A 型环氧树脂并利用阳离子聚合固化是一条很有效的途径。阳离子聚合技术固化速度快、储存时间长、可低温固化。同时，脂环族环氧树脂常温下黏度低、纯度高、耐候性好。目前阳离子聚合技术按引发方式不同可分为光引发阳离子聚合和热引发阳离子聚合。由于 LED 封装层的厚度较厚，如果采用光引发阳离子聚合，光的能量随着环氧层厚度的增加而衰减，难以充分均匀固化，而采用热引发阳离子聚合则从根本上避免了这一问题。

　　王忠刚等研究了其所合成的三种含硅脂环族环氧树脂 Epoxide-Si1、Epoxide-Si2、Epoxide-Si3 以及商品化环氧树脂 ERL-4221 的热引发阳离子聚合固化行为。四种环氧树脂的化学结构如图 15-6 所示。DSC 曲线显示（图 15-8），四种环氧体系的放热峰值温度在 85～110℃之间，明显低于相应环氧树脂/酸酐固化体系的放热峰值温度。三种含硅环氧体系的 DSC 曲线只有一个放热峰，而 ERL-4221 有两个明显的放热峰。Epoxide-Si2 和 Epoxide-Si3 体系的 DSC 曲线放热峰很窄且尖，Epoxide-Si1 和 ERL-4221 的放热峰较宽。为了清晰地比较不同环氧树脂阳离子聚合反应活性的差异，对其 DSC 曲线进行了积分处理，得到转化率-时间曲线。该积分处理的前提条件首先是认为某一温度下的转化率为该温度下体系累积放热量占总放热量的比例，其次是认为阳离子聚合反应严格遵守 Arrhenius 定律。由图 15-9 可见，Epoxide-Si1 体系具有最低的起始反应温度，但是相对 Epoxide-Si2 和 Epoxide-Si3 体系，聚合速度却较慢，这可能是因为 Epoxide-Si1 中大体积的苯环侧基会影响其分子链的运动能力。值得注意的是，Epoxide-Si2 和 Epoxide-Si3 体系的转化率在分别加热到 105℃和 85℃时迅速提高，表明这两种环氧体系具有非常快的阳离子聚合速率以及在活化温度前具有良好的潜伏性。ERL-4221 体系的起始反应温度要低于 Epoxide-Si2 和 Epoxide-Si3 体系，但它的反应速率要明显慢得多，这是由于羰基的存在会起到降低阳离子聚合反应速率的作用。

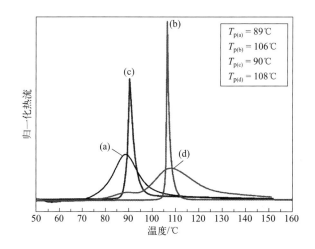

图 15-8　四种环氧体系阳离子聚合 DSC 曲线
（a）Epoxide-Si1；（b）Epoxide-Si2；（c）Epoxide-Si3；（d）ERL-4221

　　动态力学分析（DMA）可以用来表征热固性材料动态黏弹性随温度的变化情况，并可间接反映出其交联网络结构的微观信息。图 15-10 为几种环氧树脂阳离子聚合固化物的 DMA 曲线。由表 15-10 数据可见，Epoxide-Si1、Epoxide-Si2、Epoxide-Si3 和 ERL-4221 环氧固化物的交联密度分别为 $2.69 \times 10^{-3}\,mol/cm^3$、$72.49 \times 10^{-3}\,mol/cm^3$、$1.42 \times 10^{-3}\,mol/cm^3$、$5.34 \times 10^{-3}\,mol/cm^3$。值得注意的是，三官能度环氧 Epoxide-Si2 固化物的交联密度要比其他三种固化物高出近 1 个数量级之多。这一结果与环氧树脂阳离子聚合固化物的化学结构有关。如图 15-11 所示，与采用酸酐固化不同，阳离子聚合时环氧树脂分子之间不是通过酸酐分子相连接，而是环氧开环后通过较短的 C—O—C 醚键直接连接，此时环氧官能度对固化物交联程度的影响变得更加显著。另外，ERL-4221 阳离子聚

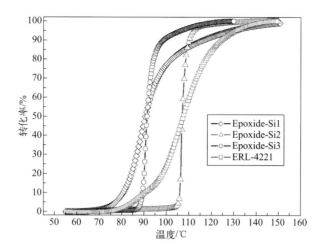

图 15-9　四种环氧体系的固化转化率-时间关系曲线

合固化物交联密度明显高于同为二官能度环氧的 Epoxide-Si1 和 Epoxide-Si3 固化物，这主要是因为在 ERL-4221 中两个脂环之间距离更近。

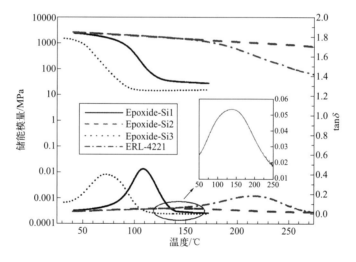

图 15-10　四种环氧树脂阳离子聚合固化物的 DMA 曲线

表 15-10　四种脂环族环氧树脂固化物的 DMA 和 DSC 测试数据

试样	25℃黏度/ (mPa·S)	$T_{g,DSC}$/℃	$T_{g,DMA}$/℃	储能模量/（×10⁹Pa）		交联密度/ （×10⁻³mol/cm³）	tanδ 峰高
				玻璃态①	橡胶态②		
Epoxide-Si1	340	98	108	2.24	0.029	2.69	0.46
Epoxide-Si2	290	—	136	2.42	0.83	72.49	0.053
Epoxide-Si3	150	65	73	0.90	0.014	1.42	0.40
ERL-4221	400	198	217	2.49	0.072	5.34	0.18

① 50℃时的储能模量。

② T_g＋50℃时的储能模量。

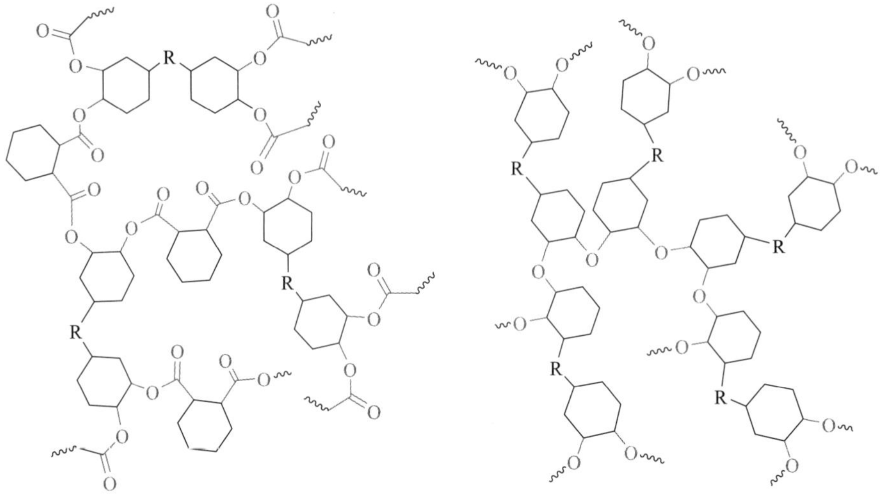

(a) 酸酐固化　　　　　　　　　　　　(b) 阳离子固化

图 15-11　脂环族环氧树脂酸酐固化和阳离子固化产物的化学结构示意图

此外，四种环氧树脂固化物的玻璃化转变温度有着明显的不同，随着交联密度的增加，动态损耗程度呈逐渐降低的趋势。这符合热固性材料交联程度与玻璃化转变温度之间的关系规律，因为当交联密度提高到一定程度时，交联点之间链段的长度低于玻璃化转变所需的最短链段长度，那么材料的玻璃化转变就不存在了。储能模量和介电损耗角正切（$\tan\delta$）的变化是玻璃化转变的两个特征，Epoxide-Si1 和 Epoxide-Si3 固化物表现出典型的玻璃化转变，储能模量在玻璃化转变温度附近显著地降低，$\tan\delta$ 峰也较高。对于交联密度较高的 ERL-4221 固化物，其储能模量在玻璃化转变附近的下降程度变得平缓，$\tan\delta$ 峰低且宽。Epoxide-Si2 固化物则表现出超高交联聚合物的特征，玻璃化转变几乎完全消失，$\tan\delta$ 峰非常微弱，即使加热到 270℃ 其储能模量仍高达 750MPa。

将介电损耗角正切（$\tan\delta$）的峰值温度设为玻璃化转变温度（$T_{g,DMA}$），由于 Epoxide-Si3 结构中两个环氧基团距离较远，并且存在大量柔性的 Si—O—C 结构，固化后分子链段运动性最好，导致 Epoxide-Si3 固化物具有最低 $T_{g,DMA}$（73℃）和玻璃态储能模量。Epoxide-Si1 由于存在刚性苯环侧基，其固化物 $T_{g,DMA}$（108℃）略高于 Epoxide-Si3。Epoxide-Si2 固化物的介电损耗角正切（$\tan\delta$）在 136℃ 处有一个十分微弱的小峰，并非典型的玻璃化转变。ERL-4221 固化物的 $T_{g,DMA}$ 高达 217℃，这是由于 ERl-4221 中两个脂环之间的距离较近，并且是由较为刚性和极性的酯键来连接。图 15-12 为四种环氧树脂固化物的 DSC 曲线，$T_{g,DSC}$ 测试结果略低于 $T_{g,DMA}$。Epoxide-Si2 固化物由于具有很高的交联密度在 DSC 曲线上并未发现玻璃化转变，这与其 DMA 的观察结果一致。对于 LED 封装用环氧树脂而言，材料具有较低的 T_g 和较低的模量可以更好地抵御由热冲击引起的内应力，以免出现开裂现象。

图 15-13 为环氧树脂固化物的紫外-可见吸收光谱图。由图可见，所有的环氧树脂固化物在 400～800 nm 可见光波长范围内均表现出了极好的透明性，透过率均超过 99.8%，这归因于几种环氧树脂固化物高度无定形的结构。Epoxide-Si3 固化物透过率略低于其他三种环氧树脂固化物，这可能是因为它较低的交联密度和较好的分子链段柔顺性有利于链段的紧密堆砌，其无定形程度要低于其他三种环氧树脂固化物。

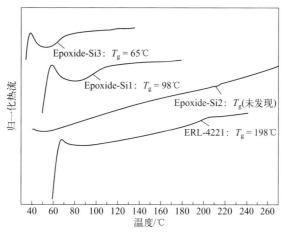

图 15-12　四种环氧树脂固化物的 DSC 曲线（升温速率 10℃/min）

Epoxide-1 与 Epoxide-2 两种脂环族环氧树脂体系可通过阳离子聚合反应在较低温度下快速固化，它们均具有很好的透明性，在 633nm 下，两种环氧树脂固化物的 n_{TE} 值在 1.4937～1.5252 之间，n_{TM} 值在 1.4951～1.5257 之间，n_{AV} 值在 1.4942～1.5254 之间，具有非常小的双折射（0.0005～0.0014）（表 15-11），在 LED 封装及光电子器件封装领域均有着很好的应用前景。

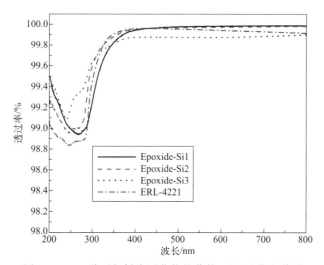

图 15-13　四种环氧树脂固化物的紫外-可见吸收光谱图

表 15-11　四种脂环族环氧树脂固化物的光学数据

试样	透过率/%		折射率和双折射率			
	400nm	800nm	n_{TE}[①]	n_{TM}[②]	n_{AV}	（Δn）
Epoxide-Si1	99.87	99.89	1.4937	1.4951	1.4942	0.0014
Epoxide-Si2	99.94	99.98	1.5252	1.5257	1.5254	0.0005
Epoxide-Si3	99.95	99.97	1.5079	1.5085	1.5081	0.0006
ERL-4221	99.95	99.91	1.5168	1.5177	1.5171	0.0009

① 面内折射率。

② 面外折射率。

第16章
环氧树脂的研究及应用发展

16.1 新型环氧树脂

16.1.1 新型耐热环氧树脂

环氧树脂具有力学性能好、成型工艺好、绝缘性能好、粘接性能好等优点，但通用的环氧树脂耐热性不够好，如用量最大的双酚 A 型环氧树脂 $T_g < 120℃$。近年来，随着世界微电子行业的迅猛发展以及人类日益提高的环保意识，电子器件微型化以及电子领域中无铅焊料的应用已成必然趋势，因此电子领域对环氧树脂的耐热性也提出了更高的要求。开发新型耐热环氧树脂也成为一种趋势。

环氧树脂结构与性能之间有着密切的联系。改变环氧树脂的分子结构是提高环氧树脂耐热性的一条有效途径，如向环氧树脂体系中引入耐热的刚性基团——稠环结构、联苯结构及酰亚胺结构，可以显著提高环氧树脂的耐热性能。

16.1.1.1 含稠环结构的环氧树脂

稠环结构的引入可以提高环氧树脂分子链段的刚性，从而提高环氧树脂固化产物的玻璃化转变温度，使其耐热性能得到提升。同时，由于稠环结构为网目链排列，有使自由体积减小的效果，从而降低了吸水性和线膨胀系数，提高了弹性率。

含稠环结构的环氧树脂包括含萘环的环氧树脂、含蒽环的环氧树脂和含芘环的环氧树脂。虽然蒽环和芘环所含的芳环结构比萘环要多，但由于合成含蒽环和含芘环的环氧树脂所需要的反应时间较长、原料较贵、后处理较复杂，而且由于蒽环和芘环的体积较大，影响了环氧树脂的交联密度，因而对其耐热性能的提高影响有限。所以含有蒽环和芘环的环氧树脂目前还只有理论研究价值，实际应用价值并不高。

含萘环的环氧树脂较之含蒽环和芘环的环氧树脂有较高的反应活性。同时与苯基相比，萘环的刚性更强并且以平面结构存在，堆积更为紧密，固化网络交联密度增加，使含萘环的环氧树脂比通用的双酚 A 型环氧树脂有更高的 T_g 和更低的热膨胀系数。研究者们一般向环氧树脂中引入萘酚、萘二酚、联萘酚及其衍生物等。

张奎等以萘酚和福尔马林溶液为原料，合成出了两种含萘环的环氧树脂，并对其与双氰双胺（DICY）、4,4′-二氨基二苯甲烷（DDM）、4,4′-二氨基二苯砜（DDS）固化体系进行了研究。发现其固化物相对于双酚 A 型环氧树脂固化物而言，具有更高的玻璃化转变温度、极好的热稳定性和较低的吸湿性。任华等通过萘酚与双环戊二烯（DCPD）反应将刚性萘环结构引入了环氧树脂骨架中，并对其热力学性能进行研究，发现此环氧树脂不但有较高的玻璃化转变温度（136.2℃）和高温下较高的残碳率，而且其固化物的吸水率仅为 0.481％。正因为含有萘环的环氧树脂具有如此优良的耐热性和低吸水性，现在已经广泛引起了日本化药公司、大日本油墨化学公司、住友化学公司等的兴趣。相信在不久的将来，含萘环型环氧树脂将在电子封装材料中有大量的应用。

16.1.1.2　含联苯结构的环氧树脂

联苯基团具有极强的刚性，它的引入可以提高环氧树脂的耐热性，并且由于联苯基团几乎平面的结构增加了链的规整性和分子间的相互作用，使改性后的环氧树脂耐热性增强的同时，韧性也有所提高。张春玲等以四甲基取代联苯二酚为原料合成出了含联苯结构的环氧树脂，并将其与通用的双酚 A 型环氧树脂固化体系进行比较，发现含联苯结构的环氧树脂玻璃化转变温度有所提高。谭怀山等合成了一种新型联苯酚醛环氧树脂，发现所合成的环氧树脂与 4,4'-二氨基二苯砜固化后，所得的固化物有较好的耐热性——失重 5％ 的温度为 335℃ 和较低的吸水率（1.53％）。近年来国内外对含联苯结构的环氧树脂的报道层出不穷，可见含联苯结构的环氧树脂已经引起了越来越多专家学者的注意。

16.1.1.3　含酰亚胺结构的环氧树脂

聚酰亚胺具有较高的耐热性，学者们认为如果能把酰亚胺结构引入环氧树脂中，则可提高环氧树脂的热稳定性。目前的研究方法基本如下。

① 将热塑性聚酰亚胺与环氧树脂共混，如李善军等人研究了一种新型聚醚酰亚胺（PEI）与环氧树脂共混。

② 使双马来酰亚胺与环氧树脂发生交联反应，如赵石林等研究了 BMI/DDM/E-51 环氧树脂体系，发现其固化后比 BMI/DDM 预聚体与 E-51 环氧树脂共混体系固化后，有更好的耐高温性能，且可涂抹性强，黏度也较易控制。

③ 利用含有亚胺环的固化剂固化环氧树脂，如饶保林利用二苯甲烷型的双羧酸亚胺与环氧树脂发生共聚反应，得到的胶黏剂在 250℃ 空气中热老化 48h 失重 3.24％。

④ 将酰亚胺基团引入环氧树脂中，如顾媛娟等根据内扩链原理，在催化剂存在下合成了环氧型双马来酰亚胺，其拥有优良的热稳定性。

16.1.2　新型阻燃环氧树脂

环氧树脂是一种重要的热固性树脂，具有优异的综合性能。但普通的环氧树脂的极限氧指数（LOI）仅为 19.8％，其易燃的特性大大限制了环氧树脂的应用。使用阻燃环氧树脂是降低易燃性的一种通用方法，阻燃环氧树脂一般分为添加型和反应型两大类。添加型阻燃环氧树脂一般工艺简便，原料来源方便，是目前国内外常用的阻燃方法。然而我们发现，使用添加剂不但需要解决其在环氧基体中分散性、相容性及界面性等问题，而且阻燃剂的引入在降低环氧树脂易燃性的同时在很大程度上也影响了其本身的力学性能。而反应型阻燃剂能直接将阻燃元素引入环氧树脂链中作为一种固化剂使用，使其在具备持久阻燃效果的同时，对环氧树脂固有性能影响较小，因此研制反应型阻燃环氧树脂是目前阻燃环氧树脂的一个方向。一般提高阻燃性的方法是在环氧树脂中引入溴元素，如溴代环氧树脂等，但由于含溴环氧树脂燃烧时会产生大量有毒的多溴二苯并呋喃及多溴代二苯并二噁烷等气体，危害人们的生命健康，使其应用受到越来越多的限制，因此人们迫切需要其他类型的阻燃环氧树脂。含磷、氮类环氧树脂及有机硅类环氧树脂，逐渐被人们所注意。

16.1.2.1 含磷型环氧树脂

磷元素的阻燃效率很高，在环氧树脂骨架中，只要其含量超过1%，再配合特定的固化剂，就可以使其体系的阻燃性能达到国际通用的UL94 V-0级标准，可以在电子电气产品中得到广泛应用。磷元素之所以能有效发挥阻燃效应，主要是因为P—C、P—O—C的键能比C—C键能低，受热时比C—C键先分解，生成各种阻燃物质，对提高环氧树脂的阻燃性有很大帮助。含磷型环氧树脂的制备首先是通过特定反应在含磷化合物分子中引入双氨基、单/双羟基、单/双羧基、单/双环氧基等活性基团，并将其作为向环氧树脂中引入含磷阻燃基团的起始物，使它们参与环氧树脂的制备反应，把含磷基团按预期目标键入环氧树脂分子链或者固化网络中。常见的含磷型环氧树脂有磷酸三环氧丙氧甲基酯、二(3-缩水甘油基)苯基磷酸酯、二(邻羟基苯基)甲基氧膦二缩水甘油醚、二(3-缩水甘油氧基)苯基氧膦和三聚磷腈环氧树脂等。

曹诺等将环氧树脂与磷酸直接反应，制得了一种与环氧树脂相容性较好的环氧磷酸酯，其化学式为：

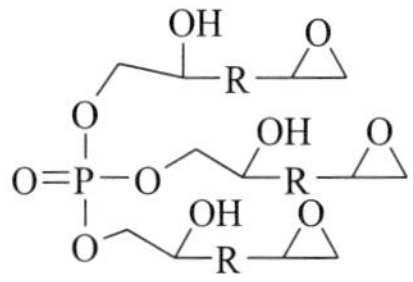

此种环氧磷酸酯端基为环氧基团，固化过程中与固化剂发生反应，将磷元素引入环氧树脂体系中。研究者们发现在环氧树脂中适当添加此种阻燃剂，极限氧指数可以提高到22.5%左右，可在空气中自熄。同时适量添加此种环氧磷酸酯不但可以大幅提高固化物的韧性，并且对固化物的硬度及热稳定性影响不大。

DOPO（5,6-二氢-5-氧杂-6-磷杂菲-6-氧化物）分子结构为：

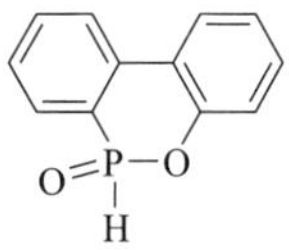

DOPO中含有一个非常活泼的P—H键，非常容易与一个缺电子的碳发生反应；同时由于分子结构中含有P—C键，阻燃性能比一般的有机磷酸酯更好。因此如若能将DOPO引入环氧树脂中，则能提高环氧树脂的阻燃性。钱立军等将DOPO作为新型阻燃改性材料与环氧树脂E-51进行加成反应，当磷含量超过2%时，其阻燃效果可以达到UL94 V-0级标准。但由于体系中环氧键与DOPO发生了反应，减少了可发生交联的基团，降低了交联密度，使得体系随着DOPO含量的增加，材料的力学性能受到很大的影响。钱立军等通过继续研究发现如果在DOPO含磷型环氧树脂中添加适当的三环氧丙基缩水甘油醚，则有助于缓解体系拉伸强度的下降。随着科研人员对含磷型环氧树脂的不断研究，

相信还会有新的、性能更好的含磷型环氧树脂出现。

16.1.2.2　含氮型环氧树脂

含氮型环氧树脂具有较高的热分解温度和阻燃效率且其分解物低毒，因而被认为是一种很有前途的取代含溴环氧树脂的新型阻燃环氧树脂。含氮型环氧树脂主要有聚异氰脲酸酯-噁唑烷酮树脂和缩水甘油胺环氧树脂等。

聚异氰脲酸酯-噁唑烷酮树脂是一类结构中含有大量五元、六元含氮杂环的环氧树脂，具有优异的阻燃性、耐热性、耐介质性和机械强度。其可用如下通式表示：

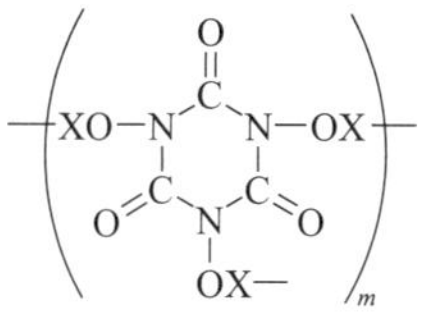

(OX表示含有噁唑烷酮环的链段)

周继亮等合成了一种含有异氰脲酸酯基的含氮杂环树脂，其合成路线如图 16-1 所示。

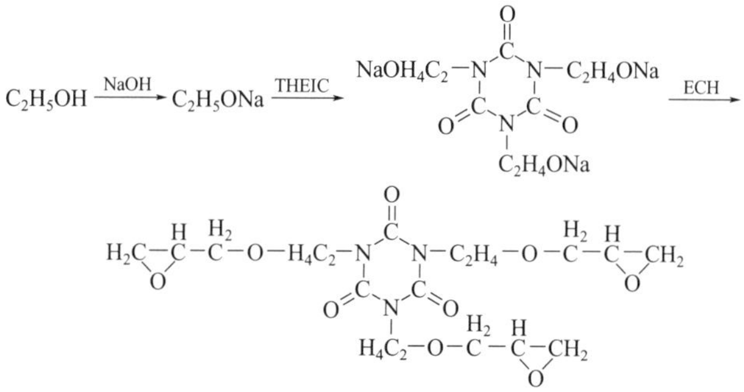

图 16-1　一种含有异氰脲酸酯基的含氮杂环树脂的合成
（ECH—环氧氯丙烷，THEIC—三羟乙基异氰脲酸酯）

此含氮型环氧树脂的环氧值可达 $0.257 mol/100g$。

缩水甘油胺环氧树脂包括三聚氰酸三缩水甘油胺、对氨基苯酚环氧树脂和二氨基二苯甲烷环氧树脂。其中三聚氰酸三缩水甘油胺含氮量高达 14%，具有自熄性，其分子结构为：

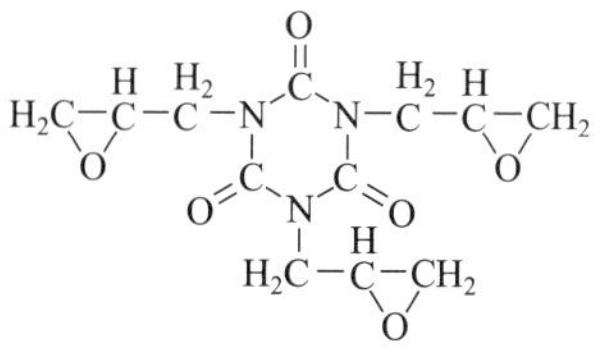

徐伟箭等将对羟基苯甲醛双缩对苯二胺席夫碱（AZ）和环氧氯丙烷在 NaOH 溶液中进行缩合，合成出了一种新型的环氧树脂（DGEAZ），其结构式为：

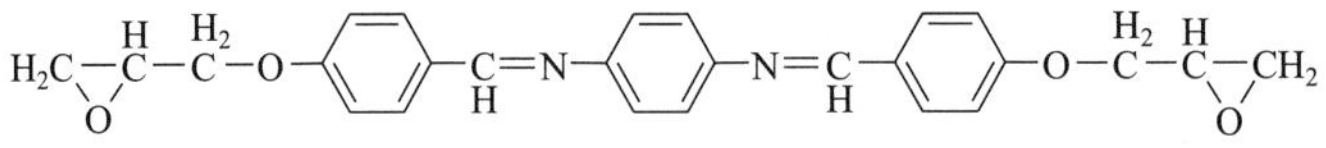

研究表明，该种树脂不仅反应活性与双酚 A 型环氧树脂相当，而且固化后的树脂具有较高的成碳率（800℃，43.55％）和较好的阻燃性（UL94 V-0 级）。万红梅等将苯酚引入二苯甲醛树脂（XF）分子中，合成了酚改性二苯甲醛树脂（PXF），在碱催化下 PXF 与异氰脲酸三缩水甘油酯（TGIC）进行部分开环反应，得到了一种新型的含氮型环氧树脂，其结构式为：

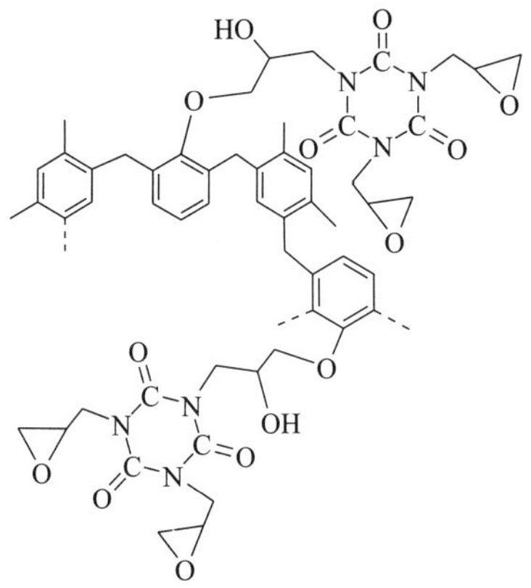

其氮质量分数为 8％，环氧值在 0.30～0.40mol/100g 范围内可调。

16.1.2.3 有机硅类环氧树脂

硅是一种低表面能的元素，当含硅类环氧树脂受热时，硅会从环氧树脂内部溢到表面形成一个表面层，在空气中氧化生成高度稳定的 SiO_2 层，有效隔热并阻止环氧树脂的进一步降解。同时硅受热也会促使环氧树脂生成一个含硅的炭化层，富硅的炭化层也阻止环氧树脂的进一步降解。与其他阻燃剂相比，硅系阻燃剂以其有害性低而引起人们的广泛关注。目前主要通过以下几种方法制备有机硅环氧树脂。

① 环氧丙醇与烷氧基硅氧烷脱醇：

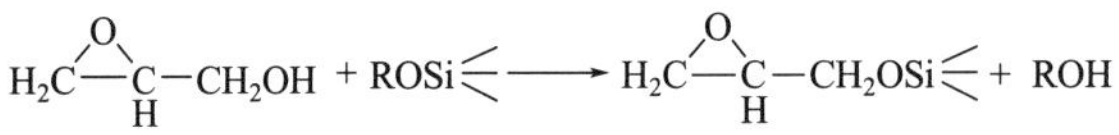

② 环氧丙烷烯丙醚与聚硅烷中活泼氢的加成反应：

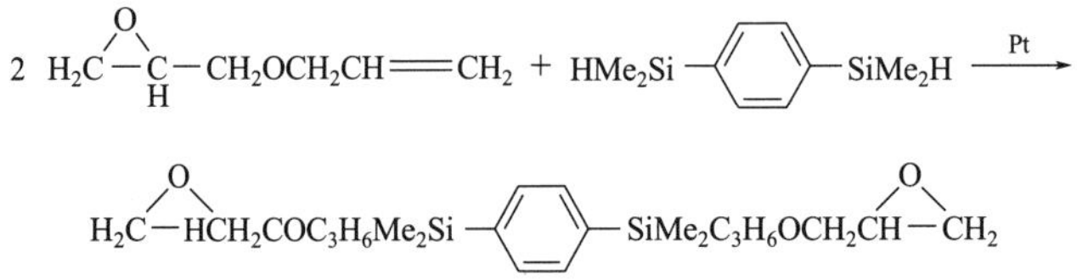

③ 过氧化物氧化聚硅烷上的不饱和键：

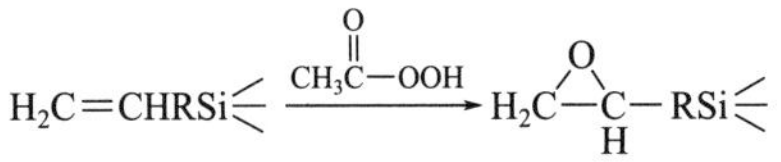

④ 双酚 A 型环氧树脂与烷氧基或羟基的硅氧烷缩合而得：

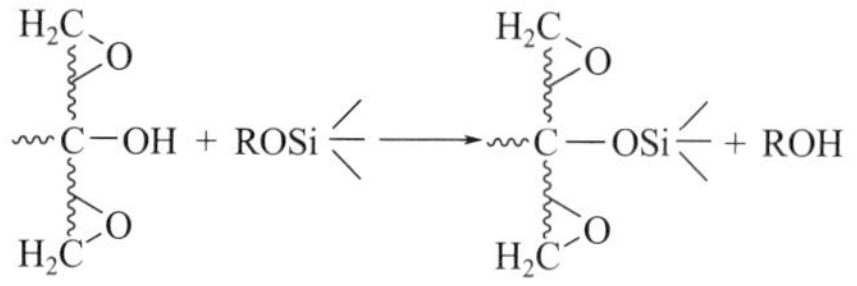

在工业中，多使用第四种方法，由—C—OH 的线型环氧树脂出发，与含有—RO—的硅树脂中间体，通过缩合反应得到 SiO—C 键连接的环氧改性硅树脂。

叶春生等用过氧酸对乙烯基封端聚二甲基硅氧烷进行环氧化，合成含硅的阻燃环氧树脂。并将其与适量的双酚 A 型环氧树脂相混合后进行固化，再进行热性能和阻燃性能测试。研究者们通过极限氧指数法测定了聚二甲基硅氧烷环氧树脂/E-44/DDM 固化体系的阻燃性能，发现固化物的 LOI 值随聚二甲基硅氧烷环氧树脂比例的增多而增大，纯聚二甲基硅氧烷环氧树脂的 LOI 值可达 30.2％。杨明山等将二苯基硅二醇与邻甲酚醛环氧树脂在 SnCl$_2$ 催化作用下合成了含硅环氧树脂，并采用热重分析对此含硅环氧树脂的热稳定性进行分析，发现含硅改性邻甲酚醛环氧树脂固化温度比邻甲酚醛环氧树脂固化物高 30℃。这是因为 Si—O 键的键能（422.5kJ/mol）比 C—O 键（344.4kJ/mol）的高得多，所以含硅邻甲酚醛环氧树脂耐热性有了很大提高。黎艳等利用带端基氯的有机硅来改性双酚 A 型环氧树脂，通过端基氯与环氧链上的羟基反应，向环氧树脂中引入有机硅，发现此种方法不但增韧树脂，还提高了其耐热、耐冲击等性能。

有机硅环氧树脂兼具有机硅和环氧树脂两者的优点，有阻燃、防潮、耐水、耐热等优良特性，可广泛应用于航空航天等领域。

16.1.3　液晶环氧树脂

1888 年奥地利植物学家 Reinitzer 首次发现了液晶，但直到 1941 年 Kargin 才提出液晶态是聚合物体系中普遍存在的一种状态，从此开启了人们对液晶聚合物研究的篇章。液晶是一些化合物所具有的介于固态晶体的三维有序和无规液态之间的一种中间相态，又称作介晶相，是一种取向有序流体，既具有液体的易流动性，又有晶体的双折射等各向异性的特征。液晶高分子具有取向方向的高拉伸强度和高模量、耐热性突出、热膨胀系数低、阻燃性优异、电性能和成型加工性优异等优点。

按照液晶的形成条件可分为溶致液晶和热致液晶。某些材料在溶剂中处于一定的浓度区间内会产生液晶，称为溶致液晶。而热致液晶分子会随温度的上升而产生一连串相转移，即由固态变成液晶状态，最后变成等向性液体。

按照液晶相的不同，液晶高分子可分为：近晶相液晶，向列相液晶和胆甾相液晶。其结构如图 16-2 所示。

近晶相液晶，是在所有液晶中近固体晶体而得名。在近晶相液晶中，棒状分子形成层状结构，每个分子都垂直于层面或与层面成一定角度排列。无论取何种排列状态，分子之间都是互相平行排列的。这种排列的分子层之间的作用力比较弱，相互之间易于滑动，因而近晶相液晶呈现二维流体的性质。在向列相液晶中，液晶分子刚性部分平行排列，重心排列无序，保持一维有序性，液晶分子沿其长轴方向可移动，不影响晶相结构，是流动性

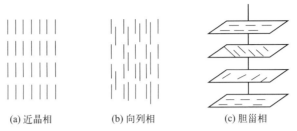

(a) 近晶相　　　(b) 向列相　　　(c) 胆甾相

图 16-2　液晶高分子结构示意图

最好的液晶。在胆甾相液晶中，构成液晶的分子是扁平型的，依靠端基的相互作用平行排列成层状结构，但它们的长轴与层面平行而不是垂直。在相邻两层之间，由于伸出平面外的光学活性基团的作用，分子长轴取向依次规则地旋转一定角度，层层旋转构成螺旋结构。

按照分子中液晶基元的位置可把液晶高分子分为：

①主链型液晶高分子，液晶基元在高分子主链上，如 Kevlar 纤维。

②侧链型液晶高分子，液晶基元通过柔性链与主链相连，大多数功能性液晶高分子属于此类。

液晶单元又称介晶单元，一般由三部分组成，可表示为：Y—核芯—X—核芯—Z。最常见的核芯是苯环，有时为杂环或脂环；由一两个桥键 X 将芳香环连接起来；在分子长轴上长有端基 Y 和 Z。

热固性液晶树脂是在液晶聚合物的基础上发展起来的一种新型液晶树脂。与热塑性液晶聚合物相比，热固性液晶树脂的分子量较低，因此其熔点较低，熔体黏度较小，在较温和的条件下就可以达到很高的取向，成型工艺性较好（与传统的主链型液晶聚合物相比），网络结构可以使其在保持取向方向高强度、高模量的同时，大幅度提高非取向方向上的强度、模量，改善液晶聚合物材料的均一性（与传统的侧链型液晶聚合物相比），网络结构更可以使固化产物的有序性、热稳定性大大提高（与普通热固性树脂相比），热固性液晶树脂及其固化产物中取向有序介晶域的存在使其固化收缩率较小，固化产物的力学性能、耐热性、粘接性能、尺寸稳定性以及光电性能有较大的提升。根据介晶单元所用的封端官能团，可将热固性液晶树脂分为液晶环氧树脂、液晶双马来酰亚胺树脂、液晶氰酸酯树脂等。其中液晶环氧树脂由于高堆砌密度和优良的可操作性，使其成为液晶热固性树脂中综合性能最好的一种。

16.1.3.1　液晶环氧树脂的合成

液晶环氧树脂融合了液晶有序和网络交联的共同特点，弥补了普通环氧树脂韧性差的缺陷，引起人们的广泛关注。从 20 世纪 80 年代 A. B. Conciatori 等研究了聚醚酯型液晶环氧树脂及其固化网络并申请了美国专利开始，这一领域得到了迅猛发展。液晶环氧树脂的合成原理是在液晶温度区域内固化含液晶基元的并带有环氧端基的小分子或低聚物，或者在体系固化过程中发生各向同性向液晶性的转变，最终液晶分子的有序性被分子间交联所固定。根据液晶单元的不同，可把液晶环氧树脂分为：芳酯类、联苯类、α-甲基二苯乙烯类和亚甲胺类等。我们发现这些液晶单元的长轴都不易弯曲，能保持稳定的刚性棒状结构，其具体的分子结构如表 16-1 所列。

表 16-1　各种液晶环氧树脂中液晶单元的分子结构

液晶单元	分子结构	备注
芳酯类	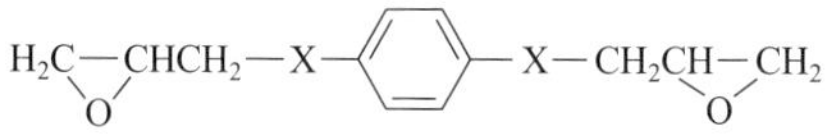 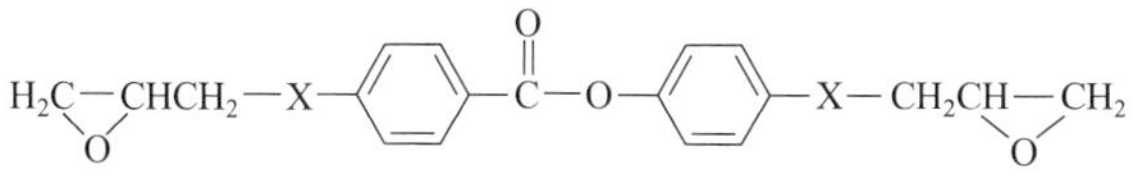 H_2C—$CHCH_2$—X—⬡—X—CH_2CH—CH_2（环氧端基） H_2C—$CHCH_2$—X—⬡—$\overset{O}{C}$—O—⬡—X—CH_2CH—CH_2	X 为—O—、 —O—$(CH_2)_n$—O—$(CH_2)_n$—O— $n=2,3,4,6$; Y 为 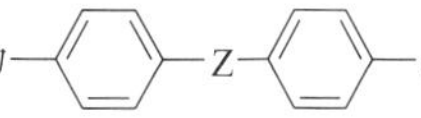 —⬡—Z—⬡—; Z 为 CH_2、SO_2、O
联苯类	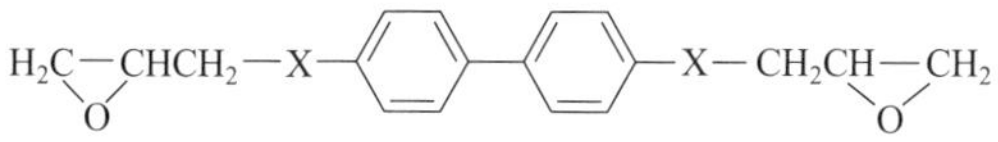 H_2C—$CHCH_2$—X—⬡—⬡—X—CH_2CH—CH_2	
α-甲基二苯乙烯类	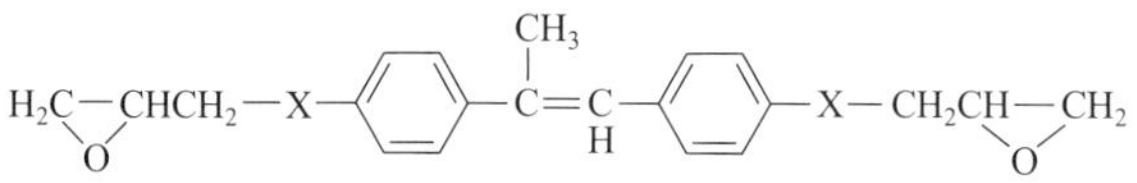 H_2C—$CHCH_2$—X—⬡—$\overset{CH_3}{C}$=$\overset{}{CH}$—⬡—X—CH_2CH—CH_2	
亚甲胺类	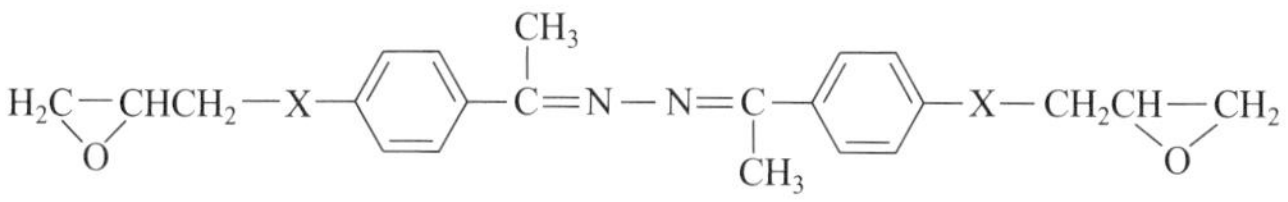 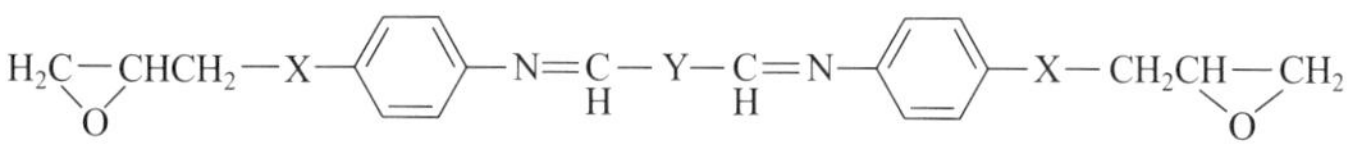 H_2C—$CHCH_2$—X—⬡—$\overset{CH_3}{C}$=N—N=$\overset{CH_3}{C}$—⬡—X—CH_2CH—CH_2 H_2C—$CHCH_2$—X—⬡—N=$\overset{}{C}$—Y—$\overset{}{C}$=N—⬡—X—CH_2CH—CH_2	

　　合成液晶环氧树脂的方法一般有两种：环氧氯丙烷法和部分氧化法。其中环氧氯丙烷法与合成一般的缩水类环氧树脂类似，先合成带有一定液晶单元的化合物，再将带有—OH 的低分子化合物与过量的环氧氯丙烷在碱的作用下相互反应。此方法的优点在于合成工艺简单，易于工业化生产。缺点在于反应过程中环氧树脂易开环自聚，产物多为混合低聚物，而非结构单一的低分子化合物，即便环氧氯丙烷大大过量，这种情况也不能完全避免。而且当液晶单元中含有易水解的化学键时，环氧氯丙烷法并不适用，此时就可以采用部分氧化法。部分氧化法是先将双键引入环氧树脂端部，然后再氧化其双键得到最终产物，其优点在于产物结构单一，缺点是合成步骤多，难度较大。环氧氯丙烷法和部分氧化法的具体途径如图 16-3 所示。

　　蔡智奇等合成出了一种熔程在 $160\sim245℃$ 范围的新型复合联苯和芳香酯型的液晶环氧单体 [$4,4'$-双（4-羟基苯甲氧基）-$3,3',5,5'$-四甲基联苯二缩水甘油醚，DGE-BHBT-MBP]，并使用 DSC 对其进行了表征，发现其为单向转变液晶。并且用带加热台的偏光显微镜对其进行观察，发现该环氧树脂在降温过程中，分别在 $195℃$ 和 $168℃$ 出现向列相和近晶相液晶结构。王春颖等用对羟基苯甲酸、对苯二酚和环氧氯丙烷通过酯化及环氧化反应合成了一种芳酯型液晶环氧化合物 $4,4'$-二对羟基苯甲酸对苯二酚二缩水甘油醚（PHQEP），并用 DSC 对其进行表征，发现其熔融温度和清亮点分别为 $186℃$ 和 $251℃$（当液晶从熔点继续加热到达某一温度，即到液晶相消失时，这个温度称为该液晶的清亮点）。常鹏善等采用传统的一次加碱法合成了液晶环氧化合物 $4,4'$-二缩水甘油醚基二苯基酰氧（PHBHQ），并用 DSC 对其进行表征，发现其在降温过程中出现了两个放热峰，研究者认为 $131℃$ 的放热峰为 PHBHQ 从各向同性态向液晶态转变的放热，$94.42℃$ 处是液

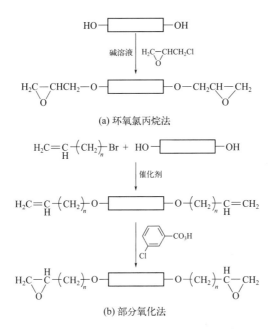

图 16-3　合成液晶环氧树脂的方法（▭代表含液晶单元的分子链段）

晶态向固态转变的放热。并通过观察 PHBHQ 在降温过程中出现向列相的织纹结构，表明其为单变向列相液晶。刘云等以乙二醇单烯丙基醚、对羟基苯甲酸乙酯和双酚 S 为原料，经酯化和氧化的方法合成了 4,4'-二[4-(2,3-环氧丙氧基乙氧基)]苯甲酸双酚 S 酯环氧液晶化合物。并用 DSC 和偏光显微镜对其进行了表征，发现此液晶环氧化合物只有熔点没有清亮点，液晶区域范围很广。研究者认为这可能是由于双酚 S 是一种极性很强的化合物，由各向异性液晶态转变为各向同性液晶的清亮点温度太高所致。

　　研究者们还发现含有液晶基元的小分子环氧化合物不一定表现有液晶性，主要原因是分子中心键桥（液晶单元）受末端柔顺链和极性环氧基团的影响，不能定向排列，削弱了棒状分子形成液晶相的趋势。但当改变中心桥键的长度时，体系就可以表现出液晶特征。

16.1.3.2　液晶环氧树脂的固化

　　液晶环氧树脂的固化反应有两种：一种为自由基促进剂和阳离子光引发剂存在下光照交联；另一种为与固化剂反应生成网络交联聚合物。前者因反应温度可以在液晶稳定区域内任意选择，适于制造薄膜而不适于制备厚度较大的制件，原因是当体系厚度较大时，制品外部和内部的反应速率不一致，内部反应热不易散去而使体系温度上升并降低网络的有序度，最终会影响其力学性能。而采用固化剂的方法，则可通过选择合适的固化剂，制定合理的固化工艺，有效控制固化反应的进行，从而得到性能优良的制品。

　　在液晶环氧树脂固化的过程中，介晶域能否出现主要取决于三个方面：有无介晶单元；介晶单元的长度；固化温度。因而小分子环氧化合物与固化剂的匹配对液晶性网络的形成起着十分重要的作用。陈立新等将其自制的一种液晶环氧树脂（PHBHQ）与固化剂 4,4'-二氨基二苯甲烷（DDM）、4,4'-二氨基二苯基双酚 A（DDBA）、4,4'-二氨基二苯砜（DDS）在不同的固化条件下进行反应。发现 DDM 可将液晶取向有序地固定在液晶网络中，获得综合性能最好的固化物，从而发现固化剂的熔点要与环氧树脂液晶相相匹配，在液晶相温度范围内，固化剂能完全熔融，且固化速度适当，有利于在固化过程中液晶单元的取向和液晶域的形成。

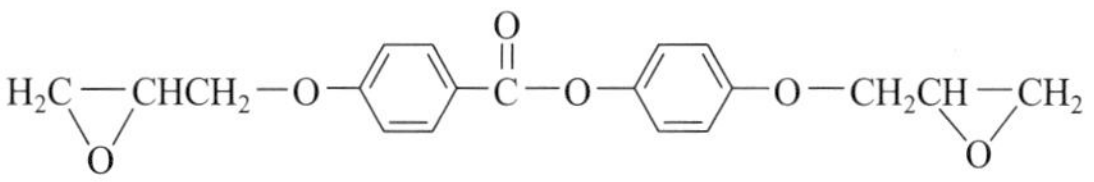

PHBHQ

此外，对于选定的固化体系，其成型工艺要简单易控。液晶环氧树脂常用的固化剂为酸、酸酐、酚羟基和芳香胺类。环氧小分子化合物也可以不含液晶基元，而网络最终的液晶基元来自固化剂。常用的含有液晶基元的固化剂有酯类、联苯类、偶氮类、氧化偶氮类等；不含液晶基元的固化剂有对苯二胺、偏苯三酸和 $4,4'$-二氨基二苯甲烷等，如表 16-2 所示。

表 16-2　液晶环氧树脂常用的固化剂

分类	举例
含有液晶基元类	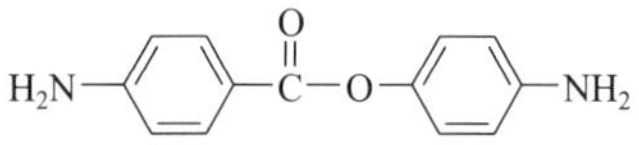 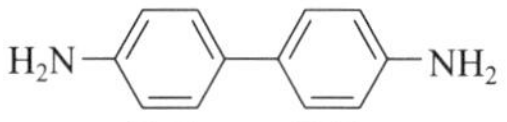 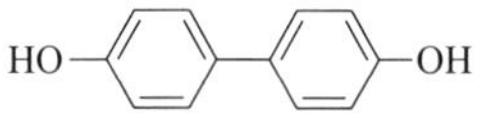 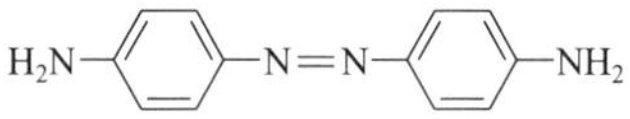 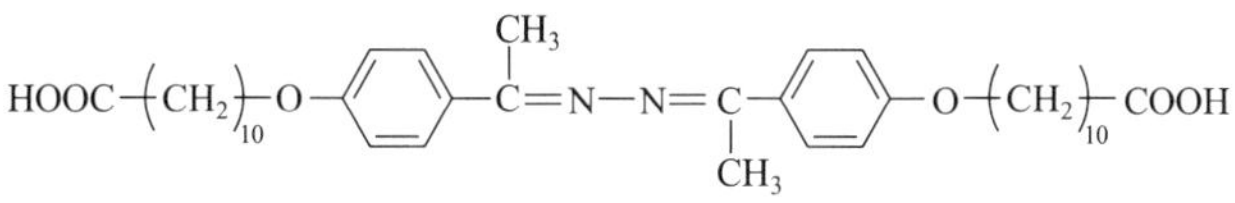
不含液晶基元类	 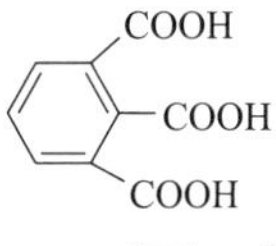 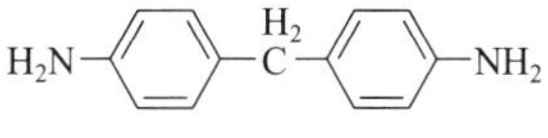

液晶环氧树脂只有在液晶态成型时才会制备出含有液晶相的有序交联网络，达到提高树脂性能的目的。因此液晶环氧树脂/固化剂体系的液晶相温度范围对成型工艺起着至关重要的作用。一般成型温度下限由单体/固化剂共熔点决定，而上限温度则由清亮点所决定。理想的固化反应应当在体系液晶相温度范围的低端进行，此时体系固化速度较慢，液晶基元有较充分的时间沿外场方向取向，体系有序度高，并最终通过固化反应使这种有序不可逆地固定下来。为了使反应能在较低温度下进行，必须保证环氧树脂有适当的活性：活性太高体系在交联之前来不及宏观取向；活性太低则交联密度不高。当液晶环氧树脂的中心键桥含有取代基时，也会影响固化反应速率，一般吸电子的取代基能加速固化，而给

电子取代基则减缓固化。随着取代基尺寸加大，玻璃化转变温度和弹性模量下降。柔性间隔链段的引入可使液晶环氧树脂的熔点大大降低，固化可以在中温阶段进行，保证体系在未交联之前能够宏观取向。

16.1.3.3　进展及展望

液晶环氧树脂虽然问世时间不长，但却引起了国内外学者的广泛兴趣。其中美国、日本、韩国、意大利、德国等国的学者对液晶环氧树脂进行了广泛而深入的研究。起初，研究者的兴趣主要放在液晶环氧树脂的合成及其表征上，合成了含酯类液晶基元、含联苯类液晶基元、含 α-甲基二苯乙烯类液晶基元的一系列环氧树脂。并且对所合成的液晶环氧树脂的分子结构、物理性能、织态结构、热转变行为等方面进行了表征。20 世纪 90 年代后期，研究者们对环氧树脂的研究主要集中到固化反应机理上。对于光引发含酯类液晶基元的环氧树脂，如果交联是在液晶相温度下进行，则有序结构会被冻结在网络中；如果在各相同性的温度下进行交联，则主要形成无定形网络。并且前者的玻璃化转变温度会比后者高。对于采用二官能度的胺和四官能度的胺固化的液晶环氧树脂，都能形成层状结构，并且液晶基元线性排列并垂直于层面。环氧树脂固化物的玻璃化转变温度随固化温度的升高而增高，同时剪切模量也受到影响。还有学者通过研究苯环上含取代基的酯类、液晶环氧树脂的固化速度和固化后产物性能，发现吸电子的取代基能加速液晶环氧的固化，而推电子取代基则减缓液晶环氧的固化速率。随着取代基尺寸加大，玻璃化转变温度和弹性模量下降。美国学者研究了机械力和磁场对 α-甲基二苯乙烯类液晶环氧树脂结构取向度的影响，说明磁场对液晶环氧树脂也会有一定影响。

国内对液晶环氧树脂的研究与国外相比，起步较晚，研究范围也有待进一步拓展，主要集中在液晶环氧树脂的合成、表征及与其他树脂的共聚上。研究单位主要是四川大学、清华大学、西北工业大学等单位。如清华大学的刘伟昌等合成了一种含偶氮液晶基元的新型环氧树脂，并通过正交偏光场观察发现所合成的 4,4′-二缩水甘油醚偶氮苯与 4,4′-二氨基二苯甲烷的固化过程出现了从各向同性到各向异性的转变，产物为液晶有序的不溶不熔环氧树脂。并利用 FTIR 法对其体系固化时的动力学行为进行分析，得到了固化反应的活化能。

液晶环氧树脂是一种高度有序、深度交联的聚合物网络，它融合了液晶有序与网络交联的优点，与普通环氧树脂相比，其耐热、耐水和耐冲击性都得到改善，可以用来制备高性能复合材料；同时，液晶环氧树脂在取向方向上具有线膨胀系数小，介电强度高、介电损耗小的特点，可以应用在具有高性能需求的电子封装领域，是一种具有广泛应用前景的结构和功能材料。

但由于国内液晶环氧树脂研究的起步较晚，目前的研究还主要集中于环氧树脂的合成、表征及对其固化机理的探讨上，而对其加工和应用的研究比较少。因而，寻求降低加工成本的有效途径，合成和制造具有特殊结构、综合性能良好的液晶环氧化合物必将成为液晶环氧树脂的发展趋势。同时，由于液晶环氧树脂具有优良的综合性能，利用其对普通环氧树脂进行改性，也是提高环氧树脂性能的一个有效途径，有着广阔的工业前景和内在潜力。随着对液晶环氧树脂研究的不断深入，相信其必将在国民经济领域中起到越来越重要的作用。

16.1.4　其他新型环氧树脂

随着国内外众多研究者在环氧树脂领域内的不断探索和研究，更多新型品种和牌号的环氧树脂相继被开发问世，也推动了该行业的不断发展。

上海众司实业有限公司的产品聚氨酯改性环氧树脂（ERS-133 系列）环氧当量 195～270g/mol，外观呈浅色透明液体，黏度（25℃）在 5000～130000mPa·s 范围内，可与大多数固化剂反应，如脂肪族胺、聚酰胺、酸酐等。其易溶于甲苯、卤代烃、丁酮、乙醚、醋酸丁酯等溶剂，具有下列特性：

① 黏结强度高，坚韧以及良好的耐冲击性；

② 高剥离强度，高耐热冲击性；

③ 良好的搭接剪切强度，良好的抗蠕变性能。

按照 ASTM D-1002 测试标准，ERS-133 系列聚氨酯改性环氧树脂固化 7 天后室温测得的搭接剪切强度为 7.5～11.5MPa，其应用领域为：

① 铝、铜、特种钢等金属粘接；

② 大理石、塑料、木材、玻璃、陶瓷的粘接；

③ 地板底涂粘接；

④ 碳纤维增强塑料的粘接。

此外，该公司的低黏度二聚酸改性环氧树脂（ERS-171）环氧当量 400～470g/mol，外观呈黄色透明液体，黏度（25℃）500～1000mPa·s，具有良好的可操作性，可以和其他环氧树脂混用调节黏度，提高树脂体系的可挠性、强韧性、剥离强度等性能。其应用领域为胶黏剂、灌封胶、浇注、防腐涂料和复合材料。

艾迪科（中国）投资有限公司提供的 ADEKA 树脂 EP-1307 是一种化学改性环氧树脂，环氧当量 630g/mol，外观呈浅黄色黏性液体，黏度（25℃）25000mPa·s，具有优异的附着力和柔韧性，适用于工业、民用工程、建筑、胶黏剂和涂料等。其物理特性如表 16-3 所示。

表 16-3　ADEKA 树脂 EP-1307 物理特性

配比/质量份	ADEKA 树脂 EP-1307		40	30
	ADEKA 树脂 EP-4100[①]		60	70
	ADEKA 固化剂 EH-230[②]		30	35
固化条件（室温下 20 天）	硬度（邵尔 D）		75	86
	剪切强度/MPa	25℃	22.1	45.0
		0℃	55.0	63.0
	伸长率/%	25℃	19.0	6.0
		0℃	9.0	4.0
耐化学性（室温，7 天）/%	10% H_2SO_4		2.0	1.4
	10% HCl		1.5	1.1
	10% NaOH		0.9	0.8
	水		1.2	1.2

① 13Pa·s、25℃时，双酚 A 二缩水甘油醚的环氧当量＝190g/mol。

② 改性脂肪族胺固化剂。

大赛璐化学工业株式会社开发的新型环氧产品包括脂环族环氧树脂 EPOLEAD 系列、EHPE 系列及脂环族环氧树脂改性产品 CYCLOMER 等，其中脂环族环氧化合物 EHPE 系列是由过氧乙酸合成开发的多官能团环氧树脂，是以环己酮为骨架并在末端含有环氧基团的树脂。其特点及功能如下：

① 基本不含氯离子及氯离子盐类物质；

② 末端含环氧基团，与聚醚多元醇缩水甘油醚型环氧树脂有近似的反应性，与酸酐、苯酚、胺、阳离子固化剂等都可以有效固化；

③ 固化树脂的 T_g 值高，耐热性能优异；

④ 耐候性优异，透明性优异，具有优良的电气性能（耐电弧性、耐电痕性等）。

利用这些优势，EHPE 系列在 LED 用电子电气印刷电路板材料、光学元件、部分汽车涂料及其他传统的环氧树脂的使用领域内均能应用。

该公司开发的高耐热、高透明脂环族环氧树脂 CELLOXIDE 8010，具有高 UV、热阳离子活性的同时还具有高 T_g。可用酸酐、苯酚、UV 及热阳离子等多类固化剂固化，尤其和 UV 及热阳离子具有高反应活性，热阳离子固化后 T_g 可达 350℃ 以上，UV 阳离子固化后可获得高透明、高硬度（7H）的薄膜层。

宇部兴产株式会社开发的 Oxetane 系列环氧树脂为低卤素环保型环氧树脂，具有优异的安全性和稳定的保存性，可满足多种固化条件，具有优异的物理及光学性能，其特点体现在：

① 具有良好的柔韧性；

② 良好的附着力和光洁度；

③ 良好的抗溶剂和低吸收率；

④ 固化后保持低变形率；

⑤ 更低的气味、更好的保存性，对人体以及环境更友好。

此外，以国外为主的多家公司还陆续推出了多种牌号的特殊环氧树脂产品，包括耐高温多功能环氧树脂、耐高温线型环氧树脂、耐高温酚醛环氧树脂、高纯度环氧树脂、氢化环氧树脂、IC 塑封料用特种环氧树脂等，种类繁多，在此不再一一展开阐述。

16.2　新型固化剂及固化促进剂

16.2.1　新型固化剂

热固化技术相对于微波固化和光固化来说，更加方便、实用，更多地受到工业上的欢迎。由于环氧树脂只有在固化后，才具有使用价值，故而固化剂的好坏对固化产物起着举足轻重的作用。而且每开发出一种新型的固化剂就可以解决一方面的问题，即相当于又为环氧树脂开发出一个新的用途。开发出新型环氧树脂固化剂远比开发新的环氧树脂具有更高的经济效益。近年来，研究者们针对环氧树脂耐热性差、脆性大等缺点，不断开发出新型的环氧树脂固化剂。

16.2.1.1　耐热及阻燃性固化剂

环氧树脂固化物的耐热性能不但与树脂基体有关，还与固化剂有密切的关系。一般来说，为了提高固化剂的耐热性能，主要向固化剂中引入刚性基团。有研究者认为，刚性基团的引入使得环氧固化物的自由体积下降，阻碍了环氧树脂的链段运动，使 T_g 可提高 50～70℃。而向固化剂中引入多芳香结构，是提高固化剂耐热性的有效途径之一。

我们所熟悉的 4,4′-二氨基二苯砜（DDS）就常在高性能环氧树脂中得到应用。虽然环氧树脂/DDS 体系中的 T_g 得到提高，但其吸湿量大，同时由于其密度高导致其体系的脆性也较大。于是为了进一步改进环氧树脂基体性能，又发展了下列多种聚醚二胺类固化剂：4,4′-二（氨基苯氧基）二苯砜（BDAS）、4,4′-二（氨基苯氧基）二苯醚（BDAO）、$O,O′$-二（氨基苯基）双酚 A（BDAP）、$O,O′$-二（氨基苯基）六氟双酚 A（BDAPF）。将以上固化剂和四缩水甘油基二氨基二苯基甲烷（tetra-GDDM）固化后的性能与 tetra-GDDM 和 DDS 固化后的固化物性能进行比较，结果如表 16-4 所示。

表 16-4　芳香二胺/环氧树脂固化物的耐热性与耐水性

固化剂	吸水率/%	T_g/℃		ΔT_g/℃
		干燥	吸湿	
DDS	3.3	220	151	69
BDAS	2.3	211	158	53
BDAO	1.7	202	163	39
BDAP	1.5	204	164	40
BDAPF	1.3	200	170	30

DDS：H_2N—◯—SO_2—◯—NH_2

BDAS：H_2N—◯—O—◯—SO_2—◯—O—◯—NH_2

BDAO：H_2N—◯—O—◯—O—◯—O—◯—NH_2

BDAP：H_2N—◯—O—◯—$\underset{CH_3}{\overset{CH_3}{C}}$—◯—O—◯—$NH_2$

BDAPF：H_2N—◯—O—◯—$\underset{CF_3}{\overset{CF_3}{C}}$—◯—O—◯—$NH_2$

由上表可以看出，与 DDS 相比其他固化剂因其两端氨基之间的距离较长，造成吸水点氨基的减少，吸水率降低导致其吸水造成的耐湿热性降低也小，同时具有优良的耐冲击性。虽然固化剂上柔性的醚键引入较多，而使干燥时的耐热性有所降低。但因芳香环也多而使耐热性降低并不明显。

任华等报道了一种含有萘酚以及双环戊二烯结构的环氧树脂固化剂，研究发现，新型固化剂的 E-51 环氧树脂固化物的 T_g 达到 206.6℃，10% 热失重温度达到 412.8℃。而

DDS/E-51 环氧树脂固化物的 T_g 只有 153.6℃，10％热失重温度只有 344.1℃，新型固化剂显著提高了 E-51/环氧树脂固化物的耐热性能。此外，国外公司还开发出以芴为骨架的各种二胺类固化剂，其在具有极好的耐热性的同时吸水率也极小。其化学结构通式为：

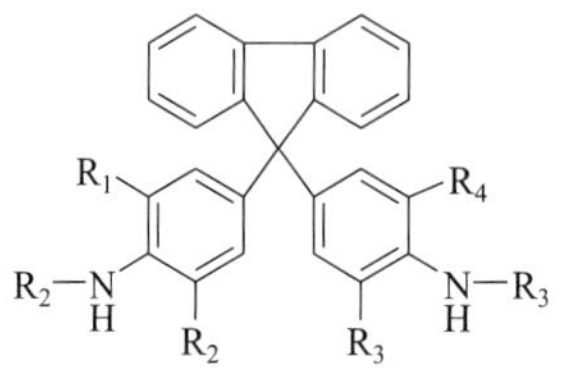

利用此固化剂固化双酚 A 型环氧树脂和芴型环氧树脂，在相对湿度 100％、温度 95℃的条件下，其平衡吸水率仅为 1.4％～2.2％。这是因为芴是一种非常憎水的物质。

20 世纪 70 年代 Saito 首次合成出膦菲类化合物——5,6-二氢-5-氧杂-6-磷杂菲-6-氧化物（DOPO），由于 DOPO 及其衍生物分子结构中同时含有磷原子和联苯环，使其具有很多优异的性能，受到很多研究学者的关注。在 DOPO 中含有一个非常活泼的 P—H 键，可与不饱和键、羰基、环氧基进行加成反应，生成具有各种官能团的衍生物。利用这些官能团可以将 DOPO 衍生物作为一种固化剂成功引到环氧树脂中，从而达到提高环氧树脂阻燃和耐热性能的目的，同时还避免了溴化环氧树脂在使用及回收过程中对环境造成的污染。

在 DOPO 的衍生物中可以引入羟基、羧基、氨基等活性官能团，得到高阻燃性的环氧树脂新型固化剂，如：

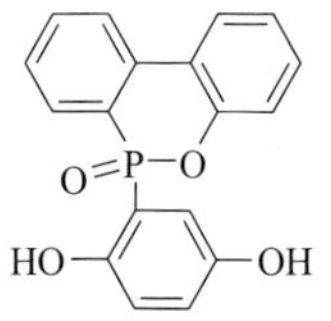

DOPO-BQ

用其固化邻甲酚线型酚醛环氧树脂（ECN），分别用 TGA 及 UL94 方法测试固化物的热性能及阻燃性能。再将其与传统固化剂四溴双酚 A（TBBA）所固化的环氧树脂进行比较，如表 16-5 和表 16-6 所示。

表 16-5　DOPO-BQ/环氧树脂固化物和 TBBA/环氧树脂固化物的热力学性能

样品	磷或溴含量/％	T_g/℃	10％裂解度时的温度/℃		焦炭残余率（700℃）/％	
			氮气	空气	氮气	空气
空白样	w（P）0	182	419	419	26	32
DOPO-BQ-A	1.1	183	420	421	32	41
DOPO-BQ-B	2.0	184	417	425	32	41
DOPO-BQ-C	3.1	185	425	427	34	44

样品	磷或溴含量/%	T_g/℃	10%裂解度时的温度/℃		焦炭残余率（700℃）/%	
			氮气	空气	氮气	空气
	w（P）					
DOPO-BQ-D	4.4	185	427	431	38	49
	w（Br）					
TBBA-A	5.8	146	339	418	26	36
TBBA-B	12.9	135	391	399	26	38
TBBA-C	22.1	126	385	395	28	38
TBBA-D	34.4	113	389	411	28	39

表 16-6 **DOPO-BQ/环氧树脂固化物和 TBBA/环氧树脂固化物的阻燃性**

样品	磷或溴含量/%	平均燃烧时间/s	烟量	级数
	w（P）			
空白样	0	85.6	—	V-2
DOPO-BQ-A	1.1	8.3	－ －	V-0
DOPO-BQ-B	2.0	<1	－ －	V-0
DOPO-BQ-C	3.1	0	－ －	V-0
DOPO-BQ-D	4.4	0	－ －	V-0
	w（Br）			
TBBA-A	5.8	16	＋ ＋	V-1
TBBA-B	12.9	<1	＋ ＋	V-0
TBBA-C	22.1	0	＋	V-0
TBBA-D	34.4	0	－	V-0

注：＋ ＋表示浓厚；＋表示少量；—表示微量；－ －表示无。

由热力学性质比较分析可发现，DOPO-BQ/环氧树脂固化物与四溴双酚 A/环氧树脂固化物相比，前者的 T_g 比后者高约 40℃，而且热裂解温度、残留焦炭量也比后者高。由阻燃性分析可知，DOPO-BQ/环氧树脂固化物中，只要磷含量超过 1%，UL94 V 阻燃测试即达 V-0 级，且 1%的磷具有 7%～10%溴的阻燃效果，不会有黑烟产生，适合用作半导体封装材料。

Shieh 等利用邻苯基苯酚与磷酰氯反应制得含有 DOPO 结构的磷化物 DOPO-Cl，并使之与线型酚醛树脂合成了新型含磷阻燃固化剂 DOPO-PF，如图 16-4 所示。

并用该固化剂固化环氧树脂，由于其分子内含有 ODC 的规整结构和含磷侧基，比无环含磷固化剂或含溴固化剂固化的环氧树脂具有更高的阻燃性和高的玻璃化转变温度及热稳定性。用此固化的甲酚甲醛环氧树脂，磷含量为 1.21%时即可达到 UL94 V-0 标准（若用含溴固化剂，溴含量须达 6%）且没有毒烟放出，磷含量为 1.72%时 T_g 为 178℃，在空气中 401℃时仅有 10%的热失重，其 LOI 值为 35%。

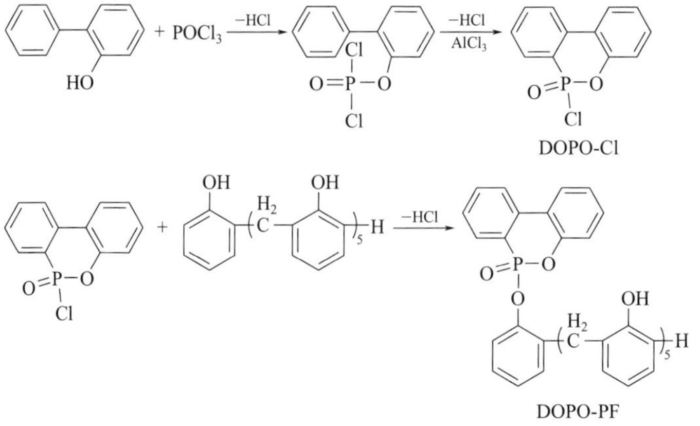

图 16 4 新型含磷阻燃固化剂 DOPO-PF 的合成示意图

还可以利用 DOPO 与马来酸和衣康酸的加成反应，制得含有羧基和酸酐结构的衍生物：

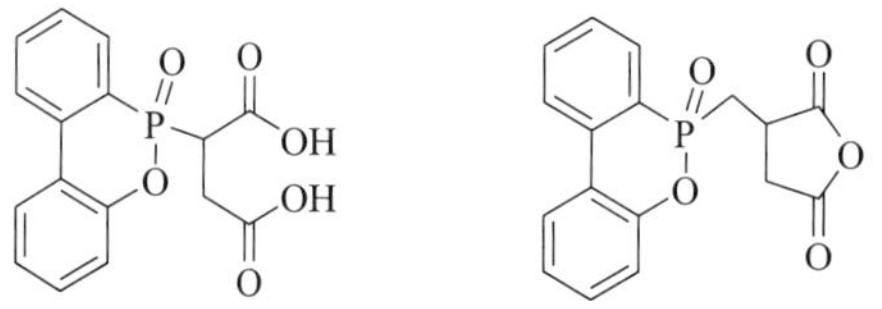

同时可以根据不同的使用要求，向 DOPO 中引入多元胺基团，得到含氨基的固化剂。四川东方绝缘材料股份有限公司已在 DOPO 及其衍生物的开发与应用研究方面取得了较大进步，并且还与中国科学院化学所、成都有机所、四川大学等多家科研机构进行广泛合作，共同研发。相信 DOPO 衍生物作为一种高性能环氧树脂固化剂具有广阔的前景。

16.2.1.2 柔性链段韧性固化剂

一般环氧树脂固化后脆性较大，交联度高的网状刚性结构的环氧树脂在低温下其脆性更为突出。非活性增韧剂随着时间延长及在光、热作用下，将慢慢挥发而使树脂老化变脆；因此合成柔性链段韧性固化剂具有一定的意义。

柔性链段韧性固化剂主要有改性脂环族胺类、脂肪族胺类、酸酐类、聚氨酯类、含硅氧基团类等。通过分子设计可在固化剂中引入各种柔性链段，这些柔性链段会在固化剂与环氧树脂发生交联反应的过程中嵌入固化物的交联网络，产生微观相分离并形成致密、疏松相间的两相网络结构，有利于材料应力的分散，最终达到增韧效果。

链烯基琥珀酸酐是液体酸酐的一种，与环氧树脂形成的体系中，均匀分布大量柔性链状"嵌段物"，加强分子内塑性，大大减弱了环氧树脂的脆性。当受到冷热温度冲击作用时，链段有较大的"自由空间"可以移动，极易产生塑性变形而耗能，增强了柔韧性，而其优良的电性能则不受任何影响。偏苯三酸酐也因其具有显著改善环氧固化物脆性的作用，目前已成为有发展前途的固化剂品种。李清秀等用酸酐与一系列不同分子量的柔性链段低聚物合成了环氧树脂的柔性链段韧性固化剂，韦春通过小分子酸酐原料与一系列分子量不同的含有柔性链段的原料反应合成了环氧树脂的柔性链段韧性固化剂，该类韧性固化剂固化的环氧树脂与普通固化剂固化的环氧树脂相比，其机械强度都有一定程度的提高。

另外，雷景新等以癸二酰胺作为原料，采用甲醇的氨解反应合成了一种新型柔性环氧树脂固化剂，同时使用沥青对环氧树脂进行增韧，体系的整体相容性良好，韧性得到了明显增强。Kitamura 等研发了一种新型的芳香族醛类柔性固化剂，其分子结构中有一个包含 10～14 个碳原子的支链烷基，这种柔性固化剂参与环氧树脂固化，会使其固化产物具有许多优良性能，例如可以提高环氧涂层表面的光泽度、平滑度和透明度，还可以在一定程度上提高材料的耐水性能。柔性链段韧性固化剂增韧环氧树脂的方法省去了添加改性剂的步骤，其工艺灵活性较强，还可以通过分子设计，在相应的固化剂中引入特定种类的柔性链段，对固化剂的化学性质、分子量、熔沸点等物理性质进行调控。

综上所述，可以发现人们对于固化剂的需求不再是单一的只要其能使环氧树脂进行交联即可。随着生产技术的进步，人们要求固化剂具有其他的功能性，如电绝缘性能、耐热性、耐药品性、耐水性、阻燃、增韧等。固化剂属于典型的精细与专用化学品，发展固化剂意义重大。发展固化剂必须重视科研，以技术开发为基础，例如考虑到不同固化剂的固化动力学机理一般不同，研究各种因素对环氧树脂固化过程的影响，根据应用领域综合考量固化温度，固化时间以及产物对光、电、湿等的敏感性，选择合适的固化剂可以起到事半功倍的效果。另外考虑到液晶相许多优异的特性，在固化剂中引入液晶聚合物已成为今后研究的热点。利用已有化学结构的固化剂，采用化学、物理改性等多种方法，改进其性能，创制新品种、新牌号，这样才能保证我国环氧树脂行业持续稳定地发展。

16.2.1.3　超微细双氰胺潜伏性固化剂

与目前普遍采用的双组分环氧树脂体系相比，由潜伏性固化剂与环氧树脂混合配制而成的单组分环氧树脂体系具有简化生产操作工艺、防止环境污染、提高产品质量、适合大规模工业生产等优点。潜伏性固化剂的研究一般通过物理或化学的手段，对普通的低温和高温固化剂的固化活性加以改进，以保证固化剂在室温下加到环氧树脂中时具有一定的贮存稳定性，而在使用时通过光、热等外界条件将固化剂的反应活性释放出来，从而达到使环氧树脂迅速固化的目的。

双氰胺又称二氰二胺，很早就作为潜伏性固化剂应用于粉末涂料、胶黏剂等方面。很多材料经过微粉化处理以后，各种性能都会得到提升。双氰胺就是其中的一种，微粉化后的双氰胺能够促进固化、提升物性、增加悬浮性等。微粉化的双氰胺可使固化更加完全、固化产物内应力分布均匀、耐湿热性能更加优异。相对普通双氰胺具有更好的混溶性，更加容易均匀分散到液体树脂中，且添加在环氧树脂中，室温（25℃）贮存期可达 6 个月以上。如果在没有促进剂存在的场合，微粉化双氰胺固化剂需在 160℃以上才开始发生活泼氢对环氧基的开环反应，生成 N-烃基氰脲，在有促进剂存在的条件下，则反应温度下移。所以，超微细双氰胺的应用是增加与环氧树脂的相容性、降低固化体系温度、提高固化速度的有效方法。

超微细双氰胺（Micronized DCD）潜伏性固化剂，分子量为 84.08，密度 1.404g/cm³，可应用于单组分胶黏剂、环氧树脂粉末涂料、预浸料以及胶膜。商品名为 Dycure® 的超微细双氰胺潜伏性固化剂产品信息如表 16-7 所示。

该类固化剂应避免化学污染，密闭存放于干燥室温条件下，长期储存会出现结块现象。

表 16-7　**Dycure**® **潜伏性固化剂产品信息**

指标	Dycure 40	Dycure 10	Dycure 8	Dycure 8s	Dycure 6s
粒径/μm （D90/D98）	最大 40 D98＜40	最大 10 D90＜10	最大 8 D90＜8	最大 8 D98＜8	最大 6 D98＜6
分散剂（亲水性/疏水性）/％	最大 1.6	最大 1.6	最大 1.6	最大 4.0	最大 4.0
外观	白色粉末	白色粉末	白色粉末	白色粉末	白色粉末
双氰胺含量/％	最小 97.3	最小 97.3	最小 97.3	最小 94.8	最小 94.8
水分/％	最大 0.30	最大 0.30	最大 0.50	最大 0.50	最大 0.50
无分散剂熔点/℃	209～212	209～212	209～212	209～212	209～212

16.2.2　新型固化促进剂

16.2.2.1　新型环氧树脂潜伏性固化促进剂

（1）乳酸改性咪唑固化促进剂　双氰胺作为环氧树脂的潜伏性固化剂，其固化物的力学性能和介电性能优异。但是由于其与环氧树脂的相容性差，因而得不到均匀的组成物。并且，环氧树脂/双氰胺体系的固化过程需要在较高温度（＞160℃）下进行，使其应用受到了一定限制。针对这一不足，王雅珍等以咪唑 3 位氮原子与乳酸中和改性生成的盐作为环氧树脂/双氰胺体系的固化促进剂进行研究。

如图 16-5～图 16-7 所示的 DSC 曲线，当未加入促进剂时，环氧树脂/双氰胺体系的峰始温度为 164.8℃，峰顶温度是 186℃，峰终温度为 192.5℃；而用咪唑作为促进剂时，峰始温度为 100.4℃，峰顶温度为 126℃，峰终温度为 151.6℃，从而使体系的固化温度下降了 60℃左右。用乳酸改性后的咪唑作为促进剂时，峰始温度为 118.1℃，峰顶温度为 139.5℃，峰终温度为 153.2℃。相比咪唑作为促进剂的体系，改性后咪唑开始反应的温度稍有提高，但终止温度相差无几。

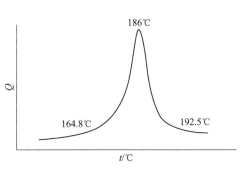

图 16-5　环氧树脂/双氰胺
体系固化的 DSC 分析

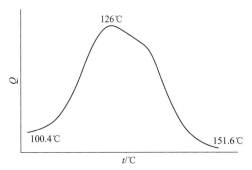

图 16-6　咪唑作为促进剂时环氧树脂/
双氰胺体系固化的 DSC 分析

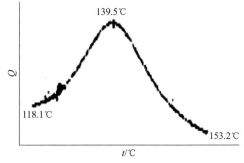

图 16-7　改性咪唑作为促进剂时环氧树脂/
双氰胺体系固化的 DSC 分析

改性后的咪唑活性有所下降，随着酸含量的增加，生成的咪唑盐稳定性增加，见表 16-8；乳酸改性咪唑较咪唑促进剂具有良好的潜伏性和黏结性能，当乳酸的量是咪唑两倍时，其作为体系促进剂的适用期长达 141 天，是咪唑作为促进剂的近 18 倍，并且使固化物的耐水性和耐老化性能得到提高。两种促进剂的胶黏剂体系主要性能对比见表 16-9。

表 16-8　不同酸含量的乳酸改性咪唑/环氧树脂体系的适用期

m（酸）：m（咪唑）	0：1	0.5：1	1：1	1.33：1	1.67：1	2：1
适用期/d	8	14	30	75	106	141

表 16-9　两种促进剂的胶黏剂体系主要性能比较

项目	咪唑作促进剂	乳酸改性咪唑作促进剂 （乳酸与咪唑的质量比为 2：1）
固化条件	110℃，90min	110℃，90min
适用期（室温）/d	8	141
室温剪切强度/MPa	14.465	13.820
100℃沸水煮 10d 后剪切强度/MPa	10.280	15.070
200℃热老化 40h 后剪切强度/MPa	14.655	15.860

（2）新型潜伏性促进剂三(乙酰乙酸十八酯)铝　传统的中温潜伏性环氧树脂固化体系的研究主要有两种途径，即活化高温固化剂和钝化低温固化剂。Murais 和 Hayase 等研制的铝化物与双酚 S(4,4′-二羟基二苯基亚砜)组成的复合体系则不同于传统的潜伏性机理，该体系采用相分离的方法来实现长期潜伏性。此树脂体系具有优异的工艺性，这是其他潜伏性固化体系所不具有的。

刘宇艳等先用异丙醇铝和乙酰乙酸乙酯制得三(乙酰乙酸乙酯)铝，然后用等量的三(乙酰乙酸乙酯)铝与十八醇制得了三(乙酰乙酸十八酯)铝。研究了以环氧 ZH92-21：双酚 S：三(乙酰乙酸十八酯)铝＝100：3：0.5 为配比的树脂体系的固化制度、潜伏性和力学性能，树脂体系的表观黏度在室温储藏 7 个月后基本没有变化。对于此配比的环氧树脂体系，胶液在 90～100℃时为均匀透明的溶液，冷却到室温时变成均匀的悬浮乳液，再加热到 90～100℃仍会变成均匀透明溶液。在 25℃时旋转黏度仪测得树脂胶液的黏度为 1.35Pa·s，将胶液在室温下存放 7 个月后，其相分离状态未发生改变，表观黏度基本上无变化。表明铝化物在中温固化的潜伏性环氧体系中具有良好的应用前景，而室温相分离是其具有优异潜伏性的主要原因。

16.2.2.2　环氧树脂固化促进剂的微胶囊化

为解决环氧树脂胶黏剂中多组分体系配制使用不便，而单组分体系储存期短和要求固化温度高等突出问题，将环氧树脂固化剂或促进剂进行微胶囊化是制备低温固化单组分环氧胶黏剂的有效方法之一，这一技术手段可以避免或减少固化剂或促进剂与环氧树脂之间在存放过程中直接接触，从而实现环氧树脂体系的较长贮存期。

微胶囊的制备方法可分为化学法、物理法和物理化学法。

但是并不是所有方法都适合制备环氧树脂固化剂和促进剂的微胶囊。根据童速玲和张兴华等的研究经验，胶囊的壁材以热固性材料为理想材料。虽然热固性壁材在胶黏剂加热固化时在某种程度上影响了促进剂作用的完全发挥，但由于胶黏剂制备过程中所使用的溶剂或液态环氧树脂以及加热作用都易对热塑性的胶囊造成损害，因而热固性壁材隔离促进剂与环氧树脂接触的作用要比热塑性壁材好，因此可以使环氧树脂体系实现更长的储存期。

一般选用界面聚合或原位聚合来制备具有热固性壁材的微胶囊。童速玲等采用原位聚合法制备了环氧树脂固化剂的微胶囊，并应用于环氧胶带中。制备方法为：将非水溶性2-乙基-4-甲基咪唑（EMI）预反应物在水中分散，然后使三聚氰胺-甲醛预聚物在其表面原位聚合制取微胶囊。将此胶囊用于环氧树脂胶带的制备，这些小而均匀的胶囊使促进剂在胶带中的分布更均匀，改善了其对固化剂的促进效果，所得的胶带储存性能和外观良好。且环氧树脂胶带在 50℃下存放 10 天后（相当于室温 25℃以下存储 3 个月以上），仍有较好的粘接性能，如表 16-10 所示。

表 16-10　用微胶囊化促进剂制成的环氧树脂胶带的粘接性能和经储存实验后的粘接性能

促进剂		用量①	粘接强度（铝试片，固化 60min）/Pa			
			155℃固化		180℃固化	
			新胶带	50℃下存放 10d	新胶带	50℃下存放 10d
无		0	3.6	10.5	17.5	14.8
EMI		1.5	24.3	2.0	32.2	3.2
微胶囊	A	7.8	20.8	18.7	30.6	25.8
	B	7.2	23.5	18.5	28.0	25.2
	C	8.2	15.3	13.9	30.0	26.5
	D	13.9	10.2	11.3	25.7	23.1

①微胶囊用量是以 EMI 的质量份作为参照。

其中微胶囊 A、B 试样效果最好，无论在高温（180℃）还是中温（155℃）固化时，也无论是新胶带还是经 50℃存放 10d 后，均有较高的粘接强度。

另外，他们还研究了把环氧树脂固化促进剂制成以脲醛树脂为外壁的微胶囊，并将其应用于环氧树脂胶带中。此微胶囊促进剂的使用延长了胶带的贮存期，不升高固化温度，且微胶囊的加入对胶带的粘接强度和耐热性能基本没有不利影响。

16.2.2.3　其他新型环氧树脂固化促进剂

刘祥萱等报道了一种复合纳米 TiO_2 可作为酸酐/环氧树脂体系的固化促进剂。以邻苯二甲酸酐为固化剂，进行了体系固化过程的动力学研究。动力学分析结果显示，体系固化反应活化能和反应级数分别为 59.11 kJ/mol 和 0.914，表明复合纳米 TiO_2 作为促进剂，可使体系固化温度降低 50℃，是一种有效的促进剂，且认为该类促进剂的促进机理与叔胺类似。

在张保龙、石可瑜等对小分子脲类作为双氰胺固化环氧树脂潜伏性促进剂的研究基础上，何尚锦等合成了一种咪唑封端的扩链脲。一方面由于端基具有促进活性很高的咪唑环结构，该扩链脲用作促进剂，对环氧树脂/酸酐体系具有更显著的促进作用；另一方面由于该促进剂分子结构中含有较长柔性链，相对于咪唑促进的环氧树脂/酸酐体系，该扩链脲可有效地改善体系固化物的韧性。就酸酐固化环氧树脂体系而言，研究开发能使体系在

90℃以下的低中温固化，而不需要高温后处理的促进剂是必要的。稀土有机化合物类、复盐类和季铵盐类等固化促进剂将会有很广阔的发展前景。

16.3 环氧树脂新型添加剂

16.3.1 环氧树脂增韧剂

环氧树脂在固化时形成的三维网状立体结构是提高材料力学性能的关键因素，但是这种结构的形成往往伴随着过高的交联密度，进而导致材料脆性过大，限制了环氧树脂的应用和发展。研究者们经过对环氧树脂增韧改性的多种尝试，各种增韧技术和理论相继建立，大幅拓宽了环氧树脂的应用范围。

目前较为成熟的环氧增韧方案大多属于原位增韧的范畴，即通过在原有均匀分散的环氧树脂多相体系中引入增强相或形成一种新相，保持浸润基体内部不同相的均匀空间分布状态，最终达到对环氧树脂制品增韧的目的。

16.3.1.1 橡胶增韧环氧树脂

在橡胶增韧环氧树脂的研究中，普遍被接受的增韧理论为：橡胶作为一种优良的低应力改性剂，其内部分子结构中含有氨基、羟基、羧基、异氰酸酯基等活性基团，这些活性基团可与环氧树脂中的环氧基、仲羟基等活性基团发生反应并生成嵌段聚合物。以橡胶改性的环氧树脂作为基体制得的复合材料在发生断裂破坏时，其断裂面的平滑裂纹遇到柔性橡胶时会向更细小、分散的次级裂纹转变，应力场强度衰减，进而使材料韧性成倍提升。含有橡胶的环氧树脂复合材料基体在受到冲击载荷时内部应力场不均匀，橡胶粒子因应力集中而具有诱导银纹生成和产生剪切带的能力，可以吸收大量冲击能量，显著提升材料的抗冲击性能。应用较为成熟的橡胶增韧剂主要为丁腈橡胶（NBR）类，如液体端羧基丁腈橡胶（CTBN）、端羟基丁腈橡胶（HTBN）、端环氧基丁腈橡胶（ETBN）等。

橡胶增韧环氧树脂的研究成果对先进复合材料的应用发展起到了积极推动作用。谭钰等首先使用 CTBN 对 F-51 型环氧树脂进行增韧改性并完成力学性能分析，然后分别使用燃气流剪切烧蚀试验和电弧风洞烧蚀实验对低密度烧蚀材料的烧蚀性能进行研究，结果表明：经 CTBN 改性后的环氧树脂基体拉伸、弯曲性能有所下降，但是韧性得到增强，热稳定性大大提高，并且低密度烧蚀材料的抗剪切、抗剥蚀能力增强。增韧前后 F-51 型环氧树脂基体的拉伸断口形貌如图 16-8 所示，与纯 F-51 型环氧树脂的光滑断口相比，添加了 CTBN 的 F-51 型环氧树脂中出现了丁腈橡胶颗粒微相分离结构，断口呈现银纹撕裂状态，表明基体的韧性得到强化。原因是 CTBN 是一种原位分相型增韧剂，固化前与环氧树脂完全互溶而在固化过程中出现相分离并形成"海岛结构"，从而使基体树脂韧性增强。

采用核壳结构聚合物增韧环氧树脂的研究近年来引起了广泛关注，通过核与壳成分的多样化选择与功能性设计，为拓展增韧效果提供了新的途径。Kang 等使用乳液聚合方法设计合成了一种核壳结构聚合物，如图 16-9 所示，其内核由轻度交联且具有弹性的聚丁二烯（PB）橡胶弹性体组成，外壳材料为聚甲基丙烯酸甲酯（PMMA）。当材料受到冲击作用时，内核可作为应力集中体，既能诱发银纹和剪切带吸收能量，又能起到终止银纹的

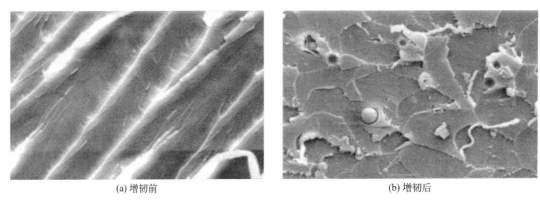

(a) 增韧前　　　　　　　　　　　　　(b) 增韧后

图 16-8　环氧树脂基体拉伸断口形貌

效果，并且还能与材料产生界面脱黏，释放弹性应变能从而进一步提高材料韧性。壳体聚甲基丙烯酸甲酯作为一种与环氧树脂相容性良好的聚合物，在固化过程中可与环氧树脂形成良好的界面。这种采用橡胶粒子构建核壳结构的方法通过合理的设计方案可以对环氧树脂实现明显增韧效果。

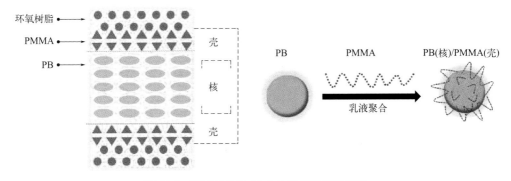

图 16-9　PB/PMMA 复合材料核壳结构模型

采用橡胶增韧环氧树脂的研究已经比较成熟，但是采用橡胶增韧改性的环氧树脂所制备出的复合材料会存在一些缺陷。主要体现在：橡胶大多含有柔性基团，玻璃化转变温度较低，柔性链段的存在会降低整个体系的耐热性能，从而限制了其复合材料制品的成型工艺和应用领域；另一方面，低模量橡胶粒子的加入也会在一定程度上降低基体增强纤维以及纤维层之间的粘接力，导致其复合材料制品的剪切强度受到影响。因此，改性可设计化、综合性能平衡化是未来橡胶增韧方法的研究方向之一。

16.3.1.2　热塑性聚合物增韧环氧树脂

将热塑性聚合物引入环氧体系中构建互穿网络聚合物（IPN），即形成 IPN 增韧技术。互穿网络聚合物是指两种或两种以上交联网状聚合物无规则地相互贯穿、缠结而形成一类独特的聚合物共混物或聚合物合金。这种网络结构具有强迫包容的作用，可以使不同组分稳定结合，产生协同作用，实现性能互补，使材料综合性能优异。对于双组分体系，若一个组分为网络结构而另一个组分为线型结构，则称此聚合物为半互穿网络聚合物（SIPN）。互穿网络聚合物及半互穿网络聚合物的结构如图 16-10 所示。

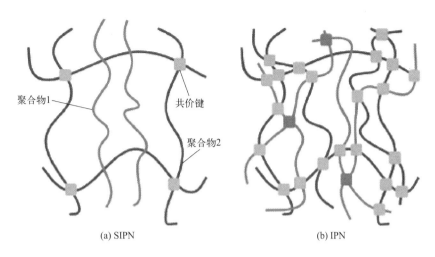

(a) SIPN　　　　　　　　　　　　　(b) IPN

图 16-10　IPN 及 SIPN 结构示意图

目前研究较多的是环氧树脂/聚氨酯体系和环氧树脂/聚丙烯酸酯体系。聚氨酯（PU）是一种用途广泛的热塑性聚合物，在刚性环氧树脂中引入聚氨酯，可以显著提高环氧树脂的抗冲击强度，并且会对提高聚氨酯的力学性能和耐热性等起到积极效果，因此可获得综合性能优良的制品。聚丙烯酸酯具有光洁度、耐候性好的特点，可用于改善环氧树脂组分脆性大、光洁度差的缺点，并且可以显著提高环氧树脂产品的介电性能，使其在电气绝缘方面产生新的应用进展。

互穿网络聚合物的构建不会导致固化产物拉伸强度或耐热性能的降低，当引入的第二组分热力学性能良好时，不仅可以达到增韧环氧树脂的目的，同时能小幅度提高整个IPN 体系的热力学性能。这种技术灵活性强，调整固化剂、改性剂或第二组分的种类，可以获得性能截然不同的制品。随着研究的进一步深入，IPN 体系构建法增韧环氧树脂有望在离子交换树脂、飞行器、工程材料、生物医学设备等方面表现出一系列高性能应用。

16.3.1.3　热致液晶聚合物增韧环氧树脂

热致液晶聚合物（TLCP）是通过控制加热时间和温度，使高度有序的纯化合物晶体向各向同性的液体转变并停留在被称为"液晶相"的过渡状态。这种状态具有热力学稳定性，且含有大量的柔性链段和刚性结晶单元。柔性链段的存在，是增韧环氧树脂的原因之一，因此含有大量柔性链段的热致液晶聚合物，也具有作为增韧剂的潜力。

得益于分子间排列的有序性和刚性的链结构，TLCP 的力学性能十分优良，部分常见的、制备方法简单的 TLCP 已经商品化，主要包括芳香/半芳香聚酯、聚酯-酰胺类聚合物。TLCP 对环氧树脂的增韧技术研究在近年来取得了较大进展，增韧机理主要有银纹-剪切带屈服理论和两相分离原位增强理论。银纹-剪切带屈服理论认为，TLCP 增韧环氧树脂的关键是介晶域的形成。液晶聚合物与树脂基体在成型过程中发生相分离，形成取向有序的液晶-环氧介晶域，如图 16-11 所示，这种介晶域在受到屈服形变时可在界面发生局部应力集中，形成分支并终止裂纹，诱导银纹与剪切带吸收大量的断裂能。两相分离原位增强理论则认为，选择含柔性链段的固化剂时，在环氧树脂的固化过程中 TLCP 中的有序介晶单元会进一步发生取向排列，与树脂体系产生相分离的同时形成微小的、有序的纤维桥梁。当材料受到外部冲击时，这种微观纤维桥梁与宏观上所使用的高强度纤维增强材料产生协同作用，共同承载冲击力，并有效分散内部微观结构中的应力。

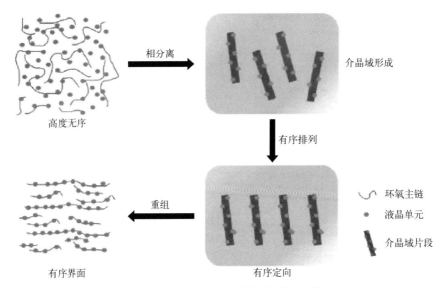

图 16-11　液晶-环氧介晶域的形成过程

值得注意的是，由于 TLCP 本身具有优良的耐热性，且介晶单元的取向作用可以使材料的结构有序度和紧密度增加，因此使用热致液晶聚合物增韧环氧树脂不但不会降低体系的耐热性能，反而在一定程度上使其略有提高。但是介晶域的形成，很大程度上会受到固化剂的影响，且 TLCP 造价不菲，使其工业化应用受到限制。未来使用热致液晶聚合物增韧技术需寻求更加经济的 TLCP 制备方法，并拓展固化剂种类的选择范围。而液晶本身取向性质的诱导转变也可灵活地应用在与环氧树脂共同构成的体系中。近年来，剑桥大学对液晶取向态的转变研究取得了较大进展，采用酸性氧化法使液晶碳纳米管从各向同性相到向列相转变，增强了整个体系的分散性和稳定性。该技术有望应用在 TLCP 增韧技术上，那么提高环氧树脂复合材料强度的研究将得到突破性进展。

16.3.1.4　环氧树脂其他增韧材料

在环氧树脂中添加超支化聚合物，通过原位和空穴化增韧机理改善环氧树脂脆性。超支化聚合物是由高度支化基元形成的不规整结构聚合物，具有端基丰富、黏度低、链节少、官能度高、结构支化等系列优点。近年来，李艳等制备出超支化聚己内酯增韧环氧树脂复合材料，发现当填充相质量分数为 3％时，复合材料的力学性能有所提高。宋家乐等制备出端羧基超支化聚合物增韧环氧树脂，通过实验表明端羧基浓度影响固化速率，且随聚合物的添加量增加，复合材料韧性明显提升，添加质量分数为 5％时韧性提高 53.3％，达到最大值，然后随着添加量的持续增加，复合材料内部交联密度过大导致材料发生脆性断裂。马春丽等在碳纤维上引入端氨基超支化的八氧基（γ-氯丙基）多面体低聚倍硅氧烷，研究结果表明，通过控制接枝数可使复合材料的界面性能、浸润性、表面化学组成皆有所提升。

天然材料是相对于人工合成材料而言，是指自然界原来就有未经加工或基本不加工就可直接使用的材料，如砂、石、木质素、豆油、纤维等。天然材料本身相容性较好，用于增韧环氧树脂已成为当今的一个发展趋势。刘万双等进行了羧酸官能化碱木质素增韧环氧树脂的研究，发现该物质的添加使复合材料的韧性、临界应力强度因子与临界应变能释放率均有所提高。还有研究者通过对大豆油改性制备出环氧大豆油-环氧树脂复合材料，使其拉伸强度和冲击强度得到明显提升。

另外，通过复合纳米粒子增韧环氧树脂，在基体中形成化学键合界面，纳米粒子可产生应力集中效应降低材料的内应力，能够在基体附近产生屈服、空化并吸收能量、阻碍裂纹扩展，起到良好增韧效果。只是由于纳米粒子很容易发生团聚，随着其含量过高增韧效果会出现减弱现象。

16.3.2　磷杂菲类阻燃剂

由于电气引发的火灾事故无论是发生率还是造成的生命财产损失，均居各类火灾之首。我国环氧树脂的消费主要集中在电子电气和涂料领域，二者约占其总量的 75%。而通用环氧树脂属于热敏性含氧高聚物，具有高度易燃性。因此，需要提升环氧树脂的阻燃性能，以满足其在电子电气等阻燃高标准领域的更高应用需求，这也是当今环氧树脂行业非常关注的一个问题。在发展无卤有机磷阻燃剂的大背景下，磷杂菲类阻燃剂由于低毒性、含碳量高、耐迁移、阻燃持久等优点，备受广大研究者们的关注。

磷杂菲类阻燃剂在受热过程中可裂解生成 PO・、PO$_2$・等含磷自由基，这些自由基能够捕获高分子材料燃烧过程中产生的 H・、HO・，有效抑制燃烧链传递过程，阻止燃烧，阻燃作用机制如下：

$$H・+PO・\longrightarrow HPO \qquad HO・+HPO\longrightarrow H_2O+PO・$$
$$H・+HPO\longrightarrow H_2+PO・ \quad HO・+PO・\longrightarrow HPO_2$$
$$PO・+R—H\longrightarrow HPO+R・$$
$$PO_2・+R—H\longrightarrow HPO_2+R・$$
$$H・+PO_2・\longrightarrow HPO_2$$

这种在燃烧链抑制过程中的循环作用机制，促使磷杂菲类阻燃剂具有优异的气相阻燃效果，同时在上述链传递过程中所产生的 HPO$_2$ 具有较强的还原性和吸水性，可促使环氧树脂等含氧高分子材料脱水成炭，并在材料表面形成具有隔热、隔氧作用的保护炭层，发挥凝聚相阻燃作用。

16.3.2.1　反应型磷杂菲固化协效剂

反应型磷杂菲类阻燃剂含羟基、氨基、羧基等活泼基团，可作为环氧树脂的固化剂或固化协效剂，参与树脂聚合反应。磷杂菲固化协效剂的合成与应用，是环氧树脂固化物阻燃中引入磷杂菲结构的重要措施之一。DOPO 作为一种重要的磷杂菲中间体，其衍生物常被用于有机磷阻燃剂的合成，其分子结构中含有活泼 P—H 键，可与环氧基、羰基、醛酮、醌、碳碳双键、碳氮双键等不饱和基团发生加成反应，制得一系列反应型或添加型磷杂菲类阻燃剂，包括 DOPO-Cl、DOPO-OH、DOPO-CH$_2$OH、DOPO-BQ。

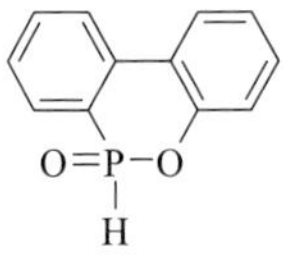

DOPO 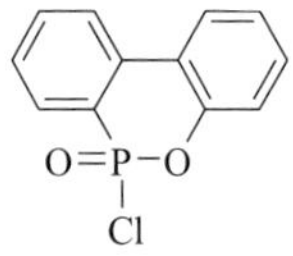　　　　DOPO-Cl 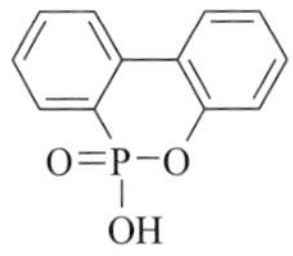　　　　DOPO-OH

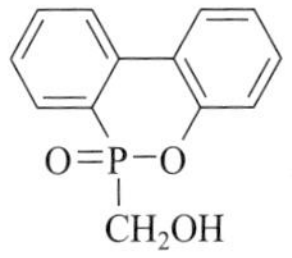

DOPO-CH₂OH　　　　DOPO-BQ

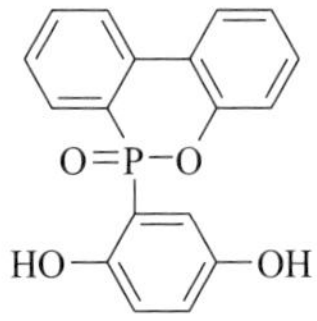

　　国外研究者用含有 DOPO 结构的二元胺，固化双酚 A 型环氧树脂，其固化物具有优异的热稳定性能和阻燃性能。当使用该 DOPO-二元胺协同 4,4′-二氨基二苯砜（DDS）固化双酚 A 型环氧树脂，在磷含量为 2.5％时，阻燃环氧固化物的 LOI 值可高达 48％。华东大学王鹏等以 DOPO 与亚胺进行加成反应，制得磷杂菲-三唑双官能团 P-N 协效阻燃剂，可以协同 4,4′-二氨基二苯甲烷（DDM）固化环氧树脂。当体系中磷的含量仅为 0.34％时固化物阻燃等级即可达 UL94 V-0 级，LOI 值为 34.8％，该环氧固化物表现出了高效的阻燃性能。东北林业大学许苗军等制备了具有环三磷腈-磷杂菲双官能团结构的六羟基反应型阻燃剂，将其用于提高双酚 A 型环氧树脂的阻燃性，同时采用 4,4′-二氨基二苯砜作为固化剂。当体系中的磷含量仅为 1.1％时，所得固化物阻燃等级可达 UL94 V-0 级，LOI 值为 36.6％。阻燃效果明显。

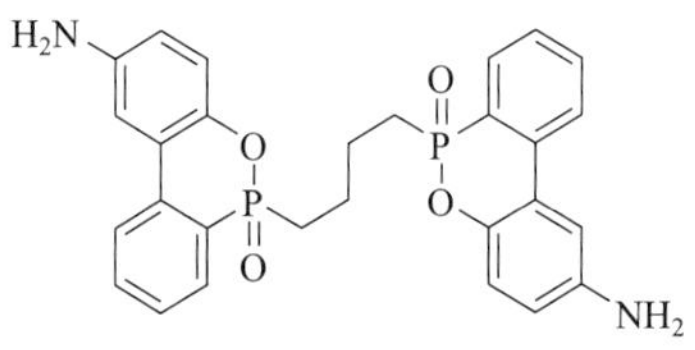

DOPO结构的二元胺 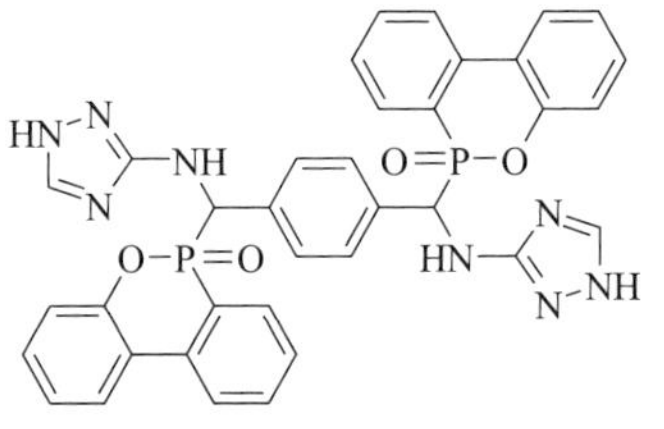　　　　　　　磷杂菲-三唑双官能团P-N协效阻燃剂

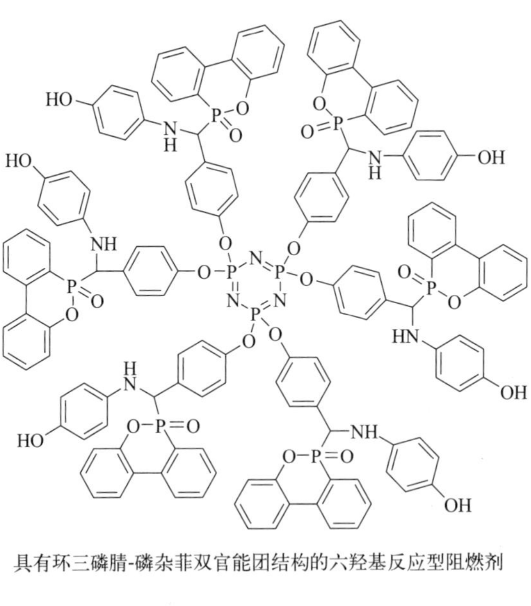

具有环三磷腈-磷杂菲双官能团结构的六羟基反应型阻燃剂

16.3.2.2　添加型磷杂菲类阻燃剂

添加型磷杂菲类阻燃剂一般为无活泼基团的磷杂菲衍生物，是不参与树脂聚合反应的磷杂菲化合物或低聚物，只以简单的物理方式分散到材料中，通过机械混合提升环氧树脂的阻燃性能。

例如，DOPO 和 1-氧基磷杂-4-羟甲基-2,6,7-三氧杂双环[2.2.2]辛烷（PEPA）通过 Atherton-Todd 反应可制备添加型阻燃剂，当其质量分数为 9.1% 时，采用 4,4′-二氨基二苯甲烷（DDM）固化的阻燃环氧树脂可获得 UL94 V-0 级，LOI 值为 35%。DOPO 与 2-氨基苯并噻唑的加成反应可制备 P/N/S 协效阻燃剂，应用于阻燃环氧树脂固化物 LOI 值可达 33.5%，而在同等磷含量下商业化阻燃剂 DOPO 阻燃环氧树脂固化物的 LOI 值仅为 31.5%，该阻燃剂呈现出比 DOPO 更优异的阻燃效果。另外还有添加型磷杂菲-三嗪协效阻燃剂，可在热降解过程中生成含磷自由基和含氮自由基，所得阻燃环氧固化物 LOI 值可达 38.4%，阻燃等级为 UL94 V-0 级。DOPO-BQ、2-羟基丙烯酸酯和二氯磷酸苯酯反应可制备同时含有磷杂菲和磷酸酯结构的不饱和含磷化合物，由于其分子中磷杂菲和磷酸酯阻燃双效结构的存在，可以有效提升环氧丙烯酸酯的 LOI 值，提高残碳量。

由于绝大多数的反应型磷杂菲阻燃剂的制备和纯化工艺流程复杂，致使当前的多种新型磷杂菲阻燃剂仅限于实验室应用阶段。另外，部分磷杂菲阻燃剂的生产成本较高，与传统的卤系阻燃剂在价格上相比并不具有优势。而且研究者们在研制过程中因欠缺阻燃剂的改性和添加对材料力学性能的影响讨论，致使部分阻燃效率高而力学性能负面影响较大的磷杂菲阻燃剂难以投入应用。

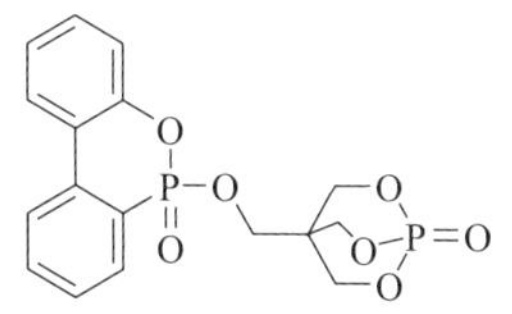

Atherton-Todd反应制备的添加型阻燃剂 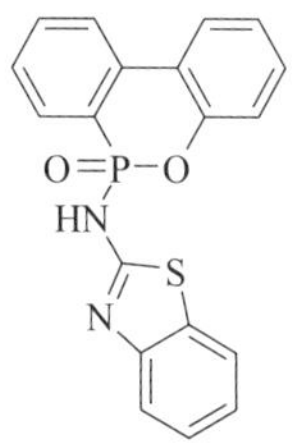　　　　P/N/S协效阻燃剂

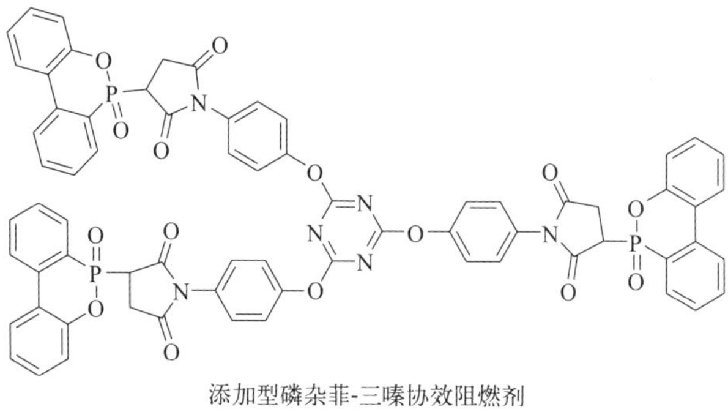

添加型磷杂菲-三嗪协效阻燃剂

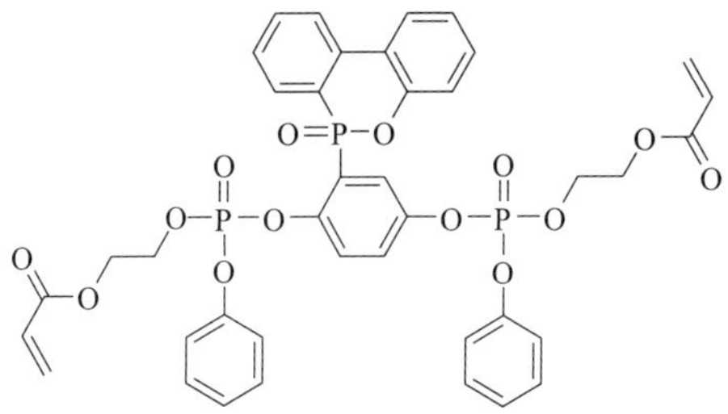

含有磷杂菲和磷酸酯结构的不饱和含磷化合物

16.3.3　笼型倍半硅氧烷改性剂

20 世纪 90 年代中期，美国空军研究实验室推进技术委员会为了满足空军对新一代超轻、高性能聚合物材料的需要，发展了一种多面体低聚倍半硅氧烷的纳米结构杂化体系，其结构式为：

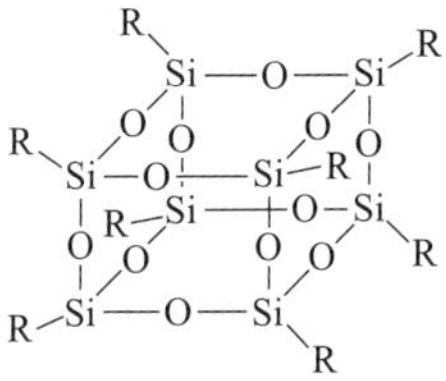

笼型聚倍半硅氧烷（POSS），通式为（$RSiO_{3/2}$）$_n$，$n=6$、8、10 等，是由 Si—O 交替连接的硅氧骨架组成的无机内核，而 R 是八个顶角 Si 原子所连接的基团，可以为反应性或者惰性基团，包括羟基、烷氧基、环氧基、酯基、苯基、环烷基、甲基丙烯酸酯、氯硅烷、异氰酸酯、丙烯酸、氰基、降冰片基、烯烃基、硅烷、硅醇以及苯乙烯等。因此，POSS 具有两个特点：有极其稳定的多面体内核；有多类有机分子链段，易于官能化。POSS 具有独特的结构和良好的耐热性、机械强度、光学性能及低介电常数，对 POSS 进行官能化后可得到高性能的新型有机-无机杂化材料，在很多领域如离子液体、液晶、功能涂层材料、多孔材料、电子材料、发光二极管材料中具有潜在的应用价值。POSS 还可以作为环氧树脂的改性添加剂，具有明显的增强、增韧效果，并显著提高环氧树脂固化物的耐热性能。

16.3.3.1　POSS 的主要应用领域

POSS 具有诸多优势，因而在许多领域有着广泛的应用。

① 航空航天领域，将 POSS 添加到隔热涂层中，飞行器的抗氧化性明显提高；

② 阻燃材料，当含有 POSS 的材料受热分解时，有机硅会被氧化分解生成硅酸盐层隔绝空气，从而起到阻燃作用；

③ 磁性材料，在 POSS 中引入二茂铁基团，使得材料在磁场的作用下可以均匀分散，同时保持了 POSS 的优越性能；

④ 涂料领域，在聚苯乙烯薄膜中添加环烷基或者环己基 POSS，可以提高薄膜的疏水性；

⑤ 低介电材料领域，POSS 由于无机"笼子"的存在，可以大大降低材料的介电

常数。

除以上应用领域，POSS 还广泛应用于胶黏剂、液晶材料、发光材料、多孔材料以及生物医学等领域，尤其加入胶黏剂中可提高其耐热性、减小应力集中、提高粘接强度，现在国内已经开始有工业化的 POSS 产品售卖，但是价格相对较昂贵，应用范围也很局限，不过随着合成方法的不断优化，POSS 的售价将逐渐下降，未来的应用领域必将更加广泛。

16.3.3.2 POSS 改性环氧树脂的发展

纳米增强是聚合物材料增强的一种常用方法，可使材料的性能在某一方面或某些方面得到提高。纳米材料的粒径越小，改性效果越好，但是随着粒径的减小，纳米材料发生团聚的倾向性增加，甚至导致改性聚合物的性能下降。POSS 改性聚合物与常规的填充或物理共混有着明显的区别，由于 POSS 表面有机基团的存在，使其与聚合物基体有着更好的相容性。

在环氧树脂增韧改性中常伴随着耐温性的降低，因此在提高环氧树脂韧性的同时不影响其耐热性是研究的难点和重点。在 POSS 改性环氧树脂研究初期，为了清晰地了解POSS 对环氧树脂的影响，大多采用单官能 POSS 进行研究，研究者发现单官能 POSS 虽然可以提高树脂的耐热性，但却不能改善热形变特性。提高材料的交联密度是提高材料力学性能的有效手段之一，但在研究中发现随着 POSS 含量的增加，固化树脂的交联密度并没有明显的提高，这主要是因为体积较大的 POSS 分子阻碍分子链的运动与分子之间的键接。环氧树脂增强主要是 POSS 在树脂基体中聚集引起的，这些聚集点起到了物理交联作用，但单官能团 POSS 的加入降低了树脂的交联网络密度。

继而研究者们开始了对八(缩水甘油基丙基二甲基硅氧基)倍半硅氧烷（OG）、八乙基环己烯基环氧化合物（OC）等多官能团 POSS 改性环氧树脂的研究，化学结构见图 16-12。首先，有机/无机纳米复合材料的力学性能除了取决于树脂基体与分散相本身性质外，还取决于分散相与树脂基体之间的界面相：分散相的粒径越小，界面之间的力学性能就越好。并且研究发现：POSS 所连接的有机基团所含芳香基团越多，树脂的残碳率和分解温度越高；POSS 的无机"笼子"在树脂中含量越多，材料的尺寸稳定性越好，但是脆性变大；有机链段越短，交联密度越大，材料的松弛时间越长。另外，POSS 对环氧树脂耐热性和力学性能的影响还与 POSS 有机基团有关，POSS 在树脂基体中分散好坏取决于有机基团与树脂基体的匹配，例如，异丁基 POSS 与环氧树脂的相容性较差，而苯基 POSS 与环氧树脂的相容性则明显变好。如果 POSS 的有机基团为柔性长链，分子链之间相互作用较弱，则对树脂增强没有积极作用，只起到类似于增塑剂的作用，导致环氧树脂固化物的 T_g 降低。而 T_g 提高的主要原因是 POSS 在树脂基体中结晶形成类似"铆钉"的聚集体，或者 POSS 与树脂基体之间形成较强的相互作用，如氢键，或者 POSS 的有机基团与树脂基体之间形成交联网络，结构如图 16-13 所示。

一些研究者还发现，在互穿网络聚合物中环氧基或者丙烯酸酯基 POSS 的加入会降低环氧树脂基体的反应活性，使得在互穿网络聚合物中环氧树脂固化不完全，他们将原因归结于 POSS 分子中体积位阻较大的无机"笼子"。在对 POSS 结构与性能有了一系列较为深入的了解之后，研究者们开始致力于 POSS 实际应用研究。

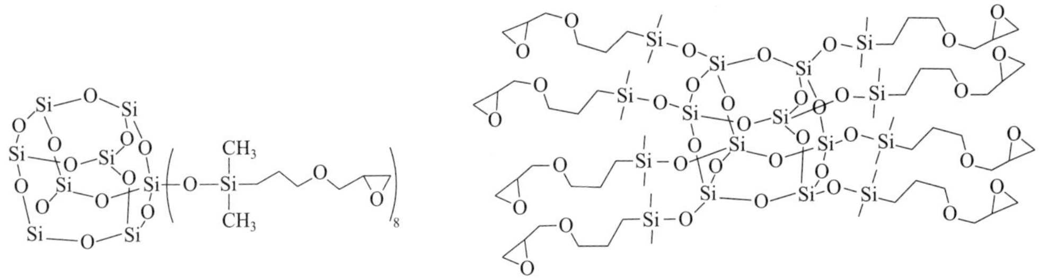

图 16-12 OG 和 OC 的化学结构

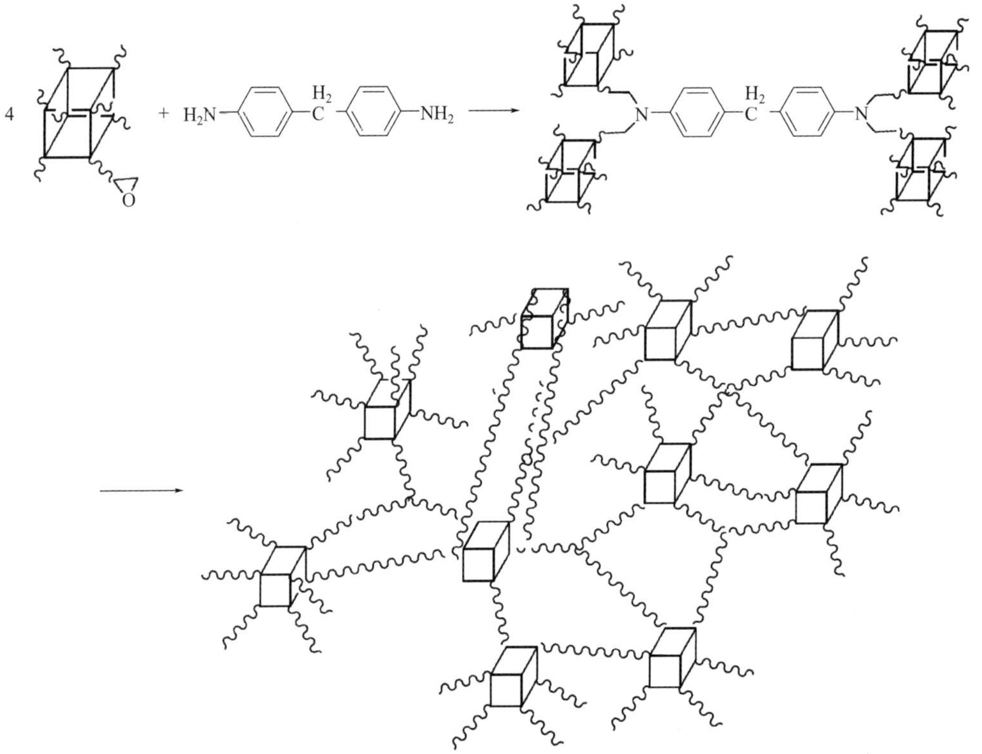

图 16-13 POSS 的有机基团与环氧树脂形成交联网络结构

在涂料、防护材料或者胶黏剂领域，热膨胀系数（CTE）是一个重要指标。以常见的机身表面防护为例，由于各种材料的 CTE 不同或匹配不当，反复的温度变化会导致材料脱落失效。常规调整环氧树脂底漆的方法是在树脂中加入二氧化硅，但是二氧化硅的加入使得树脂的黏度大大增加，工艺性变差。而采用 POSS 结构改性环氧树脂体系，合理调整氨基与环氧基的比值，可使得固化树脂的 CTE 调节范围大幅增加到 $25 \sim 329~\mu m/℃$ 之间。若合理选择 POSS 并调节 POSS 的含量，则 CTE 可以实现在较宽的范围内变化，这对未来国防军工材料领域的发展有着非常重大的实用意义。

16.4 环氧树脂固化技术研究进展

环氧树脂因具有优良的力学性能、电绝缘性能以及成型加工性能，被广泛应用于机械化工、电子电气、航空航天等领域。但又由于其耐热性能低、韧性较差、易吸水等缺点而大大影响了其在国民经济中的进一步应用。为了改善环氧树脂固化物的性能，我们除了从研究开发含有新型骨架结构的环氧树脂入手，也可以利用新型的固化技术对其进行改性。近年来，国内外对环氧树脂的固化技术研究主要有微波固化、光固化及热固化技术。其中对于环氧树脂的微波固化主要是进行初步的分析与探讨；对于光固化技术主要是研究阳离子紫外固化体系及自由基-阳离子混杂光固化体系；而对于热固化体系主要是研究具有高耐热性、阻燃性、韧性的固化剂。

16.4.1　微波固化技术

传统意义上对环氧树脂进行固化，一般采用热固化方法。但由于热固化时热量是由材料的外部向内部传递的，这导致在热固化过程中存在传热速度慢、温度梯度大等问题，从而导致沿厚度方向上树脂的固化度不同，使树脂固化很难均匀和完全，易产生较大内应力，影响了材料的整体性能。而微波固化技术则以其传热均匀、加热效率高、固化速度快和易于控制等优点越来越受到国内外专家学者们的注意。

微波是频率为 0.3～300.0GHz 的电磁波。材料在微波的作用下可产生热效应，导致加热、熔融等物理效应。工业、科研上常用的微波频率为（2450±50）MHz，该频率与化学基团的旋转振动频率接近，故可用于改变分子的构象，选择性地活化某些反应基团，促进化学反应，使材料在发生物理变化的同时发生化学变化。目前对于微波固化的反应机理，主要有"致热效应"和"非致热效应"两种解释。"致热效应"认为微波固化是由于微波使材料反应温度升高从而加速反应所致；而"非致热效应"认为微波固化是由于微波辐射场对离子和极性分子的洛仑兹力作用所致。传统观点认为微波固化可以加速化学反应主要是由于"致热效应"所致，即材料在外加电磁场作用下内部介质发生极化，产生的极化强度矢量落后于外电场一个角度，导致与电场相同的电流产生，构成了材料内部的功率耗散，从而将微波能转变为热能。国外研究者以双酚 A 型环氧树脂和多元胺为反应物，设计了连续微波和脉冲微波固化环氧树脂试验体系，研究了这两种固化方式对环氧树脂固化行为的影响，并对其固化机理进行了探索。该实验研究基本上证实了微波固化反应中明显的热固化特征及"非致热效应"的存在。但也有学者提出了不同意见，如 Mijovic 等利用红外技术研究了微波固化与热固化的交联动力学，认为不存在"非致热效应"。

微波辐射下材料对介电能的吸收可用下式表示：

$$P = K f E^2 \varepsilon(T) \tan\delta(T) \tag{16-1}$$

$$\varepsilon'' = \varepsilon(T) \tan\delta(T) \tag{16-2}$$

式中　P——吸收能，W·cm^{-2}；

　　　f——频率，Hz；

　　　E——电场强度，V·cm^{-1}；

　　　ε——介电常数；

　　$\tan\delta$——介电损耗角正切；

　　　T——样品温度，℃；

　　　K——常数（55.61×10^{-10}）；

ε''——介电损耗因子。

由式（16-1）和式（16-2）可知，在微波频率和电场强度不变的情况下，热效应取决于材料的介电常数和介电损耗因子。而聚合物的介电常数和介质损耗因子的影响很大程度上由化学键的电荷分布、链构象、链形态和极性基团的统计热移动等参数决定。所以，高分子的物理化学结构是影响材料介电性能的决定因素。

由于环氧树脂具有较大的介电损耗角正切值 tanδ，对微波加热的感应性好，所以使用微波加热可以使树脂内部受热均匀，快速固化。环氧树脂及其复合材料的微波固化越来越受到研究者们的重视。谷晓昱等分别以 DDM、DDS 和咪唑类化合物 100A 为固化剂，用自行设置的装置微波固化环氧树脂 E-51。结果表明，微波固化速率快、能降低反应活化能，但不能改变最终产品的结构。张军营等利用红外光谱追踪了 E-51/咪唑类化合物、E-51/二氨基二苯甲烷（DDM）和 E-51/二氨基二苯砜（DDS）的固化过程，并计算了在微波和热固化条件下反应的活化能，结果也表明，微波的固化速率高于热固化速率的同时降低了反应活化能，但最终产品的结构相同。刘学清等用二氨基二苯基甲烷作固化剂，分别热固化和微波固化苯酚封端的聚氨酯改性环氧树脂 E-51，结果表明微波固化可提高体系的固化速率，使其在较短时间内获得更高的强度和模量。同时研究者们还发现向环氧树脂体系中加入不同的填料可以在提高体系吸波能力的同时，也可提高固化后体系整体的力学性能和机械强度。

由此可见微波固化环氧树脂技术有着广阔的前景。但作为一门新兴的交叉学科，微波固化还有许多问题亟待解决。如微波固化的动力学、固化工艺与材料结构形态的研究，对固化体系的优化，选择适当的微波固化反应器等。相信随着研究的不断深入，微波固化技术将在工业生产中发挥重要作用。

16.4.2　光固化技术

环氧树脂的紫外光固化（UV 固化）是指在紫外光作用下，使整个体系发生交联反应。它与传统的热固化相比具有很多优点：固化时间短，所需设备简单，适合于高速自动化生产线，大大地提高了生产效率，减少了占地面积，无溶剂或含有少量溶剂，对环境污染小，固化速率快，能耗相对较少，节省能源。随着人们对环境保护的重视，使其在光固化涂料、光固化胶黏剂、光固化油墨、光固化电子封装等领域具有广阔前景。

依据光引发体系的不同，光固化可分为两类：自由基光固化体系和阳离子光固化体系。目前大多数快速成型体系中都采用自由基型光引发，自由基光固化体系具有固化速率快、性能易于调节、抗潮湿、引发剂种类多的优点，但其也存在对氧气敏感、光固化收缩率大、附着力差且难于彻底固化三维部件等问题。为此，研究人员于 20 世纪 70 年代开发了阳离子光引发剂。此类光引发剂不受游离氧的干扰，在空气中可快速而完全地引发聚合；固化时体积收缩小，所形成的聚合物附着力更强；固化反应不易终止，适用于厚膜及色漆的光固化。同时既可发生自由基聚合，又能发生阳离子聚合的混杂型光固化体系也越来越受到研究人员的重视。

16.4.2.1　阳离子光固化体系

阳离子光固化是指阳离子引发剂在紫外光辐照下产生质子酸或路易斯酸，形成正离子活性中心，引发阳离子开环聚合。引发剂的选择是阳离子固化体系中最重要的环节，在阳离子光固化体系中，多采用多芳基盐，在光照时产生超强酸引发环氧树脂开环聚合。目前常用的阳离子引发剂主要有芳基重氮盐、二芳基碘鎓盐、三芳基硫鎓盐、芳基茂铁盐等。最早开发的阳离子引发剂为重氮盐类：

$$ArN_2^+BF_4^- \xrightarrow{h\nu} ArF + BF_3 + N_2$$

BF_3 是一种路易斯酸，可直接引发阳离子聚合，也可与 H_2O 或其他化合物反应生成质子（H^+），再由质子引发聚合。但显而易见的是由于重氮盐的分解，体系中会有氮气产生，使聚合物成膜时会形成气泡和针眼；同时芳基重氮盐自身的热稳定性较差，不能长期储存，所以阳离子光引发的初期发展十分缓慢。

直到 20 世纪 70 年代，研究者们相继开发出新一代的阳离子光引发剂——碘鎓盐和硫鎓盐：$Ar_2I^+X^-$、$Ar_3S^+X^-$，其中 X^- 可以是 SbF_6^-、AsF_6^-、PF_6^-、BF_4^-。这两类引发剂既有类似于重氮盐那样光分解后生成长寿命阳离子、除去辐照可以继续引发聚合且对氧不敏感、不需氮气保护等优点，又克服了重氮盐不稳定且光分解为 N_2 等缺点。

20 世纪 70 年代中期通用电气公司的 Crivello 和 Lam 报道了二苯基碘鎓（DPI）盐作为阳离子引发剂的研究与应用，引起了人们的广泛关注，并很快将其转化成了商品。这促进了阳离子光引发聚合在理论研究与实际应用上的飞速发展，并吸引了大批学者和科研人员在这方面进行进一步的探索。

王静等合成了三种不同二苯基碘鎓盐作为阳离子光引发剂应用于激光快速固化成型环氧树脂中，发现碘鎓盐阴离子部分的结构对环氧树脂的光固化速率有很大影响。DPI 在吸收一定波长紫外光后，会发生不可逆光分解，生成强质子酸和自由基等。

$$YH + Ph_2I^+SbF_6^- \xrightarrow{h\nu} PhI + Ph\cdot + Y\cdot + HSbF_6(YH为含活泼氢化合物)$$

强质子酸 $HSbF_6$ 可在室温下引发多官能环氧预聚物进行阳离子开环反应。王静等将合成出的三种阴离子部分不同的 DPI 进行对比，发现强质子酸的酸性越强，即 DPI 阴离子的亲核性越弱，则引发单体阳离子聚合的活性越强，其活性顺序为：$Ph_2ISbF_6 >$ $Ph_2IPF_6 > Ph_2IBF_4$。杨光等利用二苯基碘鎓六氟磷酸盐（$DPI^+PF_6^-$）作为光引发剂，对双酚 A 型环氧树脂的阳离子光固化体系进行了探讨，发现体系的固化速率与 $DPI^+PF_6^-$ 的用量有关，当 $DPI^+PF_6^-$ 的用量为 5%（质量分数）时最为适宜。并在体系中加入适量的光敏剂 N-乙烯基咔唑（NVK），发现 NVK 可以扩展碘鎓盐光引发体系中有效吸收量子化能量的范围，拓宽光引发体系的紫外吸光谱，提高了固化速率。硫鎓盐是 20 世纪 70 年代末发展起来的，光解机理与碘鎓盐相似，但具有较好的热稳定性，而且能与大多数聚合单体很好地互溶。彭长征等合成出多种三芳基硫鎓六氟锑酸盐，并以此作为光引发剂研究了环氧聚甲基硅氧烷（EPS）和双酚 A 型环氧树脂 E-44 的阳离子光固化速率的影响因素。发现光引发剂的结构、浓度对体系的固化速率有不同程度的影响。但是苯基取代鎓盐具有较强的毒性，可以合成二烃基取代苯基的硫鎓盐来解决此问题。任众等合成出两种新型紫外光阳离子引发剂：S,S-二甲基(3,5-二甲基-4-羟苯基)硫鎓（4HPS）六氟磷酸盐和 S,

S-二甲基(3,5-二甲基-2-羟苯基)硫鎓（2HPS）六氟磷酸盐。

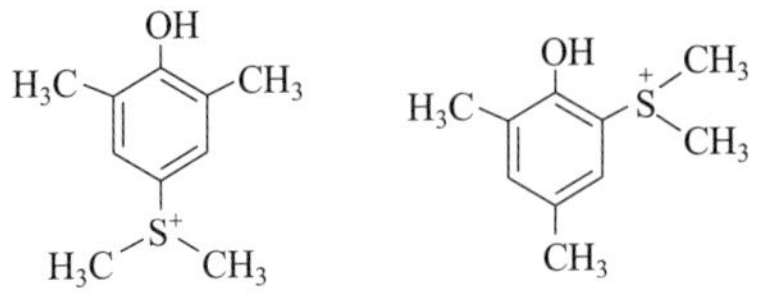

研究者们发现在相同的环氧树脂体系中，聚合速率均随着引发剂浓度提高而升高，但 2HPS 的固化速率总大于 4HPS 体系的，这可能与硫内鎓盐与聚合物的终止机理为消去反应有关，由于 2HPS 有更大的空间位阻，使其终止速率比 4HPS 的要慢。较慢的终止速率造成了总的聚合速率明显增大。

铁-芳烃配合物作为环氧化合物聚合的光引发剂也日趋成熟，它在紫外光和可见光区均有较大的吸收，而且铁-芳烃配合物具有低温引发、高温增长的特点。其引发环氧树脂开环聚合的过程如下：

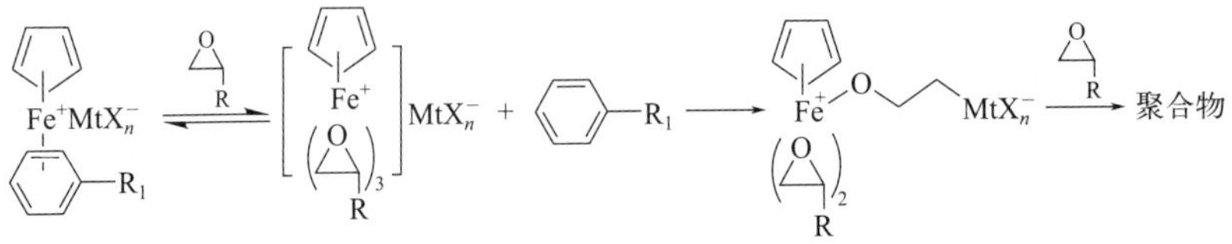

利用铁-芳烃配合物作为环氧树脂引发剂的关键是控制好温度，处理好配合物与聚合物的关系：温度低虽然有利于环氧化合物与引发剂形成配合物，但环氧化合物开环困难；高温虽有利于开环，但环氧化合物与引发剂的配合困难，生成的配合物不稳定。

16.4.2.2　混杂固化体系

随着研究的进一步深入，人们针对自由基光固化和阳离子光固化各自的特点，将两种技术相结合，在光引发后通过自由基固化可以很快实现表干，同时引发的阳离子固化在停止光照后，其反应不会马上停止，能继续后固化，可以提高固化膜的性能，得到质量更高、性能更好的固化物。

自由基-阳离子聚合体系中必须有可供自由基聚合的单体或预聚体和阳离子聚合的单体或预聚体，必须有自由基引发剂和阳离子引发剂。对于环氧树脂来说，目前常用的方式是将其与丙烯酸酯类相混杂，利用环氧基团阳离子光固化时环打开形成的结构尺寸单元大于单体分子的特点，弥补自由基光固化体积明显收缩的缺点，得到体积收缩率小、附着力强的固化体系。王文志等用合成的二苯基碘鎓六氟磷酸盐作为光引发剂，对不同比例的双酚 A 型环氧树脂 E-51 与丙烯酸酯预聚物 AE 组成的复合树脂进行光固化反应的研究，发现碘鎓盐具有引发环氧和丙烯酸酯同时进行阳离子和自由基固化的能力，从而得到一种黏度低、固化干燥时间短、粘接层剪切强度高、玻璃化转变温度低、耐水煮沸性好等优点的新型胶黏剂。虽然人们对环氧树脂的光固化方面进行了很多有意义的探索，但仍然摆脱不了该体系存在固化深度受限的问题。为此，人们将光固化与其他固化方式结合起来，形成一种双重固化的方式，使体系的交联聚合通过两个独立的具有不同反应原理的阶段完成：

其中一个阶段是通过光固化反应，另一个阶段则通过暗反应进行，暗反应包括热固化、湿气固化、氧化固化反应等。这样大大提高了光固化反应的应用范围，为光固化环氧树脂提供了更广阔的工业应用前景。

16.4.3　梯度固化技术

既能在常温条件下固化又能在高温环境中使用的环氧树脂材料兼具制备工艺简单以及热力学性能优异的特征，可满足现代工业的发展要求，具有非常广阔的应用前景。但是目前常温固化的环氧树脂体系通常难以满足高温条件下的使用需求，因此对常温固化、高温使用的一类环氧树脂体系的研究具有十分重要的科学意义及实用价值。

常温固化是指可在 20～30℃ 条件下迅速凝胶，并在接下来几天内完全固化达到一定强度的固化方法。众所周知，环氧树脂固化物的性能既取决于环氧树脂、固化剂及添加剂的结构、性能和各组分的配比，还取决于其成型固化工艺。因此，为了得到耐热性能及力学性能优良的固化物，通常需要高温固化条件，而常温固化的环氧树脂由于缺少具有热稳定性的交联结构，在高温条件下的力学性能较差。这一矛盾可以通过选用具有特殊性能的固化剂来缓解，例如咪唑类化合物可在较低温度下固化并得到耐热性能和力学性能优异的固化物，2-乙基-4-甲基咪唑固化双酚 A 型环氧树脂的固化反应是分阶段进行的，其固化机理中环氧基与咪唑中 N 原子加成反应所形成的烷氧负离子对体系中剩余环氧基的催化聚合作用则是提高固化物耐热性能的关键。在常温固化环氧树脂体系的热力学性能提升方面，目前的研究多是通过合成或改性的方法制备室温固化剂或采用复配物的梯度固化效应来实现。

梯度固化技术即是从选用一定配比的常温、中温、高温固化剂作为混合固化剂的角度出发，使环氧树脂体系在常温条件下首先产生一定程度的固化反应，然后通过调控环氧树脂固化物在环境升温诱导作用下的固化梯度和热力学性能变化，使其在高温条件下具备一定的使用性能，具备广阔的应用前景。

贾彩霞等选用 T31、IPDA、DDM 系列的常温、中温、高温固化剂，与环氧树脂 E-51、AG80 形成混合固化体系，在常温条件下制备玻璃纤维增强环氧树脂基复合材料。室温放置 8h 后将其以 1.5℃/min 的平均升温速率分别加热至 90℃ 和 120℃，经历类似热压罐热环境的升温诱导固化过程。

16.4.3.1　梯度固化产物的耐热性

图 16-14 为在常温条件下固化的环氧树脂试样及其经过 90℃ 和 120℃ 环境升温过程后的损耗角正切曲线，可以得到升温过程对常温固化环氧树脂玻璃化转变温度（T_g）的影响规律。环氧树脂常温固化物的 T_g 为 85.21℃，在经过 40min 左右的环境升温过程由常温升至 90℃ 之后，环氧固化物的 T_g 可显著提高至 132.06℃，而在经过 60min 左右的环境升温过程由常温升至 120℃ 之后，环氧固化物的 T_g 则大幅度增加到 144.45℃。由于玻璃化转变是高分子运动形式转变的宏观体现，经过一个相对较短的升温诱导过程之后环氧固化物 T_g 的显著提高说明该材料在工程中使用的温度上限提高，其耐热性能在环境升温过程中得到了高效优化。

在该固化体系中，首先是常温固化剂引发部分树脂交联固化，而中温、高温固化剂将会在环境升温诱导的过程中依次发挥作用，借助这种梯度式的固化反应，使固化物的玻璃化转变温度在一个相对较缓的升温作用下迅速达到一个较高的水平，从而有利于其高温条件下的力学性能保持和工艺性能提升。

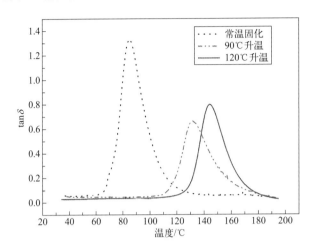

图 16-14　环境升温过程对环氧树脂常温固化物玻璃化转变温度的影响

16.4.3.2 梯度固化产物的固化度

表 16-11 为环氧树脂常温固化物在进行 90℃、120℃升温过程前后的固化度及其增长率，证实了混合固化剂中常温、中温、高温组分的存在使环氧树脂内部确实产生了一个明显的固化梯度。在常温条件下固化的环氧树脂固化度可达 80% 以上，经过 90℃ 的环境升温之后其固化度高于 90%，而经过 120℃ 的环境升温之后其固化度接近 96%。分析其根本原因，可能是由常温固化反应释放的热能辅以环境升温促进了中温固化反应程度，而中温固化反应释放的热能辅以环境升温又进一步促进了高温固化反应程度，正是复合固化剂所引起的这种梯度式固化反应，使环境升温诱导过程中的固化度实现高效增长，提高了环氧树脂固化体系的玻璃化转变温度，也是降低环氧树脂固化物高温条件下热变形量的主要原因。

表 16-11　升温处理前后环氧树脂常温固化物的固化度及其增长率

试样名称	固化度/%	标准偏差/%	增长率/%
室温固化体系	80.37	2.4	0
90℃升温后体系	92.14	1.3	14.6
120℃升温后体系	95.60	0.9	18.9

16.4.3.3 梯度固化产物的力学性能

表 16-12 为进行 90℃、120℃ 升温过程前后玻璃纤维增强环氧树脂复合材料的弯曲强度平均值，同时表明了不同升温条件对环氧树脂常温固化物高温力学性能的影响。在平行试验条件下，常温固化的环氧树脂复合材料弯曲强度为 221MPa，在高温测试条件下的弯

曲性能很差。在经过 90℃ 的环境升温诱导之后试样弯曲强度增长到 251MPa，100℃ 测量条件下其弯曲强度保持率为 65%，但是 130℃ 时其力学性能下降显著；而经过 120℃ 的环境升温诱导之后试样弯曲强度增大为 268MPa，100℃ 测量条件下其弯曲强度保持率约达 69%，并且 130℃ 时其保持率依然接近 60%。环境升温过程致使环氧树脂体系内部产生固化反应梯度，导致了固化度的快速增长，因此其弯曲强度可在高温条件下具有较高的保持率，有助于提高常温固化环氧树脂在高温条件下的力学性能。这一结果表明环境升温过程对室温固化环氧树脂在高温条件下保持良好的使役性能起到了关键作用。

表 16-12　环境升温过程前后环氧树脂复合材料的弯曲强度

试样名称	室温测量	100℃ 测量		130℃ 测量	
	弯曲强度/MPa	弯曲强度/MPa	保持率/%	弯曲强度/MPa	保持率/%
室温固化体系	221	51	23.0	37	16.7
90℃ 升温后体系	251	163	65.0	49.3	19.6
120℃ 升温后体系	268	184	69.0	156	58.2

由于上述梯度固化技术可使环氧树脂固化体系具有常温条件下快速固化和升温过程中玻璃化转变温度显著提高的特征，并且在高温条件下固化物依然可以保持较高的力学性能，因此可以满足胶黏剂、快速修复、航空制造等领域中的一些高温使用需求，具有广阔的开发前景。

16.5　环氧树脂的应用动态

固化后的环氧树脂具有良好的物理及化学性能，它对金属、非金属材料的表面均具有优异的粘接能力，介电性能良好，变形收缩率小，制品尺寸稳定性好，硬度高，柔韧性较好，对碱及大部分溶剂稳定，因而广泛应用于国防、国民经济的各个领域，可作浇注、浸渍、层压料、粘接剂、涂料等。随着社会及工程需求的不断发展，改性环氧树脂的兴起进一步扩大了环氧树脂的应用范围。其主要是根据应用需求，通过选择固化剂，添加反应性稀释剂、其他填充剂以及特种热固或热塑性树脂等方法对环氧树脂进行改性。中国环氧树脂生产厂家众多。但大多厂商规模较小、牌号品种单一、设备相对落后，树脂质量具有较大的提升空间。全球环氧树脂已处于成熟期，随着国内改性环氧树脂产品质量的不断提高，将能够满足不同行业对环氧树脂性能的不同需求。

16.5.1　纳米材料改性环氧树脂

纳米材料一般指颗粒平均粒径在 100nm 以下的材料，其中平均粒径为 20～100nm 的称为超细粉，平均粒径小于 20nm 的称为超微粉。纳米材料具有相当大的相界面面积。由于纳米材料晶粒极小，比表面积很大，在晶粒表面无序排列的原子所占比例远远大于晶态材料表面原子所占比例，导致了纳米材料具有传统固体所不具备的许多特殊物理、化学性质。通过精细控制纳米材料在高聚物中的分散与复合，能够在树脂较弱的微区内起到补强、填充的作用，增加界面作用力，减少自由体积的作用。仅以很少的无机粒子体积含量，就能在一个相当大的范围内有效地改善复合材料的综合性能，在起到增强、增韧、抗老化作用的同时，还不影响材料的加工性能。据文献报道，在聚合物中添加纳米材料，可使聚合物增强、增韧，玻璃化转变温度提高。常用的纳米材料有纳米二氧化硅、纳米二氧化钛、纳米氧化铝、纳米碳酸钙等。国内的众多研究者，则利用了纳米材料表面非配对原子多，与环氧树脂可发生物理或化学结合的特点，将纳米材料引入环氧树脂中，以期改善环氧树脂的综合性能。

16.5.1.1　纳米材料在环氧树脂中的作用机理

纳米材料改性环氧树脂可以赋予环氧树脂较高的物理、力学性能，与未改性的环氧树脂相比，其韧性、刚性、强度及耐热性均有较大幅度提高，具体表现在材料的拉伸强度、弹性模量及热变形温度都有所增高。于是人们越来越关注纳米材料的作用机理。目前较普遍被接受的观点如下：

韧性的提高是由于当纳米粒子均匀分散于基体中，在基体受到冲击时，粒子与基体之间会产生银纹；同时粒子之间的基体也产生塑性形变，吸收冲击能量，从而达到增韧效果。随着粒子粒度变细，粒子的比表面积变大，粒子与基体之间的接触面积也增大。材料受到冲击时，会产生更多的银纹和塑性形变，从而吸收更多的冲击能量，提高增韧效果。但是，如果纳米粒子加入太多，在外力冲击时就会产生更大银纹及塑性形变，并发展为宏观开裂，冲击强度反而下降。

刚度与强度的提高是由于纳米粒子半径小，其比表面积很大，表面原子相当多，表面的物理和化学缺陷多，易与高分子链发生物理或化学结合，增加了刚性，提高了树脂的强度及耐热性。

16.5.1.2　纳米材料改性环氧树脂的应用

纳米材料改性环氧树脂目前主要应用于复合材料和涂料领域。现有的复合材料常以纤维作为增强材料，由于纤维与基体的相容性问题，限制复合材料性能的发挥。通过控制纳米材料在高聚物中的分散与复合，能够在树脂较弱的微区内起补强、填充的作用，增加界面作用力，减少自由体积的作用，可能仅以很少的无机粒子体积含量，就能在一个相当大的范围内有效地改变复合材料的综合性能，且不影响材料的加工性能。

纳米 SiO_2 比表面积大，与环氧基体的界面粘接作用强，易引发微裂纹，吸收大量冲击能，同时还可以增强基体的刚性。郑亚萍以纳米 SiO_2 作为增强材料，研究了不同纳米 SiO_2 含量对复合材料性能的影响。发现当纳米 SiO_2 含量（质量分数）为3%时，复合材料的拉伸模量为3.57GPa，冲击强度为15.94kJ/m^2，玻璃化转变温度为126.65℃，分别比纯基体提高了12.6%、56.3%、40.4%。同时郑亚萍等人还研究了不同含量纳米 α-Al_2O_3 和 TiO_2 改性环氧树脂的情况。发现当 α-Al_2O_3 含量为2%时，环氧树脂具有最好的综合力学性能和最高的玻璃化转变温度，而 TiO_2 含量为3%时，环氧树脂具有最好的冲击强度和拉伸强度，但纳米 TiO_2 的添加量对树脂的拉伸模量的提高程度是比较接近的。其质量分数为2%～3%时，具有最高的玻璃化转变温度。具体数据如表16-13和表16-14所示。

表 16-13　不同粒子最优条件下对环氧树脂力学性能的影响

纳米粒子/ 环氧树脂质量比	冲击强度/ （kJ/m²）	拉伸强度 /MPa	拉伸模量 /GPa
0/100	10.2	35.33	3.17
SiO₂ 3/100	15.94	75.68	3.57
α-Al₂O₃ 2/100	9.64	61.1	3.42
TiO₂ 3/100	18.96	66.3	3.41

表 16-14　不同粒子最优条件下对环氧树脂玻璃化转变温度（T_g）的影响

纳米粒子/ 环氧树脂质量比	0/100	SiO₂ 3/100	α-Al₂O₃ 2/100	TiO₂ （2~3）/100
T_g/℃	90.18	126.65	137.97	130.48

　　董元彩以纳米 TiO_2 为填料制备了环氧树脂/纳米 TiO_2 复合材料，研究了纳米 TiO_2 对复合材料性能的影响。结果表明，纳米 TiO_2 经表面处理后，可对环氧树脂实现增强、增韧。当 TiO_2 质量分数为 3% 时，拉伸强度提高 44%，冲击强度提高 878%，其他性能也有明显提高。

　　吉小利等以纳米 Si_3N_4 为填料制备了环氧树脂/纳米 Si_3N_4 复合材料。发现随着纳米 Si_3N_4 的引入，复合材料的力学性能增加，当改性环氧树脂/纳米 Si_3N_4 质量比为 100/3 时，复合材料的拉伸强度、弯曲强度、冲击强度提高幅度最大，分别提高了 145%、241%、255%。此时，复合材料的击穿强度提高的幅度也达到最大，在直流电压和交流电压下，分别提高了 249%、146%；但添加的纳米 Si_3N_4 使复合材料的介电常数和介电损耗值减小。这可能是因为"Si_3N_4 核"作为交联点，使得复合材料的交联度得到提高，但复合材料中的极性基团的活动取向产生困难，因而介电常数下降。而测试是在高频下进行，复合材料中的偶极子的转向完全跟不上电场频率的变化，取向极化几乎未发生，损耗的能量也就降低了。热重分析表明，环氧树脂/纳米 Si_3N_4 复合材料耐热性能有明显提高。并用"核-壳过渡层"结构模型初步探讨了各项性能改善的原因。研究者发现纳米 Si_3N_4 与有机基体之间界面模糊，因此可以认为纳米 Si_3N_4 在环氧树脂中存在图 16-15 所示的"核-壳过渡层"结构，此结构增强了纳米 Si_3N_4 与有机基体的黏结性，是纳米 Si_3N_4 复合材料性能改善的根本原因。当复合材料受到的拉伸应力达到或超过应力集中所能承受的最大主应力时，就开始形成孔隙，成为材料缺陷。由于材料的强度与缺陷尺寸成反比，由图 16-16 可知，因纳米 Si_3N_4 在环氧树脂中以"核-壳过渡层"结构存在，有效缺陷尺寸近似地取决于分散后"核-壳过渡层"结构的尺寸，并且随着拉伸的继续，孔隙呈椭圆形长大。粒子越细且分散性越好，有效缺陷尺寸也就越小，复合材料的强度越高。因纳米 Si_3N_4 粒径小，分散性好，有效缺陷尺寸就小，"核-壳过渡层"结构使其与基体黏结性好，因而可以与基体树脂充分吸附、键合，有利于应力的传递，进而可承担一定载荷，具有增强能力。

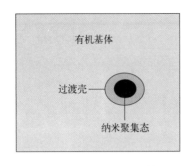

图 16-15　"核-壳过渡层"模型图

图 16-16　拉伸过程中孔隙生成示意图

纳米 Si_3N_4 表面存在大量的硅羟基，不稳定，适当的偶联剂可与表面羟基发生脱水缩合反应，可使纳米 Si_3N_4 与有机基体之间的作用增强，相容性更好。研究者发现经偶联剂处理过的纳米 Si_3N_4 填充的复合材料拉伸强度、弯曲强度和冲击强度均有大幅度的提高。

碳纳米管（CNTs）是 20 世纪 90 年代由日本 NEC 公司首次合成出来的。碳纳米管外径为 1～50nm，长度一般是几到几百微米。随着人们对碳纳米管制备、结构、性能和应用研究的深入，越来越多的研究者们试图利用 CNTs 大的比表面积和高的长径比，将 CNTs 特有的电学、力学、光学、热学和磁学性能有效地转移到环氧树脂基体中，以制备高性能和高功能的复合材料，满足电子、航空航天和汽车等高科技领域对先进热固性材料的要求。袁钻如等用差示扫描量热仪（DSC）研究了将碳纳米管加入四缩水甘油基二氨基二苯基甲烷（tetra-GDDM）/4,4'-二氨基二苯砜（DDS）体系后的固化行为。发现体系起始固化反应速率加快，达到最大反应速率的时间缩短，说明碳纳米管对环氧树脂的固化反应有催化作用。刘玲等将功能化的碳纳米管添加到环氧树脂中，发现当碳纳米管的添加量约为 4% 时，环氧复合材料的拉伸模量增加，而其拉伸强度和断裂应变略有降低。

16.5.1.3　纳米材料/环氧树脂复合材料的制备

纳米材料比表面积大，表面活性高，使其具有许多优良特性的同时，其粒子间也极易发生团聚，降低了其特有性能。而环氧树脂本身黏度高，欲使表面活性高的纳米粒子均匀分散其中，较为困难。故而如何使纳米粒子均匀分散于树脂基体中，成为制备纳米材料/环氧树脂复合材料的一个难点。目前常用的制备方法主要有以下几种。

① 溶胶-凝胶法。基本原理是使用烷氧金属或金属盐的前驱物和有机物的共溶剂，在聚合物的存在下，使共溶剂体系中的前驱物水解和缩合，只要控制合适的条件在凝胶形成与干燥过程中聚合物不发生相分离，就可制得有机纳米复合物。

② 混合法。通过不同的物理或化学方法将纳米粒子与聚合物进行充分混匀形成复合材料的方法。纳米材料改性环氧树脂采用混合法是十分有效的，通常分为：

a. 溶液混合，把基体树脂溶解于适当的溶剂中，然后加入纳米粒子，充分搅拌溶液使粒子在溶液中分散混合均匀，除去溶剂后使之聚合制得样品；

　　b. 乳液混合，与溶液共混法相似，只是用乳液代替溶液；

　　c. 熔融共混法，与通常所用的熔融共混法基本相似，需先将环氧树脂加热到 60～90℃，使其黏度降低，再加入纳米粒子；

　　d. 机械混合法。

　　目前所报道的方法主要是将经过偶联处理后的纳米粒子用超声波处理，填充于环氧树脂中，然后加入固化剂，形成复合材料。超声波可以在混合液中产生空穴或气泡，它们在声场的作用下振动。当声压到一定值时，空穴或气泡迅速增长，然后突然闭合，在液体的局部区域产生极高的压力，导致液体分子剧烈运动。这种压力或液体分子的剧烈运动使得团聚在一起的纳米聚集体分散成单个的颗粒或更小的聚集体，以使环氧树脂能充分包覆各个纳米颗粒的表面，从而减少了纳米材料的团聚现象，提高其在基体中的分散性。

　　研究者们发现经机械搅拌的 $CaCO_3$ 纳米粉的分散颗粒粒径为数十微米，而经超声波振动的 $CaCO_3$ 纳米粉的分散颗粒粒径为数微米，由此可见，经超声波振动后的复合材料混合情况比普通搅拌分散情况均匀，超声波振动技术可基本实现 $CaCO_3$ 纳米粉在环氧树脂中的均匀溶混。用普通搅拌工艺混合制备 $CaCO_3$ 纳米粉/环氧树脂复合材料时，$CaCO_3$ 纳米粉与环氧树脂难以均匀混合，在基体中分布不均匀，两相界面清晰，$CaCO_3$ 分散颗粒粒径较大，在大范围内集结成团，且混合后存在不少空洞。经硅烷偶联处理后的 $CaCO_3$ 纳米粉/环氧树脂复合材料，两相界面模糊，相容性好，结合紧密，分散均匀，$CaCO_3$ 分散颗粒粒径为数百纳米，实现了 $CaCO_3$ 纳米粉与环氧树脂之间的均匀分散。这是因为所用的硅烷偶联剂 KH-550 中亲有机物的基团可与环氧树脂发生反应，促进两者之间相容。反应原理如下：

$$(CH_3CH_2O)_3Si—NH_2 + H_2C—C—\overset{H}{C} \longrightarrow (CH_3CH_2O)_3Si—\overset{H}{N}—\overset{H_2}{C}—\overset{H}{C}—OH$$

　　虽然 $CaCO_3$ 纳米粉颗粒是非极性物质，但 KH-550 所带的氨基有催化作用，会促使 $CaCO_3$ 纳米粉颗粒表面凝聚成一层坚硬、难溶的外壳；$CaCO_3$ 纳米粉颗粒表面含有的杂质也会与 KH-550 反应，使偶联剂与 $CaCO_3$ 粒子间形成强的粘接力。经表面改性，通常形成芯-壳结构的粒子，$CaCO_3$ 表面由亲水性转变为亲油性，蓬松易分散。硅烷偶联剂 KH-550 将 $CaCO_3$ 与环氧树脂以化学键连接起来，使表面交界处结合得非常牢固，提高了界面粘接力。这样，既可提高与环氧树脂的相容性，同时也降低了 $CaCO_3$ 颗粒间的附聚力，改进其在基体中的分散性和分散稳定性，增强聚合物与填料之间的粘接力，使性能得以改善。

　　③ 插层法。将单体或聚合物插进层状无机物片层之间，进而将厚为 1nm 左右、宽为 100nm 左右的片层结构基本单元剥离，并使其均匀分散于聚合物基体中，从而实现聚合物与无机层状材料在纳米尺度上的复合。插层法是制备新型高性能纳米复合材料的一种有效方法，也是当前研究热点之一。郑亚萍等利用有机蒙脱土、海泡石与环氧树脂制备纳米复合材料。发现随着海泡石与蒙脱土的加入，基体的玻璃化转变温度提高，提高的幅度最大达 50℃，而与含量没有关系。并通过透射电镜研究了填充粒子在环氧树脂基体中的分散情况，发现蒙脱土呈层状剥离，形成插层纳米复合材料。通过高速搅拌，海泡石晶格破坏，形成单个的纤维，在环氧树脂中形成大网状结构，起到了纤维增强的作用，限制了高

分子链的运动，从而使环氧树脂基体的玻璃化转变温度大幅度提高。

纳米材料改性环氧树脂，以其优异的性能，越来越受到科研工作者的关注，并且随着新型纳米材料和结构，如石墨烯、超材料的不断出现，它为环氧树脂的功能化和高性能化开辟了更广阔的发展道路，由纳米材料改性的环氧树脂在国民生产及应用中占据了一席之地。

16.5.2　环氧树脂基多功能复合材料

环氧树脂是聚合物基复合材料领域中应用最为广泛的热固性树脂之一。一直以来，研究者致力于采用包括无机纳米粉、碳纳米管、蒙脱土、橡胶颗粒、热塑性树脂、液晶材料等多种方式对环氧树脂增强、增韧，以提高环氧树脂基复合材料的力学性能。在环氧树脂基复合材料的制备过程中，根据使用需求添加特种材料对其实施混合改性，使之具备一定功能性的研究和应用目前较受关注。

16.5.2.1　石墨烯/环氧树脂复合材料

石墨烯/环氧树脂复合材料具有优异的力学、电学、热学以及尺寸稳定性。通过优化制备工艺，将石墨烯作为功能增强材料应用于传统的复合材料中，赋予石墨烯/环氧树脂多功能特性，在航天领域有着广阔的应用前景。

石墨烯是由单层碳原子通过 sp^2 杂化紧密堆积而成的二维蜂窝状平面结构碳材料，具有一系列独特的力学、电学以及热学性质。但是由于石墨烯表面惰性强，与聚合物之间的相容性较差，功能化是提高石墨烯与聚合物界面性能的有效途径。石墨烯的表面改性一般可分为共价键改性和非共价键改性。共价键改性主要利用氧化石墨烯表面存在大量的羟基、羧基、环氧基等活性基团的特点，通过化学反应将特定的分子引到石墨烯上。非共价键改性是通过石墨烯和目标分子之间形成的非共价键吸附力，将目标分子吸附到石墨烯表面，从而获得非共价键改性石墨烯。非共价键改性最大的特点是不会破坏石墨烯本身的物理化学结构，从而在一定程度上保持了其固有的导电、导热等特性，是制备功能型复合材料的优选改性方法。

在原有碳纤维复合材料的基础上，通过引入石墨烯作为第三相，可以制备石墨烯/碳纤维/环氧树脂多尺度复合材料。根据石墨烯在复合材料中的添加形式，可以分为两类：碳纤维/石墨烯改性环氧树脂复合材料和石墨烯改性碳纤维/环氧树脂复合材料。两种工艺均可提高纤维增强复合材料的力学性能和功能特性。在碳纤维/石墨烯改性环氧树脂复合材料工艺中，石墨烯在环氧树脂中的添加，很容易造成树脂体系黏度增大，从而影响复合材料的加工工艺性。石墨烯改性碳纤维/环氧树脂复合材料工艺可以避免该问题，但是需要在碳纤维制备过程中完成石墨烯改性碳纤维工艺操作，避免后续处理造成碳纤维的本体性能损伤，因此与碳纤维生产厂家的紧密合作是前提条件。

16.5.2.2　环氧树脂基透波复合材料

在 20 世纪 40 年代，波音公司便在飞机上使用了雷达天线罩透波复合材料。透波复合材料的应用性研究最早可追溯至第二次世界大战时期，彼时飞机飞行速度相对较低，对材料的耐烧蚀性要求不高，有机玻璃就能满足使用条件。到 50 年代初，美国的"波马克"

号飞行器采用 E 玻璃纤维增强不饱和聚酯复合材料制备雷达天线罩，随后 D 玻璃纤维增强环氧树脂透波复合材料等制品相继开发，使透波复合材料的应用技术得到了快速发展。

树脂基透波复合材料一般是由增强体和树脂基体通过一定成型工艺复合而成。增强体在复合材料中起到承载作用，树脂基体起到黏结剂的作用，并且其耐热性能决定了整个透波复合材料的热稳定性，其介电性能也在很大程度上决定了整个透波复合材料的介电性能。

环氧树脂在价格和加工工艺的综合性能方面较氰酸酯、聚酰亚胺、双马来酰亚胺等其他树脂具有明显优势，因此成为透波复合材料的常用树脂基体之一。美国早在"战斧"潜射型巡航导弹天线罩材料上就曾用到了环氧树脂基透波复合材料。我国也研制出以环氧树脂复合材料作为蒙皮、低介电性能聚氨酯泡沫作为芯层的夹层结构天线罩透波复合材料，电磁波传输功率系数超过了 83%，在导弹等武器装备上得到实际应用。

但是环氧树脂的耐热性能相对较差，使用温度较低（T_g 一般低于 150℃），无法满足飞行器在高马赫数条件下的耐热需求。环氧树脂的冲击韧性和耐湿热稳定性也比较差，而且介电常数和介电损耗值较大，上述不足限制了普通环氧树脂作为基体材料在透波复合材料领域中的应用范围。为了改善其介电性能、耐热性能和冲击韧性，满足透波复合材料的使用需求，同样涉及环氧树脂的改性研究，目前采用较多的方法是通过添加高性能热固性树脂进行物理共混改性，采用热塑性树脂进行物理或化学改性，以及通过添加无机纳米材料进行增韧改性等。

16.5.2.3　环氧树脂基吸波复合材料

作为隐身技术发展的关键之一，微波吸收材料的研究越来越受到重视，成为国防科技领域的重点和热点课题。而在民用方面，电磁辐射的负面效应已经影响到人类生活的各个方面，利用吸波材料来减弱或消除电磁波污染是一种有效的方法。吸波材料一般由基体材料与损耗介质复合而成，研究内容包括基体材料、损耗介质和成型工艺的设计。在吸波材料领域，采用环氧树脂作为损耗介质的载体制备复合材料，是减轻材料重量、提高力学性能及功能性的有效手段之一。

活性碳纤维具有吸波频带宽、重量轻、吸收强、成本低、易于设计和物化性能稳定的特点，有望成为性能优异的新型吸波剂。邹田春用黏胶基活性碳纤维作为吸收剂制备活性碳纤维/环氧树脂复合材料，设计了两种新型吸波体-活性碳毡电路屏和活性碳毡天线结构，研究了纤维含量、试样结构等因素对吸波性能的影响，并通过对比实际测量和理论计算得到的反射率，研究得出活性碳纤维/环氧树脂复合材料对电磁波的主要衰减机制是介电损耗，复合材料上、下表面的干涉相消作用使得反射衰减曲线在中、高频段出现周期性波动。纤维的含量、分布方式以及吸波层厚度对复合材料的吸波性能有很大影响。

通过在环氧树脂基体中添加多壁碳纳米管（MWCNT）制备吸波复合材料是目前的常用技术之一，不同管径的 MWCNT 在微波频段呈现出较好的吸收性能。采用化学镀在碳纳米管表面镀金属镍、钴等，有助于拓宽吸收峰的带宽以及吸收强度，也有研究表明采用高温碱活化处理后的碳纳米管分散到环氧树脂中制备吸波复合材料，可使其最大吸收峰向高频方向移动。

16.5.3 环氧树脂其他应用进展

16.5.3.1 快速模具材料

树脂基快速模具材料是近年来发展起来的一种新型功能材料,具有较高的形状稳定性、刚性、冲击韧性、硬度以及良好的加工性能、耐热性、表面特性和耐腐蚀性等。质量相对较轻,又便于改型、修理,不但能缩短模具的制作时间,降低模具制作成本,还能提高模具加工精度,在制造、建筑、交通、化工等许多领域得到广泛应用。

环氧树脂是最常用的模具材料之一,其固化物不熔不溶,具有优异的力学性能、加工性能、耐化学药品性、电气绝缘性、尺寸稳定性及耐腐蚀性。但是环氧树脂作为快速模具材料需要通过增韧改性来消除脆性较大的缺点,例如前述的用橡胶与环氧树脂反应,形成高分子橡塑网络结构,可改善环氧树脂的脆性。谷亚新等以液态聚硫橡胶增韧环氧树脂,采用聚酰胺为固化剂,并添加石墨,经共混制备出力学性能较佳的聚硫橡胶/环氧树脂快速模具材料。

16.5.3.2 风力发电叶片

风电是极具发展潜力、发展最快的可再生能源。风电机叶片起着将风能转化为电能的作用,是风电机的关键部分,其设计和采用的材料决定了风力发电装置的性能和功率,也决定风力发电机组的成本。理想的环氧树脂具有放热性低、与各种纤维相容性及浸透性好、适用期长、超低黏度等优点,因此目前叶片一般是采用碳纤维或玻璃纤维增强环氧树脂基复合材料加工制成。随着市场对长叶片需求的不断增加,对环氧树脂也要求其具有优良的弯曲强度和结构性能。对于长度≥50m叶片而言,环氧树脂性能与其价格将获得最佳平衡。调查研究表明,同样34m长的叶片,采用玻璃纤维增强聚酯树脂时质量为5800kg,采用玻璃纤维增强环氧树脂时质量为5200kg,采用碳纤维增强环氧树脂时质量为3800kg。因此叶片材料的发展趋势为碳纤维增强环氧树脂复合材料。

另外,环氧树脂满足高温模具和灌注成型工艺要求,最适合用于加工叶片的模具,环氧树脂还可用作叶片模具的表面胶衣。Amber复合材料公司选用经特殊设计纳米改性低温固化环氧树脂体系,推出HX90N牌模具用预浸料,可提高模具表面的平整度、光洁度且无点蚀,从而缩短模具达到A级表面精度的时间,延长模具的有效使用期。BBC公司研制出BC5009新型低黏度环氧胶黏剂/积层树脂,用于模具、零件的粘接。环氧树脂在风电中的应用正在不断拓展,不但应用于风电机叶片,在机舱罩、驱动轴等方面也有一定的应用。随着风电业的飞速发展,环氧树脂在这一领域中的应用范围会得到进一步的扩大。

16.5.3.3 可降解型环氧树脂

环氧树脂在军用民用各大领域内获得广泛应用的同时,由于其固化物是高度交联的三维网状结构,不溶、不熔,产生了回收再利用困难的问题。因此,环氧树脂固化物的回收再利用技术日益受到研究者们的关注。基本原理是对环氧树脂进行分子结构改造,使其固化产物能够溶于适当溶剂中,或经过加热便可生成低分子量的混合物,从而有利于实现回收。目前，主要的降解型环氧树脂为光降解型和生物降解型。

光降解型环氧树脂是通过光氧化实现降解，主要是与醚键 α 位碳原子相连的仲碳原子的去氢反应，其主要降解产物是甲酸苯酯。例如马来酸酐固化的双酚 A 型环氧树脂在 UV 照射下可发生光降解反应，体现在马来酸酐结构的羰基碳与相连的 α 位碳之间的 C—C 键断裂。但是这种体系光降解效率不高，UV 光照射 200 h 失重率仅为 0.5%。脂肪族聚醚的光敏感性较佳，其光氧化降解是醚键 α 位碳原子的去氢反应。将氨基封端的聚氧丙烯固化的环氧树脂体系经过 UV 照射后呈现出氨基消失，固化树脂变黏稠并失去力学性能。

生物降解型环氧树脂按组成与结构可分为掺混型和结构型两大类。所谓掺混型是指在普通环氧树脂中加入可降解或可促进降解的物质所制得的降解型环氧树脂；结构型则是指本身具有降解结构的环氧树脂。对于掺混型生物降解环氧树脂，掺混组分应用较多的有植物油脂、可生物降解的聚酯等。掺混型技术含量较低，一般分解不太完全，其分解产物是否会造成二次污染也尚不明确，但由于其成本低，目前应用较为广泛。结构型生物降解环氧树脂是目前研究的重点，此类树脂中包含可被微生物分解且可被消化吸收的结构。因此，这类环氧树脂的研究集中在将环氧官能团引入可生物降解的聚合物结构中。生物降解型环氧树脂由于其生产成本太高、耐水性差等缺点目前还难以扩大应用。但是利用价廉易得、可重复再生产的原料开发生物降解型环氧树脂是避免二次环境污染的有效途径。

随着对环氧树脂综合性能的不断深入探索，其应用范围将更加广泛。能在提高性能的同时，又可以实现重复利用和高效回收，新型环氧树脂的应用市场和发展空间将非常广阔。

16.6　形状记忆功能环氧树脂材料

形状记忆（SM）功能环氧树脂具有工艺性好、耐热等级高、形状恢复力强等特点，在空间展开结构、变形机翼等航空航天领域具有重要的应用前景。美国 CTD 公司和 ILC Dover 公司分别开发了适合空间展开结构使用的 TEMBO 系列和 TP 系列环氧树脂；基于这两个系列的 SM 功能环氧基复合材料，制作了形状记忆反射器、铰链、桁架结构等多种空间主动展开刚性结构或半主动展开结构。

事实上，传统承力结构件使用的环氧树脂由于交联密度高、固化网络僵硬、在玻璃态和橡胶态的形变量均较小，不具有 SM 性能。大多数研究主要采用两种方式赋予环氧树脂 SM 性能：向传统环氧树脂体系中加入长链脂肪族胺固化剂、脂肪链环氧树脂或单官能度环氧稀释剂等方法降低固化网络交联密度，增加网链的柔韧性和橡胶态受载形变量，获得形状记忆功能；调整环氧树脂与固化剂的化学计量比或者降低固化度等方法降低固化网络的交联密度，同时增加了固化网络中塑性基团（残存的小分子和活性基团）的含量，提高固化物橡胶态时的受载形变量，获得形状记忆功能。第一类 SM 功能环氧树脂形状记忆性能优良，但耐热性不佳（通常低于 80℃）；第二类 SM 功能环氧树脂的固化网络中残存小分子或活性基团导致固化物的力学性能不佳，在热-真空服役环境下活性基团的缓慢反应、残存小分子从材料内部迁移溢出等因素将影响制品尺寸的稳定性和使用的可靠性。因此，基于常规环氧树脂和固化剂通过摩尔配比、固化度、交联点类型等因素的调控制备的 SM 功能环氧树脂体系均难以适应苛刻空间环境的要求。下面介绍一种含酚酞结构的 SM 功能环氧树脂，其克服了常规 SM 功能环氧树脂脆性大、耐热性不足等问题。

16.6.1 形状记忆功能环氧树脂的制备

利用含酚酞结构的聚双马来酰亚胺树脂（PBMI）与 4,4'-二氨基二苯醚（DDE）进行 Michael 加成反应合成含酚酞结构的二元胺 PBMI-DDE，合成过程如图 16-17 所示。采用 PBMI-DDE 和 DDE 的混合物作为固化剂，将固化剂中 PBMI-DDE 的摩尔分数分别控制在 10%、30%、50%、70% 和 100%，与其相对应的 E-51/PBMI-DDE/DDE 树脂体系分别标记为 P10、P30、P50、P70 和 P100。树脂的固化升温程序为：90℃/1 h ＋120℃/2 h＋150℃/2 h。

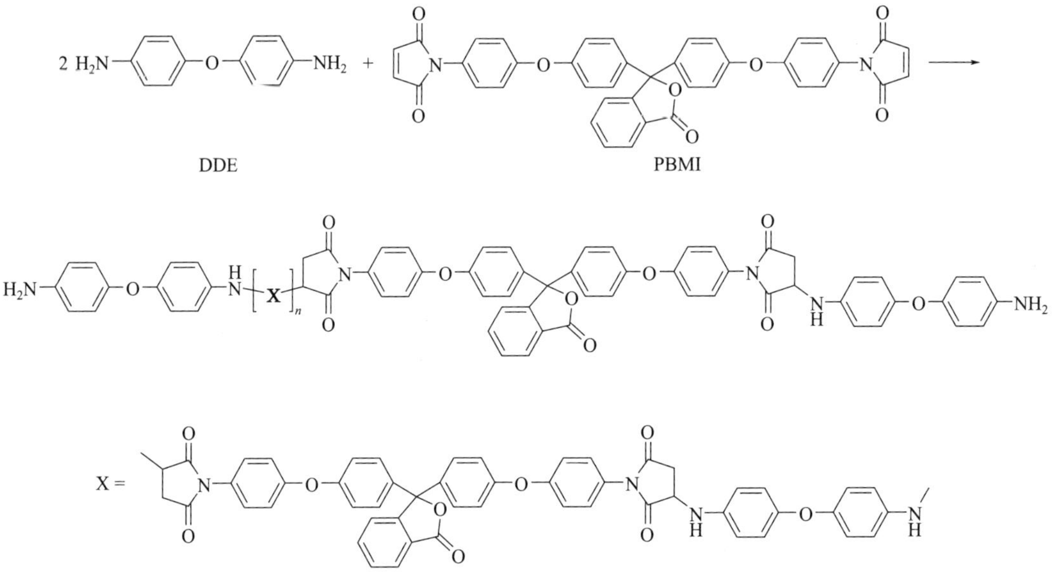

图 16-17　PBMI-DDE 的合成步骤

16.6.2 形状记忆功能环氧树脂的性能

E-51/PBMI-DDE/DDE 树脂体系固化物的储能模量（G'）和损耗因子（$\tan\delta$）温度谱（图 16-18）显示，随着 PBMI-DDE 含量的增加，固化网络中柔性链段的相对含量和交联密度降低，导致玻璃态 G' 增加而橡胶态 G' 降低、$\tan\delta$ 峰向低温侧移动且峰高增加。较低的橡胶态 G' 有助于形状记忆变形量的提升，较高的玻璃态 G' 有助于改善变形量的固定率；庞大的酞侧基增加了网链运动的内摩擦力，也有利于改善橡胶态聚合物的变形能力。

E-51/PBMI-DDE/DDE 体系固化产物在变形温度（$T_d=165℃$）下拉伸应力-应变曲线（图 16-19）显示，各体系的极限应变都在 30% 以上，满足形状记忆材料的要求。

借助 DMA 在拉伸力控制模式下，对聚合物进行形状记忆循环（SMC）试验，定量评估形状记忆性能。图 16-20（a）显示了 P100 体系一个完整 SMC 试验过程，依次是高温加载赋形阶段、恒载降温固形阶段、低温卸载定形阶段、升温形状回复阶段。具体试验操作过程如下：首先将试样加热到变形温度（$T_d=165℃$），并且保温 5min，然后加载使试

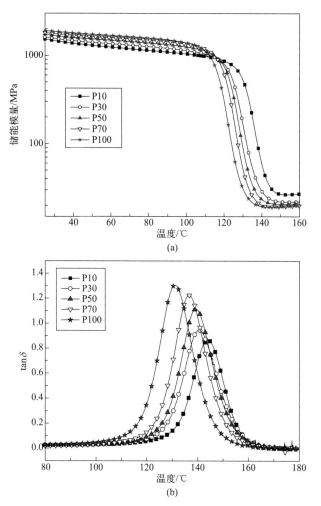

图 16-18　E-51/PBMI-DDE/DDE 固化物的 DMA 曲线

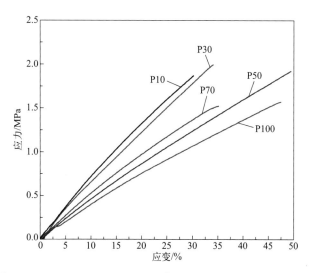

图 16-19　E-51/PBMI-DDE/DDE 体系固化产物的应力-应变曲线

样的应变从 ε_A 增大到 ε_B。其次，在恒定压力（$\sigma_m = 0.7$ MPa）下试样逐渐冷却，在冷却过程中材料变形由蠕变向冷缩过渡，应变缓慢增加到 ε_C 后出现小幅下降。降至定形温度（$T_s = 120$℃）后，撤除外加载荷，试样应变出现一个小的跳跃降至 ε_D，ε_D 为材料的记忆形变量。当试样再次被加热至转变温度（T_{trans}）时，记忆的形变量被"解冻"，应变开始下降；继续加热至 T_d 时，材料储存的应变能完全释放，应变降至 ε_E。ε_E 略高于 ε_A 表明在 SMC 过程中产生了不可逆的残余应变。

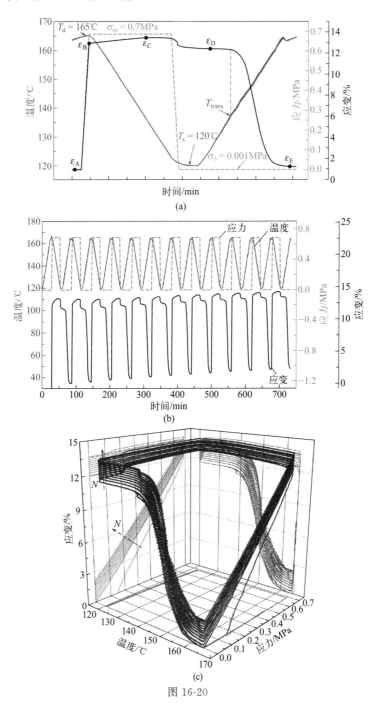

图 16-20

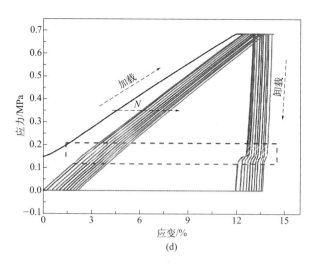

图 16-20　P100 体系试样的形状记忆行为

(a) 一个完整的 SMC；(b) 连续的 SMC；(c) SMC 的三维轨迹；(d) 应力-应变循环

P100 体系试样连续 SMC 及相应的三维轨迹曲线［图 16-20（b）和（c）］显示，随着 SMC 次数（N）的增加，形状记忆行为具有较高的稳定性，试样的变形应变和残余应变只有少量增加。随着 PBMI-DDE 含量的增加，固化网络的橡胶态柔韧性得以改善，变形能力增强，因此，在相同的变形温度下 P100 体系比其他树脂体系的 SMC 变形量更大。P100 体系试样在 T_d 和 T_s 下加载和卸载过程的应力-应变循环曲线显示，随着 SMC 试验次数的增加，应力-应变曲线的斜率略有增加，表明试样的模量在缓慢增加；P50 和 P70 体系试样的应力-应变斜率显著增加，说明在 SMC 过程异质网络链段发生的重排现象更明显。

根据图 16-20（a）所示的形状记忆过程，试样的形状固定率（R_f）及形状回复率（R_r）分别由以下公式计算：

$$R_f = \frac{\varepsilon_D(N) - \varepsilon_A(N)}{\varepsilon_C(N) - \varepsilon_A(N)} \times 100\%$$ (16-3)

$$R_r = \frac{\varepsilon_C(N) - \varepsilon_E(N)}{\varepsilon_C(N) - \varepsilon_A(N)} \times 100\%$$ (16-4)

五种树脂体系的固化试样经 10 次 SMC 试验（图 16-21）显示，形状回复率均在 96% 以上；随着循环次数的增加，R_r 没有发生明显变化，R_f 呈现出不同的变化趋势。P10 和 P100 试样的 R_f 与循环次数没有明显依赖关系，其他三个试样的 R_f 呈现出上升趋势，P30 体系的变化最为明显。这种现象可能与固化网络的异质性有关，P30 体系中由 DDE 和 PBMI-DDE 形成的网络链数体积分数相近，具有最大的分子结构异质性。在 SMC 过程中由于应力诱导作用引发分子链重排，强化了弛豫协同作用，进而提升了 R_f。因此，异质分子结构固化网络的 SMC 驯化有助于获得稳定的形状记忆性能。

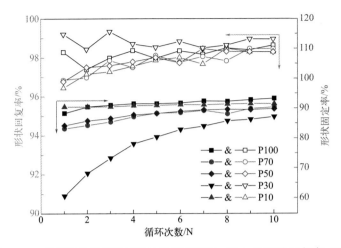

图 16-21 各树脂体系循环试验的形状固定率（R_f）和形状回复率（R_r）

参考文献

［1］陈平，刘胜平.环氧树脂［M］.北京：化学工业出版社，1999.

［2］上海树脂厂.环氧树脂［M］.上海：上海人民出版社，1976.

［3］李 H，奈维莱 K.环氧树脂［M］.焦书科，等，译.北京：中国工业出版社，1965.

［4］陈声锐.环氧树脂［M］.上海：上海科学技术出版社，1961.

［5］陈平，刘胜平，王德中.环氧树脂及其应用［M］.北京：化学工业出版社，2011.

［6］王德中.环氧树脂生产与应用［M］.北京：化学工业出版社，2001.

［7］上海树脂厂.环氧树脂生产与应用［M］.北京：燃料化学工业出版社，1972.

［8］孙曼灵.环氧树脂应用原理与技术［M］.北京：机械工业出版社，2002.

［9］天津市合成材料工业研究所.环氧树脂与环氧化合物［M］.天津：天津人民出版社，1974.

［10］魏涛，董建军.环氧树脂在水工建筑物中的应用［M］.北京：化学工业出版社，2007.

［11］俞翔霄，俞赞琪，陆惠英.环氧树脂电绝缘材料［M］.北京：化学工业出版社，2007.

［12］贺曼罗.环氧树脂胶黏剂［M］.北京：中国石化出版社，2004.

［13］李桂林.环氧树脂与环氧涂料［M］.北京：化学工业出版社，2003.

［14］May C. Epoxy Resins：Chemistry and Technology［M］. New York：Marcel Dekker，1988.

［15］Petrie E M. Epoxy Adhesive Formulations(Chemical Engineering)［M］. New York：Mcgraw Hill，2005.

［16］Pascault Jean-Pierre，Williams R J J. Epoxy Polymers：New Materials and Innovations［M］. Germany：Wiely VCH，2010.

［17］Lee H，Neville K. Handbook of Epoxy Resins［M］. New York：Mcgraw Hill，1967.

𝟙𝟙𝙁𝙀 SINO POLYMER
华昌聚合物

华东理工大学华昌聚合物有限公司

MFE 国际知名品牌环氧乙烯基酯树脂—— 行业防腐蚀专家

环保、化工、冶金、石油、电子、化纤、食品行业防腐工程材料的信赖之选

华昌公司自主研发生产销售的 MFE 品牌环氧乙烯基酯树脂广泛应用于如下行业防腐蚀工程项目，拥有各行业成熟的应用案例，为您提供一站式防腐工程解决方案，包括设计、施工、维护等。

环氧乙烯基酯树脂产品体系

- 双酚 A 型环氧乙烯基酯树脂
- 酚醛型环氧乙烯基酯树脂
- 阻燃型环氧乙烯基酯树脂
- 高韧性抗冲击环氧乙烯基酯树脂
- 食品级环氧乙烯基酯树脂
- 海特酸改性环氧乙烯基酯树脂
- 无苯乙烯环氧乙烯基酯树脂
- 光固化环氧乙烯基酯树脂
- 预浸料环氧乙烯基酯树脂

环氧乙烯基酯树脂应用领域

环保　化工　冶金　石油　电子　新能源　食品

耐高温酚醛环氧乙烯基酯树脂

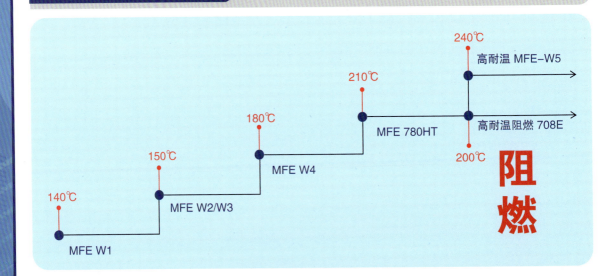

140℃ MFE W1

150℃ MFE W2/W3

180℃ MFE W4

210℃ MFE 780HT

240℃ 高耐温 MFE-W5

200℃ 高耐温阻燃 708E

阻燃

提供聚合物新材料整体解决方案和服务
——您值得信赖的合作伙伴

华昌公司自主研发生产销售的复配环氧树脂在如下领域：船舶、轨道交通、汽车、风电、体育用品、建筑、航天、航空复合材料拥有成熟的应用案例，可为您提供各种成型工艺的复合材料系统解决方案。

各种成型工艺复配环氧树脂产品体系

- 高压 RTM/WCM 树脂体系（阻燃、符合 ROHS 要求）
- 缠绕树脂体系（压力容器）
- 真空导入树脂体系（阻燃、符合 ROHS 要求）
- 预浸料树脂体系（高透明、无白点、阻燃、耐高温）
- 拉挤树脂体系（风电叶片大梁、建筑桥梁加强板材、电缆芯 H/C 级耐高温）
- 湿法模压用环氧树脂

汽车轻量化复合材料系统解决方案

- 碳纤维复合材料用环氧树脂
- 真空导入成型用环氧树脂
- 拉挤成型用环氧树脂
- 缠绕成型用环氧树脂
- RTM 用环氧树脂
- 预浸料用环氧树脂

环氧树脂应用领域

船舶
航天
轨道交通
航空　MFE　汽车
建筑　　　风电
体育用品

电池箱 Battery box
(MERICAN 3314 环氧树脂、MFE 27 乙烯基酯树脂)

氢气瓶 Hydrogen cylinder
(MERICAN EX3221 环氧树脂)

传动轴 Driveshafts
(MERICAN 3230 环氧树脂)

板簧 Leaf spring
(MERICAN 3300 环氧树脂)

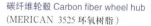

碳纤维轮毂 Carbon fiber wheel hub
(MERICAN 3525 环氧树脂)

碳纤维零部件 Carbon fiber parts
(MERICAN 3312FR、MERICAN 3313 系列环氧树脂)

华东理工大学华昌聚合物有限公司

公司地址：上海市龙吴路 4600 号综合楼
工厂地址：上海市化学工业区目华路 130 号
电　　话：021-67120007
联系电话：021-64252677，15821691362
公司网址：www.hchp.com.cn; www.sinopolymer.cn;

华东理工大学华昌聚合物有限公司
—— 高性能基体树脂专业生产商和服务商

产学研合作 实业兴邦

华昌的昨天 ▶ 创业—守成—中国防腐蚀树脂开拓者

华昌的今天 ▶ 产品—新应用—中国乙烯基酯树脂领航者

华昌的明天 ▶ 国际化战略—全球高性能基体树脂服务商

9 大产品体系

环氧乙烯基酯树脂、环氧树脂、不饱和聚酯树脂、功能涂料、纤塑复合材料、核纯胶粘剂、聚砜树脂、吸附树脂、特种树脂（有机硅、聚三唑、硅芳炔等）

5 家海外品牌授权生产商

马来西亚 Malaysia：LUXCHEM GROUP
意大利 Italy：NORD COMPOSITES
沙特阿拉伯 Saudi Arabiac：F.A.I.R.Co.
印度 India：DEMECH CHEMICAL
墨西哥 Mexico：Toluca city

年产能 180000 吨

I111FE SINO POLYMER 华昌聚合物

华东理工大学华昌聚合物有限公司

公司地址：上海市龙吴路 4600 号综合楼

工厂地址：上海市化学工业区目华路 130 号

电　　话：021–67120007

联系电话：021–64252677，15821691362

公司网址：www.hchp.com.cn; www.sinopolymer.cn;

上海华谊树脂有限公司

① 特种环氧树脂

多官能高 Tg 环氧

高纯电子级环氧

联苯型环氧

萘基环氧

增韧环氧

丙烯酸交联剂

有机硅环氧

② 组合料

管道工程 / 电机 / 油井灌封

手糊树脂体系

RTM 树脂体系

模具树脂体系

拉挤树脂体系

缠绕树脂体系

特种固化剂

③ 特种胶粘剂

超低温结构胶

复材粘接结构胶

中高温环氧结构胶

公司网站：shhysz.com
办公地址：上海市闵行区龙吴路 4600 号
厂区地址：上海市奉贤区目华路 130 号
销售直线：021-64826981
技术支持：18201863124、18816926981

致力成为全球特种树脂

专业服务商及供应商

上海衡封新材料科技有限公司
Shanghai Hengfeng New Material Technology Co., Ltd.

衡守品质 封领科技

电子级线性酚醛树脂
Linear phenolic resin
ResiCare®3010

联苯型酚醛树脂
Mar resin
ResiCare®3900

电子级线性酚醛树脂
Linear phenolic resin
ResiCare®3120

四甲基联苯型环氧树脂
tetramethylbiphenyl phenolic epoxy
Eziure™4700

电子级线性酚醛树脂
Linear phenolic resin
ResiCare®3015

联苯型酚醛环氧树脂
Mar phenolic epoxy resin
Eziure™6000H

芳烷基酚醛树脂
Xylok resin
ResiCare®3600

上海衡封新材料科技有限公司（简称"衡封新材"）成立于 2018 年，总部位于上海市闵行区，是一家专注于电子级高性能聚合物材料研发、生产及技术服务的国家级高新技术企业。主要产品包含电子级酚醛树脂、特种环氧树脂两大系列。多年来深度布局半导体封装、先进覆铜板制造、光刻胶配方体系与高端电子胶粘剂行业等新兴战略领域，致力于为全球电子信息产业提供关键材料自主化解决方案。

衡封新材拥有一支由博士、硕士、高级工程师等五十多人组成的专业团队，涵盖技术、生产、销售三大领域。依托三大生产基地，公司提供从研发到供应的一体化保障，确保技术研发与国际前沿接轨。同时已和行业内头部企业达成长期战略合作，致力于成为全球电子级酚醛和酚醛环氧树脂技术的领导者。

未来，衡封新材将继续秉持"衡守品质，封领科技"理念，深耕电子材料领域，推动行业技术进步。公司通过 ISO 9001、ISO 14001、ISO 45001 等国际认证，建立了完善的品质保证体系，确保产品从研发到生产的每一个环节都达到行业最高标准。衡封新材通过不断的技术突破和持续的优质服务，为客户创造最大价值，助力中国电子材料行业走向世界舞台。

双环戊二烯酚醛环氧树脂
dicyclopentadiene phenolic epoxy
Eziure™5200HK75

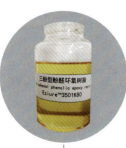

三酚型酚醛环氧树脂
triphenol phenolic epoxy resin
Eziure™3501K80

地址：上海市闵行区元江路 3699 号 1 号楼 102 室　联系人：吴蓉蓉 13817831983

上海雄润树脂公司

Shanghai Xrun Resin Co., Ltd.

　　上海雄润树脂公司是一家成立于 1999 年的专业从事电气环氧树脂的制造商，从最初的中高压电工装备用环氧树脂的国产化开始，不断发展壮大，现已发展成为国内电气环氧树脂行业内的领军企业。被政府连续认定为高新技术企业、专精特性企业、小巨人企业等。

　　雄润的产品覆盖从低电压、中压、高压至超／特高压电气装备用的各种环氧树脂材料，如灌封料、浇注料、APG、浸渍等各种类型的环氧树脂体系，具有优异的机电性能、耐超低温、高导热、耐污秽、耐霉菌、无毒阻燃等特性。广泛用于电气开关、变压器、电抗器、互感器、绝缘拉杆及各种电子电器元器件。可以满足户内、户外、沿海、高海拔和高纬度严寒地区等各种应用场景。　雄润产品还包括各种配套的固化剂、特种填料、色浆、脱模剂、清洗剂、界面胶等。

雄润电气环氧树脂主要用于生产下列绝缘产品或元器件

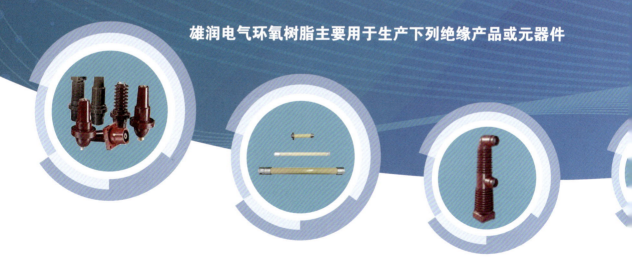

专业从事电气环氧树脂的制造商

雄润公司是一家技术集约企业，雄润新材料研究所有化学合成、材料研发、APG 与真空浇注应用技术工程试验室，装备有 UPCC-MS、DSC 和 DMA 等数十台套的化学合成、化学与仪器分析、材料分析的先进仪器设备。有一支高水平的研究人员队伍，承担参与了国家中高压开关、特高压电工装备用环氧树脂及应用技术研发等国家重点研发计划或重大专项；国家电网公司系列科技开发项目如高端电工装备用系列环氧树脂包括特高压饱和电抗器、高频变压器、高压绝缘拉杆、110kV 大容量变压器、500kV 耐低温电缆附件等用的高导热、高韧性、高玻璃化温度、耐超低温和优良机电性能等多种环氧树脂绝缘材料。雄润公司积极响应客户的不断提高需求，积极参与行业前沿技术研究。

雄润电气环氧树脂材料广泛应用于电气工程领域，典型业绩如 500kv 的三峡电力工程左岸电站 GIS、750kV 印度瓦达利电力工程和 1100kv 特高压南阳开关站等大型电力工程项目。雄润电气环氧树脂远销东南亚、中东、欧洲和俄罗斯等原独联体国家和地区等世界各地。

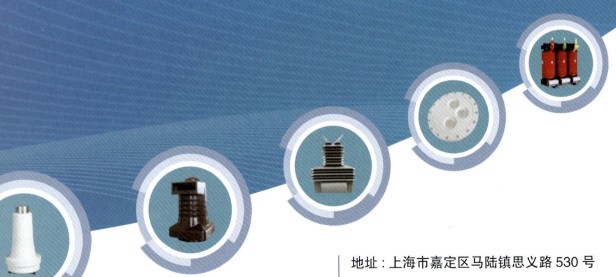

上海雄润树脂公司
Shanghai Xiong Run Resin Company

地址：上海市嘉定区马陆镇思义路 530 号
邮编：201801
咨询电话：021-69156481
技术支持：何 13601656961（总工程师）
传真：021-69156480
公司销售：021-54943138/0
企业邮箱：xr@xrsz.com

上海树脂厂有限公司
Shanghai Resin Factory Co., Ltd.

公 司 简 介

　　上海树脂厂有限公司前身上海树脂厂，创建于1956年，是我国最早开发并生产环氧树脂、离子交换树脂和有机硅树脂三大类系列产品的企业，也是最早将三大类产品相结合研究开发特种改性材料的企业。

　　上海树脂厂有限公司自1992年起通过ISO 9000质量体系认证，是首批"上海市高新技术企业"。公司注册商标"绿宝牌"享有上海市著名商标称号。主要产品"绿宝牌"环氧树脂、离子交换树脂和有机硅树脂，连续十多年被评为上海市名牌产品、上海化工名优产品称号，在国内外市场上享有盛誉。公司历年来荣获国家科委、原化工部、上海市科委、上海市经委的优秀新产品奖、科技成果奖、发明创造奖等殊荣100多项。

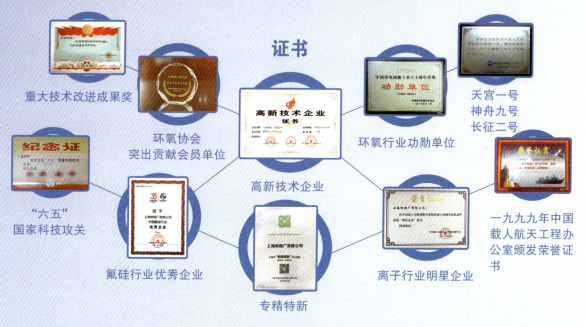

证书

重大技术改进成果奖

环氧协会突出贡献会员单位

环氧行业功勋单位

天宫一号 神舟九号 长征二号

高新技术企业

"六五"国家科技攻关

氟硅行业优秀企业

专精特新

离子行业明星企业

一九九九年中国载人航天工程办公室颁发荣誉证书

　　六十多年来公司三大类系列产品已发展到200多个品种，为国家经济建设、国防工业建设、航天工业等领域作出了重要贡献。三大类产品被广泛应用于：电力、电子、核能、航天、航空、医药、食品、建筑、湿法冶金、制糖工业、化妆品、环保、日常生活等各个领域，并日益发挥出愈来愈重要的作用。

　　上海树脂厂有限公司发展的每一步都渗透着社会各界的关怀和支持，是广大的用户、员工以及所有的合作伙伴给予了树脂公司发展的动力。面对未来，我们将一如既往地秉承前辈们诚信经营的优良传统，与时俱进，继往开来，大力推进技术进步，不断提高管理水平，认真履行社会责任，提升可持续发展能力，竭诚为用户提供一流的服务和产品，与国内外各界朋友进一步增进了解，加强合作，携手并进，共创美好的未来。

环氧产品

树脂公司的环氧树脂系列产品以改性环氧树脂、环氧固化剂、环氧活性稀释剂为主。具有优异的粘接、耐腐蚀、电气绝缘、力学强度等性能，被广泛应用于多种金属与非金属的粘接、耐腐蚀涂料、电气绝缘材料、玻璃钢／复合材料等的制造，在电子电工、机械制造、化工防腐、航空航天、船舶及其他许多工业领域中起到越来越重要的作用，成为各不可缺少的基础材料。近年来开发的氢化双酚 A 环氧、耐低温、阻燃型、增韧型、水性环氧体系、地铁修补用环氧 AB 胶、非开挖管道修补胶都是在低温、阻燃、环保及特定条件下应用性能优越的特种环氧树脂及固化剂产品。

有机硅产品

以硅橡胶、硅油及其二次衍生品为主。苯基硅橡胶具有独特的耐寒性能和耐烧特性，使用温度范围宽，压缩永久性变小，抗氧化，耐候、防震、防潮和良好的电气绝缘性能。硅油具有良好的生理惰性和低的温黏系数，引入功能基团后表现出独特性能。201 甲基硅油、275 超高真空扩散泵硅油、 250-30 苯甲基硅油等产品广泛应用于织物整理、高真空领域。乳化硅油具有优异的化学稳定性、耐热耐寒性、耐候性、润滑性、憎水性和低表面张力。有机硅乳液以水乳液的形式使用，环保、经济、方便、安全。在纺织工业、造纸、皮革、化妆品、医药等各方面都有着广泛的应用。

离子交换树脂

是一种具备选择吸附、交换和催化功能的特殊的高分子化合物，在工业、农业、加工制造业等各个领域发挥着重要的作用。

上海树脂厂有限公司
Shanghai Resin Factory Co., Ltd.

通讯地址：上海市闵行区龙吴路 4600 号
联系电话：021-62900793

具有世界竞争力的聚合物企业

公司简介

天和树脂始建于1995年，隶属于上海新天和实业集团，是一家专注高分子聚合物的企业，在上海松江区设有化工研究院，同时拥有浙江天和、南通天和、广东天和三大树脂生产基地，实现年产不饱和树脂23.8万吨、水性树脂9.5万吨，特种树脂1.6万吨，胶粘剂1万吨、UV光固化树脂3万吨、复合材料(聚氨酯＆环氧)5万吨。未来三年内，天和树脂计划完成江苏工厂的战略布局。

聚氨酯门窗型材

聚氨酯材料具有极低的导热系数，室温下仅为0.22W/m·k，约为铝合金的1/700，是优良的绝热材料。相比之下，传统门窗如木窗、铝合金窗等，保温隔热性能较差，往往需要额外的保温措施。其隔音性能可达42dB以上，优于传统门窗。聚氨酯材料具有优越的耐老化与耐腐蚀性能，即使在恶劣气候条件下，也能保持长期稳定的性能。聚氨酯材料具有较高的强度和刚性，能有效抵抗外力冲击，提高门窗的抗破坏能力。同时，聚氨酯门窗的密封性能也提升了室内的气密性和水密性，增强了建筑的防御能力。

聚氨酯光伏边框

聚氨酯材料制备的光伏边框，具备质轻强度高的特点。相较于传统的铝合金材料，聚氨酯的耐盐雾、酸碱及湿热更优异。其绝缘特性，有着较强的抗PID性能。且聚氨酯复合材料有着较低的碳排放优势，是实现双碳战略的必备材料。

联系方式

上海新天和树脂
地址：上海市闵行区宜山路1999号科技绿洲三期23幢502室
电话：0086-021-57485068

南通天和树脂有限公司
地址：南通经济技术开发区通旺路12号
电话：0086-0513-80590057/80590059

浙江天和树脂有限公司
地址：浙江省临海市头门港新区东海第六大道9号
电话：0086-0576-85178365

广东天和树脂有限公司
地址：广东省惠东县新平大道3689号惠州市新材料产业园
电话：0086-0752-8230336

网址：www.chinaresins.com
营销中心电话 800-820-8357
公司邮箱：service@chinaresins.com

环氧固化剂厂家

百盛产品广泛用于汽车等阴极电泳、船舶、集装箱、桥梁、钢结构、工程机械等防腐领域及风电、储能、混凝土、变压器、地坪、胶粘剂、研磨料、电子灌封，复合材料、建筑家装、市政管道修复等领域。

联系人：石经理

电话：13358261368

邮箱：shi_fy@jiangxibs.com

网址：www.jiangxibs.com

📍 地址：江西省吉安市井开区东区梨塘路66号

扫码关注

百盛化学简介

百盛化学品有限公司成立于2000年，研发中心位于福建省福州市国家大学科技园。

百盛化学下属两家公司：江西百盛精细化学品有限公司、福州盛涂春新材料开发有限公司。

百盛化学系列产品

百盛环氧固化剂系列产品有200多个品种，产能20000吨/年。

环氧树脂固化剂：聚酰胺、改性胺、酚醛胺、水性环氧乳液、水性环氧固化剂、环氧胶黏剂、非开挖管道修补剂、创新型环固化剂。

—— 产品示例 ——

聚酰胺环氧固化剂

应用于集装箱、船舶、储罐、管道防腐、地坪、钢结构等涂料

酚醛胺环氧固化剂

应用于船舶、石油管道防腐、耐高温粘接、磨具磨料、混凝土等防腐

改性胺环氧固化剂

应用于集装箱、船舶、储罐、管道防腐、工程机械漆、地坪等重防腐领域

水性环氧固化剂

应用于集装箱漆、管道防腐、工程机械漆、地坪等重防腐领域

广东固研电子材料有限公司
GUANGDONG Guyan Electronic Material Co.Ltd.

广东固研电子材料有限公司（原广州市固研电子材料有限公司）自从成立以来，专业从事环氧树脂潜伏性固化剂及促进剂的研究和生产。二十年来心无旁骛，坚持不懈，锐意进取，逐渐建立了质量领先，品种齐全的产品体系，跻身于世界先进行列。

公司生产的环氧树脂潜伏性固化剂及促进剂，主要包括有机脲类，改性咪唑类和改性胺类。固化物外观从透明到不透明，从亮光到哑光，从普通型到耐热型，种类繁多，可以满足不同场合的需要。

公司拥有雄厚的科研力量，完善的实验设备，实验设备包括气相色谱仪，激光粒度分析仪，高压气流粉碎机，微波反应器，精密分馏器，高压反应釜，高压分馏釜，薄膜蒸发仪，自动电位滴定仪，自动水份滴定仪，机械强度测定仪，自动熔点仪，DSC差热分析扫描仪等。公司开展了大量基础研究工作，发表及申请了多篇论文和专利，完全掌握了潜伏性固化剂及促进剂的核心技术，有能力生产相关领域内的国内外产品。公司产品在质量上与进口同类产品不分伯仲，某些品种还属于独创，完全能够代替同类进口产品。由于完全掌握了各类潜伏性固化剂及促进剂的核心技术，可以根据市场需求进行新品研发，所以无论从研发能力，供应种类，质量水平均为世界领先。

产品主要用于集成电路（IC芯片）封装，胶粘剂，粉末涂料，电子油墨，复合材料，电子电器元件的粘接和填充等等。

产品型号

聚合胺型

3301
低温速固化型，固化温度70～100℃

有机脲型

100A/100A-U/100B/100B-U/100D
双氰胺的促进剂，粘接强度高，贮存期优异，固化温度100～150℃

咪唑型

1202/HT110/MC120D/8000K/6601
作为固化剂和促进剂，固化温度80～120℃

液体咪唑型

8801/8803
作为固化剂和促进剂，易与树脂混合为均相液体，固化温度100～150℃

工厂地址：广东省清远市清城区嘉福工业园嘉盛路12号
销售地址：广州市天河区沐陂村八号院综合楼二楼。

电　话：020-32056362
　　　　020-32056047　020-32056421(FAX)

安徽众博新材料有限公司于 2014 年正式成立，坐落于浦口南谯经济开发区，占地面积 120 亩，年设计产能 20 万吨。公司专注于光电、电气、复合材料、风电、建筑结构树脂、固化剂等产品的研发、生产与销售，并提供专业的技术咨询服务，在相关领域已成为重要的生产厂家。

风电叶片用环氧树脂　复合材料用环氧树脂　硅胶　UV 胶

发光二极管　聚氨酯灌封料　高压电气用环氧树脂　数码管用环氧树脂

在技术研发方面，公司不仅设立了安徽省企业技术中心实验室，邀请行业资深专家助力新产品研发，还与哈尔滨工业大学、合肥工业大学、大连理工大学、南京工业大学等多所高校开展产学研合作，针对环氧树脂、固化剂、聚氨酯、硅胶、光固化树脂等高分子材料进行深度研发，并开展配套产品的生产和技术合作。

依托卓越的研发能力和过硬的产品质量，公司荣获国家级专精特新小巨人、高新技术企业、安徽省专精特新冠军企业等多项荣誉，树立了良好的行业口碑。

络合高新
LOHO HIGH-TECH

络合高新材料（上海）有限公司，是一家集产品定义、研发、生产、销售为一体的生态链创新和技术驱动型国家级高新技术企业。

公司成立十年来，在环氧树脂合成、环氧树脂改性、固化体系设计、项目方案定制、供应链整合等方面，服务了数千家客户，为近万名环氧领域研发工程师提供了解决方案。络合高新陆续在上海成立了分子设计合成中心、环氧应用创新中心、新产品孵化生产基地，建成了从结构设计、材料合成、性能优化等一系列完整的理化和应用评价体系。依靠多年实践积累的合成和应用数据，为包括新能源、半导体、道路交通、智能制造、航空航天等领域定制开发了近百种特种功能型环氧体系产品，产品系列涵盖了增韧、高温、低卤、耐候、耐湿、粘接、潜伏型固化等体系。

我们提供

先进材料研发推广·原材料本地化替代·供应链优化整合．解决方案逆向定制

应用领域

| 复合材料 | 新能源 | 胶粘剂 | 轨道交通 |

络合高新材料（上海）有限公司　　　电话：021-65658008
地址：中国（上海）自由贸易区金沪路 1118 号　　传真：021-68516500　　网址：www.loho.cc

安徽旭晶新材料科技有限公司
常州优锐高分子材料有限公司

高性能树脂+功能解决性方案

1号仓库

ABOUT US
关于我们

本公司是一家集环氧树脂胺类固化剂和环氧树脂胶粘剂的配方开发、生产、销售、服务于一体的新材料企业,凭借专业的技术实力与不断创新的精神,在业界赢得了广泛的赞誉和高度认可。

公司自成立以来,始终致力于为客户提供最优质的产品和服务,以满足不断变化的市场需求。公司秉持着"诚信、协作、创新、共赢"的经营理念,汇聚了一批行业内经验丰富、技术精湛的研发团队和生产精英。他们不断探索新材料科技的最前沿,为客户提供高效、环保、耐用的环氧树脂胺类固化剂和环氧树脂胶粘剂解决方案。

在生产环节,我方严格遵循行业规范和国家标准,实施全面的质量管理体系。从原材料采购到生产过程控制,再到成品检验和出货,每一个环节都力求精益求精,确保为客户提供最优质的产品。公司设立了完善的售后服务体系,始终坚持以客户为中心,为客户提供全方位的技术支持和解决方案。无论是售前咨询、售中支持、售后服务,都致力于让每一位客户感受到专业、贴心的服务体验。

PRODUCT OUTLINE
产品大纲

为客户提供高效、环保、耐用的环氧树脂胺类固化剂和环氧树脂胶粘剂解决方案。

胶粘剂	复合材料	饰品胶	涂料
1.建筑结构胶	1.玻璃纤维管道	1.水晶饰品胶	1.环氧地坪
2.电子灌封胶	2.碳纤维工艺品	2.艺术品胶水	2.环氧防腐
3.防水堵漏	3.汽车飞机船舶等装配工艺		
4.美缝胶			
5.石材胶黏剂			

COOPERATION CASE
合作案例

始终坚持以客户为中心,为客户提供全方位的技术支持和解决方案。

工厂地址: 池州市正源产业园集中区5幢-6幢
办公地址: 常州市武进区科教城创研港1号楼
合作联系: 13912383870普康年

专注环氧应用
新材料

广东中科智远新材料技术有限公司

中科智远 ZHKEZYU

特种环氧树脂 环氧固化剂 功能助剂
专业研发生产厂家

公司简介

广东中科智远新材料技术有限公司是一家专用致力于特种环氧树脂、环氧固化剂、水性环氧树脂、复合材料、特种聚氨酯材料、路桥工程材料、功能助剂等六大系列产品的研发、生产、销售、技术服务为一体的科技型企业。

公司总部位于广东东莞，生产基地位于广东惠州，年生产能力超过一万吨，配套1000多平方产品研发中心，公司始终坚持把技术创新作为核心竞争力，秉持公司自主研发创新和与各高校科研院所合作的"双轮驱动"进行技术创新研究，目前已拥有多个完全自主知识产权的系列化产品。

产品广泛应用于各种电子胶粘剂，结构胶，复合材料，油墨涂层，电子封装材料，电子化学品，感光材料，5G通信,新能源装备，智能装备、航天军工、路桥工程、特种铺装，防护工程、特种防水材料、防腐涂料，水性工业涂料，新型建材等多个领域,产品得到国内外多家知名客户的认可与应用。

公司以"技术创新、科学管理、优良服务"为企业精神；以"诚信为本、务实高效、服务到位"为经营理念。在创新与合作发展的道路上与国内外客户一起成长，共创美好未来...

产品类型

1.特种环氧树脂系列

低卤环氧树脂　　低卤低粘环氧树脂　　低卤柔性环氧树脂

柔性环氧树脂　　耐高温柔性环氧树脂　　高强度柔性环氧树脂

聚氨酯环氧树脂　　丙烯酸共聚环氧树脂

2.环氧固化剂系列

结构胶环氧固化剂　　柔性环氧固化剂　　耐黄变环氧固化剂

耐高温环氧固化剂　　高强度环氧固化剂

液态咪唑环氧固化剂　　液态潜伏型环氧固化剂　　环氧促进剂

3.水性环氧树脂/水性环氧固化剂系列

（胶粘剂/工业涂料/防腐涂料/复合材料/织物处理）

水性环氧树脂　　水性环氧固化剂

4.功能助剂

抗氧化脱色助剂　　强力消泡剂　　强力润湿剂　　强力分散剂

防爬胶助剂　　水性消泡/润湿助剂

产品介绍

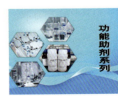

地址：广东省东莞市石排镇兴龙七路46号莞创智慧产业园

网站：www.zhkezyu.com　邮箱：zhkezyu@163.com

联系人：袁经理

电话：18825708589

企业公众号

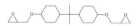

 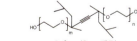

主要用途

- 纤维复合材料预浸料
- 结构胶粘剂
- 灌封胶
- 环氧玻璃钢

环氧树脂专用有机脲促进剂

GLOC®属于取代脲类促进剂，主要用于环氧树脂-双氰胺或酸酐的固化体系，主要作用是加快固化速度或降低固化温度。GLOC®加入，能大大降低双氰胺的固化温度，固化温度可降低到120℃，同时缩短固化时间。单组分1K热固化体系的首选，同时保持储存稳定性。

品名	粒径	熔点	应用
GLOC-200	98%≤10μm	≥155℃	含氯通用型
GLOC-300	98%≤10μm	≥125℃	无卤体系通用型
GLOC-400	90%≤15μm	≥220℃	抗湿热 / 高储存稳定性
GLOC-500	90%≤15μm 98%≤10μm	≥180℃	快速型 / 无卤体系 / 单独做固化剂
GLOC-700	98%≤10μm	≥178℃	超长潜伏期 / 水性体系应用

南通泰仓科技新材料有限公司
Nantong Taicang Science New Materials Ltd

太仓仓禾新材料有限公司 Taicang Canghe Polymer Co., Ltd.
生产地址：南通如皋市石庄镇绥江路8号
销售办公室：太仓仓禾新材料太仓市郑和中路309号太仓发展大厦1805室
联系人：郑经理 14761764128
E-mail：markzhang168@foxmail.com
网站：www.chnewmaterial.com

二甲基亚砜（DMSO）

主要用于有机化学合成和医药中间体合成的反应剂与碳纤维原丝聚合溶剂，

SUNCHEN
尚正新材

山东尚正新材料科技股份有限公司成立于 2019 年，是一家专注于化工新材料制造的高新技术企业，位于山东省级化工园区淄博市马桥工业园。公司致力于特种胺系列产品、端氨基聚醚（聚醚胺）系列产品、特种聚醚系列产品、医药化工中间体系列产品及定制化产品系列的研发、生产和销售。产品主要应用于特种尼龙、特种异氰酸酯、美缝剂、环氧固化剂、纺织助剂、聚脲喷涂、油气开采、燃油添加剂、水性乳化剂、表面活性剂、UV 光固化、胶黏剂、医药化工中间体等领域。

山东尚正新材料科技股份有限公司

特种胺系列产品

- 间苯二甲胺 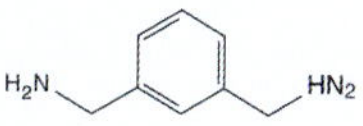
- 1.3 环己二甲胺 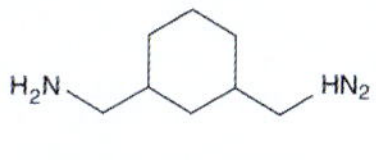
- 甲基环己二胺 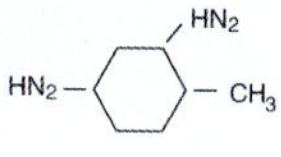
- 4,4'- 二氨基二环己基甲烷

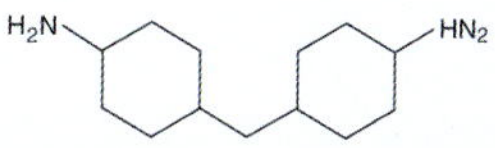

聚醚胺系列产品

- ZD-123 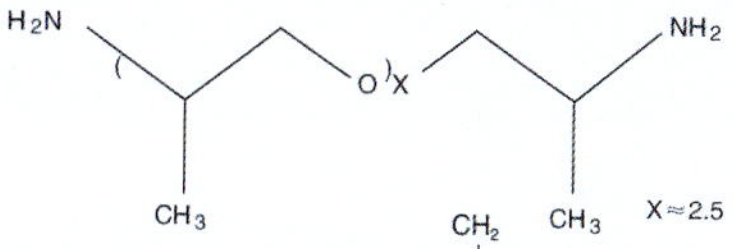
- ZT-143 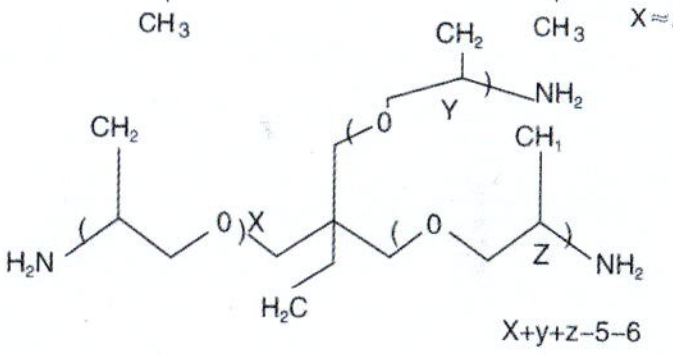
- ZD-140

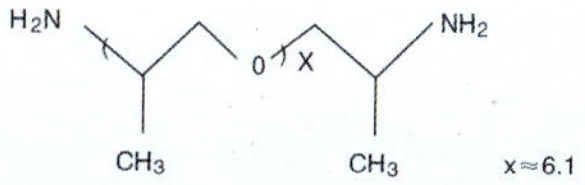

特种聚醚系列产品

- 双酚A 聚醚 BPA-3 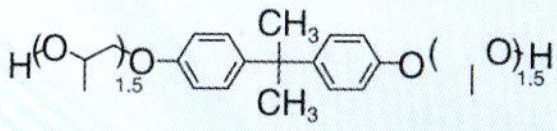
- 烯丙基环氧封端聚醚 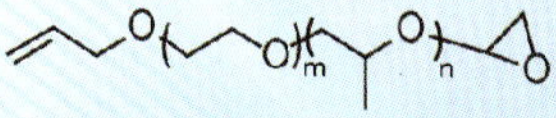
- TMP 聚醚 TMP-6201

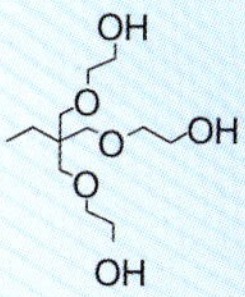

医药化工中间体系列产品

- 苯甲腈 
- 间苯二甲腈 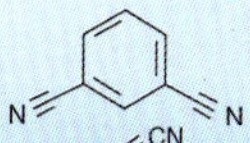
- 邻苯二甲腈 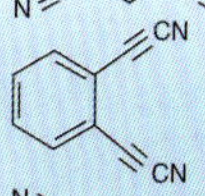
- 对苯二甲腈

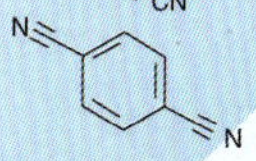

- 地址：山东省淄博市桓台县马桥化工工业园　　■ 电话：0533-7029962
- 销售专线：13906439799、13905337021、13455331119

公众号二维码

产品图册二维码

湖南赛尔维新材料科技有限公司
Hunan Sellway New Materlals Technology Co.Ltd

公司简介

湖南赛尔维新材料科技有限公司是一家坐落于长沙市的国家级高新技术企业，公司专注于耐UV黄变环氧树脂、耐高温环氧树脂、高柔韧性环氧树脂、高粘接性环氧树脂、低总氯电子级环氧树脂、无溶剂重防腐环氧树脂、Low Dk/Df环氧树脂等为代表的高新技术特种环氧企业。

公司利用专业团队在高分子特种环氧树脂方面的经验和优势，瞄准世界新材料产业的前沿，依靠其雄厚的科研实力，大力发展高新技术、升级传统产品，取得了一定的成果。

产品应用于5G芯片 、EMC半导体、特高压绝缘材料、LED透明显示、海洋船舶、复合材料 、FPC覆铜板、石油管道、风电叶片等特种领域。

公司产品

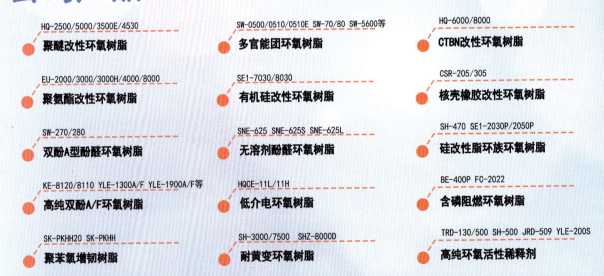

HQ-2500/5000/3500E/4530
聚醚改性环氧树脂

SW-0500/0510/0510E SW-70/80 SW-5600等
多官能团环氧树脂

HQ-6000/8000
CTBN改性环氧树脂

EU-2000/3000/3000H/4000/8000
聚氨酯改性环氧树脂

SE1-7030/8030
有机硅改性环氧树脂

CSR-205/305
核壳橡胶改性环氧树脂

SW-270/280
双酚A型酚醛环氧树脂

SNE-625 SNE-625S SNE-625L
无溶剂酚醛环氧树脂

SH-470 SE1-2030P/2050P
硅改性脂环族环氧树脂

KE-8120/8110 YLE-1300A/F YLE-1900A/F等
高纯双酚A/F环氧树脂

HQCE-11L/11H
低介电环氧树脂

BE-400P FC-2022
含磷阻燃环氧树脂

SK-PKHH20 SK-PKHH
聚苯氧增韧树脂

SH-3000/7500 SHZ-8000D
耐黄变环氧树脂

TRD-130/500 SH-500 JRD-509 YLE-200S
高纯环氧活性稀释剂

特种环氧，一站式应用方案专业解决商

E-mail:sellwaykeji@163.com

website:www.hnselly.com

手机：宋15388051530/杨19717318560

TEL:0731-89744522

地址：长沙市宁乡国家经济技术开发区

江苏格林达国际贸易有限公司
JIANGSU GELINDA INTERNATIONAL TRADE CO., LTD

公司简介　　咨询热线 4000411470

　　江苏格林达国际贸易有限公司是从事国外化工产品代理销售的专业性公司，致力于为客户提供优质的产品及更为完善的产品配套解决方案。

　　目前，本公司主要代理产品有 Olin（欧林）环氧树脂／环氧组合料／增韧剂，INEOS（英力士）环氧乙烯基树脂 DERKANE，HERTON 系列／不饱和聚酯树脂 AROPOL, AME 系列／胶衣，United（优耐德）有机过氧化物等，应用于涂料，胶黏剂，防腐，风力发电，轨道交通，船舶制造，运动器材，卫浴建材，电力等行业。

主要产品

OLIN 基础料产品
双酚 A 环氧树脂
双酚 F 环氧树脂
低粘度环氧树脂共混物
改性环氧树脂
改性胺固化剂
低温固化剂
酚醛型环氧树脂 D.E.N.400 系列
低溴环氧树脂
高溴环氧树脂
特种环氧树脂 - 溴化
特种环氧树脂 - 无溴
环氧树脂和固化剂的磷化合物
高速低 Dk 环氧树脂和固化剂
双酚 A 固体环氧树脂
双酚 A 环氧树脂溶液
适用于 SER 的固体固化剂
水性环氧树脂，固化剂
柔性环氧树脂 D.E.R.700 系列
FORTEGRA ™ 增韧添加剂

OLIN 组合料系统
阻燃高 TG 树脂体系
580E, 580H
缠绕树脂体系（压力容器）
541E, 546H
2130E, 2342H
真空导入树脂体系
760E, 760H
拉挤树脂体系
（风电叶片大梁、建筑桥梁加强板材、电缆芯）
560E, 565H
550E, 565H
3100E, 2131H
3200E, 2131H
高压 RTM/WCM 树脂体系
4100E, 4103H
VF 4530/4535/4570
预浸料树脂体系

DERAKANE 系列环氧乙烯基酯树脂产品
（最早由 DOW 化学研发）
双酚 A 型环氧乙烯基酯树脂
酚醛型环氧乙烯基酯树脂
溴化阻燃型环氧乙烯基酯树脂
弹性体改性环氧乙烯基酯树脂
食品级环氧乙烯基酯树脂
可增稠环氧乙烯基酯树脂

AROPOL, AME 不饱和聚酯树脂系列产品
真空灌注树脂
模压树脂
阻燃树脂
手糊树脂
光固化树脂
模具树脂
缠绕树脂
亚克力粘接树脂

地址：江苏省无锡市人民中路 123 号（摩天 360）2609 室　　江苏省无锡市经开区金融三街 6 号 14 楼北　　邮编：214002
电话：0510-82704257 82727023 82704259 82704260　　公司网址：www.gelinda.com.cn　　传真：0510-82710706

东化新材
DONGHUA MATERIAL SCIENCE

中国特种环氧树脂专业生产商

烟台东化新材料有限公司主要从事脂环族环氧树脂、多功能环氧树脂，以及环氧树脂固化剂、添加剂等产品和创新型的解决方案，产品广泛应用于表层材料、电气绝缘材料、复合材料、胶粘剂和3D打印材料等领域，为国内外客户提供高品质的产品和创造性的解决方案。

荣誉资质及专利	占地面积	员工人数
126项	704亩	400+

脂环族环氧树脂

DE021E/S-06E　　　　S-28　　　　S-182　　　　DE184/S-184　　　　S-100A

脂环族特种丙烯酸酯　　　DR3215

多官能团环氧树脂　　　DE510/S-510　　　DE721/S-720　　　DE186/S-186

阳离子型光引发剂

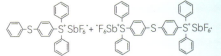

UVI-6992　　　　UVI-6976　　　　SH001

阳离子型热引发剂
六氟锑酸封闭铵盐 DH080
六氟锑酸封闭铵盐 DH081
三氟磺酸封闭铵盐 DH091

功能性单体

DE101/S-101　　　DE221/S-221

丙烯酸羟丁酯
2HBA

涂料　→　油墨　→　胶粘剂　→　电气绝缘材料　→　复合材料　→　3D打印

扫/码/关/注　　　扫码下载产品手册

地址：山东省烟台市福山区西安路1号　　　网址：https://www.dhchem.com/
邮箱：support@dhchem.com　　销售热线：0535-6972088　　邮编：264006

北京玻钢院复合材料有限公司
Beijing Glass Steel Institute Composite Materials Co., Ltd.

公 司 简 介

　　北京玻钢院复合材料有限公司，前身为北京玻璃钢研究设计院（北京二五一厂），成立于 1958 年，是中国玻璃钢／复合材料的发祥地，为国防工业和民用工业提供了各类复合材料、高性能树脂及预浸料产品。2024 年，公司年产 5 万吨新能源环氧树脂生产线在山东滕州建成投产。同时，建立了高性能环氧树脂研发、检测、验证平台，实验室通过 CNAS 认证。公司在高性能环氧树脂研究领域，先后攻克了低放热／长适用期／高耐热环氧树脂配方设计、环氧树脂增韧／阻燃改性、环氧树脂成型工艺匹配验证等多项配方及工艺设计验证技术，能够针对用户在不同应用场景下复合材料性能需求及不同成型工艺特点，提供定制化的用户解决方案。

　　公司主营环氧树脂产品包括风电叶片灌注环氧树脂、玻纤／碳纤叶片梁拉挤环氧树脂、可调速固化手糊环氧树脂、低放热／高耐热模具灌注环氧树脂、储氢瓶缠绕环氧树脂、电子灌封环氧树脂、汽车复材用环氧树脂及预浸料、航空级中温固化环氧树脂及其预浸料、高性能环氧胶膜等产品；可满足航天、航空、新能源、交通、建材、电子等不同领域用户定制化需求。公司将以"稳固国防配套、立足军工品质，发展高端技术"为目标，不断强化以"核心技术＋稳定质量"为支撑的产品配套和服务能力，持续为客户提供高质量环氧树脂产品和技术定制服务方案。

地址：山东省滕州市木石镇鲁南高科技化工园区羊套路 558 号　邮编：277500

联系人：姚亚琳（技术负责人）15210645404　王英明（销售负责人）13811684994

TYADMT
同宇新材料

同宇新材料（广东）股份有限公司是由多名博士、硕士创办的高新技术企业。公司于 2015 年 12 月注册，深耕电子树脂领域，致力于为中高端覆铜板行业提供系统化解决方案。产品主要包括改性环氧树脂、各类酚醛环氧树脂（含 PNE、CNE、BNE、TNE、DCPD、三酚基环氧，四酚基环氧）、双酚 F 环氧树脂、高溴环氧树脂、含磷酚醛树脂固化剂、聚苯醚树脂、马来酰亚胺树脂、碳氢树脂等系列，满足客户全方面的电子树脂需求。

品质是企业发展的生命线。同宇新材料拥有广东、江西两大生产基地，年产能超过 10 万吨，并采用先进的 DCS 集散控制系统，实现生产过程的集中监测、安全联锁及自动化操作，确保产品安全生产且符合最严格的质量标准。同时，我们积极导入 ISO 9001、ISO 14001、IATF16949、安全标准化管理体系，并通过认证，为产品保驾护航。

MDI 改性环氧树脂

DOPO 改性环氧树脂

碳氢树脂

高溴环氧树脂

苯酚酚醛环氧树脂

BPA 型酚醛环氧树脂

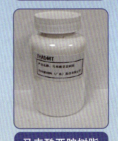

马来酰亚胺树脂

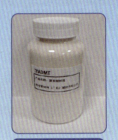

聚苯醚树脂

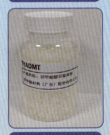

邻甲酚醛环氧树脂

创新是引领发展的第一动力。同宇新材料拥有广东省电子级树脂工程技术研究中心、广东省博士工作站，并与多家高校和科研机构建立了紧密的合作关系，我们不断突破技术壁垒，开发出更环保、更高效、更稳定的电子树脂产品；先后荣获专精特新"小巨人"企业、广东省单项冠军示范企业等荣誉称号。

母公司

地址：广东省肇庆市四会市大沙镇马房开发区
电话：0758-3202900

全资子公司

地址：江西省景德镇市乐平市乐平工业园区江维大道东侧
电话：0798-6636688

HUNTSMAN

Enriching lives through innovation

亨斯迈是一家全球性的精细化学品生产商和销售商，致力于提高全人类的生活质量。亨斯迈集团包含三大事业部：聚氨酯事业部，功能产品事业部和先进材料事业部。其中，亨斯迈先进材料事业部服务三大洲的 1500 多家公司，并在亚太地区设有三处工厂及办事处。包括广东番禺工厂，上海园区，以及越南胡志明工厂。

亨斯迈先进材料事业部提供完善的特种化学组分，用于生产胶粘剂、涂料、复合材料、阻焊油墨等其他配方产品，助力产品实现轻量化，更好的耐久性，更优异的耐火、耐高温、绝缘和耐化学品性能。产品和解决方案主要涉足四大领域：航空航天、交通运输、基础设施和工业。

亨斯迈先进化工材料事业部的前身为汽巴精化高性能聚合物业务。1946 年，旗下爱牢达®品牌诞生，成为世界上第一个环氧树脂品牌。1995 年，先进化工材料事业部在广州番禺投资建厂，至今已深耕中国乃至亚太地区市场 30 年。

2020 年 3 月，亨斯迈收购 CVC 热固性特种材料公司。该公司生产的高度专业化的增韧剂、固化剂和其他添加剂广泛应用于航空航天、汽车、复合材料、胶粘剂和涂料行业。同年，亨斯迈收购 Gabriel 功能产品公司，该公司为涂料、胶粘剂、密封剂和复合材料终端市场生产特种助剂和环氧固化剂。

亨斯迈提供三种重要的产品技术，满足80%的配方组分需求

	解决方案	性能	品牌
环氧树脂与稀释剂	拥有市场上更庞大的差异化树脂产品组合 产品包括双酚F型环氧树脂，活性稀释剂，多官能环氧树脂	增强耐热性和耐化学性 降低配方粘度，对产品性能影响更小 提高产品的柔韧性，缩短固化时间	**Araldite®** **Epalloy®** **Erisys®**
固化剂与促进剂	领先的硫醇、聚酰胺胺和胺类固化剂供应商 提供庞大的潜伏性固化剂和促进剂产品组合	加快固化速度，降低固化温度使产品更加柔韧 增强耐水、耐化学品和耐腐蚀性能 提升力学性能，并延长其潜伏期	**Aradur®** **Capcure®** **Gabepro®** **Omicure®**
增韧剂与助剂	领先的反应性液体聚合物增韧剂提供应商，提供庞大的PHENOXY™和MATRIMID®增韧剂产品组合	提高韧性、柔韧性和抗冲击性 提高耐热循环性 增强对油性和预处理较差基材的粘接性	**HyPox®** **Hypro®** **Phenoxy™**

电话：**021-3357 6434**　网址：**www.huntsman.com**

长按识别二维码
关注亨斯迈中国

嘉兴南洋万事兴化工有限公司

Jiaxing Nanyang Wanshixing Chemical Co., Ltd.

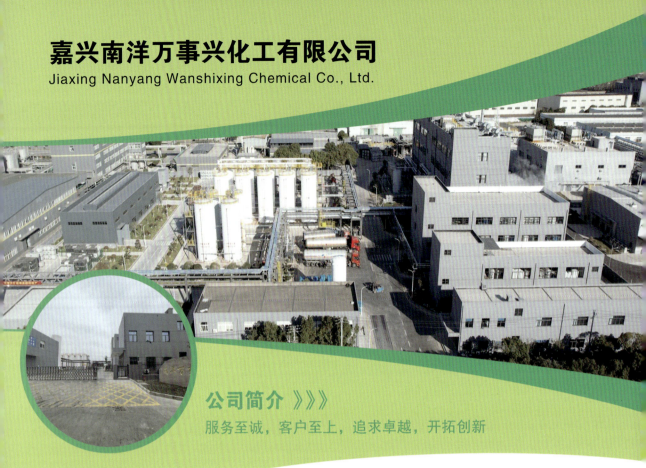

公司简介 》》》

服务至诚，客户至上，追求卓越，开拓创新

　　嘉兴南洋万事兴化工有限公司位于浙江省嘉兴港区市场西路458号，地处国家级化工园区。专业生产和销售环氧树脂酸酐固化剂——甲基四氢苯酐，设计产能年产90000吨甲基四氢苯酐，是全球最大的甲基四氢苯酐生产基地之一。

　　公司生产的WNY系列甲基四氢苯酐固化剂被广泛用于电子灌封和包封、电工浇注、电器浸渍、复合材料缠绕和拉挤等领域。在变压器、互感器、绝缘子、点火线圈、LED、电动工具、输油管道、风电叶片、玻璃纤维筋、游艇等行业得到广泛应用。

　　嘉兴南洋万事兴化工有限公司在国内外的甲基四氢苯酐行业中产销量名列前茅，公司荣获国家高新技术企业，浙江省中小型科技企业，浙江省专精特新中小企业和浙江省高品质甲基四氢苯酐研发中心等荣誉称号。公司通过了ISO9001质量体系认证、ISO14001环境体系和ISO45001职业健康安全管理体系认证。

　　公司将秉承"服务至诚，客户至上，追求卓越，开拓创新"的方针为顾客提供一流的产品和服务。

地址：浙江省嘉兴市港区市场西路458号　　网址：http://www.wanshixingchem.com

邮编：314201　　电话：573-85583898

服务热线
13505733100

上海稳优实业有限公司

WENYOU

更安全·更高效·更环保

专注于为全球电气工程市场提供优质环氧树脂

电气环氧树脂绝缘专家

FACTORY
生产基地

稳优生产基地占地7000平方米，配备先进西门子自动化生产线，年产能高达20,000吨，高效满足客户的需求。

CERTIFICATION
产品认证

稳优产品已通过ISO9001、ISO14001、ISO45001管理体系和欧盟SGS、美国UL等认证，产品符合ROHS和REACH等安全法规要求。

About Us
关于我们

上海稳优实业有限公司成立于2011年，位于上海市奉贤星火开发区。专注中高压电气绝缘材料的研发、生产与全球贸易。产品主要应用于户内、户外10-1100KV高压电器绝缘，可适用于不同应用工艺，如真空浇注工艺、真空压力浇注工艺、APG工艺等。产品畅销全球，覆盖国内31省市（西藏、内蒙古除外）及东南亚、中东、非洲、南美、欧洲等地区。

PRODUCTION
主营产品

- 环氧树脂
- 环氧改性剂
- 阻燃树脂
- 增韧剂
- 户外树脂
- 环氧色浆
- 固化剂
- 脱模剂
- 其他电力配件相关产品和组件用环氧树脂

📞 电话：+86 021 57500369-0
✉ 邮箱：zhengll@sh-wysy.com
📍 地址：上海市奉贤区星火开发区
民乐路328弄8号

潜行科技

用料梭创造生活！

创新驱动未来，专业成就卓越

上海潜行材料科技引领环氧树脂固化新纪元

上海潜行材料科技有限公司作为高端环氧树脂固化剂领域的领先企业，始终致力于为客户提供高性能、高稳定性的潜伏性固化剂解决方案。我们的产品广泛应用于电子封装、复合材料、胶粘剂、涂料等领域，以卓越的品质和稳定的性能赢得了市场的广泛认可。

核心产品

1）液体型潜伏性环氧固化剂
2）咪唑改性粉体型潜伏性固化剂
3）环氧树脂固化促进剂
4）环氧树脂稳定剂

低温高效	耐溶剂型	优异耐候性	适配性强	环保低能耗
在常温下保持稳定，加热后快速固化，大幅提升生产效率。	耐一定溶剂优异，常温下储存稳定，高温下反应迅速。	固化后产物具备高机械强度、耐热性及耐化学腐蚀性能。	与多种环氧树脂体系兼容，满足不同应用场景的定制化需求。	符合 RoHS 标准，助力绿色制造与可持续发展。

应用领域

- 电子元器件封装与半导体材料
- 航空航天及汽车复合材料
- 高端工业胶粘剂与防护涂料
- 新能源设备绝缘材料

为何选择潜行材料

技术领先：自主研发团队，持续突破固化剂技术瓶颈。
品质保障：严格的生产管控与检测体系，确保每批次产品稳定性。
服务至上：提供从选型指导到工艺优化的全程技术支持。

携手共赢，共创未来！

诚邀行业伙伴垂询合作，
我们将以专业的态度为您提供最优解决方案。

地址：上海市松江区荣乐东路 208 号 4 号楼
电话：021-37686008，13661574083(销售热线) 18964397658 (技术咨询)
邮箱：xuyuhan123@163.com
官网：http://www.shqianxingtec.com/

潜行材料
固化科技
潜行致远

微信二维码

黄山新佳精细材料有限公司
HUANGSHAN XINJIA FINE CHEMICAL MATERIAL CO.,LTD.

企业概况

　　黄山新佳精细材料有限公司成立于 2006 年，总部位于安徽省黄山市徽州区循环经济园。作为国家高新技术企业，公司专注于功能性环氧树脂、高性能固化剂及助剂的研发与生产，公司深耕粉末涂料及特种材料领域近 20 年，以"低温快速固化""重防腐""高耐候"技术为核心竞争力，产品广泛应用于电子封装、能源管道、汽车工业、高端装备等领域。客户覆盖全球 30 多个国家和地区。

核心优势

技术创新	资质荣誉	产能布局
拥有多项发明专利，研发团队占比高；	获"国家高新技术企业"、"先进集体"等荣誉称号；	年产能 1.2 万吨，通过 ISO 9001/14001 体系认证。

产品简介

·**低温固化剂 HB310B，HB92:** 尤其适用于低温固化，100℃ 60 分钟，120℃ 15—20 分钟固化，性能领先于国内外同类产品。

·**低温固化环氧树脂:** 主要为低温（100−130℃）固化粉末涂料而设计，本产品含有多官能团成分及互穿网络的活性环氧极团该环氧与本公司的低温固化剂搭配使用，更能广泛用于各种领域的低温（100℃）固化；如与本公司的低温聚酯树脂 HB7500 搭配使用，可在 130℃ 30 分钟、140℃ 20 分钟固化，红外 130℃ 3−5 分钟固化。

·**双酚 F 改性低温环氧**

·**纯聚酯树脂固化剂 HB400:** 软化点 90 ~ 100℃，当量 333 ~ 416，环氧值 0.24 ~ 0.30。

·**石墨烯改性环氧 XJ1008，石墨烯高 Tg 环氧:** 利用石墨烯和锌粉组成正负极产生导电网络，微电化学反应原理产生阴极保护，使氧化腐蚀反应在涂层表面产生，从而保护涂料中底层。也可以利用石墨烯高导热性，使复合材料导热系数由 0.5 提高到 1.0。

·**高 Tg 环氧树脂 XJ-280，固化剂 HB86:** 涂层或复合材料 Tg 达 180−200℃。

·**功能性环氧树脂 6868/6870:** 是一种化学改性，具有高 Tg 官能团结构组成的高性能环氧树脂，Tg 能达到 120−160℃（与相应固化剂搭配）。专为重防腐、绝缘粉末和其它防腐液体涂料精心设计。

·**高性能固化促进剂 HB116:** 互穿网络极强的多官能团促进剂，也是高效的附着力促进剂。特别适用于纯环氧粉末涂料的抗阴极剥离、水煮及抗介质渗透性强。

·**高性能附着力促进剂 HB168、HB28:** 应用于提高粉末涂料的和金属底材的附着力促进剂，适用于任何类型的粉末涂料，特别适用于环氧／聚酯树脂。

·**酚类固化剂系列**（HB310、HB410、HB510、HB610），国内较大环氧固化剂供应商。

·**有机硅环氧树脂 AS**

·**含磷环氧树脂 AP**

·**增电剂 HB100:** 提高粉末涂料边死角的上粉率，使用效果明显超越国外进口同类产品。

·**消光剂系列:** 各类物理抗黄变消光剂、丙烯酸消光剂 HB30、环脒酸类消光剂 HB68

·**功能助剂:** 高光蜡粉、平滑除气剂、消泡剂、表面调整剂、咪唑、银粉分散剂、HB26 砂纹剂、皱纹剂、特效纹理剂等

·**氢化双酚 A 环氧树脂 XJ-6080**

·**超氢抗紫外线环氧树脂 XJ-190A:** 具有氢化双酚 A 和脂环族环氧树脂共同特性同时优于氢化双酚 A 的耐候性，配套固化组合物的耐黄变耐紫外性能

地址：安徽省黄山市徽州区循环经济园

联系人：余先生 15655998905 / 18855998933　邮箱：yu@hsxjcl.com

海视光谱 DFHAIS　光谱成像分析仪表　密闭取样分析装置

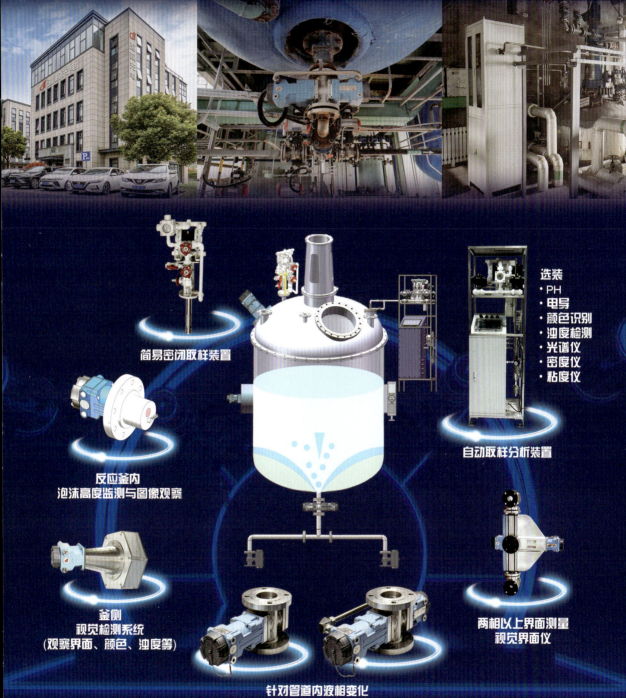

简易密闭取样装置

反应釜内
泡沫高度监测与图像观察

釜侧
视觉检测系统
(观察界面、颜色、浊度等)

选装
· PH
· 电导
· 颜色识别
· 浊度检测
· 光谱仪
· 密度仪
· 粘度仪

自动取样分析装置

两相以上界面测量
视觉界面仪

针对管道内液相变化
光谱仪(智能视镜)/颜色识别仪/浊度检测仪/断流检测仪

　　南通市海视光电有限公司位于钟灵毓秀的江苏省南通市，秉承安全、环保、健康、智能的理念，为全国客户提供自动化领域的优质产品与技术服务。专业从事光谱成像类智能仪表与密闭取样分析装置的研发、生产、销售与技术服务。公司拥有实力雄厚的专业技术团队，自主研发的光谱成像分析仪系列产品，为精细化工的萃取分层向下分液与连续分液场景，层析与过滤等过程中的颜色识别场景，提供新的解决方案。自主研发的密闭取样分析装置，为精细化工行业提供安全可靠的密闭取样、PH等在线分析的解决方案。

南通市海视光电有限公司
南通文龙科技发展有限公司

公司地址：江苏省南通市崇川区市北高新园区新康路云院68幢
手机：13906291789（龚经理）　15190956700（沈经理）
网址：www.dfhais.com

公司介绍 COMPANY

南京悦莱新材料科技有限公司是一家专注于特种环氧树脂及其衍生产品的创新型科技企业，总部位于南京。公司集研发、生产、销售于一体，致力于为航空航天、电子电气、汽车制造、高端涂料、复合材料等领域提供高性能、高可靠性的环氧树脂解决方案。以创新为引擎，以客户需求为导向，致力于成为特种环氧树脂领域的领航者。

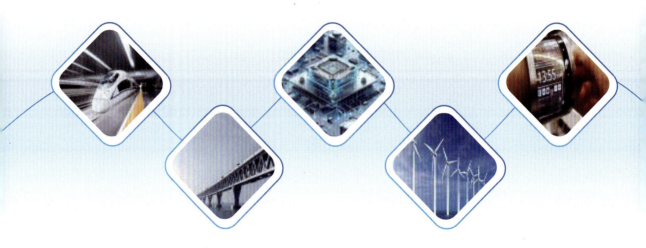

主营产品 PRODUCTS

- ➢ 双酚A环氧树脂
- ➢ 双酚F环氧树脂
- ➢ 酚醛环氧树脂
- ➢ 缩水甘油胺环氧树脂
- ➢ 萘环环氧树脂
- ➢ 四甲基联苯环氧树脂
- ➢ 联苯苯酚酚醛环氧树脂
- ➢ 四甲基双酚F环氧树脂
- ➢ 双环戊二烯环氧树脂
- ➢ 氢化双酚A环氧树脂

- ➢ 聚醚改性环氧树脂
- ➢ 二聚酸改性环氧树脂
- ➢ 液体橡胶改性环氧树脂
- ➢ 核壳橡胶改性环氧树脂
- ➢ 丙烯酸橡胶改性环氧树脂
- ➢ CTBN改性环氧树脂
- ➢ 聚氨酯改性环氧树脂
- ➢ UV/环氧双重固化树脂
- ➢ 活性稀释剂
- ➢ 特殊功能固化剂

聚合科技/粘合未来

联系方式

公司　南京悦莱新材料科技有限公司　　电话　18120160290

地址　南京市玄武区柳营100号　　　　邮箱　clarkxu@yolatech.com

扬州天启新材料股份有限公司

股票代码：871823
http://www.techia.com.cn

高新技术企业证书　　江苏省专精特新中小企业　　江苏省五星级上云企业　　市级知识产权优势企业

扬州天启新材料股份有限公司成立于2010年6月，是集开发、制造、销售于一体，专业制造氰酸酯系列产品的科技型龙头企业。主营氰酸酯单体、氰酸酯预聚体、改性氰酸酯等产品。是全球电子电路高频高速、电子封装基材用树脂的重要供应商和高端功能性复合材料的核心供应商。

氰酸酯树脂具有优良的耐热性、介电性和力学性能，以及极佳的透波性。其与环氧树脂的相容性极佳，作为环氧树脂的改性剂，氰酸酯与环氧树脂不需要复杂的反应历程，即可有效改善环氧树脂的耐热性、介电性、耐湿性和阻燃性。对于常见的环氧树脂，随着氰酸酯组分比例的变化，可提升树脂Tg 20-80℃，降低介电常数0.5-1.0，介电损耗0.01-0.02。同时，氰酸酯可作为环氧树脂的固化剂单独使用，无需额外添加传统固化剂，进而能够使树脂的耐湿热性能得到大幅提升。

双马来酰亚胺是由聚酰亚胺树脂体系派生出的一类以马来酰亚胺为活性端基的双官能化合物，固化后的双马来酰亚胺树脂具有突出的耐热性（Tg介于230-380℃）、耐湿热性、良好的力学性能和电性能，但存在熔点高、成型固化温度高（220-250℃）、溶解性差等缺陷。通常采用芳香二胺扩链，烯丙基化合物，热塑性树脂，富电子化合物及环氧树脂改性双马来酰亚胺。常规环氧树脂的安全使用温度为140℃左右，采用双马来酰亚胺树脂改性环氧，能实现两者性能的互补，具有接近双马来酰亚胺固化物的耐热性，同时又具备环氧树脂的粘结性能和溶解性。

技术指标

名称	Tg(℃)	拉伸强度(MPa)	弯曲强度(MPa)	弯曲模量(GPa)	冲击韧性(kJ/m²)	Dk(1GHz)	Df(1GHz)	吸水率(%/96h)
双酚A氰酸酯	≥260	85-100	170-180	3.1-3.5	15-35	2.9	0.009	0.8
低吸湿氰酸酯	≥250	65-90	125-150	3.4-3.6	8-15	2.8	0.005	0.33
耐高温氰酸酯	≥350	40-50	80-100	4.0-4.3	4-10	3.2	0.009	0.92
高韧性氰酸酯	≥260	75-95	150-165	2.9-3.3	20-35	2.8	0.005	0.9
低介损氰酸酯	≥200	95-110	125-150	2.8-3.5	20-30	2.8	0.003	0.36
低粘度氰酸酯	≥270	110-120	160-170	2.9-3.3	30-45	3.3	0.007	0.8

名称	Tg(℃)	Dk(1GHz)	Df(1GHz)
二苯甲烷双马来酰亚胺	≥300	3.3	0.012
烷基型二苯甲烷双马来酰亚胺	≥260	2.7	0.01
多胺型马来酰亚胺	≥300	3.1	0.013

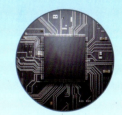

氰酸酯　　　　　　　　　双马

地址：江苏省仪征市青山镇创业路9号-3；　电话：86-514-89188565　89188567，18952587598